建筑工程标准规范研究与应用系列丛书

中国建筑光环境标准规范回顾与展望

中国建筑科学研究院　主编

中国建筑工业出版社

图书在版编目（CIP）数据

中国建筑光环境标准规范回顾与展望/中国建筑科学研究院主编. —北京：中国建筑工业出版社，2018.4
（建筑工程标准规范研究与应用系列丛书）
ISBN 978-7-112-21559-1

Ⅰ.①中… Ⅱ.①中… Ⅲ.①建筑光学-采光标准-研究-中国 Ⅳ.①TU113-19

中国版本图书馆 CIP 数据核字（2017）第 291121 号

本书为《建筑工程标准规范研究与应用系列丛书》之一，主要回顾了我国建筑光环境标准规范 60 年的发展历程，重点描述了六项 17 本我国 60 年以来制、修订的建筑光环境标准和规范，总结标准制修订过程中主要技术内容的变化，梳理标准制修订依据的基础研究的发展脉络，并收集了标准编制过程中的专题技术报告、论文、著作以及珍贵的文史资料，以便进一步了解标准制、修订依据的各种资料和科学研究成果。

本书适合建筑光环境领域相关从业人员参考学习。

责任编辑：王　梅　李天虹
责任设计：李志立
责任校对：刘梦然

建筑工程标准规范研究与应用系列丛书
中国建筑光环境标准规范回顾与展望
中国建筑科学研究院　主编
*
中国建筑工业出版社出版、发行（北京海淀三里河路 9 号）
各地新华书店、建筑书店经销
北京科地亚盟排版公司制版
北京富生印刷厂印刷
*
开本：787×1092 毫米　1/16　印张：25¾　字数：636 千字
2018 年 2 月第一版　2018 年 2 月第一次印刷
定价：**78.00** 元
ISBN 978-7-112-21559-1
（31220）

丛书组织委员会

本书指导委员会

本书编写组

丛书序

中国建筑科学研究院是全国建筑行业最大的综合性研究和开发机构，成立于1953年，原隶属于建设部，2000年由科研事业单位转制为科技型企业，现隶属于国务院国有资产监督管理委员会。

中国建筑科学研究院建院以来，开展了大量的建筑行业基础性、公益性技术研发工作，负责编制与管理我国主要的建筑工程标准规范，并创建了我国第一代建筑工程标准体系。60多年来，中国建筑科学研究院标准化工作蓬勃发展、成绩斐然，累计完成工程建设领域国家标准、行业标准近900项，形成了大量的标准化成果与珍贵的历史资料。

为系统梳理标准规范历史资料，研究标准规范历史沿革，促进标准规范实施应用，中国建筑科学研究院于2014年起组织开展了标准规范历史资料收集整理及成果总结工作，并设立了系列研究项目。目前，这项工作已取得丰硕成果，《建筑工程标准规范研究与应用丛书》（以下简称《丛书》）即是成果之一。《丛书》旨在回顾总结有关标准规范的背景渊源和发展轨迹，传承历史、展望未来，为后续标准化工作提供参考与依据。

《丛书》按专业将建筑工程领域重点标准划分为若干系列，分别进行梳理、总结、提炼。《丛书》各分册根据相关标准规范的特点，采用不同的编排体例，或追溯标准演变过程与发展轨迹，或解读标准规定来源与技术内涵，或阐述标准实施应用，或总结工作心得体会。各分册都是标准规范成果的凝练与升华，既可作为标准规范研究史料，亦可作为标准规范实施应用依据。

《丛书》编撰过程中，借鉴和参考了国内外建筑工程领域、标准化领域众多专家学者的研究成果，并得到了部分专家学者的悉心指导与热心支持，在《丛书》付梓之时，向他们表示诚挚的感谢，并致以崇高的敬意。

中国建筑科学研究院

2017年2月

前 言

光环境是由光与颜色建立起来的，用生理和心理效果来评价的视觉环境。在城市和建筑中应合理利用天然光和人工光，创造良好的光环境，以满足人们工作、生活、美化环境和保护视力的要求。

标准规范是城市建设和建筑工程的技术保障。我国建筑光环境领域现行的工程建设国家/行业标准共有六项，分别是《建筑采光设计标准》GB 50033、《建筑照明设计标准》GB 50034、《室外作业场地照明设计标准》GB 50582、《体育场馆照明设计及检测标准》JGJ 153、《城市道路照明设计标准》CJJ 45、《城市夜景照明设计规范》JGJ/T 163。

中华人民共和国成立初期我国制定了第一部《工业企业人工照明暂行标准》106—56，随着我国经济建设的不断发展，建筑光环境标准规范经历了60年的发展历程。20世纪70年代，我国正处在社会主义初级阶段，工业建设摆在首要地位，应需求编制了《工业企业采光照明设计标准》。随着民用建筑的大量兴建，相继制订了《民用建筑照明设计标准》，填补了民用建筑照明设计标准的空白，标准历经数次制、修订后逐渐形成了现在的《建筑采光设计标准》、《建筑照明设计标准》和《室外工作场地照明设计标准》三部国家标准，作为建筑光环境领域最通用的标准，为设计人员提供重要的应用指导。从20世纪80年代初至今，城市建设在改革开放方针的推动下迅猛发展，城市照明标准明显欠缺，为适应需求相继制定了《城市道路照明设计标准》和《城市夜景照明设计规范》；随着我国体育事业的快速发展，适逢2008年北京奥运会申办成功，首次编制完成了《体育场馆照明设计及检测标准》，使得光环境标准体系得到了进一步完善。这一系列标准在历次的制修订中对光环境数量、质量及节能的评价指标及标准值的规定均发生了重大变化，随着技术的发展各项标准也增加了相应的内容，在充分利用天然光、创造良好光环境、节约能源、保护环境和构建绿色照明方面发挥着重要作用。

本书主要回顾了我国建筑光环境标准规范60年的发展历程，重点描述了六项17本我国60年以来制、修订的建筑光环境标准和规范，总结标准制修订过程中主要技术内容的变化，梳理标准制、修订依据的基础研究的发展脉络，并收集了标准编制过程中的专题技术报告、论文、著作以及珍贵的文史资料，以便进一步了解标准制、修订依据的各种资料和科学研究成果。

本书的标准和规范由中国建筑科学研究院主编完成，作者主要是这六项17本标准的主要制、修订人员，经历了整个标准的制、修订过程，凝聚了所有编写人员的智慧，在大家辛苦的付出下才得以完成，是集体劳动的结晶。他们负责编写的篇章内容如下：第一篇由林若慈、罗涛、张滨完成；第二篇由赵建平、张绍纲、李媛完成；第三篇由张绍纲、赵建平完成；第四篇由林若慈、罗涛、高雅春完成；第五篇由李铁楠、李景色、王书晓、李媛完成；第六篇由赵建平、肖辉乾完成。

由于标准时间跨度较长，书稿篇幅较大，若有不妥之处恳请广大读者予以指正。

目　录

1 建筑采光设计标准

本标准共有四个版本：《工业企业采光设计标准》TJ 33—79、《工业企业采光设计标准》GB 50033—1991、《建筑采光设计标准》GB/T 50033—2001、《建筑采光设计标准》GB 50033—2013。

1.1 各版标准回顾

国标《建筑采光设计标准》GB 50033 的制订和修订经历如下几个时段：

（1）《工业企业采光设计标准》TJ 33—79 的制订和实施

中华人民共和国成立初期，我国正处在社会主义经济建设的初级阶段，急需开展大规模的经济建设，特别是工业建设摆在首要地位，投资的重点也放在工业建筑上，要建设就必须有标准可循，尤其要有建筑设计方面的标准。1973 年原国家基本建设委员会下达计划，由国家建委建筑科学研究院和上海市基本建设委员会，会同有关科研、设计、高等院校等单位主持编制了《工业企业采光标准》，标准定名为《工业企业采光设计标准》TJ 33—79，该标准是通过大量的实测调查和科学实验，总结了我国 20 多年来的采光设计与使用经验，并借鉴国外采光标准制订的我国首部建筑采光标准，本标准根据视功能实验对采光进行了分级，同时提出了新的采光计算方法。

（2）《工业企业采光设计标准》GB 50033—91 的修订和实施

1987 年根据国家计委下达的修订计划要求，由中国建筑科学研究院会同有关单位共同对《工业企业采光设计标准》TJ 33—79 进行修订，在标准实施近十年后，在原有标准的基础上，经过实际使用和检验，重新对标准进行了修改和补充，主要增加了光气候分区和采光系数值、采光质量中的眩光评价。本标准首次将窗地面积比从原来的标准值中纳入到采光计算当中，并且制定了建筑尺寸对应的窗地面积比表。

（3）《建筑采光设计标准》GB/T 50033—2001 的修订和实施

我国自 1978 年实行改革开放以后，全国开始大量兴建民用建筑，此时大量的基本建设投资逐步从工业建筑转向民用建筑，而且建筑的复杂程度也远超过工业建筑，对于建筑工程而言，标准是技术保障，而且需要因地制宜，实践证明，在建筑设计中急需要补充我国采光标准中缺少民用建筑设计标准的空白，1993 年由国家计委发文要求由建设部会同有关部门共同对《工业企业采光设计标准》GB 50033—91 进行修订，并更名为《建筑采光设计标准》。该标准经过大量调查和参考国际相关标准，制订了八类民用建筑的采光标准。

（4）《建筑采光设计标准》GB 50033—2013 的修订和实施

在《建筑采光设计标准》GB/T 50033—2001 实施八年以后，采光标准急需修订，修订背景是——在需求上有两个关键点：1）1999 年住房制度改革：住房由计划经济时代的福利分房转变为现在的商品购房，加上土地迅速增值。2）2007 年 10 月 1 日起施行的《物权法》将建筑物的通风、采光和日照纳入到相关规定条款。在技术层面上有重大变化：1）侧面采光的采光系数最低值改为采光系数平均值。2）室外天然光临界照度值改为室外天然光设计照度值。3）对住宅建筑、教育建筑和医疗建筑部分场所规定了强制性条文。2009年住房和城乡建设部下达计划由我院修订此项标准，通过广泛的调查研究和认真总结经验，制定了新版采光标准，由于强制性条文的引入，标准的实施力度增大，建筑审图机构也正在逐步将此项内容纳入到审图的项目之中，对保证人所需的建筑光环境可起到重要作用。

在数十年的《建筑采光设计标准》的制、修订过程中，编制组人员认真贯彻国家的法律法规和技术经济政策，从我国技术经济水平出发，通过大量的调查研究和科学实验借鉴发达国家的先进经验，不断完善和提高我国的采光设计标准水平，制订出符合我国实际情况的采光设计标准，充分满足建筑功能要求，有利于生产、工作、生活和身心健康。做到技术经济合理、使用安全、节能环保、维护方便，更加有利于促进绿色照明的实施。总结编制和修订标准的工作经验，展望未来建筑采光技术的发展，进一步提高建筑采光设计水平，在创造良好光环境和促进国家的经济建设中发挥更大作用。

1.1.1 《工业企业采光设计标准》TJ 33—79

1.1.1.1 标准编制主要文件资料

1. 封面、公告、前言

本版标准的封面、公告、前言以及标准编制说明的封面、前言如图1-1所示。

2. 制修订计划文件

本版标准制修订计划文件如图1-2所示。文件为国家基本建设革命委员会，一九七三年至一九七五年修订或编制全国通用的设计标准、规范规划表中第1项为本标准。

3. 编制组成立暨第一次工作会议

本版标准编制组成立暨第一次工作会议通知如图1-3所示，国家建委建筑科学研究院（73）建研革业字221号《关于召开“编制工业企业采光和照明标准”协调会议的函》，此处附件略；本次会议纪要及寄送会议纪要的函如图1-4所示；参加编制修订工作的单位和人员名单如下：

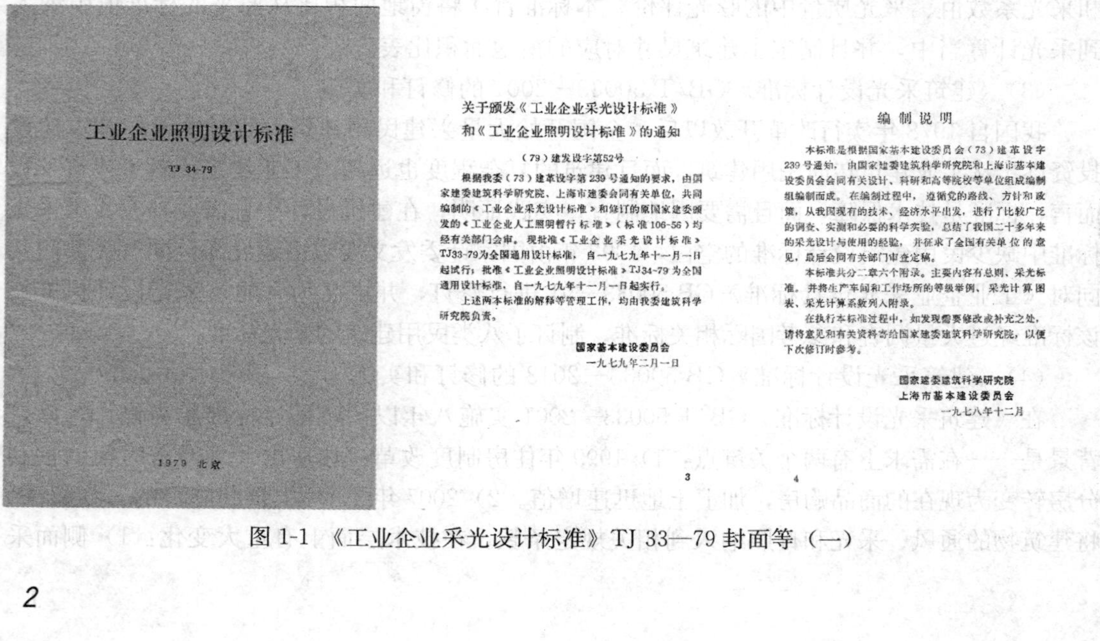
工业企业照明设计标准

TJ 34-79

1979 北京

关于颁发《工业企业采光设计标准》和《工业企业照明设计标准》的通知

（79）建发设字第52号

根据我委（73）建革设字第239号通知的要求，由国家建委建筑科学研究院、上海市建委会同有关单位，共同编制的《工业企业采光设计标准》和修订的原国家建委颁发的《工业企业人工照明暂行标准》（标准106-56）均经有关部门会审。现批准《工业企业采光设计标准》TJ33-79为全国通用设计标准，自一九七九年十一月一日起试行；批准《工业企业照明设计标准》TJ34-79为全国通用设计标准，自一九七九年十一月一日起实行。

上述两本标准的解释等管理工作，均由我委建筑科学研究院负责。

国家基本建设委员会
一九七九年二月一日

3

编制说明

本标准是根据国家基本建设委员会（73）建革设字239号通知，由国家建委建筑科学研究院和上海市基本建设委员会会同有关设计、科研和高等院校等单位组成编制组编制而成。在编制过程中，遵循党的路线、方针和政策，从我国现有的技术、经济水平出发，进行了比较广泛的调查、实测和必要的科学实验，总结了我国二十多年来的采光设计与使用的经验，并征求了全国有关单位的意见，最后会同有关部门审查定稿。

本标准共分二章六个附录。主要内容有总则、采光标准。并将生产车间和工作场所的等级举例、采光计算图表、采光计算系数列入附录。

在执行本标准过程中，如发现需要修改或补充之处，请将意见和有关资料寄给国家建委建筑科学研究院，以便下次修订时参考。

国家建委建筑科学研究院
上海市基本建设委员会
一九七八年十二月

4

图1-1 《工业企业采光设计标准》TJ 33—79 封面等（一）

秘密文件
不得翻印

工业企业采光设计标准

TJ33—79

（试 行）

编 制 说 明

1979 北 京

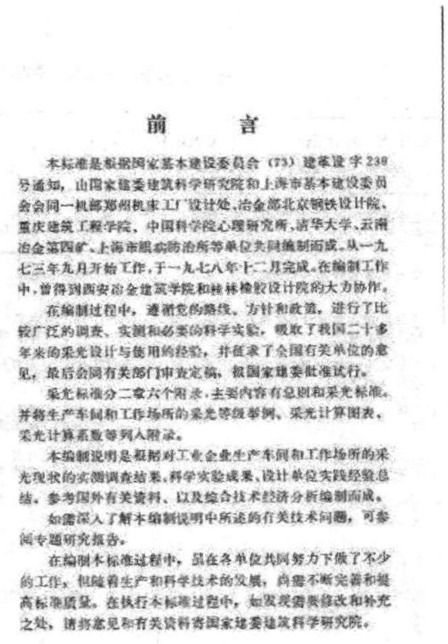
前 言

本标准是根据国家基本建设委员会（73）建革设字239号通知，由国家建委建筑科学研究院和上海市基本建设委员会会同一机部郑州机床工厂设计处、冶金部北京钢铁设计院、重庆建筑工程学院、中国科学院心理研究所、清华大学、云南冶金第四矿、上海市眼病防治所等单位共同编制而成。从一九七三年九月开始工作，于一九七八年十二月完成。在编制工作中，曾得到西安冶金建筑学院和桂林橡胶设计院的大力协作。

在编制过程中，遵循党的路线、方针和政策，进行了比较广泛的调查、实测和必要的科学实验，吸取了我国二十多年来的采光设计与使用的经验，并征求了全国有关单位的意见，最后会同有关部门审查定稿，报国家建委批准试行。

采光标准分二章六个附录，主要内容有总则和采光标准。并将生产车间和工作场所的采光等级举例、采光计算图表、采光计算系数等列入附录。

本编制说明是根据对工业企业生产车间和工作场所的采光现状的实测调查结果、科学实验成果、设计单位实践经验总结、参考国外有关资料、以及综合技术经济分析编制而成。

如需深入了解本编制说明中所述的有关技术问题，可参阅专题研究报告。

在编制本标准过程中，虽在各单位共同努力下做了不少的工作，但随着生产和科学技术的发展，尚需不断完善和提高标准质量。在执行本标准过程中，如发现需要修改和补充之处，请将意见和有关资料寄国家建委建筑科学研究院。

图 1-1 《工业企业采光设计标准》TJ 33—79 封面等（二）

国家建委建筑科学研究院：张绍纲、张志勇、林若慈、李恭慰、庞蕴繁
上海市基本建设委员会：曾宏裕
一机部机床工厂设计处：张健忠
北京钢铁设计院：杨秀卿
重庆建筑工程学院：杨光璿、罗茂曦
中国科学院心理所：荆其诚、焦淑兰、喻柏林
清华大学：詹庆旋、林贤光

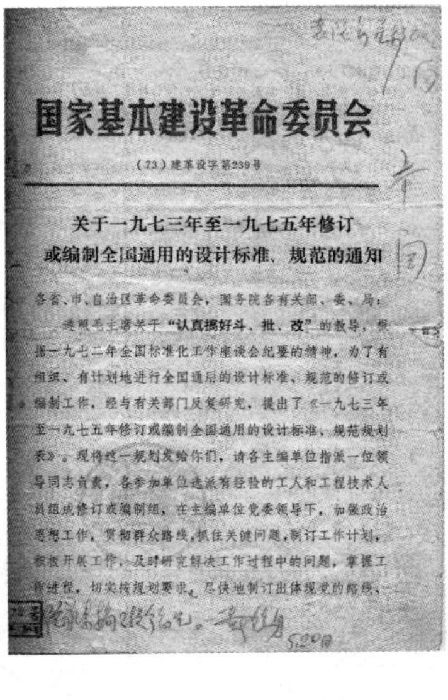
国家基本建设革命委员会

（73）建革设字第239号

关于一九七三年至一九七五年修订
或编制全国通用的设计标准、规范的通知

各省、市、自治区革命委员会，国务院各有关部、委、局：

遵照毛主席关于“认真搞好斗、批、改”的教导，根据一九七二年全国标准化工作座谈会纪要的精神，为了有组织、有计划地进行全国通用的设计标准、规范的修订或编制工作，经与有关部门反复研究，提出了《一九七三年至一九七五年修订或编制全国通用的设计标准、规范规划表》。现将这一规划发给你们，请各主编单位指派一位领导同志负责，各参加单位选派有经验的工人和工程技术人员组成修订或编制组，在主编单位党委领导下，加强政治思想工作，贯彻群众路线，抓住关键问题，制订工作计划，积极开展工作，及时研究解决工作过程中的问题，掌握工作进程，切实按规划要求，尽快地制订出体现党的路线、

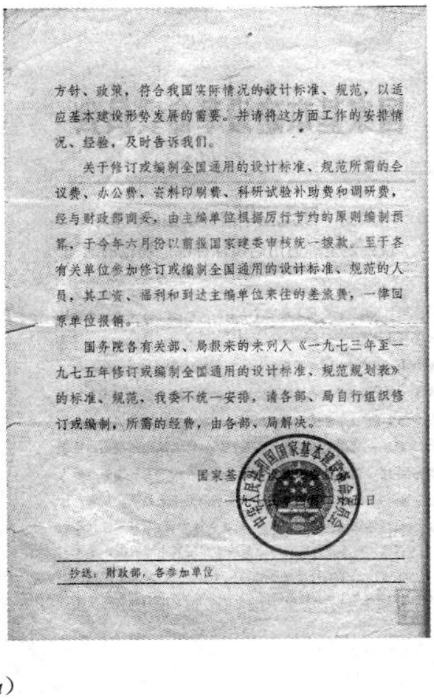
方针、政策，符合我国实际情况的设计标准、规范，以适应基本建设形势发展的需要。并请将这方面工作的安排情况、经验，及时告诉我们。

关于修订或编制全国通用的设计标准、规范所需的会议费、办公费、资料印刷费、科研试验补助费和调研费，经与财政部商妥，由主编单位根据厉行节约的原则编制预算，于今年六月份以前报国家建委审核统一拨款。至于各有关单位参加修订或编制全国通用的设计标准、规范的人员，其工资、福利和到达主编单位来往的差旅费，一律回原单位报销。

国务院各有关部、局报来的未列入《一九七三年至一九七五年修订或编制全国通用的设计标准、规范规划表》的标准、规范，我委不统一安排，请各部、局自行组织修订或编制，所需的经费，由各部、局解决。

国家基本建设革命委员会

抄送：财政部，各参加单位

（*a*）

图 1-2 （73）建革设字第 239 号《关于一九七三年至一九七五年修订或编制全国通用的设计标准、规范的通知》（一）

一九七三年至一九七五年修订或编制全国通用的设计标准、规范规划表

序号	设计标准和技术规范名称	标准等级	新编或修订	主编单位	参加单位	进度要求	批准单位	备注
1	工业企业采光和照明标准	国家标准	修订	国家建委建研院 上海建工局	一机部、冶金部、卫生部、重庆建工学院	1975年6月	国家建委	其中：工业企业照明标准一九五六年原国家建委颁发试行；工业企业采光标准新增加
2	工程测量技术规范	部颁标准	新编	冶金部	水电部、交通部、一机部、四机部、山西省建委	1974年底	冶金部	
3	工业与民用建筑水文地质勘察规范	部颁标准	新编	冶金部	水电部、五机部、交通部、山西省建委	1974年底	冶金部	
4	工业与民用建筑工程地质勘察规范	部颁标准	新编	山西省建委	冶金部、水电部、一机部、三机部	1974年底	国家建委	
5	工业建筑地面设计规范	部颁标准	修订	一机部	冶金部、湖北省建委，北京市建工局	1975年6月	一机部	一九六六年一机部颁发试行
6	工业建筑防腐蚀设计规范	部颁标准	新编	燃化部	冶金部、国家建委建材局、上海市建工局	1975年底	燃化部	过去有初稿
7	湿陷性黄土地区建筑设计施工规范	部颁标准	修订	陕西省建委	甘肃省生产指挥部、河南省建委、山西省建委	1975年6月	国家建委	一九六六年原建工部颁发试行
8	工业锅炉房设计规范（包括热力网）	部颁标准	修订	一机部 冶金部	三机部、四机部、同济大学	1974年3月	一机部 冶金部	一九六四年一机部颁发试行
9	压缩空气站、乙炔站、氧气站设计规范	部颁标准	新编	一机部	冶金部、燃化部、三机部	1974年6月	一机部	其中：压缩空气站设计规范一九六四年一机部颁发试行；乙炔站、氧气站过去均有初稿
10	煤气站设计规范	部颁标准	新编	一机部	三机部、五机部、冶金部	1975年底	一机部	过去有初稿
11	动力机器基础设计规范	部颁标准	修订	一机部	冶金部、六机部、水电部	1974年底	一机部	

· 1 ·

(*b*)

图 1-2 （73）建革设字第 239 号《关于一九七三年至一九七五年修订或编制全国通用的设计标准、规范的通知》（二）

云南省冶金第四矿：张煜仁
上海市眼病防治所：王晋宝、陈琴芳
陕西省第一建筑设计院：蔡福根

国家建委 建筑科学研究院

(73)建研革业字221号

关于召开"编制工业企业采光和照明标准"协调会议的函

上海工业建筑设计院、上海卫生防疫站、重庆建工学院、北京钢铁设计院、一机部基建局：

根据国家基本建设革命委员会(73)建革设字第239号《关于一九七三年至一九七五年修订或编制全国通用设计标准、规范的通知》的文。你单位参加《工业企业采光和照明标准》的编制工作。为了尽快开展编制工作，决定九月十二日在我院召开协调工作会议。希你单位参加编制工作人员做好准备，届时参加会议。会议内容及会前准备工作详见附件。会后立即集中开展编制工作，希各参加人员做好准备。

尚未落实具体参加单位及人员的，希从速落实，届时派人参加编制工作。

附件：关于编制《工业企业采光与照明标准》工作的初步计划

报到日期：一九七三年九月十日。（外地同志请带省、市革委会赴京介绍信）

报到地点：北京西郊向东路十九号国家建委建筑科学研究院。

一九七[illegible]年[illegible]月[illegible]日

革命委员会

抄送：国家建委设计局、冶金部基建局、上海市建工局、上海市卫生局、四川省教育局

图 1-3 《工业企业采光设计标准》TJ 33—79 编制组成立暨第一次工作会议通知

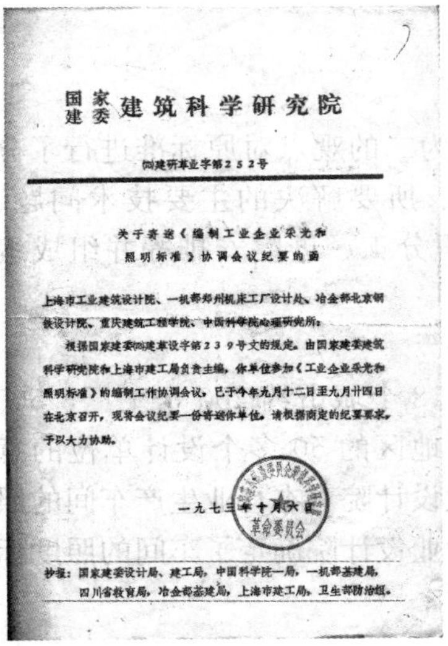

国家建委 建筑科学研究院

(73)建研革业字第252号

关于寄送《编制工业企业采光和照明标准》协调会议纪要的函

上海市工业建筑设计院、一机部郑州机床工厂设计处、冶金部北京钢铁设计院、重庆建筑工程学院、中国科学院心理研究所：

根据国家建委(73)建革设字第239号文的规定，由国家建委建筑科学研究院和上海市建工局负责主编，你单位参加《工业企业采光和照明标准》的编制工作协调会议，已于今年九月十二日至九月廿四日在北京召开，现将会议纪要一份寄送你单位，请根据商定的纪要要求，予以大力协助。

一九七三年十月六日

革命委员会

抄报：国家建委设计局、建工局，中国科学院一局，一机部基建局，四川省教育局，冶金部基建局，上海市建工局，卫生部防治组。

（a）

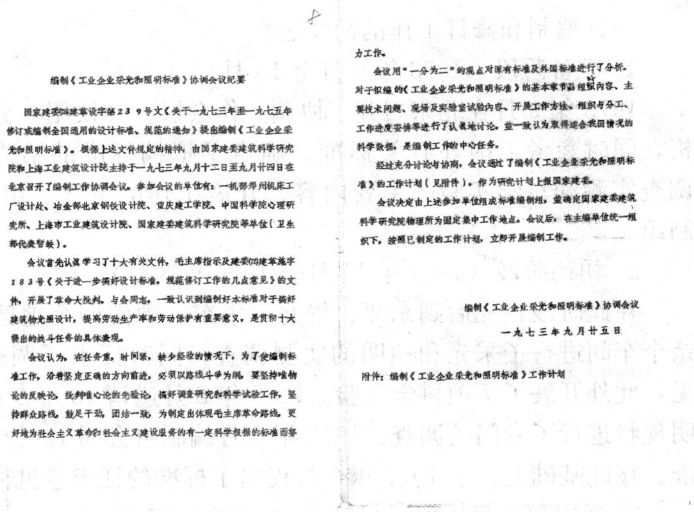

编制《工业企业采光和照明标准》协调会议纪要

国家建委(73)建革设字第239号文《关于一九七三年至一九七五年修订或编制全国通用的设计标准、规范的通知》提出编制《工业企业采光和照明标准》。根据上述文件规定的精神，由国家建委建筑科学研究院和上海工业建筑设计院主持于一九七三年九月十二日至九月廿四日在北京召开了编制工作协调会议。参加会议的单位有：一机部郑州机床工厂设计处、冶金部北京钢铁设计院、重庆建工学院、中国科学院心理研究所、上海市工业建筑设计院、国家建委建筑科学研究院等单位（卫生部代表暂缺）。

会议首先认真学习了十大有关文件，毛主席指示及建委(72)建革施字183号《关于进一步搞好设计标准，规范修订工作的几点意见》的文件，开展了革命大批判。与会同志，一致认识到编制好本标准对于搞好建筑物光照设计，提高劳动生产率和劳动保护有重要意义，是贯彻十大提出的战斗任务的具体表现。

会议认为，在任务重，时间紧，缺少经验的情况下，为了使编制标准工作，沿着坚定正确的方向前进，必须以路线斗争为纲，要坚持唯物论的反映论，批判唯心论的先验论，搞好调查研究和科学试验工作，坚持群众路线，鼓足干劲，团结一致，为制定出体现毛主席革命路线，更好地为社会主义革命和社会主义建设服务的有一定科学根据的标准而努力工作。

会议用“一分为二”的观点对原有标准及外国标准进行了分析。对于拟编的《工业企业采光和照明标准》的基本章节、组织内容、主要技术问题、现场及实验室试验内容、开展工作方法、组织与分工、工作进度安排等进行了认真地讨论。并一致认为取得适合我国情况的科学数据，是编制工作的中心任务。

经过充分讨论与协商，会议通过了编制《工业企业采光和照明标准》的工作计划（见附件），作为研究计划上报国家建委。

会议决定由上述参加单位组成标准编制组，并确定国家建委建筑科学研究院物理所为固定集中工作地点。会议后，在主编单位统一组织下，按照已制定的工作计划，立即开展编制工作。

编制《工业企业采光和照明标准》协调会议

一九七三年九月廿五日

附件：编制《工业企业采光和照明标准》工作计划

（b）

图 1-4 《工业企业采光设计标准》TJ 33—79 编制组成立暨第一次工作会议纪要

（a）关于寄送《编制工业企业采光和照明标准》协调会议纪要的函；

（b）编制《工业企业采光和照明标准》协调会议纪要附件略

4. 送审报告

《工业企业采光和照明标准》送审报告

根据国家建委（73）建革设字第 239 号通知，由国家建委建筑科学研究院和上海市基本建设委员会会同一机部机床工厂设计处、北京钢铁设计院、重庆建筑工程学院、中国科学院心理研究所、清华大学、云南省冶金第四矿、上海市眼病防治所、陕西省第一建筑设计院等 10 个单位 19 名同志组成编制组，并在西安冶金建筑学院、桂林橡胶设计院、一机部第二设计院、三机部第四设计院、四机部第十设计院、六机部第九设计院、北京化工设计院、上海机电设计院、上海轻工设计院、上海市民用建筑设计院、北京医学院等单位共同协作下，从 1973 年 9 月开始工作，到 1978 年 3 月完成。

根据国家建委（75）建发设字第 232 号文的要求，将一机部主编、委托一机部第八设计院负责编制，并有陕西省第一建筑设计院、上海纺织工业设计院、一机部机床工厂设计处参加的《电力设计规范》中的“电气照明篇”与本标准合并，最后由陕西省第一建筑设计院参加了合并工作。

采光标准系新编，照明标准系修订 1957 年国家建委颁发的《工业企业人工照明暂行标准》(标准 106-56)。

通过大量的调查研究和必要的科学实验，提出了标准的征求意见稿后，经发函和赴外地直接征求意见，对征求意见稿进行修改后提出审查稿，最后根据审查会议意见，经修改、补充和总校核后，完成了送审稿的定稿工作。

一、编制和修订工作的简要过程

1. 准备阶段（1973 年 9 月至 10 月）

1973 年 9 月在北京召开了协调工作会议。会议用一分为二的观点对原标准进行了分析，同时参考了国外有关标准，确定了拟编标准的结构、所要解决的主要技术问题、调查实测和科学实验的主要内容、开展工作的方法、组织分工、进度安排等并组成编制组。

2. 初稿阶段（1973 年 11 月至 1975 年 8 月）

在此阶段，先后到东北、华北、华东、中南四个地区 18 个城市约 200 个工厂，500 余个车间进行了采光和照明的实测调查，同时征求了调查地区的 50 多个设计单位的意见，此外开展了 7 项科学实验。1975 年 2 月邀请 13 个专业设计院对本行业生产车间的照明现状进行了专门的调查。1975 年 6 月编制组会同 13 个专业设计院确定了车间的照度标准。在此基础上，于 1975 年 7 月提出了标准的征求意见稿。

3. 送审稿初稿阶段（1975 年 8 月至 1977 年 12 月）

1975 年 8 月征求意见稿发往全国 200 余个单位征求意见。采光方面收到 40 个单位，照明方面收到 50 个单位的函复意见。同时编制组又专门到哈尔滨、沈阳、西安、成都、上海、武汉、长沙、广州等地，由当地建委主持，召开了座谈会，征求对标准的意见，通过解释标准，直接听取了意见，其中采光方面有 54 个单位，照明方面有 60 个单位参加座谈。经汇总采光共提出 110 条意见，照明提出 330 条意见。在广泛征求意见的基础上，对意见进行整理分析，于 1976 年 4 月提出标准的审查稿和 13 份专题报告。1976 年 7 月邀请 54 个有关单位在北京召开了审查会。会议认为，采光标准，根据审查意见，加以修改补充后，即可定稿。关于照明标准，对一些技术问题还需进行必要的修改补充和论证工作。会后，编制组又进行了 7 项专题调查和试验，并提出调查报告，于 1977 年 11 月在苏州召开了照明标准专题审查会。到会的 27 个单位对专题进行了重点审查，对条文也进行了审查。会议认为，稍加修改，即可定稿。

4. 除采光标准的总校核已于 1976 年 12 月进行完毕外，照明标准送审稿定稿阶段（1978 年 1 月至 1978 年 3 月）是修改送审初稿和总校核工作。

二、主要编制的内容和理由

1. 关于室外临界照度值：通过对我国六个不同纬度的城市（哈尔滨、北京、上海、广州、重庆、西安）的照度和日辐射观测，取得了 1700 多个热光当量和近 4000 个气象数据，经分析得出的各地天然光利用时数相差不大，当室外临界照度为 5000lx 时，如以北京的天然光利用时数为 100%，除重庆外，其他各地区间的利用时数相差只有±3%。又根据对不同临界照时的经济分析和开窗面积的可能性，并且参考了国外标准中临界照度的取值，本标准一般室外临界照度定为 5000lx，重庆及其附近地区天然光利用时数少得较多，故室外临界照度定为 4000lx。

2. 关于视觉工作分级：根据天然光视觉实验结果，大视角减少，需要增加的照度少，小视角减小相同的量，需要增加的照度多，二者对应的照度增量可以相差很多倍，因此本标准的视觉工作分级，将小尺寸的视觉工作划分细一些，大尺寸视觉工作粗一些。此外，由于采光受各种建筑条件的限制，与人工照明比较，视觉工作分级不能过细。本标准按识别对象尺寸分级为：Ⅰ级与Ⅱ级相差1倍，Ⅱ级与Ⅲ级相差3倍，Ⅲ级与Ⅳ级相差5倍，Ⅳ及与Ⅴ级相差5倍以上。

3. 室内天然光照度值的确定：在制定采光系数标准值时，对各类视觉工作所需要的天然光照度值作了实测调查，找出了识别物件大小和照度之间的关系，同时还从视功能上作了分析论证。在此基础上，定出的天然光照度值和采光系数标准值是符合视功能要求的。同时为了直接检验实际工作中天然光照度能否满足要求，标准值中列入天然光照度值也是必要的，这与外国有所不同。

4. 不分采光形式取统一值（最低值）：过去采光标准沿用两种值，即天窗和混合采光时用平均值，侧窗采光时用最低值。同一视觉工作，不同的采光形式，规定了不同的标准值，这从视觉观点来看，论据不足。从实用上来看，有时用单一侧窗采光，按最低值衡量符合标准要求，但增加少量天窗，按平均值衡量有时就达不到标准。至于在各种实际的采光条件下，如何确定两种值的范围，也是困难的，因此，本标准不分采光形式统一规定最低值。

5. 采光计算方法与单侧采光计算点：为了便于采光设计，根据对国内外各种计算方法优缺点的分析，征求设计单位对计算方法的意见，通过在模拟全阴天条件下进行的上千组模型实验，取得了约14000个数据，经统计整理得出计算曲线和计算参数，本方法采用图解法，简明易懂，使用方便，适合于常用的采光形式。既能按窗洞的位置和大小核算采光系数也能按采光标准求出需要的开窗面积。

过去单侧采光的计算点一般都选在距内墙1m处，本标准规定单侧采光的计算点一般可选在距内墙1m处，但不宜大于建筑进深的1/4，相当于给计算点一定的范围，这主要因为各种采光形式取统一值（最低值），计算点选在距内墙1m处有时达不到标准的要求。

6. 关于顶部采光的均匀度：标准规定为不宜小于0.7。均匀度过去用采光系数最小值与最大值之比来表示，这是两个极限值之比，没有代表性。本标准则以最低值与平均值之比来表示。根据实验结果，在设计时保持相邻天窗间距小于工作面至天窗下沿高度的2倍时，均匀度都能达到0.7。

7. 采光标准计算参数：过去在采光计算中多采用国外的各种计算参数，本标准附录四所列各种参数，如材料透光系数、窗结构挡光系数、窗玻璃污染系数、结构挡光系数、饰面材料反射系数等都是通过大量调查研究和科学实验得到的。仅透光材料和饰面材料两项就在全国收集了各种品种规格的样品600余件，进行了1600余次测量，其他系数均通过大量现场调查和实验室实验后确定的。

三、存在的问题和今后科研课题

在我国对采光和照明标准的研究很少，这次编制修订工作限于时间、人力和水平，虽做了不少的实测调查和科学实验工作，全面深入系统的研究还很不够，有些问题有待今后逐步解决、完善和提高。

根据编修标准过程中所反映出的问题，今后需进一步科研的课题有：

1. 开展全国各地光气候的观测和研究，编制我国的光气候图。

2. 进一步完善和改进采光计算方法，补充下沉式天窗和横向天窗的计算图表。

3. 采光质量的研究，如眩光和均匀度的研究。

5. 审查会议

本版标准审查会议通知如图 1-5 所示；本次会议的影像资料如图 1-6 所示；参加本次会议的人员名单如图 1-7 所示；关于寄送《工业企业采光和照明标准》审查会议简报的函如图 1-8 所示。

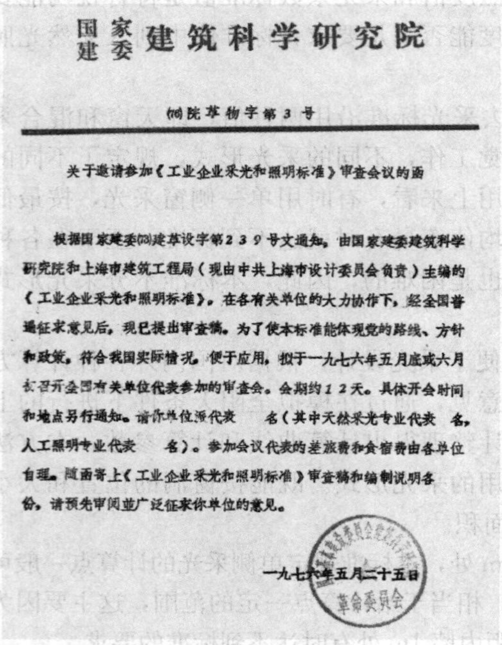

国家建委 建筑科学研究院

(76)院革物字第3号

关于邀请参加《工业企业采光和照明标准》审查会议的函

根据国家建委(73)建革设字第239号文通知，由国家建委建筑科学研究院和上海市建筑工程局（现由中共上海市设计委员会负责）主编的《工业企业采光和照明标准》，在各有关单位的大力协作下，经全国普遍征求意见后，现已提出审查稿。为了使本标准能体现党的路线、方针和政策，符合我国实际情况，便于应用，拟于一九七六年五月底或六月初召开全国有关单位代表参加的审查会。会期约12天。具体开会时间和地点另行通知。请你单位派代表　名（其中天然采光专业代表　名，人工照明专业代表　名）。参加会议代表的差旅费和食宿费由各单位自理。随函寄上《工业企业采光和照明标准》审查稿和编制说明各份，请预先审阅並广泛征求你单位的意见。

一九七六年五月二十五日

革命委员会

(*a*)

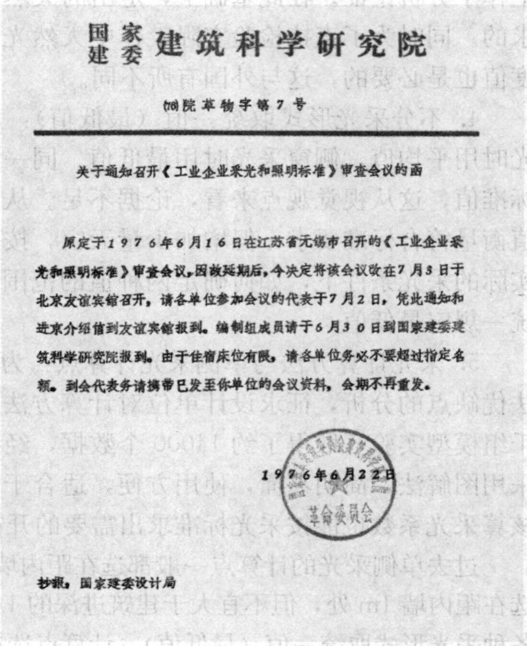

国家建委 建筑科学研究院

(76)院革物字第7号

关于通知召开《工业企业采光和照明标准》审查会议的函

原定于1976年6月16日在江苏省无锡市召开的《工业企业采光和照明标准》审查会议，因故延期后，今决定将该会议改在7月3日于北京友谊宾馆召开，请各单位参加会议的代表于7月2日，凭此通知和进京介绍信到友谊宾馆报到。编制组成员请于6月30日到国家建委建筑科学研究院报到。由于住宿床位有限，请各单位务必不要超过指定名额。到会代表务请携带已发至你单位的会议资料，会期不再重发。

1976年6月22日

革命委员会

抄报：国家建委设计局

(*b*)

图 1-5 《工业企业采光设计标准》TJ 33—79 审查会议通知

(*a*) 关于邀请参加《工业企业采光和照明标准》审查会议的函；

(*b*) 关于通知召开《工业企业采光和照明标准》审查会议的函

图 1-6 《工业企业采光设计标准》TJ 33—79 审查会议影像资料

参加"工业企业采光和照明标准审查会"人员名单

姓名	性别	单位	通讯地址	专业	
				采光	照明
陈传玉	男	华东建筑标准设计协作组	上海汉口路151号		
马兆贵	男	辽宁工业建筑设计院	辽宁省沈阳市		
章周苏	女	〃 〃	〃 〃		
张绍桂	男	广东省建筑设计院	广东省广州西村公路		
王永涵	男	一机部机床工厂设计处	河南省郑州中原路		
张建中	男	〃 〃	〃 〃		
孙文龙	男	江苏省建筑设计院	江苏省南京春风巷20号		
朱永泰	男	〃 〃	〃 〃		
周丰成	男	四川省工业建筑设计院	四川省成都金华街168号		
龙元清	女	〃 〃	〃 〃		
郭 敏	男	上海市轻工业设计院	上海市宝庆路21号		
陈嗣冲	男	上海市民用建筑设计院	上海市广东路17号		
杜楚霖	男	四机部第十设计院	北京市307信箱		
沈寿祥	男	〃 〃	〃 〃		
李甫光	男	四部十院			
孙晓华	男	天津市建筑设计院	天津气象台路		
刘志英	女	北京市建筑设计院	北京南礼士路		
李德仁	男	西南电力设计院	四川成都东风路		
熊绮兰	女	〃 〃	〃 〃		
谢明星	男	国家建委建研院标准所	北京百万庄		
王子昇	男	北京第一机床厂	北京市建国门外玉王坟		
赵雨峯	男	首都钢铁设计院	北京市广安门外广外大街305号		
朱松源	男	石化部化工设计院	北京市和平里化工大院三号楼		
汪海瀛	男	北京有色冶金设计院	北京市复兴门外黄亭子		
何镜堂	男	轻工部第一设计院	北京市白家庄		
刘志喜	男	〃 〃	〃 〃		
潘家声	男	华北建筑标准设计协作组	北京市南礼士路		
任元会	男	三机部第四设计院	北京市760信箱		
赵振民	男	〃 〃	〃 〃		
庞传桂	男	国家建委建研院设计所	北京市百万庄		
黄盈镕	男	五机部第五设计院	北京市55信箱		
于兆忠	男	包头钢铁设计院	包头昆区钢铁大街		
王 奇	男	〃 〃	包头昆区钢铁大街		
孙兰祚	女	北京综合仪器厂	北京市261厂		
李建安	男	上海彭浦机器厂	上海市共和新路3201号		
冯翠英	女	同济大学	上海市四平路		
王尧山	男	北京电力设计院	北京市德外六铺坑		
易思德	女	〃 〃	〃 〃		
鲍文通	男	无锡市建筑设计室	江苏省无锡市		
朴大植	男	中国计量科学研究院	北京市和平街		
刘大嵛	女	北京石油化工总厂设计院	北京市房山		
胡柏圣	男	六机部第九设计院	上海市3021信箱		
黄幼珍	女	一机部第二设计院	贵州遵义延安路280号		
储震雄	男	上海机电设计院	上海中山东二路9号		
郭大裕	男	上海化工设计院	上海南京西路1856号		
郭凤兰	女	五机部第六设计院	河北石家庄148信箱		

图 1-7 参加"工业企业采光和照明标准审查会"人员名单（一）

何鹤元	男	轻工部第二设计院	北京市甘家口		
杨国刚	男	〃 〃	〃 〃		
冯光暹	男	〃 〃	〃 〃		
蔡鸿年	男	一机部第一设计院	北京市展览路葡萄园五号		
欧阳国燊	男	桂林橡胶设计院	广西桂林		
林保全	男	湖北工业建筑设计院	湖北武汉		
李西平	男	〃 〃	〃 〃		
张劲华	女	一机部第八设计院	北京和平里（第八设计院留守组）		
蒋建初	男	西安冶金建筑学院	陕西西安		
赵希曾	女	铁道部建厂局设计处	陕西咸阳		
沈天行	女	天津大学土建系	天津市七里台		
张仁元	男	陕西省第一建筑设计院	陕西西安七路		
蔡福根	男	〃 〃	〃 〃		
赖维铁	男	湖南大学	湖南长沙市岳六山		
孙嘉法	男	无锡国棉一厂	江苏健康路124号		
梁仲	男	黑龙江省建筑设计院	黑龙江哈尔滨大直街72号		
付家格	男	燃化部化工设计院	北京西郊半壁店		
陈秀玉	女	陕西西北电力设计院	陕西西安西北院		
王淑清	女	中国医学科学院卫生研究所	北京市德外		
江泉观	男	北京医学院卫生系	〃 〃		
刘家仲	男	上海纺织工业设计院	上海江西中路421号		
屈维家	男	石化部化工设计院	北京西郊半壁店		
李宗敏	女	农林部设计院	〃 〃		
吴留中	男	上海纺织工业设计院	上海江西中路421号		
曾宏裕	男	上海工业建筑设计院	上海汉口路151号		
张乾源	男	〃 〃	〃 〃		
汪荷芳	女	〃 〃	〃 〃		
韩爱仙	女	上海求精仪表厂	上海长乐路1062号		
邹金珍	女	〃 〃	〃 〃		
蔡秀清	男	西安仪表工厂设计处	陕西西安劳动路		
周景真	女	〃 〃	〃 〃		
杨敬文	男	上海眼病皮肤病防治所	上海常德路225号		
孙民德	男	上海眼病皮肤病防治所	上海常德路225号		
杨光璐	男	重庆建筑工程学院	四川重庆沙坪		
罗茂羲	男	〃 〃	〃 〃		
詹庆璇	男	清华大学建工系	北京市		
林贤光	男	〃 〃	〃		
焦书兰	女	中国科学院心理所	北京市中关村		
喻柏林	女	〃 〃	〃 〃		
管连荣	男	〃 〃	〃 〃		
郑兰秋	男	上海市设计党委	上海市复兴西路		
孙汉強	男	国家建委设计局	北京百万庄		
张淦光	男	〃 〃	〃 〃		
周质沃	男	〃 〃	〃 〃		
徐金泉	男	〃 〃	〃 〃		
张煜仁	男	云南冶金第四矿	云南会泽 迤		
宋而千	男	国家建委建研院业务组	北京车公庄大街19号		
程江	男	〃 〃	〃 〃		

图 1-7 参加“工业企业采光和照明标准审查会”人员名单（二）

张绍纲	男	国家建委建研院物理所	北京车公庄大街19号		
肖辉乾	男	〃 〃	〃 〃		
王 毅	男	〃 〃	〃 〃		
庞蕴凡	女	〃 〃	〃 〃		
林若慈	女	〃 〃	〃 〃		
李恭慰	女	〃 〃	〃 〃		
张志勇	男	〃 〃	〃 〃		
王淑芝	女	〃 〃	〃 〃		
王 崖	男	国家建委建研院行政室	〃 〃		
林冀明	男	〃 〃	〃 〃		
徐联仓	男	中科院			
荆其诚	〃				

图 1-7 参加“工业企业采光和照明标准审查会”人员名单（三）

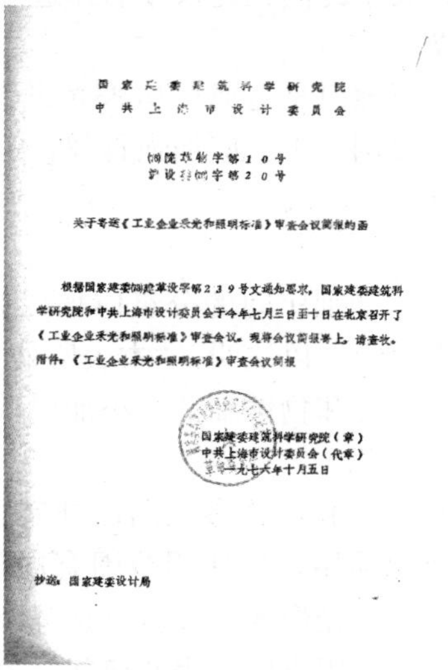

国家建委建筑科学研究院
中共上海市设计委员会

(76)院革物字第10号
沪设行(76)字第20号

关于寄送《工业企业采光和照明标准》审查会议简报的函

根据国家建委(76)建革设字第239号文通知要求，国家建委建筑科学研究院和中共上海市设计委员会于今年七月三日至十日在北京召开了《工业企业采光和照明标准》审查会议。现将会议简报寄上，请查收。

附件：《工业企业采光和照明标准》审查会议简报

国家建委建筑科学研究院（章）
中共上海市设计委员会（代章）
一九七六年十月五日

抄送：国家建委设计局

图 1-8 关于寄送《工业企业采光和照明标准》审查会议简报的函

《工业企业采光和照明标准》审查会议简报（节选）

与会代表对标准审查稿中的几个主要问题进行了重点审查，现将审查讨论的主要意见归纳如下：

一、采光标准部分

1. 关于采光标准

采光标准是在总结我国20多年来采光设计和使用的实践经验，并进行了大量的采光实测调查和视觉实验的基础上制定的，根据较为充分。采光标准不分采光方式采用单一值，并以采光系数最低值为标准是合理的。视觉工作分级比较恰当，既符合视觉实验的结果又照顾到采光的特点。

2. 关于临界照度值

根据已有的光气候资料及技术经济分析，提出以 5000lx 作为全国统一标准基本上是可行的，个别地区可根据当地光气候特点，综合考虑，确定临界照度值。

3. 关于侧面采光的问题

由于Ⅱ级视觉工作的侧面采光车间，难于达到标准，因此建议降低一级，选取标准值。以距内墙 1m 处作为单侧采光的计算点，造成开窗面积过大，故计算点应按实际劳动生产操作位置选定。根据采光计算和经济考虑，一般认为单侧采光计算点控制在距内墙为 1/4 进深的范围内为宜。

4. 关于均匀比问题

为了保证有良好的采光质量，规定均匀比是必要的，采光越均匀对视觉工作越有利，但从视觉方面定量的根据还不充分。参考过去沿用的采光均匀比（最小值/最大值≥0.3），又根据研究采光计算方法时，通过试验验证了顶部采光一般可以达到 0.7 的均匀比（相当于最小值/最大值≥0.4），故在本标准中可规定均匀比为 0.7，但需将“不应小于 0.7”改为“不宜小于 0.7”，关于此问题建议今后作进一步研究。

5. 关于窗子的维护管理问题

对窗子维护管理不善，长年不擦窗是造成厂房采光系数不足的重要原因，因此第 11 条的规定是完全必要的，但还应强调“工厂应加强管理，定期擦窗”。在设计中也应“尽可能为擦窗和维修创造便利条件”。

6. 关于生产车间分级举例

大部分车间的分级是可行的，个别车间的分级应加以调整和精简。为了与表 1 相协调并照顾实际生产情况，可在表 1 中加以注明：“本表所列各级车间举例，在使用时可根据实际生产情况，按表 1 工作精确度和物件细节大小加以调整。”

7. 关于采光计算方法和计算参数

采光计算方法是通过较系统的实验，并参照国内外实践经验，提出我国自己的计算方法。该方法比较切合实际，简便易用，但使用范围有局限性。为了便于推广使用，建议补充电子计算机计算程序，不同采光形式的计算点选择及计算实例。

计算参数符合我国实际情况，选用方便。表 6 房间污染类别的划分，需有车间举例。需增加挡风板和挑檐等的遮挡系数。

为今后修订标准积累资料，还应有计划地开展下列采光课题的科学研究：

1. 开展全国各地光气候的观测与研究，编制光气候图。为完成此项工作，建议中央气象局组织全国主要气象台站增加光气候的观测项目。

2. 进一步完善和改进采光计算方法，补充下沉式天窗和横向天窗的计算图表。

1.1.1.2 标准内容简介

本标准共分两章六个附录，主要内容有总则、采光标准，并将生产车间和工作场所的等级举例、采光计算图表、采光计算系数列入附录。本标准为我国第一部采光标准，并以工业建筑为主体。标准主要包括采光系数标准值、采光计算方法、窗地面积比等主要内容。

1.1.1.3 重要条款和重要指标

1. 采光系数标准值

本标准以采光系数最低值作为设计标准值，规定生产车间工作面上的采光系数最低值不应低于表 1-1 的规定。

生产车间工作面上的采光系数最低值 表 1-1

采光等级	视觉工作分类		室内天然光照度最低值（lx）	采光系数最低值（%）
	工作精确度	识别对象的最小尺寸 d（mm）		
Ⅰ	特别精细工作	$d\leqslant0.15$	250	5
Ⅱ	很精细工作	$0.15<d\leqslant0.3$	150	3
Ⅲ	精细工作	$0.3<d\leqslant1.0$	100	2
Ⅳ	一般工作	$1.0<d\leqslant5.0$	50	1
Ⅴ	粗糙工作	$d>5.0$	25	0.5

注：采光系数最低值是根据室外临界照度 5000lx 制定的。

本条规定主要有以下几个特点：

（1）按识别对象的最小尺寸划分采光等级和采光系数最低值。主要因为本标准的适用范围是工业建筑，对采光的实际需求可按视觉工作精细程度和识别对象的最小尺寸来确定。

（2）视觉工作分类和采光等级：根据天然光视觉试验结果得出，随着照度的增加，能看清的识别对象尺寸越小，两者之间为非线性关系，本标准的视觉工作分级，将小尺寸的工作划分细一些，大尺寸的工作划分粗一些。另一方面，由于采光口的大小和位置受到建筑条件的限制，不能任意变化，如在同一车间内，不能按不同识别对象尺寸和不同的对比来分别布置大小不同的采光口，故视觉工作的分级也不能过细，这样分级既符合视觉工作的特征，也适应天然采光的建筑条件。

（3）不分采光形式取统一的采光系数值：以往沿用两种采光系数值，即顶部采光和混合采光采用平均值，侧面采光采用最低值。同一视觉工作，不同的采光形式，对采光规定了不同的标准，这从视觉要求上来看，论据不足；从实用来看，在某些情况下，如采用侧面采光，按最低值来衡量，符合标准要求，但要采用少量天窗，就属于混合采光，由于平均值要求高，就有可能出现达不到标准的情况，因此本标准规定统一取采光系数最低值。

（4）采光系数和室内天然光照度最低值：根据视功能试验和对各工业系统 272 个生产车间的采光系数和 134 例工作所需的天然光照度的实测调查结果以及参考全国 44 个专业设计院对 330 个生产车间的采光等级提出的书面意见，通过征求工人主观评价意见并考虑到全年天然光利用时数，最终确定各视觉工作所需要的天然光照度最低值为 250、150、100、50、25lx，根据室内天然光照度值和室外临界照度取 5000lx，可计算出各级的采光系数最低值为 5，3，2，1，0.5（%）。

（5）室外临界照度 5000lx：采光标准中的采光系数和室内天然光照度是通过室外临界照度来联系的。室外临界照度是指室内天然光照度等于各级视觉工作的照度时的室外照度值，即室内需开（关）灯的室外照度值。临界照度的取值应根据我国的光气候条件和经济状况等因素，经综合分析而定。当室外临界照度取 5000lx 时，除重庆外，其余城市均可满足平均每天 10 个小时的天然光利用时数。根据对不同临界照度时的采光口造价、照明费用和采暖费用的总支出比较得出，临界照度 5000lx 时总支出相对较低。

2. 采光计算方法

在分析已有计算方法基础上，通过系统的试验研究推荐了一种新的采光计算方法和采光计算图表，对采用矩形、锯齿形、平天窗和侧窗采光时，其采光系数值 C_{min} 可按下列公式计算：

顶部采光 $$C_{min}=C_d \cdot K_\tau \cdot K_\rho \cdot K_g \tag{1-1}$$

式中：C_d——天窗窗洞的采光系数；

K_τ——总透光系数；

K_ρ——顶部采光的反射光增量系数；

K_g——高跨比修正系数。

侧面采光 $$C_{min}=C'_d \cdot K_\tau \cdot K'_\rho \cdot K_w \cdot K_c \tag{1-2}$$

式中：C'_d——侧窗窗洞的采光系数；

K'_ρ——侧面采光的反射光增量系数；

K_w——侧面采光的室外遮挡系数；

K_c——侧面采光的窗宽修正系数。

混合采光 $$C_{min}=C_d \cdot K_\tau \cdot K_\rho \cdot K_g+C'_d \cdot K_\tau \cdot K'_\rho \cdot K_w \cdot K_c \tag{1-3}$$

在以上给出的采光计算公式中，最核心的计算参数是窗洞口的采光系数值，其他的参数都可以通过查表得到。为便于采光计算，根据对国内外各种计算方法的技术分析，征求设计单位对计算方法的意见，通过模型实验，推荐了一种较为简单的计算图表。此图表可按车间实际建筑条件，用查图表的方法，求出窗洞的采光系数，然后通过查表的方法查得各个系数，代到上述公式中进行计算求得最后的采光系数值。

3. 窗地面积比

对于单层普通玻璃的木窗，在规定的计算条件下，其窗地面积比可按表 1-2 确定。

窗地面积比 **表 1-2**

采光等级	采光系数最低值（%）	单侧窗	双侧窗	矩形天窗	锯齿形天窗	平天窗
Ⅰ	5	1/2.5	1/2.0	1/3.5	1/3	1/5
Ⅱ	3	1/2.5	1/2.5	1/3.5	1/3.5	1/5
Ⅲ	2	1/3.5	1/3.5	1/4	1/5	1/8
Ⅳ	1	1/6	1/5	1/8	1/10	1/15
Ⅴ	0.5	1/10	1/7	1/15	1/15	1/25

为便于建筑设计师在进行采光设计时确定采光口面积，确定了各采光等级的窗地面积比，该窗地面积比是根据大量的现场调查和推荐的计算图表得出来的。此窗地面积比适用于规定的计算条件，如不符合规定的条件，需按实际条件进行计算。

1.1.1.4 专题技术报告

共有六个专题技术报告：天然光视觉实验研究、采光计算方法的研究、我国光气候的初步研究、采光计算参数、车间采光现场调查、采光标准的技术经济分析。

1. 天然光视觉实验研究

为了保证工人在天然光条件下进行正常的生产劳动和保护工人视力，并充分利用天然光，必须制定合理的天然采光标准。制定天然采光标准需要考虑的因素很多，除了对我国广大地区的光气候和工厂现状进行大量的调查外，还应进行必要的天然光视觉试验，以便为制定标准提供一定的理论依据，检验标准的合理性。具体的做法是从各工厂抽选视力正常的实际操作的工人，在设定的实验室环境条件下改变观察目标朗道尔环的大小、对比、照度，在视距500mm的情况下统计工人辨认的正确率，得出中国人眼在天然光条件下的视功能曲线，作为制定识别物件尺寸分级和确定采光系数标准值的参考依据。实验结果在标准中的应用：

（1）确定视觉工作分类和采光等级

根据天然光视觉试验得出，随着照度的增加，能看清物体的尺寸减小；随识别对象尺寸减小，能看清识别对象尺寸所需的照度增量变大，如识别对象尺寸从0.104mm减小到0.089mm和识别对象尺寸从0.089mm减小到0.074mm，虽然均减小0.015mm，但大尺寸需要增加的照度仅有70lx，而小尺寸需要增加的照度却有910lx，相差13倍，如图1-9所示。

本标准视觉工作分级按小物件分级细和大物件分级粗的原则，将识别对象的最小尺寸d(mm)规定为：Ⅰ级与Ⅱ级相差1倍，Ⅱ级与Ⅲ级相差3倍，Ⅲ级与Ⅳ级相差5倍，Ⅳ级与Ⅴ级相差5倍以上，这样分级符合视觉工作要求。与此同时还做了天然光和人工光的比较试验，证明天然光优于人工光，尤其在低照度和小视角的情况下二者有较明显的差别。

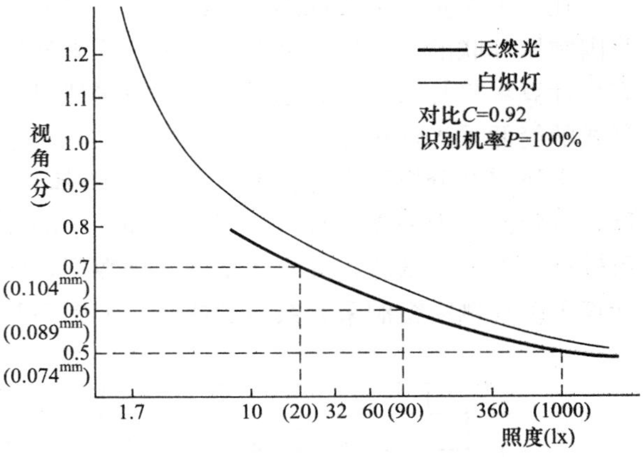

图1-9 两种光源的视功能曲线

（2）确定室内天然光照度和采光系数标准值

根据天然光视功能试验曲线可得出满足一定尺寸大小和对比的视觉工作所需的照度值（见图1-10），即得出了识别对象大小、对比和照度三者之间的关系曲线，由实测调查所确定的各级照度值可从视功能上进行论证。图1-10的结果表明，规定的各级照度值均能满足对比值为0.4以上的视觉工作，随着视角的增大，能满足的对比值越小，如果各级工作的对比值均为0.4，利用视功能曲线可求得，对应于各级视觉工作的可见度为：1、2.2、3.6、8、25。“1”表示刚好能满足视觉工作的可见度水平，即Ⅰ级工作规定的照度刚好能满足视觉工作的要求。识别对象的尺寸越大，从视功能上分析，所规定的照度的余量越大。标准所规定的各级室内天然光照度最低值比实测调查结果有所提高，和人工照明标准值相比较，在特别精密工作时，照度取值稍低，因为天然光优于人工光，其他相应各级均等于或略高于人工照明标准值。将图中250lx和25lx两点相连接，与各视角相交点为150、102、55lx，与规定的标准值相比较基本吻合，说明规定的各级标准值基本上在一条直线上，反之，其他各视角大小的照度值也可从直线上近似地推导出来。

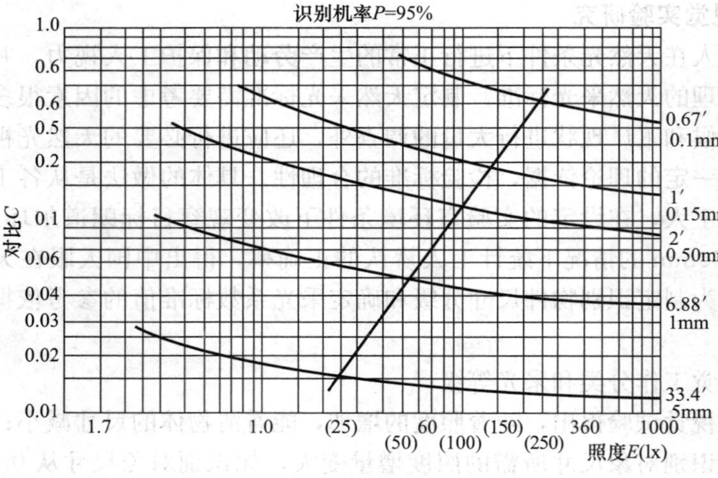

图 1-10　视功能曲线和采光系数标准值

2. 采光计算方法的研究

在《工业企业采光标准》的编制中，研究新的采光计算方法是一个重要的课题。过去我国常用苏联的《达尼留克图表》及苏联采光规范中给出的计算参数进行采光计算，这种方法计算步骤复杂，参数也不尽符合我国情况。提出一种适合于一般工业厂房和常用采光形式的简便采光计算方法对完善采光标准具有重要作用。

本研究在分析国内外已有计算方法的基础上，通过在人工天空中进行的模拟试验研究，试验内容为采光系数与窗洞位置和大小的关系以及均匀度等。通过对各种类型不同项目进行了上千组试验，共取得 14000 个数据，将数据统计分析整理和回归计算后，得出了计算天窗和侧窗窗洞采光系数的曲线，如图 1-11 和图 1-12 所示。

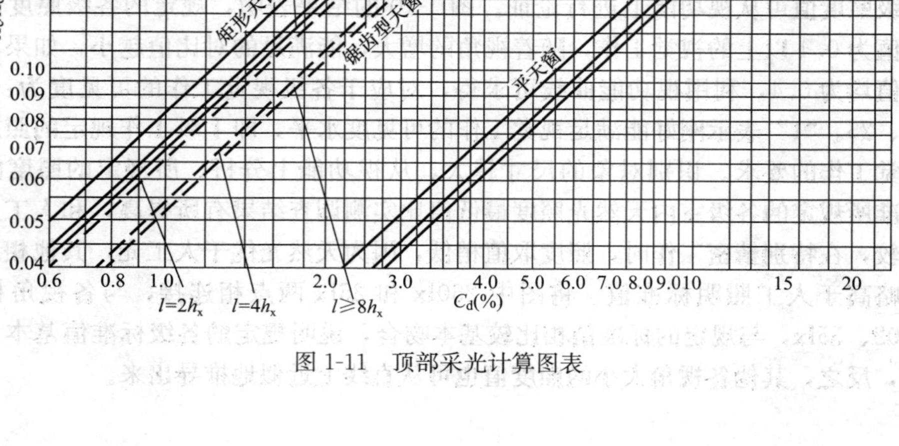

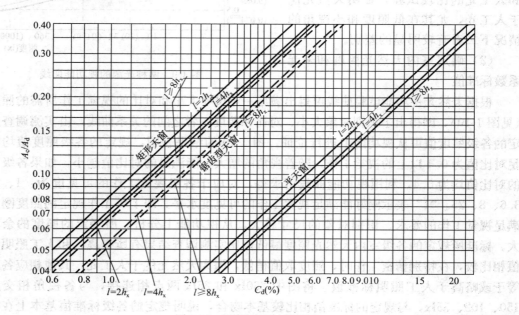

图 1-11　顶部采光计算图表

注：C_d—采光系数；A_c—窗口面积；A_d—地板面积；l—房间长度；h_x—工作面距离窗下沿的高度。

本方法采用图解法，简明易懂，使用方便，适合于常用的采光形式。既能按窗洞的位置和大小核算采光系数，也能按采光系数求出需要的开窗面积。本计算方法具有一定的精度，为了检验试验结果和本计算图表的可靠性，对不同类型的40多个厂房作了采光实测，将计算结果与实测结果进行比较表明，按本计算图表所得的计算值与实测值相差甚少。

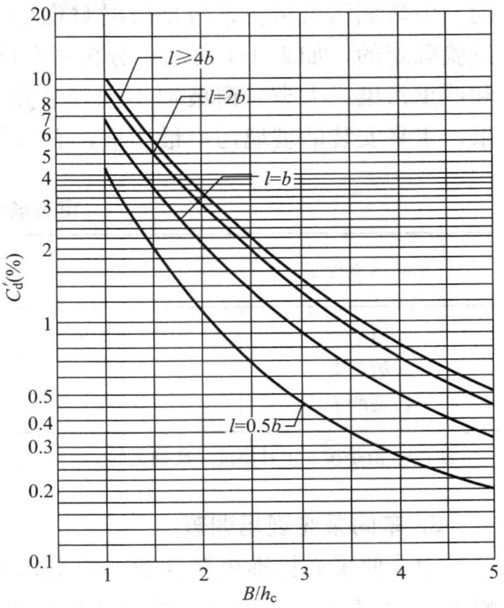

图 1-12 侧面采光计算图表

3. 我国光气候的初步研究

根据我国不同纬度、不同气候特点、不同季节等因素，对全国六个观测点哈尔滨、北京、西安、上海、重庆、广州进行照度和日辐射的对比观测，观测时间在1973冬至日和1974年夏至日前后，每个地方的观测时间为10～14天，观测方法和时间与各地气象观测站同步，共进行了1168次热光当量观测，经分析整理，取得了各地采用的热光当量值：哈尔滨为75、北京为62、上海为75、重庆48、广州83。利用这些数值乘以各地多年逐日逐时的太阳散射辐射强度平均值即可得到各地散射照度值。根据各地的照度曲线可以计算出不同室外临界照度时的全年天然光利用时数。代表我国不同纬度六个城市的全年天然光利用时数如表1-3所示。

不同临界照度时的全年天然光利用时数（h） **表 1-3**

地点	纬度（°）	室外临界照度值（lx）			
		2500	3000	5000	10000
哈尔滨	45	4435	4361	4106	3237
北京	40	4363	4205	3884	3030
西安	34	4250	4128	3914	3119
上海	31	4220	4096	3808	3134
重庆	30	3848	3727	3297	2137
广州	24	4336	4252	3976	3395

4. 采光计算参数

采光计算参数适用于各种天然采光计算方法，各参数值是通过调查研究和科学试验，经分析确定的。采光材料透光系数和饰面材料反射系数是根据实验室和现场测量确定的。透光材料共有22个品种，276件；饰面材料共有30余个品种，400余件，利用国产的TFK-1型光电光度计测量各系数。对全国101个车间进行实测调查，取得了大量透、反射材料数据。窗结构挡光折减系数和室内结构挡光折减系数是根据我国现行的建筑标准设计图选择具有代表性的钢窗、木窗、桁架、吊车梁等构件，在人工天空内进行模型试验得出的。窗玻璃污染折减系数是根据对现场95个不同车间的现场调查、结合现场试验和模型试验确定的，如表1-4所示。分析各车间污染情况，将车间污染程度分为清洁、一般污染和严重污染三大类。窗玻璃不同安装角度对污染系数的影响是不同的，根据现场试验结果，水平安装的玻璃污染最严重，而45°和倾斜的次之。

窗玻璃污染折减系数 τ_w 值 表1-4

车间污染程度	玻璃安装角度		
	垂直	倾斜	水平
清洁	0.90	0.75	0.60
一般污染	0.75	0.60	0.45
污染严重	0.60	0.45	0.30

注：τ_w 值是按6个月擦洗一次确定的。

5. 车间采光现场调查

为了使采光标准更符合我国的实际情况，便于应用，编制组先后对北京、哈尔滨、广州等20个大中城市的272个生产车间的采光进行了现场实测调查，包括机电、电子仪表、冶金、化工、轻工、纺织等工业系统，并征求了工人对采光的意见。根据对现场各种有代表性工作所需要的天然光照度最低值进行的实测调查结果如表1-5所示。

满足视觉工作的室内天然光照度实测值 表1-5

工作精确度	车间数（个）	工种数（个）	实测例数	工作面平均最低照度值（lx）	
特别精细工作	22	24	55	小对比（25例）	531
				中对比（21例）	234
				大对比（9例）	182
很精细工作	116	20	48	—	138
精细工作	14	17	37	—	94

6. 采光标准的技术经济分析

天然采光是用天空扩散作为光源，通过窗口采光来满足室内照明要求的，充分利用天然光不仅能满足生产和保护工人的视力健康，而且还可以节省人工照明用电。窗口面积的大小直接影响着采光的效果，临界照度的取值与我国的经济水平有关，通过分析研究解决针对不同视觉工作确定合理的开窗面积，根据我国的光气候资料确定经济合理的临界照度。

1.1.1.5　标准论文著作

1. 清华大学建工系建筑物理组. 天然采光计算的新方法［J］. 建筑学报，1976，03：11-15.

新的采光计算方法，具有以下几个特点：

第一、新方法取消了繁琐的逐点计算，直接给出采光标准要求复核的计算值（最低值），使计算工作量大大减少。

第二、新方法采用图表形式，简明易懂，使用方便。用新方法既能按设计条件迅速求出采光系数最低值，也能根据采光标准确定开窗面积，选择窗高、窗宽等设计参数。

第三、新方法有良好的精度。我们曾选择 8 个不同类型的工业厂房，以实测结果与本方法计算值相比较，平均相对误差为 8%。由于厂房使用后有设备挡光，管理水平也不一样，这些因素在计算时难以准确估计，所以这样的计算精度完全可以满足设计要求。

为了将本计算方法与国外的计算方法进行比较，共收集了十余种计算方法，选其中五种，通过典型例题与本计算方法进行了比较，其结果见表 1-6。

本计算方法与国外计算方法的比较 **表 1-6**

采光形式	室内平均反射系数（ρ_j）	本计算方法	CIE 法	达尼留克图表（苏）	BRS 法（英）	关原图表法（日）	DIN5034 法（德）
矩形天窗（C_{av}）	0	2.1	1.9	2.7	2.5	—	3.6
	0.3	2.9	2.6	3.0	3.3	—	3.6
	0.5	3.6	3.1	3.5	4.4	—	3.6
锯齿形天窗（C_{av}）	0	2.8	2.5	3.8	3.6	3.3	3.8
	0.3	3.9	3.5	5.0	4.3	3.9	3.8
	0.5	5.3	4.1	5.9	5.3	4.8	3.8
平天窗（C_{av}）	0	9.2	7.0	9.9	—	9.2	9.4
	0.3	10.6	9.7	10.9	—	11.3	9.4
	0.5	11.9	11.4	12.9	—	14.2	9.4
单侧采光（C_{min}）	0	1.0	—	1.1	1.1	1.2	1.2
	0.3	1.8	—	2.1	1.5	1.9	1.9
	0.4	2.6	2.9	3.3	2.1	2.5	2.4
	0.5	3.3	—	4.3	3.1	3.4	3.4

2. 喻柏林，焦书兰，荆其诚，张武田. 不同光源对视觉辨认的影响［J］. 心理学报，1980，01：46-56.

自然光源和人工光源的光谱组成不同、色温不同、显色的特性也不同。目前，关于自然光和各种光源对视觉辨认的影响研究还不够充分。本研究试图对自然光和几种人工光源之间的视觉效果进行比较，以探讨在确定照度标准时，对不同光源是否可采用统一照度水平。

如图 1-13 所示，自然光的视觉效果，无论从大小辨认或对比辨认来看，都比人工光源略显优越，尤其在低照度和小视角下两者差别较大，此现象可能与人类长期适应自然光有关。

1.1.1.6 创新点

1. 天然光视觉实验研究

根据在实验室内进行的天然光视觉试验，得出了中国人眼的天然光视功能曲线，即得出了识别对象大小、对比和照度三者之间的关系，对由实测调查所确定的各级照度值也从视功能曲线上得到了论证。研究结果为制定采光标准提供了科学依据。

2. 新的采光计算方法

过去国内多采用苏联采光规范中的达尼留克图表法，计算过程繁琐，且参数不尽符合

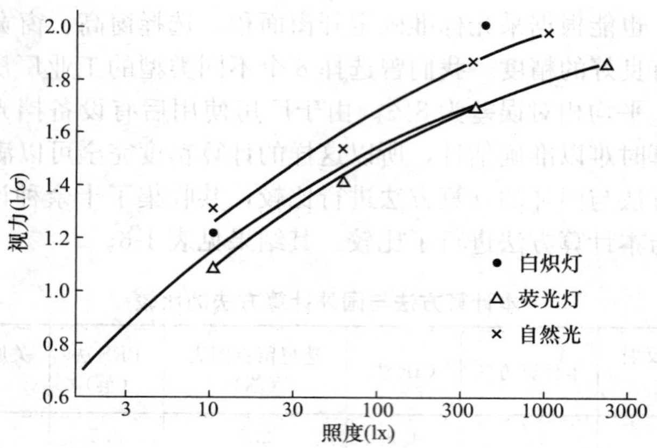

图 1-13 三种光源对视力的影响

我国实际情况。国内也曾经提出一些新的采光计算方法，在简化计算方面有所改进，但缺少实验的依据和实测的论证。1970 年国际照明委员会推荐的采光计算方法简明易懂、方便使用，但因其图表过多，限制了使用。本计算方法采用图表法，克服了以上不足，该方法简明易懂、使用方便且具有一定的精度，适合于常用采光形式的计算，能满足采光标准中对采光计算的各种要求。

1.1.1.7 社会经济效益

本标准根据视觉工作分级确定开窗面积的大小，不但对视觉工作有利，而且还可以大大降低建筑造价和人工照明的费用，窗口面积的加大意味着建筑造价的提高和采暖、管理费用的增加，因为窗的造价比围护结构的造价高得多，如哈尔滨单层钢窗 36.69 元/m²，清水砖墙 8.53 元/m²，广州单层钢窗 45.35 元/m²，清水砖墙 10.31 元/m²，当然开窗面积过小也会带来电费的增加。此外，室外临界照度的选取对采光的经济性也有着直接的影响，以北京为例，当室内照度为 250lx 时，室外临界照度由 3000lx 提高到 5000lx，照明用电量在一年之内将增加 7%。由此可见，临界照度定得过高或过低，窗口开得过大或过小都是不经济和不合理的，根据对六个城市哈尔滨、北京、西安、上海、重庆、广州采光口造价、照明费用、采暖费用的分析比较得出，当临界照度为 3000～5000lx 时，有最低的总支出。因此，制订天然采光标准，要做到技术先进、经济合理，就必须根据我国的光气候资源、电力的发展水平等因素，综合考虑制定出符合我国实际情况的标准。

1.1.2 《工业企业采光设计标准》GB 50033—91

1.1.2.1 标准编制主要文件资料

1. 封面、公告、前言

本版标准的封面、公告、修订说明、附加说明以及条文说明的封面、前言如图 1-14 所示。

2. 制修订计划文件

本版标准制修订计划文件如图 1-15 所示。

3. 编制组成立暨第一次工作会议

本版标准协调会议的通知如图 1-16 所示，本次会议纪要如图 1-17 所示。

UDC

中华人民共和国国家标准

GB

P

GB 50033—91

工业企业采光设计标准

Design standard of daylighting for industrial enterprises

1991-11-15 发布

1992-07-01 实施

国家技术监督局
中华人民共和国建设部
联合发布

中华人民共和国国家标准

工业企业采光设计标准

GB 50033—91

条文说明

1992 北 京

关于发布国家标准《工业企业采光设计标准》的通知

建标〔1991〕819号

根据国家计委计综〔1987〕2390号文的要求，由中国建筑科学研究院会同有关单位共同修订的《工业企业采光设计标准》已经有关部门会审。现批准《工业企业采光设计标准》(GB 50033—91)为国家标准，自1992年7月1日起施行。原《工业企业采光设计标准》(TJ33—79)同时废止。

本标准由建设部负责管理。具体解释等工作由中国建筑科学研究院负责。出版发行由建设部标准定额研究所负责组织。

建设部

1991年11月15日

修 订 说 明

本标准是根据国家计委计综〔1987〕2390号文的要求，由我部中国建筑科学研究院会同有关单位共同对《工业企业采光设计标准》(TJ33-79)修订而成。

在修订过程中，修订组进行了广泛的调查研究，认真总结了标准执行以来的经验，吸收了新的科研成果，广泛征求了全国有关单位的意见，最后由我部会同有关部门审查定稿。

本标准共分四章和八个附录。这次修订的主要内容有：生产车间工作面上的采光系数值、窗地面积比，并增加了光气候分区系数、晴天方向系数和眩光评价标准。

本标准在执行过程中，如发现需要修改和补充之处，请将意见和有关资料寄送中国建筑科学研究院建筑物理研究所（北京车公庄大街19号），以便今后修订时参考。

建设部

1991年7月

附加说明

本标准主编单位、参加单位和主要起草人名单

主编单位：中国建筑科学研究院

参加单位：重庆建筑工程学院
铁道部建厂局勘测设计院
航空航天工业部航空工业规划设计研究院
国家气象局气象科学研究院

主要起草人：林若慈 江淑惠 杨光璇 汪锡培 祝昌汉
黄永康 阎伟 崔明

前 言

根据国家计委计综〔1987〕2390号文的通知要求，由中国建筑科学研究院会同有关单位共同修订的《工业企业采光设计标准》(GB 50033—91)，经建设部1991年11月15日以建标〔1991〕819号文批准发布。

为便于广大设计、施工、科研、学校等有关单位人员在使用本标准时能正确理解和执行条文规定，《工业企业采光设计标准》修订组根据关于编制标准、规范条文说明的统一要求，按《工业企业采光设计标准》的章、条的顺序，编制了《标准条文说明》，供国内各有关部门和单位参考。在使用中如发现本条文说明有欠妥之处，请将意见函寄中国建筑科学研究院物理所《工业企业采光设计标准》国标管理组。

本《条文说明》仅供有关部门和单位执行本标准时使用，不得外传和翻印。

1991年11月

图 1-14 《工业企业采光设计标准》GB 50033—91 封面等

国家计划委员会局发文

计标函〔1987〕78号

关于发送《一九八八年工程建设标准规范制订修订计划》（草案）的通知

国务院各有关部门基建司（局），各省、自治区、直辖市计委（建委、建设厅）：

《一九八八年工程建设标准规范制订修订计划》（草案），已经我委批准并以计综〔1987〕2390号文随《一九八八年国民经济和社会发展计划》（草案）一起下达。为了便于开展工作，现将该计划（见附件）寄去，请你们根据计划要求做好安排。并请主编国家和专业标准的部门和单位，于明年三月底以前将主编各项标准的具体工作安排

—1—

一九八七年十二月二十五日

抄送：主编单位和参编单位

—2—

（*a*）

甲	乙	丙	1	2	3	4	5
7	工业企业采光设计标准（TJ33—79）	修订	补充晴天采光计算方法；增加眩光限制标准等内容	城乡建设部（中国建筑科学研究院）	重庆建筑工程学院、航空部第四规划设计研究院	1988～1989	1988年完成征求意见稿，1989年上半年完成送审稿，1989年年底完成报批稿
8	工业企业照明设计标准（TJ34—79）	修订	修改照度标准取值，补充眩光限制标准和混光标准	城乡建设部（中国建筑科学研究院）	航空部第四规划设计研究院、机械委设计研究院、电子部第十设计研究院	1988～1989	1988年完成征求意见稿，1989年上半年完成送审稿，1989年年底完成报批稿
9	村镇建筑规划设计标准	制订	1.适用范围、规划指导思想、阶段内容、依据和条件； 2.村镇规划包括村镇布点、规模预测、用地选择与技术经济指标、住宅建筑用地、公共建筑配置，道路、交通、绿化、给排水、电力通信、能源开发及环境工程等用地； 3.村镇建设包括建设规模、设施水平、主要技术经济指标和技术规定，建筑结构、通风、朝向、采光照明、音响、视线建筑设备等	城乡建设部（中国建筑技术发展中心）	浙江、四川、江苏、福建、江西、哈尔滨、广州等省、市城乡规划设计研究院（所）	1988～1990	1989年完成征求意见稿，1990年上半年完成送审稿，1990年下半年完成报批稿
10	城市道路交通规划设计规范	制订	城市道路交通的分类，城市道路系统的规划要求及各类道路交通的技术规定	城乡建设部（同济大学规划研究所）	北京市城市规划设计研究院、天津市科委，上海机械学院系统工程研究所、大连工学院	1987～1989	1988年上半年完成征求意见稿，下半年完成送审稿，1989年完成报批稿
11	城市工业布置规划设计规范	制订	工业用地选择、工业布局规划原则、工业企业安全、卫生防护[illegible]、工业用地规划技术经济指标	城乡建设部（中国城市规划设计研究院）	中国石油化工总公司石油化工规划院、冶金部北京钢铁设计研究总院，[illegible]机械委设计研究院，轻工部设计院，上海市规划管理局	1987～1989	1988年完成征求意见稿，1989年上半年完成送审稿，下半年完成报批稿

—3—

（*b*）

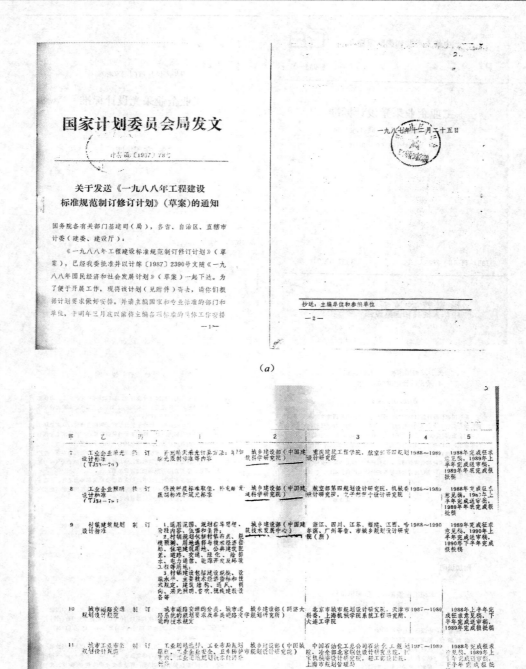

图 1-15 计标函［1987］78号 关于发送《一九八八年工程建设标准规范制订修订计划》（草案）的通知

中国建筑科学研究院

(88) 建研物字第8号

关于召开修订《工业企业采光设计标准》协调会议的通知

根据国家计划委员会局发文计标函[1987]78号文《关于一九八八年工程建设标准规范制定修订计划》(草案)的通知，我所负责《工业企业采光设计标准》修订的主编工作，抓请你单位参加修订工作。拟定于1988年3月25日(上午8:30)在我所二楼会议室召开修编工作协调会议，请你单位参加此项工作人员届时出席。协调会议内容及会前准备工作详见附件。

附件：关于《工业企业采光设计标准》修订工作计划。

中国建筑科学研究院建筑物理研究所

一九八八年三月十日

报送：国家计委基本建设标准定额局、建设部标准化委员会办公室、建设工程标准研究中心、航空工业部建设司、铁道部基建总局设计处。

图 1-16 《工业企业采光设计标准》GB 50033—91 协调会议通知

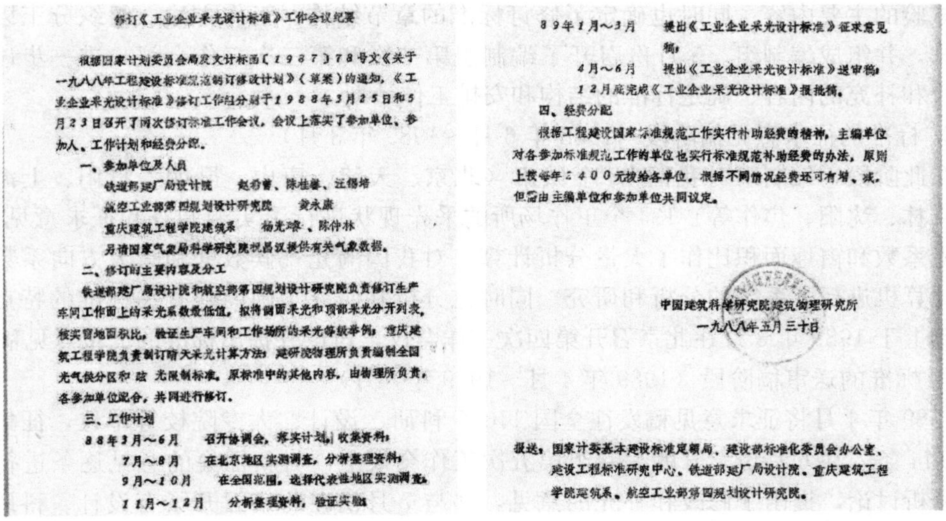

修订《工业企业采光设计标准》工作会议纪要

根据国家计划委员会局发文计标函〔1987〕78号文《关于一九八八年工程建设标准规范制订修改计划》(草案)的通知，《工业企业采光设计标准》修订工作组分别于1988年3月25日和5月23日召开了两次修订标准工作会议，会议上落实了参加单位、参加人、工作计划和经费分配。

一、参加单位及人员

铁道部建厂局设计院　赵石曾、陈桂馨、汪锡培

航空工业部第四规划设计研究院　黄永康

重庆建筑工程学院建筑系　杨光璿、陈仲林

另请国家气象局科学研究院祝昌汉提供有关气象数据。

二、修订的主要内容及分工

铁道部建厂局设计院和航空部第四规划设计研究院负责修订生产车间工作面上的采光系数最低值，拟将侧面采光和顶部采光分开列表，核实窗地面积比，验证生产车间和工作场所的采光等级举例；重庆建筑工程学院负责制订晴天采光计算方法；建研院物理所负责编制全国光气候分区和眩光限制标准。原标准中的其他内容，由物理所负责，各参加单位配合，共同进行修订。

三、工作计划

88年3月～6月　召开协调会，落实计划，收集资料；

7月～8月　在北京地区实测调查，分析整理资料；

9月～10月　在全国范围，选择代表性地区实测调查；

11月～12月　分析整理资料，验证实验

89年1月～3月　提出《工业企业采光设计标准》征求意见稿；

4月～6月　提出《工业企业采光设计标准》送审稿；

12月底完成《工业企业采光设计标准》报批稿。

四、经费分配

根据工程建设国家标准规范工作实行补助经费的精神，主编单位对各参加标准规范工作的单位也实行标准规范补助经费的办法，原则上按每年2400元拨给各单位，根据不同情况经费还可有增、减，但需由主编单位和参加单位共同议定。

中国建筑科学研究院建筑物理研究所

一九八八年五月三十日

报送：国家计委基本建设标准定额局、建设部标准化委员会办公室、建设工程标准研究中心、铁道部建厂局设计院、重庆建筑工程学院建筑系、航空工业部第四规划设计研究院。

图 1-17 《工业企业采光设计标准》GB 50033—91 第一次工作会议纪要

4. 送审报告

中华人民共和国国家标准

工业企业采光设计标准

GBJ XX—XX

（送审报告）节选

《工业企业采光设计标准》编制组

一九八九年　北京

一、修订标准的任务来源及主要参加单位

本标准是依据国家计划委员会计标函（1987）78 号文通知的要求，由中国建筑科学

研究院会同重庆建筑工程学院、铁道部建厂局设计院、航空航天工业部航空工业规划设计研究院、国家气象局气象科学研究院共同对《工业企业采光设计标准》TJ 33—79 修订而成。

二、修订的目的

在十年的改革开放方针指引下，我国的建筑事业得到迅速发展，采光技术也随之发展，各种新型采光材料和采光形式不断出现，各种有效利用天然光的新方法、新技术不断得到开发。原标准规定的内容已远不能满足日益发展的建筑业的需要，也满足不了国民经济节约能源的需要，更满足不了人们对采光合理使用的需要，因此急需对原标准进行修订，以便提高采光设计水平，做到技术先进、经济合理、使用方便，既有利于保护视力，又能提高劳动生产率和产品质量。

三、修订标准的简要过程及主要工作

本标准的修订工作分为三个阶段：

1. 准备工作阶段（1988 年 1 月～5 月）

1988 年 3 月在北京召开了第一次工作会议（协调工作会议），会议分析了原标准需要修订和补充的主要内容，确定了修改原标准需要解决的主要技术问题以及实测和必要的科学试验的主要内容。同时也确定了修订标准的章节结构、工作方法、组织分工以及进度安排，并组成编制组。5 月份召开了编制组第二次和第三次工作会议，进一步讨论标准修改和补充的内容、确定标准的结构和安排工作计划。

2. 标准的征求意见稿阶段（1988 年 6 月～1989 年 3 月）

在此阶段，编制组对我国 18 个城市（北京、天津、唐山、昆明、贵阳、上海、镇江、吉林、沈阳、焦作等）134 个工作场所的采光现状进行了实测调查和征求意见工作。对采光系数和窗地面积比作了大量分析计算，对我国的光气候数据和晴天方向系数采用电子计算机进行了系统的分析和研究。同时也分析和研究了国内外有关标准的特点，在此基础上于 1989 年 3 月在北京召开第四次工作会议，讨论并提出标准的征求意见稿。

3. 标准的送审稿阶段（1989 年 4 月～1989 年 8 月）

1989 年 4 月将征求意见稿发往全国 110 个科研、设计、大专院校等单位，征集意见总计 144 条，在 6 月份召开的编制组第五次工作会议上，对新征集的意见逐条进行了认真的分析讨论，提出了修改和补充的意见，并与 7 月初在北京召开了有设计、科研、大专院校等有关专家参加的征求意见会，对标准进行了深入广泛的讨论，对许多关键技术问题取得了统一意见，使标准的内容更加完善，章节安排更加合理，整个标准的水平得到进一步提高。会后编制组又召开了第六次工作会议，提出了标准的送审稿、条文说明以及各项技术报告和资料。

四、修订的主要内容及修订依据

1. 原标准两章六个附录，本标准分为四章八个附录，增加了很多新的内容，贯彻执行了“节能”的方针。

2. 采光系数标准值：

(1) 原标准规定侧面采光和顶部采光统一取采光系数最低值，本标准规定侧面采光和顶部采光分别取不同的标准值，侧面采光取采光系数最低值，顶部采光取采光系数平均值，这样取值不仅能反映建筑上的特点，而且能较客观地反映一个车间采光的状况。在采光检验时，不会因某一点的数值而影响到对整个场所的采光效果评价。

(2) 增加了工业企业辅助建筑的采光设计标准，原标准不包括增加了工业企业辅助建筑采光等级举例表。本标准是根据实测调查和借鉴国内外有关标准制订的。

(3) 根据实测调查和各部门制订的设计标准和规范，对本标准生产车间和工作场所的采光等级进行了增补和调整，如Ⅱ级补充了精密理化实验室和计量室、收录机和录像机，Ⅲ级补充了发电厂锅炉房的化学水处理车间等，对自行车装配和检验车间、油漆车间和电镀车间等的采光等级进行了调整。

(4) 本标准对亮度对比小的视觉作业，规定其采光等级可提高一级，本条是根据在实验室内进行的对比辨认实验确定的，对比对视觉工作要求的照度有很大影响，故本标准规定对亮度对比小的视觉作业，其采光等级可提高一级。

3. 光气候分区系数

原标准规定我国取统一的室外临界照度值5000lx，这既不符合实际情况，也不符合节能的方针，我国地域广大，天然光状况相差甚远，天然光丰富区较之天然光不足区全年室外平均总照度相差约50%，在相同的室外临界照度下，全年天然光利用时数相差很多，根据这一特点，本标准将我国划分为五个光气候区，这样可充分利用各地区的天然光资源，取得更多的利用时数。光气候系数就是考虑地区光气候特点提出来的系数，它意味着对不同的光气候区取不同的室外临界照度，即在保证一定室内照度的情况下，各地区规定不同的采光系数。

4. 窗地面积比

(1) 根据实测调查和分析计算，对原标准的窗地面积比进行了个别调整，单侧采光的窗地比在极端有利的条件下只能达到1/2，Ⅰ级标准仍保留1/2.5，Ⅱ、Ⅲ级调为1/3和1/4。矩形天窗的窗地比可达到1/3.5，Ⅲ级窗地比调为1/4.5，平天窗由于采光效率高，窗地面积比还可降低，但考虑到遮挡和污染等因素，原标准规定的数值仍不变。

(2) 原标准的窗地面积比表仅给出一比值，反映不出建筑进深、开间、窗口尺寸与窗地面积比的关系。为便于在设计中用简捷的方法调整建筑尺寸，以达到或接近相应的采光等级标准，本标准增加了建筑尺寸对应的窗地面积比表。

5. 晴天方向系数

光气候分区中的Ⅰ、Ⅱ区和Ⅲ区的部分地区，全年晴天占很大比例，年日照率在60%以上。这些地方的采光设计应考虑晴天的特点，当有太阳光时，不但照度高，而且各朝向的垂直面照度也不同，利用晴、阴两种天气条件下计算出不同纬度、不同朝向、垂直面和水平面的散射照度和总照度的结果，提出了晴天方向系数表。

6. 采光质量

窗的不舒适眩光是评价采光质量的重要指标之一，本标准根据对生产车间窗眩光实测和评价结果及“工业厂房窗眩光特性和标准的研究”和“眩光评价方法和平天窗采光的研究”，并参考国外有关标准制定了生产车间侧窗不舒适眩光评价标准。为使设计人员在进行采光设计时能有效地控制不舒适眩光，本标准还规定了各种改善光质量的措施。

五、本标准的特点

1. 本标准的科学依据充分

本标准吸取了原标准的实测调查和科学试验结果，并在修订本标准过程中又重新有针对性地进行了实测调查和科学论证，同时广泛地吸取了近十年的科研成果和设计使用经验，因此本标准有充分的科学依据。

2. 技术先进、内容完善、各项指标符合中国国情

（1）本标准借鉴了国内、外有关标准的规定，并且采用了我国近几年来最新的科研成果和采光技术。

（2）本标准的结构完整，内容完善。内容包括采光系数标准值、窗地面积比、采光计算、采光质量评价等。

（3）本标准所规定的各项技术指标和措施符合实际，条文精炼，设计计算图表化，便于设计人员执行。

3. 经济合理

由于本标准对不同采光形式规定了不同的窗地面积比和对不同光气候区规定了不同的室外临界照度，从而使设计者能够根据不同的建筑形式和地区特点合理地进行采光设计，可以有效地利用天然光，节约能源。

4. 标准的技术水平

在制订标准的方法和其反映的内容方面具有国际水平，标准的取值和有关条文的规定符合中国国情。

六、存在的问题和今后的课题

1. 开展光气候研究，提供昼光可用性资料及与能源、微气候和地方特性有关的资料。

2. 研究提出我国采光设计用平均天空的数学模型。

3. 研究提出适用于不同天气状况的采光计算方法。

4. 研究高效能的采光形式及采光技术，如锥形天窗、导光管等。

中国建筑科学研究院

(89)建院物字第4号

关于邀请参加《工业企业采光设计标准》

(国标修订)审查会议的函

根据国家计委计标(1987)78号文《关于一九八八年工程建设标准规范制订修订计划》(草案)下达的任务，《工业企业采光设计标准》(国标修订)现已完成送审稿。我院受建设部标准定额司的委托，拟定于1989年10月18日至22日在安徽省屯溪市召开审查会。特邀请您单位 同志为审查委员，现将该标准的送审稿及其条文说明各一份随函寄上，请转交该同志审阅，并请届时参加会议。会议有关事项通知如下：

1.报到日期，10月17日。

2.报到地点，屯溪市气象局招待所。17日在屯溪市火车站、汽车站有车接。

3.往返中转由南京、合肥为宜。会议代办屯溪至南京、合肥车票，中转车票自理。

4.会议期间食宿费、交通费自理。

5.代表回执请在10月5日前寄北京西城区车公庄大街19号建研院物理所 收

(邮政编码100044)。

回 执

姓名	性别	职务、职称	单位

图 1-18 《工业企业采光设计标准》GB 50033—91 审查会议通知

5. 审查会议

本版标准审查会议通知如图 1-18 所示；本次会议的影像资料如图 1-19 所示；关于寄送《工业企业采光和照明标准》审查会议纪要的函及会议纪要如

图 1-19 《工业企业采光设计标准》GB 50033—91 审查会议合影

图 1-20 所示，包括（a）关于寄送《工业企业采光设计标准》（国标）审查会会议纪要的函，（b）附件 1《工业企业采光设计标准》审查会会议纪要，（c）附件 2《工业企业采光设计标准》审查会代表名单。

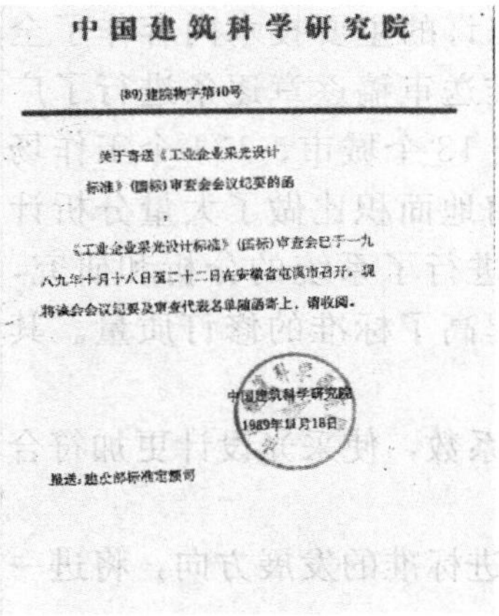

中国建筑科学研究院

(89) 建院物字第10号

关于寄送《工业企业采光设计标准》(国标) 审查会会议纪要的函

《工业企业采光设计标准》(国标) 审查会已于一九八九年十月十八日至二十二日在安徽省屯溪市召开，现将该会会议纪要及审查代表名单随函寄上，请收阅。

中国建筑科学研究院
1989年10月18日

报送：建设部标准定额司

（a）

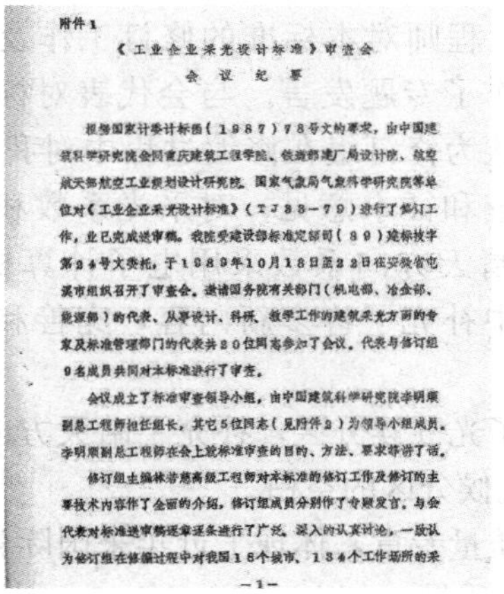

附件 1

《工业企业采光设计标准》审查会
会议纪要

根据国家计委计标函（1987）78号文的要求，由中国建筑科学研究院会同重庆建筑工程学院、铁道部建厂局设计院、航空航天部航空工业规划设计研究院、国家气象局气象科学研究院等单位对《工业企业采光设计标准》（TJ 33—79）进行了修订工作，业已完成送审稿。我院受建设部标准定额司（89）建标技字第24号文委托，于1989年10月18日至22日在安徽省屯溪市组织召开了审查会。邀请国务院有关部门（机电部、冶金部、能源部）的代表、从事设计、科研、教学工作的建筑采光方面的专家及标准管理部门的代表共20位同志参加了会议。代表与修订组9名成员共同对本标准进行了审查。

会议成立了标准审查领导小组，由中国建筑科学研究院李明顺副总工程师担任组长，其它5位同志（见附件2）为领导小组成员。李明顺副总工程师在会上就标准审查的目的、方法、要求等讲了话。

修订组主编林若慈高级工程师对本标准的修订工作及修订的主要技术内容作了全面的介绍，修订组成员分别作了专题发言。与会代表对标准送审稿逐章逐条进行了广泛、深入的认真讨论，一致认为修订组在修编过程中对我国18个城市、134个工作场所的采

—1—

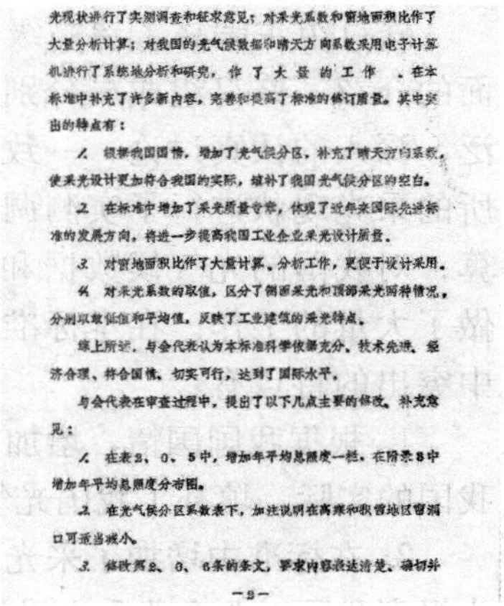

光现状进行了实测调查和征求意见；对采光系数和窗地面积比作了大量分析计算；对我国的光气候数据和晴天方向系数采用电子计算机进行了系统地分析和研究，作了大量的工作。在本标准中补充了许多新内容，完善和提高了标准的修订质量。其中突出的特点有：

1. 根据我国国情，增加了光气候分区，补充了晴天方向系数，使采光设计更加符合我国的实际，填补了我国光气候分区的空白。

2. 在标准中增加了采光质量专章，体现了近年来国际先进标准的发展方向，将进一步提高我国工业企业采光设计质量。

3. 对窗地面积比作了大量计算、分析工作，更便于设计采用。

4. 对采光系数的取值，区分了侧面采光和顶部采光两种情况，分别取最低值和平均值，反映了工业建筑的采光特点。

综上所述，与会代表认为本标准科学依据充分、技术先进、经济合理、符合国情、切实可行，达到了国际水平。

与会代表在审查过程中，提出了以下几点主要的修改、补充意见：

1. 在表2、0、5中，增加年平均总照度一栏，在附录8中增加年平均总照度分布图。

2. 在光气候分区系数表下，加注说明在高寒和积雪地区窗洞口可适当减小。

3. 修改第2、0、6条的条文，要求内容表达清楚、确切并

—2—

（b）

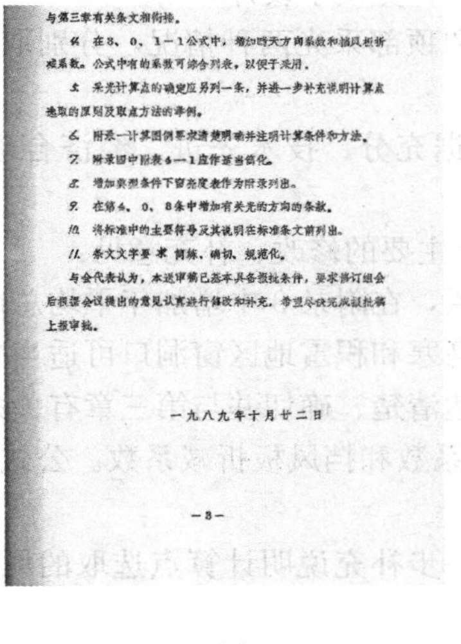

与第三章有关条文相衔接。

4. 在3、0、1—1公式中，增加晴天方向系数和挡风板折减系数。公式中有的系数可综合列表，以便于采用。

5. 采光计算点的确定应另列一条，并进一步补充说明计算点选取的原则及取点方法的举例。

6. 附录一计算图例要求清楚明确并注明计算条件和方法。

7. 附录四中附表4—1应作适当简化。

8. 增加典型条件下窗亮度表作为附录列出。

9. 在第4、0、8条中增加有关光的方向的条款。

10. 将标准中的主要符号及其说明在标准条文前列出。

11. 条文文字要求简练、确切、规范化。

与会代表认为，本送审稿已基本具备报批条件，要求修订组会后根据会议提出的意见认真进行修改和补充，希望尽快完成报批稿上报审批。

一九八九年十月廿二日

—3—

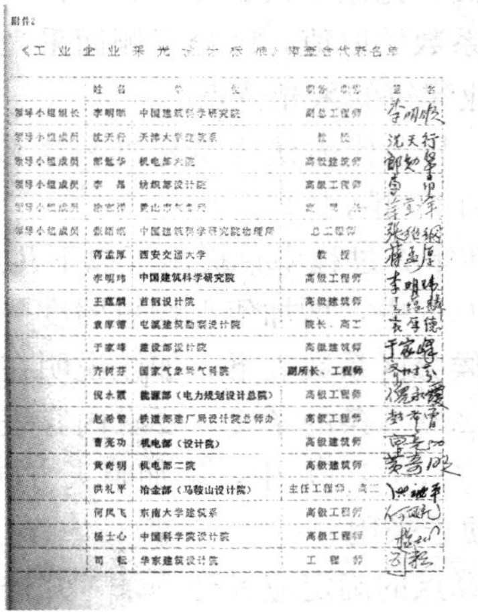

附件 2

《工业企业采光设计标准》审查会代表名单

	姓名	单位	职务职称	签名
领导小组组长	李明顺	中国建筑科学研究院	副总工程师	
领导小组成员	沈天行	天津大学建筑系	教授	
领导小组成员	郎[illegible]华	机电部大院	高级建筑师	
领导小组成员	李 [illegible]	纺织部设计院	高级工程师	
领导小组成员	[illegible]	黄山市气象局	[illegible]	
领导小组成员	张绍纲	中国建筑科学研究院物理所	总工程师	
	蒋孟厚	西安交通大学	教授	
	李明玮	中国建筑科学研究院	高级工程师	
	王蕴麒	首钢设计院	高级建筑师	
	袁厚德	屯溪建筑勘察设计院	院长、高工	
	于家峰	建设部设计院	高级建筑师	
	齐树芬	国家气象局气科院	副所长、工程师	
	倪永霞	能源部（电力规划设计总院）	高级工程师	
	赵希曾	铁道部建厂局设计院总师办	高级工程师	
	曹亮功	机电部（设计院）	高级建筑师	
	黄奇明	机电部二院	高级建筑师	
	洪礼平	冶金部（马鞍山设计院）	主任工程师、高工	
	何民飞	东南大学建筑系	高级工程师	
	杨士心	中国科学院设计院	高级工程师	
	司 耘	华东建筑设计院	工程师	

（c）

图 1-20 《工业企业采光设计标准》GB 50033—91 审查会议纪要

《工业企业采光设计标准》审查会会议纪要（节选）

根据国家计委计标函（1987）78 号文的要求，由中国建筑科学研究院会同重庆建筑工程学院、铁道部建厂局设计院、航空航天部航空工业规划设计研究院、国家气象局气象科学研究院等单位对《工业企业采光设计标准》TJ 33—79 进行了修订工作，业已完成送审稿。我院受建设部标准定额司（89）建标技字第 24 号文委托，于 1989 年 10 月 18 日至 22 日在安徽省屯溪市组织召开了审查会。邀请国务院有关部门（机电部、冶金部、能源部）的代表，从事设计、科研、教学工作的建筑采光方面的专家及标准管理部门的代表共 20 位同志参加了会议。代表与修订组 9 名成员共同对标准进行了审查。

会议成立了标准审查领导小组，由中国建筑科学研究院李明顺副总工程师担任组长，其他5位同志（见附件2）为领导小组成员。李明顺副总工程师在会上就标准审查的目的、方法、要求等讲了话。

修订组主编林若慈高级工程师对本标准的修订工作及修订的主要技术内容作了全面的介绍，修订组成员分别作了专题发言。与会代表对标准送审稿逐章逐条进行了广泛、深入的认真讨论，一致认为修订组在修编过程中对我国18个城市、134个工作场所的采光现状进行了实测调查和征求意见；对采光系数和窗地面积比做了大量分析计算；对我国的光气候数据和晴天方向系数采用电子计算机进行了系统的分析和研究，做了大量的工作。在本标准中补充了许多新内容，完善和提高了标准的修订质量。其中突出的特点有：

1. 根据我国国情，增加了光气候分区，补充了晴天方向系数，使采光设计更加符合我国的实际，填补了我国光气候分区的空白。

2. 在标准中增加了采光质量专章，体现了近年来国际先进标准的发展方向，将进一步提高我国工业企业采光设计质量。

3. 对窗地面积比做了大量计算、分析工作，更便于设计采用。

4. 对采光系数的取值，区分了侧面采光和顶部采光两种情况，分别取最低值和平均值，反映了工业建筑的采光特点。

综上所述，与会代表认为本标准科学依据充分、技术先进、经济合理、符合国情、切实可行，达到了国际水平。

与会代表在审查过程中，提出了以下几点主要的修改、补充意见：

1. 在表2.0.5中，增加年平均总照度一栏，在附录3中增加年平均总照度分布图。

2. 在光气候分区系数表下，加注说明在高寒和积雪地区窗洞口可适当减小。

3. 修改第2.0.6条的条文，要求内容表达清楚、确切并与第三章有关条文相衔接。

4. 在公式（3.0.1-1）中，增加晴天方向系数和挡风板折减系数。公式中有的系数可综合列表。以便于采用。

5. 采光计算点的确定应另列一条，并进一步补充说明计算点选取的原则及取点方法的举例。

6. 附录一计算图例要求清楚明确并注明计算条件和方法。

7. 附录四中附录表4-1应作适当简化。

8. 增加典型条件下窗亮度表作为附录列出。

9. 在第4.0.3条中增加有关光的方向的条款。

10. 在标准中的主要符号及其说明在标准条文前列出。

11. 条文文字要求简练、确切、规范化。

与会代表认为，本送审稿已基本具备报批条件，要求修订组会后根据会议提出的意见认真进行修改和补充，希望尽快完成报批稿上报审批。

一九八九年十月廿二日

6. 发布公告

本版标准公告如图 1-21 所示。

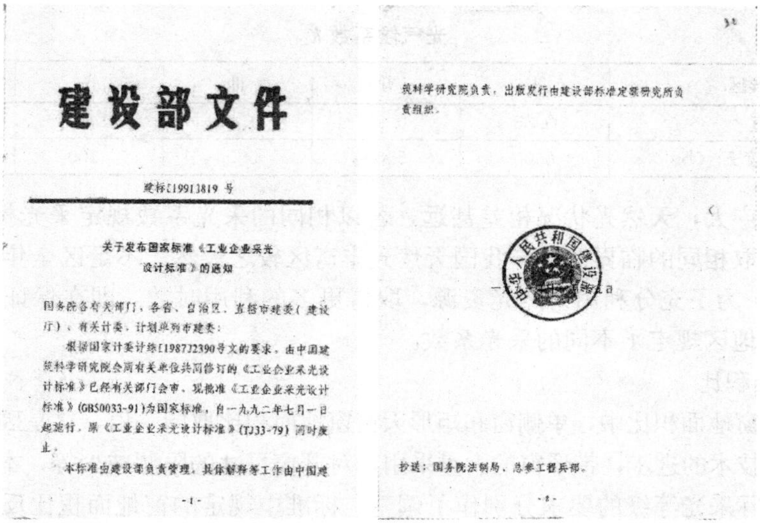
建设部文件

建标[1991]819 号

关于发布国家标准《工业企业采光设计标准》的通知

国务院各有关部门，各省、自治区、直辖市建委（建设厅）、有关计委、计划单列市建委：

根据国家计委计综[1987]2390号文的要求，由中国建筑科学研究院会同有关单位共同修订的《工业企业采光设计标准》已经有关部门会审，现批准《工业企业采光设计标准》(GB50033-91)为国家标准，自一九九二年七月一日起施行，原《工业企业采光设计标准》(TJ33-79) 同时废止。

本标准由建设部负责管理，具体解释等工作由中国建筑科学研究院负责，出版发行由建设部标准定额研究所负责组织。

-1-

中华人民共和国建设部

抄送：国务院法制局、总参工程兵部。

-2-

图 1-21　建标［1991］819 号　关于发布国家标准《工业企业采光设计标准》的通知

1.1.2.2　标准内容简介

本标准共分四章八个附录，主要内容有总则、采光标准、采光计算、采光质量。本次修订的主要内容有：生产车间工作面上的采光系数值、窗地面积比、并增加了光气候分区系数、晴天方向系数和眩光评价标准。

1.1.2.3　重要条款和重要指标

1. 采光标准值

本标准规定的作业场所工作面上的采光系数标准值如表 1-7 所示。

生产车间工作面上的采光系数标准值　　表 1-7

采光等级	视觉工作分类		侧面采光		顶部采光	
	工作精确度	识别对象的最小尺寸 d（mm）	室内天然光照度（lx）	采光系数 C_{min}（%）	室内天然光照度（lx）	采光系数 C_{av}（%）
Ⅰ	特别精细	$d \leqslant 0.15$	250	5	350	7
Ⅱ	很精细	$0.15 < d \leqslant 0.3$	150	3	250	5
Ⅲ	精细	$0.3 < d \leqslant 1.0$	100	2	150	3
Ⅳ	一般	$1.0 < d \leqslant 5.0$	50	1	100	2
Ⅴ	粗糙	$d > 5.0$	25	0.5	50	1

注：采光系数最低值是根据室外临界照度 5000lx 制定的。表中所列采光系数值适用于我国Ⅲ类光气候区。

在上一版标准中将侧面采光和顶部采光的采光系数都定为最低值，在实施过程中遇到一些问题，主要是顶部采光最低值的计算点和测量点的位置难以确定，因此本标准增加了附录 2，给出了计算点的确定方法，特别是对混合采光的情况，需要分出侧面采光区和顶部采光区，然后再分别进行采光计算。

2. 光气候区和光气候系数

本标准规定的作业场所工作面上的采光系数标准值适用于我国Ⅲ类光气候区，其他光气候区的光气候系数应按表 1-8 取值，所在地区的采光系数标准值应乘以相应地区的光气候系数值。

光气候系数 k **表 1-8**

光气候区	Ⅰ	Ⅱ	Ⅲ	Ⅳ	Ⅴ
k 值	0.85	0.90	1.00	1.10	1.20
室外临界照度 E_l（lx）	6000	5500	5000	4500	4000

我国地域广大，天然光状况相差甚远，若以相同的采光系数规定采光标准不尽合理，即意味着室外取相同的临界照度。我国天然光丰富区较之天然光不足区全年平均总照度相差约为 50 %，为了充分利用天然光资源，取得更多的利用时数，即在保证一定室内照度的情况下，各地区规定了不同的采光系数。

3. 窗地面积比

原标准的窗地面积比中，单侧窗和矩形天窗窗地面积比取同一值，这是因为受建筑条件的限制，随着技术的进步，带形窗的大量采用，对开窗尺寸的限制减少等，本次修订将窗地面积比根据实际采光等级的要求分别作了调整。标准中规定的窗地面积比反映不出建筑进深、开间、窗口尺寸与窗地面积比的关系。为便于在设计中用简捷的方法调整建筑尺寸，以达到或接近相应的采光等级标准，本标准给出了附录五《建筑尺寸对应的窗地面积比》。

4. 生产车间侧窗的不舒适眩光

生产车间侧窗的不舒适眩光评价标准宜满足表 1-9 的规定。

生产车间侧窗的不舒适眩光评价标准 **表 1-9**

眩光评价等级	眩光感觉程度	眩光限制值		适用场所举例
		窗亮度 L_s（cd/m²）	窗眩光指数 DGI	
A	无感觉	2000	20	精密仪器加工和装配车间等
B	有轻微感觉	4000	23	精密机械加工和装配车间等
C	可接受	6000	25	机电装配车间、机修电修车间等
D	不舒适	7000	27	焊接车间、钣金车间等
E	能忍受	8000	28	造纸厂原料处理车间等

窗的不舒适眩光是评价采光质量的重要指标之一，根据对生产车间窗眩光实测和评价结果及《工业厂房窗眩光特性和标准的研究》和《眩光评价方法和平天窗采光的研究》，并参考了国外有关标准制定了本条规定。

本标准规定的各级眩光程度与国外标准各级眩光程度相对应。表中所列眩光限制值为上限值。

关于顶部采光的眩光，据实测和计算表明，由于眩光源不在水平视线位置，在同样的窗亮度下顶窗的眩光一般要小于侧窗的眩光，顶部采光对室内的眩光效应主要为反射眩光。

窗的不舒适眩光窗眩光指数 DGI 计算比较复杂，为了便于使用标准中给出了典型条件下的窗亮度值。

1.1.2.4 专题技术报告

共有 8 个专题研究报告：采光实测调查与采光标准值的确定、我国光气候的研究及分区、采光系数与窗地面积比、窗地面积比的调查与分析、采光标准的技术经济分析、晴天采光方向系数的确定、窗的不舒适眩光及其评价、国外采光标准汇编。

1. 采光实测调查与采光标准值的确定

编制组于 1988 年 9 月至 1989 年 4 月在全国范围内对华北、西南、中南及东北等地区的 85 个工厂、68 个车间和 184 个工作场所，进行了采光系数和窗地面积比的实测调查，共取得 5000 多个数据。根据实测调查分析结果确定侧面采光取采光系数最低值，顶部采光取采光系数平均值，并对标准值进行了相应调整。

2. 我国光气候的研究及分区

本课题研究是由中国建筑科学研究院和国家气象局气象科学研究院共同完成的。采光标准是依据室外天然光照度制定的，我国有丰富的天然光资源，要充分利用这种资源，必须对衡量天然光资源的一项重要指标天然光照度进行研究。鉴于我国气象部门对太阳辐射、日照时间、云状、云量和地面各种气象资料都进行了长期观测，积累了大量数据。本课题的目的就是要建立辐射与光照度之间的关系，从而利用我国多年的太阳辐射资料通过辐射光当量来获得各个地区的天然光照度分布资料。

1）辐射光当量的定义

辐射光当量 K 通常表示为光照度（lx）与同一时间太阳辐照（W/m^2）之比值。

$$K=\frac{K_m\int_{\lambda=380}^{\lambda=780}S(\lambda)V(\lambda)\mathrm{d}\lambda}{\int_{\lambda=0}^{\lambda=\infty}S(\lambda)\mathrm{d}\lambda} \tag{1-4}$$

式中：K_m——最大的光谱光视效能，$K_m=683\mathrm{lm/W}$；

$S(\lambda)$——太阳光谱辐射分量；

$V(\lambda)$——CIE 标准光度观察者的光谱光视效率。

2）照度和辐射的对比观测

从 1983 年 1 月 1 日至 1984 年 12 月 31 日，在全国选取了 14 个不同气候特点的日射站（北京、上海、黑河、长春、二连浩特、西安、重庆、西宁、玉树、长沙、昆明、广州、福州、乌鲁木齐）进行了每日逐时的照度与辐射的同步对比观测，数据采集和处理设备与观测站如图 1-22 和图 1-23 所示。统计结果表明，各地区的辐射光当量 $K=E/Q(\mathrm{lx/W\cdot m^{-2}})$ 不是一个常数，通过相关分析发现它与各个气象因素有关。

图 1-22 数据采集和处理设备

图 1-23 观测站全景

3）辐射光当量与各气象参数的关系

$$K_Q = E_Q/Q \tag{1-5}$$

式中：K_Q——总辐射光当量 [lx/(W·m^{-2})]；

E_Q——总照度；

Q——总辐射。

$$K_D = E_D/D \tag{1-6}$$

式中：K_D——散射辐射光当量 [lx/(W·m^{-2})]；

E_D——散射照度；

D——散射辐射。

根据对 14 个测站两年完整所得的总照度、散射照度、总辐射、散射辐射以及云量、云状、太阳高度角等各项观测资料的统计分析，辐射光当量与各统计结果表明，辐射光当量与地区气候特点气象因素有着密切的关系，我们选择与辐射光当量有关的气象参数作为相关因子，建立多元线性回归方程，进行了回归分析。

$$K = b_0 + b_1 \times N + b_2 \times H + b_3 \times M + b_4 \times S + b_5 \times C \tag{1-7}$$

式中：K——年或月的平均辐射光当量 [lx/(W·m^{-2})]；

N——地理纬度（°）；

H——海拔高度（m）；

M——平均绝对湿度（MPa）；

S——日照时数（h）；

C——总云量（成）；

b_0、b_1、b_2、b_3、b_4、b_5——回归方程中的待定系数。

由 14 个测站连续两年每日逐时的照度和辐射对比观测资料统计计算出年和月的平均总辐射光当量和散射辐射光当量列于表 1-10 和表 1-11。

14 个测站的年平均辐射光当量值 [lx/(W·m^{-2})] **表 1-10**

测站	北京	黑河	长春	乌鲁木齐	二连浩特	西宁	西安
K_Q	95.9	108.5	98.8	99.5	102.8	102.4	118.3
K_D	104.2	125.8	99.2	106.4	106.0	106.7	129.9

14 个测站的年平均辐射光当量值 [lx/(W·m^{-2})] **表 1-11**

测站	玉树	上海	重庆	长沙	福州	昆明	广州
K_Q	113.7	113.9	115.7	123.8	117.1	121.9	113.1
K_D	114.2	119.4	116.7	124.0	123.3	128.5	118.7

每一种辐射光当量对应于一组不同的待定系数，将各测站的辐射光当量值和该地区的各气象参数代入方程即可求得月或年的待定系数。然后将各系数和所求地区的气象参数代入回归方程，则可求得该区的辐射光当量。

根据对 14 个观测站所得资料进行的相关分析表明，总辐射光当量年或月的复相关系数在 0.80～0.90 之间，回归方程拟合的年平均总辐射光当量 K_Q 的相对误差小于 7%，说明用此方法求得的光当量值能满足实用精度的要求。同理，还可以求出散射辐射光当量

K_D 的待定系数、复相关系数和相对误差分布以及任意太阳高度角下的辐射光当量。

4）我国的天然光照度和分区

根据辐射光当量法，利用我国 30 年辐射观测资料和地面气象参数，在求得各地区光当量的基础上，利用公式（1-5）和公式（1-6），可求得我国 137 个地区的年室外平均总照度和散射照度，如表 1-12 所示。

光气候系数和室外临界照度取值　　表 1-12

区类	站数（个）	照度范围（klx）	年平均总照度（klx）	光气候系数 K_C	室外临界照度（lx）
Ⅰ	17	＞28	31.46	0.85	6000
Ⅱ	19	28～26	27.17	0.90	5500
Ⅲ	41	26～24	24.76	1.00	5000
Ⅳ	41	24～22	23.00	1.10	4500
Ⅴ	17	＜22	21.18	1.20	4000

注：按天然光年平均总照度（klx）分区：

Ⅰ：$E_q \geqslant 28$；Ⅱ：$26 \leqslant E_q \leqslant 28$；Ⅲ：$24 \leqslant E_q \leqslant 26$；Ⅳ：$22 \leqslant E_q \leqslant 24$；Ⅴ：$E_q < 22$

如图 1-24 所示的光气候分区图表明，光照度值与气象因素有密切关系，海拔高度高，日照时数多的地区光照度高，如拉萨、西宁的年平均总照度分别为 40.8klx 和 28.3klx；湿度较大，日照时数较少的地区光照度较低，如宜昌、成都年平均总照度为 22.3 和 19.8klx。

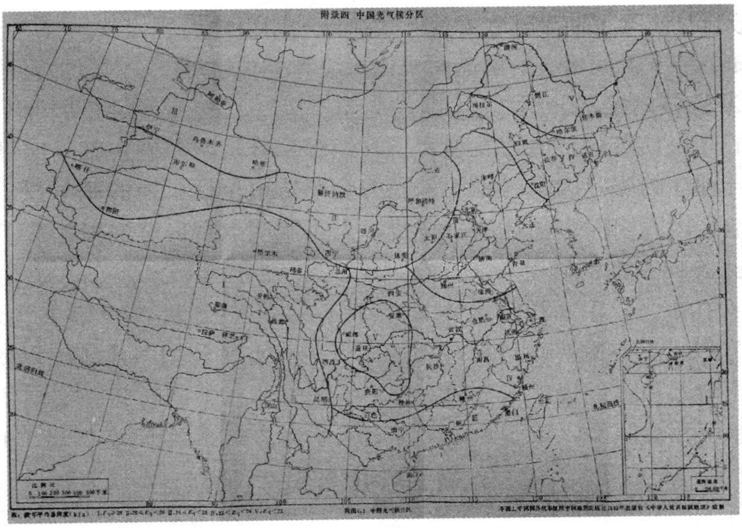

图 1-24　全国光气候分区图

利用辐射光当量法，除了对我国的光照度进行分区外，还可获得各个地区的天然光利用时数，并可计算年和月的照度总量分布，如图 1-25 所示。

3. 采光系数与窗地面积比

采光系数对应相应的开窗面积，为了确定采光系数与窗地面积比的关系，以及修订的窗地面积比表中所列数值的精确程度，依据规定的计算条件，分别对侧面采光和顶部采光在不同采光等级、不同参数的情况下窗地面积比进行了理论计算，按侧面采光和顶部采光调整了窗地面积比表。

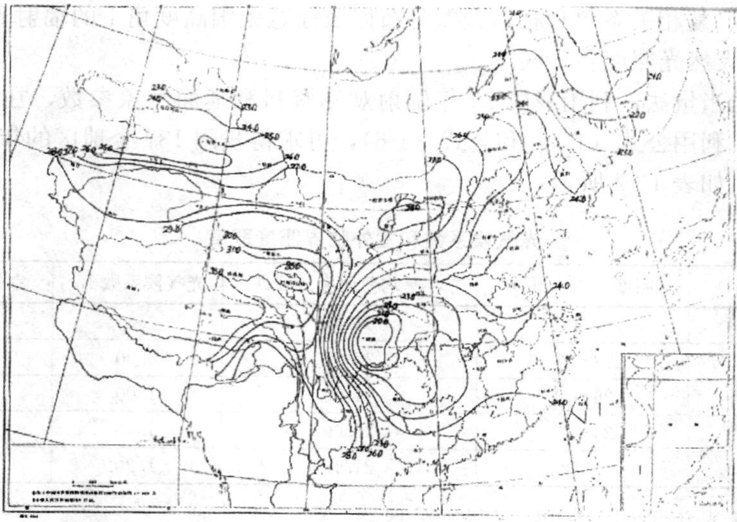

图 1-25 全国年平均总照度分布

4. 窗地面积比的调查与分析

在标准修订工作中，为了使标准中规定的窗地面积比更加符合实际设计工作的需要，编制组对工业建筑采光的窗地面积比进行了实测调查，通过分析比较对原标准中规定的窗地面积比提出了修改意见。为了使设计者方便、快捷地利用窗地面积比查找相应条件下的窗口尺寸，或者在已知条件下查找相应的窗地面积比特编制了《建筑尺寸对应的窗地面积比》表。

5. 采光标准的技术经济分析

依据我国的光气候资料，电力发展水平，经综合分析研究确定临界照度的取值是采光标准技术经济合理性的决定因素。用于采光的全部费用包括：窗的基本投资费、维修费和擦洗费，采暖地区因开窗而多消耗的采暖费，人工照明电费，灯泡损耗费。

6. 晴天采光方向系数的确定

光气候分区中的Ⅰ、Ⅱ区和Ⅲ区中，北纬 40°上下的地区，全年中晴天占很大比例，年日照率在 60%以上，在采光设计时应考虑晴天的特点。利用《建筑工程软件包晴天采光计算程序》计算晴天和阴天情况下不同纬度、不同季节、不同时间、不同朝向、垂直面和水平面的散射照度和总照度，从而制定出了晴天采光方向系数 K_f，如表 1-13 所示。

晴天方向系数 K_f **表 1-13**

窗类型及朝向		纬度（N）		
		30°	40°	50°
垂直窗朝向	东（西）	1.25	1.20	1.15
	南	1.45	1.55	1.65
	北	1.00	1.00	1.00
水平窗		1.65	1.35	1.25

7. 窗的不舒适眩光及其评价

大量的工业和民用建筑，在利用天然光源和人工光源时都会遇到眩光干扰的问题。为了提高采光照明质量，防止和限制眩光是一项必须解决的重要课题。为此我们开展了对窗不舒适眩光的研究：

1）对窗亮度的实测调查研究：对北京地区的晴天空亮度进行一年多时间的测量，除太阳附近外，其余部分的天空亮度一般都在 1000～8000cd/m²。在观测实际天空亮度的同时对工厂窗亮度也进行了调研和测量，并用统计方法对各个因素进行了分析和归纳，计算出实际窗亮度 L_S 出现的概率，如图 1-26 所示。

2）窗眩光的实验研究：试验研究窗眩光的特性、窗眩光和大面积照明眩光之间的差别以及中国人眼对窗眩光的敏感性，实验装置和条件如图 1-27 所示。

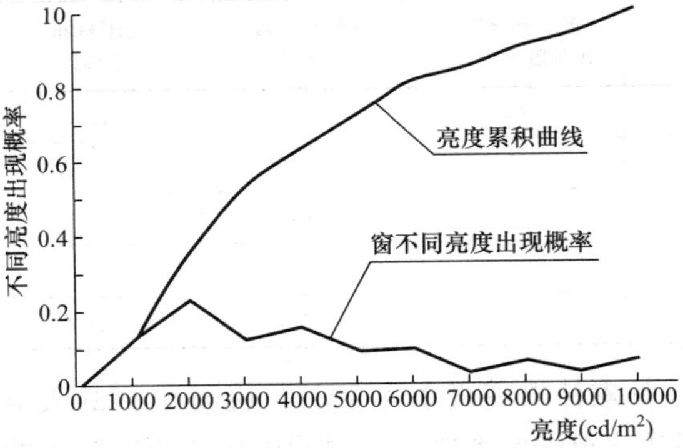

图 1-26　窗亮度出现概率和累积曲线

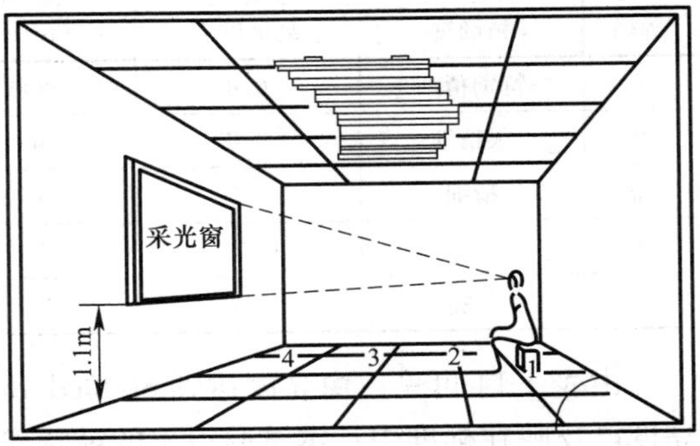

图 1-27　实验装置和条件图

实验方法：选择视力正常的观测者，在一矩形房间（4.5m×3.25m×3.0m）内进行主观评价，如图 1-27 所示。室内无直射阳光。天空亮度等级分为 1000、2000、3000、4000、6000、8000、10000、12000cd/m²，采光窗面积可以变换尺寸。被试者经过 15 分钟适应后在室内不同位置进行主观评价。

试验内容：窗亮度和表观尺寸（ω）对眩光的影响，背景亮度对眩光的影响，窗大小和形状对眩光的影响以及天然光和人工光的不舒适眩光比较等。

试验结果：在对各个评价因子试验的基础上，最终得出了侧窗眩光评价的综合结果如图 1-28 所示。试验窗有 1、2、3、4 种规格尺寸，窗对观察者的表观尺寸立体角 ω_1～ω_4（在垂直于窗中心线上等分取 4 个点），试验条件在图中已标注。

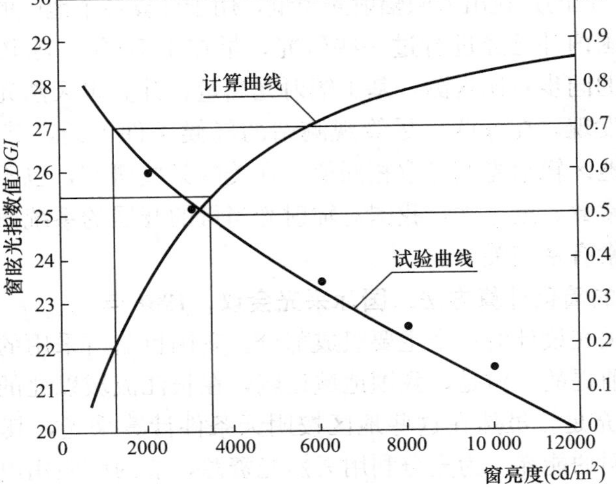

图 1-28　侧窗眩光评价

侧窗的眩光评价由图 1-28 可见，当所要求的无眩光舒适度被确定时（如 0.5）则所对应的窗亮度为 3500cd/m²、眩光指数为 25.5，如提高室内表面的平均反射系数，则上述值会有所不同，舒适度提高，眩光指数值下降，舒适度每提高 0.1 眩光指数下降 1～2。本标准以暗背景的试验为基础，参考中背景的试验结果，按采光标准的分级，推荐出工业厂房生产车间侧窗的眩光限制值表（表 1-14）。

工业厂房生产车间侧窗的眩光推荐值 **表 1-14**

采光等级	视觉工作精确度	无眩光舒适度 E	窗亮度（cd/m²）	窗亮度累计出现概率（%）	眩光指数 DGI	英国标准 DGI
Ⅰ	特别精细	0.8	2000	35	20	19
Ⅱ	很精细	0.6	4000	65	23	22
Ⅲ	精细	0.5	6000	80	25	24
Ⅳ	一般	0.4	7000	85	27	26
Ⅴ	粗糙	0.3	8000	90	28	28

由表 1-14 可见：窗亮度达到 8000cd/m²，其累计出现概率为 90%，说明 90%的天空亮度已反映在标准中；本试验得出的窗眩光指数比英国标准略高，说明中国人眼对眩光的敏感性要小一些。

8. 国外采光标准汇编

本汇编包括：室内照明指南（Publication CIE N0. 29. 2-1986）-天然采光和电气照明的相互配合；苏联天然采光设计规范 CHNⅡ N0-4-79（CbetotexHnka，N0-10-1979）；天然采光设计（日本照明手册，1978）；天然采光（IES Lighting Handbook 1984）；天然采光（英国 CIBS 室内照明规范 1984）。

1.1.2.5 标准论文著作

1. 中国的辐射光当量和天然光照度. 国际采光会议，1986 年

本文介绍由常规观测的太阳辐射数据获得系统的天然光照度的方法，在中国有多年定期观测的太阳辐射数据，但是，我们缺少完整的天然光照度数据，因此需要对太阳辐射和照度之间的关系进行研究，目的是找出太阳辐射光当量，用于计算各个地区的天然光照度。

关于辐射光当量国内外已经进行过一些研究，早在 1970 年，苏联在某些观测站已经进行太阳辐射和照度的同步对比观测，基于辐射光当量，计算出天然光照度值，编制全苏光气候图。某些研究发现，在苏联，尽管观测站的气候条件不同，其辐射光当量是近似的，因此在苏联不同地区辐射光当量取相同值。在美国某些研究，也不考虑地区特点，将辐射光当量作为一个常数。近年来，我国对辐射光当量的开展的系统研究表明，辐射光当量与各地区的气象因素有密切关系。

2. 晴天采光系数的简化计算方法. 国际采光会议，1986 年

采光计算是建筑采光设计的一个主要组成部分。我国目前所采用的采光计算方法是以阴天天空亮度分布为前提的。但是，我国地域辽阔，在长江流域以北的广大地区，晴天天气在 70%以上，阳光充足。虽然在这些地区按阴天条件计算采光，其结果是不符合实际的，也会增加人工照明的能耗。为充分利用天然光资源，节约照明用电，研究晴天采光计算方法具有重大的技术和经济意义。我们分析研究了目前国内外的晴天采光计算方法，对我国晴天光气候进行了观测研究，并以北京地区为例，对晴天天空亮度特性作了较系统的测量分析，而后通过理论和实验研究，提出了晴天采光计算方法，即理论计算法和简化计算法。实例计算和模型试验结果表明这些方法是可行的，精度为 20%。

3. 窗的不舒适眩光研究. 国际采光会议，1986 年

本文简要介绍了窗眩光的研究该概况和窗亮度特性、实验研究的装置、方法、内容及结果，对试验条件下窗的不舒适眩光进行了计算，并与试验结果作了比较和定量分析，为确定窗眩光标准提供了重要的理论和实验依据。

1）窗的不舒适眩光：自 20 世纪 60 年代以来，英、美、法和比利时等国对窗的不舒适眩光进行了比较深入的研究。20 世纪 60～70 年代，美国 Conell 大学和英国 Hopkinson 对大面积光源的不舒适眩光进行了研究，并对不舒适眩光提出了计算公式：

$$G_n = 0.478 \frac{L_S^{1.6} \Omega^{0.8}}{L_b + 0.07 w^{0.5} L_S} \tag{1-8}$$

式中：G_n——眩光常数；

L_S——通过窗所看到的天空、遮挡物和地面的亮度（cd/m^2）；

L_b——观察者视野内室内各表面的平均亮度（cd/m^2）；

w——窗的总立体角（球面度）；

Ω——考虑位置修正窗的立体角（球面度）。

$$DGI = 10\lg \sum G_n \tag{1-9}$$

式中：DGI——窗的不舒适眩光指数。

2）不舒适眩光的实验研究：

① 窗亮度对眩光的影响：窗亮度低时，无眩光比高，即眩光随窗亮度的提高而增大，如图 1-29 所示。

② 窗大小和形状对眩光的影响：在相同立体角下，无眩光比随着窗面积的增大而提高，如图 1-30 所示。

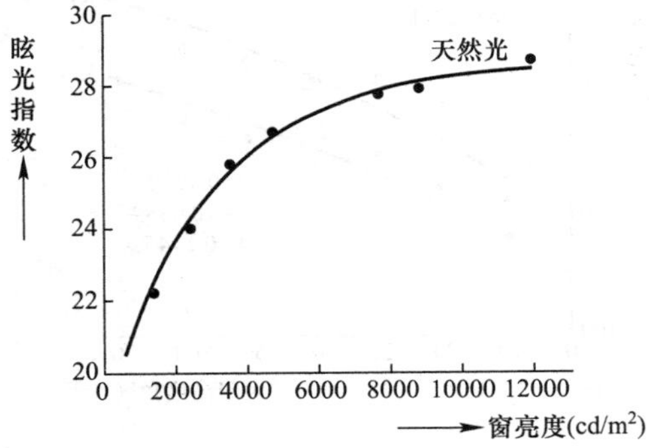

图 1-29 窗亮度对眩光的影响

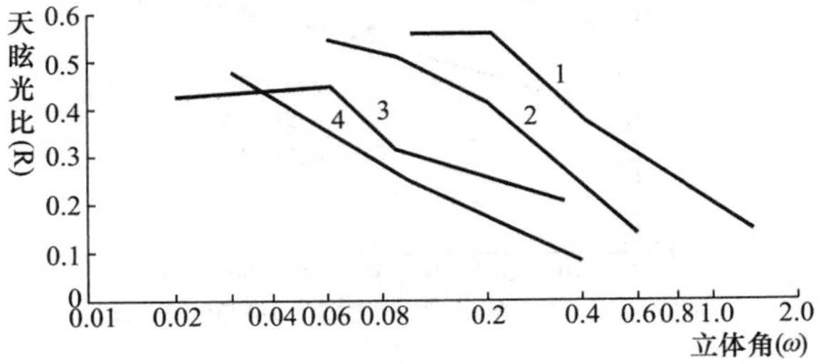

图 1-30 窗大小对眩光的影响

（1～4 号窗 1000～12000 的平均结果）

③ 背景亮度对眩光的影响：增加背景亮度对提高无眩光比有很大作用。如图 1-31 所示，背景亮度由 35 增加到 105 时，无眩光比有较大提高。

④ 天然光和人工光的不舒适眩光：如图 1-32 所示，人工光和天然光比较，人工光的

眩光效应显著。在无直射阳光的情况下，天然光光线稳定，光色好，较高的亮度仍能被人接受，人们对日常较高的天空亮度都很适应。

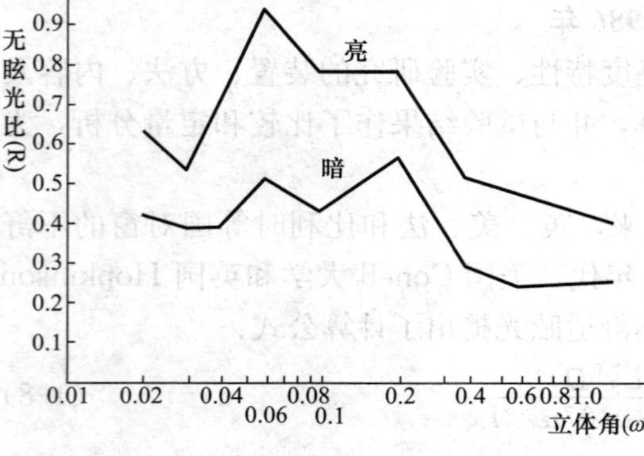

图 1-31　背景亮度对窗眩光的影响

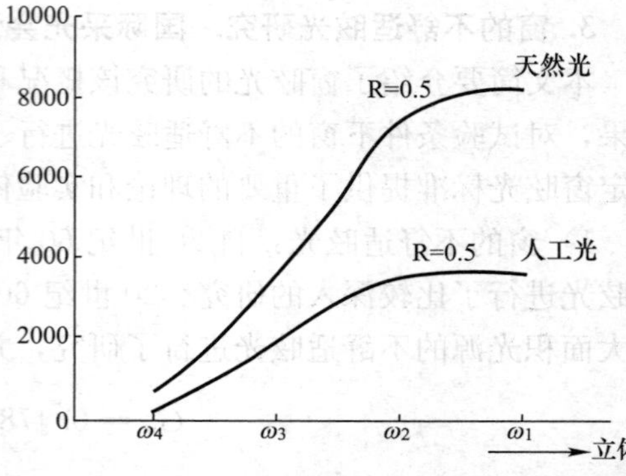

图 1-32　天然光与人工光试验比较

4. 北京地区平均天空光和采光计算. 照明工程学报，1989 年

本文采用日光照度数值得出平均天空亮度分布，它与 BRE 平均天空相似，同时发展了一种计算室内日光照度的计算机程序，该计算机程序可以快速准确地算出平均天空条件下的室内日光值。

5. 天然光照度的一种求值方法. 照明工程学报，1989 年

本文介绍了一种由多年辐射资料求天然光照度的方法。我国拥有多年辐射观测资料，通过照度与辐射的对比观测找出照度与辐射之间的相关性，建立辐射光当量与各种地面气候因素的回归方程，并由辐射光当量求得各地区的天然光照度，如图 1-33 所示。本文研究的内容包括：1）照度与辐射的对比观测；2）太阳的辐射光当量；3）由辐射光当量求得各地区的天然光照度；4）太阳辐射光当量与太阳高度角的关系。

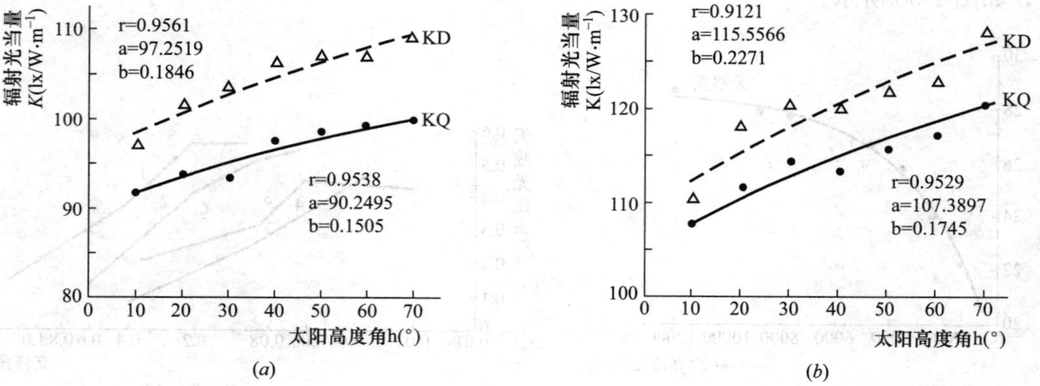

图 1-33　辐射光当量与太阳高度角的关系

(*a*) 北京地区；(*b*) 上海地区

1.1.2.6　创新点

1. 我国的天然光照度和分区

本标准首次提出了对我国光气候进行分区，并制定了室外临界照度 K_f 和光气候系数

K_C。本标准将我国划分为五个光气候区，这样可充分利用各地区的天然光资源，取得更多的天然光利用时数。

2. 窗的不舒适眩光及其评价标准

本标准得出了工业厂房生产车间侧窗的眩光指数评价值，并与国外标准相比较，表明中国人眼对眩光的敏感性略低于国外标准。此外也开展了天然光与人工光的不舒适眩光对比研究，采用大面积人工光源对应天然光源，均为漫射光，试验结果表明人工光的眩光效应较天然光显著。

1.1.2.7 社会经济效益

原标准规定我国取统一的室外临界的照度值 5000lx，这既不符合实际情况也不符合节能的方针，我国天然光丰富区较之天然光不足区全年室外平均总照度相差约 50%，根据这一特点，本标准将我国划分为五个光气候区，即对不同的光气候区规定不同的室外临界照度，这样既可有效地利用我国各地区的天然光资源，取得更多的天然光利用时数，又能达到节省能源的目的。

1.1.3 《建筑采光设计标准》GB/T 50033—2001

1.1.3.1 标准编制主要文件资料

1. 封面、公告、前言

本版标准的封面、公告和前言如图 1-34 所示。

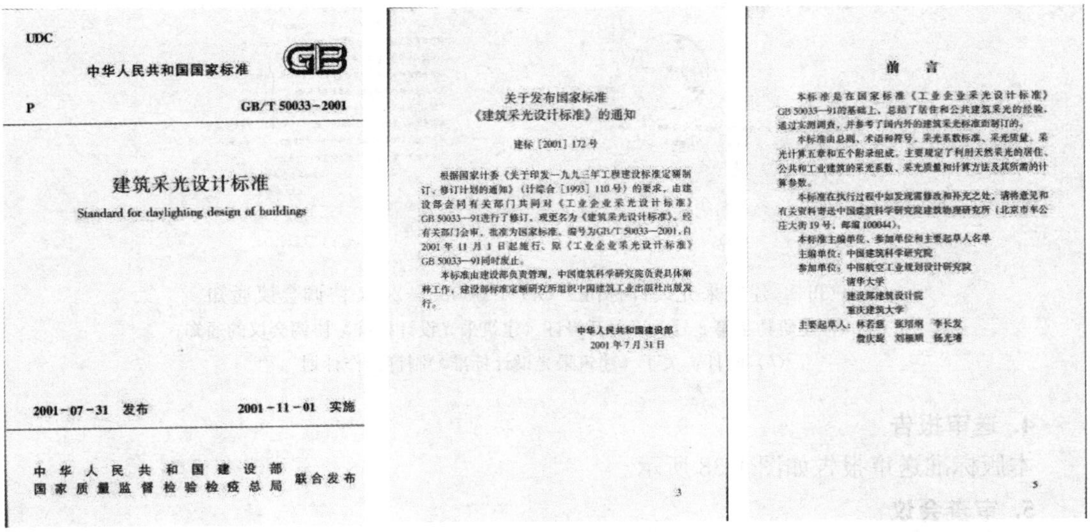

UDC

中华人民共和国国家标准

GB

P

GB/T 50033-2001

建筑采光设计标准

Standard for daylighting design of buildings

2001-07-31 发布　　2001-11-01 实施

中华人民共和国建设部
国家质量监督检验检疫总局　联合发布

关于发布国家标准
《建筑采光设计标准》的通知

建标［2001］172号

根据国家计委《关于印发一九九三年工程建设标准定额制订、修订计划的通知》（计综合［1993］110号）的要求，由建设部会同有关部门共同对《工业企业采光设计标准》GB 50033—91进行了修订，现更名为《建筑采光设计标准》。经有关部门会审，批准为国家标准，编号为GB/T 50033—2001，自2001年11月1日起施行。原《工业企业采光设计标准》GB 50033—91同时废止。

本标准由建设部负责管理，中国建筑科学研究院负责具体解释工作，建设部标准定额研究所组织中国建筑工业出版社出版发行。

中华人民共和国建设部
2001年7月31日

3

前　言

本标准是在国家标准《工业企业采光设计标准》GB 50033—91的基础上，总结了居住和公共建筑采光的经验，通过实测调查，并参考了国内外的建筑采光标准而制订的。

本标准由总则、术语和符号、采光系数标准、采光质量、采光计算五章和五个附录组成。主要规定了利用天然采光的居住、公共和工业建筑的采光系数、采光质量和计算方法及其所需的计算参数。

本标准在执行过程中如发现需修改和补充之处，请将意见和有关资料寄送中国建筑科学研究院建筑物理研究所（北京市车公庄大街19号，邮编100044）。

本标准主编单位、参加单位和主要起草人名单

主编单位：中国建筑科学研究院

参加单位：中国航空工业规划设计研究院
清华大学
建设部建筑设计院
重庆建筑大学

主要起草人：林若慈　张绍纲　李长发
詹庆旋　刘福顺　杨光璿

5

图 1-34 《建筑采光设计标准》GB/T 50033—2001 封面等

2. 制修订计划文件

本版标准制修订计划文件如图 1-35 所示。

3. 编制组成立暨第一次工作会议

本版标准协调会议的通知如图 1-36 所示，本次会议纪要如图 1-37 所示。

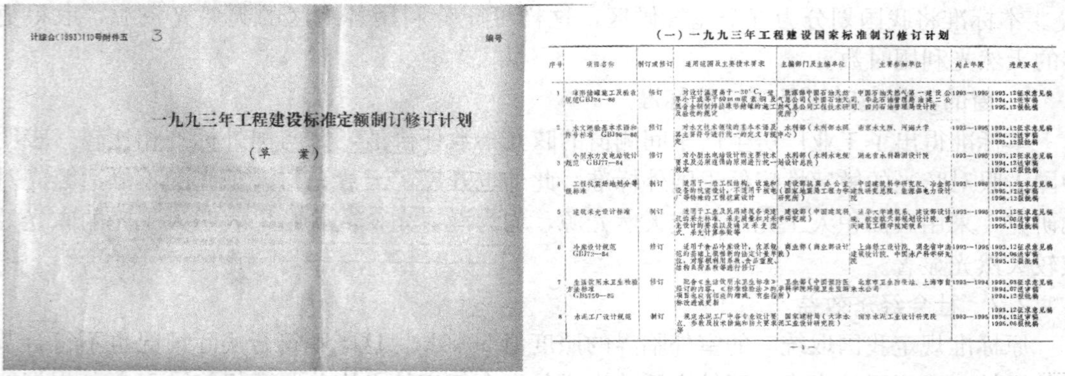
计综合(1993)110号附件五　3

编号

一九九三年工程建设标准定额制订修订计划

（草　案）

（一）一九九三年工程建设国家标准制订修订计划

序号	项目名称	制订或修订	适用范围及主要技术要求	主编部门及主编单位	主要参加单位	起止年限	进度要求
1	球形储罐施工及验收规范GBJ94—86	修订	对设计温度高于-20°C，壁厚小于或等于50mm碳素钢及低合金钢制焊接球形储罐的施工及验收的规定	能源部中国石油天然气总公司（中国石油天然气总公司工程技术研究所）	中国石油天然气第一建设公司、华北石油管理局油建二公司、四川石油管理局设计院	1993—1995	1993.12征求意见稿 1994.12送审稿 1995.12报批稿
2	水文测验基本术语和符号标准 GBJ95—86	修订	对水文技术领域的基本术语及其主要符号进行统一的定义与规定	水利部（水利部水文[illegible]中心）	南京水文所、河海大学	1993—1995	1993.12征求意见稿 1994.12送审稿 1995.12报批稿
3	小型水力发电站设计规范 GBJ71—84	修订	对小型水电站设计的主要技术要求及必须遵循的原则进行统一规定	水利部（水利水电规划设计总院）	湖北省水利勘测设计院	1993—1995	1993.12征求意见稿 1994.12送审稿 1995.12报批稿
4	工程抗震场地划分等级标准	制订	适用于一般工程结构、设施和设备的抗震设计，不适用于核电厂等特殊的工程抗震设计	建设部抗震办公室（国家地震局工程力学研究所）	中国建筑科学研究院、冶金部建筑研究总院、能源部电力设计院	1993—1996	1994.12征求意见稿 1995.12送审稿 1996.12报批稿
5	建筑采光设计标准	制订	适用于工业及民用建筑各类建筑的采光标准、采光质量和对采光设计的要求以及确定采光形式、采光计算参数等	建设部（中国建筑科学研究院）	清华大学建筑系、建设部设计院、航空航天部规划设计院、重庆建筑工程学院建筑系	1993—1995	1993.12征求意见稿 1994.06送审稿 1995.12报批稿
6	冷库设计规范 GBJ72—84	修订	适用于食品冷库设计，在原规范的基础上根据新的法定计量单位，对容积利用系数、食品重度、结构负荷系数等进行修订	商业部（商业部设计院）	上海轻工设计院、湖北省中南建筑设计院、中国水产科学研究院	1993—1995	1993.12征求意见稿 1994.06送审稿 1995.12报批稿
7	生活饮用水卫生检验方法标准 GB5750—85	修订	配合《生活饮用水卫生标准》修订的内容，《标准检验法》的项目也应有相应的增减，有些指标改进或更新	卫生部（中国预防医学科学院环境卫生监测所）	北京市卫生防疫站、上海市自来水公司	1993—1994	1993.03征求意见稿 1994.07送审稿 1994.12报批稿
8	水泥工厂设计规范	制订	规定水泥工厂中各专业设计要点、参数及技术措施和防火要求等	国家建材局（天津水泥工业设计研究院）	南京水泥工业设计研究院	1993—1995	1993.12征求意见稿 1994.12送审稿 1995.06报批稿

— 1 —

图 1-35　计综合（1993）110 号　关于印发一九九三年工程建设标准定额制订、修订计划的通知

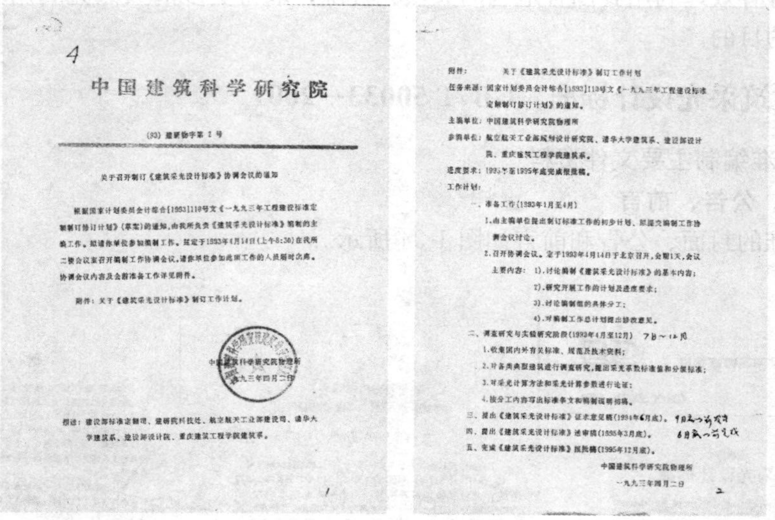
4

中国建筑科学研究院

(93) 建研物字第 2 号

关于召开制订《建筑采光设计标准》协调会议的通知

根据国家计划委员会计综合[1993]110号文《一九九三年工程建设标准定额制订修订计划》(草案)的通知，由我所负责《建筑采光设计标准》编制的主编工作。拟请你单位参加编制工作。拟定于1993年4月14日(上午8:30)在我所二楼会议室召开编制工作协调会议，请你单位参加此项工作的人员届时出席。协调会议内容及会前准备工作详见附件。

附件：关于《建筑采光设计标准》制订工作计划。

中国建筑科学研究院物理所

一九九三年四月二日

报送：建设部标准定额司、建研院科技处、航空航天工业部建设司、清华大学建筑系、建设部设计院、重庆建筑工程学院建筑系。

附件：　关于《建筑采光设计标准》制订工作计划

任务来源：国家计划委员会计综合[1993]110号文《一九九三年工程建设标准定额制订修订计划》的通知。

主编单位：中国建筑科学研究院物理所

参编单位：航空航天工业部规划设计研究院、清华大学建筑系、建设部设计院、重庆建筑工程学院建筑系。

进度要求：1993年至1995年底完成报批稿。

工作计划：

一、准备工作(1993年1月至4月)

1.由主编单位提出制订标准工作的初步计划、组织完编制工作协调会议讨论。

2.召开协调会议。定于1993年4月14日于北京召开，会期1天，会议主要内容：1).讨论编制《建筑采光设计标准》的基本内容；

2).研究开展工作的计划及进度要求；

3).讨论编制组的具体分工；

4).对编制工作总计划提出修改意见。

二、调查研究与实验研究阶段(1993年4月至12月)　7月～12月

1.收集国内外有关标准、规范及技术资料；

2.对各类典型建筑进行调查研究，提出采光系数标准值和分级标准；

3.对采光计算方法和采光计算参数进行论证；

4.按分工内容写出标准条文和编制说明初稿。

三、提出《建筑采光设计标准》征求意见稿(1994年6月底)。

四、提出《建筑采光设计标准》送审稿(1995年3月底)。

五、完成《建筑采光设计标准》报批稿(1995年12月底)。

中国建筑科学研究院物理所

一九九三年四月二日

（*a*）　　　　（*b*）

图 1-36 《建筑采光设计标准》GB/T 50033—2001 协调会议通知

（*a*）（93）建研物字第 2 号关于召开修订《建筑采光设计标准》协调会议的通知；

（*b*）附件：关于《建筑采光设计标准》制订工作计划

4. 送审报告

本版标准送审报告如图 1-38 所示。

5. 审查会议

本版标准审查会议的影像资料如图 1-39 所示，本版标准审查会议纪要相关文件如图 1-40 所示。

6. 发布公告

本版标准公告如图 1-41 所示。

1.1.3.2　标准内容简介

本标准由总则、术语和符号、采光系数标准、采光质量、采光计算五章和五个附录组成。与 GB 50033—91 版标准相比较主要有以下几点变化：1）工作面上的采光标准值

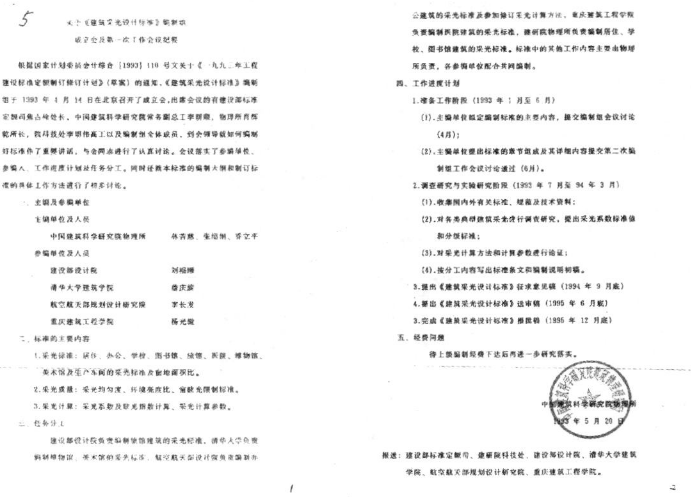

5

关于《建筑采光设计标准》编制组

成立会及第一次工作会议纪要

根据国家计划委员会计综合〔1993〕110 号文关于《一九九三年工程建设标准定额制订修订计划》（草案）的通知，《建筑采光设计标准》编制组于 1993 年 4 月 14 日在北京召开了成立会，出席会议的有建设部标准定额司焦占峰处长、中国建筑科学研究院常务副总工李明顺、物理所肖辉乾所长，院科技处李明伟高工以及编制组全体成员。到会领导就如何编制好标准作了重要讲话，与会同志进行了认真讨论。会议落实了参编单位、参编人、工作进度计划及任务分工。同时还就本标准的编制大纲和制订标准的具体工作方法进行了初步讨论。

一、主编及参编单位

主编单位及人员

中国建筑科学研究院物理所　林若慈、张绍纲、乔立平

参编单位及人员

建设部设计院　刘福珊

清华大学建筑学院　詹庆旋

航空航天部规划设计研究院　李长发

重庆建筑工程学院　杨光璇

二、标准的主要内容

1.采光标准：居住、办公、学校、图书馆、旅馆、医院、博物馆、美术馆及生产车间的采光标准及窗地面积比。

2.采光质量：采光均匀度、环境亮度比、窗眩光限制标准。

3.采光计算：采光系数及眩光指数计算、采光计算参数。

三、任务分工

建设部设计院负责编制旅馆建筑的采光标准，清华大学负责编制博物馆、美术馆的采光标准，航空航天部设计院负责编制办公建筑的采光标准及参加修订采光计算方法，重庆建筑工程学院负责编制医院建筑的采光标准，建研院物理所负责编制居住、学校、图书馆建筑的采光标准。标准中的其他工作内容主要由物理所负责，各参编单位配合共同编制。

四、工作进度计划

1.准备工作阶段（1993 年 1 月至 6 月）

(1).主编单位拟定编制标准的主要内容，提交编制组会议讨论（4月）；

(2).主编单位提出标准的章节组成及其详细内容提交第二次编制组工作会议讨论通过（6月）。

2.调查研究与实验研究阶段（1993 年 7 月至 94 年 3 月）

(1).收集国内外有关标准、规范及技术资料；

(2).对各类典型建筑采光进行调查研究，提出采光系数标准值和分级标准；

(3).对采光计算方法和计算参数进行论证；

(4).按分工内容写出标准条文和编制说明初稿。

3.提出《建筑采光设计标准》征求意见稿（1994 年 9 月底）

4.提出《建筑采光设计标准》送审稿（1995 年 6 月底）

3.完成《建筑采光设计标准》报批稿（1995 年 12 月底）

五、经费问题

待上级编制经费下达后再进一步研究落实。

中国建筑科学研究院物理所

1993 年 5 月 20 日

报送：建设部标准定额司、建研院科技处、建设部设计院、清华大学建筑学院、航空航天部规划设计研究院、重庆建筑工程学院。

图 1-37 《建筑采光设计标准》GB/T 50033—2001 编制组成立暨第一次工作会议纪要

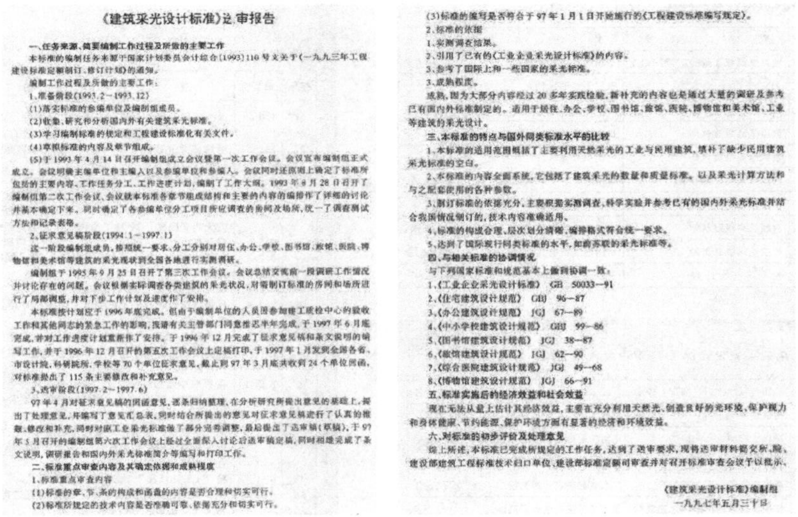

《建筑采光设计标准》送审报告

一、任务来源、简要编制工作过程及所做的主要工作

本标准的编制任务来源于国家计划委员会计综合(1993)110 号文关于《一九九三年工程建设标准定额制订、修订计划》的通知。

编制工作过程及所做的主要工作：

1、准备阶段(1993.2—1993.12)

(1)落实标准的参编单位及编制组成员。

(2)收集、研究和分析国内外有关建筑采光标准。

(3)学习编制标准的规定和工程建设标准化有关文件。

(4)草拟标准的内容及章节组成。

(5)于 1993 年 4 月 14 日召开编制组成立会议暨第一次工作会议。会议宣布编制组正式成立。会议明确主编单位和主编人以及参编单位和参编人。会议同时还原则上确定了标准所包括的主要内容、工作任务分工、工作进度计划，编制了工作大纲。1993 年 8 月 28 日召开了编制组第二次工作会议，会议就本标准各章节组成结构和主要的内容的编排作了详细的讨论并基本确定下来。同时确定了各参编单位分工项目所应调查的房间及场所，统一了调查测试方法和记录表格。

2、征求意见稿阶段(1994.1—1997.1)

这一阶段编制组成员，按照统一要求、分工分别对居住、办公、学校、图书馆、旅馆、医院、博物馆和美术馆等建筑的采光现状到全国各地进行实测调研。

编制组于 1995 年 9 月 25 日召开了第三次工作会议。会议总结交流前一段调研工作情况并讨论存在的问题。会议根据实际调查各类建筑的采光状况，对需制订标准的房间和场所进行了局部调整，并对下步工作计划及进度作了安排。

本标准按计划应于 1996 年底完成。但由于编制单位的人员因参加建工质检中心的验收工作和其他同志的紧急工作的影响，按请有关主管部门同意推迟半年完成，于 1997 年 6 月底完成，并对工作进度计划重新作了安排。于 1996 年 12 月完成了征求意见稿和条文说明的编写工作，并于 1996 年 12 月召开的第五次工作会议上定稿打印，于 1997 年 1 月发到全国各省、市设计院、科研院所、学校等 70 个单位征求意见，截止到 97 年 3 月底共收到 24 个单位回函，对标准提出了 115 条主要修改和补充意见。

3、送审阶段(1997.2—1997.6)

97 年 4 月对征求意见稿的回函意见，逐条归纳整理，在分析研究所提出意见的基础上，提出了处理意见，并编写了意见汇总表，同时结合所提出的意见对征求意见稿进行了认真的推敲、修改和补充，同时对原工业采光标准做了部分完善调整，最后提出了送审稿(草稿)，于 97 年 5 月召开的编制组第六次工作会议上经过全面深入讨论后送审稿定稿，同时相继完成了条文说明、调研报告和国内外采光标准简介等编写和打印工作。

二、标准重点审查内容及其确定依据和成熟程度

1、标准重点审查内容

(1)标准的章、节、条的构成和涵盖的内容是否合理和切实可行。

(2)标准所规定的技术内容是否准确可靠、依据充分和切实可行。

(3)标准的编写是否符合于 97 年 1 月 1 日开始施行的《工程建设标准编写规定》。

2、标准的依据

1、实测调查结果。

2、引用了已有的《工业企业采光设计标准》的内容。

3、参考了国际上和一些国家的采光标准。

3、成熟程度。

成熟，因为大部分内容经过 20 多年实践检验，新补充的内容也是通过大量的调研及参考已有国内外标准制定的。适用于居住、办公、学校、图书馆、旅馆、医院、博物馆和美术馆、工业等建筑的采光设计。

三、本标准的特点与国外同类标准水平的比较

1、本标准的适用范围概括了主要利用天然采光的工业与民用建筑，填补了缺少民用建筑采光标准的空白。

2、本标准的内容全面系统，它包括了建筑采光的数量和质量标准。以及采光计算方法和与之配套使用的各种参数。

3、制订标准的依据充分，主要根据实测调查，科学实验并参考已有的国内外采光标准并结合我国情况制订的，技术内容准确适用。

4、标准的构成合理、层次划分清晰，编排格式符合统一要求。

5、达到了国际现行同类标准的水平，如前苏联的采光标准等。

四、与相关标准的协调情况

与下列国家标准和规范基本上做到协调一致：

1、《工业企业采光设计标准》 GB 50033—91

2、《住宅建筑设计规范》 GBJ 96—87

3、《办公建筑设计规范》 JGJ 67—89

4、《中小学校建筑设计规范》 GBJ 99—86

5、《图书馆建筑设计规范》 JGJ 38—87

6、《旅馆建筑设计规范》 JGJ 62—90

7、《综合医院建筑设计规范》 JGJ 49—88

8、《博物馆建筑设计规范》 JGJ 66—91

五、标准实施后的经济效益和社会效益

现在无法从量上估计其经济效益，主要在充分利用天然光、创造良好的光环境，保护视力和身体健康、节约能源、保护环境方面有显著的经济和环境效益。

六、对标准的初步评价及处理意见

综上所述，本标准已完成所规定的工作任务，达到了送审要求，现将送审材料提交所、院、建设部建筑工程标准技术归口单位、建设部标准定额司审查并对召开标准审查会议予以批示。

《建筑采光设计标准》编制组

一九九七年五月三十日

图 1-38 《建筑采光设计标准》GB/T 50033—2001 送审报告

图 1-39 《建筑采光设计标准》GB/T 50033—2001 审查会合影

中国建筑科学研究院

(97) 建院科字第45号

关于寄送国家标准《建筑采光设计标准》
送审稿审查会议纪要的函

根据国家计委计综合 (1993) 110号文，关于1993年工程建设国家标准制、修订项目计划的要求，由中国建筑科学研究院负责主编，会同有关单位共同编制的国家标准《建筑采光设计标准》，其送审稿的审查会，已于1997年 7月14至15日在北京召开。

现将会议纪要寄上，请查收。

1997年 月29日

抄送：建设部标准定额司

（a）

《建筑采光设计标准》(送审稿) 审查会会议纪要

根据国家计委综合 (1993) 110号文，关于1993年工程建设国家标准制、修订项目计划的要求，由中国建筑科学研究院负责主编，会同中国航空工业规划设计研究院、清华大学、建设部建筑设计院、重庆建筑大学等单位共同编制的国家标准《建筑采光设计标准》现已完成送审稿，受建设部标准定额司的委托，审查会由中国建筑科学研究院主持，于1997年7月14日至15日在北京召开。会议邀请了机械部、电力部、航天工业总公司等部门的代表和北京、天津、上海、广州、黑龙江省、贵州省等从事设计、科研、教学工作的有关专家代表共十七人参加，编制组的成员也出席了会议。

会议成立了标准审查领导小组，由中国建筑科学研究院李明顺顾问总工担任组长，其他五同志为领导小组成员（见附件一）卫 明处长和李明顺顾问总工就标准审查的目的、方法、要求等内容在会上作了讲话。

张绍纲研究员和林若慈高工代表编制组对本标准的编制工作及主要的技术内容作了全面的介绍。会议由朱宗彦、谷葆初两位总建筑师主持审查，与会专家和代表对标准的送审稿逐章、逐条进行了认真细致地讨论和审查。审查意见如下：

1. 标准制订了居住、办公、学校、图书馆、旅馆、医院、博物馆和美术馆等建筑的采光标准，对原《工业企业采光设计标准》作了部分修订。《建筑采光设计标准》涵盖了居住建筑、公共建筑和工业建筑的采光标准，形成了一本较完整的建筑采光设计标准。

2. 标准的内容较全面系统，它包括了各类建筑采光设计的数量指标和质量要求、采光计算方法及与之配套使用的各种计算参数。

3. 标准的科学依据充分，主要是根据大量实测调查、科学实验成果和实践经验，并参考已有的国内外建筑采光标准，结合我国实际情况制订的，技术内容准确可靠，切实可行。

4. 标准的构成合理，简明扼要，层次划分清晰，编写格式符合统一规定要求。

5. 从内容和技术水平上，达到了国际同类标准的水平。

与会专家和代表对标准的送审稿提出如下的主要修改意见：

1. 对标准适用范围的规定应概括性，只提适用于居住、公共和工业建筑即可。

2

2. 增加少量必须的术语。

3. 对有的房间采光等级作适当调整，房间的名称应符合当前的术语，在各类建筑中均增加走道、楼梯间和卫生间的采光标准。

4. 对有的条文的内容和文字作进一步加工修改。

5. 对标准的编排作部分调整，使之更加合理。

6. 审查会中逐章、逐条进行了推敲，提出了修改和补充意见，并与编制组一道讨论取得协商一致意见（详见附件二）

与会专家和代表经过两天的审查一致通过送审稿，并要求编制组根据审查会提出的意见进行修改和补充，对标准的内容作进一步的校核，做到准确无误，逻辑严谨，文字表达简练、确切、规范化。希望尽快地完成报批稿上报主管部门审批发布。

3

（b）

附件一：　《建筑采光设计标准》审查会代表名单

审查会职务	姓名	职称、职务	工作单位	签名
领导小组组长	李明顺	教授级高级工程师、顾问总工	中国建筑科学研究院	
领导小组成员	卫　明	处　长	建设部标准定额司	
领导小组成员	高履泰	教　授	北京建筑工程学院	
领导小组成员	朱宗彦	教授级高级建筑师	北京市建筑设计研究院	
领导小组成员	谷葆初	教授级高级建筑师	中国航天建筑设计研究院	
领导小组成员	林海燕	高级工程师、副所长	中国建筑科学研究院物理所	
代　表	窓宏勇	工程师	建设部标准定额司	
代　表	赵冠谦	教授级高级建筑师	中国建筑技术研究院	
代　表	杨维贤	教授级高级建筑师	中国建筑标准设计研究所	
代　表	沈天行	教　授	天津大学建筑学院	

4

《建筑采光设计标准》审查会代表名单

审查会职务	姓名	职称、职务	工作单位	签名
代　表	徐普蕴	高级建筑师	机械工业部设计研究院	
代　表	倪永震	高级工程师	电力工业部规划设计总院	
代　表	张兰香	高级建筑师、主任建筑师	华东建筑设计研究院	
代　表	胡债祥	高级建筑师、副总建筑师	广东省建筑设计研究院	
代　表	李春新	教授级高级建筑师、总建筑师	黑龙江省建筑设计研究院	
代　表	刘运晖	高级建筑师、总建筑师	贵州省建筑设计院	
代　表	李明玮	高级工程师	中国建筑科学研究院科技处	

5

（c）

附件二：　主要审查意见汇总表

序号	章节号	意见内容
01	1.0.2	改为适用于利用天然光的居住、公共和工业建筑的新建工程的采光设计，也适用于改建和扩建工程的采光设计。
02	2.1	增加“采光系数”、“室内天然光临界照度”、“采光系数标准值”等术语。
03	3	改为采光系数标准，其中各条表头均增加“系数”二字。
04	3.1.1	E_n和E_w定义加“在全阴天空漫射光照射下”字句。
05	3.1.3	“室内天然光照度”栏与“采光系数最低值”栏对调，“室内天然光照度”改为“室内天然光临界照度”。
06	3.2.1	取消客厅，改为起居室(厅)，Ⅴ级中增加餐厅。
07	3.2.2	取消智能办公室，在Ⅴ级中增加走道、楼梯间、卫生间的采光系数值。
08	3.2.3	在Ⅴ级中增加卫生间的采光系数值，将“应”改为“必须”
09	3.2.4	目录室增加顶部采光系数值，在Ⅴ级中增加走道、楼梯间、卫生间的采光系数值。
10	3.2.5	“大厅”改为“大堂”降到Ⅳ级。取消休息厅。大堂增加顶部采光系数值，在Ⅴ级中增加走道、楼梯间、卫生间的采光系数值。
11	3.2.6	在Ⅳ级中增加综合大厅，同时规定顶部采光系数值，在Ⅴ级中增加卫生间、走道、楼梯间的采光系数值。
12	3.2.7	在Ⅲ级中增加门厅，在Ⅴ级中增加走道、楼梯间、卫生间的采光系数值。并加注注明表中的展厅是指对光敏感展品的展厅，其照度不应高于50L_x，对光一般敏感或不敏感的展品厅宜分别提高一级或二级。
13	4	将“4采光计算”改为“5采光计算”。
14	4.0.2	将“应进行采光系数计算”改为“宜进行采光系数计算”。
15	5	将采光质量章改为第4章。
16	5.0.6	改为“对需辨别颜色的场所，采用.......”。
17	5.0.7	改为“选用采光材料时，应注意避免产生光污染”。另增加5.0.9条，其条文内容为“对具有镜面反射所引起的观看目标，在设计时应防止产生反射眩光和映象”。
18	附录A	提高中国光气象分区图的印刷质量。分区界线及区号要分明。
19	附录B	加注注明开窗宽系数的涵义。（间）
20	附录C	表D-8中塑料窗含塑钢、塑铝和塑木窗。

6

（d）

图 1-40 《建筑采光设计标准》GB/T 50033—2001 审查会会议纪要

（a）关于寄送国家标准《建筑采光设计标准》送审稿审查会议纪要的函；

（b）《建筑采光设计标准》（送审稿）审查会会议纪要；

（c）附件一 《建筑采光设计标准》审查会代表名单；

（d）附件二 主要审查意见汇总表

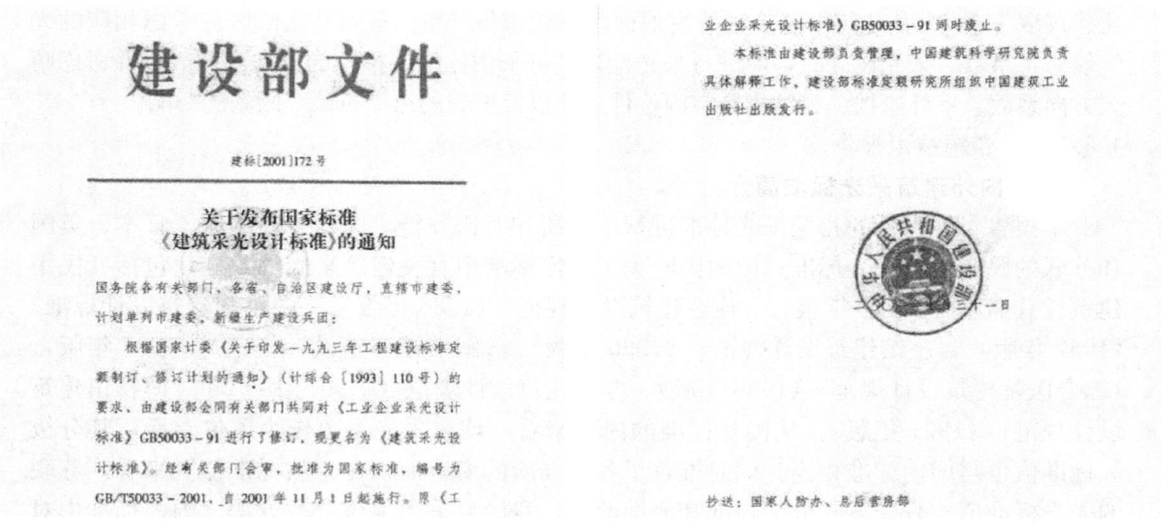

建设部文件

建标[2001]172号

关于发布国家标准《建筑采光设计标准》的通知

国务院各有关部门，各省、自治区建设厅，直辖市建委，计划单列市建委，新疆生产建设兵团：

根据国家计委《关于印发一九九三年工程建设标准定额制订、修订计划的通知》（计综合〔1993〕110号）的要求，由建设部会同有关部门共同对《工业企业采光设计标准》GB50033－91进行了修订，现更名为《建筑采光设计标准》。经有关部门会审，批准为国家标准，编号为GB/T50033－2001，自2001年11月1日起施行。原《工业企业采光设计标准》GB50033－91同时废止。

本标准由建设部负责管理，中国建筑科学研究院负责具体解释工作，建设部标准定额研究所组织中国建筑工业出版社出版发行。

……一日

抄送：国家人防办、总后营房部

图 1-41　建标［2001］172号　关于发布国家标准《建筑采光设计标准》的通知

表和光气候系数表两标准内容相同，只是表的名称略有变化；2）本标准除工业建筑外增加了八大类建筑的采光系数标准值，即居住建筑、办公建筑、学校建筑、图书馆建筑、旅馆建筑、医院建筑、博物馆和美术馆；3）窗地面积比表由原来的采光标准章节改写到采光计算方法章节，首次不把窗地面积比作为标准值来考虑；4）取消了原标准规定的不舒适眩光评价标准，主要原因是受条件限制，在实际使用中不便于操作。

1.1.3.3　重要条款、重要指标

1. 采光等级

按视觉工作的需要，根据作业的精细程度和识别对象的要求，采光等级可分为5级：(1) 对于侧面采光，采光系数标准值采用采光系数的最低值，对应的Ⅰ～Ⅴ级的标准值分别为5%、3%、2%、1%和0.5%；(2) 对于顶部采光，采光系数标准值采用采光系数的平均值，对应的Ⅰ～Ⅴ级的标准值分别为7%、4.5%、3%、1.5%和0.7%。住宅中的卧室和起居室对应的采光等级为Ⅳ级，办公室和会议室等对应的采光等级为Ⅲ级，走廊等公共场所的采光等级为Ⅴ级。对兼有侧面采光和顶部采光的场所，可简化为侧面采光区和顶部采光区。不同光气候区的采光标准值应乘以光气候系数进行修正，Ⅰ～Ⅴ级光气候区的修正系数分别为0.85、0.90、1.00、1.10和1.20。

2. 顶部采光的采光均匀度

顶部采光时，Ⅰ～Ⅳ级采光等级的采光均匀度不宜小于0.7，Ⅴ级不作要求。为保证均匀度的要求，相邻两天窗中线间的距离不宜大于工作面至天窗下沿高度的2倍。

3. 减少窗眩光的措施

采光设计时，应采取减少窗眩光的措施：减少或避免直射阳光照射到作业区、采用窗帘等遮挡措施降低窗亮度或减少天空视域、工作位置避免正对窗口以及采用浅色饰面材料等。室内顶棚、墙面、地面和工作面的反射比宜分别控制在0.70～0.80、0.50～0.70、0.20～0.40和0.25～0.45。

4. 窗地面积比

在建筑方案设计时，可采用窗地面积比估算采光，如住宅中的起居室和卧室的窗地面积

比建议取 1/7，办公建筑中办公室的窗地面积比建议取 1/5，不同光气候区应考虑相应的光气候修正系数。采光设计时，应进行采光计算，可采用标准中推荐的方法和图表，并考虑晴天方向系数、室外遮挡、窗结构和室内构件遮挡以及玻璃的污染折减等因素的影响。

1.1.3.4 专题技术报告

1. 国内外建筑采光标准简介

本报告对国内外的相关采光标准进行了调研和对比分析。国外主要调研了日本、英国和苏联的民用建筑采光标准；国内则收集了国家标准中有关建筑采光的规定，包括《民用建筑设计通则》(1987 年版)、《住宅建筑设计规范》(1986 年版)、《中小学建筑设计标准》(1987 年版)、《旅馆建筑设计规范》(1990 年版)、《图书馆建筑设计规范》(1987 年版)、《综合医院建筑设计规范》(1989 年版)、办公建筑设计规范 (1990 年版) 和《博物馆建筑设计规范》(1991 年版)。从国外标准的内容来看，均以采光系数作为评价指标，其分级和标准值也与国内标准相当，同时推荐了各类场所的窗地面积比。从标准值上来看，苏联的采光标准值按采光方式分为顶部和侧面两类，我国也采用了该分类方法。国内标准中对于采光的规定大多是引用的建筑采光设计标准，以便协调统一。

2. 建筑采光调查研究报告

本报告是标准编制组对国内各类场所采光状况调研测试的结果汇总而成的。编制组于 1994 年至 1996 年在全国范围内进行了采光实测调查，实测调查的建筑类型包括利用天然光采光的住宅建筑、办公建筑、学校建筑、图书馆建筑、旅馆建筑、医院建筑、博物馆和美术馆建筑，不包括工业建筑。调查的主要内容有建筑进深、开间、层高、朝向，采光形式，窗结构材料，饰面材料，污染程度等，实测水平工作面上的采光系数，满意照度，垂直工作面上的照度及窗地面积比。调查实测了分布在不同的光气候区的 16 个城市，450 多个场所。

大量的实测资料反映了我国目前各类建筑的实际采光状况，同时参考国外相关标准，确定了我国各类场所的采光标准值。同时，在实测调查中发现，建筑遮挡和自遮挡对于采光影响较大，由于环境污染和室内构件等遮挡的影响，也会影响采光。这些因素在采光设计和计算时都应加以考虑。

1.1.3.5 论文著作

1. 林若慈，谭华，祝昌汉. 昼光资源的开发与应用 [J]. 照明工程学报，1994，04: 22-32.

本项目为国家自然科学基金资助项目，由国家自然科学基金委员会和建设部联合资助。国际照明委员会 (CIE) 为了在世界范围内对昼光可用性作系统研究，使之既能精确预定建筑物内的日光照度，又能科学地验证各类天空的亮度分布模型，而提出了昼光可用性的测量计划，并指定从 1991 年开始实施国际昼光测量计划 (IDMP—International Daylight Measurement Program)。中国北京和重庆以两个不同的光气候区列为其中的两个测站，北京为研究级测站，重庆为一般级测站。研究级测站除了测量一般级站测量的光照度和辐照度，还需要进行天空亮度分布的测量。

北京测站的测量工作由建研院物理所和气象科学院等有关单位负责承担，从 1991 年 4 月份开始试观测，1991 年 7 月 1 日至 1992 年 6 月 30 日进行正式观测。本研究项目的工作重点为昼光测量设备的研制与昼光测量以及对取得的光照度和天空亮度数据在实际中的应用。

1）昼光测量

根据国际照明委员会 IDMP 昼光测量实施指南的要求，北京测站对昼光测量的场所、项目和仪器设备都作了严格规定。

测量场所：北京市观象台，该台为国家发报台，完全符合世界气象组织（WMO）有关规定。

测量项目：总水平照度和辐照度；散射水平照度和辐照度；东、南、西、北向垂直照度；天顶亮度；天空亮度分布等。

测量频率：光照度和辐照度的瞬时值按 1 分钟间隔记录，天顶亮度和天空亮度分布按 1 小时间隔正点测量，天空亮度每次扫描周期的时间上限为 2.5 分钟，亮度分布在太阳高度角为 6 的倍数时测量。

测量设备：测量系统由项目组开发研制。

光度计——符合国家计量部门规定的一级光度计标准；

辐射仪——所有指标符合气象部门规定的标准；

阴影环——用于测量散射光照度和辐照度，如图 1-42 所示；自动跟踪太阳装置——用于测量直射太阳光照度和辐照度，视场角≤2.85°，跟踪精度≤±1°（24 小时）；

天空扫描亮度计——符合国家一级亮度计的规定，以 1 小时间隔为周期对 145 个点进行巡回采样，由中国科学院长春光机所和建研院物理所研制，如图 1-43 所示；

多功能光气候数据采光系统——是由建研院物理所和中国气象科学研究院共同研制的专用设备，用于所有测量参数的采集和控制天空亮度计的扫描。昼光测量装置如图 1-44 和图 1-45 所示。

图 1-42　测散射量的遮光环

图 1-43　天空扫描亮度计

图 1-44　自动跟踪太阳的装置

图 1-45　水平与垂直照度测量

2）照度测量及应用

照度测量的项目和数据较多，这里只给出了与采光标准有关的数据和图表。根据对北京地区 12 个月观测的总照度和散射照度绘制的时间-照度曲线（图 1-46、图 1-47）及由此得出的天然光利用时数（图 1-48 和表 1-15）。

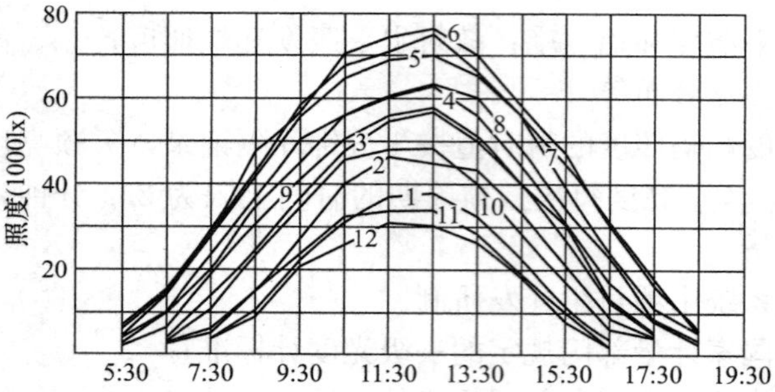

图 1-46 室外各月总水平照度（E_{vg}）变化曲线

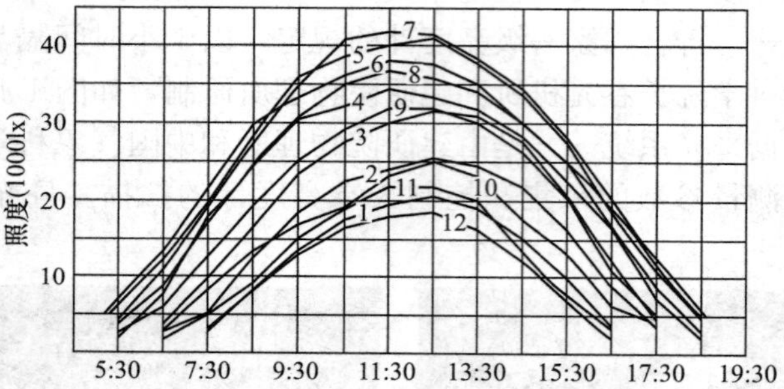

图 1-47 室外各月散射水平照度（E_{vg}）变化曲线

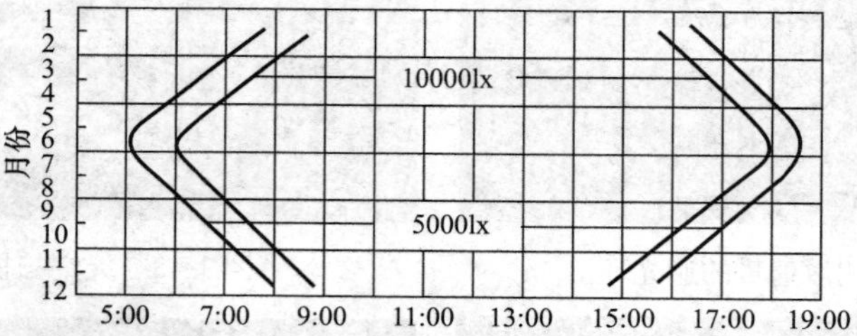

图 1-48 不同室外临界照度时的天然光利用时数

不同室外临界照度时天然光利用时数（h） **表 1-15**

临界照度 (lx)	月份											
	1	2	3	4	5	6	7	8	9	10	11	12
5000	8.3	9.6	10.7	12.2	13.0	13.5	12.7	12.2	11.0	9.8	9.0	7.8
10000	6.5	7.8	9.0	10.3	11.0	11.6	11.2	10.5	9.3	8.0	6.2	5.8

在北京奥运会期间，曾用这些数据对国家游泳中心水立方、老山自行车馆和北航体育馆的采光照明节能作出定量评价分析。

3）亮度测量及应用

亮度测量包括天顶亮度的测量和天空亮度分布的测量。天空亮度测量点的位置（图 1-49）和天空亮度分布图（图 1-50）。

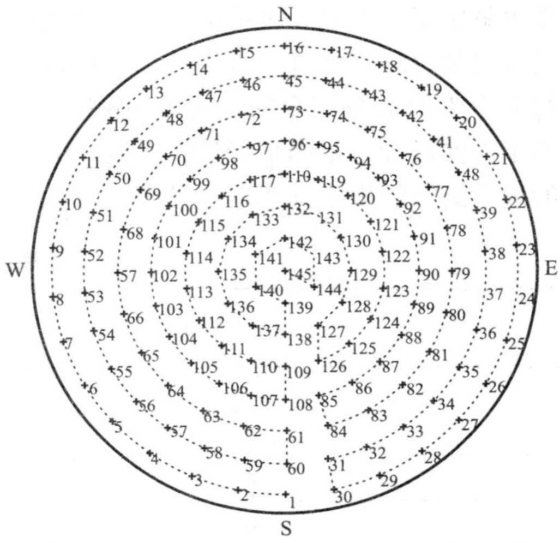

图 1-49　天空亮度测点位置

测量天空亮度分布的目的是为了用来验证不同参考天空的亮度分布模型。通过本站对天空亮度分布的测量结果证实，晴天天空和阴天天空符合 CIE 标准天空的亮度分布规律，即在晴天空状况下，太阳附近的天空亮度值最高，随着离开太阳角距离的增加，天空亮度逐渐降低，而亮度最低值则出现在天空中太阳的相对位置上；标准阴天天空的亮度分布规律早已被包括我国在内的许多观测所证实，即天顶亮度约为地平线附近亮度的 3 倍。在 CIE 推荐的三种基本天空中，晴天天空和阴天天空所占的比例少于中间天空（云天空）占的比例。据北京观测的资料统计，中间天空所占的比例约为 60%，可见研究中间天空的亮度分布是非常重要的，此次观测只能达到积累数据的目的，对复杂天空亮度分布的研究与验证还要作更深入的理论探讨。

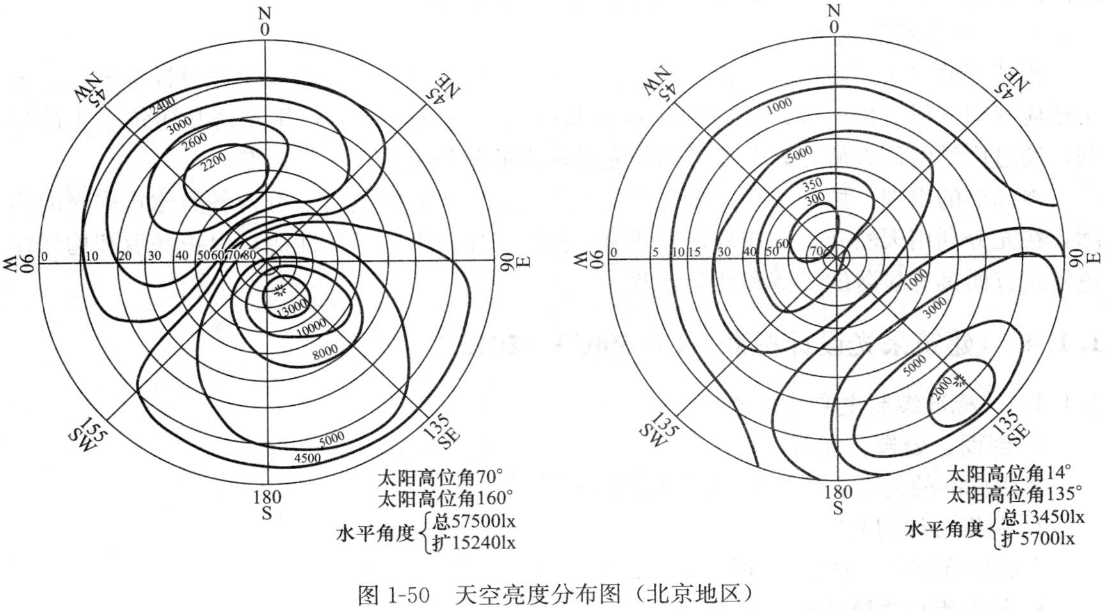

图 1-50　天空亮度分布图（北京地区）

2. 李长发，林若慈. 关于采光窗口采光效率和房屋进深问题的探讨 [J]. 照明工程学报，1997，01：43-50.

本文就采光设计对采光窗的采光效率、房屋进深及室内表面反射比的加权平均值等问题进行了探讨，对正在编制的建筑采光设计标准提出了建议。建筑设计中，除为了满足构图需要的特殊窗型外，大量的还是选用定型成品窗，通常情况下，窗型已定，窗的采光效率也就定了，若采光设计标准中明确规定不同采光等级采用不同采光效率的窗，采光设计就会更加合理。通过对常用的110种各类实际窗的检测，证实绝大部分窗的透光折减系数都大于45%，各类窗的比例为：钢窗77.2%，铝窗82.6%，塑料窗92%，采光罩100%。为了方便设计，根据采光计算图表，结合工程设计经验，通过分析计算，对单侧采光房屋的最大进深提出了推荐值，见表1-16。

单侧采光房屋的最大进深推荐值 **表1-16**

房屋采光等级	房屋进深控制（进深是窗高倍数）
Ⅰ	<1.5
Ⅱ	≤1.5
Ⅲ	≤2
Ⅳ	≤3
Ⅴ	≤4

1.1.3.6 创新点

本标准在原《工业企业采光标准》的基础上，首次增加了民用建筑，包括居住建筑和公共建筑的采光标准，内容上更为完整。标准不仅包括了各类建筑采光设计的数量指标和质量要求，还规定了采光计算方法及与之配套使用的各种计算参数，内容全面系统。从标准的内容和技术水平来看，达到了国际同类标准的水平。

1.1.3.7 社会经济效益

改革开放以来，我国开始大量兴建民用建筑，原有的《工业企业采光设计标准》已无法适应我国建设工作的要求。在原标准的基础上，系统总结了居住和公共建筑采光的经验，通过广泛的调查研究，并参考国外先进标准的基础上制订了本标准。

本标准的出现，填补了我国无民用建筑采光设计标准的空白，符合各类建筑采光的实际，在充分利用天然光，创造良好光环境，提高工作效率、节约能源，保护环境和构建绿色建筑方面具有显著的经济和社会效益。

1.1.4 《建筑采光设计标准》GB 50033—2013

1.1.4.1 标准编制主要文件资料

1. 封面、公告、前言

本版标准的封面、公告和前言如图1-51所示。

2. 制修订计划文件

本版标准制修订计划文件如图1-52所示。

3. 编制组成立暨第一次工作会议

本版标准编制组成立暨第一次工作会议通知如图1-53所示，本次会议纪要及参会人员名单如图1-54所示。

4. 审查会议

本次会议的影像资料如图1-55所示，本版标准审查会议通知如图1-56所示；本版标准审查会议纪要相关文件如图1-57所示。

UDC

中华人民共和国国家标准　GB

P　GB 50033－2013

建筑采光设计标准

Standard for daylighting design of buildings

2012－12－25 发布　2013－05－01 实施

中华人民共和国住房和城乡建设部
中华人民共和国国家质量监督检验检疫总局　联合发布

中华人民共和国住房和城乡建设部
公　告

第1607号

住房城乡建设部关于发布国家标准
《建筑采光设计标准》的公告

现批准《建筑采光设计标准》为国家标准，编号为GB 50033－2013，自2013年5月1日起实施。其中，4.0.1、4.0.2、4.0.4、4.0.6为强制性条文，必须严格执行。原《建筑采光设计标准》GB/T 50033－2001同时废止。

本标准由我部标准定额研究所组织中国建筑工业出版社出版发行。

中华人民共和国住房和城乡建设部
2012年12月25日

3

前　言

本标准是根据住房和城乡建设部《关于印发〈2009年工程建设标准规范制订、修订计划〉的通知》（建标［2009］88）号的要求，由中国建筑科学研究院会同有关单位共同在原标准《建筑采光设计标准》GB/T 50033－2001的基础上修订完成的。

本标准在编制过程中，编制组经调查研究、模拟计算、实验验证，认真总结实践经验，参考有关国际标准和国外先进标准，并在广泛征求意见的基础上，最后经审查定稿。

本标准共分为7章和5个附录，主要技术内容包括：总则、术语和符号、基本规定、采光标准值、采光质量、采光计算和采光节能等。

本次修订的主要技术内容是：

1. 将侧面采光的评价指标采光系数最低值改为采光系数平均值；室内天然光临界照度值改为室内天然光设计照度值。

2. 扩展了标准的使用范围，增加了展览建筑、交通建筑和体育建筑的采光标准值。

3. 给出了对应于采光系数平均值的计算方法。

4. 新增了"采光节能"一章并规定了采光节能计算方法。

本标准中以黑体字标志的条文为强制性条文，必须严格执行。

本标准由住房和城乡建设部负责管理和对强制性条文的解释，由中国建筑科学研究院负责具体技术内容的解释。本标准在执行过程中如有意见或建议，请寄送中国建筑科学研究院建筑环境与节能研究院（北京市北三环东路30号，邮编：100013）。

本标准主编单位：中国建筑科学研究院

本标准参编单位：中国建筑设计研究院
北京市建筑设计研究院有限公司
清华大学
中国城市规划设计研究院
中国航空规划建设发展有限公司
上海市规划和国土资源管理局
苏州中节能索乐图日光科技有限公司
北京科博华建材有限公司
北京东方风光新能源技术有限公司
3M中国有限公司
北京奥博泰科技有限公司

本标准主要起草人员：赵建平　林若慈　顾　均　叶依谦
张　昕　张　播　陈海风　田　峰
张建平　罗　涛　王书晓　周清理
康　健　刘志东　王　炜　张喆民
张　滨

本标准主要审查人员：詹庆旋　邵韦平　张绍纲　祝昌汉
宋小冬　李建广　殷　波　王晓兵
杨益华　沈久忍　王立雄

图1-51 《建筑采光设计标准》GB 50033—2013封面等

关于印发《2009年工程建设标准规范制订、修订计划》的通知

日期：2009年05月27日　　【文字大小：大 中 小】【打印】【关闭】

建标[2009]88号

国务院各有关部门，各省、自治区住房和城乡建设厅，直辖市建委及有关部门，计划单列市建委（建设局），新疆生产建设兵团建设局，各有关协会，各有关单位：

根据《工程建设国家标准管理办法》和《工程建设行业标准管理办法》的有关规定，为适应国家经济建设需要，贯彻落实国家节能减排、资源节约与利用、环境保护等要求，促进工程建设领域技术进步和发展，结合工程建设、工业建设和城乡建设实际，经与有关部门、单位充分协商，我部组织制定了《2009年工程建设标准规范制订、修订计划》，现印发给你们，请抓紧安排落实，切实做好编制工作。

中华人民共和国住房和城乡建设部
二○○九年五月十四日

附件下载：
· 2009年工程建设标准规范制订、修订计划

【文字大小：大 中 小】【打印】【关闭】

建标[2009]88号

2009年工程建设标准规范制订、修订计划

中华人民共和国住房和城乡建设部
二○○九年

序号	项目名称	制订修订	主要内容	主编部门	主编单位及参编单位	起止年限	进度要求
105.	建筑采光设计标准 GB/T50033-2001	修订	适用于各类建筑的采光设计、采光计算及工程检测。主要技术内容包括：采光系数；采光质量；采光计算；工程设计、检测。	住房和城乡建设部	主编单位： 中国建筑科学研究院 参编单位： 清华大学 中国建筑设计研究院 北京科博华建材有限公司 南玻集团	2009.06 ~ 2011.06	2010.06 征求意见稿 2010.12 送审稿 2011.06 报批稿
106.	工业企业噪声控制设计规范 GBJ87-85	修订	适用于新建、改建、扩建与技术改造的工业企业中的噪声（脉冲声除外）控制设计。主要技术内容包括：工业企业噪声控制设计标准、工业企业总体设计中的噪声控制、隔声设计、消声设计、吸声设计、隔声设计。	北京市规划委员会	主编单位： 北京市劳动保护科学研究所 参编单位： 北京城建科技促进会 中国科学院声学研究所 中国建筑科学研究院 中国建筑设计研究院 天津水泥工业设计研究院有限公司	2009.06 ~ 2011.06	2010.06 征求意见稿 2010.12 送审稿 2011.06 报批稿

51

图 1-52　建标［2009］88 号　关于印发《2009 年工程建设标准规范制订、修订计划》的通知

中国建筑科学研究院 建筑物理研究所

《建筑采光设计标准》修订组成立暨第一次工作会议通知

______________：

根据住房和城乡建设部建标[2009]88 号文《2009 年工程建设标准规范制订、修订计划》的通知，我院受住房和城乡建设部标准定额研究所委托负责修订《建筑采光设计标准》GB/T50033—2001。《建筑采光设计标准》修订组成立暨第一次工作会议定于 2009 年 10 月 21 日在北京召开。鉴于贵单位在建筑采光设计、建筑采光技术方面有着坚实的工作基础和丰富的实践经验，特邀请贵单位________先生/女士作为专家组成员参加本标准的修订工作，希望能得到贵单位的大力支持并准予出席会议。会议将就标准的修订大纲、工作计划及实施方案进行讨论，敬请届时出席会议。

会议地点：中国建筑科学研究院建筑物理研究所（北京车公庄大街 19 号）
报到时间：2009 年 10 月 20 日（外地）
报到地点：中国建筑科学研究院建筑物理研究所（北京西外车公庄大街 19 号）物理楼二层会议室
联系人：赵建平　林若慈
地　址：北京西外车公庄大街 19 号　　邮编：100044
电　话：010—88386916、88386963　　传真：010—88386963

《建筑采光设计标准》修订组
中国建筑科学研究院建筑物理研究所（代章）
2009 年 10 月 9 日

（*a*）

附件一：编制单位及人员

主编单位：中国建筑科学研究院
参编单位：中国建筑设计研究院
北京市建筑设计研究院
清华大学
中国城市规划设计研究院
中国航空规划建设发展有限公司
秦皇岛耀华玻璃股份有限公司
北京科博华建材有限公司
苏州中节能索乐图日光科技有限公司
北京市奥博特科技有限公司

主编单位人员：
赵建平　研究员/环能院副院长　中国建筑科学研究院
林若慈　研究员　张建平　高工　罗　涛　工程师　王书晓　工程师

参编单位人员：
顾　均　教授级高级工程师/总工　中国建筑设计研究院
叶依谦　教授级高级工程师/总工　北京市建筑设计研究院
张　昕　副教授　清华大学
张　播　高级工程师/总工　中国城市规划设计研究院
孙鸿风　高级工程师/总设计师　中国航空规划建设发展有限公司
曹　阳　总经理　秦皇岛耀华玻璃股份有限公司
康　健　总经理　北京科博华建材有限公司
周浩理　总经理　苏州中节能索乐图日光科技有限公司
张喆民　总经理　北京市奥博特科技有限公司

专家组成员
张绍纲　研究员　中国建筑科学研究院
詹庆旋　教　授　清华大学
王　诂　教　授　清华大学

（*b*）

图 1-53　《建筑采光设计标准》GB 50033—2013 编制组成立暨第一次工作会议通知
（*a*）《建筑采光设计标准》修订组成立暨第一次工作会议通知；（*b*）附件一：编制单位及人员

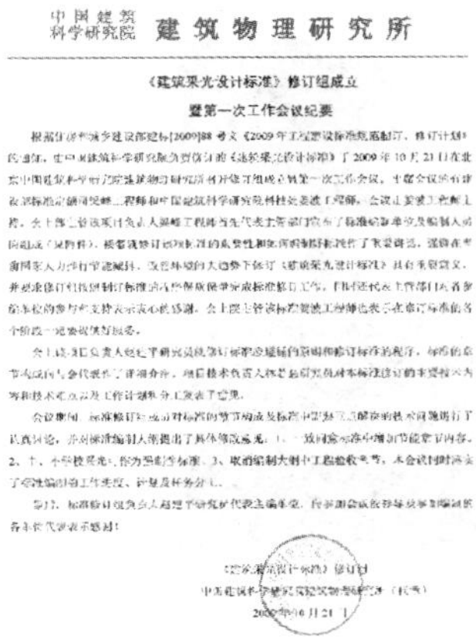
中国建筑科学研究院 建筑物理研究所

《建筑采光设计标准》修订组成立

暨第一次工作会议纪要

《建筑采光设计标准》修订组

中国建筑科学研究院建筑物理研究所（代章）

2009年10月21日

（*a*）

《建筑采光设计标准》编制组成立

暨第一次工作会议签到簿

序号	姓　名	职务或职称	工作单位	地址及邮编	签　　名
1	梁锋	工程师	建设部标准定额司	北京三里河路9号（100835）	梁锋
2	姜波	工程师	建研院科技处	北京市北三环东路30号	姜波
3	赵建平	副院长/研究员	中国建筑科学研究院建筑物理研究所	北京西外车公庄大街 19 号（100044）	
4	林若慈	研究员	中国建筑科学研究院建筑物理研究所	北京西外车公庄大街 19 号（100044）	林若慈
5	张绍纲	教授级高工	中国建筑科学研究院建筑物理研究所	北京市西外车公庄大街19号	张绍纲
6	詹庆旋	教授	清华大学	清华大学建筑馆南113	詹庆旋
7	王　诂	教授	清华大学	清华大学建筑馆114室	王诂
8	顾　均	总工/教授级高工	中国建筑设计研究院 [illegible]	海淀区首体南路9号主语国际2号楼	[illegible]
9	叶依谦	总工/教授级高工	北京市建筑设计研究院	南礼士路 建威大厦405	叶依谦
10	张　昕	副教授	清华大学	清华大学图书馆南113	张昕
11	张　播	总工/高工	中国城市规划设计研究院	车公庄西路5号	[illegible]
12	张建平	室主任/高工	中国建筑科学研究院建筑物理研究所	北京西外车公庄大街 19 号（100044）	张建平
13	曹　阳	总经理	秦皇岛耀华玻璃股份有限公司	秦皇岛市西港路52号	曹阳
14	康　健	总经理	北京科博华建材有限公司	丰台区东木樨园 2-508	康健
15	周清理	总经理	苏州中节能索乐图日光科技有限公司	苏州中节能索乐图日光科技有限公司 苏州工业园区胜浦路288号 出口加工区B区1号厂房（215121）	周清理

序号	姓　名	职务或职称	工作单位	地址及邮编	签　　名
16	张喆民	总经理	北京市奥博特科技有限公司	北京丰台区丰台科技园航丰路8号三层	张喆民
17	罗　涛	工程师	中国建筑科学研究院建筑物理研究所	北京西外车公庄大街 19 号（100044）	罗涛
18	王书晓	工程师	中国建筑科学研究院建筑物理研究所	北京西外车公庄大街 19 号（100044）	王书晓

（*b*）

图 1-54 《建筑采光设计标准》GB 50033—2013

编制组成立暨第一次工作会议纪要

（*a*）《建筑采光设计标准》修订组成立暨第一次工作会议纪要；（*b*）签到簿

图 1-55 《建筑采光设计标准》GB 50033—2013 审查会议照片

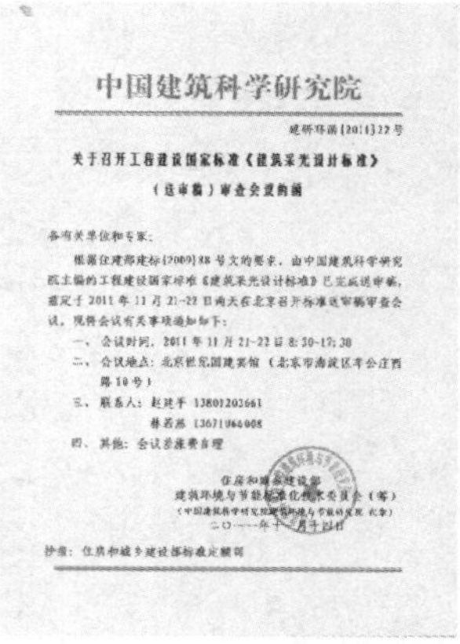

中国建筑科学研究院

建研环函[2011]22号

关于召开工程建设国家标准《建筑采光设计标准》（送审稿）审查会议的函

各有关单位和专家：

根据住建部建标[2009]88号文的要求，由中国建筑科学研究院主编的工程建设国家标准《建筑采光设计标准》已完成送审稿，拟定于2011年11月21-22日两天在北京召开标准送审稿审查会议，现将会议有关事项通知如下：

一、会议时间：2011年11月21-22日 8:30-17:30

二、会议地点：北京世纪国建宾馆（北京市海淀区车公庄西路10号）

三、联系人：赵建平 13801203661

林若慈 13671066008

四、其他：会议差旅费自理

住房和城乡建设部

建筑环境与节能标准化技术委员会（筹）

（中国建筑科学研究院建筑环境与节能研究院 代章）

二〇一一年十一月十四日

抄报：住房和城乡建设部标准定额司

图 1-56 《建筑采光设计标准》GB 50033—2013 审查会议通知

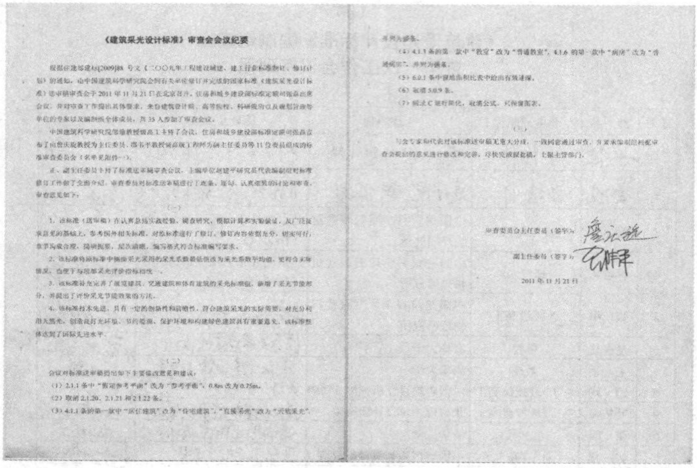

《建筑采光设计标准》审查会会议纪要

（一）

（二）

会议对标准送审稿提出如下主要修改意见和建议：

（1）2.1.1 条中“假定参考平面”改为“参考平面”，0.8m 改为 0.75m。

（2）取消 2.1.20、2.1.21 和 2.1.22 条。

（6）取消 5.0.9 条。

（三）

审查委员会主任委员（签字）：

副主任委员（签字）：

2011 年 11 月 21 日

（*a*）

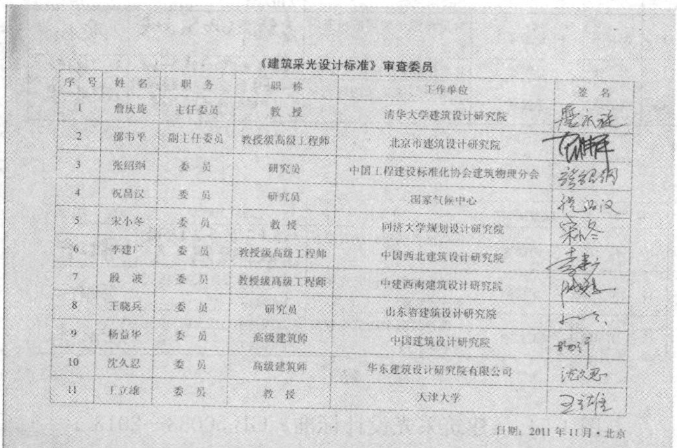

《建筑采光设计标准》审查委员

序号	姓名	职务	职称	工作单位	签名
1	詹庆旋	主任委员	教授	清华大学建筑设计研究院	
2	邵韦平	副主任委员	教授级高级工程师	北京市建筑设计研究院	
3	张绍纲	委员	研究员	中国工程建设标准化协会建筑物理分会	
4	祝昌汉	委员	研究员	国家气候中心	
5	宋小冬	委员	教授	同济大学规划设计研究院	
6	李建广	委员	教授级高级工程师	中国西北建筑设计研究院	
7	殷波	委员	教授级高级工程师	中建西南建筑设计研究院	
8	王晓兵	委员	研究员	山东省建筑设计研究院	
9	杨益华	委员	高级建筑师	中国建筑设计研究院	
10	沈久忍	委员	高级建筑师	华东建筑设计研究院有限公司	
11	王立雄	委员	教授	天津大学	

日期：2011 年 11 月 · 北京

（*b*）

图 1-57 《建筑采光设计标准》GB 50033—2013 审查会议纪要

（*a*）会议纪要；（*b*）审查委员名单

《建筑采光设计标准》审查会会议纪要（全文）

根据住建部建标［2009］88号文《二〇〇九年工程建设城建、建工行业标准制订、修订计划》的通知，由中国建筑科学研究院会同有关单位修订并完成的国家标准《建筑采光设计标准》送审稿审查会于2011年11月21日在北京召开。住房和城乡建设部标准定额司张磊出席会议，并对审查工作提出具体要求，来自建筑设计院、高等院校、科研院所以及规划管理等单位的专家以及编制组全体成员，共35人参加了审查会议。

中国建筑科学研究院邹瑜教授级高工主持了会议，住房和城乡建设部标准定额司张磊宣布了由詹庆旋教授为主任委员、邵韦平教授级高级工程师为副主任委员等11位委员组成的标准审查委员会（名单见附件一）。

正、副主任委员主持了标准送审稿审查会议，主编单位赵建平研究员代表编制组对标准修订工作做了全面介绍。审查委员对标准送审稿进行了逐条、逐句、认真细致的讨论和审查。审查意见如下：

（一）

1. 该标准（送审稿）在认真总结实践经验、调查研究、模拟计算和实验验证，及广泛征求意见的基础上，参考国外相关标准，对原标准进行了修订。修订内容依据充分，切实可行，章节构成合理，简明扼要，层次清晰，编写格式符合标准编写要求。

2. 该标准将原标准中侧面采光采用的采光系数最低值改为采光系数平均值，更符合实际情况，也便于与顶部采光评价指标相统一。

3. 该标准补充完善了展览建筑、交通建筑和体育建筑的采光标准值，新增了采光节能部分，并提出了评价采光节能效果的方法。

4. 该标准技术先进，具有一定的创新性和前瞻性，符合建筑采光的实际需要，对充分利用天然光，创造良好光环境、节约能源、保护环境和构建绿色建筑具有重要意义。该标准整体达到了国际先进水平。

（二）

会议对标准送审稿提出如下主要修改意见和建议：

（1）2.1.1条中“假定参考平面”改为“参考平面”，“0.8m”改为“0.75m”。

（2）取消2.1.20、2.1.21和2.1.22条。

（3）4.1.1条的第一款中“居住建筑”改为“住宅建筑”，“直接采光”改为“天然采光”，并列为强条。

（4）4.1.3条的第一款中“教室”改为“普通教室”，4.1.6的第一款中“病房”改为“普通病房”，并列为强条。

（5）6.0.1条中窗地面积比表中给出有效进深。

（6）取消5.0.9条。

（7）附录C进行简化，取消公式，只保留图表。

（三）

与会专家和代表对该标准送审稿无重大分歧，一致同意通过审查，并要求编制组根据审查会提出的意见进行修改和完善，尽快完成报批稿，上报主管部门。

2011年11月21日

5. 强条审查

本版标准强制性条文审查会议通知如图 1-58 所示，会议纪要如图 1-59 所示；关于回复强制性条文意见的函如图 1-60 所示。

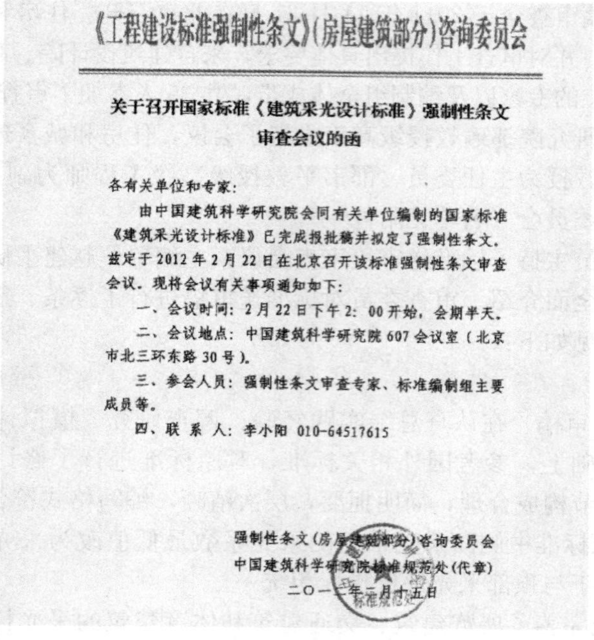

《工程建设标准强制性条文》（房屋建筑部分）咨询委员会

关于召开国家标准《建筑采光设计标准》强制性条文
审查会议的函

各有关单位和专家：

由中国建筑科学研究院会同有关单位编制的国家标准《建筑采光设计标准》已完成报批稿并拟定了强制性条文。兹定于 2012 年 2 月 22 日在北京召开该标准强制性条文审查会议。现将会议有关事项通知如下：

一、会议时间：2 月 22 日下午 2：00 开始，会期半天。

二、会议地点：中国建筑科学研究院 607 会议室（北京市北三环东路 30 号）。

三、参会人员：强制性条文审查专家、标准编制组主要成员等。

四、联 系 人：李小阳 010-64517615

强制性条文（房屋建筑部分）咨询委员会
中国建筑科学研究院标准规范处（代章）
二〇一二年二月十五日

图 1-58 《建筑采光设计标准》
GB 50033—2013 强制性条文审查会议通知

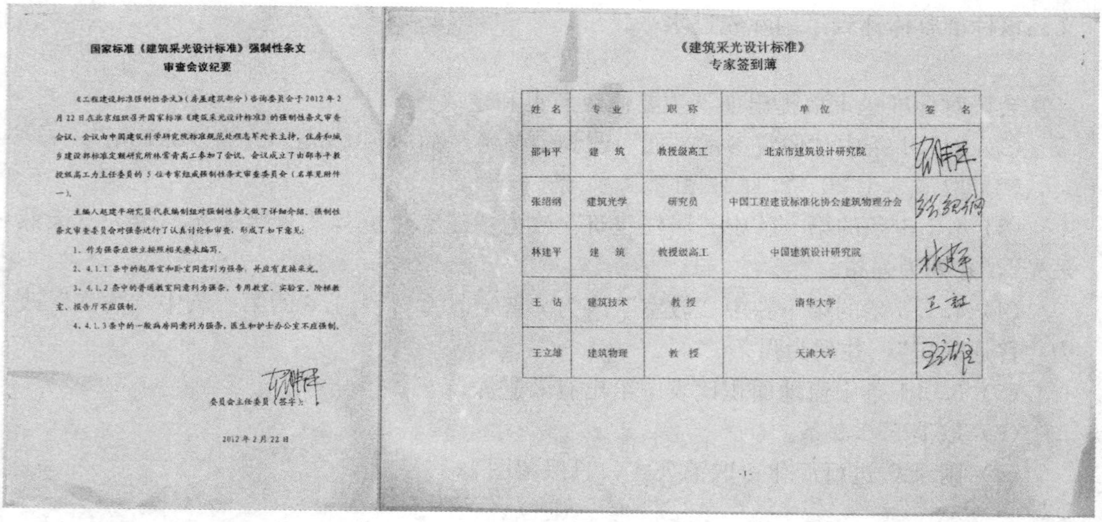

国家标准《建筑采光设计标准》强制性条文
审查会议纪要

《工程建设标准强制性条文》（房屋建筑部分）咨询委员会于 2012 年 2 月 22 日在北京组织召开国家标准《建筑采光设计标准》的强制性条文审查会议。会议由中国建筑科学研究院标准规范处程志军处长主持，住房和城乡建设部标准定额研究所林常青高工参加了会议。会议成立了由邵韦平教授级高工为主任委员的 5 位专家组成强制性条文审查委员会（名单见附件一）。

主编人赵建平研究员代表编制组对强制性条文做了详细介绍。强制性条文审查委员会对强条进行了认真讨论和审查，形成了如下意见：

1、作为强条应独立按照相关要求编写。

2、4.1.1 条中的起居室和卧室同意列为强条，并应有直接采光。

3、4.1.2 条中的普通教室同意列为强条，专用教室、实验室、阶梯教室、报告厅不应强制。

4、4.1.3 条中的一般病房同意列为强条，医生和护士办公室不应强制。

委员会主任委员（签字）：

2012 年 2 月 22 日

（*a*）

《建筑采光设计标准》
专家签到薄

姓 名	专 业	职 称	单 位	签 名
邵韦平	建 筑	教授级高工	北京市建筑设计研究院	
张绍纲	建筑光学	研究员	中国工程建设标准化协会建筑物理分会	
林建平	建 筑	教授级高工	中国建筑设计研究院	
王 诂	建筑技术	教 授	清华大学	
王立雄	建筑物理	教 授	天津大学	

-1-

（*b*）

图 1-59 《建筑采光设计标准》GB 50033—2013 强制性条文审查会议纪要
（*a*）强制性条文审查会议纪要；（*b*）专家签到表

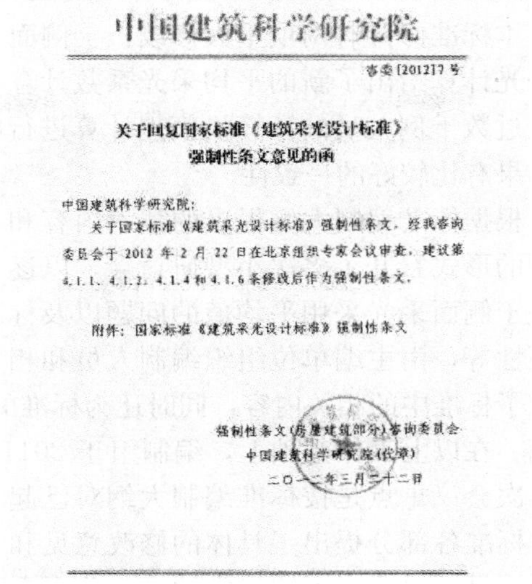

中国建筑科学研究院

咨委[2012]7号

关于回复国家标准《建筑采光设计标准》强制性条文意见的函

中国建筑科学研究院：

关于国家标准《建筑采光设计标准》强制性条文，经我咨询委员会于2012年2月22日在北京组织专家会议审查，建议第4.1.1、4.1.2、4.1.4和4.1.6条修改后作为强制性条文。

附件：国家标准《建筑采光设计标准》强制性条文

强制性条文(房屋建筑部分)咨询委员会
中国建筑科学研究院(代章)
二〇一二年三月二十二日

图1-60 关于回复国家标准《建筑采光设计标准》强制性条文意见的函

6. 报批报告

《建筑采光设计标准》报批报告（全文）

一、任务来源

本标准的编制任务来源于建设部［2009］88号文《2009年工程建设标准制订、修订计划》的通知。

二、编制工作概况

1. 准备阶段（2009.7～2009.9）

（1）组成编制组：按照参加编制标准的条件，通过和有关单位协商，落实标准的参编单位及参编人员。

（2）制定工作大纲：在学习编制标准的规定和工程建设标准化文件，收集和分析国内外有关采光标准及相关技术规定的基础上，结合现行标准的实施情况以及节能设计的需求制定了本标准的内容及章、节组成。

（3）召开编制组成立会：于2009年10月21日召开了编制组成立会暨第一次工作会议。会议宣布编制组正式成立。会议确定了主编单位和主编人以及参编单位和参编人。会议原则规定了标准应纳入的主要技术内容。编制组成员对标准的章、节构成及标准中重点解决的技术问题进行了认真讨论，并对标准编制大纲提出了具体的修改意见。

2. 征求意见阶段（2009.10～2011.7）

征求意见阶段主要做了以下几项工作：

（1）调研工作：包括对本标准中要解决的重点问题标准值和采光计算方法的分析研究，大量光气候数据的收集和分析计算工作；实测调查的重点放在新增项目展览建筑、交通建筑和体育建筑上，同时也对居住建筑、办公建筑、学校建筑中的主要场所的采光系数平均值进行了实测验证，为制订标准提供了基础数据。

（2）模拟验证工作：本标准修订有两项重大修改：①侧面采光的采光系数标准值由最低值改为平均值，②采光计算给出了新的平均采光系数计算公式及简化的采光计算图和表。分析论证工作是通过数千例大量的计算机模拟计算进行的，计算结果与国外相关研究进行了分析比较，结果有比较好的一致性。

（3）专题论证工作：根据标准编制大纲提出的技术内容和技术难点以及各个参编单位的分工，编制组以专题的形式召开了多次小型研讨会，以逐个解决编制工作中存在的某些技术问题，特别是关于侧面采光采用平均值的问题以及标准值的确定；采光计算方法和节能评价方法的实用性等，由主编单位组织编制人员和相关专家开过多次专题研讨会，经过反复论证，确定了标准中的相关内容，同时还为标准的制定提供了重要依据。

（4）编写征求意见稿：在以上工作基础上，编制组于 2011 年 6 月 14 日在北京召开了一次全体工作会议，本次会议重点是按标准编制大纲对已起草标准的主要章、节内容进行深入细致地讨论，对标准各部分提出了具体的修改意见和建议。标准中大部分内容已在会议上取得了一致性意见，对内容不够确定的章、节也定下了编写的框架和条文内容，为即将完成的征求意见稿奠定了基础。

（5）征求意见：讨论稿经过反复修改后，于 2011 年 6 月 28 日完成了征求意见稿和条文说明的编写工作，并于 2011 年 6 月底发至上级主管部门、全国各设计院、科研院所等 60 个单位征求意见，截至 2011 年 7 月底共收到 21 件回函，对标准提出了 122 条意见。

3. 送审阶段（2011.7～2011.11）

根据对征求意见的回函，逐条归纳整理，在分析研究所提出意见的基础上，编写了意见汇总表，并提出处理意见。同时结合所提出的意见召开多次小型编制组会议，分章、节逐一进行讨论。对于意见分歧较大，不易统一的重点内容，分别组织标准各部分编写人员进行讨论，通过反复推敲、修改，补充和完善，于 2011 年 10 月 10 日形成送审稿，同时发电子邮件至部分编制组成员及少数专家征求意见，最后于 2011 年 11 月 1 日正式定稿。送审稿审查会议于 2006 年 11 月 21 日在北京召开，与会专家和代表听取了编制组对标准修订工作的介绍，就标准送审稿逐章、逐条进行了认真细致地讨论，并顺利通过了审查（详见审查会议纪要）。

4. 报批阶段（2011.11～12）

审查会后于 2011 年 11 月 26 日召开编制组主要编写人员会议，根据审查会对标准所提的修改意见逐一进行了深入细致地讨论，对送审稿及其条文说明进行了认真修改，并将修改后的技术内容提交给审查专家组组长予以确认，最终于 2011 年 12 月完成标准报批稿和报批工作。

三、标准的主要内容

本标准的主要内容包括总则、术语和符号、基本规定、采光标准值、采光质量、采光计算、采光节能共七章和中国光气候分区、窗的不舒适眩光计算、采光计算方法、采光计算参数、采光节能计算参数和本标准用词说明六个附录。

四、审查意见的处理情况

参加审查会议的专家和代表一致同意通过送审稿审查，并要求编制组根据审查会提出的意见进行修改和完善，尽快完成报批稿，上报主管部门。

编制组对审查意见的处理情况如下：

1. 对审查会议上已统一意见的具体修改内容，如将“假定参考平面”改为“参考平面”，高度“0.8m”改为“0.75m”及取消2.1.20、2.1.21、2.1.22、5.0.9条在审查会上已完成修改工作。

2. 将4.1.1条第一款中“居住建筑”已改为“住宅建筑”，本条修改后与住宅设计规范（报批稿）统一。

3. 将4.1.3条第一款中“教室”已改为“普通教室”，4.1.6第一款中“病房”已改为“一般病房”。

4. 已将6.0.1条中窗地面积比表中的侧面采光增加了各采光等级对应的采光有效进深。

5. 对附录C进行了简化，取消了原有的计算公式，保留了图表，并采用文字方式加注了计算条件。

6. 与会专家和代表一致同意将修改后的4.1.1条第一款、4.1.3条第一款、4.1.6第一款列为强制性条文。编制组已将标准强制性条文上报进行审查批准。

五、标准的技术水平、作用和效益

1. 审查会议认为，本标准总体上达到了国际先进水平。

2. 本标准是在参考当前国内外先进标准和总结我国建筑采光方面的实践经验的基础上进行修订的，主要内容包括重新制订了侧面采光的评价指标、扩展了标准的使用范围、简化了采光计算方法，特别是新增了采光节能一章，不但从技术水平上达到了先进，而且对指导建筑采光设计和采光节能分析计算具有重要意义。

3. 在充分利用天然光，创造良好光环境，提高工作效率、节约能源，保护环境和构建绿色建筑方面具有显著的经济和社会效益。

六、今后需解决的问题

本标准既适用于管理者，也适用于设计者和使用者。标准条文技术性强，在发布后需加大对标准的宣贯力度，并监督执行标准。

《建筑采光设计标准》编制组

2011年12月10日

7. 发布公告

本版标准发布公告如图1-61所示。

1.1.4.2 标准内容简介

本标准由总则、术语和符号、基本规定、采光标准值、采光质量、采光计算、采光节能共七章和中国光气候分区、窗的不舒适眩光计算、采光计算方法、采光计算参数、采光节能计算参数五个附录组成。本标准修订的主要技术内容是：1）将侧面采光的评价指标采光系数最低值改为采光系数平均值；2）室内天然光临界照度值改为室内天然光设计照度值；3）扩展了标准的使用范围，增加了展览建筑、交通建筑和体育建筑的采光标准值；4）给出了对应于采光系数平均值的计算方法；5）增加了导光管采光系统的技术要求和设计方法；6）新增了“采光节能”的内容并规定了采光节能计算方法。

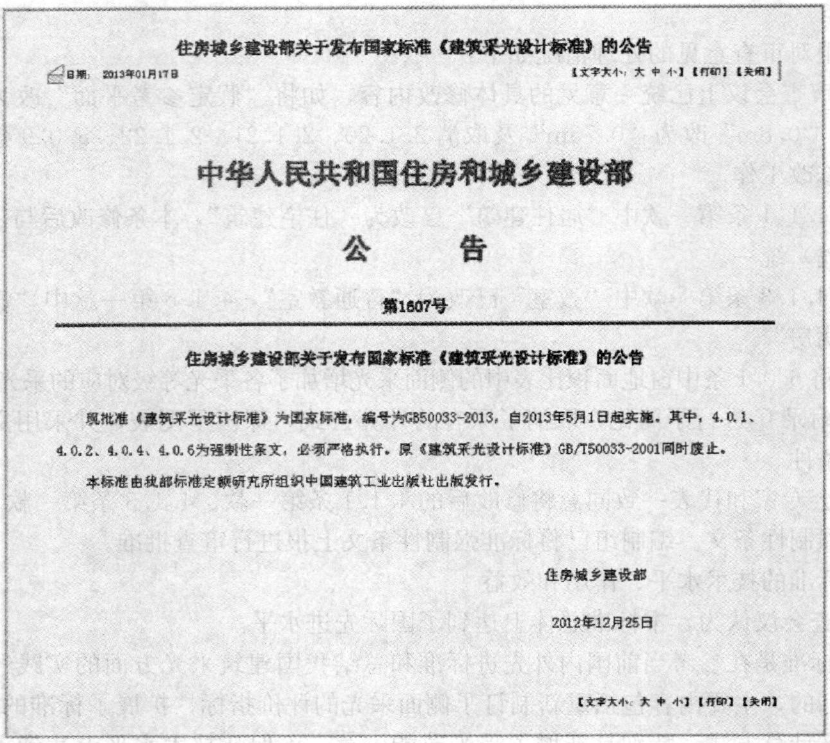

住房城乡建设部关于发布国家标准《建筑采光设计标准》的公告

日期：2013年01月17日 【文字大小：大 中 小】【打印】【关闭】

中华人民共和国住房和城乡建设部

公　　告

第1607号

住房城乡建设部关于发布国家标准《建筑采光设计标准》的公告

现批准《建筑采光设计标准》为国家标准，编号为GB50033-2013，自2013年5月1日起实施。其中，4.0.1、4.0.2、4.0.4、4.0.6为强制性条文，必须严格执行。原《建筑采光设计标准》GB/T50033-2001同时废止。

本标准由我部标准定额研究所组织中国建筑工业出版社出版发行。

住房城乡建设部

2012年12月25日

【文字大小：大 中 小】【打印】【关闭】

图 1-61　第 1607 号公告 住房城乡建设部关于发布国家标准《建筑采光设计标准》的公告

1.1.4.3　重要条款、重要指标

1. 采光标准值

场所参考平面上的采光标准值应符合表 1-17 的规定。

场所参考平面上的采光标准值　　**表 1-17**

采光等级	侧面采光		顶部采光	
	采光系数标准值（%）	室内天然光照度标准值（lx）	采光系数标准值（%）	室内天然光照度标准值（lx）
Ⅰ	5	750	5	750
Ⅱ	4	600	3	450
Ⅲ	3	450	2	300
Ⅳ	2	300	1	150
Ⅴ	1	150	0.5	75

注：表中所列采光系数标准值适用于我国Ⅲ类光气候区，采光系数标准值是按室外设计照度值 15000lx 制定的。

各光气候区的室外天然光设计照度应按表采用。所在地区的采光系数标准值应乘以相应地区的光气候系数 K，如表 1-18 所示。

光气候系数值 K　　**表 1-18**

光气候区	Ⅰ	Ⅱ	Ⅲ	Ⅳ	Ⅴ
K 值	0.85	0.90	1.00	1.10	1.20
室外天然光设计照度值 E_s（lx）	18000	16500	15000	13500	12000

本标准统一以采光系数平均值作为评价指标，采用室外设计照度确定采光系数标准值。Ⅲ类光气候区的室外设计照度取 15000lx，其余光气候区的采光标准值按光气候系数进行修正。

本标准首次将住宅建筑中的卧室、起居室、教育建筑中的普通教室和医疗建筑中的一般病房的采光要求定为强制性条文。住宅建筑的卧室、起居室（厅）的采光不应低于采光等级Ⅳ级的采光标准值，侧面采光的采光系数不应低于 2.0%，室内天然光照度不应低于 300lx。教育建筑的普通教室的采光不应低于采光等级Ⅲ级的采光标准值，侧面采光的采光系数不应低于 3.0%，室内天然光照度不应低于 450lx。医疗建筑的一般病房的采光不应低于采光等级Ⅳ级的采光标准值，侧面采光的采光系数不应低于 2.0%，室内天然光照度不应低于 300lx。

2. 不舒适眩光指数

采光设计时，对采光质量要求较高的场所，规定了对不舒适眩光指数的要求，Ⅰ～Ⅴ级采光等级对应的不舒适眩光指数分别为 20、23、25、27 和 28，与 GB 50033—91 相同。

3. 窗地面积比和采光有效进深

在建筑方案设计时，对Ⅲ类光气候区的采光，其采光窗洞口面积和采光有效进深可按表 1-19 进行估算，其他光气候区的窗地面积比应乘以相应的光气候系数 K。

窗地面积比和采光有效进深　　表 1-19

采光等级	侧面采光		顶部采光
	窗地面积比（A_c/A_d）	采光有效进深（b/h_s）	窗地面积比（A_c/A_d）
Ⅰ	1/3	1.8	1/6
Ⅱ	1/4	2.0	1/8
Ⅲ	1/5	2.5	1/10
Ⅳ	1/6	3.0	1/13
Ⅴ	1/10	4.0	1/23

注：1. 窗地面积比计算条件：窗的总透射比 τ 取 0.6；
2. 室内各表面材料反射比的加权平均值：Ⅰ～Ⅲ级取 $\rho_j=0.5$；Ⅳ级取 $\rho_j=0.4$；Ⅴ级取 $\rho_j=0.3$。

4. 采光计算

采光设计时，应进行采光计算。

1）侧面采光可按下列公式进行计算：

$$C_{av}=\frac{A_c\tau\theta}{A_z(1-\rho_j^2)} \tag{1-10}$$

式中：τ——窗的总透射比；

A_c——窗洞口面积（m^2）；

A_z——室内表面总面积（m^2）；

ρ_j——室内各表面反射比的加权平均值；

θ——从窗中心点计算的垂直可见天空的角度值，无室外遮挡 θ 为 90°。

2）顶部采光可按下列公式进行计算：

$$C_{av}=\tau CU\,A_c/A_d \tag{1-11}$$

式中：C_{av}——采光系数平均值（%）；

τ——窗的总透射比；

CU——利用系数；

A_c/A_d——窗地面积比。

3）导光管系统采光计算：

$$E_{av}=\frac{n\times\Phi_u\times CU\times MF}{l\times b} \tag{1-12}$$

式中：E_{av}——平均水平照度（lx）；

n——拟采用的导光管采光系统数量；

Φ_u——导光管采光系统漫射器的设计输出光通量（lm）；

CU——导光管采光系统的利用系数；

MF——维护系数。

本标准中针对侧面采光的采光系数平均值的计算方法，是在大量实际测量和模型实验基础上提出的，并考虑了室外遮挡的影响，与模拟计算的结果比较吻合。顶部采光的计算方法的原理是流明法，假定天空为漫射光分布，该方法还考虑了房间的形状、室内各表面的反射比等因素，具有一定的精度。顶部采光的计算方法还适用于导光管采光系统的设计，具有较强的实用性。

在公式法的基础上，结合大量典型房间的模拟计算结果，还给出了典型进深、开间尺寸条件下的速查表，以便于设计人员使用。

5. 采光节能计算

单位面积上可节省的年照明用电量 U_e 宜按下式计算：

$$U_e=W_e/A \tag{1-13}$$

式中：U_e——单位面积上可节省的年照明用电量［kWh/(m^2×年)］；

A——照明的总面积；

W_e——可节省的年照明用电量（kWh/年）。

可节省的年照明用电量 W_e 宜按下式计算：

$$W_e=\sum(P_n\times t_D\times F_D+P_n\times t'_D\times F'_D)/1000 \tag{1-14}$$

式中：P_n——房间或区域的照明安装总功率（W）；

t_D——全部利用天然采光的时数（h）；

t'_D——部分利用天然采光的时数（h）；

F_D——全部利用天然采光时的采光影响系数，取值1；

F'_D——部分利用天然采光时的采光影响系数，在临界照度与设计照度之间的时段取0.5。

1.1.4.4 专题技术报告

1. 国内外采光标准汇总

在本标准修订过程中收集了国内外近期发布的先进标准，并在此基础上进行了分析研究，同时也借鉴和参考了其中的相关内容。国外主要标准有：英国标准 BS 8206—2：2008《建筑物照明　第2部分：日光照明实用规程》、英国标准 BS EN15193：2007《建筑物能效—照明的能源要求》。国内主要标准有：《办公建筑设计规范》JGJ 67—2006、《中小学校设计规范》GB 50099—2011、《住宅设计规范》GB 50096 和《建筑照明设计标准》GB 50034 等。

BS 8206—2：2008 标准中，从健康的角度出发，对视野、直射日光和天空光提出了定量的要求，其中，卧室、客厅和厨房的最小平均采光系数分别为 1%、1.5%和 2%。BS EN15193：2007 标准则给出了照明能耗的计算方法，该方法考虑了天然采光、照明使用时间和照明控制等因素的影响。在编制采光设计标准时，在满足平均采光系数的要求时，当室外照度为设计照度时，室内平均照度与《建筑照明设计标准》GB 50034 同类场所的照度是一致的，从而满足了视觉作业的要求。

2. 中国天然光光气候的研究

我国幅员辽阔，不同地区的光气候资源有很大差异，这些光气候数据，是采光设计计算的前提和基础。GB 50033—91 及 GB 50033—2001 版采光标准中的光气候数据及分区，是在 20 世纪 80 年代研究基础上制定的。这些数据距现在已近 30 年，全球气候有很大变化，已不能反映当前我国光气候的特点。

为此，编制组在北京地区建立光气候观测站（N39°58′　E116°24′），如图 1-62 所示。从 2009 年 4 月至 2010 年 4 月对光照度和辐照度进行了逐时对比观测，测试的项目包括总辐照度、散射辐照度、总光照度和散射光照度以及四个朝向的辐照度和光照度，其中散射辐照度和散射光照度的测试采用了阴影环遮挡，数据处理时进行了相应修正。

在大量观测数据的基础上，提出了适合我国光气候特点的辐射光当量模型。该模型以 Perez 模型为基础，考虑了我国的气象特点，与观测数据相比，年平均偏差在 5%以内。利用我国近 30 年的典型气象年数据和该模型，获得了中国各城市的典型年的逐时光照度数据。

本标准根据我国近 30 年的气象资料取得的 273 个站的年平均总照度修正了我国的光气候分区，如图 1-63 所示。

图 1-62　光气候观测站

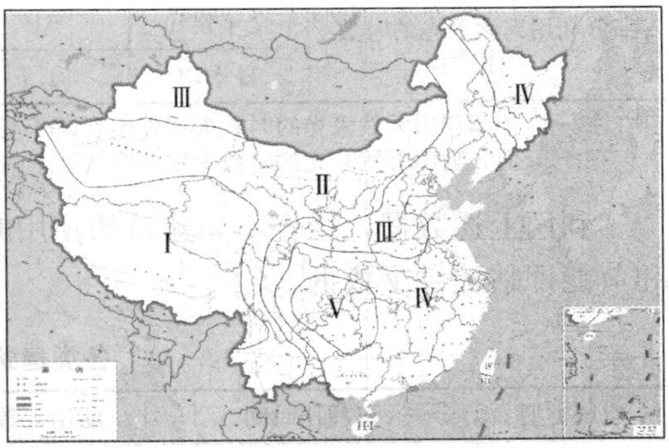

图 1-63　我国的天然光光气候分区

注：按天然光年平均总照度（klx）

Ⅰ. $E_q \geq 45$　Ⅱ. $40 \leq E_q < 45$　Ⅲ. $35 \leq E_q < 40$

Ⅳ. $30 \leq E_q < 35$　Ⅴ. $E_q < 30$

利用这些逐时数据，还给出了不同地区在不同室外照度下的天然光利用时数，见表 1-20。

不同光气候区的天然光利用时数 表 1-20

光气候区	站数	年平均总照度 (lx)	室外设计照度 (lx)	设计照度的天然光利用时数 (h)	室外临界照度 (lx)	临界照度的天然光利用时数 (h)
Ⅰ	29	48781	18000	3356	6000	3975
Ⅱ	40	42279	16500	3234	5500	3921
Ⅲ	71	37427	15000	3154	5000	3909
Ⅳ	102	32886	13500	3055	4500	3857
Ⅴ	31	27138	12000	2791	4000	3689

室外设计照度值的确定：将Ⅲ类光气候区的室外设计照度值定为 15000lx，根据这一照度和采光系数标准值换算出来的室内天然光照度值与人工照明的照度值相对应，只要满足这些照度值，工作场所就可以全部利用天然光照明，又根据我国天然光资源分布情况，全年天然光利用时数可达 8.5 个小时以上。按每天平均利用 8 小时确定设计照度，Ⅲ类区室外设计照度取值为 15000lx，其余各区的室外设计照度分别为 18000、16500、13500、12000lx。按室外临界照度 5000lx 计算，每天平均天然光利用时数约 10 个小时。室外设计照度 15000lx 和室外临界照度 5000lx 之间，是部分采光的时段，需要补充人工照明，临界照度 5000lx 以下则需要全部采用人工照明。

通过对我国各地区的光气候数据进行统计分析，可得到各光气候区完全利用天然采光和部分利用天然采光的时数，如表 1-21 所示。

各光气候区的天然光利用时数 表 1-21

	光气候区	Ⅰ类	Ⅱ类	Ⅲ类	Ⅳ类	Ⅴ类
全部利用天然采光的时数 (h)	全年累计	3356	3234	3154	3055	2791
	日平均	9.2	8.9	8.6	8.4	7.6
部分利用天然采光的时数 (h)	全年累计	619	687	755	802	898
	日平均	1.7	1.9	2.1	2.2	2.5

注：1. 全部利用天然采光的时数为室外照度高于室外设计照度的时间段。
2. 部分利用天然采光的时数为室外照度处于临界照度和设计照度之间的时段。

利用上述数据，结合不同建筑的使用时间，可得到不同建筑的利用时数，为采光设计和节能评估提供了依据。

各类建筑全年使用时间 表 1-22

建筑类型	日使用时间	使用天数	建筑类型	日使用时间	使用天数
办公	9：00～17：00	250	学校	7：00～17：00	195
旅馆	1：00～24：00	365	医院	8：00～17：00	310
展览	9：00～17：00	336	交通	1：00～24：00	365
体育	9：00～17：00	336	工业	8：00～18：00	250

根据光气候数据和各类建筑的实际使用情况（上下班时间和使用天数），得到全年可全部利用天然光的时数 t_D，如表 1-23 所示。

各类建筑全部利用天然光时数 t_D(h) 表 1-23

光气候区	办公	学校	旅馆	医院	展览	交通	体育	工业
Ⅰ	2250	1794	3358	2852	3024	3358	3024	2300
Ⅱ	2225	1736	3249	2759	2990	3249	2990	2225
Ⅲ	2150	1677	3139	2666	2890	3139	2890	2150
Ⅳ	2075	1619	3030	2573	2789	3030	2789	2075
Ⅴ	1825	1424	2665	2263	2453	2665	2453	1825

注：1. 全部利用天然光的时数是指室外天然光照度在设计照度值以上的时间。
2. 表中的数据是基于日均天然光利用时数计算的，没有考虑冬夏的差异，计算时应按实际使用情况确定。

根据室外设计照度和室外临界照度的利用时数，可计算得出部分利用天然光时数 t'_D，如表 1-24 所示。

各类建筑部分利用天然光时数 t'_D(h) 表 1-24

光气候区	办公	学校	旅馆	医院	展览	交通	体育	工业
Ⅰ	0	332	621	248	0	621	0	425
Ⅱ	25	351	657	341	34	657	34	450
Ⅲ	100	410	767	434	134	767	134	525
Ⅳ	175	429	803	527	235	803	235	550
Ⅴ	425	507	949	806	571	949	571	650

注：部分利用天然光的时数是指设计照度和临界照度之间的时段。

3. 侧面采光计算方法的研究

对于大部分民用建筑来说，最常用的采光方式为侧面采光。影响侧面自然采光的因素有很多，大体可以分为两个方面：室内空间因素和室外自然因素。室内空间因素主要包括跟建筑设计相关的几何尺寸、窗洞大小及位置、玻璃材料的透射比及遮阳措施、室内墙面材料及室内陈设的反射等；室外环境影响因素包括建筑所处的位置、天空条件、室外建筑遮挡、建筑物和地面反射等。

经过实际测量和模型实验，早在 20 世纪 70 年代就有国外学者在大量经验数据的整理基础上提出了平均采光系数的计算公式。1979 年，Lynes 针对矩形侧面采光空间的平均自然采光系数总结出了这样的计算表达式：

$$ADF = \frac{A_g \tau \theta}{A_t 2(1-\rho)} \tag{1-15}$$

其中：ADF——平均采光系数；
A_g——窗户净表面面积；
A_t——包括窗户在内的室内总表面面积；
τ——玻璃透射率；
θ——天空遮挡角；
ρ——室内表面平均反射系数。

天空遮挡角 θ 的确定方法如图 1-64 所示，当室外无遮挡时 θ 值为 90。

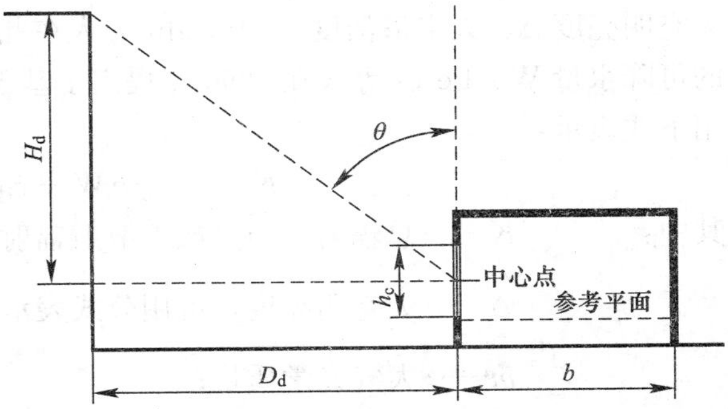

图 1-64 天空遮挡角 θ 的确定方法

我国的采光设计标准以全阴天作为

标准天空条件，平均采光系数作为评价指标，这就需要相应计算方法的支持。国内外研究表明，室内采光水平与窗的大小成正比关系。1979 年，Lynes 针对矩形侧面采光空间提出了计算平均采光系数的经验公式，并在随后的研究过程中，出现了多个修正版本。1984 年 Crisp 和 Littlefair 在他们的论文中对 Lynes 的公式进行了修正。哈佛大学的 CF Reinhart 利用计算机模拟工具 Radiance 计算了大量案例，模拟计算结果与经验公式的计算结果十分吻合。

1.1.4.5 论文著作

1. 林若慈，赵建平. 新版《建筑采光设计标准》主要技术特点解析 [J]. 照明工程学报，2013，01：5-11.

新版《建筑采光设计标准》GB 50033 对原标准进行了全面修订，将侧面采光的采光系数最低值改为采光系数平均值，依据大量光气候数据，确定了室外天然光设计照度值，在规定窗地面积比的同时，制定了侧面采光有效进深，简化了采光计算方法，新增节能章节，新的《建筑采光设计标准》将更有利于充分利用天然光，创造良好光环境和节约能源。

2. 罗涛，燕达，林若慈，王书晓. 天然光光照度典型年数据的研究与应用 [J]. 照明工程学报，2011，05：1-6.

全年逐时的天然光光照度数据是进行动态采光模拟的必备条件。获取一套能切实反映我国光气候特点和规律的逐时光照度数据是进行光环境动态模拟分析的基础。然而，由于光照度数据不是我国气象部门的常规观测项目，国内只有少数一些站点对其进行观测，因而天然光照度数据的资料非常缺乏，直接利用观测获得的光照度数据建立典型年数据的条件尚不成熟。为此，本文根据 DeST 的典型气象年数据，结合 Perez 模型，给出了光照度典型年数据的取值方法，为全年动态采光模拟及照明能耗分析提供了参考。

1）典型年数据

我国自主研发的建筑热环境模拟分析软件 DeST 提供了一整套用于建筑环境模拟的逐时典型年数据，这些数据的基础是中国气象局气象信息中心气象资料室提供的全国 270 个地面气象台站 1971～2003 年的气象观测数据，数据来源可靠并且能切实反映中国气象的特点和规律。这些气象数据也包括辐照度以及建立辐射光当量模型的其他气象要素。

2）辐射光当量模型

在本文的研究中，辐射光当量模型是核心和关键问题。该模型的选择不仅要考虑是否适用于我国气象条件，同时模型的计算参数尽量在我国气象观测要素的范围内，应容易获取。

Perez 等人通过实际观测发现，辐射光当量主要受三个因素的影响：太阳天顶角 θ_Z、天空明亮度 Δ、天空清洁度 ε。Wright 等人在此基础上又增加了一个新的因子，即空气中的可降水量 W。Perez 等人在 1990 年提出了基于这四个参数的辐射光当量模型，该模型可用下式表示：

$$K = a_i + b_i W + c_i \cos\theta_Z + d_i \ln\Delta \tag{1-16}$$

其中：K——总辐射光当量或者散射辐射光当量，单位是 lm/W；

Δ——天空明亮度，可用公式表示：$\Delta = m\dfrac{E_d}{E_o}$；

m——大气光学质量；

E_d——地面散射辐照度或光照度；

E_o——大气层外的辐照度或光照度；

a_i，b_i，c_i，d_i——根据天空清洁度 ε 确定的系数。

根据国外学者的研究结果，与其他模型相比，Perez 模型与实测值更为接近。同时，Perez 模型所需的计算参数可以很容易从气象资料中获得，同时由于其可采用逐时的气象数据，因此更适合于获取逐时的光照度典型年数据的需要。

因此，这里我们选择这套典型年气象数据作为基础资料，并利用辐射光当量法得到光照度典型年数据。

3）光气候数据应用

根据实测得到的总辐照度、散射辐照度，我们对利用 Perez 模型计算得到的总辐射光当量和散射辐射光当量与实测值进行对比，两者在全年主要的采光时间段（8：00～16：00）的年平均值，如表 1-25 所示。

Perez 模型与实测值对比　　**表 1-25**

	总辐射光当量（lm/W）	散射辐射光当量（lm/W）
实测值	104.2	136.6
Perez 模型	109.8	131.0
平均相对偏差	5.4%	−4.1%

通过对比发现，利用 Perez 模型计算得到的辐射光当量与实测数值比较吻合，较为适合我国光气候的应用。根据室外光照度的差异，可以将中国划分为 5 个光气候分区，如表 1-26 所示。

中国光气候分区　　**表 1-26**

分区	站数	照度范围（klx）	年平均照度（klx）
Ⅰ	29	＞45	48.78
Ⅱ	40	40～45	42.28
Ⅲ	71	35～40	37.43
Ⅳ	102	30～35	32.89
Ⅴ	31	＜30	27.14

通过对我国 273 个城市及地区的典型年光照度数据进行分析，结果表明，各地区的天然光气候资源是不同的。昼光资源最丰富的地区比光资源最缺乏地区的室外年平均照度甚至要高一倍以上。最后，以北京地区为例，利用 DeST 提供的典型气象年数据和 Perez 模型，获得北京地区的光照度典型年数据，并以此为基础，用于分析办公室的全年采光状况和照明能耗，为节能设计提供了参考。

3. 林若慈，张建平，王书晓. 开发新的顶部采光计算方法 [J]. 照明工程学报，2014，01：31－34＋46.

本计算方法源于室内照明计算中的流明法，本方法已纳入《建筑采光设计标准》GB 50033—2013。本文对该方法的基本原理、计算程序和使用方法作了系统介绍，以便于建筑设计师能在建筑方案设计阶段方便、快捷地确定采光设计方案。

1）采光系数平均值的计算：

$$C_{av}(\%) = \tau CU A_c / A_d \tag{1-17}$$

式中：C_{av}——采光系数平均值（%）；

τ——窗的总透射比；

CU——利用系数，可查表；

A_c/A_d——窗地面积比。

本标准提供的室空间比是将房间的长、宽比设定为 $l=2w$，对于房间长宽比为 1∶1 或 1∶3 的室空间比计算所得的利用系数略有差别，为了简化计算采光标准只提供了一种房间长宽比对应的利用系数和计算图表。

2）窗洞口面积 A_c 可按下式计算：

$$A_c = C_{av} \cdot \frac{A'_c}{C'} \cdot \frac{0.6}{\tau} \tag{1-18}$$

式中：C'——典型条件下的采光系数，取值为 1%；

A'_c——典型条件下的开窗面积，可按图 1-65 取值；

τ——窗的总透射比。注：当采用采光罩采光时，应考虑采光罩井壁的挡光折减系数（K_j）。

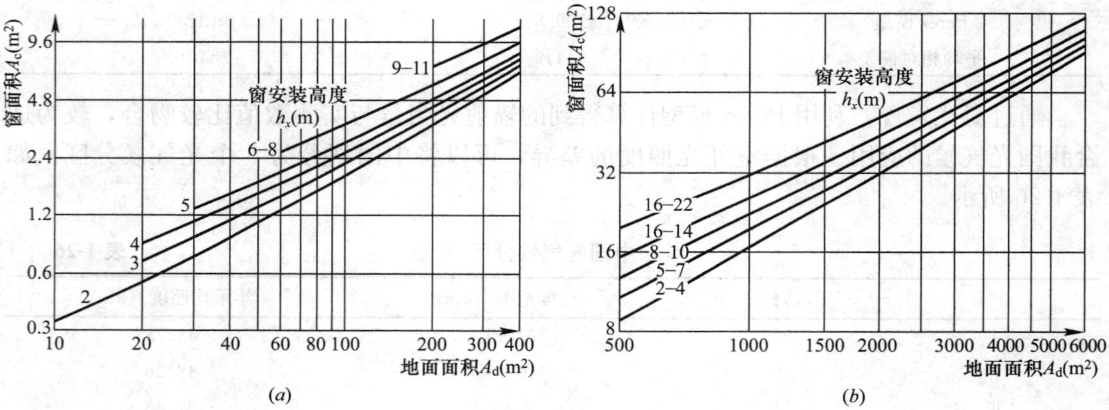

图 1-65　顶部采光计算图

注：计算条件：采光系数 $C'=1\%$，总透射比 $\tau=0.6$，反射比：顶棚 $\rho_p=0.80$，墙面 $\rho_q=0.50$，地面 $\rho_d=0.20$

3）顶部采光计算方法的应用

本计算方法（流明法）给出了一种计算平均采光系数的方法，属简化采光计算方法，在进行采光设计时，可根据实际采用的采光材料、遮挡情况调整各个计算参数，计算包含了天然光利用系数，考虑了室内反射光对采光的影响，该方法与用窗地面积比进行估算相比，结果会更加符合实际建筑的采光状况。本方法中提供的计算图表可以在已知被照面积和窗户安装高度的情况下，方便地查找出典型条件下的窗洞口面积，然后再根据实际条件计算出需要的窗洞口面积。本方法对采光形式比较复杂的建筑和除平天窗（采光罩）以外的采光形式，如锯齿形天窗和矩形天窗等仍需要借助采光软件进行计算。

4. 张昕，韩天辞. 建筑侧窗采光简化评估方法的研究［J］. 照明工程学报，2012，03：23-29.

本文从前期研究到后期成果，详细介绍了 2013 年最新《建筑采光设计标准》侧面采光计算部分的修订工作。本文结合国际上有关自然光侧面采光的最新研究成果，并总结了旧版标准中以最小采光系数作为评定标准的缺陷，提出以平均采光系数作为新版标准的衡量依据。同时本文作者借助计算机模拟和理论公式计算，制定出一套方便建筑师使用和参考的新方法。该方法以大量模拟数据为基础，结合了查表和公式计算两个步骤，可以为建筑师侧面开窗设计方面提供科学、有效的数据支持。

1.1.4.6 创新点

本标准的创新点主要体现在以下几方面：

(1) 本标准增加了强制性条文的规定，居住、医院和学校建筑主要场所的采光要求为强制性标准，保证了这些场所的光环境质量，有利于人员的身心健康；

(2) 侧面采光的评价指标由采光系数最低值改为采光系数平均值，更符合实际应用的需要，也与国外先进国家的标准协调一致；

(3) 在大量数据分析的基础上，调整了光气候分区，与我国目前的气候条件更为一致；

(4) 将室内天然光临界照度值改为室内天然光设计照度值，与照明标准相协调，更有利于照明节能的设计和评价；

(5) 扩展了标准的适用范围，增加了展览建筑、交通建筑和体育建筑的采光标准值；

(6) 侧面采光时增加了采光有效进深的规定，对于指导建筑设计具有重要的指导作用；

(7) 新增“采光节能”一章，对于采光节能的计算和评价提供了定量的方法和技术手段。

1.1.4.7 社会经济效益

本标准自实施以来，引起了规划部门和设计单位的普遍关注。通过宣传贯彻和工程应用实践，反映良好。该标准发布实施的同时，在主编单位的技术支持下已开发了专业的采光分析软件，可用于建筑采光设计和施工图审查。

本标准在充分利用天然光，创造良好光环境，提高工作效率、节约能源，保护环境和构建绿色建筑方面具有显著的经济和社会效益。该标准技术先进，具有一定的创新性和前瞻性，符合建筑采光的实际需要，对充分利用天然光，创造良好光环境、节约能源、保护环境和构建绿色建筑具有重要意义。

1.2 各版标准比较

从适用范围、视觉工作分类、采光标准值、室外照度、窗地面积比、采光质量、采光计算、计算参数和采光节能九个方面对四版标准进行了比较，如表 1-27 所示。

1.3 标准展望

从 20 世纪 70 年代至今，在 40 多年的时间里，国标《建筑采光设计标准》经历了 4 个阶段，3 次大的修订，标准名称也从最初的《工业企业采光设计标准》改为目前的《建筑采光设计标准》。从标准的制订和修订过程来看，标准的技术内容与我国建设背景和光环境的需求密切相关。随着工程建设从工业向民用倾斜，光环境的需求从视觉工效转为视觉舒适，标准的相关内容也进行了调整。同时，随着技术的发展，标准也在不断完善和增加相应的内容。

各版建筑采光标准对比和指标变化

表 1-27

标准名称	适用范围	视觉工作分类	采光标准值	室外照度	窗地面积比	采光质量	采光计算	计算参数	采光节能
《工业企业采光设计标准》TJ 33—79	工业生产车间和工作场所	工作精确度和识别对象最小尺寸	采光系数最低值 C_{min} 和室内天然光照度最低值	室外临界照度 5000lx	侧窗和天窗的 A_c/A_d 列为标准部分	顶部采光，均匀度不宜小于 0.7	计算公式和图表，列为标准部分	采光计算对应的所有参数	定期擦窗
《工业企业采光设计标准》GB 50033—91	工业生产车间和工作场所	工作精确度和识别对象最小尺寸	侧面采光采用 C_{min}，顶部采光采用 C_{av}	室外临界照度按五个光气候区取值	窗地面积比 A_c/A_d 不变	增加不舒适眩光评价标准	计算公式图表不变、列为计算部分	增加晴天方向系数	定期擦窗
《建筑采光设计标准》GB 50033—2001	八类民用建筑和工业建筑	工作精确度和识别对象最小尺寸	调整了顶部采光的标准值	室外临界照度值不变	按民用和工业建筑制定 A_c/A_d 列入计算方法	取消不舒适眩光评价标准	采光计算部分不变	调整部分材料参数	建筑外窗 T_r 值大于 0.45
《建筑采光设计标准》GB 50033—2013	十一类民用建筑和工业建筑	取消视觉工作分类，只考虑采光等级	侧面和顶部采光统一采用采光系数平均值 C_{av}	室外设计照度值和室外临界照度值	侧窗和平天窗的 A_c/A_d、增加采光有效进深	增加不舒适眩光评价标准	新的侧面和顶部采光计算公式图表	增加光热性能参数	增加节能章节和节能计算

一直以来，我国和世界各国的采光标准采用的评价指标是基于全阴天空模型的采光系数。采用单一天空模型不能反映天然采光动态变化的特点，而我国地域辽阔，不同地区的光气候差异较大，采用这一指标存在一定的局限性，不能完全满足各地区特定的采光设计要求。在模型实测和模拟计算的基础上，国外研究人员相继提出了有用天然光照度（Useful Daylight Illuminance）和天然光自治（Daylight Autonomy）等动态采光评价指标。目前，这些指标已用于指导采光设计，但由于计算方法复杂、所需基础参数难以获取、标准值难以确定等问题，仍未纳入到设计标准中。提出替代传统采光系数的指标，并建立一套相应的计算和评价方法，是未来采光设计标准中最重要和最基础的工作之一；同时，在精确考虑特定地点的气象因素和具有普适性的国家标准之间如何协调，还有大量的工作要做。

动态采光评价指标是建立在典型年光气候数据和动态模拟的基础之上的。John Mardaljevic 等学者提出了 CBDM（Climate-based Daylight Modelling）的模型，提倡从地域气候特点出发来分析和设计天然采光。该模型已被英国采光标准 BS 8206-2：2008 所认可和采纳。该方法通过采用能够代表某地区的典型年（TMY，Typical Meteorological Year）光气候数据，利用计算机进行模拟分析，得到动态采光评价指标。目前在我国，开展长期光气候观测的城市较少，基础数据的缺乏将成为制约该方法应用的主要瓶颈。因此，在未来相当长一段时间内，还需要在我国不同光气候区选择典型城市开展光气候观测工作，为动态采光的分析提供基础数据。

与国外标准不同的是，我国的采光设计标准中不仅提出了评价指标，还提供了计算方法，以便于设计人员使用。但是，随着建筑形体和使用功能日益复杂，标准中提供的简化计算方法不能满足建筑设计的需要。我国和国外均有的专业采光计算软件，可用于分析复杂建筑的采光。专业的采光分析软件，不仅可用于采光设计，同时也可作为标准研究的分析工具，促进标准编制工作。国外软件还提供了动态采光分析和能耗计算的功能，值得我们借鉴和学习。

节能是天然采光的一大优势，但从建筑整体节能的角度，需要考虑光和热之间的平衡，避免过度采光。在最新颁布的 2013 版采光标准中，增加了材料光热性能的限制要求，并提出了采光节能的计算方法。如何进一步与照明设计及整体建筑设计相协调，充分发挥天然采光的节能潜力，将是未来采光标准需要考虑和解决的问题。同时，随着技术的发展，导光管等新型采光系统不断出现并得到应用。在未来的采光标准中，需要明确这些新型采光系统的技术要求，并提出相应的设计和评价方法，以更好指导这些系统的应用和发展。

窗眩光是衡量采光质量的重要评价指标，目前标准中采用的 DGI 指标仍然存在一定问题。国外研究人员提出了天然光眩光概率 DGP（Daylight Glare Probability）和视觉舒适概率 VCP（Visual Comfort Probability）等指标，但未得到一致认可。国际照明委员会（CIE）为此成立了专门的技术委员会进行研究，但未能提出新的评价指标和方法。该项工作的难度较大，未来采光标准中还需要对眩光的评价指标和方法进行深入研究。

随着司辰视觉的发现，非视觉效应成为国内外研究的热点问题。由于太阳光富含短波成分，良好的天然光环境可以满足“视觉”和“非视觉”两方面的需求，更有利于人们的生理和心理健康。国内外研究人员对非视觉效应开展了进一步研究，包括光照强度、光照时间与光谱能量分布对生理节律和行为等的影响。司辰视觉的研究，及其对人体生理节律及生物效应的影响，使得人们重新审视和思考光环境质量的定义，未来的采光标准，可能由原来单一的视觉效果评价，逐步过渡到视觉效应和非视觉效应的双重评价。

天然光是独一无二和不可替代的特殊资源，随着人们对环境问题和建筑节能的日益重视，天然采光的研究、开发和利用也越来越受到关注。随着技术的发展和人们对光环境质量要求的提高，未来采光标准将朝着更高标准、更全面的评价指标和动态分析的方向发展。

虽然我国的采光研究与国外发达国家之间尚存在差距，但在编制采光标准的过程中，在借鉴国外先进经验的基础上，还需考虑我国的国情特点和工程应用的实际要求。作为建筑采光领域最基础的标准，《建筑采光设计标准》将为设计人员提供重要的指导，在充分利用天然光、创造良好光环境、节约能源、保护环境和构建绿色建筑等方面发挥重要的作用。

2 建筑照明设计标准

本篇回顾以下六项国家建筑照明设计标准：

(1)《工业企业人工照明暂行标准》标准 106—56

(2)《工业企业照明设计标准》TJ 34—79

(3)《民用建筑照明设计标准》GBJ 133—90

(4)《工业企业照明设计标准》GB 50034—92

(5)《建筑照明设计标准》GB 50034—2004

(6)《建筑照明设计标准》GB 50034—2013

2.1 各版标准回顾

中华人民共和国成立后，国家面对的是一穷二白的社会经济状况，百废待兴，如何加快经济建设、发展生产和改善人民生活事关国家的重大问题。故此，急需开展大规模的经济建设，特别是工业建设摆在首要位置。要建设就必须有标准可循，尤其要有设计标准。在政府主管部门的领导下，20 世纪 50 年代中期，国家原主管部门国家基本建设委员会下达原冶金工业部主持编制《工业企业人工照明暂行标准》标准 106-56，在我国当时缺乏照明设计实践经验的情况下，参照苏联 1947 年的照明设计标准水平，结合我国的实际制订出第一版的《工业企业人工照明暂行标准》。该标准只是一部通用标准，并未规定具体各工业系统，各车间的照度标准值，不便于照明设计人员应用，各工业系统还要根据此标准制订出各工业系统车间或场所照度标准值，虽然如此，在当时对工业企业照明设计具有一定的作用。在这版标准实施 20 年后，于 1973 年原国家基本建设委员会下达计划，由中国建筑科学研究院与上海市基本建设委员会共同主持修订《工业企业人工照明暂行标准》标准 106-56，新标准定名为《工业企业照明设计标准》TJ 34—79，该标准通过大量的实践调查和科学实验，并借鉴发达国家的照明设计标准修订而成的，为我国照明设计标准奠定了重要基础和发挥了重要作用。在 1978 年实行改革开放政策后，我国开始大量兴建民用建筑，急需填补我国无民用建筑设计照明标准的空白，于 1984 原国家基本建设委员会下达计划，由中国建筑科学研究院首次主持编制《民用建筑照明设计标准》GBJ 133—90。该标准经过大量调查和参考国际照明标准，制订了十类民用建筑的照明标准。在《工业企业照明设计标准》TJ 34—79 实施近十年后，1987 年原国家计划委员会下达计划修订此标准。在原有标准的基础上，经过一定的修改和补充，增加了一般生产车间和作业场所工作面上的照明设计标准值，便于设计人员应用。为节约能源，该标准通过深入研究与讨论结果，提出了“室内照明目标效能值”（建议性）的规定，即规定了 W/(m^2 · 100lx) 的能耗限定值，对于评价照明节能规定了数量评价标准，尽管对具体房间未提出具体标准的规定，但对照明节能还是具有一定的促进作用。

1991 年美国环保署首次提出“绿色照明”的理念，其目的在于节能环保和提高照明的光环境质量，以应对地球气候变化。我国极为重视绿色照明，于1996年9月正式启动实施《“中国绿色照明工程”实施方案》，同年得到联合国开发计划署（UNDP）基金支持，开展“中国绿色照明工程能力开发”项目，于2007年我院承担宾馆和商厦节能标准的研究项目。此外，还参加北京市地标《绿色照明工程技术规程》DBJ 01-607—2001中七类建筑照明功率密度限值的制订工作。在此基础下，2002年建设部下达计划由我院主持对原《民用建筑照明设计标准》GBJ 133—90和原《工业企业照明设计标准》GB 50034—92合并修订工作，定名为《建筑照明设计标准》GB 50034—2004。同年6月国家经贸委（SETC）、联合国开发计划署（UNDP）和全球环境基金（GEF）开展绿色照明工程促进项目，任务之一是制订我国的《建筑照明节能标准》，项目编号：CPR/00/G32/B/1G/99。此项目是由我院投标中标，由原国家经贸委组织实施。此外，建设部也下达计划由我院编制《建筑照明节能标准》的任务。由于两个标准密切相关并便于设计人员应用，经两主管部门同意，将《建筑照明节能标准》合并到《建筑照明设计标准》中。

在《建筑照明设计标准》GB 50034—2004实施七年之后，2011年住房和城乡建设部下达计划，由我院修订此标准，通过广泛的调查研究和认真总结照明设计实践效果，特别是节能效果，在原标准的照度标准的基础上，该标准照明功率密度值（*LPD*值）的民用建筑和工业建筑的分别比原标准平均降低19.2%和7.3%，照明更加节能。此外还补充了六类建筑的照明标准值和七类建筑的*LPD*值，完善了眩光评价方法和照明节能控制技术要求等，使该标准进一步完善和提高。

《建筑照明设计标准》GB 50034—2004自颁布执行以来，提高了照度水平和照明质量，改善了视觉工作条件；推动照明领域的科技进步，对照明电器产业的产品更新换代，促进高效优质电光源和灯具的生产推广和应用具有强大的推动作用；对照明功率密度值的强制性规定，有利于提高照明能效，推进绿色照明的实施。本标准执行已有近8年时间，随着照明技术的不断发展以及新光源的不断涌现，在某些指标上已有落后，如规定的照明功率密度值已有调整的余地；对于光源、灯具的选择方面还应该更具体或更完善一些，便于设计选择等；社会的发展对照明提出了更高的要求，对节能更加强烈；发光二极管（LED）照明技术的快速发展与应用；智能化照明控制的应用等，迫切需要对该标准进行修订。

在60余年的建筑照明设计标准的制、修订过程中，编制人员认真贯彻国家法律、法规和技术经济政策，从我国当时的技术经济水平出发，通过大量的调查研究和科学实验，借鉴国际和发达国家的照明技术经验，不断完善和提高我国的照明设计标准水平，制订出符合我国实际情况的建筑照明设计标准，充分满足建筑功能要求，有利于生产、工作、生活和身心健康，做到技术先进，经济合理。使用安全、节能环保、维护方便，更加有利于促进绿色照明的实施。为此，需要回顾我国建筑照明设计标准制、修订的全部历程，总结我国照明设计标准制、修订工作的技术经验，有必要展望未来照明标准的发展趋势，进一步提高建筑照明设计标准水平，在国家经济建设中，在节能环保和提高照明环境质量方面发挥更大的作用，为我国全面建成小康社会作出新的更大贡献。

2.1.1 《工业企业人工照明暂行标准》标准 106-56

2.1.1.1 标准编制主要文件资料

该标准在 60 多年前由原冶金工业部主持编制，由于主管领导机构和主编单位以及编制人员的变化，无法查到原始档案和访问主编单位和参编人员。

2.1.1.2 标准内容简介

本标准共分适用范围、光源、照明方式、照明种类、照度、眩光限制、照度的稳定、减光补偿系数、荧光照明九节组成。

本标准适用于设计新建和改建的工业企业，不适用于地下采矿作业及人工照明对生产技术过程产生不良影响的车间。

照明光源应采用白炽灯或荧光灯。荧光灯优先采用于识别色彩、进行紧张和精细视觉工作，无天然采光和天然采光不足，但经常有人工作的房间。

照明方式有三种：一般照明（均匀一般和分区一般）、局部照明、混合照明。规定了这些照明方式适宜采用的场所。照明种类分为事故照明（现称为应急照明）和常用照明（现称为正常照明）两种。常用照明是保证规定视觉条件下的照明，而事故照明分为供暂时继续工作或疏散人员用的照明。此外，还规定了安装事故照明的场所的条件，沿厂区或仓库区的警卫线应装设警卫照明，在夜间不进行工作的大型生产房间内应装设值班照明。

生产车间内工作面上照度标准值为最低照度值，按识别零件尺寸的大小、背景和零件颜色深浅特点、光源种类和照明方式规定最低照度标准值。

按采用白炽灯或荧光灯不同情况分别规定了办公室、公共用房和生活用室的一般照明时的最低照度值，其照度标准值均在 100lx 以下。

此外，还规定了继续工作和疏散人员的应急照明、警卫照明、值班照明的最低照度标准值以及厂区和铁路站线用的照度标准值。

为限制直接眩光，规定了灯具的最低悬挂高度和灯具的遮光角，悬挂高度一般不低于 2m，生产房间的遮光角大于 15°，行政、办公和公共用遮光角大于 30°。荧光灯的一般照明应配有漫射罩。适当选择灯具的位置，以限制反射眩光，为限制亮度对比过大产生的眩光，工作面上的阴影的最大影深不得超过 0.7，此外，室外露天工作地的照明以及广场和道路所使用的灯具，其遮光角应不小于 10°。

关于照度的稳定，灯具的端电压不得小于灯泡的额定电压的 97.5%，室外用灯具的端电压应不低于灯泡额定电压的 96%。

关于减光补偿系数（现称维护系数值，是其倒数值），按环境状况分为微有粉尘、烟、灰，有粉尘、烟、灰，有大量粉尘、烟、灰以及办公用房和室外五种环境状况，采用灯种和清洗次数的不同，规定了最有利值或在电力消耗上的允许值。

关于荧光灯照明，推荐用于一般照明，在同一房间不得白炽灯和荧光灯共同使用，特殊情况除外。应降低荧光灯的频闪效应，光通量脉动振幅不超过其平均值的 25%。应将灯管接以三相交流或使部分灯管超前电流供电。

2.1.1.3 重要条款和重要指标

本标准的重要条款内容是按视觉工作分等分级，分等按识别零件尺寸大小分为Ⅰ～Ⅴ

等，而分级按识别零件深浅和背景深浅的对比分为14级，以反射比为0.2划分深浅，按白炽灯和荧光灯分开制定照度标准值。混合照明时，采用白炽灯时，最高照度为300lx，最低为80lx；采用荧光灯时最高为700lx，最低为200lx。单独使用一般照明时，白炽灯最高为125lx，最低为60lx；荧光灯最高为300lx，最低为80lx。当视距大于500cm时，Ⅰ、Ⅱ、Ⅲ等照度可提高一级，并对生产和生活辅助房间、室外露天工作地点、厂房和铁路站线、事故照明（现称应急照明）的照度标准作了规定，但照度标准值均很低，白炽灯照明水平在100lx以下。

直接眩光限制按灯具的形式、漫射罩类型、灯功率大小规定灯具的最低悬挂高度和灯具的遮光角。加工有光泽的零件，在灯具上采取漫射措施，使光泽的反射面上的亮度不超过0.3sb（相当于3000cd/m^2）。为限制亮度对比过大引起的眩光，规定工作面上阴影的最大影深不超过0.7，影深即无影区的照度与阴影区照度之差与无影区照度之比。室外露天工作地点、道路和广场的灯具的遮光角不小于10°。规定的减光补偿系数（现称为维护系数，其值为减光补偿系数的倒数），其值与以后各版标准的数值相差不是很大。

推荐荧光灯作为一般照明光源，在一个房间内，不能与白炽灯共同使用，需降低荧光灯的频闪效应，其光通量的脉动振幅不超过其平均值的25%。

本标准是在我国首次编制，标准虽然比较简单，但总是有了设计标准可依，本标准重点主要体现在照明数量和照明质量方面，一是规定了生产房间内工作面上的最低照度标准，其值是由视觉工作等级、识别对象尺寸大小、背景与识别零件的颜色对比以及照明方式确定。该标准属于通用标准，还不能直接应用于各工业系统的照明设计，各工业部门需根据此标准另行制订部门的照度标准值，作为各工业部门的设计的应用标准，此乃此标准在应用上的不便之处。二是在眩光的限制方面，本标准规定了生产房间的遮光角和灯具悬挂高度，具有应用价值和可操作性。该标准是一部低标准水平标准，但对照明设计有一定作用，为我国照明设计标准奠定了初步的原始基础。

2.1.2 《工业企业照明设计标准》TJ 34—79

2.1.2.1 标准编制主要文件资料

1. 封面、公告、前言

本版标准的封面、扉页、公告、修订说明及前言如图2-1所示。参加编制修订工作的单位和人员包括：

国家建委建筑科学研究院：张绍纲、张志勇、林若慈、李恭慰、庞蕴凡

上海市基本建设委员会：曾宏裕

一机部机床工厂设计处：张健忠

北京钢铁设计院：杨秀卿

重庆建筑工程学院：杨光璿、罗茂曦

中国科学院心理所：荆其诚、焦淑兰、喻柏林

清华大学：詹庆旋、林贤光

云南省冶金第四矿：张煜仁

上海市眼病防治所：王晋宝、陈琴芳

陕西省第一建筑设计院：蔡福根

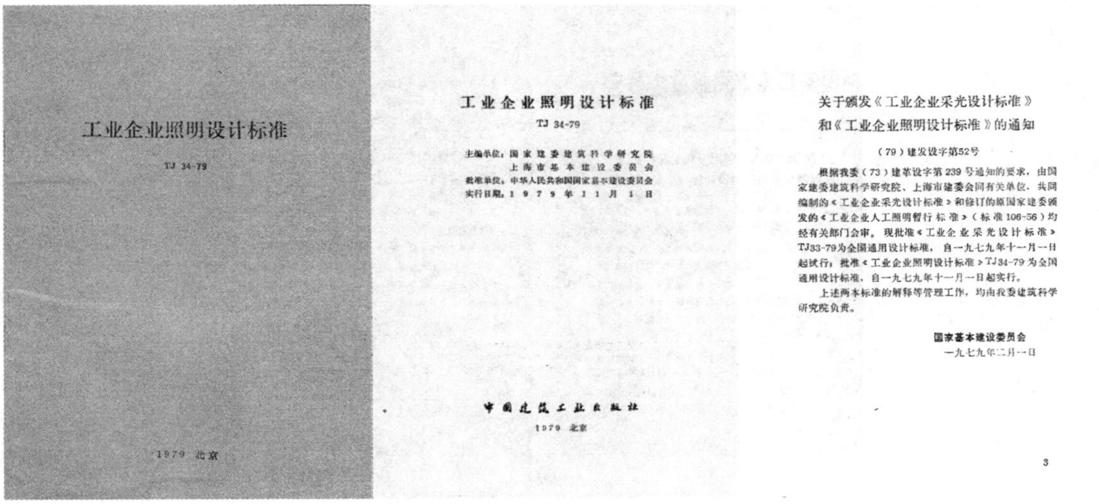

工业企业照明设计标准

TJ 34-79

1979 北京

工业企业照明设计标准

TJ 34-79

主编单位：国家建委建筑科学研究院
上海市基本建设委员会
批准单位：中华人民共和国国家基本建设委员会
实行日期：1979年11月1日

中国建筑工业出版社

1979 北京

关于颁发《工业企业采光设计标准》
和《工业企业照明设计标准》的通知

（79）建发设字第52号

根据我委（73）建革设字第239号通知的要求，由国家建委建筑科学研究院、上海市建委会同有关单位，共同编制的《工业企业采光设计标准》和修订的原国家建委颁发的《工业企业人工照明暂行标准》（标准106-56）均经有关部门会审。现批准《工业企业采光设计标准》TJ33-79为全国通用设计标准，自一九七九年十一月一日起试行；批准《工业企业照明设计标准》TJ34-79为全国通用设计标准，自一九七九年十一月一日起实行。

上述两本标准的解释等管理工作，均由我委建筑科学研究院负责。

国家基本建设委员会
一九七九年二月一日

3

封面　　扉页　　公告

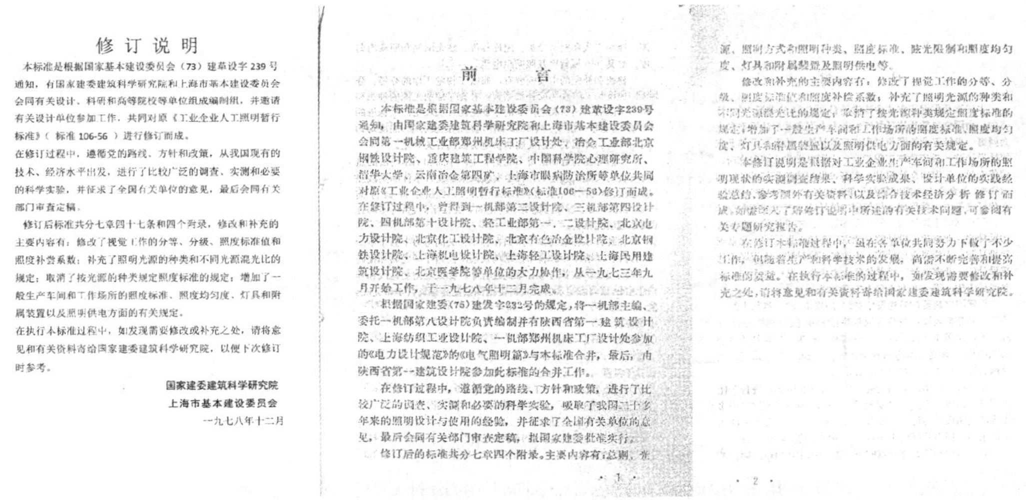

修 订 说 明

本标准是根据国家基本建设委员会（73）建革设字239号通知，有国家建委建筑科学研究院和上海市基本建设委员会会同有关设计、科研和高等院校等单位组成编制组，并邀请有关设计单位参加工作，共同对原《工业企业人工照明暂行标准》（标准106-56）进行修订而成。

在修订过程中，遵循党的路线、方针和政策，从我国现有的技术、经济水平出发，进行了比较广泛的调查、实测和必要的科学实验，并征求了全国有关单位的意见，最后会同有关部门审查定稿。

修订后标准共分七章四十七条和四个附录，修改和补充的主要内容有：修改了视觉工作的分等、分级、照度标准值和照度补尝系数；补充了照明光源的种类和不同光源混光比的规定；取消了按光源的种类规定照度标准的规定；增加了一般生产车间和工作场所的照度标准、照度均匀度、灯具和附属装置以及照明供电方面的有关规定。

在执行本标准过程中，如发现需要修改或补充之处，请将意见和有关资料寄给国家建委建筑科学研究院，以便下次修订时参考。

国家建委建筑科学研究院
上海市基本建设委员会
一九七八年十二月

前　　言

本标准是根据国家基本建设委员会（73）建革设字239号通知，由国家建委建筑科学研究院和上海市基本建设委员会会同第一机械工业部郑州机床工厂设计处、冶金工业部北京钢铁设计院、重庆建筑工程学院、中国科学院心理研究所、清华大学、云南冶金第四矿、上海市眼病防治所等单位共同对原《工业企业人工照明暂行标准》（标准106—56）修订而成。在修订过程中，曾得到一机部第二设计院、三机部第四设计院、四机部第十设计院、轻工业部第一、二设计院、北京电力设计院、北京化工设计院、北京有色冶金设计院、北京钢铁设计院、上海机电设计院、上海轻工设计院、上海民用建筑设计院、北京医学院等单位的大力协作，从一九七三年九月开始工作，于一九七八年十二月完成。

根据国家建委（75）建发字232号的规定，将一机部主编、委托一机部第八设计院负责编制并有陕西省第一建筑设计院、上海纺织工业设计院、一机部郑州机床工厂设计处参加的《电力设计规范》的《电气照明篇》与本标准合并，最后，由陕西省第一建筑设计院参加此标准的合并工作。

在修订过程中，遵循党的路线、方针和政策，进行了比较广泛的调查、实测和必要的科学实验，吸取了我国二十多年来的照明设计与使用的经验，并征求了全国有关单位的意见，最后会同有关部门审查定稿，报国家建委批准实行。

修订后的标准共分七章四个附录。主要内容有：总则、光

· 1 ·

源、照明方式和照明种类、照度标准、眩光限制和照度均匀度、灯具和附属装置及照明供电等。

修改和补充的主要内容有：修改了视觉工作的分等、分级、照度标准值和照度补偿系数；补充了照明光源的种类和不同光源混光比的规定；取消了按光源种类规定照度标准的规定；增加了一般生产车间和工作场所的照度标准、照度均匀度、灯具和附属装置以及照明供电方面的有关规定。

本修订说明是根据对工业企业生产车间和工作场所的照明现状的实测调查结果、科学实验成果、设计单位的实践经验总结，参考国外有关资料，以及综合技术经济分析修订而成。如需深入了解修订说明中所述的有关技术问题，可参阅有关专题研究报告。

在修订本标准过程中，虽在各单位共同努力下做了不少工作，但随着生产和科学技术的发展，尚需不断完善和提高标准的质量。在执行本标准的过程中，如发现需要修改和补充之处，请将意见和有关资料寄给国家建委建筑科学研究院。

· 2 ·

修订说明　　前言　　前言

图 2-1 《工业企业照明设计标准》TJ 34—79 封面等

2. 制修订计划文件

本版标准制修订计划文件如图 2-2 所示，其中，如图 2-2（*a*）所示。规划表如图 2-2（*b*）所示，《工业企业采光和照明设计标准》为第 1 项。国家基本建设委员会向一机部复关于将《电力设计技术规范》中电气照明篇列入《工业企业采光和照明标准》的函如图 2-3 所示，同时抄送给建研院。

3. 编制组成立暨第一次工作会议

本版标准编制组成立暨第一次工作会议通知如图 2-4 所示，文件为国家建委建筑科学研究院（73）建研革业字 221 号《关于召开“编制工业企业采光和照明标准”协调会议的函》，附件略。本次会议纪要如图 2-5 所示，包括（*a*）关于寄送《编制工业企业采光和照明标准》协调会议纪要的函和（*b*）编制《工业企业采光和照明标准》协调会议纪要。

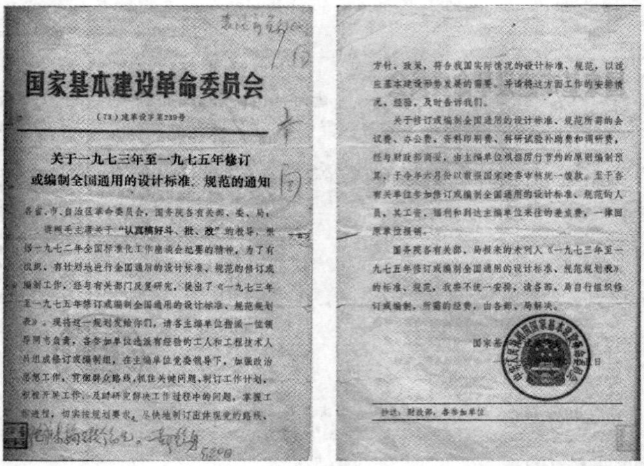

国家基本建设革命委员会

（73）建革设字第239号

关于一九七三年至一九七五年修订或编制全国通用的设计标准、规范的通知

各省、市、自治区革命委员会，国务院各有关部、委、局：

遵照毛主席关于"认真搞好斗、批、改"的教导，根据一九七二年全国标准化工作座谈会纪要的精神，为了有组织、有计划地进行全国通用的设计标准、规范的修订或编制工作，经与有关部门反复研究，提出了《一九七三年至一九七五年修订或编制全国通用的设计标准、规范规划表》。现将这一规划发给你们，请各主编单位指派一位领导同志负责，各参加单位选派有经验的工人和工程技术人员组成修订或编制组，在主编单位党委领导下，加强政治思想工作，贯彻群众路线，抓住关键问题，制订工作计划，积极开展工作，及时研究解决工作过程中的问题，掌握工作进程，切实按规划要求，尽快地制订出体现党的路线、方针、政策，符合我国实际情况的设计标准、规范，以适应基本建设形势发展的需要。并请将这方面工作的安排情况、经验，及时告诉我们。

关于修订或编制全国通用的设计标准、规范所需的会议费、办公费、资料印刷费、科研试验补助费和调研费，经与财政部商妥，由主编单位根据厉行节约的原则编制预算，于今年六月份以前报国家建委审核统一拨款。至于各有关单位参加修订或编制全国通用的设计标准、规范的人员，其工资、福利和到达主编单位来往的差旅费，一律回原单位报销。

国务院各有关部、局报来的未列入《一九七三年至一九七五年修订或编制全国通用的设计标准、规范规划表》的标准、规范，我委不统一安排，请各部、局自行组织修订或编制，所需的经费，由各部、局解决。

国家基……

……日

抄送：财政部，各参加单位

(*a*)

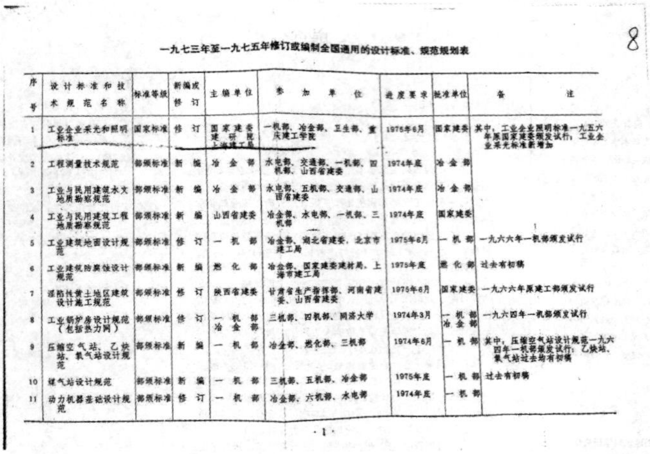

一九七三年至一九七五年修订或编制全国通用的设计标准、规范规划表

序号	设计标准和技术规范名称	标准等级	新编或修订	主编单位	参加单位	进度要求	批准单位	备注
1	工业企业采光和照明标准	国家标准	修订	国家建委建研院 上海建工局	一机部、冶金部、卫生部、重庆建工学院	1975年6月	国家建委	其中，工业企业照明标准一九五六年原国家建委颁发试行；工业企业采光标准新增加
2	工程测量技术规范	部颁标准	新编	冶金部	水电部、交通部、一机部、四机部、山西省建委	1974年底	冶金部	
3	工业与民用建筑水文地质勘察规范	部颁标准	新编	冶金部	水电部、五机部、交通部、山西省建委	1974年底	冶金部	
4	工业与民用建筑工程地质勘察规范	部颁标准	新编	山西省建委	冶金部、水电部、一机部、三机部	1974年底	国家建委	
5	工业建筑地面设计规范	部颁标准	修订	一机部	冶金部、湖北省建委、北京市建工局	1975年6月	一机部	一九六六年一机部颁发试行
6	工业建筑防腐蚀设计规范	部颁标准	新编	燃化部	冶金部、国家建委建材局、上海市建工局	1975年底	燃化部	过去有初稿
7	湿陷性黄土地区建筑设计施工规范	部颁标准	修订	陕西省建委	甘肃省生产指挥部、河南省建委、山西省建委	1975年6月	国家建委	一九六六年原建工部颁发试行
8	工业锅炉房设计规范（包括热力网）	部颁标准	修订	一机部 冶金部	三机部、四机部、同济大学	1974年3月	一机部 冶金部	一九六四年一机部颁发试行
9	压缩空气站、乙炔站、氧气站设计规范	部颁标准	新编	一机部	冶金部、燃化部、三机部	1974年6月	一机部	其中，压缩空气站设计规范一九六四年一机部颁发试行；乙炔站、氧气站过去均有初稿
10	煤气站设计规范	部颁标准	新编	一机部	三机部、五机部、冶金部	1975年底	一机部	过去有初稿
11	动力机器基础设计规范	部颁标准	修订	一机部	冶金部、六机部、水电部	1974年底	一机部	

·1·

(*b*)

图 2-2　国家基本建设委员会（73）建革设字第 239 号关于一九七三年至一九七五年修订或编制全国通用的设计标准、规范的通知

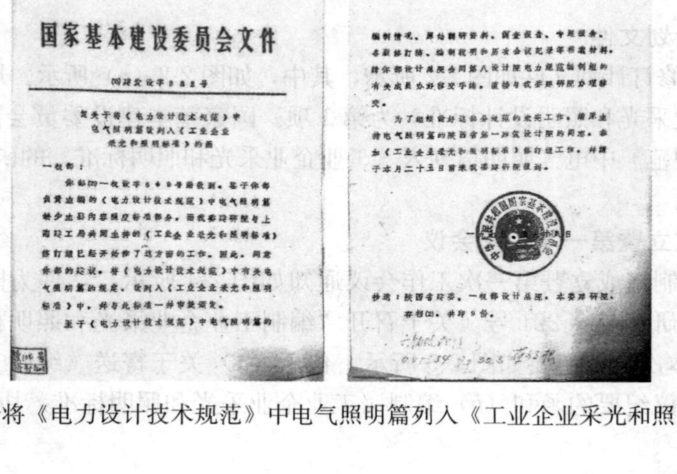

国家基本建设委员会文件

(76)建发设字282号

复关于将《电力设计技术规范》中电气照明篇列入《工业企业采光和照明标准》的函

一机部：

你部(76)一机设字669号函收到。鉴于你部负责主编的《电力设计技术规范》中电气照明篇缺少照度标准部分，而我委建研院与上海建工局共同主持的《工业企业采光和照明标准》修订组已经开始作了这方面的工作。因此，同意你部的建议，将《电力设计技术规范》中有关电气照明篇的规定，收列入《工业企业采光和照明标准》中，并与此标准一并审批颁发。

至于《电力设计技术规范》中电气照明篇的编制情况、原始调研资料、调查报告、专题报告、各版修订稿、编制说明和历次会议纪录等档案材料，请你部设计总院会同第八设计院电力规范编制组的有关成员办好移交手续，直接与我委建研院办理移交。

为了继续做好这部分规范的完善工作，请原主持电气照明篇的陕西省第一设计院的同志，参加《工业企业采光和照明标准》修订组工作，并请于本月二十五日前来我委建研院报到。

抄送：陕西省建委、一机部设计总院、本委建研院。

存档(2)，共印9份。

图 2-3　复关于将《电力设计技术规范》中电气照明篇列入《工业企业采光和照明标准》的函

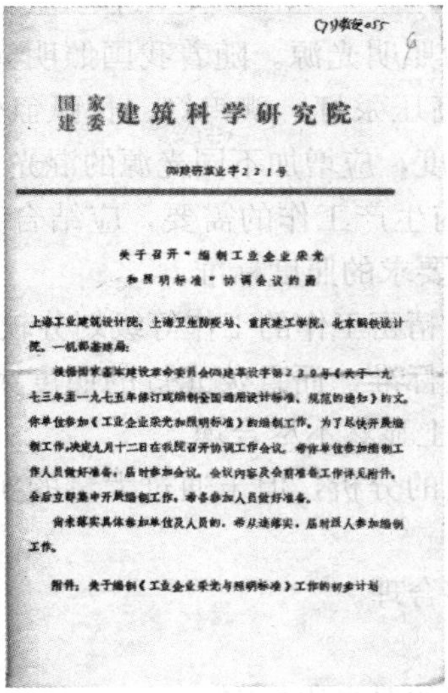

国家建委 建筑科学研究院

(73)建研革业字221号

关于召开"编制工业企业采光和照明标准"协调会议的函

上海工业建筑设计院、上海卫生防疫站、重庆建工学院、北京钢铁设计院、一机部基建局：

根据国家基本建设革命委员会(73)建革设字第239号《关于一九七三年至一九七五年修订或编制全国通用设计标准、规范的通知》的文。你单位参加《工业企业采光和照明标准》的编制工作。为了尽快开展编制工作，决定九月十二日在我院召开协调工作会议。希你单位参加编制工作人员做好准备，届时参加会议。会议内容及会前准备工作详见附件。会后立即集中开展编制工作，希各参加人员做好准备。

尚未落实具体参加单位及人员的，希从速落实，届时派人参加编制工作。

附件：关于编制《工业企业采光与照明标准》工作的初步计划

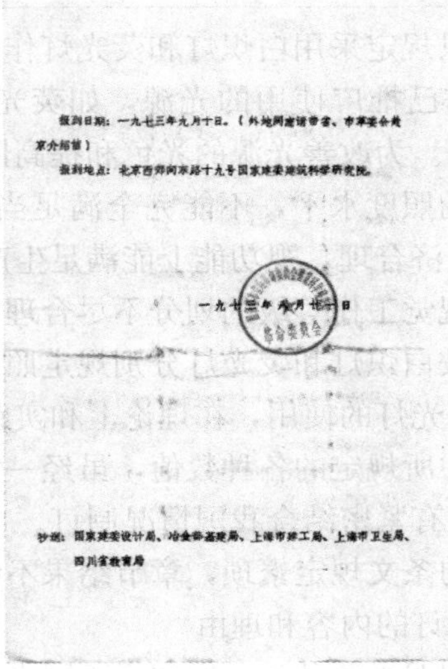

报到日期：一九七三年九月十日。（外地同志请带省、市革委会赴京介绍信）

报到地点：北京西郊向东路十九号国家建委建筑科学研究院。

一九七三年八月廿一日

抄送：国家建委设计局、冶金部基建局、上海市建工局、上海市卫生局、四川省教育局

图 2-4 《工业企业照明设计标准》TJ 34—79 编制组成立暨第一次工作会议通知

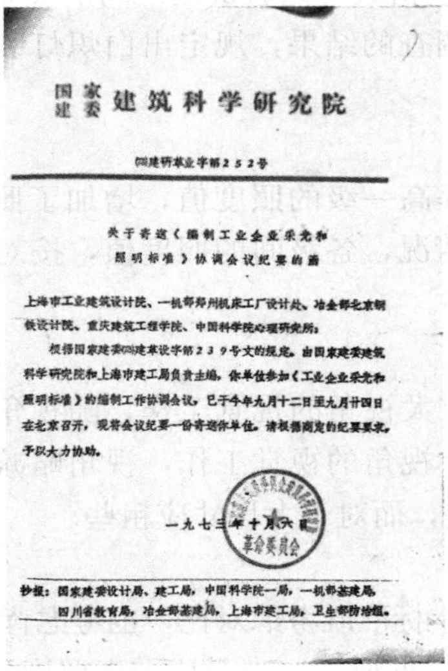

国家建委 建筑科学研究院

(73)建研革业字第252号

关于寄送《编制工业企业采光和照明标准》协调会议纪要的函

上海市工业建筑设计院、一机部郑州机床工厂设计处、冶金部北京钢铁设计院、重庆建筑工程学院、中国科学院心理研究所：

根据国家建委(73)建革设字第239号文的规定，由国家建委建筑科学研究院和上海市建工局负责主编，你单位参加《工业企业采光和照明标准》的编制工作协调会议，已于今年九月十二日至九月廿四日在北京召开，现将会议纪要一份寄送你单位。请根据商定的纪要要求，予以大力协助。

一九七三年十月六日

抄报：国家建委设计局、建工局，中国科学院一局，一机部基建局，四川省教育局，冶金部基建局，上海市建工局，卫生部防治组。

寄送会议纪要的函

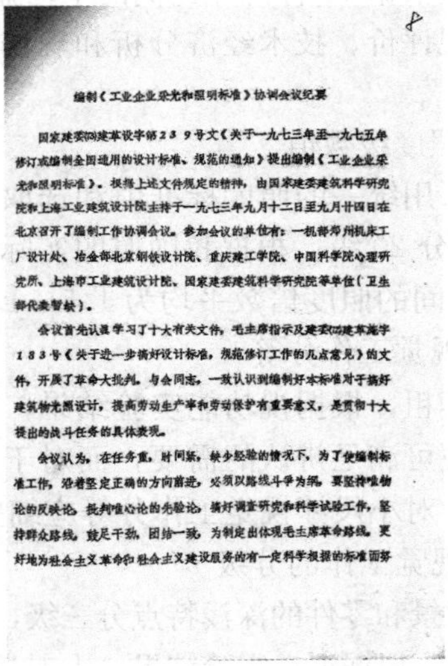

编制《工业企业采光和照明标准》协调会议纪要

国家建委(73)建革设字第239号文《关于一九七三年至一九七五年修订或编制全国通用的设计标准、规范的通知》提出编制《工业企业采光和照明标准》。根据上述文件规定的精神，由国家建委建筑科学研究院和上海工业建筑设计院主持于一九七三年九月十二日至九月廿四日在北京召开了编制工作协调会议。参加会议的单位有：一机部郑州机床工厂设计处、冶金部北京钢铁设计院、重庆建工学院、中国科学院心理研究所、上海市工业建筑设计院、国家建委建筑科学研究院等单位（卫生部代表暂缺）。

会议首先认真学习了十大有关文件，毛主席指示及建委(73)建革施字183号《关于进一步搞好设计标准，规范修订工作的几点意见》的文件，开展了革命大批判。与会同志，一致认识到编制好本标准对于搞好建筑物光照设计，提高劳动生产率和劳动保护有重要意义，是贯彻十大提出的战斗任务的具体表现。

会议认为，在任务重，时间紧，缺少经验的情况下，为了使编制标准工作，沿着坚定正确的方向前进，必须以路线斗争为纲。要坚持唯物论的反映论，批判唯心论的先验论，搞好调查研究和科学试验工作，坚持群众路线，鼓足干劲，团结一致，为制定出体现毛主席革命路线，更好地为社会主义革命和社会主义建设服务的有一定科学根据的标准而努

会议纪要（节选）

图 2-5 《工业企业照明设计标准》TJ 34—79 编制组成立暨第一次工作会议纪要及函

4. 送审报告

节选自《工业企业采光和照明标准》送审报告

二、原标准存在的主要问题

原《工业企业采光和照明标准》系 1957 年颁发的。在当时缺乏工程实践经验的条件下，主要参照苏联 1947 年照明标准制定的。它虽对国家建设起一定的作用，但通过实践也陆续暴露出不少问题。20 多年来，随着我国经济建设和科学技术的迅速发展，其中有些条文和内容已不适应今天的形势，主要表现在：

1. 原标准只规定采用白炽灯和荧光灯作为照明光源。随着我国照明光源的发展，标准中应增列目前已推广使用的光源，如荧光高压汞灯、碘钨灯、长弧氙灯、高压钠灯、金属卤化物灯等。为改善光源的光色和提高照度，应增加不同光源的混光比的规定。

2. 原标准的照度水平，不能完全满足当前生产工作的需要，应结合我国实际情况，订出在技术上经济合理，视功能上能满足生产要求的照度标准。

3. 原标准视觉工作等级的划分不尽合理，精密工作的工作等级划分较粗。

4. 原标准按白炽灯和荧光灯分别规定照度标准，而且荧光灯的照度大大高于白炽灯的高度，限制荧光灯的使用，在理论上和实践上显然不尽合理。

5. 原标准中所规定的各种数值，虽经一定的分析，但未通过大量的实测调查和必要的科学实验，没有紧密结合我国情况制订。

6. 原标准的条文规定繁琐，章节结果不够合理。

三、主要修订的内容和理由

1. 补充了照明光源种类，增加了不同光源的混光比规定

本标准补充了我国已推广使用的荧光高压汞灯、碘钨灯、长弧氙灯、高压钠灯、金属卤化物灯等。根据 18 种混光比例的平均显色指数与光通量比之间的关系的实验、现场和实验室的主观评价、技术经济分析和现场调查的结果，规定出白炽灯和荧光高压汞灯的混光比。

2. 增加了照度级数值

为使全国采用统一的照度标准值和选取提高一级的照度值，增加了照度级数值，从 2500～0.2lx 共分 20 级。根据我国照明实际情况，各级间的照度值，按对数增量平均为 0.2 递增，各级间的照度倍数平均为 1.5～1.6。

3. 修改了视觉工作分等

原标准分等粗，根据视功能实验结果，对大视角的视觉工作，随视角的减小，增加较少的照度，便可满足辨认的需要，而对于小视角的视觉工作，视角略减小，照度的增量很大。因此，对小尺寸视觉工作分等应细些，而对于大尺寸应粗些。

4. 简化了视觉工作的分级

原标准按背景和零件的深浅特点分三级，本标准既考虑对比，也考虑背景反射特点分，大、小对比二级。根据视觉实验结果，大对比需低照度，小对比需高照度。级别划到Ⅵ等止，因Ⅴ等以下的视觉工作的规定的照度值，已能辨认很小的对比，所以不再分级。

根据 9 个工厂的现场实验和调查结果，并参照国外资料，只考虑在深背景（背景反射系数小于 0.2）的条件下，当必须提高照度才能满足视觉工作要求时，其照度可提高一级。

5. 修改了原标准按白炽灯和荧光灯分开规定照度标准的规定，而采取不分光源种类取统一照度值

根据 5 项视觉实验结果表明，在辨认和视疲劳上，两种光源均无明显差异。又据现场照度实测结果，两种光源的照度实际上没有明显差异，故不分光源种类取统一照度值。但鉴于气体放电灯照度在 20lx 以下时，工人反映有昏暗感，故规定，一般照明采用气体放电灯时，经常有人工作的车间，其照度值不宜低于 30lx。

6. 修订了照度标准值

本标准各等级的照度标准是根据对 18 个城市、11 个工业系统近 200 个工厂 500 余个车间的照度实测结果，征求工人和设计人员认为能满足生产要求的照度值制定的。此外，还从视功能上和用电量上进行了论证分析。

对于混合照明照度，根据 507 例的实测结果，本标准照度高于原标准各等白炽灯照度均在一倍以上，接近和保持原标准荧光灯的照度水平。对于一般照明，高于原标准白炽灯照度一倍以上，约低于荧光灯照度的 30%。

所定的照度标准值，保证对识别物件有清楚可见的视觉条件，照明用电量比原标准减少 4%。

7. 修改了混合照明中一般照明照度占总照度的比例

根据 190 例的实测和照度比例的视觉实验的结果，新标准将原标准的 10%比例改为按 5%～10%比例选取，仍能满足视觉工作要求，而且是切实可行的。

8. 增加了通用生产车间的照度标准

增加此条目的是使在各工业系统通用生产车间使用统一的照度标准。其值是根据实测结果和征求工人，设计人员的意见制定的。

9. 修改和补充了办公室、公共用室、生活用室的照度标准

本标准是根据对 19 个工厂实测调查结果，并征求使用人员意见制定的。根据实际需要，增加了设计室、资料室、会议室、车间休息室、医务室、托儿所、幼儿园、单身宿舍等房间的照度标准，取消了俱乐部、餐厅、小卖店的照度标准。

10. 修订了露天工作场所和交通运输线的照度标准

本标准是根据对各工业系统 27 个场站的照度实测结果和征求工人意见确定的。修改了原标准按常见的室外露天工作种类定标准，将道路简化为两种。本条各项照度标准均约接近和保持原标准水平。增加了码头的照度标准，因大、中、小型车站内铁路线、旅客站台以及编组驼峰上的凸形断面、减速器、道岔等项的标准属铁路照明标准，故取消。

11. 修改了照度补偿系数

光源光通量补偿系数引自国家建委建研院、三机部第四设计院编制的《工业企业常用灯具照明设计计算图表（一）》。灯具污染补偿系数和房间表面污染系数是根据 50 个工厂现场调查、现场实验和经济分析确定的。按白炽灯、荧光灯、荧光高压汞灯为一类，和卤钨灯为另一类规定系数值。根据计算确定了照明器擦洗周期。根据上述资料，确定了总的照度补偿系数值。

12. 增加了照度均匀度的规定

根据 410 例生产车间照度实测数据统计、征求工人意见和 240 个照明方案，用电子计算机计算照度结果，确定了最低照度与平均照度之比为不宜小于 0.7 的均匀度的规定。

13. 为使照明设计合理和保证标准的执行，本标准增加了灯具和附属装置以及补充了照明供电方面的有关规定。

四、存在的问题和今后科研课题

根据编修标准过程中所反映出的问题，今后需进一步科研的课题有：

照明标准方面：

1. 照度标准的评价指标和制定标准方法的研究。
2. 眩光的评价指标和制定方法的研究。
3. 最低照度与平均照度换算系数的研究。
4. 照度与劳动生产率和视力保护的研究。
5. 电压偏移和电压波动与照度关系的研究。

为保证标准的贯彻执行，建议：尽快使全国灯具定型标准化；统一照度计算方法；统一采光和照明的实测方法；试制和生产照度计等。

5. 审查会议

本版标准审查会议通知如图 2-6 所示。关于邀请参加《工业企业采光和照明标准》审查会议的函如图 2-6（*a*）所示，关于通知召开《工业企业采光和照明标准》审查会议的函如图 2-6（*b*）所示。本次审查会议简报如图 2-7 所示，下文节选自《工业企业采光和照明标准》审查会议简报。

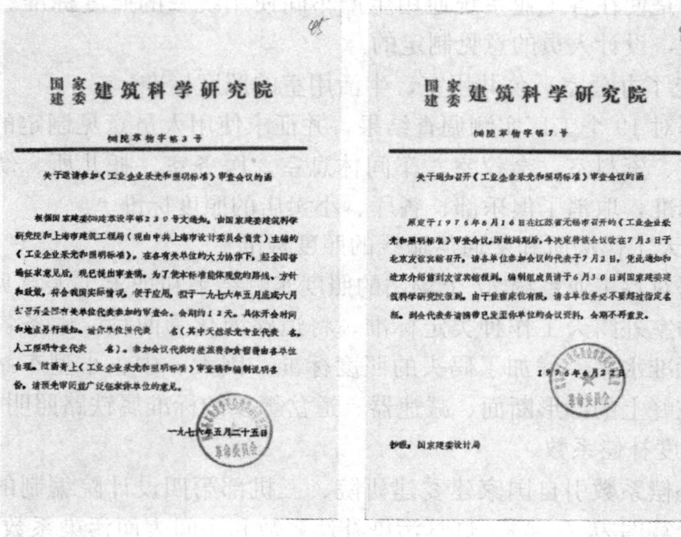
国家建委 建筑科学研究院

(76)院革物字第3号

关于邀请参加《工业企业采光和照明标准》审查会议的函

根据国家建委(74)建革设字第239号文通知，由国家建委建筑科学研究院和上海市建筑工程局（现由中共上海市设计委员会负责）主编的《工业企业采光和照明标准》，在各有关单位的大力协作下，经全国普遍征求意见后，现已提出审查稿。为了使本标准能体现党的路线、方针和政策，符合我国实际情况，便于应用，拟于一九七六年五月底或六月初召开全国有关单位代表参加的审查会。会期约12天。具体开会时间和地点另行通知。请你单位派代表 名（其中天然采光专业代表 名，人工照明专业代表 名）。参加会议代表的差旅费和食宿费由各单位自理。随函寄上《工业企业采光和照明标准》审查稿和编制说明各份，请预先审阅并广泛征求你单位的意见。

一九七六年五月二十五日

革命委员会

（*a*）

国家建委 建筑科学研究院

(76)院革物字第7号

关于通知召开《工业企业采光和照明标准》审查会议的函

原定于1976年6月16日在江苏省无锡市召开的《工业企业采光和照明标准》审查会议，因故延期后，今决定将该会议改在7月3日于北京友谊宾馆召开，请各单位参加会议的代表于7月2日，凭此通知和进京介绍信到友谊宾馆报到。编制组成员请于6月30日到国家建委建筑科学研究院报到。由于住宿床位有限，请各单位务必不要超过指定名额。到会代表务请携带已发至你单位的会议资料，会期不再重发。

1976年6月22日

革命委员会

抄报：国家建委设计局

（*b*）

图 2-6 《工业企业照明设计标准》TJ 34—79 审查会议通知

（1）关于照度标准值

1）关于照度标准取值，主要通过实测调查经研究定出的，依据不够充分，建议进一步用现场调查和实验来验证，并与原标准作比较。

2）关于标准值取平均值和最低值问题，对于高大厂房而且车间表面反射性能差的宜采用最低值，对于办公室和车间表面反射性能好的宜采用平均值，两者各有其优缺点，会议倾向取最低值作为标准值。

3）关于视觉工作分级，精细视觉工作分级比原标准细，从实际情况和视觉实验证明是合理的，但对于分级有两种意见，一种认为除考虑对比外，尚应考虑背景反射系数的影响，一种认为背景反射系数对照度有影响，但不是主要影响因素可不予考虑，怎样考虑建议进一步研究。

4）关于荧光灯和白炽灯取统一照度值问题，会议同意取统一照度值，但有些同志建议通过现场视觉实验进一步验证。

5）混合照明中一般照明照度值问题，同意一般照明的照度值按混合照明照度值5%～10%比例选取，具有一定的灵活性，但怎样掌握灵活性有待进一步研究。

6）混合照明总照度与单独使用一般照明的关系问题，两种照度值的比例关系主要根据实测调查和考虑经济因素制定的，至于二者之间的视觉关系应进一步研究。

（2）关于照度级

规定照度级数是必要的，但如何规定有三种意见，一种认为明确规定还是必要的、合适的，便于应用；第二种意见，建议给照度变化幅度，便于针对不同企业（大、中、小）等特点选其不同照度，第三种意见，同意审查稿的级数，但应给出照度计算的允许误差值。

（3）关于照明质量问题，它是照明标准重要内容之一，需补充照明质量的规定，如限制眩光的规定等。

（4）关于照度补偿系数（现用其倒数值的维护系数），认为照明每年擦洗2～4次，次数太少，提高了照度补偿系数值，导致用电量增加，应适当增加擦洗次数，以降低此系数值，此问题应进一步做研究。

（5）关于附录一的意见，同意给出通用生产车间的照度标准值，并应进一步充实，取消各专业车间的照度标准举例。

（6）进一步做好与有关标准、规范的协调工作，如防火规范中疏散照明和对飞机场附近较高建筑物装设障碍信号灯问题。

（7）对国家建委的建议

1）应将采光标准与照明标准分开颁发；

2）尽快编制民用建筑照明标准；

3）补充地下建筑照明的照度标准。

6. 专题审查会议

本版标准专题审查会议通知如图2-7所示。关于寄送《工业企业照明标准》专题审查会议简报的函如图2-8所示。参加“工业企业照明标准专题审查会人员”名单如图2-9所示。

下文节选自《工业企业照明标准》专题审查会议简报：

会议一致认为自1976年的审查会后，一年多来，针对提出需要补充修改的主要问题又做了大量资料整理分析、调查研究和科学实验工作，基本上解决了上次审查会议提出的问题，为制定标准提供了科学依据，编制出基本符合我国情况的照明标准，会议认为根据审查意见稍加修改后定稿，尽快报国家建委审批，会议重点审查七个专题，审查意见如下：

（1）关于背景反射系数对照度影响

会议认为不同背景反射系数对所需的照度有影响，认为在暗背景下背景反射系数小于0.2条件下，必须提高照度，才能满足视觉工作要求，其照度值可提高一级。

（2）关于不同光源的照度标准值

同意不同光源取统一照度值，但由于采用气体放电灯，照度太低有短时间的昏暗感。故经常有人工作的生产车间，照度不宜低于30lx。今后尚应考虑频闪效应和不同色温光源的影响。

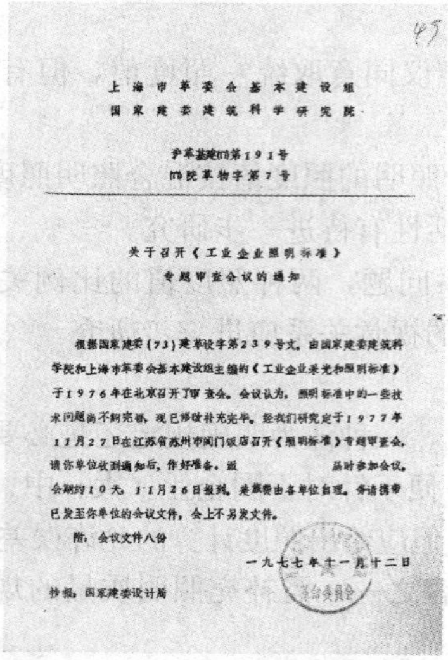

上海市革委会基本建设组
国家建委建筑科学研究院

沪革基建(77)第191号
(77)院革物字第7号

关于召开《工业企业照明标准》
专题审查会议的通知

根据国家建委(73)建革设字第239号文，由国家建委建筑科学院和上海市革委会基本建设组主编的《工业企业采光和照明标准》于1976年在北京召开了审查会。会议认为，照明标准中的一些技术问题尚不够完善，现已修改补充完毕。经我们研究定于1977年11月27日在江苏省苏州市阊门饭店召开《照明标准》专题审查会。请你单位收到通知后，作好准备。派 届时参加会议。会期约10天，11月26日报到，差旅费由各单位自理。务请携带已发至你单位的会议文件，会上不另发文件。

附：会议文件八份

一九七七年十一月十二日

抄报：国家建委设计局

图 2-7 关于召开《工业企业照明标准》专题审查会议的通知

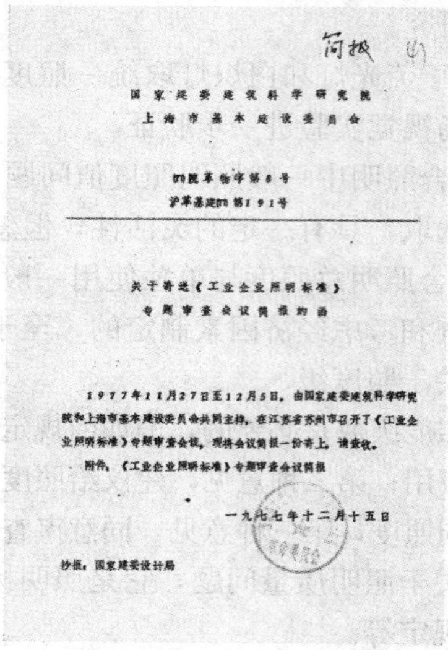

国家建委建筑科学研究院
上海市基本建设委员会

(77)院革物字第8号
沪革基建(77)第191号

关于寄送《工业企业照明标准》
专题审查会议简报的函

1977年11月27日至12月5日，由国家建委建筑科学研究院和上海市基本建设委员会共同主持，在江苏省苏州市召开了《工业企业照明标准》专题审查会议，现将会议简报一份寄上，请查收。

附件：《工业企业照明标准》专题审查会议简报

一九七七年十二月十五日

抄报：国家建委设计局

图 2-8 关于寄送《工业企业照明标准》专题审查会议简报的函

(3) 关于照度标准值

认为所定的照度标准值基本符合我国实际情况，但需对个别等级的照度标准值进行调整，建议今后对大小对比在数量上的划分进行研究。

(4) 关于照度均匀度

认为取 0.7 是合适的，但不能作为平均照度与最低照度的换算系数。

(5) 关于照度补偿系数

同意提出的照度补偿系数值，根据经济有利的条件，将有较多尘埃车间的照明器擦洗次数为每月 2 次。

(6) 关于照度级数

同意照度级数的划分和取值，为使级数更为合理，取消 250lx 和 400lx 两级，将 2000lx 改为 2500lx 较为适宜。

(7) 关于工业企业辅助建筑工作面上的照度标准

认为标准基本上是可行的，但阅览室照度要提高到 75lx，增加休息室照度为 30lx。

(8) 关于厂区露天工作场和交通运输线的照度标准

认为 10lx 可以肉眼检查焊接质量工作，但用仪器检查质量 5lx 即可。

(9) 关于眩光限制

同意增加眩光限制的规定，所得出的灯具悬挂高度及防止眩光措施还是可行的，但应增加碘钨灯 500W 和 1000W、白炽灯 60W 以下裸灯泡及金属卤化物灯和高压钠灯的防止眩光的规定。

(10) 关于附录（一）

同意关于荧光高压汞灯与白炽灯（碘钨灯）的混光光通量比规定，建议增加高压钠灯与荧光高压汞灯的混光光通量比的规定。

(11) 关于附录（二）

认为通用生产车间和工作场所的工作面上的照度标准值基本可行，对于两种照度均可采用的车间，均应给各种照度值（混合照明、混合照明中的一般照明、单独使用的一般照明）。

（12）建议有计划开展的科学研究课题

1）照度标准评价指标及制订标准方法的研究；

2）眩光评价指标及其限制的研究；

3）最低照度与平均照度换算系数的研究；

4）照度与劳动生产率和视力保护的研究；

5）电压偏移和电压波动与照度关系的研究。

为保证标准的贯彻执行，建议应尽快使全国灯具标准化，统一照度计算方法、统一照度的测试规程、试制和生产照度计。

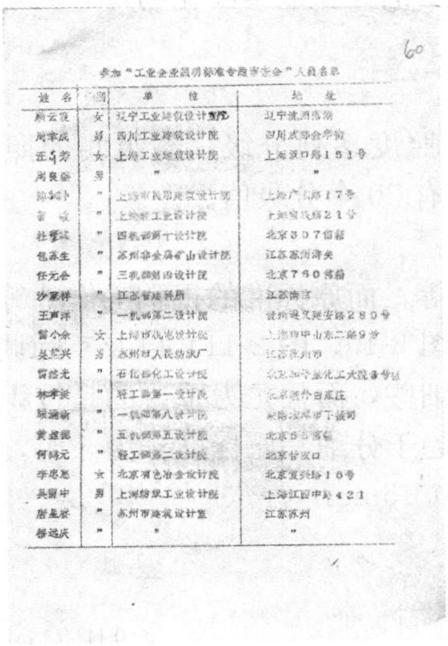

参加“工业企业照明标准专题审查会”人员名单

姓名	性别	单位	地址
[illegible]	女	辽宁工业建筑设计院	辽宁沈阳[illegible]
[illegible]	男	四川工业建筑设计院	四川成都[illegible]
[illegible]	女	上海工业建筑设计院	上海汉口路151号
[illegible]	男	"	"
[illegible]	"	上海市民用建筑设计院	上海[illegible]17号
[illegible]	"	上海轻工业设计院	上海[illegible]21号
[illegible]	"	四机部第十设计院	北京307信箱
[illegible]	"	苏州非金属矿山设计院	江苏苏州[illegible]
任元会	"	三机部第四设计院	北京760信箱
[illegible]	"	江苏省建[illegible]	江苏南京
[illegible]	"	一机部第二设计院	[illegible]路280号
[illegible]	女	上海市机电设计院	上海市中山东二路9号
[illegible]	男	苏州市人民纺织厂	江苏苏州市
[illegible]	"	石化部化工设计院	北京[illegible]化工大院3号楼
[illegible]	"	轻工部第一设计院	北京[illegible]
[illegible]	"	一机部第八设计院	[illegible]
[illegible]	"	五机部第五设计院	北京5[illegible]信箱
[illegible]	"	轻工部第二设计院	北京甘家口
[illegible]	女	北京有色冶金设计院	北京复兴路16号
[illegible]	男	上海纺织工业设计院	上海江西中路421
[illegible]	"	苏州市建筑设计室	江苏苏州
[illegible]	"	"	"

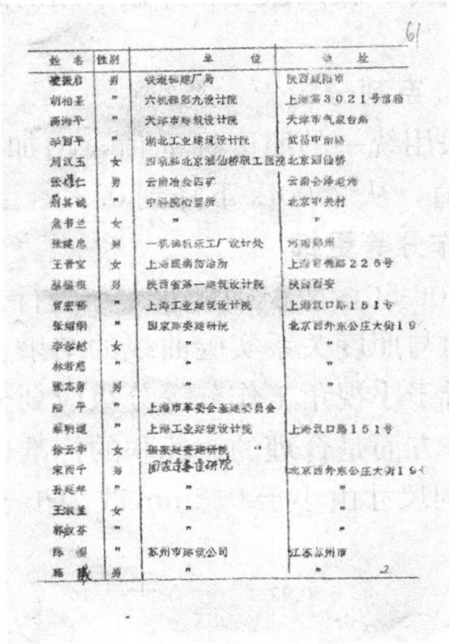

姓名	性别	单位	地址
[illegible]	男	铁道部[illegible]厂局	陕西咸阳市
[illegible]	"	六机部第九设计院	上海第3021号信箱
[illegible]	"	天津市建筑设计院	天津市气象台[illegible]
[illegible]	"	湖北工业建筑设计院	武昌中南路
[illegible]	女	[illegible]北京[illegible]仙桥职工医院	北京[illegible]仙桥
[illegible]	男	云南冶金[illegible]	云南[illegible]
[illegible]	"	中科院[illegible]所	北京中关村
[illegible]	女	"	"
[illegible]	男	一机部机床工厂设计处	河南郑州
[illegible]	女	上海眼病防治所	上海[illegible]路225号
[illegible]	男	陕西省第一建筑设计院	陕西西安
[illegible]	"	上海工业建筑设计院	上海汉口路151号
[illegible]	"	国家建委建研院	北京西外东公庄大街19
[illegible]	女	"	"
[illegible]	"	"	"
[illegible]	男	"	"
[illegible]	"	上海市革委会基建委员会	
[illegible]	"	上海工业建筑设计院	上海汉口路151号
[illegible]	女	[illegible]	"
[illegible]	男	[illegible]研究院	北京西外东公庄大街19[illegible]
[illegible]	"	"	"
[illegible]	女	"	"
[illegible]	"	"	"
[illegible]	"	苏州市建筑公司	江苏苏州市
[illegible]	男	"	"

图 2-9　参加“工业企业照明标准专题审查会人员”名单

2.1.2.2　标准内容简介

本标准是对原《工业企业人工照明暂行标准》标准 106-56 修订而成，修订后的标准共分七章四十七条和四个附录。

本标准适用于新、改、扩和续建工程，不适用于地下建筑，地下矿井和无窗厂房。本标准除保留原标准采用的白炽灯和卤钨灯外，增加了荧光高压汞灯、长弧氙灯、高压钠灯和金属卤化物灯。此外，在同一场所当一种光源的光色不能满足生产要求时，可以采用两种光源组成的混光光源，规定了荧光高压汞灯与白炽灯（卤钨灯）的混光光通量比。照明方式分为一般照明、局部照明和混合照明，并规定了这些照明方式的适用场所。照明种类分为正常照明、应急照明、值班照明、警卫照明，新增障碍照明，规定了照明种类的适用场所。新增加了照度系列分级，从 0.2lx～2500lx 共分 20 级。以工作面上的最低照度值作为设计的照度标准值，按识别对象的最小尺寸（mm）分为 10 等和按亮度对比大小分为 8 级，按混合照明和一般照明选取最低照度标准值，并混合照明照度最高为 1500lx，最低为 100lx；一般照明照度最高为 200lx，最低为 5lx。具体规定了一般生产车间和场所工作面上的最低照度值。一般照明的照度为混合照明照度的 5%～10%选取，规定工业企业辅助建筑房间的最低照度值均在 100lx 以下，厂区露天工作场所和交通运输线的最低照度值均在 20lx 以下。照度补偿系数按清洁、一般、污染严重、室外四种环境状况，并按不同的光源种类和擦洗次数取值，其值与原标准 106-56 相差不大。眩光限制按光源种类、灯具形式、灯功率大小规定灯具的遮光角和最低悬挂高度。应采取措施限制反射眩光。生产车间一般照明的照度均匀度不宜小于 0.7。规定了用于特别潮湿场所、有腐蚀的气体和蒸汽、易受机械损伤、安装在可燃性材料上，震动较大等场所的灯具的要求。对照明供电的电压和配电共有 13 条规定。

2.1.2.3 重要条款和主要指标

1. 新增光源及应用条件

随着 70 年代电光源的发展，除标准 106-56 采用的白炽灯和荧光灯外，新增加了荧光高压汞灯、卤钨灯、长弧氙灯和开始采用的高压钠灯和金属卤化物灯，并规定了光源的应用条件。

2. 增加照度系列分级

为使全国采用统一的照度标准值，增加了照度系列分级，各级间的照度级差平均按 1.5～1.6 倍取值，从 2500lx 下降到 0.2lx，共有 20 个分级值。

3. 视觉工作分等更细

仍同标准 106-56，按识别尺寸大小进行分等，而原标准的视觉工作分等较粗。根据编制组进行的视角与照度关系实验曲线的结果（图 2-10、图 2-11）以及实际调查和征求设计人员的意见，对于小视角工作分等分级应划分细些，而且尤为重要的是按识别尺寸大小分等在技术和经济方面是合理的。苏联的标准也趋于分细。原标准分为 5 等，而本标准分为 10 等，最小识别尺寸由小于 0.2mm 改为小于 0.15mm。

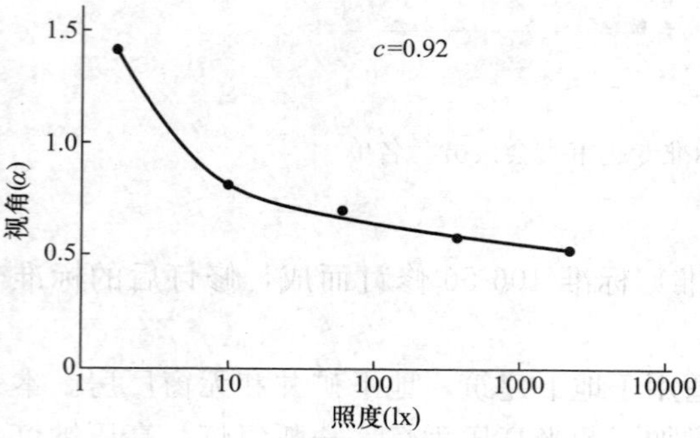

图 2-10 视角与照度关系图

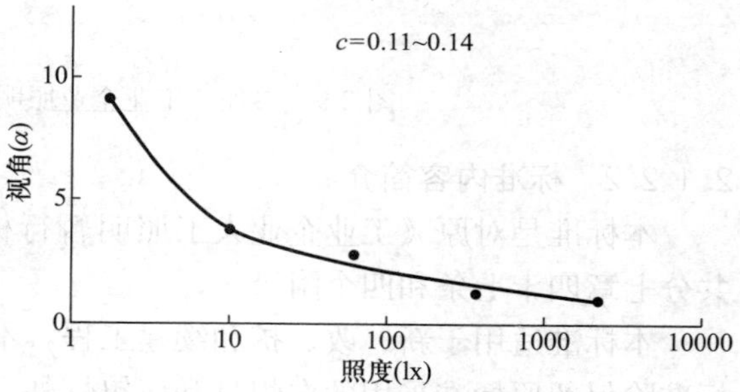

图 2-11 视角与照度关系图

4. 修改为按亮度对比进行视觉工作分级

原标准按背景和零件的颜色深浅不同分级，根据编制组亮度对比辨认实验室实验结果，得出识别概率为 95%时，看清物体所需的对比的结果可知，大对比要求低照度，小对比需高照度。本标准主要按亮度对比大小分级，分甲（小对比）和乙（大对比）两级，分级到Ⅴ等，以下各级照度已能分别小对比，故不再分级。

5. 按背景反射比不同划分深浅背景

根据现场实验所得出的曲线表明，背景反射比在 0.2 以上时，随背景反射比的增大，所需照度的增量小，反之，则照度增量大。因此，规定反射比在 0.2 以上为浅背景，而在 0.2 以下为深背景。根据现场实验结果，深背景所需的照度为浅背景的 1.7～2.1 倍。根据对 600 例车间现场调查资料统计结果，约有 20％视觉工作属于深背景，80％以上工作属于浅背景，故本标准的照度标准值只适用于浅背景。而苏联 1971 年照明标准，在小亮度对比中，混合照明的深浅背景的照度差为 1.5～2.7 倍，而一般照明小对比时为 1.5～2.5 倍，美国标准为 1.7～2.9 倍。综合我国情况，深背景所需照度平均按 1.5～1.6 倍高于浅背景取值。又根据黑白背景对视觉辨认的实验室实验结果表明，在相同照度、相同对比的情况下，辨认黑背景视角要大于辨认白背景的视角（见图 2-12），故可按照度系列分级可提高一级取值。

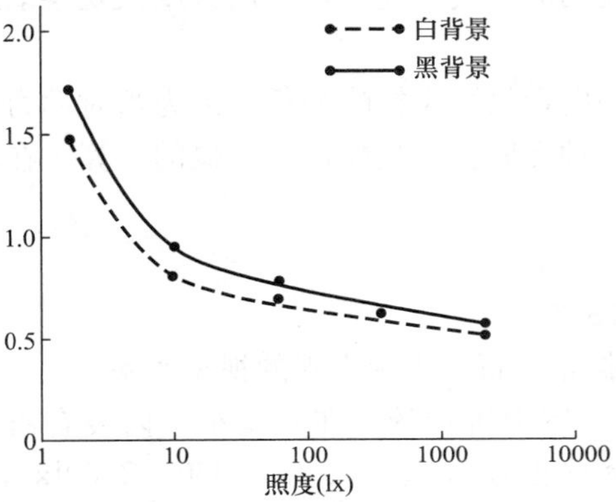

图 2-12　不同背景对视角辨认的影响

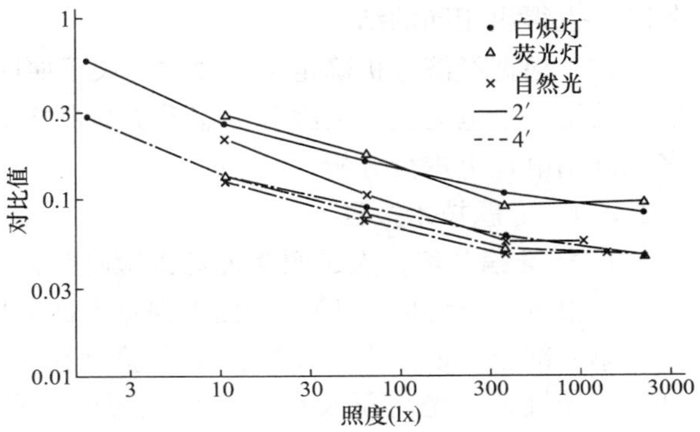

图 2-13　三种光源对对比辨认的影响

6. 不同光源的照度标准值取统一值

原标准分别按白炽灯和荧光灯规定不同的照度标准值，荧光灯的照度一般高于白炽灯照度的 2.5 倍。根据编制组所作的对比、视角、连续辨认和视疲劳实验（见图 2-13～图 2-15），在 10～2160lx 条件下，不同光源在视觉效果上无明显差异。根据不同光源的现场实测照度结果，也是如此结果。国外的一些发达国家标准也均不分光源种类不同规定统一照度值，只有苏联按灯种类分别规定标准值，故本标准不分光源种类制订照度标准值。

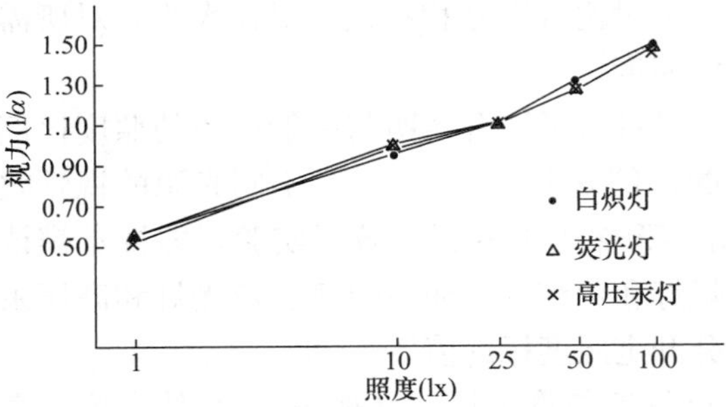

图 2-14　三种光源对大小辨认的影响

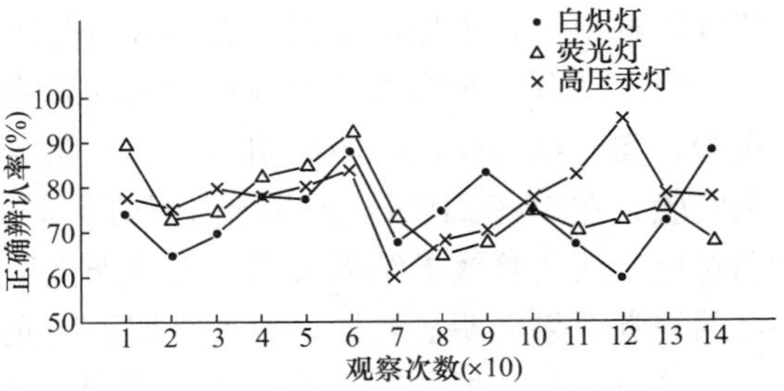

图 2-15　三种光源连续观察的视觉效果

7. 调整最低照度标准值

（1）现场实测。各等级的最低照度值是根据对我国 18 个城市、11 个工业系统 869 例生产车间实测结果，结合视功能实验和用电量的经济分析制订的。现场实测表明，车间的混合照明照度大幅度高于原标准的白炽灯照度，接近或保持原标准的荧光灯照度水平。本标准将混合照明照度值定为原标准荧光灯照度水平，只有在本标准 $d \leqslant 0.15$mm 时提高到

1500lx（Ⅰ甲）和 1000lx（Ⅰ乙），高于原标准水平。识别尺寸为 $0.15\text{mm}<d\leqslant 0.3\text{mm}$（相当于原标准的<0.2mm）为 750lx（Ⅱ甲）和 500lx（Ⅱ乙），原标准为 700lx（Ⅰ甲）500lx（Ⅰ乙）和 300lx（Ⅰ丙）。其他同等的照度水平与原标准荧光灯标准相比，本标准一般照明的照度高于原标准白炽灯照度一倍以上，比原标准荧光灯照度标准值低约 30%，本标准由原标准最高为 300lx，调低为 200lx，比较符合当时我国实际情况。

（2）根据视功能实验曲线确定照度标准的可见度水平。20 名被试者在不同照度和对比条件下，识别相当于本标准各等识别尺寸的 1′、2′、4′、8′、10′、12′视角工作的朗道尔环开口。实验结果得出照度与视角和临界对比的视功能曲线。此外，还用视度仪观察朗道尔环，也得出相同的结果。

（3）根据经济分析确定经济效益，关于照明用电量只能作粗略分析，因为当时动力与照明共用一个电度表，又因各工业系统的视觉工作种类繁多，只能进行大概的估算，在新老标准用电量上进行分析。

2.1.2.4　专题技术报告

1. 标准编制组，人工照明视觉实验研究，1975 年

本报告为修订标准 106-56 提供视觉方面的依据，进行了中国人眼的视觉实验。

第一部分　视觉辨认实验：本实验是在实验小室内进行的，在实验小室内装有白炽灯、荧光灯、荧光高压汞灯、天然光源，在实验照度为 1.7、10、60、360、2160lx 下，男女各 10 名青年被试者观察不同视角大小的郎道尔环开口，环具有不同灰度。背景的反射比为 82%，进行白炽灯下大对比（$C=0.92$）和小对比（$C=0.11\sim0.14$）的视觉辨认实验，并最终得出视功能曲线。一是视角辨认实验：对于大视角随视角减小，增加较小照度，便可满足辨认需要，而对于小视角的工作，识别尺寸略有减小，则需增加很大的照度，视角越小，则需照度增量越大，因此本标准分等分级，小尺寸工作应分细些，而大尺寸工作可粗些，而原标准小视角工作分等级粗些。二是不同亮度对比的辨认实验（用不同灰度的环和白背景），目的为得出不同视角在不同照度下能正确辨认的亮度对比值。实验结果表明，对相同视角物件，随照度增高，对比值减小。对同一对比的物件，随照度增高，看清物件的视角越小。在相同照度下，视角和对比可以互相补偿。对比大小，对所需照度影响很大，本标准按对比大小进行分级确定照度。

第二部分　照明条件对视觉效果的影响：一是进行了混合照明与一般照明的照度比例实验，实验结果建议一般照明为混合照明照度的比例 5%～10%。二是不同光源的视觉效果实验，在 10～2160lx 下进行白炽灯、荧光灯、天然光下的视觉效果实验，即视觉辨认和对比辨认实验效果结果表明，天然光优于白炽灯和荧光灯，而白炽灯、荧光灯和高压汞灯的视觉效果无明显差异，故不宜按不同光源分开定照度标准值。

第三部分　可见度实验：某一识别物体的可见度与物体尺寸（视角）、物体亮度、亮度对比以及识别时间的长短有关，实验是在 9～3800lx 下对 1′、2′、4′、8′和 12′视角分别在不同对比下，在上述实验小室内识别郎道尔环的开口，用双目偏振可见度仪测量。并从可见度仪中读数计算出可见度 V，根据测量的实际对比 C 与临界对比 $C_{临}$ 得出 V 值。可划出 $C_{临}$ 与 E（照度）关系的视功能曲线，见图 2-16。仪器测出的与上述实际观察得出的曲线基本一致，近似地画出 1′、2′和 8′的曲线。在某一照度下的可见度 V 与其最大可见度 V_{max} 之比称为相对可见度，并可给出视功能和相对可见度关系图，见图 2-17。由此图可查出某一识别尺寸物体所需的照度和相对可见度，最佳的相对可见度 $V_0=1$。还进行了室内和现场的可见度的比较实验，现场的可见度稍低于室内的可见度，由此图可查出本标准的可见度值和相对可见度值。

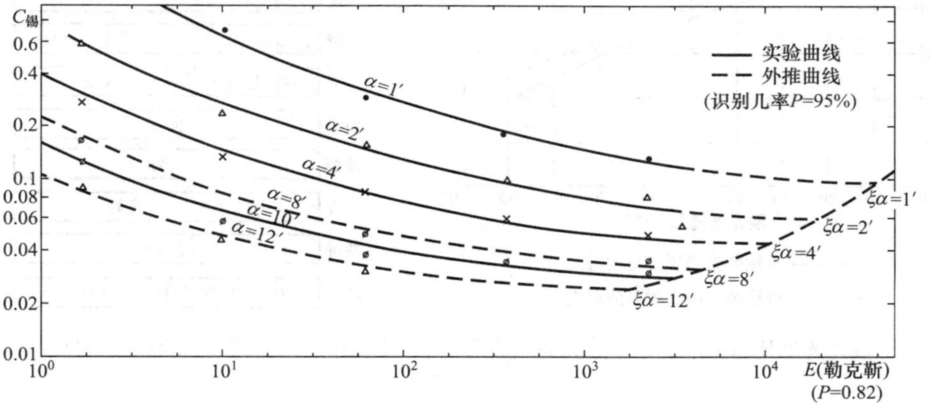

图 2-16　视功能曲线

注：ξ 为最小临界对比度

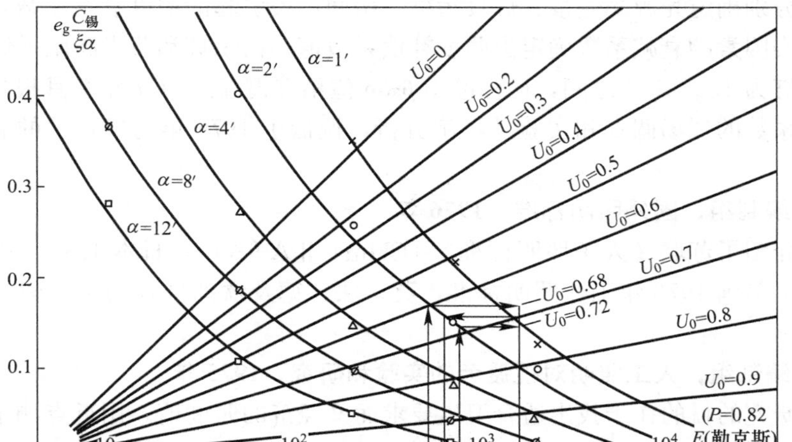

图 2-17　视功能解析图

2. 标准编制组，混光实验报告，1975 年

本文阐述了 18 种自镇和外镇荧光高压汞灯与白炽灯（卤钨灯）在各种混光光通比下，通过混光的相对光谱能量测定，得出色度坐标和相关色温和一般显色指数（在 37～85 之间），如图 2-18 所示，并提出实验室和现场主观评价的结果基本一致，如图 2-19 所示。在等照度下进行的经济分析比较表明，混光光通比越大越经济，然而光色变得越差，但节约电能越大，节电潜力在 19%～66%之间。最后，为本标准提出对色彩识别要求高，一般、差三类工作场所，混光光通量比、色彩识别效果和一般显色指数的建议值。

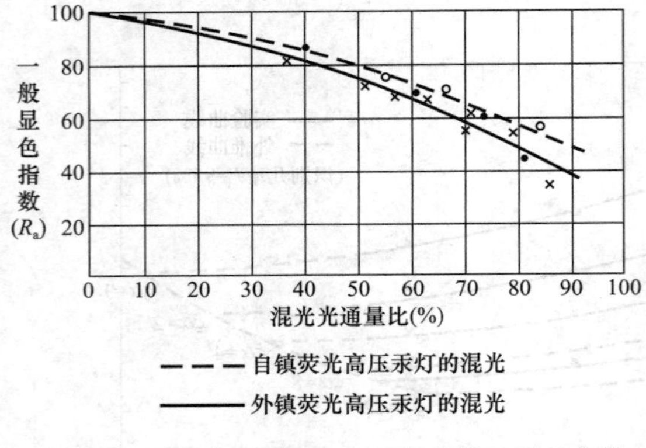

图 2-18 混光光通比与一般显色指数的关系曲线

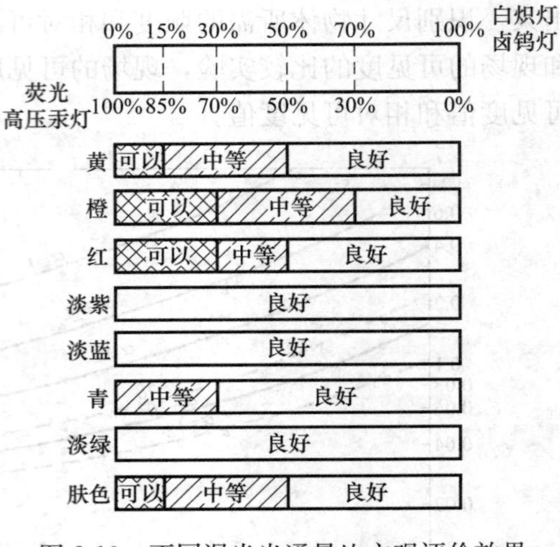

图 2-19 不同混光光通量比主观评价效果

3. 标准编制组，照度补偿系数的确定，1976 年和 1977 年 7 月

本文介绍了对 8 个工业系统，20 余个工厂和 100 余个车间的现场实测调查取得 700 个数据结果。经分析研究将房间环境污染特征分为有微量尘埃、少量尘埃、较多尘埃和室外四种情况。分别确定光源光通量、灯具污染、房间污染引起的照度衰减系数，最后根据给出的三种污染因素的衰减系数确定出照度补偿系数值。白炽灯和荧光高压汞灯为 1.3～1.5 之间，卤钨灯为 1.2～1.4 之间，比标准 106-56 值稍有提高。1977 年 7 月报告是根据对灯具污染补偿系数的现场调查和实验及经济分析，调低了 1976 年的报告中的Ⅱ、Ⅲ类照度补偿系数。

4. 标准编制组，国外照明标准，1976 年

本报告介绍了苏联《人工照明标准》（СНиП ⅡA-9-71），日本 JIS 9110 Z-1969 照度标准，摘译了美国 1973 年工业照明标准，英、法、德及欧洲推荐的工业建筑和工种的照度标准值。

5. 标准编制组，人工照明对视疲劳的实验和研究，1975 年

本实验研究的目的在于找出适合卫生要求而又经济的照度值，用近点测定仪在上海两个精细工作的工作场所进行现场视疲劳实测。实测结果如图 2-20 所示，正视（54 眼次），识别相当于新标准Ⅰ等乙级工作，测试结果说明，视疲劳随照度提高有明显下降，当照度超过 1200lx 时，视疲劳变化不显著，劳动生产率也有类似趋势。近视（690 眼次），相当于Ⅰ类视觉工作，也同样随照度提高而视疲劳下降，1200lx 时下降不显著，远视眼（302 眼次）和散光（1599 眼次）随照度提高，视疲劳下降趋势，从工人主诉症状照度在 1200lx 视疲劳为最轻。

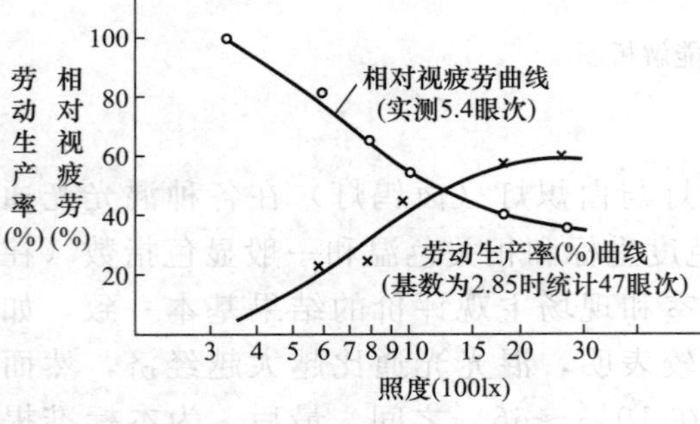

图 2-20 视觉疲劳和劳动生产率与照度的关系曲线

6. 标准编制组，车间照明现状调查总结，1975年

本报告介绍了对各大区工业企业车间现状进行了实测调查结果，作为制订照度标准的依据之一。主要对光源、灯具和照度的调查，光源除白炽灯外，还包括当时普遍采用的高压汞灯、荧光灯和碘钨灯，还有高大厂房采用的长弧氙灯。灯具多为配照型或裸灯。466个车间中的一般照度低于原标准的占48%，接近原标准为31%，低于原标准为21%。994个车间的荧光灯照明中有68%车间低于原标准，21%车间接近原标准，11%车间超过原标准。荧光灯单独使用一般照明低于原标准为71%，接近原标准为29%，混合照明的214个车间中90%以上车间超过原标准，混合照明中的一般照明照度所占比例有74.1%车间低于10%。此外，还提出了一些有益的建议。

7. 标准编制组，关于照度标准值的确定，1977年7月

本报告主要介绍了照度标准是根据现场实测调查和征求工人意见、视觉可见度和经济分析决定的。本标准的混合照明的照度值接近和保持原标准的荧光灯的照度水平，原因是现状水平已能达到，同时工人进行生产也满意。一般照明的现状照度显著低于原标准的荧光灯的照度30%的水平，高于原标准的白炽灯的照度一倍以上，而现状照度低，表明原标准荧光灯的照度值定得太高，与国外照度标准相比低很多。混合照明的Ⅰ～Ⅴ等可见度（V）在1.4～7.0之间，相对可见度（V_0）在0.45～0.94之间。一般照明的Ⅰ-Ⅴ等的可见度（V）在1.7～6.0之间，相对可见度（V_0）在0.43～0.87之间。混合照明和一般照明的用电量比原标准减少8%，而局部照明用电量比原标准增加4%，总结以上两项，本标准比原标准节电量为4%。

8. 标准编制组，不同光源的照度标准值，1977年7月

本报告介绍了对不同光源进行五种实验室实验和现场实测照度结果说明，在10～2160lx照度下进行的2～3种光源的对比辨认实验、视角辨认实验、低照度视角辨认实验，短时间识别朗道尔环正确辨认率和连续时间低照度近点实验以及现场对不同光源的照度实测结果，不同光源的视觉效果无明显差异，故不宜分开对不同光源制订不同的照度标准值，但有的工人反映荧光灯在低于20lx时有昏暗感，故建议采用荧光灯照明时，照度不宜低于30lx。

9. 标准编制组，背景反射系数对照度影响的现场试验和调查报告，1977年7月

本报告介绍了根据三个针织服装工厂的现场试验结果表明，深背景所需的照度为浅背景的1.7～2.1倍，现场调查工人意见，深背景为浅背景的照度1.3～1.7倍。苏联的混合照明时，暗背景为亮背景1.7～2.7倍，一般照明时为1.5～2.5倍，美国为1.7～3.0倍。根据现场多数视觉工作为浅背景（$\rho>0.2$）的情况，故本标准为浅背景时的照度标准值，建议深背景的照度标准值应提高一级。

10. 标准编制组，工业企业辅助建筑照度值的确定，1977年7月

本报告介绍了北京和上海地区7个工业系统19个工厂的辅助建筑的实测调查的500余个数据统计分析结果，提出了11个辅助建筑房间的满意照度和现状照度。本标准的照度标准值基本上和实测满意最低照度值相接近，根据实测结果是能到达标准的。原标准白炽灯照度比荧光灯照度低2～2.5倍。本标准不分光源种类确定照度，取同一照度标准值。本标准的照度值低于苏联标准2～4倍，更低于美国和日本的照度标准值。

11. 标准编制组，照度均匀度的确定，1977 年 7 月

本报告介绍了对北京、上海 20 余座大中城市的 6 个工业系统 410 个车间一般照明照度均匀度实测数据统计结果，点光源照度均匀度的平均值为 0.68，线光源的平均值为 0.57。工人现场评价反映照度均匀度为 0.7 以上感到均匀，反映良好，0.61～0.64 较差，0.55 以下明暗差别较大，感到不均匀。又根据 4 个灯具布置方案，总共 240 个组合计算方案，采用电子计算机用逐点法计算，算出的算术平均值为 0.63，现场调查和计算结果，均匀度在 0.83～0.60 之间。现场调查值为 67.3%，计算值为 70.2%的车间占 2/3。在上述均匀度范围，工人主观评价基本满意的均匀度为 0.67～0.63，与国外标准接近，故此本标准建议定为 0.7。

12. 标准编制组，工业企业厂区露天工作场地和交通运输线的照度实测总结，1977 年 7 月

本报告介绍了对北京、上海等地 27 个场站进行的照度实测并征求工人对照明的意见的分析总结基础上，参考国外标准，结合我国实际情况，推荐了新的标准。主要调查露天焊接工作，调查上海 10 个金属结构和造船厂和北京的 15 个炼油和化工企业，15 个露天装置的仪表的照度。此外，还进行了露天堆放材料、货物的吊车装卸工作的照度，以及 15 个工厂的 21 条道路的照度实测（以北京为主）和厂区铁路货物站台的照度（以北京为主）。本标准基本维持原标准水平，最高为 20lx，最低为 0.2lx，均低于国外标准。

13. 标准编制组，车间照度标准的技术经济分析，1975 年

本报告介绍了根据原水电部资料，1974 年工业照明用电量占工业用电总量的 3.47%，而原标准为 6.6%。经调查 90%以上车间的混合照明照度都超过原标准，而总用电量并未增加。从两个冷加工车间的 20lx 提高到 30lx 时，采用白炽灯与高压汞灯混光照明以及造船装配、焊接、电镀车间从 40lx 提高到 60lx 时，采用上面同样的混光照明，照度提高了 50%，一次投资稍有增加，用电量分别减少 14.2%和 30.5%，维护费用分别减少 11.3%～32%，从经济分析表明本标准照度提高 50%是合理的。

2.1.2.5 论文著作

1. 标准编制组，张绍纲执笔。关于《工业企业采光和照明标准》的若干技术问题。《照明技术》1981 年 No1、No2

本文主要介绍了本标准的照明的视觉工作分等和分级、背景反射系数与照度的关系，不同光源的照度标准值，照明标准值的确定（其中包括混合照明和一般照明的照度实测），混合照明与一般照明的照度值间的关系，视功能实验，其中包括视角太小、对比度与照度的关系和照明在不同条件下的可见度和相对可见度、经济分析等，混合照明中的一般照明照度占总照度的比例、照度均匀度、照度补偿系数、不同光源的混光光通量比等。

2. 焦书兰、荆其诚、喻柏林，视场亮度变化对视觉对比感受性的影响。《心理学报》1979. No1 P47～54

本文主要介绍了视觉亮度变化（明暗适应）对视觉对比感受性（大小）的影响，实验是在木板制的小室内进行的，在白炽灯照明下（背景照明），用幻灯机作为辅助照明投射到被试者观察的视场上，用快门控制视场亮度的变化，9 名被试者参加实验。实验在亮—

暗—亮和亮—暗的亮度变化下进行对比感受性实验。实验在固定视场亮度为 326cd/m² 和 78cd/m² 条件下进行。结论是视场亮度无论从高至低或从低到高不同视场亮度比例不应大于 20∶1，亮—暗—亮条件下，随着亮度比例增大，对比感受下降，亮—暗条件下无过渡适应，比有过渡适应的对比感受性显著下降。

3. 喻柏林、焦书兰、荆其诚、陈永明，照度变化对视觉辨认的影响。《心理学报》1979：No3. P319～324

本文首先介绍了 20 名男女各半被试者，照度在 1.7～2160lx 下，识别 8 种不同视角（0.5′～10′，即朗道尔环开口视角），在大对比（0.92）和小对比（0.11～0.14）下，照明变化对视敏度的影响。结果表明，无论对比大小，视角愈大，要求的照度愈低，视角愈小，要求照度愈高，视角递减速度低于照度递增速度，说明小尺寸视角的照度分等级，应愈细些，大尺寸视角应分粗些。其次，在上述同样实验条件下，进行了黑和白背景对视觉辨认的影响实验。结果表明辨认黑背景的视角要难于白背景视角，说明深色背景对视角辨认有不利影响，因此，反射比低的背景应酌情提高照度。

4. 喻柏林、焦书兰、荆其诚、张武田，不同光源对视觉辨认的影响，《心理学报》1980. No1. P46～56

本实验的条件和方法与本文［3］的论文基本相同。实验结果表明，自然光的视觉效果，无论视角辨认或对比辨认，都略显优于人工光源，尤其在低照度和小视角下差别较大。白炽灯和荧光灯在 60lx 以上，视角辨认和对比辨认的视觉效果都无差异。在低于 60lx 以下，白炽灯、荧光灯和高压汞灯的视觉效果无明显差异。建议制定照度标准时可不分光源取统一值。

2.1.2.6 创新点

1. 由视功能确定照度标准值

为制订标准提供视觉依据，编制组进行了中国人眼的视功能实验，得出视角与照度和对比的关系曲线，即视功能曲线，曲线表明，当识别对象的视角不变，照度增加时，识别对象所需的临界对比 $C_{临}$ 减小，可见度 V 提高。当照度增加到一定数量时，临界对比不再下降，可见度不再提高，此时为最大临界照度，此时的临界对比称为最小临界对比度，此时为最大可见度 V_{max}。实际可见度 V 与最大可见度 V_{max} 的对数之比称为相对可见度 V_0，$V_0=1$ 表示最佳可见度，可见度 V 表示识别对象的实际对比高出临界对比的倍数。

根据视功能解析图，本标准混合照明时，Ⅰ～Ⅴ等的可见度 V 为 1.4～7.0，V_0 为 0.45～0.94，一般照明Ⅰ～Ⅴ等的 V 为 1.8～6.0，而 V_0 为 0.43～0.87，随识别尺寸的增加，其视功能效果也随之提高。在同一等级内混合照明的效果优于一般照明。本标准的照度标准值水平从可见度上分析，有清楚可见的视觉工作条件，从而可保证正常生产，这是本标准创新的第一点。

此外还进行了视疲劳试验，试验表明，当照度超过 1200lx 时，视疲劳变化不显著，而劳动生产率显著提高，故本标准Ⅰ等乙级为 1000lx 是合理的。当照度超过 1200lx 时，只有照度成倍增加，视疲劳才缓慢下降，当照度超过 1800lx 时，视疲劳无明显变化，故本标准Ⅰ等甲级定为 1500lx 是合理的。

2. 采用了一种新的混光光源

在50年代制订的标准106-56，其主流光源是白炽灯和荧光灯，而荧光灯高压汞灯也是开始普及应用，而白炽灯的由于其光效低和寿命短是其致命缺点，而当时采用的卤粉管形荧光灯效虽高出白炽灯数倍之多（551m/W），但无法与白炽灯安装在一个灯具内进行，而荧光高压汞灯光效可达501m/W左右，但其光色不佳，如果与白炽灯与高压汞灯安装在一个灯具内进行混光照明，不但大大提高了光效，而且光色也有了一定的改善，而且具有很好的节能效果。由于上述原因，编制组开展了荧光高压汞灯与白炽灯的混光光源实验，进行了18种混光方案的实验，计算出各方案的色度坐标、色温和一般显色指数，得出混光光通量比与一般显色指数的关系曲线。此外，还进行了混光照明的主观评价，在等照度下，通过主观评价试验色的色差大小确定混光光源效果，得出混光光通量比与色调和照度的关系。根据实验室实验和主观评价以及经济分析得出本标准的混光光通量比。根据实验结果，制定了识别颜色要求较高、一般、较低工作场所的混光光通量比，其值为荧光高压汞灯的光通量与其和白炽灯（或卤钨灯）的光通量之和的百分比。混光光源于70～80年代在国外，特别是在日本的体育场馆、公共建筑内以及室外场所大量采用。这种光源在当时具有提高光源光效、节约能源、改善光色、提高光环境质量的优点，这是本标准创新的第二点。

3. 对一般生产车间和工作场所规定了照度标准值

原标准106-56是按识别零件尺寸大小、识别零件和背景的深浅、不同照明方式、不同光源规定了生产房间内工作面上的最低照度标准值，对于设计人员应用非常不便，而且需要各部门根据不同工业系统制订不同工种的照度标准值。而本标准为便于应用制定了如金属机械加工车间等24种生产车间和工作场所的55个工种工作面上的照度标准值（见附录二），这是标准创新的第三点。

2.1.2.7 社会经济效益

社会经济效益分析只能粗略和大概地分析和估算，因为当时是照明与动力共用电度表，无法统计出照明用电量，并且各工业系统的视觉工作种类繁多，经济分析只能是相对的，因此，只能得出新老标准用电量的增加和减少的百分数，耗电量是按新老标准相同的照度下增减来估算的。估算条件：

（1）根据原水电部和北京市仪表局的各工业用电的比重推算出各视觉工作等级的用电比例，而Ⅰ、Ⅱ等工作照明用电量占照明总用电量的9%，Ⅲ、Ⅳ等占6%，Ⅴ～Ⅶ等占68%，其他各占17%。

（2）根据原商业部和原轻工业部对各工业系统分配的各类光源数量来估算用电量，白炽灯的使用量占工业照明使用量的2/3，而荧光灯和荧光高压汞灯使用量占1/3。

（3）根据实际调查，Ⅰ～Ⅳ等的混合照明和Ⅴ等以下单独一般照明主要采用白炽灯，单独一般照明照度在75lx以上，均以采用荧光灯和荧光高压汞灯估算用电量。

（4）根据原三机部九院资料，局部照明用电量占总用电量的7%。

（5）计算结果表明，单独一般照明和混合照明中的用电量比原标准减少8%，而局部照明用电量比原标准增加52%，综合以上两项，本标准的用电量比原标准用电量减少4%，说明照明用电总量未增加的情况下，提高了照度，改善了视觉工作条件，这是由于增加混合照明照度和采用较高光效光源所致，因此本标准规定的照度标准值在技术经济上是较为合理和可行的。

2.1.3 《民用建筑照明设计标准》GBJ 133—90

2.1.3.1 标准编制主要文件资料

1. 封面、公告、前言（图 2-21）

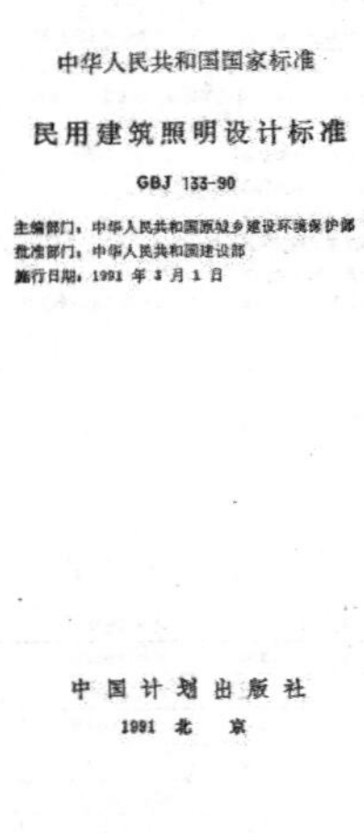

中华人民共和国国家标准

民用建筑照明设计标准

GBJ 133-90

主编部门：中华人民共和国原城乡建设环境保护部
批准部门：中华人民共和国建设部
施行日期：1991 年 3 月 1 日

中国计划出版社
1991 北京

封面

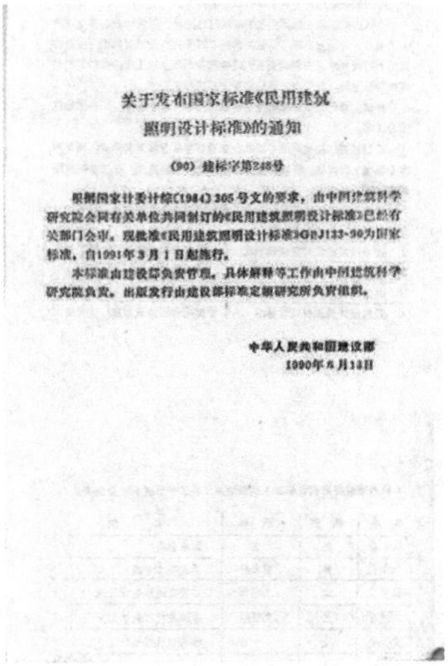

关于发布国家标准《民用建筑照明设计标准》的通知

（90）建标字第248号

根据国家计委计综〔1984〕305号文的要求，由中国建筑科学研究院会同有关单位共同制订的《民用建筑照明设计标准》已经有关部门会审。现批准《民用建筑照明设计标准》GBJ133-90为国家标准，自1991年3月1日起施行。

本标准由建设部负责管理，具体解释等工作由中国建筑科学研究院负责。出版发行由建设部标准定额研究所负责组织。

中华人民共和国建设部
1990年8月13日

公告

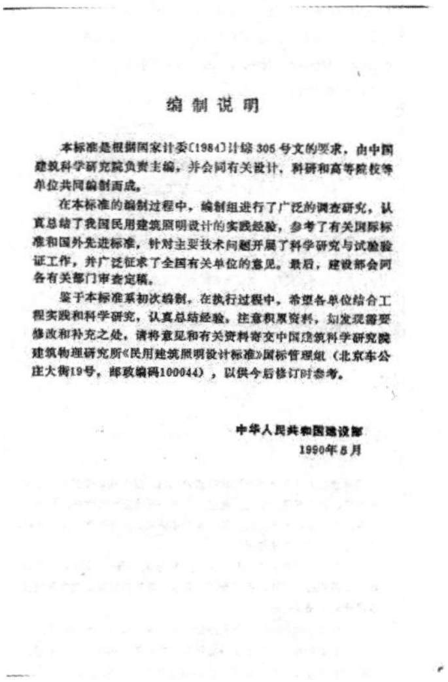

编制说明

本标准是根据国家计委〔1984〕计综305号文的要求，由中国建筑科学研究院负责主编，并会同有关设计、科研和高等院校等单位共同编制而成。

在本标准的编制过程中，编制组进行了广泛的调查研究，认真总结了我国民用建筑照明设计的实践经验，参考了有关国际标准和国外先进标准，针对主要技术问题开展了科学研究与试验验证工作，并广泛征求了全国有关单位的意见。最后，建设部会同各有关部门审查定稿。

鉴于本标准系初次编制，在执行过程中，希望各单位结合工程实践和科学研究，认真总结经验，注意积累资料，如发现需要修改和补充之处，请将意见和有关资料寄交中国建筑科学研究院建筑物理研究所《民用建筑照明设计标准》国标管理组（北京车公庄大街19号，邮政编码100044），以供今后修订时参考。

中华人民共和国建设部
1990年8月

编制说明

图 2-21 《民用建筑照明设计标准》GBJ 133—90 封面等

2. 制修订计划文件

本版标准制修订文件为国家计委［1984］计综 305 号文，其中第 48 项为本标准。

序号	标准规范名称	制订或修订	主要内容	主编部门及具体主编单位	主要参加部门及单位	起止年限	一九八四年计划进度要求
48	民用建筑照明设计标准	制订	包括光源、照明方式和种类、照度值、均匀度、眩光限制、灯具、供电以及节能等要求	城乡建设环保部中国建筑科学研究院	（待定）	84～86	成立编制工作组，开展调研工作

3. 编制组成立暨第一次工作会议

本版标准编制组成立暨第一次工作会议纪要如图 2-22 所示，包括寄送纪要的函、纪要及报到表。

4. 审查会议

本版标准审查会议通知缺失，审查会议纪要及寄送纪要的函如图 2-23 所示，包括（88）建标字第 43 号寄送《民用建筑照明设计标准》国家标准审查会会议纪要的函，和《民用建筑照明设计标准》审查会议纪要。下文节选自《民用建筑照明设计标准》（国标）审查会纪要。

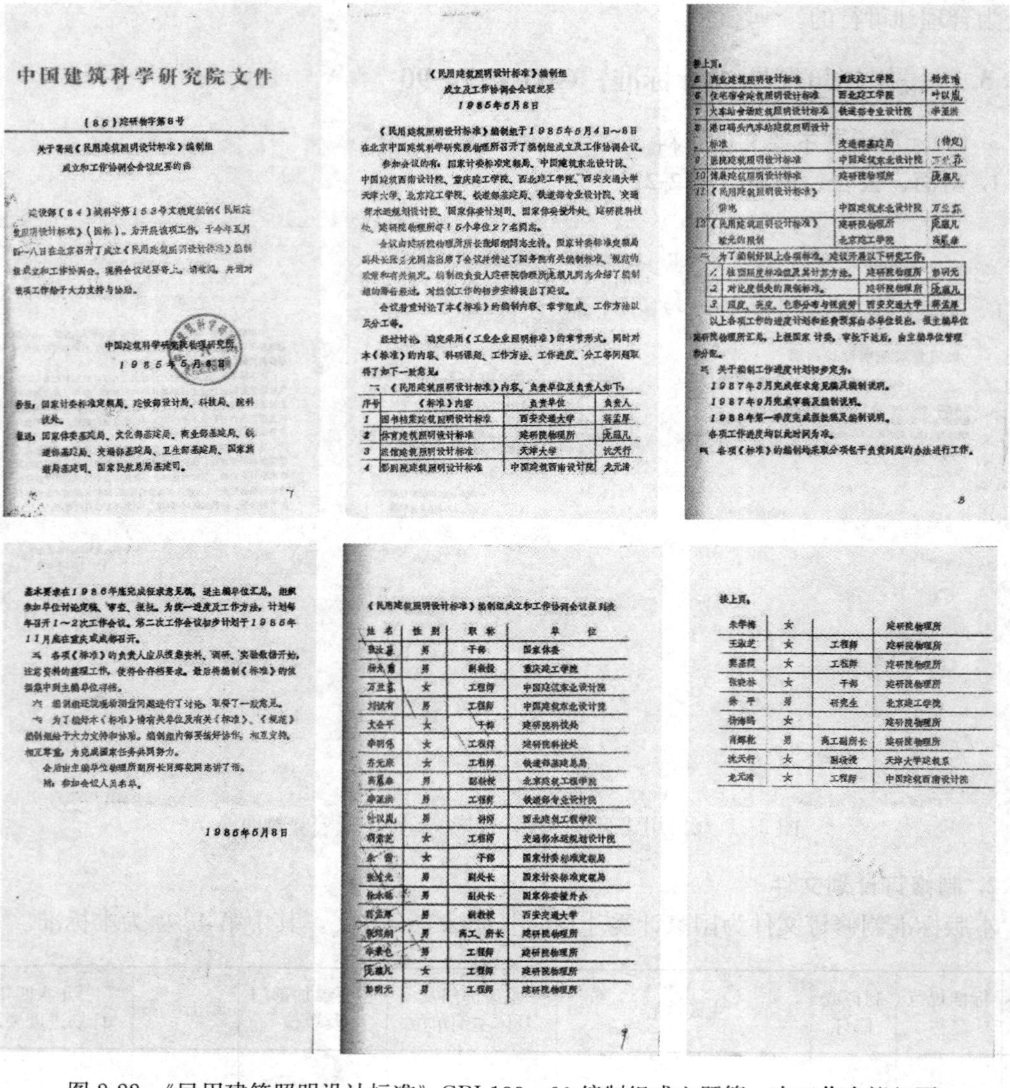

中国建筑科学研究院文件

（85）建研物字第8号

关于寄送《民用建筑照明设计标准》编制组成立和工作协调会会议纪要的函

建设部（84）城科字第153号文确定组织《民用建筑照明设计标准》（国标）。为开展该项工作，于今年五月四～八日在北京召开了成立《民用建筑照明设计标准》编制组成立和工作协调会。现将会议纪要寄上，请收阅，并请对该项工作给予大力支持与协助。

中国建筑科学研究院物理研究所

1985年5月8日

抄报：国家计委标准定额局、建设部设计局、科技局、院科技处。

抄送：国家体委基建局、文化部基建局、商业部基建局、铁道部基建局、交通部基建局、卫生部基建局、国家旅游局基建司、国家民航总局基建司。

7

《民用建筑照明设计标准》编制组成立及工作协调会会议纪要

1985年5月8日

《民用建筑照明设计标准》编制组于1985年5月4日～8日在北京中国建筑科学研究院物理所召开了编制组成立及工作协调会议。

参加会议的有：国家计委标准定额局、中国建筑东北设计院、中国建筑西南设计院、重庆建工学院、西北建工学院、西安交通大学、天津大学、北京建工学院、铁道部基建局、铁道部专业设计院、交通部水运规划设计院、国家体委计划司、国家体委援外处、建研院科技处、建研院物理所等15个单位27名同志。

会议由建研院物理所所长张绍纲同志主持。国家计委标准定额局副处长张文光同志出席了会议并传达了国务院有关编制标准、规范的政策和有关规定。编制组负责人建研院物理所庞蕴凡同志介绍了编制组的筹备概况，对编制工作的初步安排提出了建议。

会议着重讨论了本《标准》的编制内容、章节组成、工作方法以及分工等。

经过讨论，确定采用《工业企业照明标准》的章节形式。同时对本《标准》的内容、科研课题、工作方法、工作进度、分工等问题取得了如下一致意见：

一、《民用建筑照明设计标准》内容、负责单位及负责人如下：

序号	《标准》内容	负责单位	负责人
1	图书档案建筑照明设计标准	西安交通大学	蒋孟厚
2	体育建筑照明设计标准	建研院物理所	庞蕴凡
3	旅馆建筑照明设计标准	天津大学	沈天行
4	影剧院建筑照明设计标准	中国建筑西南设计院	龙元清

接上页：

5	商业建筑照明设计标准	重庆建工学院	杨光璿
6	住宅宿舍建筑照明设计标准	西北建工学院	叶以胤
7	火车站候车建筑照明设计标准	铁道部专业设计院	李滋洪
8	港口码头汽车站建筑照明设计标准	交通部基建局	（待定）
9	医院建筑照明设计标准	中国建筑东北设计院	万兰荪
10	博展建筑照明设计标准	建研院物理所	庞蕴凡
11	《民用建筑照明设计标准》供电	中国建筑东北设计院	万兰荪
12	《民用建筑照明设计标准》眩光的限制	建研院物理所 北京建工学院	庞蕴凡 高履泰

二、为了编制好以上各项标准，建议开展以下研究工作：

1	柱面照度标准值及其计算方法。	建研院物理所	彭明元
2	对比度损失的限制标准。	建研院物理所	庞蕴凡
3	照度、亮度、色彩分布与视疲劳	西安交通大学	蒋孟厚

以上各项工作的进度计划和经费预算由各单位提出，报主编单位建研院物理所汇总，上报国家计委，审批下达后，由主编单位管理和分配。

三、关于编制工作进度计划初步定为：

1987年3月完成征求意见稿及编制说明。

1987年9月完成审稿及编制说明。

1988年第一季度完成报批稿及编制说明。

各项工作进度均以此时间为准。

四、各项《标准》的编制均采取分项包干负责到底的办法进行工作。

8

基本要求在1986年底完成征求意见稿，送主编单位汇总，组织参加单位讨论定稿、审查、报批。为统一进度及工作方法，计划每年召开1～2次工作会议。第二次工作会议初步计划于1985年11月底在重庆或成都召开。

五、各项《标准》的负责人应从搜集资料、调研、实验数据开始，注意资料的整理工作，使符合存档要求。最后将编制《标准》的依据集中到主编单位存档。

六、编制组还就现场测量问题进行了讨论，取得了一致意见。

七、为了编好本《标准》请有关单位及有关《标准》、《规范》编制组给予大力支持和协助。编制组内部要搞好协作，相互支持，相互尊重，为完成国家任务共同努力。

会后由主编单位物理所副所长肖辉乾同志讲了话。

附：参加会议人员名单。

1985年5月8日

《民用建筑照明设计标准》编制组成立和工作协调会议报到表

姓名	性别	职称	单位
张汝嘉	男	干部	国家体委
杨光璿	男	副教授	重庆建工学院
万兰荪	女	工程师	中国建筑东北设计院
刘晓有	男	工程师	中国建筑东北设计院
文会平	女	干部	建研院科技处
李明乐	女	工程师	建研院科技处
乔元康	女	工程师	铁道部基建总局
高履泰	男	副教授	北京建筑工程学院
李滋洪	男	工程师	铁道部专业设计院
叶以胤	男	讲师	西北建筑工程学院
胡素芝	女	工程师	交通部水运规划设计院
余蕾	女	干部	国家计委标准定额局
张文光	男	副处长	国家计委标准定额局
徐永福	男	副处长	国家体委援外办
蒋孟厚	男	副教授	西安交通大学
张绍纲	男	高工、所长	建研院物理所
李景色	男	工程师	建研院物理所
庞蕴凡	女	工程师	建研院物理所
彭明元	男	工程师	建研院物理所

9

接上页：

朱学梅	女		建研院物理所
王淑芝	女	工程师	建研院物理所
姜基霞	女	工程师	建研院物理所
张晓林	女	干部	建研院物理所
徐平	男	研究生	北京建工学院
杨海鸥	女		建研院物理所
肖辉乾	男	高工副所长	建研院物理所
沈天行	女	副教授	天津大学建筑系
龙元清	女	工程师	中国建筑西南设计院

图 2-22 《民用建筑照明设计标准》GBJ 133—90 编制组成立暨第一次工作会议纪要

（1）对标准的评价

1）经过三年多卓有成效的工作，深入 579 个单位，进行了 1545 个场所的现场实测和视觉评价和两项视功能特性的科学实验，研究我国照度标准的历史和发展趋势，分析了我国的技术经济水平，收集并翻译国外标准和资料、实验调查和分析报告各 14 份，共计 28 份资料，具有良好的科学基础，数据比较切实可靠，技术先进，指标适宜。

2）照度水平和照明质量标准，既考虑视觉功能需要又结合我国现有的技术经济水平，在通过充分的现场实测和视觉评价，并对比国际标准水平的基础上制订，比较切合我国实际情况。

3）规定的照度值分为三档，即给出一定范围，这是考虑切合国情，给予照明设计一定的灵活性，可以更切合实际决定照度的一个好办法。便于满足不同级别、不同要求建筑的需要，有利于节约电能。

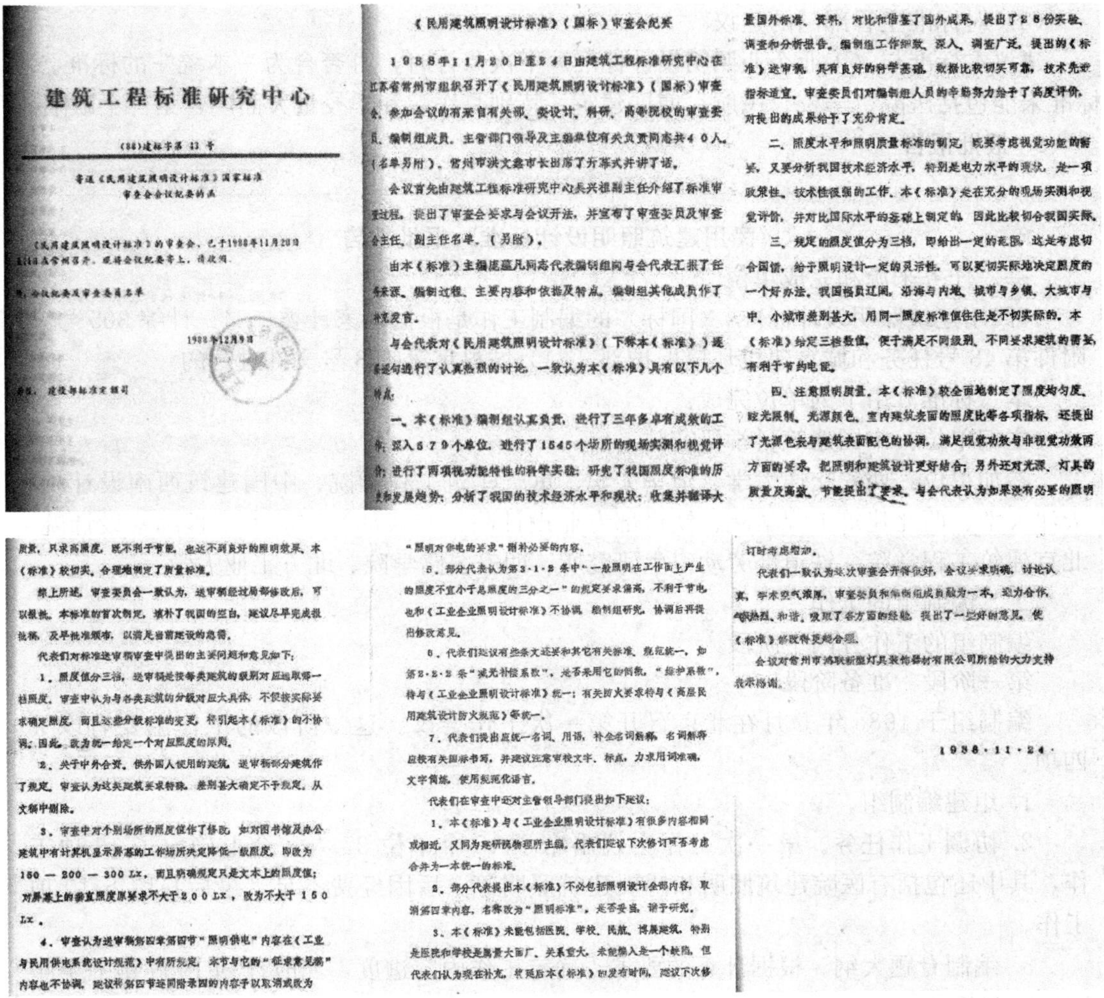

建筑工程标准研究中心

(88)建标字第 43 号

寄送《民用建筑照明设计标准》国家标准审查会会议纪要的函

《民用建筑照明设计标准》的审查会，已于1988年11月20日至24日在常州召开。现将会议纪要寄上，请查阅。

附：会议纪要及审查委员名单

1988年12月9日

抄送：建设部标准定额司

《民用建筑照明设计标准》（国标）审查会纪要

1988年11月20日至24日由建筑工程标准研究中心在江苏省常州市组织召开了《民用建筑照明设计标准》（国标）审查会。参加会议的有来自有关部、委设计、科研、高等院校的审查委员、编制组成员、主管部门领导及主编单位有关负责同志共40人。（名单另附）。常州市洪文鑫市长出席了开幕式并讲了话。

会议首先由建筑工程标准研究中心吴兴祖副主任介绍了标准审查过程，提出了审查会要求与会议开法，并宣布了审查委员及审查会主任、副主任名单。（另附）。

由本《标准》主编庞蕴凡同志代表编制组向与会代表汇报了任务来源、编制过程、主要内容和依据及特点。编制组其他成员作了补充发言。

与会代表对《民用建筑照明设计标准》（下称本《标准》）逐条逐句进行了认真热烈的讨论，一致认为本《标准》具有以下几个特点：

一、本《标准》编制组认真负责，进行了三年多卓有成效的工作；深入579个单位，进行了1545个场所的现场实测和视觉评价；进行了两项视功能特性的科学实验；研究了我国照度标准的历史和发展趋势；分析了我国的技术经济水平和现状；收集并翻译大量国外标准、资料，对比和借鉴了国外成果，提出了28份实验、调查和分析报告。编制组工作细致、深入、调查广泛，提出的《标准》送审稿，具有良好的科学基础，数据比较切实可靠，技术先进，指标适宜。审查委员们对编制组人员的辛勤努力给予了高度评价，对提出的成果给予了充分肯定。

二、照度水平和照明质量标准的制定，既要考虑视觉功能的需要，又要分析我国技术经济水平，特别是电力水平的现状，是一项政策性、技术性很强的工作。本《标准》是在充分的现场实测和视觉评价，并对比国际水平的基础上制定的，因此比较切合我国实际。

三、规定的照度值分为三档，即给出一定的范围，这是考虑切合国情，给予照明设计一定的灵活性，可以更切实际地决定照度的一个好办法。我国幅员辽阔，沿海与内地、城市与乡镇、大城市与中、小城市差别甚大，用同一照度标准值往往是不切实际的。本《标准》给定三档数值，便于满足不同级别、不同要求建筑的需要，有利于节约电能。

四、注意照明质量。本《标准》较全面地制定了照度均匀度、眩光限制、光源颜色、室内建筑表面的照度比等各项指标，还提出了光源色表与建筑表面配色的协调，满足视觉功效与非视觉功效两方面的要求，把照明和建筑设计更好结合；另外还对光源、灯具的质量及高效、节能提出了要求。与会代表认为如果没有必要的照明质量，只求高照度，既不利于节能，也达不到良好的照明效果。本《标准》较切实、合理地制定了质量标准。

综上所述，审查委员会一致认为，送审稿经过局部修改后，可以报批。本标准的首次制定，填补了我国的空白，建议尽早完成报批稿，及早批准颁布，以满足当前建设的急需。

代表们对标准送审稿审查中提出的主要问题和意见如下：

1. 照度值分三档，送审稿是按每类建筑的级别对应选取第一档照度。审查中认为与各类建筑的分级对应太具体，不便按实际要求确定照度，而且这些分级标准的变更，将引起本《标准》的不协调；因此，改为统一给定一个对应照度的原则。

2. 关于中外合资，供外国人使用的建筑，送审稿部分建筑作了规定。审查认为这类建筑要求特殊，差别甚大确定不予规定，从文稿中删除。

3. 审查中对个别场所的照度值作了修改，如对图书馆及办公建筑中有计算机显示屏幕的工作场所决定降低一级照度，即改为150—200—300Lx，而且明确规定只是文本上的照度值；对屏幕上的垂直照度原要求不大于200Lx，改为不大于150Lx。

4. 审查认为送审稿第四章第四节"照明供电"内容在《工业与民用供电系统设计规范》中有所规定，本节与它的"征求意见稿"内容也不协调，建议将第四节连同附录四的内容予以取消或改为"照明对供电的要求"稍补必要的内容。

5. 部分代表认为第3·1·2条中"一般照明在工作面上产生的照度不宜小于总照度的三分之一"的规定要求偏高，不利于节电，也和《工业企业照明设计标准》不协调，编制组研究，协调后再提出修改意见。

6. 代表们建议有些条文还要和其它有关标准、规范统一，如第2·2·2条"减光补偿系数"，是否采用它的倒数，"维护系数"，待与《工业企业照明设计标准》统一；有关防火要求待与《高层民用建筑设计防火规范》等统一。

7. 代表们提出应统一名词、用语，补全名词解释，名词解释应按有关国标书写，并建议注意审校文字、标点，力求用词准确，文字简练，使用规范化语言。

代表们在审查中还对主管领导部门提出如下建议：

1. 本《标准》与《工业企业照明设计标准》有很多内容相同或相近，又同为建研院物理所主编，代表们建议下次修订可否考虑合并为一本统一的标准。

2. 部分代表提出本《标准》不必包括照明设计全部内容，取消第四章内容，名称改为"照明标准"，是否妥当，请予研究。

3. 本《标准》未能包括医院、学校、民航、博展建筑，特别是医院和学校是面广量大、关系重大，未能编入是一个缺陷，但代表们认为现在补充，将延后本《标准》的发布时间，建议下次修订时考虑增加。

代表们一致认为这次审查会开得很好，会议要求明确，讨论认真，学术空气浓厚，审查委员和编制组成员融为一体，通力合作，气氛热烈、和谐，吸取了各方面的经验，提出了一些好的意见，使《标准》修改得更趋合理。

会议对常州市鸿联新型灯具装饰器材有限公司所给的大力支持表示感谢。

1988·11·24·

图 2-23 《民用建筑照明设计标准》GBJ 133—90 审查会议纪要

4）注意照明质量，制定了照度均匀度、眩光限制、光源颜色、室内建筑表面的反射比等各项指标，此外还对光源、灯具的质量和节能提出要求。

综上所述，审查委员会一致认为送审稿经过局部修改后，可以报批。本标准是首次制定，填补了我国标准的空白。

（2）提出的主要问题和建议

1）照度值分三档是按每类建筑的级别应选取哪一种照度，不便按实际要求确定照度，应统一给定一个选取对应照度的原则。

2）本标准不适用中外合资，供外国人使用的建筑，有关规定从文稿中删除。

3）对图书馆和办公建筑中有计算机显示屏幕的工作场所照度，文本上照度改为150-200-300lx，屏幕上垂直照度改为不大于150lx。

4）照明供电一节取消，因为已有标准，改为"照明对供电的要求"。

5）"一般照明在工作面上产生的照度不宜小于总照度的三分之一"的规定要求偏高，不利于节电，与其他照明标准也不协调，协调后提出修改意见。

(3) 对标准主管部门的建议

建议本标准与《工业企业照明设计标准》下次修订时，可否合为一本统一的标准。本标准未能包括医院、学校、民航、博展建筑，特别是医院和学校量大面广，是一个缺陷。

5. 报批报告

《民用建筑照明设计标准》报批报告

一、任务来源和完成单位

《民用建筑照明设计标准》(国标) 的编制工作是根据国家计委〔84〕计综 305 号文附件第 48 号任务和城乡建设环境保护部〔84〕城科字第 153 号文件进行的。

本《标准》由下列单位完成：

主编单位：中国建筑科学研究院

参加单位：西安交通大学、清华大学、重庆建筑工程学院、中国建筑西南设计院、天津大学、西北建筑工程学院、铁道部专业设计院、交通部第四航务工程勘察设计院、北京建筑工程学院、铁道部劳动卫生研究所、西安公路学院、北方工业大学

二、编制组的工作

编制组的工作分四个阶段

第一阶段　准备阶段

编制组于 1985 年 5 月在北京召开第一次工作会议。这一阶段的工作主要有以下四项：

1. 组建编制组。

2. 协调工作任务。第一次工作会议出席了 15 个单位 27 人。会上确定了 15 项工作，其中还包括有医院建筑照明和博展建筑照明等。后因经费不足，最后只留下 10 项工作。

3. 编制专题大纲。根据计委的要求，确定工作内容进度，当时计划 1988 年上半年完成审查任务。

4. 申请经费和分配经费。根据专题大纲的内容向计委申请经费，然后又与参编单位分别协商，最后拨款。

第二阶段　调查研究阶段

1. 组织现场调查

编制组于 1986 年 5 月在四川召开了第二次工作会议。这时编制组内各项工作绝大部分已开展了调研工作，在本次会上统一了工作方法和工作进度。此次会后到目前为止，编制组对我国的民用建筑照明现状进行了全面系统的调查和实测，总共调查了 579 个单位 1874 个场所。其中图书馆调查了 30 个单位 75 个场所；办公楼调查了 30 个单位 49 个场所；商店调查了 137 个单位 137 个场所；影院剧场调查了 19 个单位 74 个场所；旅馆调查了 70 个单位 70 个场所；住宅调查了 111 户 444 个场所；体育建筑调查了 72 个单位 163 个场所；铁路客站调查了 52 个单位 624 个场所；港口调查了 9 个单位 93 个场所；眩光调查了 49 个单位 145 个场所。现已写出调研报告和分析报告 20 份，详见第七期简报。

2. 翻译国外资料

编制组组织有关人员收集和翻译了国外的标准、法规、规范、指南和手册等资料 15 本 78 万字，详见第七期简报。

3. 开展了科学实验写出研究报告 2 份。关于汉字阅读的照度水平和 V D U 照明系统化方面作了深入的实验研究，详见第七期简报。

4. 收集国内的设计经验，走访了一些设计院，收集设计专家的资料。有的设计院积极提供自己的设计图纸、测量数据以及国内很难得到的援外工程的测量数据。例如，广州市设计院、建设部设计院、中国建筑东北设计院、浙江省建筑设计院等都给予了大力的支持与帮助。

5. 进行了本《标准》的验证试验和计算，在体育建筑照明、铁路旅客站建筑照明和商店建筑照明等方面的实验和计算报告有 3 份。

6. 收集和整理了民用建筑照明实录集、图片集、录像带等 4 份，详见第七期简报，另外还有旅馆和铁路客运站的建筑和照明幻灯集和图片集也备好待印。

第三阶段　初稿阶段

编制组在这一阶段共完成了下列 8 项工作：

1. 收集和印发了国内外十种有关照明的标准、规范、法规、指南和手册的内容目录和编排格式。经编制组会议讨论并选定本《标准》的编写体例和章节组成。1987 年 7 月于北京的第三次工作会议上提出各类单项建筑照明设计标准单行本十本。这是本《标准》的第一稿。

2. 经编制组讨论，统一协调和平衡后，提出一本综合的《民用建筑照明设计标准》。为慎重起见，会后打印成内部征求意见稿，这是本《标准》的第二稿。

3. 经过编制组内部人员及其有关专家提意见进行修改，打印成正式征求意见稿，第三稿。将 200 多份正式征求意见稿发往全国各有关单位和专家正式征求意见。

4. 到 1988 年 5 月底回收到 193 条意见，整理汇编成《意见汇编》一本。6 月份到 10 月份又收到意见书三份共 63 条意见，合计 256 条意见。

5.1988 年 7 月在泰安市召开的编制组第四次工作会议上，逐条讨论《意见汇编》中的意见，逐条修改本《标准》的条文。会后打印成本《标准》的送审稿，即第四稿。

6. 根据编制组进行的调研、试验、计算、分析以及国外有关的资料编写专题报告。

7. 根据专题报告和有关资料编写条文说明。

8. 编制组在编制过程中还编印了七期工作简报，对本《标准》工作起到了交流和推动作用。

第四阶段　审查报批阶段

将上述文件呈报给中国建筑科学院、建筑工程标准研究中心和建设部标准定额司。经上级领导同意，决定召开审查会。

审查会于 1988 年 11 月 20～24 日在常州市召开。会议请了各部门的代表和有关专家 22 人。与会代表对《标准》的送审稿给予了充分肯定，并提出了一些宝贵的修改意见和建议（详见审查会纪要）。会后，编制组按着上述意见逐条斟酌修改，现已完成报批稿。特此呈上，请上级领导审阅。

在整个编制工作过程中，尚有许多人员参加了本《标准》的工作。他们亲自参加调研、实测、计算、试验和翻译等工作。其中有大学生、研究生、刚刚参加工作的学生、试验人员、研究人员、工程师、高级工程师。据不完全统计，直接参加工作的大约不少于50人，他们都为本《标准》做出了贡献。

三、本《标准》的重点内容之一是照明数量，即照度标准值，共有十个照度标准值表。其主要依据是：

a. 科学实验得到的视觉功能特性；

b. 现场的视觉评价和分析；

c. 国内照明水平的现状和技术经济可能；

d. 国内照度标准值的历史变化和趋势；

e. 国外同类型场所的照度标准值水平。

例1. 对长时间视觉阅读作业场所（如图书馆、阅览室、研究室、善本书图室，还包括影剧院美工室、收款处、绘景间、居住建筑的书写阅读等场所）照度标准值中值为200lx，照度范围为150-200-300lx。其依据为：

（1）实验室里对精细阅读的视觉活动进行视度（可见度）的测量试验。采用五和六号两种视角的铅字；采用0.32～0.92的四种对比度。当照度为200lx时，其视度值为2.92～4.28。因此基本上满足视觉要求。

（2）实验得到的相对视度水平。图书馆精细视角取为1.5′；对比度加权平均值取0.5；照度在150-200-300lx时，其相对视度分别为0.60～0.64-0.71（最大为1.0）。因此，这一照度范围基本上能满足视觉要求。

（3）根据视觉心理满意度实验，当照度为150-200-300lx时，视觉心理满意度为47～63（最高为100）。因此可以说基本上能满足视觉心理要求。

（4）根据现场评价。在三个城市，七所图书馆，对190名读者进行视觉评价实验和分析（详见条文说明）。结果认为这一范围基本上满足视觉要求。

（5）国内现状照度水平的分析。现状照度加权平均值为160lx，考虑到今后的发展和视觉工作的需要，提出200lx略高于现状，照度范围150-200-300符合我国国情。

例2. 普通办公室等场所（包括会议室、报告厅、接待室、陈列室、营业厅、商业销售区的货架和柜台、影院、剧场的声控室、售票房、旅馆客房写字台、厨房、洗衣房和小卖部、铁路港口旅客站中的检票处售票工作台、结账交接班台、售票柜、海关检验处、票据存放库等等）照度中值为150lx，范围为100-150-200lx。其依据为：

（1）根据办公室视觉作业的分析属大对比度平均视角为4′的视作业，可参照《中小学报教室采光和照明卫生标准》GB 7793—87和《中小学报建筑设计规范》GBJ 99—86的规定中值照度为150lx范围为100-150-200lx。

（2）根据视功能实验，视度水平为9.6，完全满足办公室的视觉要求。

（3）相对可见度为0.68～0.78，较好地满足要求。

（4）按着我国光源和灯具水平，普通办公室用电量为6～8W/m^2，符合我国消费水平。

（5）参照国际照度值水平为发达国家的1/2～1/3。

例3. 一般体育场馆的照度训练为150-200-300lx；比赛为300-500-750lx。其主要依据为：

(1) 46名运动员和教练员的评价结果认为训练照度低于160lx不行，比赛照度500lx可以。

(2) 场地有经验的管理人员多年积累的经验认为训练照度145～422lx，平均239lx合适，比赛照度275～535lx平均422lx合适；

(3) 我国体育照明现状照度，76个场所112个场地调查结果，其中篮球训练场地23个，比赛场地15个，加权平均前者208lx，后者535lx。

其他场所，其他建筑也依此方法而定。

总之，这些照度标准值是从实际出发提出来的。在提出过程中又经过统一平衡和协调而最后确定下来的，在国内略高于现状，是国内调一调完全可以达到的水平。

会上审查委员们对照度值提出了一些修改意见。例如计算机显示屏的照度由200下降为150lx；计算机房照度由200-300-500改为150-200-300lx，厨房住宅的照度也有所降低，类似的照度值都按审查意见进行了修改。本《标准》的照度值，虽比国内现状略有提高，但是在国家上还是偏低的。然而，这并不能说本《标准》水平低，正是因为本《标准》是考虑全面的，既考虑我国现状又考虑今后的发展和视觉需要，所以是符合我国国情的。如果今后电力生产水平提高，照度值尚应向国际靠近，改善视觉效果。

四、本《标准》的重点内容之二是重视照明质量。其中包括均匀度、光源的颜色、眩光限制和房间反射系数及照度比，尤其是眩光限制，编制组做了一些工作。本《标准》中眩光限制采用CIE和ISO推荐的亮度曲线法，即LC法。

(1) 采用LC法的理由：一是因为其简便易行，把灯具的亮度值放在曲线上一比较就可以知其眩光的程度；二是用它可以指导灯具的生产，长期以来我国灯具的生产没有理论上的指导数据；三是与CIE有共同的语言；四是不排斥其他方法。根据日本等专家计算认为LC法与其他方法可以通用。

(2) 为了使CIE推荐的LC法与我国实际相结合，编制组做了两方面的工作。一方面是在理论上找出眩光常数与LC法的公式中计算。另一方面对国内民用建筑照明中的眩光进行了评价检查，找出眩光视觉等级的关系。

(3) 本《标准》中眩光限制的特点有二：一是将CIE的眩光等级由五级简化为三级，并与前联邦德国的等级相一致，要求比较放松。二是由于本《标准》的照度值低于前联邦德国的，故选用的同级眩光亮度曲线向右移动，增加了灯具的亮度。因此对眩光限制的要求又放宽了一步，这也是符合国情的。

五、本《标准》注重节能效果和经济效益

1. 在体育建筑照明中推荐新光源，因此照度值虽有所提高，但节能效果显著，经济效益明显。

例1. 北京月坛体育馆按着本《标准》进行照明改造后，采用国产的250W钪钠灯代替原来的500W白炽灯，照度由原来的95lx提高到667lx。总用电量由原来的8.3kW降到5.4kW。若采用本《标准》中规定的训练照度为200lx进行计算，则年用电量和用电费可节约88.5%，年节约电费为4435元。

例 2. 北京体育学院体操训练馆按着本《标准》的要求进行改造后，采用国产的1000W 钪钠灯代替原来的 1000W 碘钨灯，照度由原来的 569lx 提高到 1386lx，用电量由原来的 26kW 将到 14.4kW。若按本《标准》规定的训练照度 200lx 计算，年节约用电量19620kW·h，年节约电费 3218 元。

例 3. 湖北洪山体育馆是 1986 年建成的新型综合体育馆，用本《标准》检测不符合要求。广东江门体育馆 1987 年建成为六运会击剑比赛的综合体育馆，用本《标准》检测完全符合要求。前者采用国产的 1000W 碘钨灯 344 盏，总用电量 344kW，单位面积用电量 $234kW/m^2$，平均照度 777lx。后者采用国产的新光源，总用电量 57.2kW，单位面积用电量 $44W/m^2$，平均照度 2433lx。如果按着相同的照度要求前者用电量是后者的 18.8 倍，采用本《标准》时，这一个馆就可节约用电能 1019.8kW，年节约电费 29 万元。

从新中国成立初期一直到 20 世纪 80 年代初，国内绝大多数体育馆几乎都采用白炽灯或卤钨灯。近几年都在进行照明改造，直到 1986 年建成的湖北洪山馆也要进行改造，这些按着本《标准》改造的体育馆节能数就相当可观。如果今后设计体育馆照明时，采用本《标准》而不再进行改造，那么节省的能源、设备和资金就更可观了。

2. 铁路旅客站也推荐采用新光源，其节能效果和经济效益也是很明显的。

例 1. 天津西站候车室采用国产的镝灯和高压钠灯取代原来的白炽灯，总安装容量由7.26kW 降到 1.7kW，平均照度由原来的 55lx 提高到 108lx。本《标准》规定 100lx，改造后转昏暗为明亮，候车人员可看书报，工作人员检查危禁品感到清楚迅速，节约用电5.56kW，年节约电费 6400 元。

例 2. 天津西站售票厅采用同样的办法进行改造，照度由原来的 70lx 提高到 160lx。《标准》规定 150lx，用电量由原来的 13.96kW 减少到 3.1kW，年节约电费 6255 元。

以上仅仅是一个厅、一个室的计算结果，如果全国各旅客站均进行照明改造，节约电能和经济效益是可想而知的。

同样对港口旅客站、影院剧场观众厅、门厅、旅客大厅等场所，也推荐采用新光源，同样也会取得类似的节能效果和经济效益。

3. 对办公室、图书馆、住宅之类的场所，采用本《标准》也是节能的。

本《标准》推荐采用效率高的灯具，就目前国内普通办公室而言，平均照度为117lx，办公室用电量平均为 $6.8W/m^2$。就目前现状而言灯具的平均利用系数（照明设计中使用的灯具、生产厂家给出的产品光学技术参数）为 0.365。如果按本《标准》推荐的采用效率高的灯具，将利用系数提高到 0.5 时，则办公室的平均照度可由 117lx 提高160lx。因此不需提高用电量，只改善灯具光参数就可达到本《标准》规定的平均照度150lx 的指标。

4. 商店建筑照明采用本《标准》后会创造更高的经济效益。

根据编制组对国内 137 个商店的照明调查可知商店走道（地面）照度 123lx 已达到美国商店流动区照度的中间值。但销售区商品所处平面（货架、柜台）照度比美国销售区照度最低值的一半还要低，这种照度分布对顾客观看和购买商品很是不利。因此也影响销售速度和经济效益，相当多的商店照明用电不少，但照明效果不好。

国外有些商店照明改建后，经济效益猛增的实例。例如前联邦德国一食品店，原来灯具按一般方式均匀布置在天棚上，顾客流通区照度高达700lx，而货架照度仅300～400lx。经过改造后，将前者下降到250～300lx，后者上升到750～850lx。这样不仅营业额增加10%～20%，而且照明设施节电20%。据调查武汉利民副食店照度提高后日销售额由0.2万元提高到0.4万元。

本《标准》中规定陈列柜、橱窗照度是货架、柜台的两倍，而货架、柜台的照度又是一般流通区的1.5倍。这样既注意到商品需要的照度，又注重节约电能和设备。本《标准》实施后在商业系统会收到一定的经济效益。

六、本《标准》的特点

1. 十个照度标准值表中均给出照度范围，取高中低三档，其理由有三：一是向国际标准看齐，近年来国际上改革照度值的趋势是规定照度范围；二是考虑我国幅员辽阔，各地区经济条件不同，民族习惯不同，建筑物的重要程度和使用效率不同，可以分别处理，而不采取“一刀切”的办法；三是尊重设计人员的经验，给设计者留有选择的余地。

2. 本《标准》给出平均照度值，过去“工业标准”给出最低照度值，现在国际上除苏联外均规定平均照度值，有利于采用统一计算法。

3. 均匀度的规定适合民用建筑的特点，不是“一刀切”的做法。

4. 对光源的颜色有所要求。

5. 本《标准》是完整的，除照明数量和照明质量之外，还规定有照明设计，在照明设计中还规定有对不同建筑照明的特殊要求和照明对供电的要求。

七、关于本《标准》的第四章，第四节，审查会建议将第四节连同附录四的内容予以取消或改为“照明对供电的要求”而删补必要的内容。

编制组讨论认为采纳后者的意见，将原第4.4.1和第4.4.2条连同附录四取消，并增补了现在的第4.4.6条。编制组认为原下达的任务为《民用建筑照明设计标准》而不是《民用建筑照明标准》，所以仍按原体例和结构考虑。

2.1.3.2 标准内容简介

本标准分总则、照度标准、照明设计等共四章八节和三个附录，制定了10类民用建筑的照度标准值。

1. 照度标准

（1）照度标准值系列分为0.5～2000lx共20级。照度标准值是指工作或生活场所工作面上的维持平均照度值。每种活动和作业场所类别分别规定低、中、高三档照度范围值。一般情况下取中值，规定三档值便于设计人员根据不同条件灵活掌握选取适宜值。规定了清洁、一般、污染严重以及光源种类的不同的维护系数值。

（2）图书馆建筑的一般阅览室比较满意的照度标准值为150-200-300lx，最高的老年阅览室、善本和舆图阅览室为200-300-500lx，其他房间均低于此值。根据阅读可见度实验的结果得出比较满意的照度范围值。

（3）根据对商店建筑营业厅的调查结果，认为照度不能低于100lx以下，照度标准范围值宜为100-150—200lx较为适宜，发达国家在300～500lx之间，专卖店的照度可能更高。

（4）旅馆建筑客房的照度定为20-30-50lx，光线柔和，适宜于活动和行走，而卫生间照度要高些，定为50-75-100lx。旅馆大厅是为客人留下深刻印象的地方，需办理各种手续及休息。本标准大厅照度定为75-100-150lx，而服务台定为150-200-300lx，可满足工作需要，宴会厅（多功能厅）要求气氛热烈，可调光，定为100-150-200lx。

（5）住宅照明根据调查结果，起居室一般活动宜为20-30-50lx，而阅读时为150-200-300lx。

（6）铁路（港口）旅客站照明，根据实调查结果，候车室的照度定为50-75-100lx，贵宾及软席候车室及行李托运为75-100-150lx；售票工作台定为100-150-200lx，进站大厅定为50-75-100lx，有棚站台15-20-30lx，港口旅客站的照度与铁路旅客站的照度相同。

（7）体育运动场地的照度按训练和比赛规定40种体育比赛项目的照度标准值。此外，参照CIE标准的规定了运动场地彩电转播照明用的照度标准值。

（8）公用场所的照度标准值，规定的九种房间的照度标准值均在75lx以下。

2. 照明质量

（1）照度均匀度

一般照明的照度均匀度不宜小于0.7，分区一般照明时，通道和非工作区域的一般照度值不宜低于工作区域照度的1/5。一般照明和局部照明共用时，工作面上的一般照明的照度值宜为总照度的1/3～1/5，但不宜低于50lx。此外，还规定了体育比赛场地的水平照度、垂直照度的均匀度以及观众席的垂直照度。

（2）眩光限制

室内一般照明的直接眩光用灯具亮度限制曲线进行限制，规定了按灯具出光口的亮度和眩光限制等级（分三等级）来限制直接型灯具的最小遮光角。此外还限制发光顶棚的亮度。

（3）光源颜色

按相关色温大小来规定暖、中、冷三种色表的色温值。光源的一般显色指数分为四等，Ⅰ等 $R_a>80$，最低Ⅳ等 $R_a<40$。

（4）反射比和照度比

按照CIE标准规定了顶棚、隔断、墙面和地面的反射比。为了形成舒适的光环境规定了室内各表面的照度与工作面上的照度之比。

3. 照明设计要求

对八类建筑，即图书馆、办公、商店、影剧院、旅馆、住宅、铁路和港口旅客站、体育场馆根据其功能特点提出了不同的照明设计要求。

2.1.3.3 重要条款和重要指标

1. 将TJ 34—79标准的最低照度标准值修改为维持平均照度值

考虑我国幅员广阔、各地区的经济条件、建设功能等级、城市规模等的不同，并参照ISO TC159和CIE 29/2出版物的规定采用低、中、高三档照度标准值，改变了以前标准规定的单一的照度标准值，便于设计部门根据具体视觉工作情况和要求灵活掌握选取照度标准值。

2. 图书馆、办公及同类视觉工作的照度标准值

主要根据汉字阅读可见度的实验室实验结果，分析图书馆的精细阅读的相对可见度水平，又根据视觉满意度、阅读视觉工作的现场评价以及照明现状的分析研究，得出长时间的阅读工作，比较满意的照度范围是100-150-200lx为宜。按照当时的光源光效和灯具效能水平，当平均照度为150lx时，其*LPD*值为6～8W/m²。办公室照度相当于发达国家标准的1/2～1/3水平。

3. 商店建筑的照度标准值

根据对北京、上海、广州等地10个大中城市商店照明水平较高的1373个商店的照明现状调查结果，货架垂直面照度平均为140lx，走道活动区水平照度为123lx，柜台水平面照度为173lx，可见，货架及柜台的照度低，而走道照度高。这种照度水平的分布是不合理的，不注重销售区域的照度是不利于看清商品真实状况，影响商品销售效益。而在国外的商店与我国的照度相反，显著提高了商品及柜台的照度，照度高出流动区域照度达2～3倍之多。

从对顾客及销售人员的征询意见结果，认为最低不低于100lx，故此，本标准商店的照度标准值定为100-150-200lx，而国外发达国家在300～500lx之间。

根据当时金店和专卖店照度在200lx以上，*LPD*值为25.6W/m²，而2013年现行新标准专卖店为500lx时的*LPD*值为≤10W/m²，当时一般百货店柜台的照度为175lx时*LPD*值为16.4W/m²，而现行标准一般百货店为300lx时，*LPD*值≤10W/m²，可见当时是低照度和高能耗的状况。当时重庆和广州两大城市商店的平均*LPD*值也在20W/m²以上。

4. 旅馆建筑的照度标准值

将对北京、上海、广州、深圳等16个城市的70多个高级宾馆及招待所的调查结果，作为制定本标准的依据。

客房的照度一般认为40lx可以满足活动的需要，客房多以局部照明为主，但最低不能低于20lx，这样的光线柔和，也可满足行走，适宜于休息，故标准定为20-30-50lx。客房卫生间满意的照度为45～150lx，参照国外标准宜为50-75-100lx。发达国家的客房照度为100lx，客房卫生间一般为100～200lx，可见我国客房的水平是较低的。旅馆大堂是给客人留下印象的场所，调查结果在75～200lx范围，而国外大堂多在75～200lx范围，而本标准定为75-100-150lx的照度水平。大堂的服务台是客人首先注目之地，需办理各种手续，调查结果，服务台的照度为大堂2～4倍的照度，可有满意的视觉效果，而本标准定为150-200-300lx。而在国外，如美国，高达500lx。

宴会厅（多功能厅）要求环境气氛热烈、照度要求高，并且照度要求均匀和可调光。实测调查照度在240lx以下，本标准定为100-150-200lx，而国际及发达国家的照度在200～500lx之间，可见我国的照度还是低水平的，而我国的现行标准为300lx，已达到国际标准水平。

5. 住宅的照度标准

住宅的照度标准是对我国七个城市的实测调查及问卷调查的统计结果确定的。起居室和卧室的一般活动的实测调查值在20～55lx之间，本标准定为20-30-50lx。而书写和阅读实测调查值在150～300lx之间，本标准定为100-150-300lx，与国际和发达国家标准相同，最高值与现行的标准为300lx相同。餐厅的调查值为20～50lx，而本标准定为20-30-50lx，而国外标准为100～200lx，现行标准为150lx，可见原餐厅的标准太低。厨房调查值为6～29lx，本标准定为20-30-50lx，而现行标准为100lx（一般活动）和150lx（操作台），而国外标准为300～500lx。卫生间调查值平均为7.2lx，本标准定为10-15-20lx，而现行标准为100lx，国外标准为100～200lx。总体上看，当时我国的住宅照度标准水平是相当低的。

6. 铁路和港口旅客站的照度标准值

售票厅的照度的实测结果平均为 95lx，售票工作台因多用荧光灯局部照明，均高于 100lx，本标准定为 100-150-200lx，而国外有的高达 400lx，而我国现行标准为 500lx。一般候车（船）室的实测照度结果为 62lx，为便于阅读报刊，本标准定为 50-75-100lx，而国际旅客候车室比普通候车室提高一级，而现行标准为 100～200lx。

有棚站台的实测照度值为 20lx，本标准定为 15-20-30lx，而现行标准为 50lx。无棚站台实测结果为 15lx，本标准定为 15-15-20lx，而现行标准为 30lx。

本标准未规定机场候机楼的照度标准。

7. 体育建筑照度标准

根据 76 个体育建筑 112 场地调查以及询问运动员、教练员、管理人员等的意见，得出训练用照明照度为 200lx 和比赛为 500lx，故此，训练照度标准值定为 150-200-300lx，比赛照度定为 300-500-750Lx，其他如拳击、乒乓球、棋类、射击等场所照度均高些。此外，基本按照 CIE 的标准规定了运动场地彩电转播的照度标准值。

2.1.3.4　专题技术报告

1. 蒋孟厚，我国图书馆建筑照明的调查报告，1988 年 9 月

本报告主要介绍了北京、上海、天津市等 12 个省市的 12 个图书馆，75 间阅览室以及书库的照明现状。阅览室照度绝大多数在 200lx 以下，其中 101～150lx 出现的概率是最高的，占 36.5%。读者主观反应大于 250lx 时，阅读很清楚。

2. 蒋孟厚，汉字阅读照度水平的实验研究报告，1988 年 9 月

本报告介绍了汉字读物位于不同倾斜角对可见度的影响，以不同型号和不同对比度的汉字在不同照度下对可见度的影响，并向读者调查认为良好的照度进行主观评价，结果认为 200lx 是良好的。

3. 蒋孟厚，VDU 照明系统化研究，1988 年 9 月

本报告利用环境心理学的研究方法，通过对计算机房的实测和主观评价，利用数理统计方法，对影响操作人员视觉功能的诸因数进行系统分析，确定心理物理函数，结合视觉理论分析，确定计算机房的合适的照度水平，屏、键、书本之间的亮度对比、环境亮度和色彩分布、光源种类、光色以及布置形式等的结果得出计算机房环境的照度为 150～200lx 是合适的，屏幕亮度对比随屏幕照度成衰减的函数形式，屏幕最佳垂直照度为 45～60lx，且越低越好。环境亮度分布为 1/3～1/4，不能低于 1/10。光源色温越高越好，灯管轴线与视线平行最佳，遮光角小于 40°，灯具亮度为 2000cd/m^2。

4. 詹庆旋，我国办公建筑照明的调查与分析，1988 年 10 月

本报告介绍了北京和上海等 8 个省市的 30 幢办公楼的照度的客观测量和口头征询意见，将办公室分为普通一般办公、绘图室和设计室、VDU（视觉显示终端）三类。对第一类定为 150lx 左右（100-150-200lx），第二类定为 300lx（200-300-500lx），而第三类应当比第二类更低些为宜，不宜再提高照度，并提出对办公照明加强各因素研究的建议。

5. 罗茂曦，我国商店建筑照明调查报告，1988 年 9 月

本报告介绍了重庆等 10 个省市照明较好的 137 个商店的营业厅照明现状，照明平均安装功率为 27.7W/m^2，最高有的达 85.8W/m^2，最低低于 1W/m^2，柜台面平均照度 200lx 左右，走道平均照度为 150lx 左右，各商店照度差别大，有的商店显色性欠佳，灯具光效能低，维护管理工作差等。

6. 杨光璿，各国商店照度标准值汇编及分析报告，1988年9月

本报告介绍了美国 IES 照明手册（1981 年）、日本 JIS Z 9110-1964、苏联 1983 年标准、1974 年德国 DIN 标准、美国 1984 年标准、澳大利亚 1976 年标准以及中国 JGJ 16-83《建筑电气设计技术规程》，并加以分析研究。

7. 杨光璿，我国商店建筑照明设计标准可行性验证研究报告，1988年9月

商店中的营业厅的一般区域、柜台、货架、陈列柜所规定的照度是不同的，而照度分布是不均匀的。本报告利用计算机模拟计算，论证本标准的可行性。结论是大中型商店营业厅中采用单一的一般照明方式时，只要合理选择灯具位置，能满足本标准的照度和照度分布的要求，而且单位面积安装功率也不是太高。选用有上射光通量的中等配光灯具和宽配光灯具很难达到标准要求的不均匀分布。在小面积商店的营业厅中稍难满足照度分布要求，只有采用蝙蝠翼型配光灯具可达到要求，如果采用两排非均匀配光灯具，虽符合照度分布要求，可是照度过高。

8. 龙元清，我国影院剧场建筑照明的调查报告，1988年9月

本报告介绍了对影院剧场照明实测和主观评价结果，实测照度值：门厅为 40～141lx，观众休息厅为 39～112lx，观众厅为 30～149lx，而本标准门厅定为 75-100-150lx，休息厅定为 50-75-100（影院）75-100-150lx（剧场）、观众厅定为：30-50-75lx（影院），50-75-100lx（剧场）。

9. 沈天行，我国旅馆建筑照明调查报告，1988年9月

本报告介绍了对北京等 15 个省市大中型宾馆饭店 18 种不同功能房间的实测调查结果表明，调查照度值与制订标准值基本吻合，并与国外（美国、日本、法国）标准进行了比较。

10. 张玉芬，我国住宅建筑照明的调查报告，1988年9月

本报告介绍了对北京和西安 111 户住宅实测调查和 137 户以问卷调查方式进行的。结果表明，照度加权平均值：卧室为 29.0lx，起居室为 25.1lx，厨房为 10.2lx，卫生间为 7.2lx，楼梯间为 7.3lx，局部照明的阅读和精细作业在 100～300lx 之间，多采用 60W 以下白炽灯和 12～20W 的荧光灯照明，除阅读和精细作业与 CIE 和美国的标准大致相同外，其他各类房间均低于国外的照度标准，半数住户用荧光灯，卧室喜欢暖色光，起居室喜欢白色和冷色光。起居室多数喜欢采用吊灯和壁灯。北京等 5 省市住户照明平均月用电量为 15.6～37.4kWh。

11. 叶以胤，住宅居室照明的环境设计，1988年9月

本报告主要介绍了睡眠休息型、学习工作型、会客、团聚、娱乐型、以进餐为主型的居室的照明环境设计，依据人们的活动功能对光和色要求提出了建议。

12. 马洪杰，铁路客运站照明设施：光源、灯具、应急照明、供电、照度现状的调查和新标准应用的验证报告

本报告主要介绍了 8 个铁路局的 38 个车站的光源、灯具、应急照明、供电、照明现状的各自优缺点，提出改进的措施，并与日本和英国的标准进行了比较。验证表明，采用高光效光源和高效率灯具不仅照度可达到本标准的规定，而光色极佳，且节约照明用电。

13. 李金广，我国港口客运站建筑照明的调查报告，1988年9月

本报告介绍了对 9 个沿海和沿江码头客运站的照度实测和访问调查共计 89 个场所的

照明现状。结果表明，多数照度水平低，达不到铁路照明标准的规定，只有售票台和海关监察厅在100lx以上，其他各场所的平均照度均在100lx以下，多数为50～60lx左右。建议采用高光效光源和灯具，以降低能耗，高天棚客运站不宜采用吸顶灯或封闭式灯具。最后提出了港口客运站照度标准建议。

14. 庞蕴凡、彭明元，我国体育建筑照明现状的调查与分析报告和验证报告

本报告主要介绍了13个省市72个场馆163个照明方案和48个主观评价问卷调查，20余类比赛项目的训练和比赛场地照度实测调查结果。此外，还对光源的采用、灯具造型、照度均匀度、显色性进行了调查，并参照9个国内外体育照明的照度标准制订了本标准，制订的照度标准值接近国内的平均照度值。比赛场馆的照度大体与CIE标准相同。经过验证，用高光效的金属卤化物灯代替60～70年代大量采用的白炽灯和卤钨灯，不但可以达到本标准规定的照度，而且节约大量电能和电费，通过两个方案的验证结果，证明本标准可行。

15. 庞蕴凡，民用建筑中不舒适眩光限制标准的研究，1988年10月

本报告主要介绍了CIE推荐的眩光指数法（由南非Enhorn. H. D），该方法是在英国的GI法基础上提出的，还有美国视觉概率法（VCP法）和德国Fisher和Bodmann提出的亮度曲线法（LC法）以及我国研究的眩光指数法（GI法）。在这些方法中进行研究分析比较，研究结果表明我国的GI法（如图2-24～图2-26所示）与CIE推荐的LC法接近，并决定本标准采用亮度曲线法（LC法）作为眩光的评价指标。该法是只针对灯具进行亮度限制的。此外，将本报告提出我国的方法进行了主观评价，评价对象为铁路旅客站，并列举了案例加以说明。

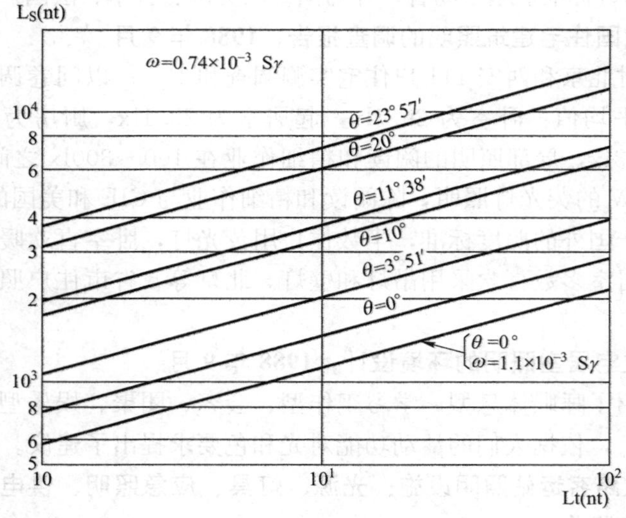

图2-24　眩光源亮度与背景亮度之间的关系

16. 潘论典，我国铁路客运站建筑照明中眩光限制标准的研究与调查报告，1988年10月

本报告主要介绍了通过对9个铁路局19个特等～三等客运站的80个室内照明状况的调查测试，并结合CIE有关规定和国外相关标准，进行了现场眩光调查测试工作。调查对象为旅客候车室、售票厅、检票处、行李托运提取处、进站大厅、进出站通道等。客观调

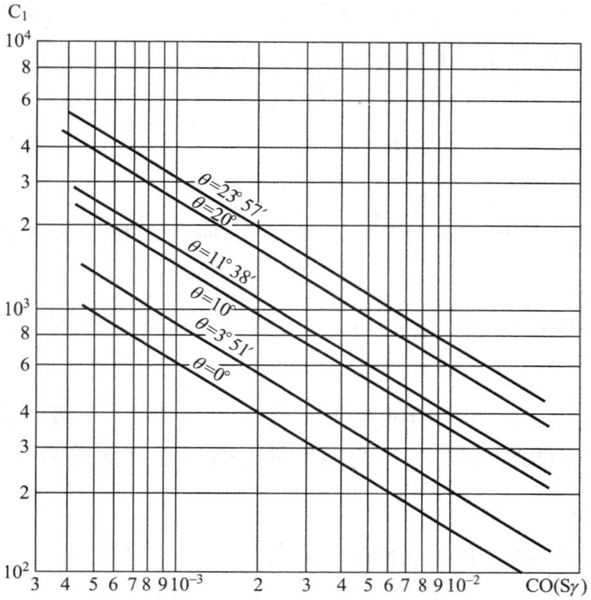

图 2-25 对比度 C 和立体角 ω 之间关系

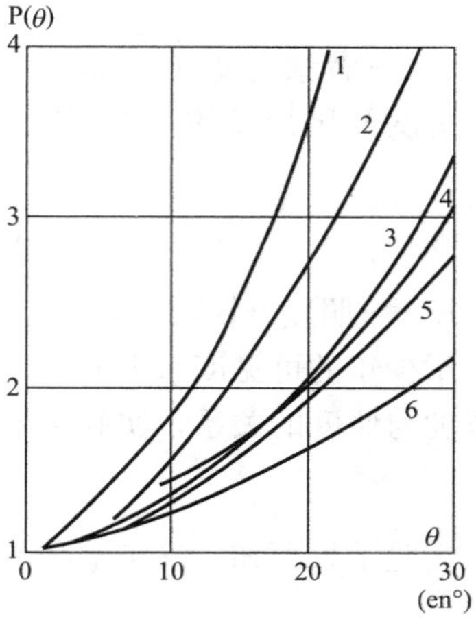

图 2-26 眩光源位置函数的对比

1=本文所述的实验（1980 年） 2=Harrison-Meaker（1947 年） 3=Luckiesh-Guth（1949 年） 4=Sasaki-Muroi（1979 年） 5=Yepaneshnikov（1963 年） 6=Netusil（1959 年）

查为对光源、灯具、照度水平测试、眩光的测试和计算以及眩光的主观评价。光源有荧光灯（占 41%）、白炽灯（占 31%）、高压汞灯（占 25%）、镝灯和高压钠灯只占 1%～2%。灯具为多种形式。眩光评价按我国的研究成果的计算式进行。对（GI）的现场评价、测量和计算作了一些探讨。

17. 蒋孟厚，图书馆建筑照明标准的分析与研究报告，1988 年 9 月

本报告以阅览室和书库为重点，探讨合理的照明标准。确定标准应从视觉工作最小分辨尺寸为小五号字笔画（0.182mm），起始对比度为 0.5，相对可见度在照度 200lx 时为 0.60，可看清读物。再者，由 190 名读者评价结果确定以 150～200lx 为适宜。建议书库在距地面 80cm 处的水平照度：常用书库为 150lx，不常用书库为 100lx。最后对图书馆各类房间的人工照明设计标准提出了建议。

18. 庞蕴凡等，我国第六届全运会比赛场馆照明调查与分析，1988 年 9 月

本报告主要介绍了全国六届全运会广东地区 12 个场馆实测的照明状况，主要采用佛山照明公司、美国通用照明公司、荷兰飞利浦公司的照明设备。重点分析了三家公司的五个场馆的实测调查状况，结果表明，三家公司水平照度和垂直照度及其均匀度方面均较好，用电量接近，说明光源光效、灯具效率三家公司没有明显差异，而在均匀度方面有差异。

2.1.3.5 论文著作

1. 庞蕴凡、张绍纲、朱学梅，照度对儿童少年视功能影响的研究，《心理学报》1986 年 No4

本文主要介绍儿童少年的视力、可见度、汉字易读度与照度关系的实验研究。有 20

名小学生，男女各半参加实验，实验在小室内进行，识别朗道尔环的开口、视力 VA 实验结果是，在照度为 10～10^4 lx 范围内，当识别概率（P）为 50%时，视力与背景亮度的对数成正比例关系，其数学表达式为：

$P=50\%$ $$VA=0.752+0.404\log L \quad (2\text{-}1)$$

式中：L——背景亮度（cd/m^2）。

可见度 V 随照度的增加而增加，呈线性关系，如图 2-27，图 2-28 所示，数学表达式如下：

$P=87\%$ $$V=0.083+5.384\log E \quad (2\text{-}2)$$

式中：E——照度（lx）。

儿童少年的可见度水平低于青年人约 18%，其所需的照度比青年人高出 1～2 级。汉字易读度与照度的关系，实验结果是，汉字的笔画数（n）与照度的对数成正比例关系：

$$S=1/n\cdot 100\% \quad (2\text{-}3)$$

从实验结果可知，汉字笔画不要超过 10 画，更不宜超过 12 画。

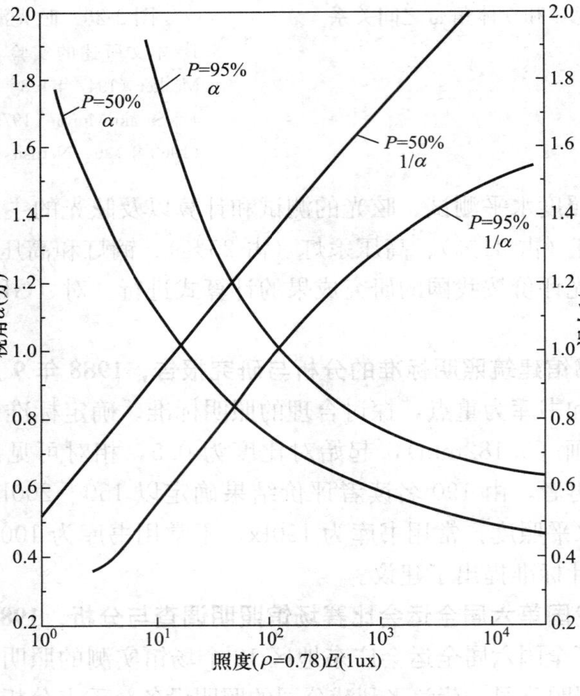

图 2-27　视力、视角与照度的关系

2. 庞蕴凡、张绍纲、彭明元、高履泰，关于不舒适眩光的研究，心理学报，1982. No1

本文主要介绍了眩光程度与眩光源亮度、表观立体角大小成正比例关系，与视线的背景亮度和位置成反比例关系。本研究通过 12 名被试者在实验小室内进行的，在眩光源亮度 L_s 为 0～10^5 cd/m^2，3 种立体角、6 种仰角下进行实验。结果得出本研究的计算公式参数，并进行了与 11 项国外研究成果的四个参数进行比较，除眩光源亮度和位置的参数相

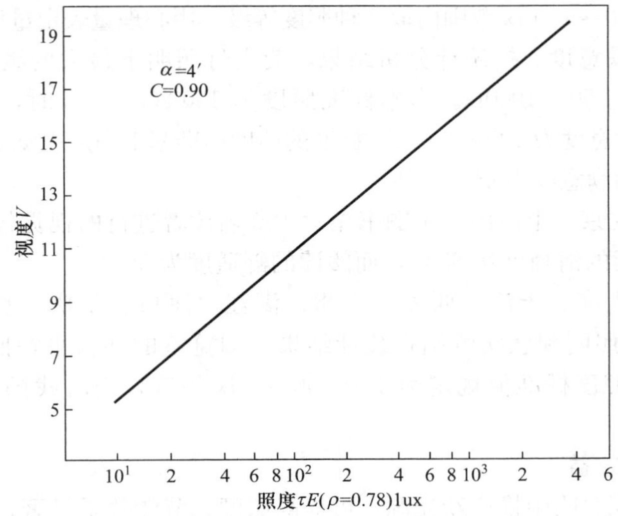

图 2-28　视度与照度的关系

同外，而立体角比国外的研究成果高和背景亮度比国外研究成果低。

3. 庞蕴凡、张绍纲、彭明元、高履泰，照明的不舒适评价 Evaluating discomfort from lighting glare. CIB 1983. No9～10（英文版）

本文主要内容与［2］相同。

4. 庞蕴凡、朱学梅，建筑光环境中视觉心理满意度的实验研究，《第五届建筑物理学术会议论文集》1986 年 11 月

本文主要介绍了对 9 岁小学生和 17 岁中学生各 20 名，且男女各半进行照度满意度实验，采用七种参考语言的心理量表作答，阅读 3～12 画汉字共计 400 个字，汉字为Ⅲ～Ⅳ号大小文字，文字是从小学课本中选出的，文本的反射比为 0.78，字与背景的亮度对比为 0.9，在 0～5000lx 照度下进行阅读实验。结果是满意的照度在 750～1700lx 之间，当时教室照度标准为 150lx，满意度约为 40％～55％，因此，照度是低标准的。此外，与国外的 8 位研究人员的照度满意度实验结果作了比较，本研究结果与 CIE 的平均结果的峰值是一致的。

5. 庞蕴凡、朱学梅、李联春、彭明元，我国第六届全运会体育建筑调查与分析《建筑科学》1989No1

本文与专题技术报告（18）内容相同，不再作文字介绍。

2.1.3.6　创新点

对图书馆、办公室及同类视觉作业的照度标准值的确定是其创新点，其创新在于进行了长时间汉字阅读的可见度的试验，采用 5 号和 6 号两种识别视角的铅字，在亮度对比为 0.32、0.48、0.79 和 0.92 四种对比时，当照度为 200lx 时得出其可见度值为 2.92～4.28，可基本满足识别要求。

分析图书馆照明在精细阅读条件下，当最小识别视角为 1.5′时，加权对比为 0.5 时，在照度为 150-200-300lx 时，其相对可见度分别为，0.60、0.64、0.71。满意的最大相对可见度为 1.0，即本标准的照度标准值基本上满足阅读要求。

根据在照度为 10～5000lx 范围内取 7 种照度等级，用心理量表定量评价在工作照度等级条件下阅读的心理满意度。据统计分析结果，荧光灯照明下最大的满意照度值为 1000～1700lx，而白炽灯为 750～1000lx。当本标准照度为 150-200-300lx 时，荧光灯的满意度为 47%～60%（最大满意度为 100%）。故本标准的照度标准基本满足视觉心理要求，根据国外的实验结果，标准的满意度为 46%～48%。

根据在西安、北京、上海的 7 个图书馆对 190 名读者进行的视觉作业现场评价，当照度在 200lx 时，阅读的清晰度达 85%，而阅读的舒适度为 50%。

根据对北京、上海、天津、西安、广州、湛江、海口、重庆、长沙等 12 个城市的 30 个图书馆进行的照明现状实测调查统计结果，阅览室的加权平均照度值为 160lx。考虑今后的发展，故照度标准值规定为 150-200-300lx 是符合当时我国的技术经济现状水平的。

2.1.3.7 社会经济效益

（1）在体育建筑照明中推广新光源，可提高照度，节能效果显著，经济效益明显。例如北京月坛体育馆，按照度标准值进行照明改造后，由 250W 钪钠灯代替原 500W 的白炽灯，照度由 95lx 提高到 667lx，总用电量由原 8.3kW 降到 5.4kW。如按训练照度为 200lx 计算，并可节电 88.5%，节约电费 4435 元。北京体育学院训练馆采用 1000W 钪钠灯代替原 1000W 碘钨灯，照度由原 596lx 提高到 1386lx，用电量由原 26kW 降到 14.4kW，训练照度按 200lx 计算，1 年节电 19620kW，节电费 3218 元。湖北洪山体育馆，用 1000W 碘钨灯，平均照度为 777lx，采用新光源后，总用电量由 344kW 降到 57.2kW，*LPD* 为 $44W/m^2$，平均照度为 2433lx。

（2）铁路旅客站等采用新光源后，节电和经济效益显著。例如天津西站候车室照明采用国产镝灯和高压钠灯取代白炽灯，总安装量从 7.26kW 降到 1.7kW，平均照度由 55lx 提高到 108lx，按本标准 100lx 改造，候车室明亮，候车旅客可看书报，节电 5.56kW，节约电费 6400 元。如果全国均按此标准改造，节电和节电费用是相当可观的。同样港口候船室、影剧院观众厅、旅馆大厅等场所采用新光源也可取得类似的节能效果和经济效益。

（3）办公室、图书馆等场所同样采用本标准值也可取得节能效果和良好的经济效益，当时国内普通办公室的平均照度为 117lx，*LPD* 值为 $6.8W/m^2$，如果采用高效能灯具和提高灯具的利用系数到 0.5 时，则办公室的照度可由 117lx 提高到 160lx，即可达到本标准的 150lx 标准水平。

（4）商店采用本标准后，会创造更高的经济效益，我国商店流动区的照度高于商品销售区的照度，这种照度分布是不合理的，如果类似国外那样，销售区照度比流动区提高 1～2 倍之后，营业额可增加 10%～20%，而且节电 20%。如武汉利民副食店按此办法照明改造，销售额提高一倍。

2.1.4 《工业企业照明设计标准》GB 50034—92

2.1.4.1 标准编制主要文件资料

1. 封面、公告、前言

本版标准封面、扉页、发布通知及修订说明如图 2-29 所示。

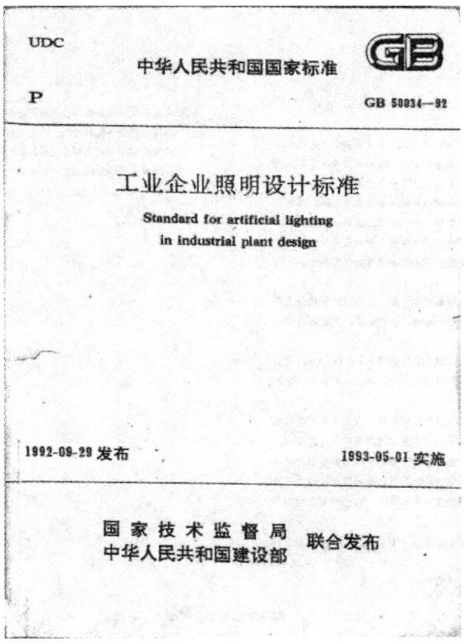

UDC

P

中华人民共和国国家标准

GB

GB 50034—92

工业企业照明设计标准

Standard for artificial lighting
in industrial plant design

1992-09-29 发布

1993-05-01 实施

国家技术监督局
中华人民共和国建设部
联合发布

封面

中华人民共和国国家标准

工业企业照明设计标准

GB 50034—92

主编部门：中华人民共和国建设部
批准部门：中华人民共和国建设部
施行日期：1993年5月1日

中国计划出版社
1993 北 京

扉页

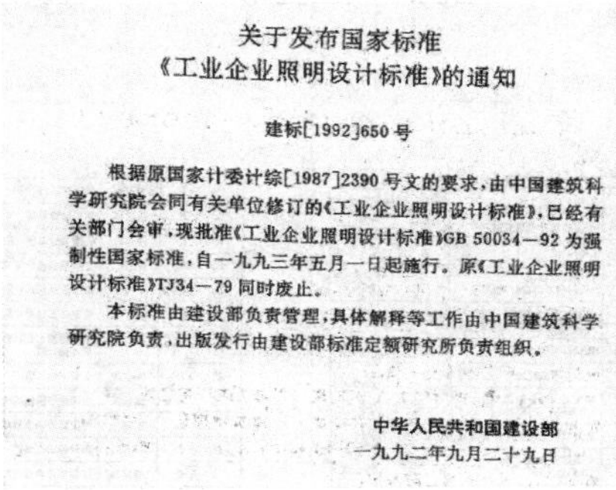

关于发布国家标准
《工业企业照明设计标准》的通知

建标[1992]650号

根据原国家计委计综[1987]2390号文的要求，由中国建筑科学研究院会同有关单位修订的《工业企业照明设计标准》，已经有关部门会审，现批准《工业企业照明设计标准》GB 50034—92为强制性国家标准，自一九九三年五月一日起施行。原《工业企业照明设计标准》TJ34—79同时废止。

本标准由建设部负责管理，具体解释等工作由中国建筑科学研究院负责，出版发行由建设部标准定额研究所负责组织。

中华人民共和国建设部
一九九二年九月二十九日

发布通知

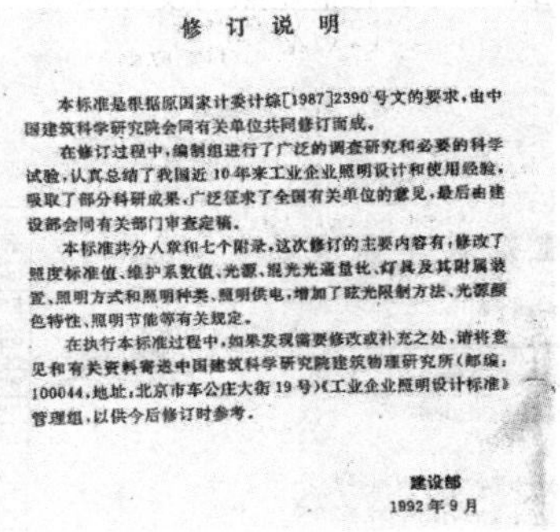

修 订 说 明

本标准是根据原国家计委计综[1987]2390号文的要求，由中国建筑科学研究院会同有关单位共同修订而成。

在修订过程中，编制组进行了广泛的调查研究和必要的科学试验，认真总结了我国近10年来工业企业照明设计和使用经验，吸取了部分科研成果，广泛征求了全国有关单位的意见，最后由建设部会同有关部门审查定稿。

本标准共分八章和七个附录，这次修订的主要内容有：修改了照度标准值、维护系数值、光源、混光光通量比、灯具及其附属装置、照明方式和照明种类、照明供电，增加了眩光限制方法、光源颜色特性、照明节能等有关规定。

在执行本标准过程中，如果发现需要修改或补充之处，请将意见和有关资料寄送中国建筑科学研究院建筑物理研究所（邮编：100044，地址：北京市车公庄大街19号）《工业企业照明设计标准》管理组，以供今后修订时参考。

建设部
1992年9月

修订说明

图 2-29 《工业企业照明设计标准》GB 50034—92 封面等

2. 制修订计划文件

本版标准制修订计划文件为国家计委综［1987］2390号文，原文件无存档。

3. 编制组成立暨第一次工作会议

本版标准编制组成立暨第一次工作会议资料如图 2-30 所示，包括关于寄送“修订《工业企业照明设计标准》协调会议”纪要的函和修订《工业企业照明设计标准》协调会议纪要。

4. 审查会议

审查会议资料如图 2-31、图 2-32 所示。以下内容节选自《工业企业照明设计标准》审查会会议纪要（1989年11月6日）。

会议一致认为修订组对我国13个城市8个工业企业系统1795生产车间做的实测调查和征求意见，进行了光源显色性、色温与照度关系的实验研究，分析和研究了国际照明委员会（CIE）和一些先进国家的工业标准，总结和吸取了十年来设计经验和科研成果，补充了许多新内容，如：

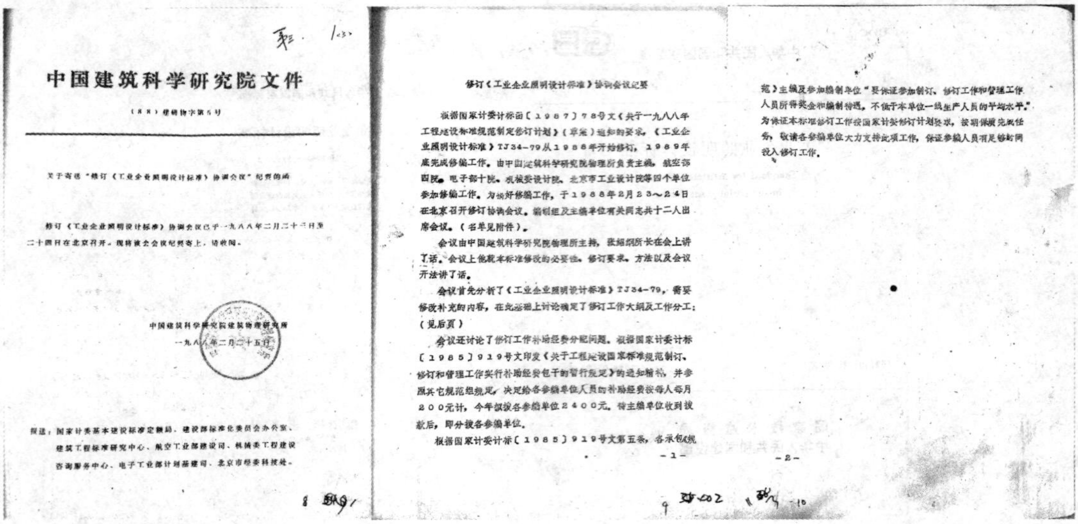

中国建筑科学研究院文件

（88）建研物字第5号

关于寄送"修订《工业企业照明设计标准》协调会议"纪要的函

修订《工业企业照明设计标准》协调会议已于一九八八年二月二十三日至二十四日在北京召开。现将该会会议纪要寄上，请收阅。

中国建筑科学研究院建筑物理研究所

一九八八年二月二十五日

报送：国家计委基本建设标准定额局、建设部标准化委员会办公室、建筑工程标准研究中心、航空工业部建设司、机械委工程建设咨询服务中心、电子工业部计划基建司、北京市经委科技处。

修订《工业企业照明设计标准》协调会议纪要

根据国家计委计标函〔1987〕78号文《关于一九八八年工程建设标准规范制定修订计划》（草案）通知的要求，《工业企业照明设计标准》TJ34-79从1988年开始修订，1989年底完成修编工作。由中国建筑科学研究院物理所负责主编，航空部四院、电子部十院、机械委设计院、北京市工业设计院等四个单位参加修编工作。为搞好修编工作，于1988年2月23～24日在北京召开修订协调会议。编制组及主编单位有关同志共十二人出席会议。（名单见附件）。

会议由中国建筑科学研究院物理所主持，张绍纲所长在会上讲了话。会议上他就本标准修改的必要性、修订要求、方法以及会议开法讲了话。

会议首先分析了《工业企业照明设计标准》TJ34-79，需要修改补充的内容，在此基础上讨论确定了修订工作大纲及工作分工：（见后页）

会议还讨论了修订工作补助经费分配问题。根据国家计委计标〔1985〕919号文印发《关于工程建设国家标准规范制订、修订和管理工作实行补助经费包干的暂行规定》的通知精神，并参照其它规范组规定，决定给各参编单位人员的补助经费按每人每月200元计，今年拟拨各参编单位2400元。待主编单位收到拨款后，即分拨各参编单位。

根据国家计委计标〔1985〕919号文第五条，各承包《规

－1－

范》主编及参加编制单位"要保证参加制订、修订工作和管理工作人员所得奖金和编制待遇，不低于本单位一线生产人员的平均水平。"为保证本标准修订工作按国家计委修订计划要求，按期保质完成任务，敬请各参编单位大力支持此项工作，保证参编人员有足够时间投入修订工作。

－2－

图 2-30 《工业企业照明设计标准》GB 50034—92 编制组成立暨第一次工作会议纪要

中国建筑科学研究院

(89)建院物字第11号

关于寄送《工业企业照明设计标准》（国标）审查会会议纪要的函

《工业企业照明设计标准》（国标）审查会已于一九八九年十一月四日至六日在苏州市召开。现将该会会议纪要及审查代表名单随函寄上，请收阅。

中国建筑科学研究院

1989年11月18日

报送：建设部标准定额司

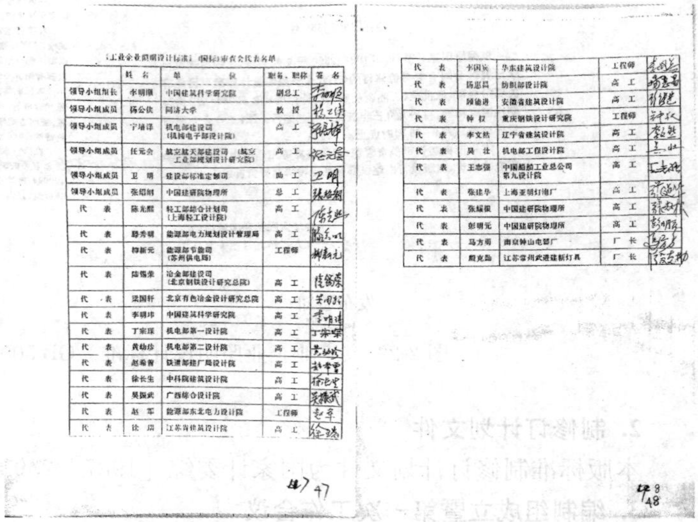

《工业企业照明设计标准》（国标）审查会代表名单

	姓名	单位	职务、职称	签名
领导小组组长	李明顺	中国建筑科学研究院	副总工	
领导小组成员	杨公侠	同济大学	教授	
领导小组成员	宁增泽	机电部建设司（机械电子部设计院）	高工	
领导小组成员	任元会	航空航天部建设司（航空工业部规划设计研究院）	高工	
领导小组成员	卫明	建设部标准定额司	助工	
领导小组成员	张绍纲	中国建研院物理所	总工	
代表	陈先醒	轻工部综合计划司（上海轻工设计院）	高工	
代表	滕秀明	能源部电力规划设计管理局	高工	
代表	柳新元	能源部节能司（苏州供电局）	工程师	
代表	陆锡荣	冶金部建设司（北京钢铁设计研究总院）	高工	
代表	梁国轩	北京有色冶金设计研究总院	高工	
代表	李明坤	中国建筑科学研究院	高工	
代表	丁宗琛	机电部第一设计院	高工	
代表	黄幼珍	机电部第二设计院	高工	
代表	赵希智	铁道部建厂局设计院	高工	
代表	徐长生	中科院建筑设计院	高工	
代表	吴振武	广西综合设计院	高工	
代表	赵军	能源部东北电力设计院	工程师	
代表	徐瑞	江苏省建筑设计院	高工	
代表	李国宾	华东建筑设计院	工程师	
代表	陈惠昌	纺织部设计院	高工	
代表	顾德进	安徽省建筑设计院	高工	
代表	钟权	重庆钢铁设计研究院	工程师	
代表	李文然	辽宁省建筑设计院	高工	
代表	吴壮	机电部工程设计院	高工	
代表	王志强	中国船舶工业总公司第九设计院	高工	
代表	张建华	上海亚明灯泡厂	高工	
代表	张耀根	中国建研院物理所	高工	
代表	彭明元	中国建研院物理所	高工	
代表	马方明	南京钟山电器厂	厂长	
代表	殷克勤	江苏常州武进建新灯具	厂长	

图 2-31 关于寄送《工业企业照明设计标准》（国标）审查会会议纪要的函

图 2-32 《工业企业照明设计标准》（国标）审查会代表名单

（1）将原标准规定的最低照度值改为平均照度值，并将原一个最低照度值改为低、中、高三个档次的平均照度范围值，使之更切合实际，便于设计应用并向国际标准靠拢。

（2）强调采用高强气体放电灯，增加了混光光源的种类，有利于改进光色和节能。

（3）借鉴 CIE 规定，增加了分区一般照明，更加详细区分和规定了应急照明的种类。

（4）增加了各类灯具的效率值和反射比的规定，从而促进灯具质量的提高和照明技术的提高。

(5) 采用 CIE29/2 出版物的灯具亮度限制曲线限制眩光，增加了光源色表和光源的一般显色指数的规定，进一步改善和提高照明质量，补充了本标准的空白。完善了各种光源、不同灯具、不同功率的灯具的遮光角和悬挂最低高度，便于应用。

会议提出如下的主要修改和补充意见：

(1) 所列道路标准值偏低，应适当提高；

(2) 针对工业企业照明特点，规定适用混光光源的种类，取消不适用部分；

(3) 增加有粉尘和高温场所使用灯具的要求；

(4) 眩光质量等级应与 CIE29/2 出版物的表一致；

(5) 光源的一般显色指数类别按 CIE29/2 表 6.2 修改；

(6) 应急照明的切换时间就供电时间、供电方式没有取得一致要求，进一步分析研究提出修改方案，征求专家意见后确定；

(7) 目标效能值属重要技术指标，技术性和政策性较强，意见有分歧，会议要求召开专题讨论会，修订组进一步作测试验证和试设计验证。

会议对标准的总体评价如下：

(1) 本标准在原标准的基础上，吸取了 CIE 等有关的国际标准，结合我国实际情况使标准的内容和结构有了较大改进，符合国情，接近国际标准；

(2) 本标准进行了实测、调查和科学实验，取得了大量数据，为标准的修订提供了充分的科学依据；

(3) 本标准增加了照明质量内容和照明节能章，使标准更趋于完善；

(4) 本标准采用的措施技术先进、经济合理、国内领先、接近国际水平；

审查会后修订组召开了工作会议，对三个专题技术专家意见后，分析研究提出如下修改意见：

(1) 对颜色识别能力有较高要求的场所，当使用照度在 500lx 以下时，采用光源的显色指数较低时，宜提高其照度值和表 6.23 相对照度系数值。

(2) 应急照明电源应独立于正常照明的电源，不同用途的应急照明电源应采用不同的切换时间和连续供电时间，规定了五种应急照明供电方式，不便列出，当不能满足独立于正常电源发电机组时，可采取另外的三种供电方式（不详列）。

建筑照明节能指标用节能效益比 ER 衡量，当 $ER=1$ 时节能，$ER<1$ 时不节能，目标效能值按附录六采用。

5. 报批报告

节选自《工业企业照明设计标准》报批报告

一、修订标准的任务依据及主要参加单位

本标准是根据国家计划委员会计标函（1987）78 号文通知的要求，由中国建筑科学研究院会同航空航天工业部第四规划设计研究院、机械电子工业部设计研究院、机械电子工业部电子工程设计研究院、北京市工业设计研究院共同对《工业企业照明设计标准》TJ 34—79 修订而成。

二、修订目的

在十年的改革和开放的方针引导下，我国的照明技术发展迅速，不断地研制并生产出各种新光源和新灯具。与此同时，照明技术也在不断地发展，原标准规定的内容已远不能满足快速发展经济的需要，无论从照明的数量上和照明质量方面均满足不了当前工业生产的要求。因此急需对原标准进行修订，以提高设计水平，做到技术先进、经济合理、使用方便，有利于保护视力、提高劳动生产率和产品质量。

三、修订标准的简要过程及主要工作

本标准的修订工作分为四个阶段：

1. 准备阶段（1988 年 1 月～8 月）

1988 年 2 月在北京召开了第一次工作会议（协调工作会议），会议首先分析了原标准需要修改和补充的主要内容，确定拟修订标准的章节结构、所要解决的主要技术问题、调查实测和必要的科学试验的主要内容、开展工作的方法、组织分工、进度安排等并组成编制组。3 月召开了编制组第二次和第三次工作会议，会议的内容是进一步讨论和确定标准的结构及修改和补充的内容。

2. 标准的征求意见稿阶段（1988 年 4 月～1989 年 1 月）

在此阶段，编制组对我国 13 个城市（北京、沈阳、上海、西安、常州、天津、苏州、成都、南京、蚌埠、合肥、南宁、武汉）的 8 个工业企业系统（电子、机械、航空、纺织、日化、有色冶金、黑色冶金、电机）196 个生产车间的实测调查并征求工人和技术人员的意见，进行了光源显色性、色温与照度关系的实验研究，分析和研究国际和一些先进国家的工业标准。在此基础上，于 1988 年 11 月在北京召开第四次工作会议，讨论并提出标准的征求意见稿。

3. 标准的送审稿阶段（1989 年 2 月～1989 年 9 月）

1989 年 2 月将征求意见稿发往 126 个设计、科研、大专院校等单位征求意见，征集总计 161 条意见，于 5 月份召开了编制组第五次工作会议，编制组对反馈意见进行了认真分析，提出了修改和补充的意见，与此同时，专门召开了有 10 个设计单位参加的征求意见会。在此基础上，提出了标准的送审稿，条文说明及 15 份专题报告和资料。

四、修订的主要内容及修订依据

1. 本标准为八章，原标准为七章，增加了照明节能章，以便贯彻执行节能这一项国策。

2. 照明方式和照明种类：

（1）增加了分区一般照明，在确定各区的照度标准值时，从实际出发，区别对待，该高则高，该低则低，以节约电能。

（2）借鉴 CIE49 号出版物《室内应急照明指南》的规定，将原标准的“事故照明”术语改为“应急照明”，应急照明有三种：备用照明、安全照明和疏散照明。

3. 照度标准

（1）根据向国际标规定靠拢的原则，借鉴 CIE29/2 出版物，将原标准规定的最低照度值，改为平均照度值，从而便于设计人员使用。

（2）将原标准的照度标准值中只规定一个最低照度值改为低、中、高三个档次的平均照度标准值，这是由于我国幅员广大，各地区技术经济水平不同，对照明的要求不同，不宜采用一刀切的方法规定一个照度，这样便于实际应用，供设计人员根据具体选择适宜的照度标准值。中档的标准值约比原标准提高5%左右。

（3）由于本标准规定采用高强气体放电灯，在不提高照明耗电量的前提下，为改善视觉环境，将原标准的生产车间的混合照明中一般照明照度占总照度比例的5%～10%提高到5%～15%。

（4）根据实测调查和计算，将辅助建筑照明标准中的办公室照度标准值，由原标准的最低值50lx提高高本标准中档的100lx的平均照度值。阅览室的照度也有所提高，增加了打字室的照度标准值规定。

（5）根据实测调查，提高了厂区露天工作场所和交通运输线的照度标准值。

（6）根据实际应用和CIE规定，将原标准大于1的照度补偿系数改为小于1的维护系数。照明器的擦洗次数由原标准的每月1～2次改为每年2～3次。

4. 光源

（1）本标准强调采用高强气体放电灯，如高压钠灯、金属卤化物灯，以节约电能。

（2）根据物理所科研成果，增加了混光光源的种类。

5. 灯具及其附属装置

增加了灯具效率的规定，室内开启式灯具的效率不宜低于70%；带有包合式罩的灯具不宜低于55%；带格栅灯具的效率不宜低于50%。

6. 照明质量

（1）借鉴CIE29/2出版物的亮度曲线法限制工业企业的车间照明的眩光，方法简易，便于应用，同时又补充了各种灯、不同照明器、不同功率的照明器的遮光角和最低悬挂高度。

（2）根据CIE29/2出版物规定了室内照明光源按其相关色温分三类并举例说明各类的应用场所。

（3）参考CIE29/2出版物规定，结合我国实际情况，规定了对不同颜色辨别要求场所的一般显色指数值。

（4）根据编制组的试验研究结果，增加了对颜色识别有要求的场所，当采用显色指数较低的光源时，应增加照度值的系数。

7. 照明供电

（1）根据调查中国人平均身高的资料，本标准将容易触及又无防止触电措施的固定式和移动式照明器的安装高度，由原标准的2.4m将为2.2m。

（2）在采用气体放电灯时，因电流大启动时间较长的特点，在选择开关、线路和保护装置时，应有校验的规定。

（3）对应急照明作了较完整的规定。

8. 照明节能

照明节能是本标准新增加的内容，本标准从光源和灯具选择、照明设计、功率因数、室内照明节能、目标效能值作了详细的规定。

五、本标准的特点

1. 本标准的科学依据充分

首先本标准吸取了原标准的调查结果，而且在修订本标准过程中又重新有针对性地进行了实测调查和科学试验，在广泛地吸取近几年设计经验的基础上制订的，因此本标准的科学依据充分。

2. 技术先进，内容完善，规定的指标符合中国国情。

(1) 本标准借鉴了CIE的有关标准的规定，而且采用了我国先进的光源、灯具及照明技术。

(2) 本标准的结构完整和内容完善。内容包括照明方式和种类照度标准值、光源、灯具及其附属装置、照明质量和照明节能等。

(3) 本标准所规定的各项指标及措施符合中国国情，如照度标准值的确定，照明质量的控制等均是切实可行的。

3. 经济合理

由于本标准规定采用高光效的光源，从而可节约大量电能。如以量•大面广的Ⅴ等视觉工作为例，从原标准71lx提高高本标准的75lx采用的白炽灯和自镇式高压汞灯相比，每年节约42%～82%。

4. 关于标准技术水平

在制订标准的方法和其所反映的内容方面具有国际水平，标准的指标是根据中国的国情确定。

六、存在的问题及今后需要进行的主要工作

1. 需进一步研究电压偏移和电压波动与照度的关系。

2. 研究气体放电灯的高次谐波对供电网络影响的研究与协调问题。

3. 怎样明确区分备用照明和安全照明的问题。

6. 发布公告（图 2-33）

18

建设部文件

建标[1992]650 号

关于发布国家标准
《工业企业照明设计标准》的通知

国务院各有关部门，各省、自治区、直辖市建委（建设厅）、有关计委，各计划单列市建委：

根据原国家计委计综[1987]2390号文的要求，由中国建筑科学研究院会同有关单位修订的《工业企业照明设计标准》，已经有关部门会审，现批准《工业企业照明设计标准》GB50034-92为强制性国家标准，自一九九三年五月一日起施行。原《工业企业照明设计标准》TJ34-79 同时废止。

- 1 -

本标准由建设部负责管理，具体解释等工作由中国建筑科学研究院负责，出版发行由建设部标准定额研究所负责组织。

中华人民共和国建设部

抄送：国务院法制局，总参工程兵部，总后营房部。

- 2 -

图 2-33 建标［1992］650 号关于发布国家标准《工业企业照明设计标准》的通知

2.1.4.2 标准内容简介

本标准是对原《工业企业照明设计标准》TJ 34—79 修订而成。由总则、照明方式和照明种类、照明标准、光源、灯具及其附属装置、照明质量、照明供电、照明节能八章及七个附录组成。对《工业企业照度设计标准》TJ 34—79 修订的主要内容有：修改了照度标准值、维护系数值、光源、混光光源的混光光通量比，灯具及其附属装置、照明方式和照明种类、照明供电、增加了眩光限制方法、光源颜色特性、照明节能等有关规定。

1. 照明方式和照明种类

新增加了分区一般照明，并规定了各种照明方式应用场所的条件。在照明种类中，除原标准已有的照明种类之外，新增加了安全照明。

2. 照度标准值

（1）在照度标准值系列分级上，共分 21 级，取消了 0.2lx 级，新增加了 2000lx 和 3000lx 分级值。

（2）照度标准值是作业面上的平均照度值。

（3）为便于设计人员灵活选择，按照 CIE 规定，采用低、中、高三档连续级别的照度标准值。

（4）规定六种提高一级或两种降低一级照度的工作条件。

（5）按视觉作业特性、识别对象的最小尺寸、作业等级、亮度对比大小、混合照明或一般照明确定作业面上的照度标准值，如Ⅰ等小亮度对比级混合照明时定为 1500-2000-3000lx，一般照明时很精细的Ⅱ等小亮度对比照度为 200-300-500lx，最低区等的大件储存为 5-10-15lx。混合照明中的一般照明的照度按混合照明照度的 5%～15%选取。

（6）具体规定了一般生产车间作业面上的照度标准值。此外，还规定了工业企业辅助建筑的用房，厂区露天工作场所和交通运输线的照度标准值，便于设计人员准确选用。

（7）规定了应急照明中的备用照明、安全照明、疏散照明的照度标准值。

（8）维护系数值与原标准值比有小的调整。

3. 照明光源

宜采用荧光灯、白炽灯、高压气体放电灯（高压钠灯、金属卤化物灯、荧光高压汞灯）等。高度在 4m 以上的车间宜采用高强气体放电灯，高度在 4m 以下的车间宜采用荧光灯，白炽灯只有在特殊条件下或局部照明的场所可以采用。采用一种光源不能满足光色和显色性要求时，可采用混光光源，规定了 11 种混光光源的混光光通量比。

4. 灯具及其附属装置

（1）应优先采用配光合理、效率较高的灯具。室内开敞式灯具效率不宜低于 70%，带有包合式灯罩的灯具的效率不宜低于 55%，格栅式灯具效率不宜低于 50%。

（2）规定了特别潮湿、有腐蚀性气体和蒸汽、高温、振动或摆动较大，易受机械损伤、有爆炸或火灾危险场所的灯具要求。

5. 照明质量

（1）眩光限制规定四等眩光感受等级，采用 CIE 规定的亮度限制曲线法限制直接眩光，规定了灯具最小遮光角以及灯具最低悬挂高度，采取四种措施限制反射眩光。

（2）光源颜色

用相关色温的范围值规定光源的暖、中、冷的色表特征，规定了四种显色类别的一般显色指数，Ⅰ类 A 级大于 90，B 级大于 80，Ⅳ类为 $40>R_a\geqslant 20$。

(3) 照度均匀度

一般照明的照度均匀度不宜小于0.7，非作业区的照度不宜小于作业区照度的1/5。

(4) 反射比

规定了顶棚、墙面、地面、设备的反射比的范围值。

6. 照明供电

对照明供电电压和配电系统有15条规定，对原标准个别条有较少修改。

7. 照明节能

(1) 为了节约电能，对光源、灯具照度标准值、照明方式、表面反射比、功率因数的选择作了规定。

(2) 采用节能效益比来评价节能，节能效益比大于或等于1时为节能。节能效益比用目标效能值与实际效能值之比来衡量。规定了八种光源的目标效能值，其值用W/(m^2·100lx)来计算，其值大小取决于室空间比的大小。

2.1.4.3 重要条款和重要指标

1. 照明方式和照明种类

(1) 除原有的照明方式外新增加分区一般照明；

(2) 原事故照明改称为应急照明，新增加确保处于危险之中人员安全场所的安全照明。

2. 照明光源

(1) 取消了长弧氙灯和卤钨灯；

(2) 对使用白炽灯的场所作了规定，其他场所不应采用白炽灯；

(3) 新增加当采用一种光源不能满足光色和显色性要求时，可采用两种光源的混光光源，并给出11种混光光源的混光光通量比，一般显色指数和色彩识别效果。

3. 灯具及其附属装置

(1) 新增加三种灯具效率的规定，开敞式的为70%，包合式的为55%，格栅式的为50%。

(2) 新增加高温场所、振动和摆动较大场所、有爆炸和火灾危险场所使用灯具的要求。

4. 照度标准值

(1) 照度标准值系列分级新增加2000lx和300lx两级，取消250lx级。按当时CIE的国际标准采用的三档照度标准值，规定照度标准值。未指明照度标准是维持平均照度值，只是平均照度值。

(2) 作业面上的照度标准值按识别对象最小尺寸分等级与原标准相同，但大幅提高了照度，如混合照明Ⅰ等小对比的1500lx提高到1500-2000-3000lx，原Ⅳ等300lx提高到300-500-750lx；而一般照明的Ⅱ等由200lx提高到200-300-500lx。

(3) 采用高强气体放电灯照明场所将原标准不低于30lx，改为不低于50lx。

(4) 混合照明中的一般照明的比例由原来的5%～10%，改为5%～15%。

(5) 新增加应急照明中的三种照度值的规定。

(6) 维护系数值与原标准有微小差别，修改了按灯种类规定维护系数值的规定，减少了擦洗次数，由每月1～2次改为每年2～3次。

(7) 新增加生产车间和作业场所的照度标准值的有金属机械加工车间的精加工等15种车间和工作场所的作业照度标准值。

(8) 新增加 5 个房间辅助建筑照度标准值，即报告厅、打字室、陈列室、幼托园所的卧室和活动室，照度成倍增加。

(9) 厂区露天工作场所和交通运输线的作业地点和种类与原标准相同，只是照度标准值成倍地增加。

本标准的照度标准比 TJ 34—79 标准有提高，在中间值上近似于 79 年标准，但比 CIE 和苏联标准稍低 1～2 级，比美国标准约低 3～6 倍。

5. 照明质量

(1) 眩光限制

新增了 5 级直接眩光限制等级的规定：无眩光，刚刚感到眩光、轻度眩光、不舒适眩光，一定的眩光等级。新增加采用亮度曲线法和最小遮光角限制直接眩光，按灯具的亮度大小规定最小遮光角。新增加金属卤化物灯、高压钠灯、混光光源按其灯具形式、光源功率大小规定了灯具最低悬挂高度和最小遮光角。新增加有效限制工作面上的光幕反射和反射眩光的四项措施。

(2) 新增加光源的相关色温规定，其色表特征分为暖、中间、冷三种色表类别和适用场所举例。新增加 5 种光源的一般显色指数范围及其适用场所举例。新增对颜色识别有要求的工作场所，在照度低于 500lx 时，采用的光源又不能达到显色要求时可提高其照度的系数。

(3) 新增加长时间连续工作房间内，其表面反射比的规定。

6. 照明节能

(1) 提出照明设计节能的基本原则，应是保证不降低作业的视觉要求条件下最有效地利用照明用电。

(2) 在光源的选择上，提出高大厂房宜利用高光效长寿命的高强气体效电灯及其混光照明，除特殊情况外，不宜采用卤钨灯、白炽灯、自镇流荧光高压汞灯等。

(3) 在灯具的选择上，应采用光效能高、利用系数高、配光合理、光衰小的灯具，优先采用开敞式灯具。

(4) 选用合理的照度标准值及照明方式，尽量采用混合照明方式和分区一般照明方式。

(5) 其他的节能措施有照明用电单独计量，浅色表面装修、功率因素不小于 0.85 等。

(6) 规定了节能效益比（ER）来评比节能效果，其值宜大于或等于 1 是节能的，规定了节能的目标效能值（建议性）。

2.1.4.4 专题技术报告

1. 金天然，工业企业照明方式和照明种类的确定，1989 年 8 月

本报告全面介绍了本标准中所采用的照明方式和照明种类情况，提出这些方式和种类适用场所及采用的理由，并按 CTE 的标准增加了分区一般照明和应急照明中的安全照明。对三种应急照明种类提出了照度标准值的建议，并提出应急照明的维持时间和电源切换时间应按 CIE 的规定选取。

2. 李恭慰，工业企业生产车间照明标准值的确定，1989 年 8 月

本报告主要根据我国在 20 世纪 70 年代的进行视功能曲线实验、13 个城市和地区和 8 个工业系统 176 生产车间的实测调查以及经济分析的结果，确定照度标准值的分等分级，用可见度水平确定照度标准值，并按 CIE 标准规定，采用低、中、高三档的照度标准值。

3. 赵振民、金天然、莫善在、李联春、赵建平、杜堃霖、李恭慰，工业企业车间现场调查实测报告及分析，1989 年 9 月

本报告主要介绍了原标准的照度达标率低，只有采用新光源才能达标，对本标准提高幅度与耗能指标进行了综合评价，并对新照度标准提高幅度是否符合我国经济情况进行了分析。

4. 杜堃霖、彭燕苹、颜景文、沈硕民，电子工业照明调查测试报告，1989 年 8 月

本报告主要介绍了电子工业部第十设计院主编的《电子工业人工照明设计标准》所进行的 148 个工厂中的 16 工厂照明现状调查结果的分析和评价，作为制订本标准参考。

5. 莫善在，照度维护系数的确定，1989 年 8 月

本报告主要介绍了光源光通量衰减系数，灯具污染减光系数，房间表面污染的光损失系数的各种影响因素后，提出各种系数的建议值，最后按清洁、一般、污染严重三种环境状况提出本标准的维护系数值，并与国内外有关标准中的维护系数进行了比较分析。

6. 李联春、李恭慰，光源状况简介，1989 年 10 月

本报告主要介绍了白炽灯、卤钨灯、荧光灯、荧光高压汞灯、高压钠灯、金属卤化物灯的光电特性参数，并与 IEC 和一些发达国家的同类光源的特性参数进行了比较，供制订本标准参考。

7. 赵建平、张绍纲、李恭慰、张建华、韩树强，混光照明及其在工业企业中的应用，1989 年 8 月

本报告介绍了当时生产的各类光源均有各自优缺点，不如当今光源技术成熟，故应运而生提出了混光照明。混光照明具有提高光效、节约能源、改善光色和提高照度的优点。此外，还介绍了混光照明在国内外的发展历史、混光理论基础、混光光源的选择，常用混光光源特性以及混光照明在北京国营 798 厂和上海宝山钢厂的应用效果案例。

8. 莫善在、赵建平，灯具的选择，1989 年 8 月

本报告主要介绍了应按照明环境条件、灯具外壳防护等级、防触电保护、配光特性、灯具效率和遮光角正确选择灯具。

9. 赵建平，工业企业室内照明眩光限制标准的确定，1989 年 8 月

本报告主要在介绍眩光定义及其分类、眩光的危害、各国的眩光限制方法的基础上，详细阐述了本标准所采用 CIE 推荐的亮度曲线（LC）法。

10. 李恭慰、赵建平、李联春，光源显色性、色温与照度的关系实验研究，1989 年 8 月

本报告介绍了 24 名被试者，在标准光源的标准照度下对 18 种测试光源在不同照度下对 CIE 的 15 种试验色样进行不同光源的显色性和色温的辨色不同的实验室试验。试验结果是具有不同显色指数的光源在 600lx 以下时，其颜色识别能力与照度有差异，并用相对照度系数来表示不同显色指数的光源要达到与标准光源具有相同的颜色识别能力时所要增加的照度值。对于具有不同色温的光源，其颜色识别能力与照度之间没有发现明显差异关系，但对明亮程度的舒适感有明显的差异，即在低照度（50lx 左右）时，低色温（2000～3500K）时，出现颜色能力下降，下降幅度不大，可以忽略不计。

11. 杜堃霖，浅谈照明供电系统中的几个问题，1989 年 9 月

本报告阐述了安全电压的选择、灯具的最低悬挂高度、应急照明中的三种照明种类的照度和启动时间、电压波动和闪变、气体放电灯的无功补偿等问题。

12. 赵振民，照明设计中的节能方法，1989 年 9 月

本报告全面介绍了照明节能的原则和指标以及节能措施，如采用高光效光源、选用利用系数高、配光合理、高光保持率、不带附件的灯具，采用空调与照明一体化灯具的高效率灯具，正确选择照度标准值和照明方式，采取合理的照明节能的控制措施，严格控制耗电指标等。

13. 赵振民，室内目标效能值研究，1989 年 10 月

本报告参考英国以达到 100lx 照度每平方米所需的照明用电量（W/m^2 · 100lx），作为对建筑照明方案的节能效益比考核指标，其值是目标效能值与实际效能值之比，其值大于 1 就节能，越大越节能。室内目标效能值取决于光源和灯具的效率，室内表面的反射比、灯具配光、灯具悬挂高度及室空间比（*RCR*）等，给出了英国的室内照明目标效能值的标准及目标效能值的计算方法举例。

14. 编制组，国外照明部分照度推荐值，1988 年 10 月

本资料主要摘录了 CIE 人工照明照度标准值、苏联照度标准值、日本工业照度标准值、美国照度推荐值和德国室内照度推荐值。

2.1.4.5 论文著作

1. 张绍纲、李恭慰、赵建平等，混光照明在十一届亚运会体育比赛馆中的应用，《建筑电气》1989，No2

本文介绍了当时的体育比赛场馆中一般采用光效低和耗电量大的碘钨灯和光效虽高些，但有光色偏移的荧光高压汞灯，建议采用混光光源照明技术，从而能很好地满足体育比赛和转播彩色电视的要求，本文提出六种混光照明方案供选用。

2. 张绍纲、李恭慰、赵建平，A lighting system with mixed Light sources for gymnasium. 第一届亚太照明会议论文集，1989 年 6 月，上海

本文主要介绍在体育馆比赛馆中应用混光光源的优点及应用案例。

3. 张绍纲、李恭慰、赵建平，A lighting system with mixed Light sources fou buildings. 第 22 届国际照明委员会（CIE）大会论文集，1991 年，墨尔本

本文主要介绍采用混光照明的混光光通量比，应用优点及采用场所。

4. 聂凤兰译、张绍纲校，《工业企业照明设计标准》GB 50034—92 英文版本，《Standardfor artifical lighting in industrial plant design》1995（英文）第一版，建设部

将本标准全文翻译成英文，供对外交流用。

5. 李恭慰、张绍纲、赵建平、韩树强、张建华编著，《混光照明设计手册》1990 年 10 月第一版，中国建筑工业出版社

传统的照明采用单一的种类光源，有时不是照度低就是光色不好，需安装功率较大数量多的灯具，消耗大量电能，从 70 年代初期到 90 年代以来，高压汞灯、高压钠灯、金属卤化物灯光色偏冷，颜色一致性差。因此，从 70 年代中期到 90 年代初国际上开始采用混光光源照明，特别在日本得到广泛应用。可以节约能源，改进光色，提高照明环境质量。我国从 70 年代到 80 年代中期开始开展混光光源的特性及其应用的研究，并取得全面系统的研究成果。本手册除介绍混光照明技术基础知识，主要列出大量混光光源和灯具的基本技术参数及照明设计计算图表。为便于设计应用，还给出了应用实例。

2.1.4.6 创新点

1. 充分完善混光光源的混光光通量比

早在1973～1976年间，编制标准TJ 34—79时，曾对当时普遍采用的荧光高压汞灯与白炽灯混光源的混光光通量比进行了专项研究，并将研究结果列入标准中。随后从70年代末到80年代我国开始研发和推广高光效的高压气体放电光源，如高压钠灯和金属卤化物灯，当时的高压钠灯光效在100lm/W以上，但其显色性差，而金属卤化物灯显色性好，但光效在80lm/W左右，显色性好，开始采用高压汞灯与高压钠灯和金属卤化物灯等的混光光源特性研究，虽然在国外刊物上刊登了混光光源的应用实例，但并无系统混光光通量的资料可供参考，只有日本岩琦电气公司提出有关体育场馆的混光光源光通量比的资料，日本规定出了混光照明的光效率（100lm/W），一般显色指数的（R_a）和色温（K）的要求。再有国际照明委员会（CIE）当时提出照明光源色温和一般显色指数的标准，所有这些资料促使我国全面系统研究两种不同光源的混光特性及其应用，以便于设计应用。

编制组深入研究了混光光源的光度和色度特性原理，显色性和显色特性图。开展了混光光源色视觉评价的实验室试验，根据实验室和现场试验结果，规定了高光效金属卤化物灯与高压钠灯等11种混光光源的混光光通量比、一般显色指数和色彩效果，如图2-34、图2-35所示。其所以要采用两种光源混光，在于在工业生产中有显色要求的车间具有改善显色效果的作用，提高光效和改善光色环境质量的效果，在20世纪80年代和90年代初得到广泛的应用，对于节约能源，改善显色效果具有重要作用，90年代后，由于高光效寿命长，显色性好的高强气体放电灯技术的成熟和质量的提高，采用混光光源失去了其代替作用。

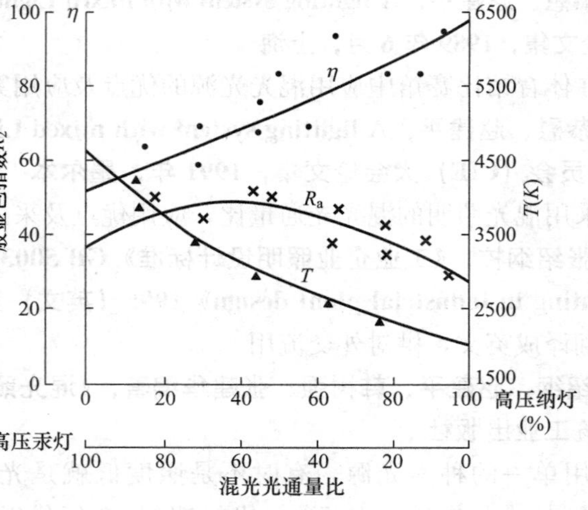

图2-34 混光光通量比与R_a、T、η的关系

2. 提出用“目标效能值”定量评价照明节能效果

在我国的照明设计标准中，此前无节能的数量评价指标，本标准首次提出采用达到每100lx照度每平方米的照明用电量作为不同照明方案节能效益评价指标（$W/m^2 \cdot 100lx$），而本标准规定的目标效能值是一个创新，根据在不同室空间比（RCR）条件下，计算室内的目标效能值，其计算式如下：

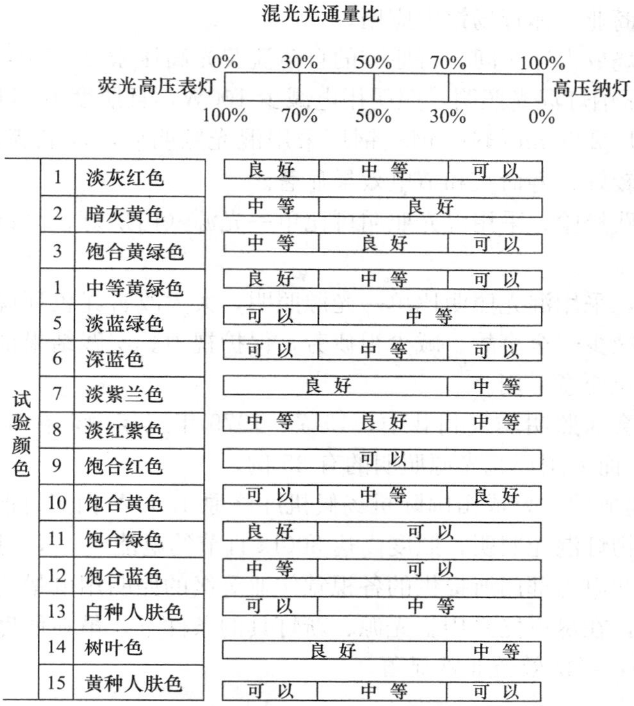

注：良好、中等、可以的数量指标见《混光照明设计手册》（1990）

图 2-35　不同混光光通比的颜色识别效果

$$e_1 = k_1 \cdot k_2 . e_2 \tag{2-4}$$

式中：e_1——目标效能值（$W/m^2 \cdot 100lx$），可查表得出；

k_1——维护系数修正值，污染严重车间取 1.17，其他场所取 1；

k_2——光源效率修正值（单灯功率低于 400W，混光光源低于 650W 时进行修正）。

车间的目标效能值与实际效能值的比值（称节能效益比）越大越节能，而大于 1 就节能。根据对 9 种车间和工作场所的实际验证的结果得出，本标准规定的目标效能值的数值可行，数据可靠。例如，工业厂房的一般控制室的照明功率密度，本标准在室空间比（*RCR*）为 3 的条件下，照度为 200lx 时，荧光灯照明的 *LPD* 值为 $10W/m^2$，2004 年标准在 300lx 时的一般控制室的 *LPD* 值为 $11W/m^2$。本标准大件装配车间在 200lx 时 *LPD* 为 $9W/m^2$，而 2004 年标准的大件装配车间为 200lx 时，其 *LPD* 值为 $8W/m^2$，两本标准的 *LPD* 差值不是很大，因此，所规定的建议性目标效能值，在工业企业照明中还是起相当节能作用的，尽管不是强制性的。

2.1.4.7　社会经济效益

本标准吸取本单位的混光照明科研题的研究成果，推荐了 11 种不同光源的混光的混光光通量比，自 1984 年以来已在 200 余工厂车间推广应用，成功用于首都体育馆主馆照明，经多次国内和国际重大比赛证明，照明效果良好，满足了体育比赛转播彩色电视的要求，照度高达 1570lx，照度均匀度在 0.7 以上。在第十一届亚运会上兴建的朝阳体育馆、石景山体育馆、月坛体育馆、海淀体育馆、山东济南市皇亭体育馆照明中均采用了混光照明。在全国当时有 27 个省市应用混光照明，应用于机械、冶金、电子、纺织、航空、林业、造船、食品、商业、体育场馆中应用。

在北京 798 厂烧成大厅车间，将原装的自镇流荧光高压汞灯 450W 改成荧光高压汞灯 250W 与 100W 高压钠灯混光照明，照明用电减少 100W，且照度由 27lx 提高到 120lx。

在上海宝山钢厂 2050mm 热带钢轧钢厂采用混光照明后，均能满足 100～200lx 工段的照度要求、光色较好、寿命长和节电效果显著。

根据当时的实践经验，采用混光照明可比单一光源（白炽灯、卤钨灯、高压汞灯）照明节电在 30%以上。

在相同功率下，采用混光照明比单一光源照明，大大改善光色环境，从而提高劳动生产率和产品质量，减少安全事故、减少视疲劳，保护视力。实践结果证明工人满意，得到用户好评，设计单位愿意采用。

据日本照明学会《照明誌》刊载中，1977～1979 年三年中，在体育馆中应用单一光源照明的有 14 例，而采用混光光源照明的有 35 例。

同样 1978 年建成的东京成田国际机场候机厅将原 1500W 白炽灯改为 360W 高压钠灯与 400W 金属卤化物灯混光照明，照度高达 300lx 且节约电能 49%，可见经济效益显著。

根据现场调查和电力部门所提供的各视觉作业等级的照明用电量比例和照明设备投资上进行大概的分析，在尽可能采用新光源、新灯具的条件下，虽在照度上有所提高，但仍可节电 42%～82%，经济效益非常显著。

2.1.5 《建筑照明设计标准》GB 50034—2004

2.1.5.1 标准编制主要文件资料

1. 封面、公告、前言

本版标准封面、公告及前言如图 2-36 所示。

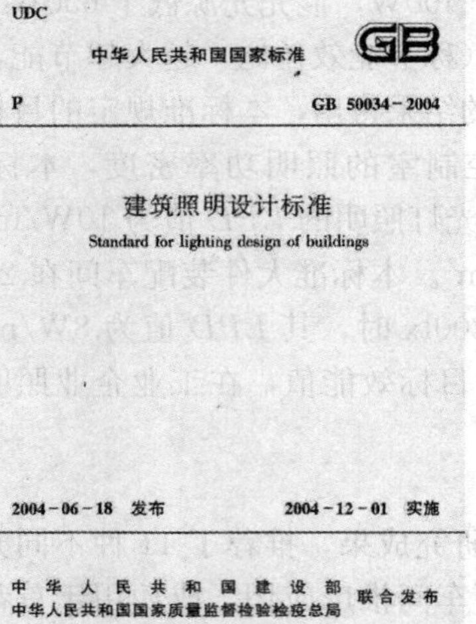

UDC

中华人民共和国国家标准 GB

P GB 50034－2004

建筑照明设计标准

Standard for lighting design of buildings

2004－06－18 发布 2004－12－01 实施

中 华 人 民 共 和 国 建 设 部
中华人民共和国国家质量监督检验检疫总局 联合发布

封面

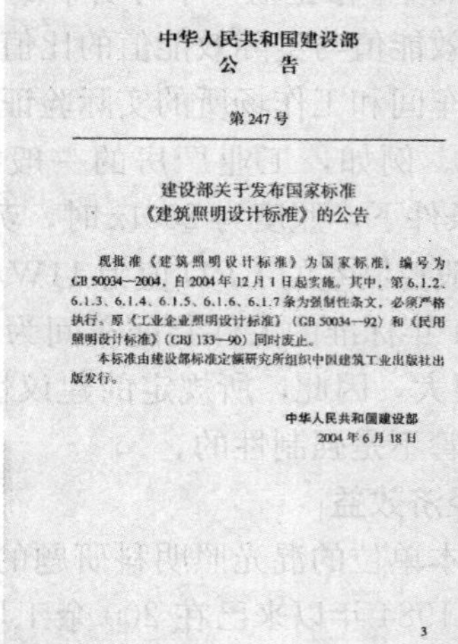

中华人民共和国建设部
公 告

第 247 号

建设部关于发布国家标准
《建筑照明设计标准》的公告

现批准《建筑照明设计标准》为国家标准，编号为 GB 50034—2004，自 2004 年 12 月 1 日起实施。其中，第 6.1.2、6.1.3、6.1.4、6.1.5、6.1.6、6.1.7 条为强制性条文，必须严格执行。原《工业企业照明设计标准》（GB 50034—92）和《民用照明设计标准》（GBJ 133—90）同时废止。

本标准由建设部标准定额研究所组织中国建筑工业出版社出版发行。

中华人民共和国建设部
2004 年 6 月 18 日

3

公告

图 2-36 本版标准封面等（一）

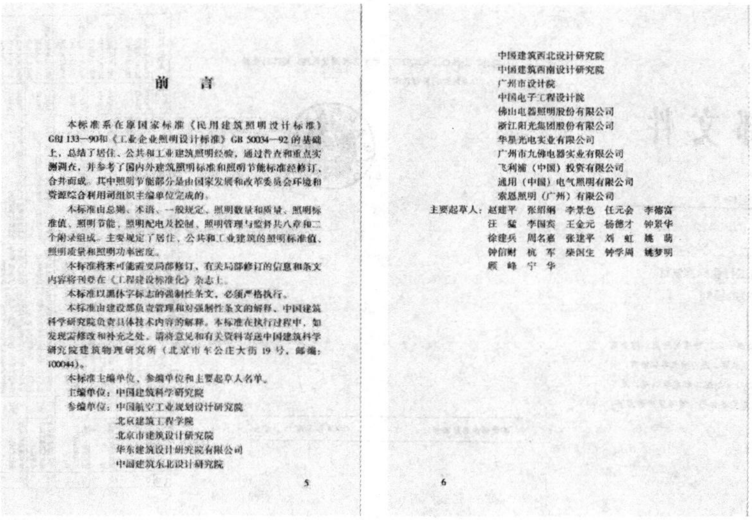

前　言

本标准系在原国家标准《民用建筑照明设计标准》GBJ 133—90和《工业企业照明设计标准》GB 50034—92 的基础上，总结了居住、公共和工业建筑照明经验，通过普查和重点实测调查，并参考了国内外建筑照明标准和照明节能标准经修订、合并而成。其中照明节能部分是由国家发展和改革委员会环境和资源综合利用司组织主编单位完成的。

本标准由总则、术语、一般规定、照明数量和质量、照明标准值、照明节能、照明配电及控制、照明管理与监督共八章和二个附录组成。主要规定了居住、公共和工业建筑的照明标准值、照明质量和照明功率密度。

本标准将来可能需要局部修订，有关局部修订的信息和条文内容将刊登在《工程建设标准化》杂志上。

本标准以黑体字标志的强制性条文，必须严格执行。

本标准由建设部负责管理和对强制性条文的解释，中国建筑科学研究院负责具体技术内容的解释。本标准在执行过程中，如发现需修改和补充之处，请将意见和有关资料寄送中国建筑科学研究院建筑物理研究所（北京市车公庄大街 19 号，邮编：100044）。

本标准主编单位、参编单位和主要起草人名单。

主编单位：中国建筑科学研究院

参编单位：中国航空工业规划设计研究院
北京建筑工程学院
北京市建筑设计研究院
华东建筑设计研究院有限公司
中国建筑东北设计研究院

5

中国建筑西北设计研究院
中国建筑西南设计研究院
广州市设计院
中国电子工程设计院
佛山电器照明股份有限公司
浙江阳光集团股份有限公司
华星光电实业有限公司
广州市九佛电器实业有限公司
飞利浦（中国）投资有限公司
通用（中国）电气照明有限公司
索恩照明（广州）有限公司

主要起草人：赵建平　张绍纲　李景色　任元会　李德富
汪　猛　李国宾　王金元　杨德才　钟景华
徐建兵　周名嘉　张建平　刘　虹　姚　萌
钟信财　杭　军　柴国生　钟学周　姚梦明
顾　峰　宁　华

6

前言（1）　　前言（2）

图 2-36　本版标准封面等（二）

2. 制修订计划文件

《建筑照明设计标准》制修订计划文件如图 2-37 所示，建设部建标［2002］85 号《关于印发 2001—2002 年度工程建设国家标准制订、修订计划的通知》附件中第 24 项为本标准的计划。《建筑照明节能标准》制修订计划文件如图 2-38 所示，建设部建标［2003］104 号文《关于印发 2002—2003 年工程建设（城建）建工行业标准制订、修订计划的通知》附件中第 11 项为本标准计划。同时，该标准的编制得到国家经贸委/联合国开发计划署（UNDP）/全球环境基金（GEF）“编制国标《建筑照明节能标准》”项目（项目编号：CPR/00/G32/B/1G/99）的支持。

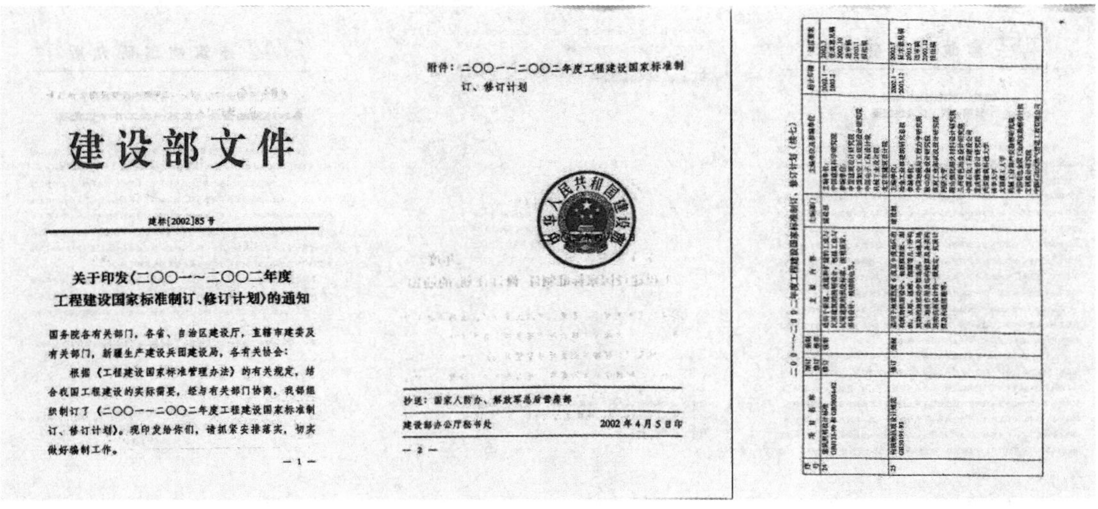

建设部文件

建标[2002]85 号

关于印发《二〇〇一～二〇〇二年度工程建设国家标准制订、修订计划》的通知

国务院各有关部门，各省、自治区建设厅，直辖市建委及有关部门，新疆生产建设兵团建设局，各有关协会：

根据《工程建设国家标准管理办法》的有关规定，结合我国工程建设的实际需要，经与有关部门协商，我部组织制订了《二〇〇一～二〇〇二年度工程建设国家标准制订、修订计划》。现印发给你们，请抓紧安排落实，切实做好编制工作。

— 1 —

附件：二〇〇一～二〇〇二年度工程建设国家标准制订、修订计划

抄送：国家人防办、解放军总后营房部

建设部办公厅秘书处　　2002 年 4 月 5 日印

— 2 —

图 2-37　《建筑照明设计标准》制修订计划文件

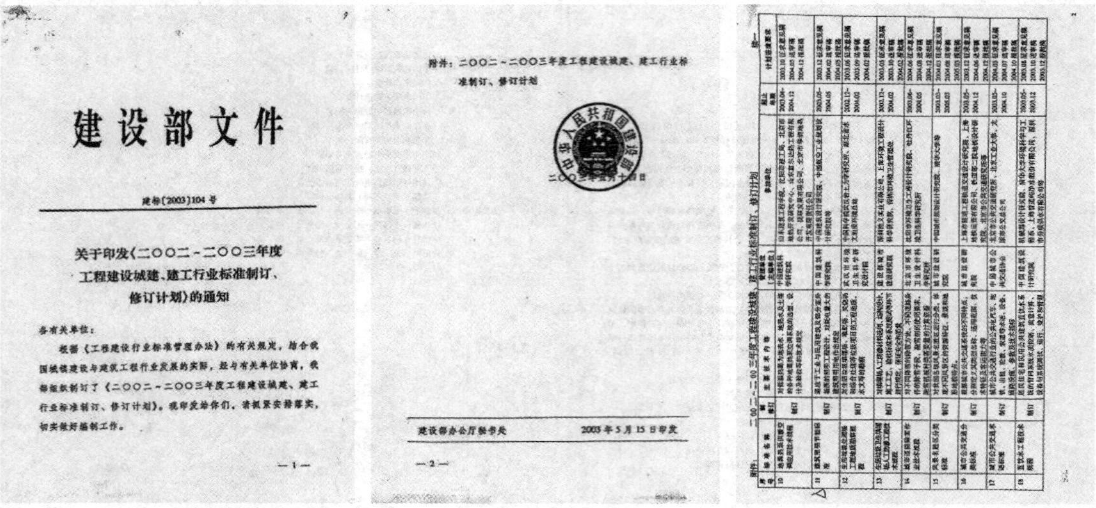
建设部文件

建标〔2003〕104 号

关于印发《二〇〇二～二〇〇三年度工程建设城建、建工行业标准制订、修订计划》的通知

各有关单位：

根据《工程建设行业标准管理办法》的有关规定，结合我国城镇建设与建筑工程行业发展的实际，经与有关单位协商，我部组织制订了《二〇〇二～二〇〇三年度工程建设城建、建工行业标准制订、修订计划》，现印发给你们，请抓紧安排落实，切实做好编制工作。

—1—

附件：二〇〇二～二〇〇三年度工程建设城建、建工行业标准制订、修订计划

二〇〇三年五月十四日

建设部办公厅秘书处　　2003 年 5 月 15 日印发

—2—

图 2-38 《建筑照明节能标准》制修订计划文件

图 2-39 《建筑照明设计标准》《建筑照明节能标准》编制组成立暨第一次工作会议照片

3. 编制组成立暨第一次工作会议

《建筑照明设计标准》《建筑照明节能标准》编制组成立暨第一次工作会议照片如图 2-39 所示。《建筑照明节能标准》编制组成立暨第一次工作会议纪要如图 2-40 所示，两项标准参编企业第一次工作会议纪要图 2-41 所示。

4. 审查会议

本版标准审查会议合影如图 2-42 所示。下文节选自国家标准《建筑照明设计标准》送审稿审查会议纪要：

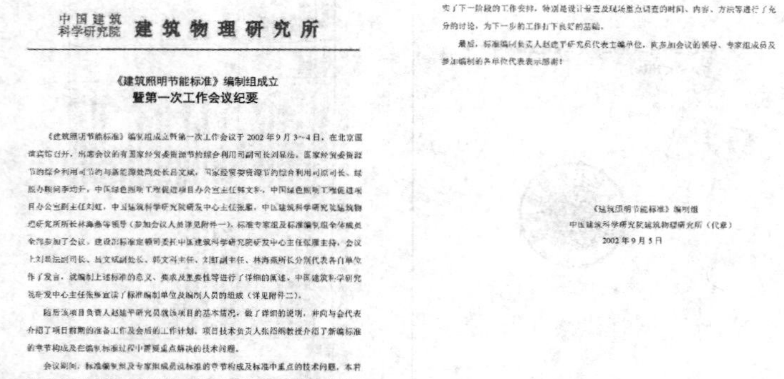
中国建筑科学研究院 建筑物理研究所

《建筑照明节能标准》编制组成立暨第一次工作会议纪要

《建筑照明节能标准》编制组成立暨第一次工作会议于 2002 年 9 月 3～4 日，在北京国谊宾馆召开。出席会议的有国家经贸委资源节约综合利用司副司长刘显法、国家经贸委资源节约综合利用司节约与新能源处处长吕文斌、国家经贸委资源节约综合利用司原司长、绿照办顾问李均于、中国绿色照明工程促进项目办公室主任韩文科、中国绿色照明工程促进项目办公室副主任刘虹、中国建筑科学研究院研发中心主任张雁、中国建筑科学研究院建筑物理研究所所长林海燕等领导（参加会议人员详见附件一），标准专家组及标准编制组全体成员全部参加了会议。建设部标准定额司委托中国建筑科学研究院研发中心主任张雁主持。会议上刘显法副司长、吕文斌副处长、韩文科主任、刘虹副主任、林海燕所长分别代表各自单位作了发言，就编制上述标准的意义、要求及重要性等进行了详细的阐述。中国建筑科学研究院研发中心主任张雁宣读了标准编制单位及编制人员的组成（详见附件二）。

随后该项目负责人赵建平研究员就该项目的基本情况，做了详细的说明，并向与会代表介绍了项目前期的准备工作及会后的工作计划。项目技术负责人张绍纲教授介绍了新编标准的章节构成及在编制标准过程中需要重点解决的技术问题。

会议期间，标准编制组及专家组成员就标准的章节构成及标准中重点的技术问题，本着现实性、实用性、前瞻性、科学性的原则，综合考虑国内照明的现状、发展水平，国际照明标准的发展趋势以及未来照明技术的发展，对上述问题进行了认真、仔细、充分的讨论，特别是对标准的章节构成及所要确定的照度进行了重大的变化，将原标准的照明方式和种类、照明光源、照明灯具及其附件、照明配电等章不再单独列为一章，其内容分散到一般规定、照明节能等章节中；将原标准的照度值为范围（三个值）改为一个最低维持值。讨论、研究确定的章节构成详见附件三。标准编制组还根据标准编制的总体进度安排（详见附件四），落实了下一阶段的工作安排，特别是设计普查及现场重点调查的时间、内容、方法等进行了充分的讨论，为下一步的工作打下良好的基础。

最后，标准编制负责人赵建平研究员代表主编单位，向参加会议的领导、专家组成员及参加编制的各单位代表表示感谢！

《建筑照明节能标准》编制组
中国建筑科学研究院建筑物理研究所（代章）
2002 年 9 月 5 日

附件一：参加会议代表名单
附件二：参加编制单位、人员及专家组成员名单
附件三：标准章节构成
附件四：总体进度安排

图 2-40 《建筑照明节能标准》编制组成立暨第一次工作会议纪要

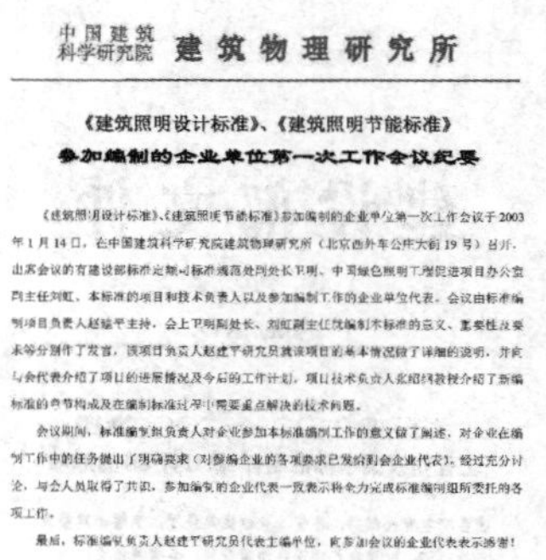
中国建筑科学研究院 建筑物理研究所

《建筑照明设计标准》、《建筑照明节能标准》参加编制的企业单位第一次工作会议纪要

《建筑照明设计标准》、《建筑照明节能标准》参加编制的企业单位第一次工作会议于 2003 年 1 月 14 日，在中国建筑科学研究院建筑物理研究所（北京西外车公庄大街 19 号）召开。出席会议的有建设部标准定额司标准规范处副处长卫明、中国绿色照明工程促进项目办公室副主任刘虹、本标准的项目和技术负责人以及参加编制工作的企业单位代表。会议由标准编制项目负责人赵建平主持。会上卫明副处长、刘虹副主任就编制本标准的意义、重要性及要求等分别作了发言，该项目负责人赵建平研究员就该项目的基本情况做了详细的说明，并向与会代表介绍了项目的进展情况及今后的工作计划，项目技术负责人张绍纲教授介绍了新编标准的章节构成及在编制标准过程中需要重点解决的技术问题。

会议期间，标准编制组负责人对企业参加本标准编制工作的意义做了阐述，对企业在编制工作中的任务提出了明确要求（对参编企业的各项要求已发给到会企业代表）。经过充分讨论，与会人员取得了共识，参加编制的企业代表一致表示将全力完成标准编制组所委托的各项工作。

最后，标准编制负责人赵建平研究员代表主编单位，向参加会议的企业代表表示感谢！

《建筑照明设计标准》编制组
中国建筑科学研究院建筑物理研究所（代章）
2003 年 1 月 14 日

图 2-41 两项标准参编企业第一次工作会议纪要

图 2-42 《建筑照明设计标准》审查会议全体人员

(1) 评价

1) 该标准是将原《民用建筑照明设计标准》GBJ 133—90 和原《工业企业照明设计标准》合并，并经修订而成。修订后的标准增加了医院、学校、博物馆、展览馆和机场航站楼等公共建筑的照明标准以及信息产业、纺织和化纤、制药、橡胶、电力、钢铁、制浆造纸、饮料、玻璃、水泥、皮革、卷烟、化学和石油、木业和家具的主要工作场所的照明标准，增加了居住、办公、商业、旅馆、医院、学校及工业建筑的照明节能标准（照明功率密度）和有利于执行的《照明管理与监督》，涵盖了居住建筑、公共建筑和工业建筑的照明节能标准，形成一部分完整的建筑照明设计标准。

2) 该标准内容全面系统，它包含了各类建筑的数量指标（如照度）、质量指标（照度均匀度、眩光限制、光源颜色、反射比等）、照明功率限值、照明配电及控制等。

3) 该标准技术先进，具有一定创新性和前瞻性，对于节约照明能源、保护环境、提高照明质量、实施绿色照明、促进照明科技进步和高效照明产品的推广具有促进作用。

4) 本标准主要是根据对我国各类建筑的照明现状所进行的大量普查和重点实测调查和实践经验，经过分析、研究和验证后制订的，依据充分，技术内容准确可靠，切实可行。

5) 该标准的章节结构合理、简明扼要、层次清晰，编写格式符合标准编写要求。

6) 该标准的内容和技术水平达到了国际同类标准水平。

(2) 建议

1) 对图书馆的出纳厅、体育射击、工业的木模型等的照度作适当的调整，增加医院挂号大厅的照明标准。

2) 对个别公用场所是否要规定 *UGR*，工业建筑中个别车间的 *UGR* 做些调整。

3) 修改工业个别车间的显色指数。

4) 建议增加体育场的 *GR* 计算方法，并作为附录。

5) 增加商店营业厅需设重点照明时，对照明安装功率的限制要求。

6) 工业各车间和场所的 *LPD* 的目标值不宜降得太多，宜作适当调高的调整。

7) 补充设有终端显示屏（VDT）的房间对照明灯具亮度的规定。

8) 对办公室的 *LPD* 值，根据测算条件进行现场实测校核。

审查会议一致通过了该标准的送审稿的审查。

5. 报批报告

下文节选自《建筑照明设计标准》报批报告。

《建筑照明设计标准》报批报告（2004 年 5 月 25 日）

一、任务来源、简要编制工作过程及所做的主要工作

本标准的编制任务来源于建设部建标［2002］85 号文“关于印发 2001～2002 年度工程建设国家标准制订、修订计划的通知”中的序号 24 项任务以及原国家经贸委/联合

国开发计划署（UNDP）/全球环境基金会（GEF）编制国家建筑照明节能标准的项目，项目编号：CPR/00/G32/B/1G/99。

编制工作过程及所做的主要工作：

1. 准备阶段（2002 年 7 月～9 月）

（1）落实标准的参编单位及编制成员。

（2）收集、研究和分析国内外建筑照明设计标准和建筑照明节能标准。

（3）学习国家和建设部有关编制标准的规定和工程建设标准化文件。

（4）草拟编制工作大纲以及标准章节组成。

（5）2002 年 9 月 3～4 日在北京召开了编制组成立会议暨第一次工作会议，会议宣布编制组、专家组成立，所有参编单位、参编人员和国内专家组成员到会，会议还同时确定了标准编制工作大纲、章节组成、主要工作内容、工作任务分工、工作进度计划等。同时还确定了各参编单位的工作内容，所应普查的房间或场所，统一了普查记录表格。

2. 征求意见稿阶段（2002 年 10 月～2003 年 9 月）

（1）2002 年 10 月～12 月期间的主要工作是编制组各参编单位完成了全国六大区（东北、西北、西南、华东、华南、华北）的照明普查和重点调查，主要完成了住宅、图书馆、办公、商业、影剧院、旅馆、医院、学校、博展、交通、体育、工业等建筑以及道路的各房间或场所的照明现状的普查和重点实测调查。共调查近 500 个建筑的约 3000 个房间或场所的照明情况，取得了第一手可靠的数据资料。

（2）2002 年 12 月完成了各国的照明标准的总结报告，详见“国内外照明照度及节能标准介绍”。

（3）2003 年 1 月～3 月，主要进行调查数据的处理、汇总及分析及撰写调研报告，详见“照明现状调研报告”。

（4）2003 年 4 月～6 月主要起草《建筑照明设计标准》、《建筑照明节能标准》讨论稿及条文说明。

（5）2003 年 7 月 21～23 日召开了第二次编制组工作会议，讨论通过《建筑照明设计标准》、《建筑照明节能标准》征求意见稿。

（6）2003 年 8 月 18～21 日国外节能专家 David 先生来华指导工作，对我国节能标准基本上肯定，并提出需制定目标值的建议。

（7）2003 年 9 月，主要针对 David 先生建议，补充建筑节能标准的目标值。经编制组研究决定，在京召开电力、医药、纺织、钢铁等七家设计单位电气总工程师的专题研讨会，增加一些工业建筑行业的照度标准值。

（8）补充室内照明不舒适眩光评价方法的工作。

（9）2003 年 9 月 27 日发出《建筑照明设计标准》、《建筑照明节能标准》征求意见稿及其条文说明向全国 150 多个单位和个人征求意见。

3. 送审稿阶段（2003 年 10 月～2004 年 3 月）

（1）2003 年 10 月底共收到全国设计、科研、院校、企业等近 60 个单位的 301 条意见，并对意见进行汇总及提出处理意见，详见征求意见稿的“反馈和处理意见汇总表”。

（2）2003年11月10～13日David先生第二次来华，主要向其汇报征求意见稿的反馈意见，David先生对国家标准提出重要建议。

（3）根据建设部标准定额司的统一协调，征得中国绿色照明工程项目办公室的同意，将《建筑照明设计标准》、《建筑照明节能标准》合并为一本标准，统称为《建筑照明设计标准》。

（4）2003年11月29～30日召开第三次编制组工作会议，讨论"标准的送审稿"讨论稿，会议基本上通过标准的送审稿及其条文说明。

（5）2003年12月1～5日，由发改委及绿照办协调，组成考察团赴北欧进行考察，了解北欧国家的照明节能标准情况，详见"赴北欧建筑照明节能考察报告"。

（6）2003年12月～2004年2月，主要工作是进一步详细分析研究送审稿，撰写标准的试设计的检验及经济分析报告，详见"照明功率密度论证及新标准与原标准的技术经济分析"和"荧光灯、高强度气体放电灯（光源光通量、灯具效率、镇流器功耗）现状调查报告"以及"室内照明的不舒适眩光评价方法报告"。

（7）2004年2月底送审稿最终定稿，同时完成了条文说明的编写。

（8）2004年3月3日办理送审审批手续，并提前一个月将送审稿等文件送至审查委员。

（9）2004年4月6～7日于北京召开标准的审查会，审查会议详情见会议纪要。

4. 报批阶段（2004年4月～5月）

审查会后，立即召开了编制组主要参编人员会议，根据审查会对标准所做的修改和补充意见逐一进行细致的研究分析，提出了处理意见，对审查稿及其条文说明进行了修改和补充，于2004年5月上旬完成标准的报批工作。

二、标准的重点审查内容及其确定依据和成熟程度

1. 标准的重点审查内容

（1）标准的章、节、条的构成和涵盖内容是否合理、切实可行。

（2）标准所规定的技术内容是否准确可靠、依据充分和切实可行。

（3）标准的编写内容是否符合于1997年1月1日开始施行的《工程建设标准》的编写规定。

2. 标准的依据

（1）大量普查和实测调查结果。

（2）引用了原《民用照明设计标准》GBJ 133—90和原《工业企业照明设计标准》GB 50034—92的部分内容。

（3）参考了国际照明委员会（CIE）和美国、日本、俄罗斯等国家的建筑照明设计标准和建筑照明节能标准。

3. 成熟程度

主要参考CIE《室内工作场所照明标准》S008/E/2001和美国ASHRAE/IESNA 90.1-1999等标准，尽可能向国际标准靠拢，并经过普查和重点实测调查结果，实际情况证明我国的大城市的照度标准有的已达到和接近国际照明委员会（CIE）的标准，而节能标准，已低于美国ASHRAE/IESNA标准，略高于美国加州标准，经过推广采用高光效照明电器完全可以达到此水平，因此本标准是成熟的。

三、本标准的特点与国外同类标准水平的比较

1. 本标准的适用范围概括了民用与工业建筑的室内照明，在民用建筑中增加了学校、医院、航空港交通建筑、博展建筑的照明标准等以及除了工业建筑的通用场所（机电行业），增加了电子信息产业、纺织和化纤工业、制药工业、橡胶工业、电力工业、钢铁工业、制浆造纸工业、啤酒及饮料工业、玻璃工业、水泥工业、皮革工业、卷烟工业、石油和化学工业、木业和家具制造等行业的照明标准。大大丰富了工业建筑照明标准的内容，填补了民用与工业建筑照明标准的空白。

2. 本标准所规定的内容全面系统，它包括照明标准的数量、质量以及节能指标，基本上向国际照明标准靠拢。

3. 制订标准的依据充分，主要根据大量普查和实测调查结果，并参考国际上及美国等发达国家的最新标准，结合我国的实际情况制订，技术内容准确适用。

4. 标准的构成合理，层次划分清晰，编排格式符合国家统一规定。

5. 达到了国际现行同类标准的水平，如CIE标准和美国的标准。

四、与相关标准的协调情况

从目前情况上看原标准为十多年前制订，远远落后于现今的发展形势，满足不了当前需要，新修订的本标准远高于原国家标准和各行业标准，无法协调一致，待本标准颁布实施后，各民用和工业方面照明标准应以本标准为依据，制订本行业标准。

五、标准实施后的经济效益和社会效益

现在从宏观量上估计其经济效益尚有困难，但从单个建筑项目来评估还是有显著的经济效益的，如以办公室为例，原标准为200lx，而今为300lx，虽照度提高，但由于采用高效照明光源、灯具以及镇流器，其用电量并未增加，详见经济分析报告。此外本标准还具有创造良好的人工光环境，保护身心健康方面的环境效益。

六、标准审查会审查意见及评价

审查意见及评价如下：

1. 该标准是将原《民用建筑照明设计标准》GBJ 133—90 和原《工业企业照明设计标准》GB 50034—92 合并并经修订而成。修订后的标准增加了医院、学校、博物馆、展览馆、机场航站楼等公共建筑的照明标准以及电子和信息产业、纺织和化纤、制药、橡胶、电力、钢铁、制浆造纸、饮料、玻璃、水泥、皮革、卷烟、化学和石油、木业和家具等工业的主要工作场所的照明标准。增加了居住、办公、商业、旅馆、医院、学校及工业建筑的照明节能标准（照明功率密度）和有利于执行的“照明管理与监督”内容。《建筑照明设计标准》涵盖了居住建筑、公共建筑和工业建筑的照明标准和节能标准，形成了一部较完整的建筑照明设计标准。

2. 该标准的内容全面系统，它包括了各类建筑照明设计的数量指标（如照度）、质量指标（照度均匀度、眩光限制、光源颜色、显色性、反射比等）、照明功率密度限值、照明配电及控制等。

3. 该标准技术先进，具有一定的创新性和前瞻性，对于节约照明能源、保护环境、提高照明质量、实施绿色照明、促进照明科技进步和高效照明产品的推广具有重要作用。

4. 该标准主要是根据对我国各类建筑的照明现状所进行的大量的普查和重点实测调查和实践经验，并参考现行的国际和一些发达国家的建筑照明标准和建筑照明节能标准经过分析、研究和验证后制订的。依据充分，技术内容准确可靠，切实可行。

5. 该标准的章节构成合理，简明扼要，层次清晰，编写格式符合标准编写要求。

6. 该标准的内容和技术水平，达到了国际同类标准的水平。

审查会上所提出的主要修改和补充意见见审查会议纪要。

七、审查会提出的主要问题及建议的处理情况

1. 对少数建筑（如图书馆、体育建筑、工业建筑）的房间或场所的照度标准值已做了适当调整；

2. 取消和调整了公用场所一些房间或场所和工业建筑的一些车间的 UGR 值；

3. 已修改了工业建筑个别车间的显色指数；

4. 增加了体育建筑的 *GR* 值计算方法，并作为附录；

5. 增加了商店重点照明所应增加照明功率值的限制要求；

6. 已调整部分工业建筑房间和场所的照明功率密度值，并作了适当提高；

7. 补充了设有终端显示屏的房间，对房间所用灯具亮度值的限制；

8. 6.2.4 条和附录 A.0.2 查表法已删除；

9. 对按标准中规定照度可提高或降低一级已增加了限定条件；

10. 对有的条文和条文说明的内容和文字作了进一步的修改和加工。

综上所述，根据标准编制计划要求，现已完成报批稿工作，呈上报批。

《建筑照明设计标准》编制组

2004 年 5 月 25 日

2.1.5.2 标准内容简介

本标准系在原国标《民用建筑照明设计标准》GBJ 133—90 和《工业企业照明设计标准》GB 50034—92 的基础上，总结了住宅、公共和工业建筑照明设计和使用经验，通过普查和重点实测调查，并参考国内外建筑照明标准和照明节能标准经修订合并而成。其中照明节能标准是由原国家发改委环境和资源综合利用司组织主编单位完成的。

本标准由总则、术语、一般规定、照明数量和质量，照明标准值、照明节能、照明配电及控制、照明管理与监督共八章及两个附录组成。主要规定了住宅、公共和工业建筑的照明标准值，照明质量和照明功率密度值，标准中以黑体字标志的是强制性条文，必须严格执行。

本标准改用 47 条常用术语作为一章代替原两本标准的名词解释。

（1）一般规定

照明方式和照明种类与前两标准大致相同，无实质变更。

照明光源宜采用细管径直管形荧光灯、紧凑型荧光灯、金属卤化物灯和高压钠灯等高光效和长寿命光源。不宜采用荧光高压汞灯，不应采用自镇流高压汞灯，原因是光效低和显色性较差。

规定不应采用白炽灯，只有在五种特殊条件下可以采用白炽灯。

为节约能源本标准规定了荧光灯灯具和高强气体放电灯灯具的最低效率。

根据工作场所的环境条件，除原标准的潮湿、有腐蚀性气体或蒸气、高温、振动或摆动较大，易受机械损伤、有爆炸或火灾危险场所的灯具要求外，新增加采用不易积尘、易于擦拭的灯具，需防紫外线照射的场所，应采用隔紫灯具和无紫光源。

应选用电子镇流器或节能电感型镇流器，产品应符合国家能效标准。

本标准采用一般照明的照明功率密度（简称 *LPD*），单位为 W/m^2。除规定现行 *LPD* 值之外，为了促进照明产品质量和照明科技的提高，还规定了 *LPD* 的目标值。

（2）照明的数量和质量

① 照度标准值系列分级共分 22 级，最高由 300lx 提高到 5000lx。八种作业条件照度标准值应提高一级，三种作业条件的照度标准值应降低一级。规定了作业面邻近周围的最低照度值。维护系数值按清洁、一般、污染严重、室外规定数值，数值与前述标准值相差不多。

② 照度均匀度与前述标准相同，规定不宜小于 0.7，体育场馆规定了垂直面和水平面的照度以及四种照度均匀度。

③ 眩光限制按光源的平均亮度规定直接型灯具的最小遮光角，各建筑的室内房间或场所的不舒适眩光采用统一眩光值（*UGR* 值）公式计算，进行眩光评价，应低于照明标准值表中规定的 *UGR* 值。此公式适用于立方体形房间的一般照明，发光体对眼睛形成的立体角为 $0.0003sr<\omega<0.1sr$。灯具为均匀布置的对称配光。室外场所的不舒适眩光采用眩光值（*GR* 值）公式计算和评价，不得大于照明标准值表中规定的 *GR* 值。对于视觉显示终端应用灯具平均亮度来限制眩光。

④ 光源颜色按相关色温的范围值来表示暖、中间、冷的色表特征，并规定长期有人工作或停留的房间或场所光源的一般显色指数 R_a 不应低于 80。

（3）照明标准值

本标准除按原民用标准规定了居住、图书馆、办公、商店、影剧院、旅馆、铁路旅客站、港口旅客站、体育、公用场所等十类原有照明标准值外，新增加医院、学校、博物馆建筑的照明标准，除工业通用房间外，规定了 15 类工业系统工作车间或场所的照明标准值，除规定各种建筑的照度标准值外，增加了具体房间的统一眩光值（*UGR* 值）和一般显色指数值（R_a 值），使照明标准质量得到提高和充实。照度标准值比原有标准提高约 100%～200%。

（4）照明节能

标准具体规定了各工作和生活场所的照明功密度值（*LPD* 值），规定了住宅（每户）、办公、商店、旅馆、医院、学校、工业七类建筑的照明功率密度值，除住宅外，其他六类均为强制性条文，必须严格执行。此外，设有装饰性灯具或有重点照明要求的场所允许增加一定量的照度功率密度值。

（5）照明配电及控制

规定了照明光源的电源电压值，手提式或移动式灯具的特低安全电压值，照明灯具端电压变化值，应急照明采用安全特低电压。

规定了 15 条关于照明配电系统、导体截面选择、各种建筑应采用的照明控制方式等。

2.1.5.3 重要条款和重要指标

1. 民用建筑照明设计标准部分

总体上本标准比原民标在照度标准上有大幅度提高，平均比原标准的最高档值提高

50%～200%，本照度标准值是以民标的最高档的照度标准值作为比较的依据。

(1) 住宅起居室的一般活动照度由 50lx 提高到 100lx，卧室的一般活动由 50lx 提高到 75lx，餐厅由 50lx 提高到 150lx，阅读和厨房操作台的照度两者标准值相同，均为 150lx。

(2) 图书馆的各房间的照度与原民标的照度基本相同。

(3) 一般办公室、会议室、营业厅、接待室的照度比原民标最高档的照度提高由 200lx 提高到 300lx，设计室照度与民标照度两者标准相同，均为 500lx，文件、整理、复印、发行提高到 300lx。

(4) 商店的一般营业厅照度由 200lx 提高到 300lx，收款台的照度由 300lx 提高到 500lx，一般超市营业厅的照度两者标准均为 300lx。

(5) 影剧院的门厅照度与民标两者相同，影院和剧院观众厅的照度分别由 75lx 和 100lx 提高到 100lx 和 200lx，影院和剧院的休息厅的照度分别由 100lx 和 150lx 提高到 150lx 和 200lx。排演厅照度由 200lx 提高到 300lx，化妆台由 300lx 提高到 500lx。

(6) 旅馆客房的一般活动区、床头、写字台、卫生间分别由 50lx、100lx、200lx 和 100lx 提高到 75lx、150lx、300lx 和 150lx。中餐厅和西餐厅分别由 100lx 和 50lx 提高到 200lx 和 100lx。大堂由 150lx 提高到 300lx，其他如多功能厅与民标照度标准相同。

(7) 交通建筑的售票台照度由 200lx 提高到 500lx，问询处由 150lx 提高到 200lx，候车（机、船）厅由 100lx 提高到 150lx（普通）和 200lx（高档），中央大厅和售票大厅由 150lx 提高到 200lx，换票和行李托运、海关护照检查、安检分别由 100lx、200lx 和 150lx 提高到 300lx、500lx 和 300lx，进出大厅和行李认领大厅由 100lx 提高到 200lx。

(8) 体育建筑比赛项目的高档照度值大体与本标准值相同，本标准中的个别项目如桥牌由 200lx 提高到 500lx，射击的靶心由 2000lx 降到 1500lx，射击者位置由 150lx 提高到 500lx。

在民标中医院、学校和博展建筑的照度标准是缺项，无法与本标准作比较。

此外民用各种房间还增加了 UGR 值和 R_a 值的规定。

2. 工业建筑照明设计标准部分

改变了 79 年和 92 年工业企业的照度标准值，按识别对象最小尺寸、视觉作业等级、亮度对比大小分等级和不同照明方式规定的三档照度标准值，只按视觉工作车间和场所规定一个固定的照度标准值，而且比原标准大幅度提高了照度标准值，除工业的通用场所外，规定了 15 种工业系统各种车间的场所和照度标准值。此外，还规定了各车间场所的 UGR 值和 R_a 值。本标准的民用与工业建筑的照度标准值基本上已达到国际照明同类标准水平，即国际照明委员会 CIE S008/E—2001 的标准水平。

3. 照明功率密度值（*LPD* 值）

本标准的照明节能评价指标以照明功率密度值作为评价标准，其数量指标是单位面积上的照明安装功率（包括光源、镇流器或变压器等附属电气件），单位为瓦特每平方米（W/m^2）。本标准通过大量的普查和重量实测调查并参考美、日等一些发达国家和我国的地方照明节能标准制订，并进行了可行性设计论证。在保证照明标准值的前提下，根据标准的指标要求，共制订了住宅、办公、商业、旅馆、医疗、学校和工业等七类建筑共 86 个房间和场所的 LPD 值，除住宅的 LPD 值外，其他六类建筑的 LPD 值均为强制性标准，必须严格执行。为促进照明节能进一步发展，本标准除规定现行 LPD 值外，为使照明企业和设计单位，向更高的技术水平推进，制订本标准节能的目标值。

（1）住宅的LPD值

根据调查结果，约半数用户的LPD值在5～10W/m^{2}之间，户平均为8.93W/m^2，北京市和台湾的LPD值均为7W/m^2，本标准以户为单位的现行值为7W/m^2，目标值为6W/m^2。

（2）办公建筑的LPD值

将办公室的LPD值分为普通和高档两种是符合我国国情的，也是有利于节能的。调查结果表明，LPD在10～18W/m^{2}之间，重点调查多为高档和办公室，其平均LPD值为20W/m^2，照度约为500lx，故本标准分别定为11W/m^2（300lx）和18W/m^2（500lx），目标值定为9W/m^{2}和15W/m^2，与美国和日本的标准大致相当。会议室的调查结果，LPD值半数在10～18W/m^{2}之间，本标准定为11W/m^2，且标准值为9W/m^2，而美国和日本可能因其照度标准较高，LPD值接近17W/m^2，日本为20W/m^2。营业厅的调查结果中，LPD值多数低于10W/m^2，本标准定为13W/m^2，目标值定为11W/m^2，而国外的营业厅的LPD较高，在20～35W/m^{2}之间。

（3）商业建筑的LPD值

商店营业厅的LPD值调查值平均高达30.7W/m^2，而日本为20W/m^2，美国为22.6W/m^2，俄罗斯为25W/m^2，本标准将一般商店定为12W/m^2，目标值定为10W/m^2，高档的定为19W/m^2，目标值为16W/m^2，超市因建筑层高较高，一般超市定为13W/m^2，目标值定为11W/m^2。

（4）旅馆建筑的LPD值

客房LPD的调查平均值为12W/m^2，日本和北京的地方标准为15W/m^2，只有美国高达27W/m^2，我国定为15W/m^2，目标值为13W/m^2。中餐厅LPD的调查值平均值多为17～20W/m^{2}之间，多数在10～15W/m^{2}之间，本标准定为13W/m^2，目标值为11W/m^2。多功能厅LPD的调查值平均为23W/m^2，日本为30W/m^2，本标准定为18W/m^2，目标值为15W/m^2。

（5）医院建筑的LPD值

治疗室和诊室的LPD值，重点调查值为约半数在5～10W/m^{2}之间，普查多半数在10～15W/m^{2}之间，平均值约为12W/m^2，北京市标准LPD指标值为15W/m^2，美国为17W/m^2，日本为30W/m^2，我国定为11W/m^{2}是可行的，目标值为9W/m^2。化验室的LPD重点调查值为11W/m^2，普查平均值为15W/m^2，医疗人员反映应提高照度，故将相应的LPD定为18W/m^2，目标值为15W/m^2。手术室的LPD调查平均值为20W/m^2，美国及日本的LPD值均很高，考虑我国对应的照度定为30W/m^2，目标值为25W/m^2。候诊室的LPD调查值多数在10W/m^{2}以下，考虑其照度应低于诊室，故本标准定为8W/m^2，目标值为7W/m^2。病房的LPD值多数在10W/m^{2}以下，平均值为6～7W/m^2，而美、日标准相对较高为10W/m^2，本标准定为6W/m^2，目标值为5W/m^2。护士站LPD多数在15W/m^{2}以下，美日分别为25W/m^{2}和30W/m^2，考虑药房照度高达500lx，故本标准定为20W/m^2，目标值为17W/m^2。重症监护室照度为300lx，本标准定为11W/m^2，目标值为9W/m^2。

（6）学校建筑的LPD值

大多数教室的LPD值均在15W/m^{2}以下，多数教室的照度较低，美国LPD为17W/m^2，日本和俄罗斯均为 20W/m²，这些国家教室照度大多数在 300～500lx 之间，考虑到我国的照度为 300lx，将教室的 *LPD* 值定为 11W/m²，目标值为 9W/m²。本标准考虑到实验室的照度与教室照度相同，其 *LPD* 值与教室相同。美术教室的 *LPD* 值调查值在 20W/m²，照度为 500lx，故 *LPD* 值定为 18W/m²，目标值为 15W/m²。多媒体教室的照度要求较低，*LPD* 多数在 15W/m² 以下，故本标准定为 11W/m²，目标值为 9W/m²。

（7）工业建筑的 *LPD* 值

对全国六大区（东北、华北、西北、西南、东南、华南），各类工业建筑共计 645 个房间或场所的普查和重点调查的数据，进行平均值的计算和分析，折算到对应照度作为主要依据，制订了 354 种场所的 *LPD* 值。对原国标《工业企业照明设计标准》GB 50034—92 的“室内目标效能值”（建议性）的数据，设定了相应条件，经计算求出该标准相应照度的 *LPD* 值作为主要参考，同时还参考美、俄等国的相关标准。在制定各类场所的 *LPD* 值时，进行了典型的计算分析。当房间的室形指数小于 1 时，利用系数有所下降，因此可适当增加 *LPD* 值，可增加 20%的 *LPD* 值。

2.1.5.4　专题技术报告

1. 赵建平、张绍纲、李景色、任元会、李德富及各参编设计院，照明现状调研报告，2003 年 6 月

本报告全面系统介绍了对全国六大区（东北、西北、西南、华东、华南、华北）的住宅、图书馆、办公、商店、影剧院、旅馆、医院、博展、交通、体育、工业等建筑的房间或场所，20 世纪 90 年代以后建筑照明现状的所进行的普查和重点实测调查结果及分析和结论。共调查近 500 个建筑 3000 个房间的照明现状，取得了第一手可靠的数据和资料，作为制订标准的重要依据。

2. 赵建平、各参编的照明企业，荧光灯、高强气体放电灯现状调查报告，2003 年 6 月

本报告主要介绍了国内外八家著名光源和灯具生产厂家产品的光源光通量、灯具效率、镇流器功耗现状的结果，以论证本标准所规定不同形式荧光灯具和高强气体放电灯灯具效率的可靠性。

3. 张绍纲、李德富，室内不舒适眩光评价方法报告，2003 年 7 月

本报告首先介绍了 CIE 关于不舒适眩光计算公式的沿革，1979 年以前国际上无统一的眩光计算公式，以后发现北美与英国的计算的公式有很好的一致性，1983 年间南非的 Einhorn 综合各国的计算公式提出两种过渡形式的眩光计算公式（见 CIE No55 号，1983 年出版物）。此公式经过修改和量化后，形成现今的 UGR 计算公式（见 CIE 117 号出版物 1995 年）。此外，还介绍了可查表的统一眩光值的详表和简表法及统一眩光等级曲线法。UGR 计算可由计算程序计算，限制曲线法不宜推广使用，通过报告分析研究论证，本标准采用的 UGR 计算式评价不舒适眩光的可行性。

4. 任元会，照明功率密度论证及新标准与原标准的经济分析报告，2003 年 12 月

为了验证本标准所规定的照明功率密度值的可行性，对办公室、商店营业厅、学校教室、工业建筑部分车间进行了论证及新老标准的技术经济分析，论证和分析结果表明，采用高光效光源、灯具、镇流器以及合理的设计完全满足或低于所规定的照明功率密度值。新标准为 300lx，而原标准为 200lx 时，10 年寿命期总费用新标准仅为原标准费用的 81%～88.41%，说明本标准既节约电能又节约总费用。

5. 张绍纲，国外建筑照明照度标准和节能标准介绍，2003 年 2 月

本报告主要介绍国际照明委员会（CIE）、美国、日本、德国、俄罗斯的人工照明照度设计标准和美国、日本、俄罗斯、上海市和北京市的照明节能标准，作为编制本标准的参考和依据。

6. 赵建平、李景色等，赴北欧建筑照明节能考察报告，2003 年 12 月

本报告介绍了考察访问芬兰、瑞典、丹麦三国有关能源和环境管理、研究信息单位、市政和电力部门、照明灯具生产厂家，重点了解这些国家照明节能以及能源环境政策的情况，对在我国实施绿色照明及照明节能提出了建议。

2.1.5.5 论文著作

本标准编制前期论文包括：

1.《建筑照明设计标准》编制组，新编《建筑照明设计标准》GB 50034—2004 介绍，中国建筑学会第九届建筑物理分会第九届年会，绿色建筑与建筑物理，2004，6

本文主要介绍了标准的编制过程、指导思想、制订标准的主要依据，新标准的三项重大变化：一是照度水平有较大幅度提高，主要工作场所一般照明平均照度提高 50%～200%；二是照明指标变化，规定长期工作或停留的房间或场所一般显色指数不应低于 80；三是增加七类建筑，108 种房间和场所的照明功率密度值（*LPD* 值）。此外，介绍了预期达到的目标以及标准的实际效果。

2. 张绍纲，宾馆照明节能标准的研究，《建筑节能》1998. No3. P33～37。台湾《照明》1998. No5 全文转载

本文在对我国部分宾馆在用电实际调查基础上，参考已有的国内外宾馆照明节能标准，对宾馆节能照明标准，提出制订我国 *LPD* 值的建议。

3. 张绍纲，制定商厦照明节能标准的建议，《建筑节能》1998. No4. P42～47

本文在对国外商厦照明节能标准的分析研究的基础上，结合对北京和上海 20 余家大型商厦 *LPD* 实测调查结果，对制订我国商厦的 *LPD* 值提出建议。

4. 张绍纲，中国的照明节能，《中国-欧洲联盟建筑节能技术研讨会论文集》C1-C7 中国，北京 1998 年 12 月 2-3 日

本文首先介绍自 90 年代初以来，国际上实施绿色照明的概况，着重介绍我国于 1996 年 9 月颁布的《中国实施绿色照明工程实施法案》的目标和主要做法，其次介绍照明节能的技术措施；最后对在我国进一步开展节能工作及与欧盟开展国际合作的提出建议。

5. 张绍纲，关于办公建筑照明节能标准的建议，《照明技术与管理》2001. No9

本文介绍了对北京一些新建的办公大楼的照度和照明功率密度的调查结果，并参考国外照明标准和节能标准，对制订我国的照度标准和节能标准提出的初步建议。

6. 张绍纲，关于学校教室照明标准的建议，《北京科协专刊》2001. No9

本文对学校教室照明的最大照明功率密度提出建议，主要是根据对北京 6 所大学 16 个不同照明状况的教室实测调查结果，并参考国内外已有的国内外照明节能标准，对制订我国的教室照明节能标准提出建议。

7. 张绍纲，关于建筑照明节能标准的建议，《照明工程学报》2001. No4

本文通过对国内外建筑照明节能标准调查研究结果，对宾馆、商店、办公、学校、医院、住宅和建筑立面景观照明等七类建筑的照明功率密度指标提出了初步建议，供制订建筑照明节能标准参考。

8. 张绍纲，住宅光环境的调查研究，《照明工程学报》2001. No1

在本文中的最大照明功率密度限值是根据对北京14户小康住宅的实测调查结果，并参考国内外已有标准，对住宅照明节能标准提出了建议。

本标准标准发布后发表的论文及著作包括：

1. 赵建平、张绍纲、李景色、任元会，《建筑照明设计标准》主要修订内容介绍，《建筑电气》2005. No2

本文主要对修订的《建筑照明设计标准》GB 50034—2004的主要修订内容作了相关介绍，包括照度标准值、照明质量、照明功率密度值等方面的规定。

2. 赵建平、张绍纲、李景色、任元会，推动绿色照明实施的重大举措，《建筑电气》2005. No3

本文从概述、编制工程、指导思想、编制主要依据、新标准的变化、预期达到的目标、实施政策等七个方面，论述了新编标准的情况及内容，便于相关人员对该标准的理解，有利于该标准的实施。

3. 赵建平、张绍纲、李景色、任元会，办公建筑的照明节能标准，中国照明学会-台湾区照明灯具输出业同业协会，海峡两岸第十一届照明科技与营销研讨会论文集，2004. 4

本文主要介绍了我国制定的《建筑照明设计标准》GB 50034—2004中相关办公建筑的照明功率密度值及其制订依据。

4. 张绍纲，实施绿色照明的技术对策，中国建筑学会建筑物理分会第九届年会，2004. 6

本文主要介绍了在照明标准、照明方式、光源、灯具、照明功率密度、照明配电及控制和充分利用天然光方面的技术对策，展望了今后实施绿色照明所应解决的关键问题。

5. 任元会、赵建平、张绍纲、李景色，照明节能的实施保证和存在问题，走进CIE 26届大会-中国照明学会（2005）学术年会论文集，2005. 4

本文主要介绍了对保证实施《建筑照明设计标准》GB 50034—2004中的照明功率密度值及存在的问题。

6. 赵建平、张绍纲、李景色、任元会，中国的建筑照明节能标准，《节能》2005. No4：7～10

本文主要介绍了依据大量的照明重点的实测调查和普查的数据结果，并参考国际和发达国家的照明节能标准，结合我国照明产品性能指标状况，经过论证分析并结合经济分析，介绍制订的我国照明节能标准的情况。

7. 赵建平、张绍纲、肖辉乾、李景色、李铁楠，中国的照明节能，中国照明学会、中国照明论坛-绿色照明与照明节能科技研讨会专题报告论文集，2008：9

本文主要介绍了我国的《建筑照明设计标准》GB 50034—2004、《城市夜景照明设计规范》JGJ/T 163—2008、《城市道路照明设计标准》CJJ 45—2006的照明节能标准。这些标准均以照明功率密度（*LPD*）作为节能的评价指标，并进行了国内外照明功率密度值对比，对实施的可行性及问题加以阐述。

8. 张绍纲，美国与中国照明节能标准的比较分析，《照明》2009：No10

本文首先对美国与中国照明节能标准进行分析比较，从而了解我国照明节能标准水平及其发展前景，比较结果表明，在照度相同条件下，我国大多场所的 *LPD* 值标准低于美国 2004 年的标准。

9. 张绍纲，日本与中国照明节能标准的比较与分析，《照明》2009：No11

本文首先介绍日本 2003 年的《建筑物合理用能评价标准》，并与我国民用建筑照明节能标准进行比较。比较结果表明，多数房间的 *LPD* 值与我国的 *LPD* 值相同。

10. 张绍纲，中国、美国和日本照明节能的比较与分析，《智能建筑电气技术》，2010：No4

本文介绍了一些国家的照明用电量及美国和日本的照明节能标准中的照明功率密度值，并与我国的《建筑照明设计标准》中的照明功率密度进行比较。

11. 赵建平，建筑电气照明节能评价标准，《智能建筑电气技术》2010：4

本文主要介绍了电气照明节能评价的一些思路和规定。论文包括了我国编制节能评价标准的依据和原则，目前国家有关节能的政策和法规，我国产品的能效标准和设计标准，国外的节能评价标准以及对我国制订节能标准的建议。

12. 张绍纲主编，刘虹、赵建平副主编，《绿色照明工程实施手册》，2003.11 月第一版，中国建筑工业出版社

在著作中涉及本标准的是主要介绍了国内外的照明标准和节能标准以及住宅、公共建筑和工业建筑的照明节能设计。

13. 《建筑照明设计标准》编制组编，《建筑照明设计标准》培训讲座，2004 年 12 月第一版，中国建筑工业出版社

本讲座是以实施本标准为目的宣贯教材，其内容涉及标准的全部内容和制订依据并给出了编制过程中的一些背景材料，内容丰富、新颖，具有高度的权威性、创新性、针对性和可靠性。

14. 丁向阳主编，北京市节能环保中心组织编写，《大型公建节能读本》，2006 年 6 月第一版

本院主要参加编写办公、商场、学校、旅馆、医院建筑的环境特点、照明要求、照明功率密度值以及上述五类公共建筑的照明节能技术和应采用的照明节能产品，并对办公、商店、学校、旅馆、医院给出了节能案例。

15. 北京照明学会照明设计专业委员会编，《照明设计手册》（第二版），2006 年 12 月，中国电力出版社

本院参加编写第二章第二节，《建筑照明设计标准》GB 50034—2004 中的照明标准值和第 22 章中的照明节能技术措施和照明功率密度值。

16. 刘虹、赵建平主编，《绿色照明工程实施手册》（第二版）2011 年 11 月，中国环境科学出版社

在本著作中介绍了《建筑照明设计标准》GB 50034—2004 的全部内容及九类民用建筑的节能设计、工业建筑的节能措施和照明功率密度值。

17. 中国航空工业规划设计研究院主编，北京市地方标准《绿色照明工程技术规程》DBJ01-60F-2001

本院主要承担常用场所的照明单位面积功率指标的制订工作，在本规程中负责制订了旅馆、商场、办公、学校、医院、住宅、夜景照明的单位面积的照明功率密度指标。

2.1.5.6 创新点

1. 首次制订了民用和工业建筑的照明节能标准

自1973年发生第一次石油危机以来，开始引起世界各国对节约能源的关注，一些发达国家相继提出照明节能的原则和措施，如美国、日本、CIE分别相继提出12条、17条和9条的照明节能原则。自1991年美国环保署提出绿色照明计划后，并于1989年制订出各类建筑照明的用电指标，即照明功率密度（W/m^2），英文简称为*LPD*，并先后修订多次，最后的版本为ASHIRAE/IESNA 90.1—2010。日本于2003年颁布修订的《建筑物合理用能评价标准》等。此外，还有加拿大、俄罗斯、瑞典、新加坡、香港等国家和地区也制订了照明节能规定。我国对照明节能也很重视，早在《工业企业照明设计》GB 50034—92中就规定了建议性的照明的目标效能值［$W/(m^2 \cdot 100lx)$］。

于1997年接受国家发改委和联合国发展计划署（UNDP）的第一期节能项目，我院负责对宾馆和商厦的照明节能标准进行调查研究并提出宾馆和商厦照明节能标准的建议。1998年我院又参加了北京市地方标准《绿色照明技术工程》DBJ-607—2001中常用场所的*LPD*的制订工作，并提出旅馆、商厦、办公室、学校、医院、住宅、夜景照明等16个房间或场所的*LPD*值。即早在制订本标准前期就已经进行一定的照明节能的前期调查研究，并在刊物上发表了许多有关照明节能的文章，为本标准编制积累一些资料，供修订本标准的参考。

本标准首次规定了七类建筑和照明功率密度值（W/m^2）列入本标准中作为照明节能的评价指标，并且除住宅外，其他如办公室、商店、旅馆、医院、学校和工业车间或场所的*LPD*值作为严格执行的强制性标准。除规定现行的*LPD*值外，还规定了具有前瞻性和进一步促进照明节能的目标值。目标值比现行值降低约10%～20%，我国的*LPD*值与美国及日本的同类房间的*LPD*值相比较相对低些，更具节能效果，这就是本标准的创新第一点。

2. 照度标准值大幅提高

一些主要房间或场所的照度水平有大幅度提高，一般照明的平均值提高到50%～200%，这是十多年来照度标准的突变。如原来的办公室的照度一般为150lx，而新标准提高到300lx，提高一倍，而高档办公室为500lx，提高2倍多。从实际调查数据说明，我国的照度水平在80～90年代是在不断提高过程中，到21世纪初，许多新建筑照明水平大多已达到国际水平。

本标准取消了低、中、高三档的照度标准值，新标准只规定一个照度标准值，执行标准更准确易行，而且与CIE的最新标准接轨，但也具有一定的灵活性，根据视觉工作条件不同以及建筑等级、功能要求的高低不同和经济条件等的不同，可提高或降低一级照度标准值。

本标准规定了作业面邻近周围的照度标准值（作业面照度小于200lx除外）的规定，作业面周围的照度分布下降，变化太大，会引起视觉识别困难和眼睛不适应的不舒适感。

本标准考虑到照明设计布灯、光源功率和光通量的变化，规定了设计照度值与标准值有±10%的偏差。

3. 照明质量有新内容

对灯具的遮光角按光源的平均亮度范围作出新规定。

取消原工业与民用标准的用灯具悬挂高度及灯具亮度限制曲线来限制直接眩光的规定。这种眩光限制只是针对单个灯具的眩光，并不能表示室内所有灯具产生总的眩光效应。因此，采用30多年来各国专家一直讨论，而最后综合各国的眩光计算方法优点的基础上，CIE 提出了统一眩光值（*UGR*）的眩光计算方式。本标准采用了 *UGR* 值作为新标准来评价不舒适眩光，而室外体育场采用 CIE 的眩光值（*GR*）来评价眩光，这是一种新变化，并与国际标准接轨。原工业与民用均未对各类房间或场所的 *UGR*、*GR* 和一般显色指数 R_a 作出具体规定，本标准提高了照明环境的质量水平。

2.1.5.7 社会经济效益

1. 办公建筑

将本标准与《工业企业在设计标准》GB 50034—92 作技术经济比较

（1）以 13.2m×6m 面积为 79.2m² 的普通办公室为例作比较，*LPD* 设计方案及计算结果的比较见表 2-1。

设计方案及计算结果比较 **表 2-1**

依据标准及照度标准值	原标准 GBJ 133—90 (200lx)	本标准 GB 50034—2004 照度标准（300lx）	
		方案 1	方案 2
选用光源	T12 荧光灯，40W，16 支 R_a>60，2200lm	T8 三基色荧光灯，36w，16 支 R_a>80，～4000k，3250lm	同左
选用镇流器	电感式 能耗≤10W	电子式（L 级）能耗≤4W	节能电感式 能耗≤5.5W
选用灯具	格栅，双管、宽配光电，8 套	同左	同左
计算平均照度（lx）	210	310	310
安装功率（lx）	800	576	664
LPD（W/m²）	10.1	7.27	8.38
折算到标准照度之 *LPD*（W/m²）	9.62	7.04	8.11

（2）初建费用的计算和比较见表 2-2。

办公室几种照明方案的初建费用 **表 2-2**

照明器材	按原标准 GBJ 133—90 设计的方案（200lx）	按本标准 GB 50034—2004 设计（300lx）	
		方案 1	方案 2
格栅灯具（含安装费）单价（元）×数量	300 元×8＝2400 元	2400 元	2400 元
荧光灯管 单价（元）×数量	6 元×16＝96 元	21 元×16＝336 元	336 元
镇流器 单价（元）×数量	13 元×16＝208 元	一带二电子镇流器（L 级）98 元×8＝720 元	节能电感镇流器 20 元×16＝320 元
启动器 单价（元）×数量	1 元×16＝16 元	0	1 元×16＝16 元
补偿电容器 单价（元）×数量	8 元×16＝128 元	0	8 元×16＝128 元
合计	2848 元	3456 元	3200 元

（3）运行费计算见表 2-3。

办公室几种照明方案的运行费 **表 2-3**

运行费项目	按原标准 GBJ 133—90 设计的方案（200lx）	按本标准 GB 50034—2004 设计（300lx）	
		方案 1	方案 2
年电费（元）	$0.5\times2848+12990\times\frac{7.606}{10}=$ $12728\times3000\times0.9\times1.2=1296$ 元	$0.5\times\frac{32+4}{1000}\times3000\times$ $0.9\times1.2=933$ 元	$0.5\times\frac{36+5.5}{1000}\times3000\times$ $0.9\times1.2=1076$ 元
10 年（寿命期）电费总计（元）	1296×10＝12960 元	933×10＝9330 元	1076×10＝10760 元
光源更换费（元）	$\left(\frac{3000\times10}{5000}-1\right)\times6=30$ 元	$\left(\frac{3000\times10}{12000}-1\right)\times21=42$ 元	$\left(\frac{3000\times10}{12000}-1\right)\times21=42$ 元
运行费总计	12960＋30＝12990 元	9330＋42＝9372 元	1076＋42＝10802 元

注：灯具寿命期取 10 年，是在额定运行条件下（额定电压，温度低于 30℃），年工作小时为 3000h 的寿命值。电费 0.5 元/(kW·h)，来计入利息。

（4）全费用分析和比较

简单的比较，不计投资利息，按初建费和 10 年运行费的总和进行比较，列于表 2-4。

办公室几种照明方案的全费用简单比较 **表 2-4**

运行费项目	按原标准 GBJ 133—90 设计的方案（200lx）	按新标准 GB 50034—2004 设计（300lx）	
		方案 1	方案 2
初建费和 10 年运行费的总和（元）	2848＋12990＝15838 元	3456＋9372＝12828 元	3200＋10802＝14002 元
总费用比较（以原标准为 100）	100％	81％	88.41％

安全寿命期综合能效费用法（TOC 法）或等效初始费用法（EFC 法）比较将寿命内的各年费用贴现到某一基准年（取初建设期年份）的现值费用。等效费用 TOC 的计算式计算结果见表 2-5。

办公室几种照明方案的等效总费用比较 **表 2-5**

项目	按原标准 GBJ 133—90 设计的方案（200lx）	按新标准 GB 50034—2004 设计（300lx）	
		方案 1	方案 2
初建费和运行费的总费用（元）	$2848+12990\times\frac{7.606}{10}=12728$ 元	$3456+9372\times\frac{7.606}{10}=10584$ 元	$3200+10802\times\frac{7.606}{10}=11416$ 元
总费用比较（以原标准为 100％）	100％	83.16％	89.70％

（5）结论

按本标准设计的方案达到平均照度 300lx，而 10 年寿命期内总费用仅为按原标准设计的 200lx 时的 81%～88.41%；考虑到投资利息的 10 年期等效总费则为 83.16%～89.70%，技术经济效益良好。按新标准设计方案使用三基色荧光灯，显色指数 R_a 为 60～72。以上分析按新标准设计达到的技术指标（照度、显色指数）高，节能效果好，经济指标也好，原因是光源、镇流器产品的技术进步的结果，同时也基于今天设计的认识和观念的进步。

2. 工业房间或场所

本标准与原 92 年标准的照度及能耗分析。通过 13 个工业建筑典型场所，其中建筑场所的高度在 4～5m 以上的有 8 个，在 4～5m 以下的有 5 个，按本标准照度提高的倍数，对能耗增加量进行分析和对比。房间或场所的高度在 4～5m 以上的能耗比较见表 2-6。

工业建筑新老标准照度及能耗比较 表 2-6

工业建筑房间或场所名称		按原标准 GB 50034—92			按本标准 GB 50034—2004		
		平均照度（lx）	*LPD* 值（W/m²）		平均照度（lx）	*LPD* 值（W/m²）	
			汞灯＋中显钠	汞灯＋钠灯		金属卤化物灯	高压钠灯
大件装配	数值	75	2.66	2.36	200	3.95	2.96
	对比（%）	100	100	88.7	267	148.5	111.3
一般配件	数值	100	3.55	3.14	300	5.93	4.44
	对比（%）	100	100	88.5	300	167	125
精密装配	数值	150	5.32	4.71	500	9.88	7.41
	对比（%）	100	100	88.5	333	185.7	139.3
机械加工粗加工	数值	50	1.77	1.57	200	3.95	2.96
	对比（%）	100	100	88.7	400	223.2	167.2
机械加工一般	数值	75	2.66	2.36	300	5.93	4.44
	对比（%）	100	100	88.7	400	222.9	166.9
机械加工精密	数值	150	5.32	4.71	500	9.88	7.41
	对比（%）	100	100	88.5	333	185.7	139.3
一般焊接	数值	75	2.66	2.36	200	3.95	2.96
	对比（%）	100	100	88.7	267	148.5	111.3
精密焊接	数值	100	3.55	3.14	300	5.93	4.44
	对比（%）	100	100	88.5	300	167	125
平均	数值	96.9	3.44	3.04	312.5	6.17	4.62
	对比（%）	100	100	88.4	322.5	179	134

注：① 汞灯 400W＋中显钠 250W，光通量为 21000lm＋22000lm，光效分别 52.5lm/W 和 88lm/W；
② 汞灯 400W＋钠灯 250W，光通量为 21000lm＋27500lm，光效分别 52.5lm/W 和 110lm/W；
③ 金属卤化物灯 400W，光通量为 36000lm，光效 90lm/W；
④ 高压钠灯 400W，光通量为 48000lm，光效 120lm/W。

房间或场所高度 4～5m 以下的能耗比较见 2-7。

工业建筑新老标准照度及能耗比较 **表 2-7**

工业建筑房间或场所名称		按原标准 GB 50034—92		按原标准 GB 50034—2004		
		平均照度（lx）	*LPD* 值（W/m²）	平均照度（lx）	*LPD* 值（W/m²）	
			T12 灯管（40W）配电感镇流器		T8 灯管（36W）配电感镇流器	T8 灯管（36W）节能电感镇流器
一般控制室	数值	100	4.74	300	6.24	7.18
	对比（%）	100	100	300	131.6	151.5
主控制室	数值	200	9.48	500	10.39	11.97
	对比（%）	100	100	250	109.6	126.3
实验室	数值	150	7.11	300	6.24	7.18
	对比（%）	100	100	200	87.8	101
计量室	数值	200	9.48	500	10.39	11.97
	对比（%）	100	100	250	109.6	126.3
电话站	数值	150	7.11	500	10.39	11.97
	对比（%）	100	100	333	146.1	168.4
平均	数值	160	7.59	420	8.73	10.05
	对比（%）	100	100	262.5	115	132.5

注：T12 荧光灯 40W，光通量 2200lm，光效 55lm/W；T8 三基色荧光灯 36W，光通量 3250lm，光效 90lm/W。

本标准与原标准的总的分析与比较见表 2-8。

工业建筑典型场所照度和 *LPD* 值对比 **表 2-8**

场所情况	标准	平均照度比（%）	*LPD* 对比（%）		R_a 对比	
			方案 1	方案 2	方案 1	方案 2
较高的房间或场所使用 HID 光源 8 例平均值	原标准	100	GGY+NGX 100	GGY+NG 100	GGY+NGX >40	GGY+NG >20
	本标准	323	MH 179	NG 152	MH >60	NG >20
较矮场所使用直管荧光灯 5 例平均值	原标准	100	T12 100	T12 100	>60	>60
	本标准	263	T8，电子镇流器 115	T8，节能电感镇流器 133	>80	>80

从表 2-6 中使用 HID 灯的较高工业场所 8 例平均值看，照度为原标准 3.23 倍，*LPD* 值为 1.52～1.79 倍，R_a 较接近，效能有所提高，尚可接受；使用直管荧光灯的较低矮工业场所 5 例平均值，照度为原标准的 2.63 倍，*LPD* 值仅为 1.15～1.33 倍，且 R_a 有明显提高，效益十分显著。

本标准规定的照明功率密限值（*LPD* 值）自 2004—2014 年实施 10 年来，根据我国各大设计院的实际工程案例进行了统计与分析。这些案例都是近年来的新建筑，反映了当前产品性能和照明设计的技术水平。统计结果得出，本标准在住宅、办公、商店、旅馆、医疗、教育和工业七类建筑中规定的 *LPD* 值，实际达标率已在 90%以上，从而说明本标准在大幅度提高照度水平下，不但改善了光环境质量，而又大量节约照明能源的消耗，具有巨大的社会经济效益。尽管不能在总体上提出具体节能的数据，但从前面的办公建筑和工业建筑的能耗分析比较中，可以得出本标准具有不可估量的社会经济效益。

2.1.6 《建筑照明设计标准》GB 50034—2013

2.1.6.1 标准编制主要文件资料

1. 封面、公告、前言

本版标准的封面、公告、前言如图 2-43 所示。

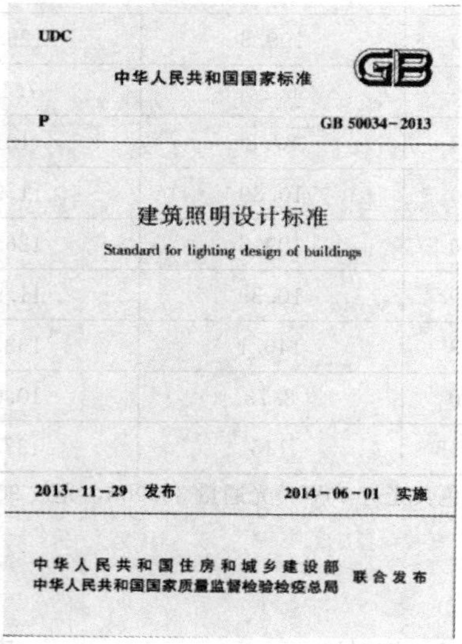
UDC

中华人民共和国国家标准 GB

P GB 50034－2013

建筑照明设计标准

Standard for lighting design of buildings

2013－11－29 发布 2014－06－01 实施

中华人民共和国住房和城乡建设部
中华人民共和国国家质量监督检验检疫总局 联合发布

封面

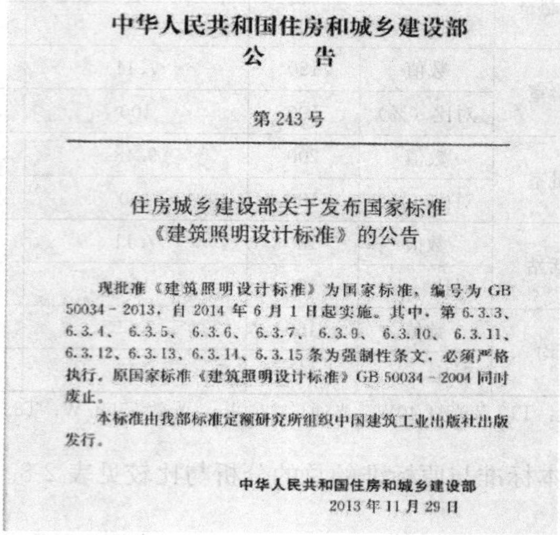
中华人民共和国住房和城乡建设部

公 告

第 243 号

住房城乡建设部关于发布国家标准《建筑照明设计标准》的公告

现批准《建筑照明设计标准》为国家标准，编号为 GB 50034－2013，自 2014 年 6 月 1 日起实施。其中，第 6.3.3、6.3.4、6.3.5、6.3.6、6.3.7、6.3.9、6.3.10、6.3.11、6.3.12、6.3.13、6.3.14、6.3.15 条为强制性条文，必须严格执行。原国家标准《建筑照明设计标准》GB 50034－2004 同时废止。

本标准由我部标准定额研究所组织中国建筑工业出版社出版发行。

中华人民共和国住房和城乡建设部
2013 年 11 月 29 日

公告

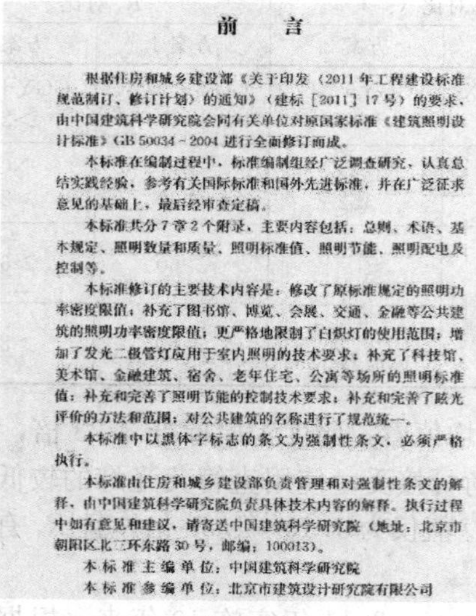
前 言

根据住房和城乡建设部《关于印发〈2011 年工程建设标准规范制订、修订计划〉的通知》（建标［2011］17 号）的要求，由中国建筑科学研究院会同有关单位对原国家标准《建筑照明设计标准》GB 50034－2004 进行全面修订而成。

本标准在编制过程中，标准编制组经广泛调查研究，认真总结实践经验，参考有关国际标准和国外先进标准，并在广泛征求意见的基础上，最后经审查定稿。

本标准共分 7 章 2 个附录，主要内容包括：总则、术语、基本规定、照明数量和质量、照明标准值、照明节能、照明配电及控制等。

本标准修订的主要技术内容是：修改了原标准规定的照明功率密度限值；补充了图书馆、博览、会展、交通、金融等公共建筑的照明功率密度限值；更严格地限制了白炽灯的使用范围；增加了发光二极管灯应用于室内照明的技术要求；补充了科技馆、美术馆、金融建筑、宿舍、老年住宅、公寓等场所的照明标准值；补充和完善了照明节能的控制技术要求；补充和完善了眩光评价的方法和范围；对公共建筑的名称进行了规范统一。

本标准中以黑体字标志的条文为强制性条文，必须严格执行。

本标准由住房和城乡建设部负责管理和对强制性条文的解释，由中国建筑科学研究院负责具体技术内容的解释。执行过程中如有意见和建议，请寄送中国建筑科学研究院（地址：北京市朝阳区北三环东路 30 号，邮编：100013）。

本标准主编单位：中国建筑科学研究院

本标准参编单位：北京市建筑设计研究院有限公司

前言（1）

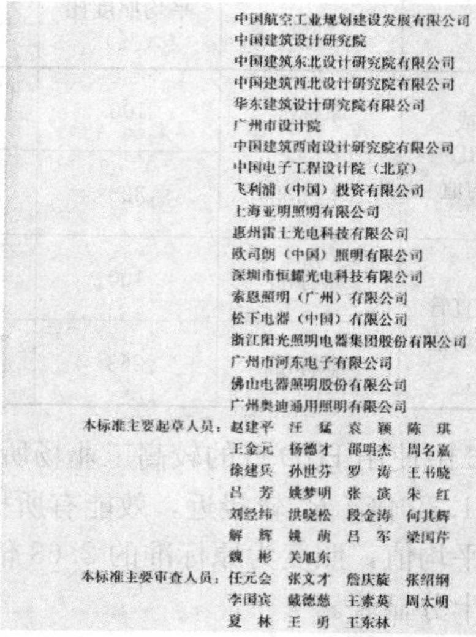
中国航空工业规划建设发展有限公司
中国建筑设计研究院
中国建筑东北设计研究院有限公司
中国建筑西北设计研究院有限公司
华东建筑设计研究院有限公司
广州市设计院
中国建筑西南设计研究院有限公司
中国电子工程设计院（北京）
飞利浦（中国）投资有限公司
上海亚明照明有限公司
惠州雷士光电科技有限公司
欧司朗（中国）照明有限公司
深圳市恒耀光电科技有限公司
索恩照明（广州）有限公司
松下电器（中国）有限公司
浙江阳光照明电器集团股份有限公司
广州市河东电子有限公司
佛山电器照明股份有限公司
广州奥迪通用照明有限公司

本标准主要起草人员：赵建平 汪 猛 袁 颖 陈 琪 王金元 杨德才 邵明杰 周名嘉 徐建兵 孙世芬 罗 涛 王书晓 吕 芳 姚梦明 张 滨 朱 红 刘经纬 洪晓松 段金涛 何其辉 解 辉 姚 萌 吕 军 梁国芹 魏 彬 关旭东

本标准主要审查人员：任元会 张文才 詹庆旋 张绍纲 李国宾 戴德慈 王素英 周太明 夏 林 王 勇 王东林

前言（2）

图 2-43 本版标准封面等

2. 制修订计划文件

本版标准制修订计划如图 2-44 所示，住房和城乡建设部建标［2011］17 号文《关于印发 2011 年工程建设标准规范制订、修订计划的通知》附件中第 93 项为《建筑照明设计标准》GB 50034—2004 修订。

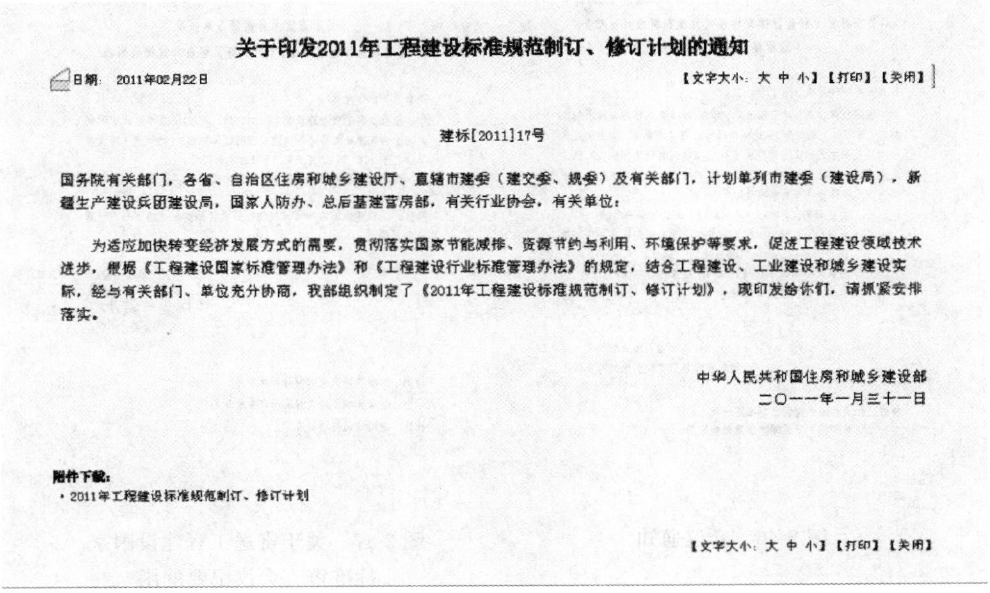

关于印发2011年工程建设标准规范制订、修订计划的通知

日期：2011年02月22日　　【文字大小：大 中 小】【打印】【关闭】

建标[2011]17号

国务院有关部门，各省、自治区住房和城乡建设厅、直辖市建委（建交委、规委）及有关部门，计划单列市建委（建设局），新疆生产建设兵团建设局，国家人防办、总后基建营房部，有关行业协会，有关单位：

为适应加快转变经济发展方式的需要，贯彻落实国家节能减排、资源节约与利用、环境保护等要求，促进工程建设领域技术进步，根据《工程建设国家标准管理办法》和《工程建设行业标准管理办法》的规定，结合工程建设、工业建设和城乡建设实际，经与有关部门、单位充分协商，我部组织制定了《2011年工程建设标准规范制订、修订计划》，现印发给你们，请抓紧安排落实。

中华人民共和国住房和城乡建设部

二〇一一年一月三十一日

附件下载：

• 2011年工程建设标准规范制订、修订计划

【文字大小：大 中 小】【打印】【关闭】

图 2-44　本版标准制修订计划

3. 编制组成立暨第一次工作会议

本版标准编制组成立暨第一次工作会议通知如图 2-45 所示。

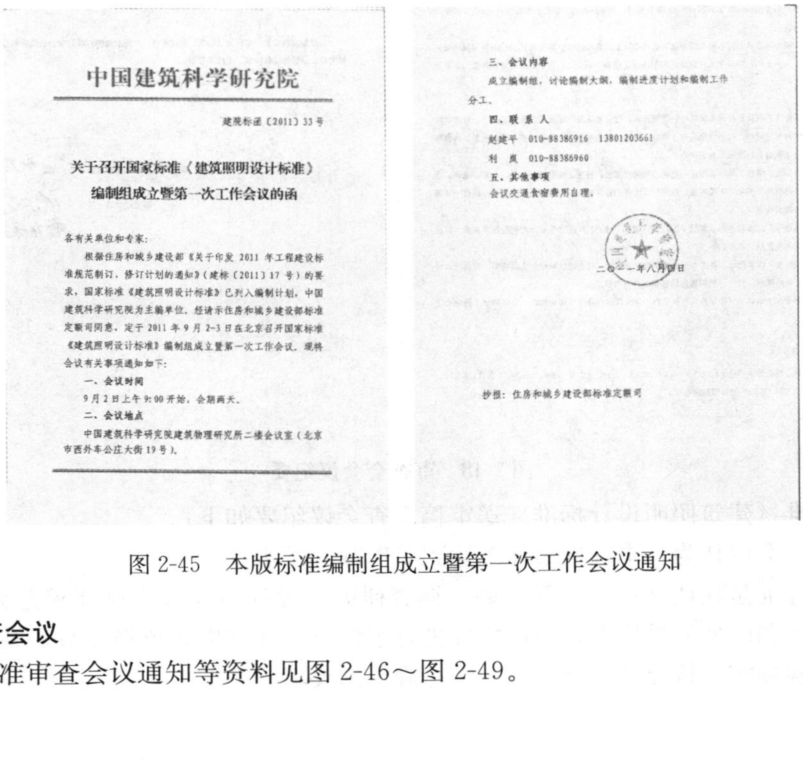

中国建筑科学研究院

建院标函〔2011〕33号

关于召开国家标准《建筑照明设计标准》编制组成立暨第一次工作会议的函

各有关单位和专家：

根据住房和城乡建设部《关于印发 2011 年工程建设标准规范制订、修订计划的通知》（建标〔2011〕17 号）的要求，国家标准《建筑照明设计标准》已列入编制计划，中国建筑科学研究院为主编单位。经请示住房和城乡建设部标准定额司同意，定于 2011 年 9 月 2-3 日在北京召开国家标准《建筑照明设计标准》编制组成立暨第一次工作会议。现将会议有关事项通知如下：

一、会议时间

9 月 2 日上午 9:00 开始，会期两天。

二、会议地点

中国建筑科学研究院建筑物理研究所二楼会议室（北京市西外车公庄大街 19 号）。

三、会议内容

成立编制组，讨论编制大纲，编制进度计划和编制工作分工。

四、联系人

赵建平　010-88386916　13801203661

利　岚　010-88386960

五、其他事项

会议交通食宿费用自理。

二〇一一年八月四日

抄报：住房和城乡建设部标准定额司

图 2-45　本版标准编制组成立暨第一次工作会议通知

4. 审查会议

本版标准审查会议通知等资料见图 2-46～图 2-49。

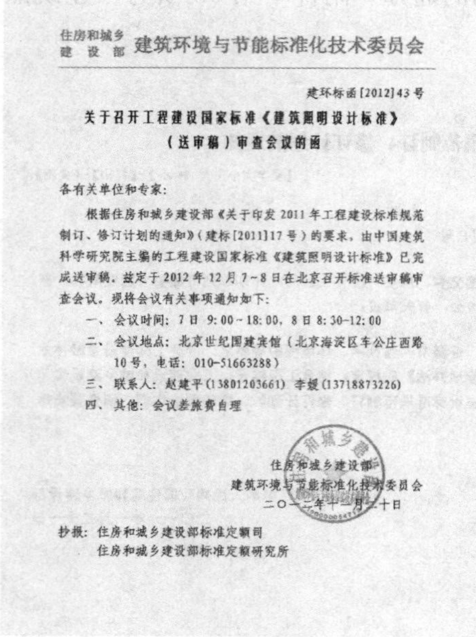

住房和城乡建设部 建筑环境与节能标准化技术委员会

建环标函[2012]43号

关于召开工程建设国家标准《建筑照明设计标准》（送审稿）审查会议的函

各有关单位和专家：

根据住房和城乡建设部《关于印发2011年工程建设标准规范制订、修订计划的通知》（建标[2011]17号）的要求，由中国建筑科学研究院主编的工程建设国家标准《建筑照明设计标准》已完成送审稿，兹定于2012年12月7～8日在北京召开标准送审稿审查会议，现将会议有关事项通知如下：

一、会议时间：7日 9:00～18:00，8日 8:30-12:00

二、会议地点：北京世纪国建宾馆（北京海淀区车公庄西路10号，电话：010-51663288）

三、联系人：赵建平（13801203661）李媛（13718873226）

四、其他：会议差旅费自理

住房和城乡建设部
建筑环境与节能标准化技术委员会
二〇一二年十一月二十日

抄报：住房和城乡建设部标准定额司
住房和城乡建设部标准定额研究所

图 2-46　会议通知

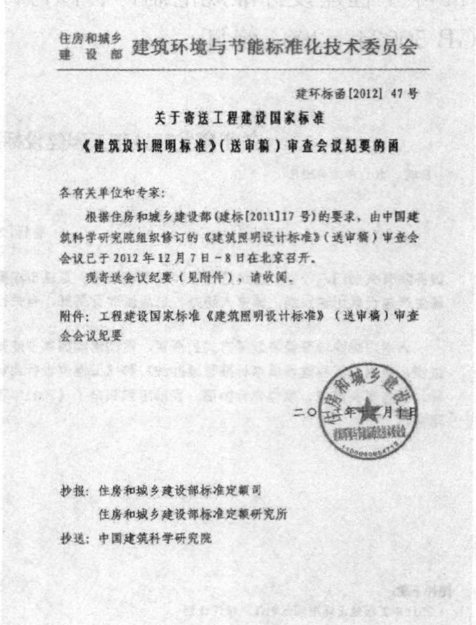

住房和城乡建设部 建筑环境与节能标准化技术委员会

建环标函[2012] 47号

关于寄送工程建设国家标准《建筑设计照明标准》（送审稿）审查会议纪要的函

各有关单位和专家：

根据住房和城乡建设部（建标[2011]17号）的要求，由中国建筑科学研究院组织修订的《建筑照明设计标准》（送审稿）审查会会议已于2012年12月7日～8日在北京召开。

现寄送会议纪要（见附件），请收阅。

附件：工程建设国家标准《建筑照明设计标准》（送审稿）审查会会议纪要

二〇一二年十二月十日

抄报：住房和城乡建设部标准定额司
住房和城乡建设部标准定额研究所

抄送：中国建筑科学研究院

图 2-47　关于寄送工程建设国家标准审查会议纪要的函

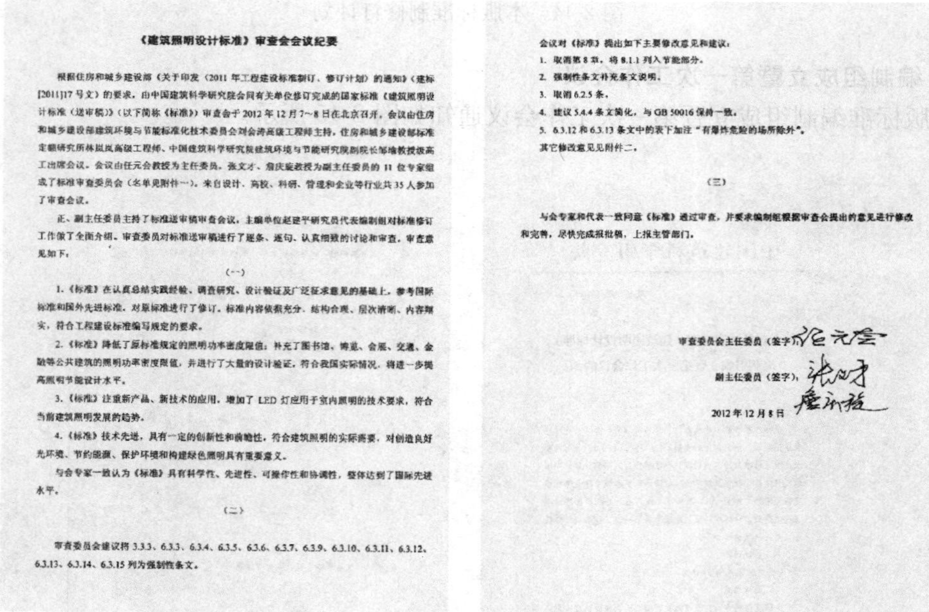

《建筑照明设计标准》审查会会议纪要

根据住房和城乡建设部《关于印发〈2011年工程建设标准制订、修订计划〉的通知》（建标[2011]17号文）的要求，由中国建筑科学研究院会同有关单位修订完成的国家标准《建筑照明设计标准（送审稿）》（以下简称《标准》）审查会于2012年12月7～8日在北京召开，会议由住房和城乡建设部建筑环境与节能标准化技术委员会刘会涛高级工程师主持，住房和城乡建设部标准定额研究所林岚岚高级工程师、中国建筑科学研究院建筑环境与节能研究院副院长邹瑜教授级高工出席会议。会议由任元会教授为主任委员，张文才、詹庆旋教授为副主任委员的11位专家组成了标准审查委员会（名单见附件一）。来自设计、高校、科研、管理和企业等行业共35人参加了审查会议。

正、副主任委员主持了标准送审稿审查会议，主编单位赵建平研究员代表编制组对标准修订工作做了全面介绍。审查委员对标准送审稿进行了逐条、逐句、认真细致的讨论和审查，审查意见如下：

（一）

1.《标准》在认真总结实践经验、调查研究、设计验证及广泛征求意见的基础上，参考国际标准和国外先进标准，对原标准进行了修订。标准内容依据充分、结构合理、层次清晰、内容翔实，符合工程建设标准编写规定的要求。

2.《标准》降低了原标准规定的照明功率密度限值；补充了图书馆、博览、会展、交通、金融等公共建筑的照明功率密度限值，并进行了大量的设计验证，符合我国实际情况，将进一步提高照明节能设计水平。

3.《标准》注重新产品、新技术的应用，增加了LED灯应用于室内照明的技术要求，符合当前建筑照明发展的趋势。

4.《标准》技术先进，具有一定的创新性和前瞻性，符合建筑照明的实际需要，对创造良好光环境、节约能源、保护环境和构建绿色照明具有重要意义。

与会专家一致认为《标准》具有科学性、先进性、可操作性和协调性，整体达到了国际先进水平。

（二）

审查委员会建议将3.3.3、6.3.3、6.3.4、6.3.5、6.3.6、6.3.7、6.3.9、6.3.10、6.3.11、6.3.12、6.3.13、6.3.14、6.3.15列为强制性条文。

会议对《标准》提出如下主要修改意见和建议：

1. 取消第8章，将8.1.1列入节能部分。
2. 强制性条文补充条文说明。
3. 取消6.2.5条。
4. 建议5.4.4条文简化，与GB 50016保持一致。
5. 6.3.12和6.3.13条文中的表下加注"有爆炸危险的场所除外"。

其它修改意见见附件二。

（三）

与会专家和代表一致同意《标准》通过审查，并要求编制组根据审查会提出的意见进行修改和完善，尽快完成报批稿，上报主管部门。

审查委员会主任委员（签字）：

副主任委员（签字）：

2012年12月8日

图 2-48　审查会会议纪要

国家标准《建筑照明设计标准》送审稿审查会议纪要如下：

（1）审查会议认为，本标准整体上达到了国际先进水平。

（2）本标准是在认真总结实践经验、调查研究、设计验证及广泛征求意见的基础上，参考国际标准和国外先进标准，对原标准进行了修订。标准内容依据充分、结构合理、层次清晰、内容翔实，符合工程建设标准编写规定的要求。

《建筑照明设计标准》审查委员

序号	姓　名	职　务	职　称	工 作 单 位	签　名
1	任元会	主任委员	教授级高工	国际铜业协会（中国）电能效益部	
2	张文才	副主任委员	教授级高工	住建部智能建筑技术专家委员会	
3	詹庆旋	副主任委员	教　授	清华大学建筑学院	
4	张绍纲	委　员	研究员	全国能源基础与管理标准化技术委员会	
5	李国宾	委　员	教授级高工	上海照明学会	
6	戴德慈	委　员	教授级高工	清华大学建筑设计院	
7	王素英	委　员	教授级高工	五洲工程设计有限公司	
8	王　勇	委　员	研究员	中国航天建设集团有限公司	
9	周太明	委　员	教　授	复旦大学电光源研究所	
10	夏　林	委　员	高级工程师	同济大学建筑设计院（集团）有限公司	
11	王东林	委　员	教授级高工	天津市建筑设计院	

日期：2012 年 12 月 · 北京

图 2-49　审查委员

（3）本标准降低了原标准规定的照明功率密度限值；补充了图书馆、博览、会展、交通、金融等公共建筑的照明功率密度限值，并进行了大量的设计验证，符合我国实际情况，将进一步提高照明节能设计水平。《标准》注重新产品、新技术的应用，增加了 LED 灯应用于室内照明的技术要求，符合当前建筑照明发展的趋势。

（4）本标准技术先进，具有一定的创新性和前瞻性，符合建筑照明的实际需要，对创造良好光环境、节约能源、保护环境和构建绿色照明具有重要意义。与会专家一致认为《标准》具有科学性、先进性、可操作性和协调性。

5. 强条审查（图 2-50、图 2-51）

住房和城乡建设部强制性条文协调委员会

强条委函〔2012〕77 号

关于回复国家标准《建筑照明设计标准》强制性条文审查意见的函

住房和城乡建设部建筑环境与节能标准化技术委员会：

关于国家标准《建筑照明设计标准》强制性条文，经我强条委审查，同意将第 6.3.3、6.3.4、6.3.5、6.3.6、6.3.7、6.3.9、6.3.10、6.3.11、6.3.12、6.3.13、6.3.14、6.3.15 条作为强制性条文。

附件：国家标准《建筑照明设计标准》强制性条文

二〇一二年十二月三十一日

抄送：中国建筑科学研究院

图 2-50　关于恢复国家标准《建筑照明设计标准》强制性条文审查意见的函

附件：

国家标准《建筑照明设计标准》强制性条文

6.3.3　办公建筑和其他类型建筑中具有办公用途场所的照明功率密度不应大于表 6.3.3 规定的限值。

表 6.3.3　办公建筑照明功率密度限值

房间或场所	照度标准值（lx）	照明功率密度限值（W/m²）	
		现行值	目标值
普通办公室	300	9.0	8.0
高档办公室、设计室	500	15.0	13.5
会议室	300	9.0	8.0
服务大厅	300	11.0	10.0

6.3.4　商店建筑照明功率密度不应大于表 6.3.4 规定的限值。一般商店营业厅、高档商店营业厅、专卖店营业厅需要装设重点照明时，该营业厅的照明功率密度现行值应允许增加 5W/m²。

表 6.3.4　商店建筑照明功率密度限值

房间或场所	照度标准值（lx）	照明功率密度限值（W/m²）	
		现行值	目标值
一般商店营业厅	300	10.0	[illegible]
高档商店营业厅	500	16.0	[illegible]
一般超市营业厅	300	11.0	10.0
高档超市营业厅	500	17.0	15.5
专卖店营业厅	300	11.0	[illegible]
仓储超市	300	11.0	[illegible]

6.3.5　旅馆建筑照明功率密度不应大于表 6.3.5 规定的限值。

表 6.3.5　旅馆建筑照明功率密度限值

房间或场所	照度标准值（lx）	照明功率密度限值（W/m²）	
		现行值	目标值
客房	—	7.0	[illegible]
中餐厅	200	9.0	[illegible]
西餐厅	150	6.5	5.5
多功能厅	300	13.5	[illegible]
客房层走廊	50	4.0	[illegible]
大堂	200	9.0	[illegible]
会议室	300	9.0	[illegible]

图 2-51　附件：国家标准《建筑照明设计标准》强制性条文

6. 报批报告

《建筑照明设计标准》报批报告

一、任务来源

本标准系根据住房和城乡建设部建标［2011］17号文《关于印发2011年工程建设标准规范制订、修订计划的通知》，由中国建筑科学研究院会同有关单位在原标准《建筑照明设计标准》GB 50034—2004的基础上进行修订完成的。其中照明节能部分是由国家发展和改革委员会资源节约和环境保护司组织主编单位完成的。

二、编制工作过程及所做的工作

1. 准备阶段（2011.4～2011.9）

（1）组成编制组：按照参加编制标准的条件，通过和有关单位协商，落实标准的参编单位及参编人员。

（2）制定工作大纲：学习编制标准的规定和工程建设标准化文件，在旧版《建筑照明设计标准》的基础上，结合当前照明技术的现状及发展趋势，收集和分析国外相关标准，确定标准的主要内容及章、节组成。

（3）开展了对现行标准实施情况的调查。完成标准修订征求意见，共收集全国各地设计单位意见近300条；召开专题讨论会议8场；完成标准修订前期的普查工作，共计540个；研究提出标准修订的重点技术问题。

（4）召开编制组成立会：于2011年9月2日召开了编制组成立会暨第一次工作会议，会议宣布编制组正式成立，确定了主编单位和主编人以及参编单位和参编人。会议原则上规定了新修订标准中需要修改和新增加的主要技术内容。编制组成员对标准的章、节构成及标准中需要重点解决的技术问题进行了认真讨论，并明确了工作任务及分工。

2. 征求意见稿阶段（2011.10～2012.7）

该阶段主要完成了以下几项工作：

（1）调研工作：对当前照明产品的性能进行了调查、比较和分析，为制订产品性能要求提供了基础数据；组织各大设计院对13类建筑共398个案例的LPD进行了测算分析，为制订标准提供了基础数据。

（2）专题论证工作：通过大量的文献调研，结合实测调查工作，对国外标准、照明产品性能、半导体在室内应用、LPD以及眩光评价方法等问题进行了专题研究，并形成了《照明产品性能发展报告》、《半导体在室内应用现状及发展趋势》、《国外技术标准规范汇总》、《照明功率密度论证报告》、《室内眩光评价方法》等5本专题研究报告。

（3）编写征求意见稿：在以上工作基础上，编制组召开了三次工作会议。2011年11月15日～16日编制组召开了第二次工作会议，重点讨论照明配电及控制以及应急照明的问题。2011年12月5日～6日召开了标准修订的专题会议，重点讨论发光二极管的技术内容。通过多次会议讨论，标准中大部分内容已在会议上取得了一致性意见，对内容不够确定的章、节也定下了编写的框架和条文内容，为即将完成的征求意见稿奠定了基础。2012年4月1～2日在广东深圳市召开第三次工作会议，会议主要讨论了《建筑照明设计标准》（征求意见稿初稿），本次会议后形成了本标准的征求意见稿。

(4) 征求意见：2012年8月完成了征求意见稿和条文说明的编写工作，并于2012年8月27日发至上级主管部门、各设计院、学校和科研院所、企业等单位征求意见，截至2012年10月底共收到50家单位的回函，对标准提出了687条意见。

3. 送审阶段（2012.8～11）

根据对征求意见的回函，逐条归纳整理，在分析研究所提出意见的基础上，编写了意见汇总表，并提出处理意见。同时结合所提出的意见召开多次小型编制组会议，并邀请相关专家，对照明供配电、半导体照明产品技术要求、照明标准值和*LPD*等内容进行了专项讨论。于2012年10月31日召开了编制组第四次工作会议，分章、节逐一进行讨论，形成了一致意见。通过反复推敲、修改，补充和完善，于2012年11月15日形成送审稿。送审稿审查会议于2012年12月7～8日在北京召开，与会专家和代表听取了编制组对标准修订工作的介绍，就标准送审稿逐章、逐条进行了认真细致的讨论，并顺利通过了审查（详见审查会议纪要）。

4. 报批阶段（2011.11～12）

审查会后于2012年12月9日召开编制组主要编写人员会议，根据审查会对标准所提的修改意见逐一进行了深入细致地讨论，对送审稿及其条文说明进行了认真修改，并将修改后的技术内容提交给审查专家组组长予以确认，最终于2012年12月完成标准报批稿和报批工作。

三、标准的主要内容

本标准的主要内容包括总则、术语、基本规定、照明数量和质量、照明标准值、照明节能及照明配电及控制共七章和统一眩光值（UGR）和眩光值（*GR*）本标准用词说明三个附录。

四、审查意见的处理情况

参加审查会议的专家和代表一致同意通过送审稿审查，并要求编制组根据审查会提出的意见进行修改和完善，尽快完成报批稿，上报主管部门。

编制组对审查意见的处理情况如下：

1. 取消第8章，将8.1.1列入节能部分。已采纳修改。

2. 强制性条文补充条文说明。强条条文说明补充完善并增加了实施要点说明。

3. 在第2章中增加光幕亮度的术语。

4. 将2.0.3、2.0.4、2.0.5、2.0.6、2.0.11等条文中的公式取消，简化规范了术语的写法。

5. 建议5.4.4条文简化，与GB 50016保持一致。

6. 在6.3.12和6.3.13条文中的表下加注“有爆炸危险的场所除外”。

7. 与会专家和代表一致同意将3.3.3、6.3.3、6.3.4、6.3.5、6.3.6、6.3.7、6.3.9、6.3.10、6.3.11、6.3.12、6.3.13、6.3.14、6.3.15列为强制性条文。编制组已将标准强制性条文上报进行审查批准。

五、强制性条文审查意见

经住房和城乡建设部强制性条文协调委员会审查，同意将第6.3.3、6.3.4、6.3.5、6.3.6、6.3.7、6.3.9、6.3.10、6.3.11、6.3.12、6.3.13、6.3.14、6.3.15条作为强制性条文。编制组已按强条审查意见进行修改，最终完成报批稿。

六、标准的技术水平、作用和效益

1. 审查会议认为，本标准整体上达到了国际先进水平。

2. 本标准是在认真总结实践经验、调查研究、设计验证及广泛征求意见的基础上，参考国际标准和国外先进标准，对原标准进行了修订。标准内容依据充分、结构合理、层次清晰、内容翔实，符合工程建设标准编写规定的要求。

3. 本标准降低了原标准规定的照明功率密度限值；补充了图书馆、博览、会展、交通、金融等公共建筑的照明功率密度限值，并进行了大量的设计验证，符合我国实际情况，将进一步提高照明节能设计水平。《标准》注重新产品、新技术的应用，增加了LED灯应用于室内照明的技术要求，符合当前建筑照明发展的趋势。

4. 本标准技术先进，具有一定的创新性和前瞻性，符合建筑照明的实际需要，对创造良好光环境、节约能源、保护环境和构建绿色照明具有重要意义。与会专家一致认为《标准》具有科学性、先进性、可操作性和协调性。

七、今后需解决的问题

本标准既适用于管理者，也适用于设计者和使用者。标准条文技术性强，在发布后需加大对标准的宣贯力度，并监督执行标准。

《建筑照明设计标准》编制组

2012 年 12 月 12 日

7. 发布公告（图 2-52）

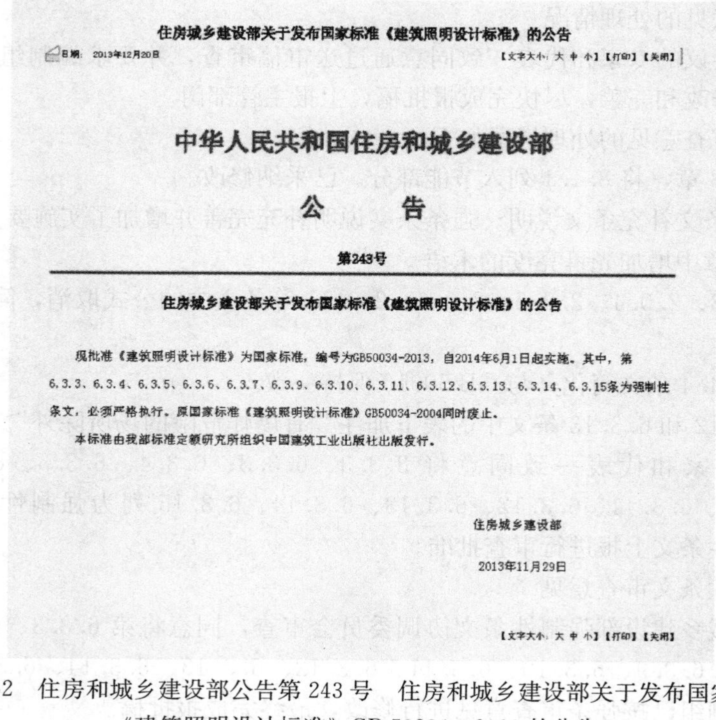

住房城乡建设部关于发布国家标准《建筑照明设计标准》的公告

日期：2013年12月20日　　【文字大小：大 中 小】【打印】【关闭】

中华人民共和国住房和城乡建设部

公　告

第243号

住房城乡建设部关于发布国家标准《建筑照明设计标准》的公告

现批准《建筑照明设计标准》为国家标准，编号为GB50034-2013，自2014年6月1日起实施。其中，第6.3.3、6.3.4、6.3.5、6.3.6、6.3.7、6.3.9、6.3.10、6.3.11、6.3.12、6.3.13、6.3.14、6.3.15条为强制性条文，必须严格执行。原国家标准《建筑照明设计标准》GB50034-2004同时废止。

本标准由我部标准定额研究所组织中国建筑工业出版社出版发行。

住房城乡建设部

2013年11月29日

【文字大小：大 中 小】【打印】【关闭】

图 2-52　住房和城乡建设部公告第 243 号　住房和城乡建设部关于发布国家标准《建筑照明设计标准》GB 50834—2013 的公告

8. 历次会议影像资料（图 2-53～图 2-56）

图 2-53　编制组成立暨第一次工作会议

图 2-54　编制组第三次工作会议

图 2-55　编制组第四次工作会议

图 2-56　标准审查会议全体人员合影

2.1.6.2　标准内容简介

本标准共分七章两个附录，主要内容有总则、术语、基本规定、照明数量和质量、照明标准值、照明节能、照明配电及控制，并将统一眩光值、眩光值列入附录。本标准修订的主要技术内容是：修订了原标准规定的照明功率密度限值；补充了图书馆、博览、会展、交通、金融等公共建筑的照明功率密度限值；更严格地限制了白炽灯的使用范围；增加了发光二极管灯应用于室内照明的技术要求；补充了科技馆、美术馆、金融建筑、宿舍、老年住宅、公寓等场所的照明标准值；补充和完善了照明节能的控制技术要求；补充和完善了眩光评价的方法和范围；对公共建筑的名称进行了规范统一。

2.1.6.3　重要条款和重要指标

1. 更严格地限制了白炽灯的使用范围

原标准规定一般情况下，室内外照明不应采用普通照明白炽灯；在特殊情况下需采用时，其额定功率不应超过 100W。在要求瞬时启动和连续调光的场所，使用其他光源技术经济不合理时；对防止电磁干扰要求严格的场所；开关灯频繁的场所；照度要求不高，且照明时间较短的场所；对装饰有特殊要求的场所，可采用白炽灯。新标准明确要求照明设计不应采用普通照明白炽灯，对电磁干扰有严格要求，且其他光源无法满足的特殊场所除外。

这些规定符合国家的相关法规和政策，国家发展和改革委员会等五部门 2011 年发布了“中国逐步淘汰白炽灯路线图”，要求：2011 年 11 月 1 日至 2012 年 9 月 30 日为过渡期，2012 年 10 月 1 日起禁止进口和销售 100W 及以上普通照明白炽灯，2014 年 10 月 1 日起禁止进口和销售 60W 及以上普通照明白炽灯，2015 年 10 月 1 日至 2016 年 9 月 30 日为中期评估期，2016 年 10 月 1 日起禁止进口和销售 15W 及以上普通照明白炽灯，或视中期评估结果进行调整。通过实施路线图，将有力促进中国照明电器行业健康发展，取得良好的节能减排效果。

2. 照度均匀度的要求更加结合实际

照度均匀度在某种程度上关系到照明的节能，在不影响视觉需求的前提下，对照度均匀度的要求比原标准的规定有所降低，强调工作区域和作业区域内的均匀度，而不要求整个房间的均匀度。本标准一般照明照度均匀度是参照欧洲《室内工作场所照明》EN 12464-1（2011）制订的。这种调整应该更加有利于设计师的设计和照明节能。

3. 降低了原标准规定的照明功率密度限值

标准 6.3.1～6.3.13 条的 *LPD* 是照明节能的重要评价指标，目前国际上采用 *LPD* 作为节能评价指标的国家和地区有美国、日本、新加坡以及中国香港等。在我国 2004 版的建筑照明设计标准中，依据大量的照明重点实测调查和普查的数据结果，经过论证和综合经济分析后制定了 *LPD* 限值的标准，并根据照明产品和技术的发展趋势，同时给出了目标值。本次修订是在 2004 版的基础上降低了照明功率密度限制。

经过多年的工程实践，调查验证认为实行目标值的时机已经成熟，因此在新标准中，以 2004 版标准中的目标值作为基础，结合对各类建筑场所进行广泛和大量的调查，同时参考国外相关标准，以及对现有照明产品性能分析，确定新标准中的 *LPD* 限值。

从对比结果来看，新标准中的 *LPD* 限值比现行标准有显著的降低，民用建筑的 *LPD* 限值降低了 14.3%～32.5%（平均值约为 19.2%），工业建筑的各类场所平均降低约 7.3%，如表 2-9 所示。

新旧标准的 *LPD* 限值对比 **表 2-9**

建筑类型	*LPD* 降低比例	
	范围	平均值
居住	14.3%	14.3%
办公	15.4%～18.2%	17.1%
商店	15.0%～16.7%	15.7%
旅馆	16.7%～53.3%	32.5%
医疗	16.7%～25.0%	19.1%
教育	16.7%～18.2%	17.8%
工业	0%～11.1%	7.3%
通用房间	12.5%～25.0%	18.1%

参照国外的经验，以美国为例，其照明节能标准是 ANSI/ASHRAE/IES 90.1（Energy Standard for Buildings Except Low-rise Residential Buildings），该标准在近 10 年来经

过了两次修订，每次修订其 *LPD* 限值平均约降低 20%。而从这些年来照明产品性能的发展来看，光源光效均有不同程度的提高（以直管形荧光灯为例，其光效平均提高约 12%）。同时，相应的灯具效率和镇流器效率也都有所提高，如镇流器的能效提高了约 4%～8%。因此，照明产品性能的提高也为降低 *LPD* 限值提供了可能性。

在标准的修订过程中，主编单位组织各大设计院对 13 类建筑共 510 个实际工程案例进行了统计分析，这些案例选择了近年来的新建建筑，反映了当前的照明产品性能和照明设计水平。对这些建筑在新旧标准中的情况达标情况进行了统计分析，如表 2-10 所示。

***LPD* 计算校核** **表 2-10**

建筑类型	13 版标准下的达标比例		04 版标准下的达标比例
	修正前	修正后	
图书馆	87.5%	87.5%	/
办公	69.2%	70.2%	91.3%
商店	84.2%	94.7%	100%
旅馆	78.6%	78.6%	92.9%
医疗	67.7%	79.0%	91.9%
教育	78.7%	80.8%	97.9%
会展	100%	100%	/
金融	100%	100%	/
交通	88.4%	90.7%	/
工业	91.5%	93.6%	93.6%
通用房间	82.9%	86.5%	96.4%

可以看到，通过合理设计及采用高效照明器具，各类场所在多数情况下都能够满足新标准中 *LPD* 限值的要求。而如果考虑对室形指数较小的房间进行修正后，达标率更高，多数都能在 80%以上。因此，从调研结果来看，新标准中的 *LPD* 指标也是合理，切实可行的。

在原标准中，办公、商店、旅馆、医疗、教育、工业和通用房间建筑的 *LPD* 限值要求已经是强制性标准，这次拟增加的会展、金融和交通建筑从实际调研统计结果来看，达标率均超过了 85%，是完全能够满足要求的。考虑到上述的这 10 类场所量大面广，节能潜力大，节能效益显著，因此将这 10 类建筑中重点场所列入相应表中定为强条。

需要特殊说明的是对于其他类型建筑中具有办公用途的场所很多，其量大面广，节能潜力大，因此也列入照明节能考核的范畴。教育建筑中照明功率密度限制的考核不包括专门为黑板提供照明的专用黑板灯的负荷。在有爆炸危险的工业建筑及其通用房间或场所需要采用特殊的灯具，而且这部分的场所也比较少，因此不考核照明功率密度限制。

需要重点引起注意的是房间室形指数对照明功率密度限制的影响。*LPD* 的主要应用是流明法概算室内平均照度。早在 1916 年，Harrison 和 Anderson 提出了影响平均水平照度的四个因素是：房间的比例、表面反射比、灯具位置和灯具配光。流明法可用下式表示：

$$\overline{E}_{\text{maintained}} = \frac{n \cdot \eta_{\text{lamp}} \cdot UF \cdot MF \cdot P_{\text{lamp}}}{S} = \frac{n \cdot \eta_{\text{lamp}} \cdot U \cdot LOR \cdot MF \cdot P_{\text{lamp}}}{S} \tag{2-5}$$

$$\text{LPD} = \frac{n \cdot P_{\text{lamp}}}{S} = \frac{\overline{E}_{\text{maintained}}}{\eta_{\text{lamp}} \cdot UF \cdot MF} = \frac{\overline{E}_{\text{maintained}}}{\eta_{\text{lamp}} \cdot U \cdot LOR \cdot MF} \tag{2-6}$$

式中：$\overline{E}_{\text{maintained}}$——计算表面的维持平均照度；

n——房间中灯具的数量；

η_{lamp}——灯具的系统光效；

P_{lamp}——灯具消耗的功率；

UF——光通利用率；

LOR——灯具的效率；

U——灯具的利用系数；

MF——维护系数；

S——计算平面的面积。

因此，*LPD* 可用式（2-6）表示。对于某种类型的房间，其维护系数和维持平均照度标准是给定的。而对于给定的灯具，灯具效率和光效是一定的，*LPD* 与利用系数呈现反比的关系。从式（2-6）来看，*LPD* 关键在于利用系数，而灯具的利用系数与室形指数是密切相关的，图 2-57 给出了来自于不同厂商的 34 种常用灯具的室形指数与利用系数的关系。

可以看到，随着室形指数的增加，利用系数也在增加。经分析，当室形指数为 10 时，其利用系数与室形指数为 0.3 时差异很大。这里用 $U_{10}/U_{0.3}$ 来表示两者之间的比例关系，其中，U_{10} 代表室形指数为 10 时的利用系数，$U_{0.3}$ 代表室形指数为 0.3 时的利用系数。比值最小为 4.03，最大则达到了 6.73。在不同的室形指数条件下，利用系数有着较大的差异。

由此可见，灯具的利用系数与房间的室形指数密切相关，不同室形指数的房间，满足 *LPD* 要求的难易度也不相同。当各类房间或场所的面积很小，或灯具安装高度大，而导

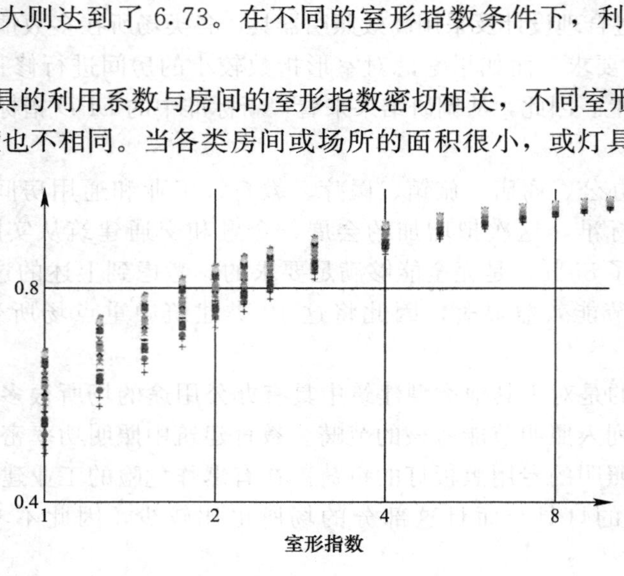

图 2-57　利用系数与室形指数之间的关系

致利用系数过低时，*LPD* 限值的要求确实不易达到。因此，当室形指数 *RI* 低于一定值时，应考虑根据其室形指数对 *LPD* 限值进行修正。为此，编制组从 *LPD* 的基本公式出发，结合大量的计算分析，对 *LPD* 限值的修正方法进行了研究。该条文与 04 版标准的基本一致。考虑到在实际工作中，为了便于审图机构和设计院进行统一和协调，因此当房间或场所的室形指数值等于或小于 1 时，其照明功率密度限值应允许增加，但增加值不应超过限值的 20%。

4. 补充了图书馆、博览等公共建筑的照明功率密度限值

补充增加了图书馆、美术馆、科技馆、博物馆、会展、交通、金融建筑及公共和工业建筑通用房间或场所照明功率密度限值，使得照明功率密度限制要求由 04 版的 7 类建筑 86 个场所，增加到 13 版共 15 类建筑 133 个场所，强条也由 04 版的 6 类建筑 81 个场所调整到 13 版的 10 类建筑 108 个场所。

5. 增加了发光二极管灯应用于室内照明的技术要求

发光二极管灯（LED）用于室内照明具有很多特点和优势，在未来将有更大的发展。但目前发光二极管灯在性能的稳定性、一致性方面还存在一定的缺陷，相信随着照明技术的不断发展，产品将更加成熟。为了确保室内照明环境的质量，对应用于室内照明的发光二极管灯规定了相应的技术要求。

（1）要求之一：选用同类光源的色容差不应大于 5SDCM

色容差是表征一批光源中各光源与光源额定色品的偏离，用颜色匹配标准偏差 SDCM 表示。相同光源间存在较大色差势必影响视觉环境的质量。在室内照明应用中应控制光源间的颜色偏差，以达到最佳照明效果。参考美国国家标准研究院（ANSI）C78.376《荧光灯的色度要求》要求的荧光灯的色容差小于 4 SDCM，美国能源部（DOE）紧凑型荧光灯（CFL）能源之星要求的荧光灯的色容差小于 7 SDCM，而国际电工委员会（IEC）《一般照明用 LED 模块性能要求》IEC/PAS 62717 同样利用色容差来评价 LED 模块的颜色一致性，仅有美国国家标准研究院（ANSI）C38.377《固态照明产品的色度要求》定义了不同标准色温的四边形对 LED 一致性进行规定。而在我国现行国家标准《单端荧光灯性能要求》GB/T 17262 及《双端荧光灯性能要求》GB/T 10682 等均要求荧光灯光源色容差小于 5 SDCM。根据国内已经完成的发光二极管灯照明项目的使用情况，7 SDCM 的产品仍然可以被轻易觉察出颜色偏差，同时为了统一与传统光源一致性的评价标准，在本标准中规定不应大于 5 SDCM。

（2）要求之二：长期工作或停留的房间或场所，色温不宜高于 4000K，特殊显色指数 R_9 应大于零

根据 IEC 62788《IEC 62471 方法应用于评价光源和灯具的蓝光危害》文件中指出单位光通的蓝光危害效应与光源色温具有较强的相关性，而与光源种类无关。然而 LED 具有体积小、发光亮度高等特点，因此，LED 蓝光危害仍然是一个需要考虑的重要因素。在本标准编制过程中，广泛征求意见普遍认为 4000K 以下色温光源的蓝光危害在可以接受范围内，而对于色温大于 4000K 的 LED 仍存在一定争议，因此本标准推荐在长期工作或停留的房间或场所使用色温不宜高于 4000K 的。同时由于目前产生白光 LED 的主流方案是在蓝光 GaN 基半导体芯片上涂敷传统的黄色荧光粉，发射光谱主要为黄绿光，红光成分较少，造成 LED 的 R_9 多为负数。而如果光谱中红色部分较为缺乏，会导致光源复现的

色域大大减小，也会导致照明场景呆板、枯燥，从而影响照明环境质量，如果不加限制势必会影响室内光环境质量。美国对于用于室内照明的LED也限定其一般显色指数 R_a 不低于80，特殊显色指数 R_9 应为正数。

（3）要求之三：在寿命期内发光二极管灯的色品坐标与初始值的偏差在国家标准《均匀色空间和色差公式》GB/T 7921—2008 规定的 CIE 1976 均匀色度标尺图中，不应超过0.007。

由于随着输入电流的增大，半导体芯片将散发一定热量，进而导致半导体芯片及涂覆其上的荧光粉温度上升，造成YAG荧光粉容易发黄和衰减。该问题成为制约LED照明产品在建筑照明应用的推广的重要技术问题。为了更好规范LED照明产品在建筑照明领域的应用和推广，创造良好室内光环境，本标准对LED光源的色漂移做出了规定。根据国家标准《均匀色空间和色差公式》GB/T 7921—2008 规定，在视觉上 CIE 1976 均匀色度标尺图比 CIE 1931 色品图颜色空间更均匀，为控制和衡量发光二极管灯在寿命期内的颜色漂移和变化，参考美国能源部（DOE）《LED灯具能源之星认证的技术要求》的规定，要求LED光源寿命期内的色偏差应在 CIE 1976 均匀色度标尺图的0.007以内。目前寿命周期暂按照点燃6000小时考核，随着半导体照明产品性能的不断发展或有所不同。

（4）要求之四：发光二极管灯具在不同方向上的色品坐标与其加权平均值偏差在国家标准《均匀色空间和色差公式》GB/T 7921—2008 规定的 CIE 1976 均匀色度标尺图中，不应超过0.004

目前产生白光半导体的主流方案是在蓝光GaN基半导体芯片上涂敷传统的黄色荧光粉，由于涂覆层在各个方向上的厚度很难有效控制，因此合成的白光在各个方向的颜色会有所差异（光谱不同），这也对室内视觉环境质量具有重要影响，因此需要加以限制。为控制和衡量LED在空间的颜色一致性，参考美国能源部（DOE）《LED灯具能源之星认证的技术要求》的规定。

6. 补充和完善了眩光评价的方法和范围

眩光是一种产生不舒适感，或降低观看主要目标的能力的不良视觉感受，或两者兼有。由视野中不适宜的亮度分布、悬殊的亮度差，或在空间中或时间上极端的对比引起。根据对视觉影响的不同，分为不舒适眩光和失能眩光。不舒适眩光是照明设计中的一个重要指标，04版标准中根据CIE新的技术文件利用统一眩光值（*UGR*）方法对一般室内空间不舒适眩光进行评价。

然而04版标准中的统一眩光值仅限于发光部分面积为 $1.5m^2 > S > 0.005m^2$ 时有效，用*UGR*评价小光源（发光部分面积 $S < 0.005m^2$）时其评价的结果往往太严重，而对于大的光源（发光部分面积 $S > 1.5m^2$）又太宽松。针对统一眩光值存在的以上问题，CIE147号文件《小光源、特大光源及复杂光源的眩光》提出了相应的解决方法。关于小光源眩光评价方法，由于当前筒灯等照明产品在室内照明中广泛应用（特别是LED筒灯大量应用于室内），而传统统一眩光值计算方法对于小光源的计算不准确，从而导致无法对此类光源所产生的不舒适眩光进行判定。CIE147文件中关于小光源的界定基本覆盖此种光源，填补了这一空白，因此本标准中补充了此公式，从而保证了标准体系的完整性。

7. 补充和完善了照明节能的控制技术要求

照明控制是对照明装置或照明系统的工作特性所进行的调节或操作，可实现点亮、熄灭、亮度和色调的控制等。照明控制具有能够降低不必要的能源消耗、保护视觉健康、保证视觉功效、营造光环境氛围、提高系统管理水平、提高系统的可靠性等诸多优点。

照明控制方式分为手动照明控制、半自动照明控制和自动照明控制。自动照明控制在引入数字技术后，发展成为智能化控制。新一代智能化照明控制系统具有以下特点：

1）系统集成性。是集计算机技术、计算机网络通信技术、自动控制技术、微电子技术、数据库技术和系统集成技术于一体的现代控制系统。

2）智能化。具有信息采集、传输、逻辑分析、智能分析推理及反馈控制等智能特征的控制系统。

3）网络化。传统的照明控制系统大都是独立的、本地的、局部的系统，不需要利用专门的网络进行连接，而智能照明控制系统可以是大范围的控制系统，需要包括硬件技术和软件技术的计算机网络通信技术支持，以进行必要的控制信息交换和通信。

4）使用方便。由于各种控制信息可以以图形化的形式显示，所以控制方便，显示直观，并可以利用编程的方法灵活改变照明效果。

传统光源由于受到发光方式、启动运行特性和单体功率等因素的影响，实现照明节能是受到很大限制的。而在这个方面，LED却存在很大的优势，LED照明的最大特点是易于控制，但在实际应用中并没有得到足够重视。随着建筑功能的日益复杂，需要营造不同的场景，与天然采光和周围环境进行协调，实现光色的灵活变化等，LED照明比传统照明具有更大的优势。另一方面，LED照明更易实现“按需照明”的理念，通过与光感、红外和移动等传感器的结合，在走廊、楼梯间等人员不长期停留的场所，在“部分时间”和“部分空间”提供“适宜的照明”，具有巨大的节能潜力。因此，在家居、商业、办公等不同的空间领域，与智能控制系统的无缝衔接都是未来半导体照明发展的重点。照明节能控制技术的补充和完善更加有利于LED在室内的应用和降低照明能耗，达到照明节能的目的。

8. 增加了部分灯具的最低效率（能）限制

本标准规定了荧光灯灯具、高强度气体放电灯和发光二极管灯灯具的最低效率或效能值，以利于节能，这些规定仅是最低允许值。传统的荧光灯灯具、高强度气体放电灯能够单独检测出光源和整个灯具所发出的总光通量，这样可以计算出灯具的效率；但发光二极管灯不能单独检测出发光体发出的光通量，只能计算出整个灯具所发出的总光通量，因此总光通量除以系统消耗的功率就得到了效能，这些值是根据我国现有灯具效率或效能水平制订的。

9. 补充了科技馆、美术馆、金融、公寓等场所的照明标准值

根据需要，新标准补充了科技馆、美术馆、金融、公寓等建筑，商店建筑中的室内商业街、仓储式超市、专卖店营业厅以及办公建筑中的视频会议室、服务大厅等场所的照明标准值，同时对部分建筑的照明场所有所删减。

10. 对公共建筑的名称进行了规范统一

根据国家相关规定，对公共建筑的名称进行了规范和统一，如商业建筑改为商店建筑，影剧院建筑改为观演建筑，医院建筑改为医疗建筑，学校建筑改为教育建筑等。

本标准对各类建筑的照明光环境的数量和质量指标进行了明确规定，有利于保证人员身心健康，创造良好的光环境以及提高视觉功效；结合当前技术的发展，进一步降低了*LPD*限值，新增了六类建筑的*LPD*限值，并完善了节能控制的要求，对当前开展低碳经济和实施绿色照明将起到巨大促进作用；同时，标准中还给出了各类照明产品包括发光二极管用于室内的技术要求，对于引导行业健康发展有着积极的作用。本标准的实施，在改善光环境的同时还将实现节约能源的目标，有着显著的经济和社会效益。从对比结果来看，经过此次修订，节能指标有了显著的提高，公共建筑的*LPD*限值降低了14.3%～32.5%（平均值约为19.2%），这意味着新标准的实施将在老标准的基础上再节能19%，为实现进一步的照明节能奠定了良好的基础。

2.1.6.4　专题技术报告

1. 赵建平，中国建筑科学研究院，《建筑照明设计标准》GB 50034—2004 实施情况分析，2011 年

本报告回顾了编制2004版标准时的立项背景、修订目标、技术内容的主要变化等，重点梳理了标准在照明节能方面的技术内容，总结现阶段该版标准存在的问题，提出对该版标准进行修订的必要性。还归纳了在该版标准实施期间我国照明工程仍存在的一些问题：如照度或亮度水平严重超标；照明工程重装饰轻功能；设计、施工、监管、检查力度不够。并提出建议：应加强宣传，提高节能环保意识；完善光源、灯具及其附件等产品的能效评价标准；建立和健全施工图审查制度；建立和健全节能验收制度。

2. 赵建平，中国建筑科学研究院，LED 成为标准修订"最纠结"一环（整理 2011 年标准修订专题讨论会议）

使LED满足应用需求是推广LED，推动LED发展非常重要的一环。为推动LED在建筑室内照明领域的应用，此次标准修订将增加LED性能指标的内容。本文提出了LED写入标准所面临的四大问题：眩光评价、光色评价、舒适度评价和节能评价。标准修订时应规定：1）LED光源颜色一致性、光衰、色衰的要求；2）以灯具效能作为LED灯的产品能效指标；3）根据目前LED的发展水平推荐适用场所。

3. 王书晓，中国建筑科学研究院，LED 现状及发展报告，2013 年

本报告首先介绍了欧美、日本和中国的半导体照明计划及发展战略。然后通过与传统照明技术比较分析了LED的节能潜力，并讨论了发光二极管灯显色性评价方法、光色度性能要求以及蓝光危害三个需重点关注的问题。最后从设计理念创新和智能控制将两方面预测了未来半导体照明的发展趋势。

4. 标准编制组，照明产品性能发展报告（2004—2012），2012 年

本报告依据飞利浦、松下、上海亚明、欧司朗提供的资料总结了2004—2012年期间，建筑照明用光源（双端直管型荧光灯、陶瓷金卤灯、高压钠灯）、镇流器（双端、单端、高强气体放电灯用镇流器）和灯具（格栅灯、筒灯）的性能发展情况。

5. 王书晓，中国建筑科学研究院，室内不舒适眩光评价方法研究，2012 年

本报告以统一眩光值（UGR）的起源、发展及扩展为脉络对CIE第55号、117号、

147号出版物进行了文献综述。介绍了中国建筑科学研究院在CIE112号文献及日本学者所做工作的基础上的相关研究，研究证实CIE推荐的室外眩光评价方法可以用于室内场地的眩光评价，即室内眩光程度可以用眩光指数*GR*表示，但是室内场馆与室外场地的眩光评价尺度存在差异，提出了室内体育场馆最大眩光指数应满足的要求。

结合我国照明设计实践的需要，在新标准中提出：1）仍采用UGR方法，进一步采用眩光指数（*GR*）方法来评价体育馆的不舒适眩光；2）补充了小光源UGR计算公式，从而保证了标准体系的完整性；3）不采纳发光顶棚及间接照明两种照明方式和复杂光源的眩光评价方法。

此外，本报告还列举了主要几种不舒适眩光的评价方法供参考，分别是美国的视觉不舒适概率系统（VCP）、英国的眩光指数（Gl）、德国的眩光限制系统（亮度限制曲线）和国际照明委员会CIE的眩光指数（*GR*）和统一眩光值（UGR）。

6. 赵建平、王书晓、罗涛，中国建筑科学研究院照明功率密度（*LPD*）专题研究报告，2012年

本报告首先从国外标准的变化趋势和照明产品性能提升两方面分析了此次标准修订降低*LPD*限值的可行性，围绕以下问题进行了相关研究为标准相关条文的修订提供了技术和数据支撑。修改原标准规定的照明功率密度限值并新增5类公共建筑的照明功率密度限值。通过实测调研统计分析进行*LPD*校核及论证，证实将现行标准中*LPD*目标值作为新标准的*LPD*限值是合理的，在现有技术条件下也是可行的。室形指数对*LPD*的影响较大，对于室形指数较小的房间（$RI<1$），需要对*LPD*限值进行修正。由新旧标准、国内外标准的对比可知，新标准的*LPD*限值比旧标准有显著的降低，新标准的实施将在老标准的基础上再节能约19%，与国际先进标准相比，新标准中的节能水平更高。

此外，本报告还收录了7个不同国家或地区的照明节能标准，包括：美国ASHRAE标准90.1-2010：建筑（不含低层居住建筑）照明节能标准（SI版本）、日本照明基准准则JIS Z 9110、新加坡建筑设备及运行节能标准SS 530：2006、台湾地区建筑照明节能评估法、香港地区建筑照明节能规范、加州建筑照明节能规范（2008年）。

7. 汪猛，北京市建筑设计研究院有限公司，关于应急照明的研究，2013年

本报告详细阐述了应急疏散、应急安全、应急备用三类应急照明。

8. 汪猛，北京市建筑设计研究院有限公司，关于照明控制系统的研究，2013年

本报告从发光方式、启动运行特性和单体功率等因素初步分析了LED灯和传统光源实施控制的优劣势，以办公楼地下车库为例，比较了荧光灯和LED灯未设集中控制、采用分时段集中控制、分时段智能化控制五种情况的日用电量和节能效果。根据目前LED灯光通量输出存在的现象，提出国内市售LED灯调光方式的局限性。

2.1.6.5 论文著作

1. 赵建平．新版《建筑照明设计标准》的主要技术特点［J］．照明工程学报，2014，05：1-6

《建筑照明设计标准》GB 50034是照明应用非常重要的一本通用标准，新版标准对其内容作了重大修订。主要论述了新版标准相对于旧版标准的主要修订内容，并阐述了修订的依据和原则。

2. 标准编制组，《建筑照明设计标准实施指南》，中国建筑工业出版社，2014

主要内容分三篇：第一篇为标准修订概述，重点介绍编制过程及所做的工作，标准修订的主要内容，标准审查意见和结论，标准的技术水平、作用和效益，今后需解决的问题；第二篇为标准内容释义，共7章，对标准内容逐条展开细化，尤其对修订和新增内容重点解读；第三篇为8个专题报告，包括2004版标准的实施情况分析，研究报告和国外标准摘编。

2.1.6.6 创新点

增加了发光二极管灯应用于室内照明的技术要求。要求之一：选用同类光源的色容差不应大于5SDCM；要求之二：长期工作或停留的房间或场所，色温不宜高于4000K，特殊显色指数R9应大于零；要求之三：在寿命期内发光二极管灯的色品坐标与初始值的偏差在国家标准《均匀色空间和色差公式》GB/T 7921—2008规定的CIE 1976均匀色度标尺图中，不应超过0.007；要求之四：发光二极管灯具在不同方向上的色品坐标与其加权平均值偏差在国家标准《均匀色空间和色差公式》GB/T 7921—2008规定的CIE 1976均匀色度标尺图中，不应超过0.004。

2.1.6.7 社会经济效益

本《标准》技术先进，具有科学性、先进性、可操作性和协调性，具有一定的创新性和前瞻性。符合建筑照明的实际需要，对创造良好光环境、节约能源、保护环境和构建绿色照明具有重要意义。

2.2 各版标准比较

从照明标准值、照明功率密度值和其他各类项目三方面，对上述6版标准进行了比较，如表2-11～表2-30所示。

2.2.1 民用建筑照度标准值比较表

居住建筑照度标准值比较表 **表2-11**

（单位：lx）

房间或场所		民用建筑照明设计标准 GBJ 133—90	建筑照明设计标准 GB 50034—2004	建筑照明设计标准 GB 50034—2013
起居室一般活动		20-30-50	100	100
起居室书写阅读		150-200-300	300	300 *
卧室一般活动		20-30-50	75	75
卧室床头阅读		75-100-150	150	150 *
起居、卧室的精细作业		200-300-500	—	—
餐厅		20-30-50	150	150
厨房	一般活动	20-30-50	100	100
	操作台	20-30-50	150	150
卫生间		10-15-20	100	100

续表

房间或场所		民用建筑照明设计标准 GBJ 133—90	建筑照明设计标准 GB 50034—2004	建筑照明设计标准 GB 50034—2013
楼梯间		5-10-15	—	—
电梯前厅		—	—	75
走道楼梯间		—	—	50
车库		—	—	30
职工宿舍		—	—	100
老年人卧室	一般活动	—	—	150
	床头阅读	—	—	300 *
老年人起居室	一般活动	—	—	200
	书写、阅读	—	—	500 *
酒店式公寓		—	—	150

注：* 为混合照明。

图书馆建筑照度标准值比较表 **表 2-12**

（单位：lx）

房间或场所	民用建筑照明设计标准 GBJ 133—90	建筑照明设计标准 GB 50034—2004	建筑照明设计标准 GB 50034—2013
一般阅览室	150-200-300	300	300 增加开放式阅览室
老年阅览室	200-300-500	500	500
珍善本、舆图阅览室	200-300-500	500	500
陈列室、目录厅（室）、出纳厅	50-100-150	300	300
书库、书架	20-30-50	50	50
工作间（美工、装裱、修复）	150-200-300	300	300
读者休息室	30-50-75	—	—
开放式传输设备	50-75-100	—	—
多媒体阅览室	—	—	300
档案库	—	—	200

办公建筑照度标准值比较表 **表 2-13**

（单位：lx）

房间或场所	民用建筑照明设计标准 GBJ 133—90	建筑照明设计标准 GB 50034—2004	建筑照明设计标准 GB 50034—2013
普通办公室	100-150-200	300	300
高档办公室	—	500	500
会议室	100-150-200	300	300
视频会议室	—	—	750
接待室、前台	100-150-200	300	200
服务大厅（营业厅）	100-150-200	300	300
设计室	200-300-500	500	500

续表

房间或场所	民用建筑照明设计标准 GBJ 133—90	建筑照明设计标准 GB 50034—2004	建筑照明设计标准 GB 50034—2013
文件整理、复印、发行室	75-100-150	300	300
资料、档案存放室	75-100-150	200	200
值班室	50-75-100	—	—
门厅	30-50-75	—	—
视觉显示作业	150-200-300	—	—
显示屏上照度	150	灯具平均亮度限值	灯具平均亮度限值

商店建筑照度标准值比较表 **表 2-14**

（单位：lx）

房间或场所	民用建筑照明设计标准 GBJ 133—90	建筑照明设计标准 GB 50034—2004	建筑照明设计标准 GB 50034—2013
一般商店营业厅	75-100-150	300	300
一般室内商业街	—	—	200
高档商店营业厅	—	500	500
高档室内商业街	—	—	300
一般超市营业厅	150-200-300	300	300
高档超市营业厅	—	500	500
仓储式超市	—	—	300
专卖店营业厅	—	—	300
农贸市场（菜市场）	50-75-100	—	200
收款台	150-200-300	500 *	500 *
试衣室	150-200-300	—	—
库房	30-50-75	—	—

注：* 为混合照明照度。

观演建筑照度标准值比较表 **表 2-15**

（单位：lx）

房间或场所		民用建筑照明设计标准 GBJ 133—90	建筑照明设计标准 GB 50034—2004	建筑照明设计标准 GB 50034—2013
门厅		100-150-200	200	200
观众厅	影院	30-50-75	100	100
	剧场（音乐厅）	50-75-100	200	150
观众休息厅	影院	50-75-100	150	150
	剧场（音乐厅）	75-100-150	200	200
排演厅		100-150-200	300	300
化妆室	一般活动区	75-100-150	150	150
	化妆台	150-200-300	500	500 *
贵宾室、服装室、道具间		75-100-150	—	—
演员休息室		50-75-100	—	—
声、光、电控制室		100-150-200	—	—
美工室、绘景间		100-200-300	—	—
售票房		100-150-200	—	—

注：* 为混合照明。

旅馆建筑照度标准值比较表

表 2-16

（单位：lx）

房间或场所		民用建筑照明设计标准 GBJ 133—90	建筑照明设计标准 GB 50034—2004	建筑照明设计标准 GB 50034—2013
客房	一般活动区	20-30-50	75	75
	床头	50-75-100	150	150
	写字台	100-150-200	300	300 *
	卫生间	50-75-100	150	150
	会客间	30-50-75	—	—
中餐厅		50-75-100	200	200
西餐厅		20-30-50	100	150
酒吧间、咖啡厅		—	—	75
多功能厅、宴会厅		150-200-300	300	300
会议室		—	—	300
大堂		75-100-150	300	200
总服务台		150-200-300	300	300 *
休息厅		—	200	200
客房层走廊		—	50	50
厨房		100-150-200	200	500 *
游泳池		—	—	200
健身房		30-50-75	—	200
洗衣房		100-150-200	200	200
理发		100-150-200	—	—
美容		200-300-500	—	—
邮电		75-100-150	—	—
游艺厅		50-75-100	—	—
台球		150-200-300	—	—
小卖部		100-150-200	—	—
食品设备、烹调、配餐		200-300-500	—	—
小件寄存		30-50-75	—	—

注：* 为混合照明。

医疗建筑照度标准值比较表

表 2-17

（单位：lx）

房间或场所	民用建筑照明设计标准 GBJ 133—90	建筑照明设计标准 GB 50034—2004	建筑照明设计标准 GB 50034—2013
治疗室、检查	—	300	300
化验室	—	500	500
手术室	—	750	750
诊室	—	300	300
候诊室、挂号厅	—	200	200
病房	—	100	100
走道	—	—	100
护士站	—	300	300
药房	—	500	500
重症监护室	—	300	300

注：《民用建筑照明设计标准》GBJ 133—90 无此项规定。

教育建筑照度标准值比较表

表 2-18

（单位：lx）

房间或场所	民用建筑照明设计标准 GBJ 133—90	建筑照明设计标准 GB 50034—2004	建筑照明设计标准 GB 50034—2013
教室、阅览室	—	300	300
实验室	—	300	300
美术教室	—	500	500
多媒体教室	—	300	300
电子信息机房	—	—	500
计算机教室、电子阅览室	—	—	500
楼梯间	—	—	100
教室黑板	—	500	500 *
学生宿舍	—	—	150

注：1. 民用建筑照明设计标准无此建筑标准规定。
　　2. * 为混合照明。

交通建筑照度标准值比较表

表 2-19

（单位：lx）

房间或场所		民用建筑照明设计标准 GBJ 133—90	建筑照明设计标准 GB 50034—2004	建筑照明设计标准 GB 50034—2013
售票台		100-150-200	500	500
问讯处		75-100-150	200	200
候车（机、船）室	普通	50-75-100	150	150
	高档	—	200	200
贵宾室		75-100-150	—	300
中央大厅、售票大厅		75-100-150	200	200
海关、护照检查		100-150-200	500	500
安全检查		75-100-150	300	300
换票、行李托运		50-75-100	300	300
行李认领、到达大厅、出发大厅		50-75-100	200	200
通道、连接区、扶梯、换乘厅		15-20-30（无扶梯、换乘厅）	150	150
有棚站台		15-20-30	75	75
无棚站台		10-15-20	50	50
走廊、楼梯、平台、流动区域	普通	—	—	75
	高档	—	—	150
地铁站厅	普通	—	—	100
	高档	—	—	200
地铁出站门厅	普通	—	—	150
	高档	—	—	200

注：民用标准还有许多房间标准本表未列出。

无彩电转播的体育建筑照度标准值比较表 　　表 2-20

（单位：lx）

房间或场所			民用建筑照明设计标准 GBJ 133—90		建筑照明设计标准 GB 50034—2004		建筑照明设计标准 GB 50034—2013		
			训练（低-中-高）	比赛（低-中-高）	训练	比赛	训练和娱乐	业余比赛	专业比赛
篮球、排球、羽毛球、网球、手球、田径（室内）、体操、艺术体操、技巧、武术			150-200-300	300-500-750	300	750	300	500	750
棒球、垒球			—	300-500-750	—	750	300/200❶	500/300❶	500/750❶
保龄球			150-200-300	200-300-500	300	500	—	—	—
举重			100-150-200	300-500-750	200	750	300	500	750
击剑			200-300-500	300-500-750	500	750	300/200❷	500/300❷	750/500❷
柔道、中国摔跤、国际摔跤			—	500-750-1000	500	1000	300	500	1000
拳击			200-300-500	1000-1500-2000	500	2000	500	1000	2000
乒乓球			300-500-750	500-750-1000	750	1000	300	500	1000
游泳、蹼泳、跳水、水球			150-200-300	300-500-750	300	750	200	300	500
花样游泳			200-300-500	300-500-750	500	750	200	300	500
冰球、速度滑冰、花样滑冰			150-200-300	300-500-750	300	750	300	500	1000
围棋、中国象棋、国际象棋			—	500-750-1000	300	750	—	—	—
桥牌			—	100-150-200	300	500	—	—	—
射击	靶心：垂直照度		1000-1500-2000	1000-1500-2000	1000	1500	1000	1000	1000
	射击位：地面		50-100-150	50-100-150	300	500	200	200	300
足球、曲棍球	观看距离	120m	—	150-200-300	—	300			
		160m	—	200-300-500	—	500	200/300❸	300/500❸	500/750❸
		200m	—	300-500-750	—	750			
观众席			—	50-75-100	—	100	—	—	—
健身房			100-150-200	—	200	—	—	—	—
消除疲劳用房			50-75-100	—	—	—	—	—	—

注：❶“/”前为内场值，“/”后为外场值；❷“/”前为地面值，“/”后为垂直值；❸“/”前为足球值，“/”后为垒球值。

有彩电转播的照度标准值90年标准与2004年照明标准完全一致，采用CIE的规定。2013年照明标准完全采用《体育场馆照明设计及检测标准》JGJ 153—2007的标准照度标准值。

2.2.2 工业建筑照度标准值比较表

工业企业照度标准值比较表 　　表 2-21

（单位：lx）

房间或场所		工业标准 TJ 34—79		工业标准 GB 50034—92		建筑照明标准 GB 50034—2004	建筑照明标准 GB 50034—2013
		混合照明	一般照明	混合照明	一般照明		
机械加工	粗加工	—	—	300-500-750	—	200	200
	一般加工	500	—	500-750-1000	—	300	300
	精密加工	1000	—	1000-1500-2000	—	500	500

续表

房间或场所		工业标准 TJ 34—79		工业标准 GB 50034—92		建筑照明标准 GB 50034—2004	建筑照明标准 GB 50034—2013
		混合照明	一般照明	混合照明	一般照明		
机电、仪表、装配	大件	500	—	—	50-70-100	200	200
	一般件	—	—	—	—	300	300
	精密	1000	—	1000-1500-2000	—	500	500
	特精密	—	—	—	—	750	750
电线、电缆制造		—	—	—	—	300	300
线圈绕制	大线圈	—	—	—	—	300	300
	中等线圈	—	—	—	—	500	500
	精细线圈	—	—	—	—	750	750
焊接	一般	—	50	—	手焊 50-70-100 自动焊 75-100-150	200	200
	精密	750（划线）	50	750-1000-1500（划线）	—	300	300
钣金		—	50	—	50-75-100	300	300
冲压、剪切		300	—	200-300-500	—	300	300
热处理		—	30	—	30-50-75	200	200
铸造	溶化、浇铸	—	30	—	30-50-75	200	200
	造型	—	50	300-500-750（手工）	30-50-75（机器）	300	300
精密铸造的制模、塑壳		—	—	—	—	500	500
锻工		—	30	—	30-50-75	200	200
电镀		—	—	—	—	300	300
喷漆	一般	—	50	—	50-75-100	300	300
	精细	—	—	—	—	500	500
酸洗、腐蚀、清洗		—	30	—	30-50-75	300	300
木业	一般机器加工	300	—	300-500-750	—	200	200
	精细机器加工	—	—	不分一般和精细	—	500	500
	锯木区	—	50	—	50-75-100	300	300
模型区	一般	—	300	300-500-750	—	300	300
	精细	—	不分一般和精细	不分一般和精细	—	750	750

2.2.3 通用房间或场所照度标准值比较表

通用房间或场所照度标准值比较表 **表 2-22**

（单位：lx）

房间或场所		工业企业照明设计标准 TJ 34—79	民用建筑照明设计标准 GBJ 133—90	工业企业照明设计标准 GB 50034—92	建筑照明设计标准 GB 50034—2004	建筑照明设计标准 GB 50034—2013
门厅	普通	—	—	—	100	100
	高档	—	—	—	200	200

续表

房间或场所		工业企业照明设计标准 TJ 34—79	民用建筑照明设计标准 GBJ 133—90	工业企业照明设计标准 GB 50034—92	建筑照明设计标准 GB 50034—2004	建筑照明设计标准 GB 50034—2013
走廊、楼梯间	普通	5	15-20-30	—	50	50
	高档	—	—	10-15-20	100	100
楼梯、平台	普通	—	20-30-50	10-15-20	—	50
	高档	—	—	—	—	100
自动扶梯		—	—	—	150	150
厕所、盥洗室、浴室	普通	10	20-30-50（浴室）	10-15-20	75	75
	高档	10	15-20-30（厕所）	20-30-50（盥洗室）	150	100
电梯前厅	普通	—	20-30-50	—	75	75
	高档	—	—	—	150	150
休息室	30	30-50-75（吸烟室）	50-75-100	100	100	
更衣室	10	—	10-15-20	—	150 *	
储藏室	—	20-30-50	—	100	100	
餐厅	30	—	50-75-100	—	200	
车库	停车间	—	—	10-15-20	75	50
	检修间	—	—	30-50-75	200	200
试验室	一般	100	—	100-150-200	300	300
	精细	—	—	—	500	500
检验	一般	—	—	—	300	300
	精细	—	—	—	750	750
计量室、测量室		—	—	150-200-300	500	500
电话站、网络中心		50	—	100-150-200	500	500
计算机站		—	—	—	500	500
变配电站	配电背景室	20	—	30-50-75	200	200
	变压器	30	—	20-30-50	100	100
电源设备室、发电机室		—	—	30-50-75	200	200
电梯机房		—	—	—	—	200
控制室	一般控制室	—	—	75-100-150	300	300
	主控制室	—	—	150-200-300	500	500
动力站	风机房、空调机房	20	—	20-30-50	100	100
	泵房	20	—	20-30-50	100	100
	冷冻站	—	—	—	150	150
	压缩空气站	30	—	30-50-75	150	150
	锅炉房、煤气站、操作屏	20	—	20-30-50	100	100

续表

房间或场所		工业企业照明设计标准 TJ 34—79	民用建筑照明设计标准 GBJ 133—90	工业企业照明设计标准 GB 50034—92	建筑照明设计标准 GB 50034—2004	建筑照明设计标准 GB 50034—2013
仓库	大件库	5	—	5-10-15	50	50
	一般件库	10	—	10-15-20	100	100
	半成品库	—	—	—	—	150
	精细件库	20	—	30-50-75	200	200
车辆加油站		—	—	—	—	—

说明：

1. 博物馆建筑的照明设计标准（2004）与（2013）在类别及照度标准值完全相同，而在2013年标准上只增加了年曝光量（lx·h/a），注也相同。
2. 会展建筑：2004年标准与2013年标准均规定一般展厅和高档展厅的照度标准完全相同，分别为200lx和300lx，而2013年标准新增加了会议室、洽谈室、宴会厅、多功能厅和公共大厅的四种场所的照度标准值。
3. 2013年标准新增加美术馆建筑、科技馆建筑、博物馆建筑其他场所照明标准值。
4. 《建筑照明设计标准》GB 50034—2004新增机电工业、电子工业、纺织、化纤、制药、橡胶、电力、钢铁、制浆造纸、食品及饮料、玻璃、水泥、皮革、化学、石油共15类工业系统的照明标准值。
5. 《建筑照明设计标准》GB 50034—2013将机电工业列入通用房间或场所中，电子工业比2004年标准增加10个车间标准；制药工业新增更衣室、技术夹层标准；轧钢工业增加线材、钢管、冷轧、热轧主厂房标准；卷烟工业增加制丝（一般、较高）、滤棒成型、膨胀烟丝、贮叶、贮丝车间标准；化学石油工业增加电缆夹层、避难间、压缩机房标准。
6. 现行标准比2004标准总共增加22个车间照明标准值，其他各工业系统项目的照度标准值与2004年标准相同。

2.2.4 照明功率密度值比较表

住宅建筑每户照明功率密度限值比较表 **表 2-23**

（单位 W/m²）

房间或场所	建筑照明设计标准 GB 50034—2004		建筑照明设计标准 GB 50034—2013	
	现行值	目标值	现行值	目标值
起居室、卧室、餐厅、卫生间	7	6	6	5
职工宿舍	—	—	4	3.5
车库	—	—	2	1.8

办公建筑照明功率密度限值比较表 **表 2-24**

（单位 W/m²）

房间或场所	建筑照明设计标准 GB 50034—2004		建筑照明设计标准 GB 50034—2013	
	现行值	目标值	现行值	目标值
普通办公室	11	9	9	8
高档办公室、设计室	18	15	15	13.5
会议室	11	9	9	8
服务大厅（营业厅）	13	11	11	10
文件整理、复印、发行室	11	9	—	—
档案室	8	7	—	—

商店建筑照明功率密度限值比较表 **表 2-25**

（单位 W/m²）

房间或场所	建筑照明设计标准 GB 50034—2004		建筑照明设计标准 GB 50034—2013	
	现行值	目标值	现行值	目标值
一般商店营业厅	12	10	10	9
高档商店营业厅	19	16	16	14.5
一般超市营业厅	13	11	11	10
高档超市营业厅	20	17	17	15
专卖店营业厅	—	—	11	10
仓储超市	—	—	11	10

旅馆建筑照明功率密度限值比较表 **表 2-26**

（单位 W/m²）

房间或场所	建筑照明设计标准 GB 50034—2004		建筑照明设计标准 GB 50034—2013	
	现行值	目标值	现行值	目标值
客房	15	13	7	6
中餐厅	13	11	9	8
西餐厅	—	—	6.5	5.5
多功能厅	18	15	13.5	12
客房层走廊	5	4	4	3.5
会议室	—	—	9	8
门厅	15	13	—	—

医疗建筑照明功率密度限值比较表 **表 2-27**

（单位 W/m²）

房间或场所	建筑照明设计标准 GB 50034—2004		建筑照明设计标准 GB 50034—2013	
	现行值	目标值	现行值	目标值
治疗室、诊室	11	9	9	8
化验室	18	15	15	13.5
候诊室、挂号室	8	7	6.5	5.5
病房	6	5	5	4.5
护士站	11	9	9	8
药房	20	17	15	13.5
走廊	—	—	4.5	4.0
手术室	30	25	—	—
重症监护室	11	9	—	—

教育建筑照明功率密度限值比较表 表 2-28

（单位 W/m^2）

房间或场所	建筑照明设计标准 GB 50034—2004		建筑照明设计标准 GB 50034—2013	
	现行值	目标值	现行值	目标值
教室、阅览室	11	9	9	8
实验室	11	9	9	8
美术教室	18	15	15	13.5
多媒体教室	11	9	9	8
计算机教室	—	—	15	13.5
电子阅览室	—	—	15	13.5
学生宿舍	—	—	5	4.5

工业建筑照明功率密度限值比较表 表 2-29

（单位 W/m^2）

房间或场所		工业照明设计标准 GB 50034—92	建筑照明设计标准 GB 50034—2004		建筑照明设计标准 GB 50034—2013	
			现行值	目标值	现行值	目标值
1 机、电工业						
机械加工	粗加工	9	8	7	7.5	5.5
	一般加工公差≥0.1mm	13	12	11	11	10
	精密加工<0.1mm	21	19	17	17	15
机电仪表装配	大件	9	8	7	7.5	6.5
	一般件	13	12	11	11	10
	精密	22	19	17	17	15
	特精密	33	27	24	24	22
电线、电缆制造		14	12	11	11	10
线圈绕制	大线圈	14	12	11	11	10
	中等线圈	20	19	17	17	15
	精密细线圈	32	27	24	24	22
线圈浇注		14	12	11	11	10
焊接	一般	9	8	7	7.5	6.5
	精密	13	12	11	11	10
钣金		13	12	11	11	10
冲压、剪切		13	12	11	11	10
热处理		10	8	7	7.5	6.5
铸造	溶化、浇注	10	9	8	9	8
	造型	16	13	12	13	12
精密制造的制模、脱壳		25	19	17	17	15
锻工		11	9	8	8	7
电镀		17	13	12	13	12
酸洗、腐蚀、清洗		18	15	14	15	14
抛光	一般装饰性	16	13	12	12	11
	精细	26	20	18	18	16

续表

房间或场所		工业照明设计标准 GB 50034—92	建筑照明设计标准 GB 50034—2004		建筑照明设计标准 GB 50034—2013	
			现行值	目标值	现行值	目标值
复合材料加工、铺叠、装饰		26	19	17	17	15
机电修理	一般	8	8	7	7.5	6.5
	精细	12	12	11	11	10
2 电子工业						
整机类	整机厂	—	—	—	11	10
	整机厂房	—	—	—	11	10
元器件	微电子产品及集成电路	26.7	20	18（电子元器件）	18	16
	显示器件	26.7	20	18（电子零部件）	18	16
	印刷线路板	—	—	—	18	16
	光伏组件	—	—	—	11	10
	电真空器件、机电组件等	—	—	—	18	16
电子材料类	半导体材料	16	12	10（电子材料）	11	10
	光纤、光缆	—	—	—	11	10
酸碱、药液及粉配制		16	14	12	13	12

注：房间或场所的室形指数等于或小于1时，本表的照明功率密度值可增加20%。

2.2.5 建筑照明设计标准其他各类项目比较表

建筑照明设计标准其他各类项目比较表　　表2-30

序号	项目名称	工业企业人工照明暂行标准 106-56	工业企业照明设计标准 TJ 34—79	民用建筑照明设计标准 GBJ 133—90	工业企业照明设计标准 GB 50034—92	建筑照明设计标准 GB 50034—2004	建筑照明设计标准 GB 50034—2013
1	照明方式	一般、分区一般、局部、混合	一般、局部、混合	一般、分区一般、局部	一般、分区一般、局部、混合	一般、分区一般、局部、混合	一般、分区一般、局部、混合、重点
2	照明种类	常用、事故、值班、警卫 事故分疏散和继续工作两种	常用、事故、值班、警卫、障碍 事故分疏散和继续工作两种	正常、应急、值班、警卫、障碍 应急分：疏散、安全、备用三种	正常、应急、值班、警卫、障碍 应急分：备用、安全、疏散三种	正常、应急、值班、警卫、障碍 应急分：备用、安全、疏散三种	正常、应急、警卫、障碍、值班 应急分：备用、安全、疏散三种
3	照明光源	白炽灯 荧光灯	白炽灯、卤钨灯、荧光灯、荧光高压汞灯、长弧氙灯、高压钠灯、金属卤化物灯、荧光高压汞灯与白炽灯的混合光源	荧光灯、卤钨灯、高强气体放电灯	荧光灯、白炽灯、高强气体放电灯（高压钠灯、金属卤化物灯、荧光高压汞灯）、11种混光光源	细管径直管形荧光灯、紧凑型荧光灯、金属卤化物灯、高压钠灯 不宜采用荧光高压汞灯和白炽灯（特殊场所除外）	细管径直管形三基色荧光灯、紧凑型荧光灯、金属卤化物灯、高压钠灯、发光二极管（LED） 不宜采用白炽灯，特殊场所除外

续表

序号	项目名称	工业企业人工照明暂行标准 106-56	工业企业照明设计标准 TJ 34—79	民用建筑照明设计标准 GBJ 133—90	工业企业照明设计标准 GB 50034—92	建筑照明设计标准 GB 50034—2004	建筑照明设计标准 GB 50034—2013
4	照明灯具	未规定	特别潮湿、有腐蚀性气体和蒸气、机械损伤、安装在可燃材料上、震动较大场所五种场所	可燃、潮湿二种场所	规定潮湿、有腐蚀性气体和蒸气、高温、尘埃、震动和摆动较大、机械损伤、爆炸和火灾危险七种场所灯具规定开敞式、包合式灯、格栅灯具的效率	除50034-92的七种场所灯具要求相同外，增加洁净和防紫外线场所的灯具要求共有九种场所灯具要求，规定荧光灯和高强气体放电灯的灯具效率	除与50034—2004九种场所的灯具要求相同外，增加室外灯具IP等级规定。规定：直管形荧光灯、紧凑型荧光灯、筒灯灯具、小功率金卤灯筒灯灯具、高强气体放电灯灯具的效率，规定LED筒灯和平面灯的灯具效能
5	镇流器	未规定（普通电感镇流器）	未规定（普通电感镇流器）	未规定（普通电感镇流器）	未规定（普通电感镇流器为主）	节能型电感镇流器、电子镇流器、恒功率镇流器	电子镇流器、节能型电感镇流器、高频电子镇流器、恒功率镇流器
6	照度标准值系数分级	未规定，5～700lx	0.2～2500lx共20级	0.5～2000lx共20级	0.5～3000lx共21级	0.5～5000lx共22级	0.5～5000lx共22级
7	照度标准值	最低值	最低值	平均值	维持平均照度值	维持平均照度值	维持平均照度值
8	提高和降低照度标准值	五条规定提高一级	五条规定提高一级	未规定	六条规定提高一级，二条规定降低一级	八条规定提高一级，三条规定降低一级	八条规定提高一级，三条规定降低一级
9	作业面临近周围照度值	未规定	未规定	未规定	未规定	≥300lx时，规定临近作业面照度值	≥300lx时，规定临近作业面照度值
10	照度标准值分档	固定值（不分档）	固定值（不分档）	分低、中、高三档	分低、中、高三档	固定值（不分档）	固定值（不分档）
11	一般照明照度与混合照明照度的比例	10%	5%～10%	混合照明总照度的1/3～1/5	5%～15%	未规定	未规定

续表

序号	项目名称	工业企业人工照明暂行标准 106-56	工业企业照明设计标准 TJ 34—79	民用建筑照明设计标准 GBJ 133—90	工业企业照明设计标准 GB 50034—92	建筑照明设计标准 GB 50034—2004	建筑照明设计标准 GB 50034—2013
12	维护系数（减去补偿系数、照度补偿系数）	清洁、一般、污染严重、室外的系数值，与前标准相差不大	清洁、一般、污染严重、室外的系数值，与前标准相差不大	按不同光源规定清洁、一般、污染严重的维护系数，与前标准数值相差不大	清洁、一般、污染严重、室外的系数值，与前标准相差不大	清洁、一般、污染严重、室外的系数值，与前标准相差不大	清洁、一般、污染严重、室外的系数值，与2004标准相同
13	确定照度值的标准	按识别对象尺寸、背影零件的颜色、照明方式、灯种类确定，未规定具体房间和场所的照度标准值	按识别对象最小、亮度对比、照明方式确定，规定一般生产车间或工作场所的最低照度值（36个房间）或场所的照度标准值	规定图书馆、办公楼、商店、影剧院、住宅、铁路旅客站、港口旅客站、体育运动场地、公用场地类照度标准值	按识别对象最小尺寸、亮度对比、照明方式确定，规定一般生产车间或场所，照度标准（52个房间）或场所的照度标准值	按具体的工作房间或场所确定，除民标十类标准外，增加医疗、教育、博物馆、展览馆的标准值。15种公用房间或场所和15种工业机电、电子、纺织化纤、制药、橡胶、电力、钢铁、制浆造纸、食品饮料、玻璃、皮革、卷烟、化学、石油、木业和家具的照度标准值	按具体的工作房间或场所确定12个房间或场所、15种工业与左项目相同，电子工业细化了项目，新增19个房间或场所的照度标准值。工业与民用公用场所合并为统一的名称。104个房间或场所为“通用房间或场所”的38个房间标准，民用新增博物馆其他场所、美术馆、科技馆、金融建筑的标准值
14	照度均匀度：最小照度/平均照度	未规定	<0.7	<0.7体育场地的4种均匀度	<0.7	<0.7，体育场地的4种均匀度	根据不同房间或场所规定不同的照度均匀度，不统一规定一个均匀度均小于0.7，多数为0.6。体育场地的6种均匀度（彩电转播）、体育场地的4种均匀度（非彩电转播）
15	眩光限制	规定灯具的最低悬挂高度和灯具的遮光角、限制反射眩光措施、最大影深	规定灯具的最低悬挂高度、灯具的遮光角、防止反射眩光措施	采用灯具亮度限制曲线、灯具最小遮光角	灯具亮度限制曲线、最小遮光角、灯具的最低悬挂高度，4项限制反射眩光和光幕反射措施	统一眩光值（UGR）和眩光值（*GR*），4项防止反射眩光和光幕反射的措施，视觉显示终端用灯具平均亮度限值、最小遮光角	灯具的遮光角、统一眩光值（UGR），眩光值（*GR*），防止反射眩光和光幕反射4项措施，视觉显示终端用灯具的平均亮度限值

续表

序号	项目名称	工业企业人工照明暂行标准 106-56	工业企业照明设计标准 TJ 34—79	民用建筑照明设计标准 GBJ 133—90	工业企业照明设计标准 GB 50034—92	建筑照明设计标准 GB 50034—2004	建筑照明设计标准 GB 50034—2013
16	光源颜色（色温或一般显色指数）	未规定	未规定	光源的暖、中、冷的色温值，四等一般显色指数的分类	光源的暖、中、冷的色温值，四等一般显色指数的分类	光源的暖、中、冷的色温值，长期工作或停留房间或场所 R_a 大于80，灯具安装高度大于6m可低于80	色温与左项同，长期工作停留的房间和场所 R_a 大于80，灯具安装高度大于8m，R_a 可低于80。同类光源的色容差不大于5SDCM。LED色温应小于4000K，R_9 大于零。LED色品坐标初始值不应超过0.007。LED在不同方向上的色品坐标与其加权平均值偏不应超过0.004
17	表面反射	未规定	未规定	顶棚、墙面、隔断、地面	顶棚、墙面、地面、设备	顶棚、墙面、地面、作业面	顶棚、墙面、地面
18	照明节能（*LPD* 值及措施）	未规定	未规定	未规定	照明节能章规定10条节能措施，数量评价用节能效益比（ER），即目标效能值与实际效能之比大于或等于1时节能，效能值单位为 W/m^2，规定8种单一和混光光源的目标效能值，未规定具体房间或场所的目标效能值	规定住宅、办公、商店、旅馆、医疗、教育、工业七类建筑的 *LPD* 值，除住宅外，其他均为强制性执行。共规定了86个房间或场所的 *LPD* 值，除现行值外，还规定目标值	除原七类建筑 *LPD* 值外，新增加图书馆、美术馆、科技馆、博物馆、会展、交通、金融、通用场所的 *LPD* 值，其中会展、金融、交通通用场所为强制性标准，规定了目标值，室形指数≤1时，可增加20%的 *LPD* 值。七条节能措施；规定15类建筑133个场所 *LPD* 值，强条为6类建筑108个场所

续表

序号	项目名称	工业企业人工照明暂行标准 106-56	工业企业照明设计标准 TJ 34—79	民用建筑照明设计标准 GBJ 133—90	工业企业照明设计标准 GB 50034—92	建筑照明设计标准 GB 50034—2004	建筑照明设计标准 GB 50034—2013
19	照明配电及控制	未规定	共有13条（主要包括供电电压和配电系统）	未规定	共有15条（主要包括供电电压和配电系统）	共有28条，取消4条（配电1条，导体选择3条）分别放到配电条中（2013标准），取消导体选择一章	共有24条，新增7.1.2条：水下灯具用特低电压供电（12V），无波纹直流供电不大于30V，增加5款大型公共建筑智能照明控制系统具备的功能。新增加楼梯间、走道、地下车库自动调节照度，高强气体放电灯的功率因数调整为0.9，其他各项与2004标准相同

2.3 标准展望

我国的建筑照明设计标准从1956年第一版开始实行至今，历经60年，已有六个版本的制、修订过程。随着我国社会经济和照明科技的不断发展，特别在实行改革开放政策后，标准结构和内容，从简单到完善，从低水平到今日已达到国际上的同类标准的先进水平，在国家经济建设中发挥重要作用。在60年的历程中，通过标准制、修订过程，取得不少有益的经验，但也存在一些改进和提高的空间。为了使标准水平再进一步提高，更上一层楼，依据现今照明产品和照明科技的发展趋势，今后我国的建筑照明设计标准如何发展，使我国的标准适应我国的经济建设发展水平，借鉴国际照明科学技术，进一步使标准达到更高水平，或者说达到国际上更加先进的水平，建议重点对下述的几个方面进行研讨。

1. 不断促进绿色照明向更加广深方向发展是制、修订标准的永恒目标

实施绿色照明的宗旨就是要求具有节约能源，保护环境，有益于提高人们生产、工作、学习效率，保护身心健康的照明。当今世界节约能源和资源，减少有害气体排放，保护生态环境，应对气候变化是各国普遍关注的重大问题，节能减排是我国的基本国策。世界的能源不容乐观，而照明的能源消耗占有相当比例，是节能的重点领域之一。据资料[1]，全世界照明用电量占总用量平均为19%，发达国家平均为15%左右，而美国稍高些为20%～25%[2]。我国的照明用电量约占全国用电量的13%左右[4]。根据最新调查资料[1]2013年我国照明用电量约占全国用电量的14.15%［其中：居民为2.14%，工业为

3.87%，商业（指宾馆、办公、学校、商店等）占3.02%，城市道路和景观照明占4.47%，其他占0.65%]。美国各类建筑照明用电量占整个建筑的用电比例[5]为：住宅15%、办公39%、商店43%、教育30%、旅馆36%、医疗42%。日本办公大楼占30%[2]。鉴于我国尚无明确的此类数据资料，但是我国照度标准水平已达国际同类标准水平，不言而喻，用电量与发达国家不相上下，或许稍低些。实现照明节能必须在保证执行国家照明设计标准的前提下进行。但是节约能源不是唯一目的，而是还要保证有安全、舒适、健康的照明。因此必须选择科学合理正确的照明，真正做到绿色照明。

为使标准向更广方向发展，还需要增加哪些民用与工业建筑的照明标准值和照明功率密度值，值得深入研究。

为使标准向更深方向发展，需考虑如何采用更高光效的光源和灯具产品，特别LED光源应用于何种建筑最适宜，既节能又无蓝光生物性危害，如何在标准中反映照明控制问题，特别是智能照明控制要更加关注、研究和分析。所有这些问题均属实施绿色照明重要且关键的技术问题。

2. 不断采用更高光效、长寿命、节能环保和健康的照明产品

当今照明光源的应用现状是传统光源与LED光源并存的时代，随着白炽灯的逐步被淘汰，高压汞灯的退出，现今应用最广泛的当属细管径（≤26mm）的T8和T5三基色直管形荧光灯、紧凑型荧光灯（节能灯）、高压钠灯、金属卤化物灯等。这些传统光源的应用现今仍占主流地位，均处于技术成熟期，但这些产品性能和质量尚有一定的提升空间，特别是陶瓷金属卤化物灯，由于其光效高、显色性好的优势具有更大的应用前景。

随着LED光源试点示范应用12年以来，LED光源照明快速发展，不断更新换代，逐年减低产品成本，突显LED光源具有节能、长寿命、易于灵活控制等一系列优点，LED光源在通用照明领域具有广阔的应用前景，在未来将势必成为主流产品。

根据Digitimes的研究[6]，2015年全球照明市场达300亿美元，为2015年全球照明产品的27.2%。又据美国能源部（DOE）报告[7]如果能实现DOE的LED目标价格和光效水平，则到2020年，LED照明产品在通用照明市场中占比将达68%，到2030年，这一数据将超过90%，而到2020年将为美国额外节约20%的电能。LED市场发展最快的当属日本，据报道[8]，2015年LED光源100%替代白炽灯、普通荧光灯和高压汞灯，70%替代卤素灯，80%替代紧凑型荧光灯，到2020年替代率将达100%。根据日本工业协会预测[9]，到2020年所有家用灯具均采用LED光源。2013年已不生产白炽灯[10]。再据有关报道[11]，科锐（CREE）公司的功率型LED器件的实验室光效已达到接近LED理论最大光效355lm/W。中国的LED市场到2015年将占通用照明市场的30%[8]。

我国科技部的半导体照明专项规划中的发展目标[12]，产业化白光LED器件光效已达到国际先进水平（150lm/W～200lm/W），LED光源/灯具产业化白光LED光源光效达到130lm/W，成本降低到2011年的1/5，实现节能1000亿kWh，减少有害气体排放1亿t。据文献报道[13]，现实情况，我国蓝宝石衬底功率型白光LED研发水平已超过160lm/W，产业化水平已达到140lm/W；硅衬底白光LED产业化水平已达到130lm/W，LED光源光效已超过紧凑型荧光灯。现今LED产业的注意力已从lm/W转向$/W、性价比和光品质方向，已成为LED光源核心竞争力。

我国主要生产的室内照明用的LED筒灯、平面灯、射灯、直管型灯等，价格下降到

5.53元/W，主要用于商业、办公、家居的LED产品在快速增长，到2015年LED产品的渗透率将超过30%，到2020年将达到70%以上，但应指出的是LED蓝光对人眼健康的危害，宜采用低色温暖白光LED光源。

到2020年左右，现行的标准面临修订的时期，那时传统光源性能和产品质量可能会有一定的提高，但LED产品的性能会更进一步提高、价格将大幅下降，LED的应用范围在通用照明领域将继续扩大，在修订标准中如何应用LED光源，值得进行深入探讨，必将面临新的更大的机遇和挑战。

从长远角度看，LED光源有新的发展。据最近文献报道[14]，美国利用3D打印技术，将LED灯具打印成像纸一样，命名为光纸，比目前最薄的OLED更薄，可随意弯曲，贴到任何形状的表面上或当发光墙纸用，以替代灯泡，但目前的缺点是光无规则分散。

对新光源发展，据最新文献报道[15]，当今已初露端倪的是，诺贝尔奖得主日本的中村修二提出用激光照明代替LED照明，原因是蓝光LED有光衰问题，解决此问题的原动力是，双流金属有机化学气相沉积（MOCVD）基于In GaN异质结构实现蓝光高亮度化。研发表明，越高亮度，越难提高光效水平，而激光器照明不存在此问题，可实现更高的亮度，而且无光衰问题。

3. 不断采用适宜且先进的智能化控制技术，以实现智能照明

现今我国较多采用直接操纵开关来实现照明控制，有条件的采用电子或手动开关和自动控制相结合的控制，如延时开关和遥控的半自动控制方式。自动照明控制是未来发展趋势。自动照明控制是按人的需求设置的条件来实现的，特别是通过互联网来实现智能照明控制。目前CIE和ISO对智能照明尚无明确的定义，智能照明控制是最近几年兴起的，还处于初级阶段。智能照明控制具有如下的优点[16]：一是节约能源，一般可节电30%以上；二是延长光源寿命，在开灯时不存在对灯的冲击，可延长寿命2～4倍；三是提高光源质量水平，保持恒定照度，形成健康、舒适、按需的照明；四是维护管理简便，信息设置和更换方便，减少维护费用；五是经济效益显著，投资可在3～5年得以回报。

智能照明控制有多种通信方式（协议），如有线的和无线的通信手段，其优势在各自适宜领域应用实现，短时间尚无法统一多种方式，未来的发展趋势可能是一个兼容的局面，采用低速的通信方式，还有智能照明控制的标准化问题的解决，有利于标准的修订工作。

随着智能化控制的进一步发展，在未来修订的标准中，可充实智能照明控制的条款，如在大型公共建筑的大开间办公室，旅馆的大堂、客房、走廊、多功能厅以及车库等，在住宅中实现智能照明控制采用何种通信方式，都是值得进一步研究的问题。

4. 不断降低照明功率密度（*LPD*）值，更进一步实现节能减排

当今一些发达国家均以照明功率密度（*LPD*）作为照明节能的评价指标，以美国和日本的照明节能标准较为完善。我国2004版的标准中也以*LPD*作为节能评价指标，从规定的7类建筑的*LPD*限值发展到2013年版的15类建筑*LPD*限值，不断降低*LPD*的限值是未来的发展趋势。美国从20世纪90年代制定照明节能标准以来，已多次降低*LPD*限值。我国的2013年版的*LPD*值比2004版的降低值是：民用建筑*LPD*限值平均降低19%[17]，工业建筑平均降低7.3%[17]，*LPD*限值低于美、日等国家标准*LPD*限值，节能效益高于国外水平。智能照明系统的发展，毋庸置疑，降低*LPD*限值的空间更大，实现节能减排的效益会更加显著。应当指出，经过几年过后，在仔细分析研究后，我国的建筑节能标准还有一定完善和提高的空间，例如：现行节能标准只规定各类房间和场所的*LPD*限值，还缺少规定对整栋建筑的*LPD*限值的规定[18]，如美国的节能标准，除建筑的房间和场所外，还规定了整栋建筑的*LPD*限值[18]，我国是否需要规定整栋建筑的*LPD*限值值得探讨。

现今节能标准除规定*LPD*限值外，是否考虑其他影响*LPD*值的各种影响因素，如日本的节能标准，以*LPD*限值为基础，用年实际照明用电量（kW·h）与规定的标准用电量（kW·h）之比小于1的照明能耗系数来评价照明节能的[19]。此外，还规定一系列修正系数，如按年工作日天数和每天点灯时间、照明设备的不同控制方法的修正系数、采用不同种类灯具的修正系数、不同建筑房间的照度修正系数等，做到精确可靠的照明节能评价。这种照明节能评价方法也值得我们研究。如何把照明节能评价方法做到更深入细致，可能更有利于节能减排，以实现更大的节能。

在照明供电电源方面，除传统的供电电源外，还可利用再生能源，如太阳能、风能、风光互补、生物能源等，更具有环保节约能源重大作用。

5. 不断调整和充实标准的内容，扩大标准的应用范围

现行标准已达到相当程度的完善和充实水平，但随照明科技快速发展和创新以及照明产品性能不断提高，现行标准的内容还有一定程度的调整、完善、充实的空间，建议有些技术内容和应用范围值得研究和探讨，例如：可否考虑增加某些建筑类型的照明标准，如民用建筑部分，因我国已进入老龄化社会，老年人的福利设施严重缺乏，今后会大量建设老年福利建筑，因此需增加老年福利建筑（养老院、康复院、保健院），还有儿童幼托园所的建筑照明标准以及残障福利和教育的照明标准等。在工业建筑部分，我国是车辆制造大国，可否考虑增加车辆制造业（大小客车、轻轨、地铁、铁路等的车辆）、公检法建筑、广播电视建筑、印刷出版业建筑等的照明标准。

除照度、照度均匀度、*UGR*、R_a 的标准值，随科技进步的变化的调整问题，在工业与民用建筑中是否有必要规定垂直照度，如美国标准几乎所有建筑均规定垂直照度标准值，我国不一定完全按照美国那样做，但可否对某些建筑有需要的场所规定垂直照度，值得探讨。此外，在某些建筑的房间中考虑年龄的因素。

扩大照明控制系统的应用范围，除传统照明控制外，要特别关注智能照明控制系统的扩大应用范围，以实现二次节能，在未来修订的标准中需作些规定，创造人们需要的照明，创造更舒适健康的光环境。

不断增加某些建筑的*LPD*限值的规定，特别是要增加一些建筑的*LPD*值的强制性规定，进一步实现节能环保。

不断跟踪国际先进的照明科技的新技术和照度标准和照明节能标准的新变化，加强国内外的学术交流，借鉴国外先进的照明技术经验，开展与照明标准有关的专项的关键技术问题的研究，不断创新，实现我国建筑照明设计标准的升级版。

3　室外作业场地照明设计标准

3.1　各版标准回顾

我国已制订和颁布执行的《建筑照明设计标准》GB 50034—2004 主要制订了各类室内各工作场所的照明数量和质量以及节能的标准，而室外作业场地照明设计标准是一项重要缺项，为室外工作人员创造高效、安全、准确完成室外视觉作业环境，提供科学合理的照明设计标准是非常急需和重要的任务。

早在 50 年代制订的《工业企业人工照明暂行标准》标准 106-56 中，有两条关于室外露天工作场地照明（厂区和铁路站线用照明）最低照度标准的规定，主要是参照苏联的标准制订的。根据被观察零件的最小尺寸、到观察者眼睛的距离以及不需识别细小零件或者一般观察工作的照明确定照度标准值。照度很低，均在 20lx 以下，至于厂区各种道路和铁路站台的照度就更低，均在 4lx 以下。

1979 年颁布执行的《工业企业照明设计标准》标准 TJ34-79，将 56 年标准的两条标准合并为一条，定名为厂区露天工作场所和交通运输线的最低照度值，修改了按观察零件至眼睛距离大小制订照度标准值的规定，而是规定六种具体室外工作场所的照度标准值，并规定了主要和次要道路、视觉要求高和一般的站台以及码头的照度标准值，而且照度均很低，均低于 20lx。

1992 年颁布实行的《工业企业照明设计标准》GB 50034—92，具体的露天工作场所、道路、站台和码头的照度标准值与 79 年标准相同，只是照度按低、中、高三档规定照度标准值，最高照度值为 30-50-75lx，比 56 年和 79 年标准照度成两倍以上的增加。

鉴于上述背景情况，为填补我国室外作业场地照明设计标准的缺项，2007 年，根据原建设部发布的《关于印发〈2007 年工程建设标准规范制订、修订计划（第一批）的通知〉》（建标［2007］125 号）文件第 22 项计划要求，制订《室外作业场地照明设计标准》，由中国建筑科学院负责主编。编制组经广泛调查研究、认真总结经验，参考国际标准和有关国内外标准并在广泛征求意见的基础上，共制定了十类室外工业及其他公共场地的照明标准值，填补了我国室外作业场地照明设计标准的空白。

3.1.1　《室外作业场地照明设计标准》

3.1.1.1　标准编制主要文件资料

1. 封面、公告、前言

本版标准封面、公告以及前言如图 3-1 所示。

2. 制修订计划文件

本版标准制修订计划文件如图 3-2 所示，通知为建标［2007］125 号文件，《2007 年工程建设标准规范、制订、修订计划（第一批）》中第 2 项为本标准。

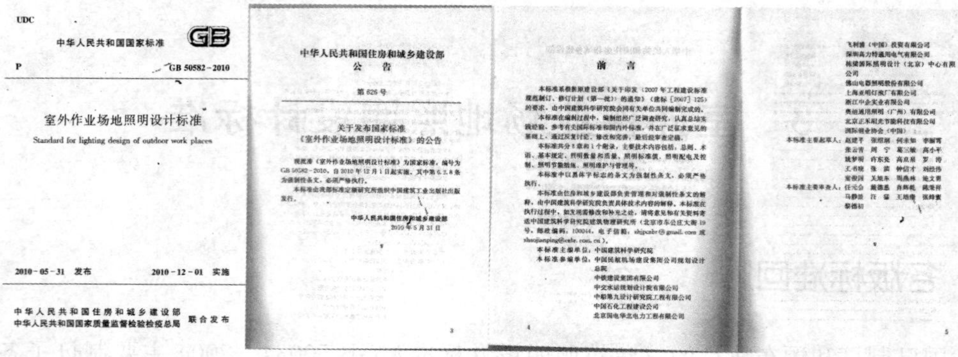

UDC

中华人民共和国国家标准 GB

P GB 50582-2010

室外作业场地照明设计标准

Standard for lighting design of outdoor work places

2010-05-31 发布 2010-12-01 实施

中华人民共和国住房和城乡建设部
中华人民共和国国家质量监督检验检疫总局 联合发布

中华人民共和国住房和城乡建设部
公 告

第626号

关于发布国家标准
《室外作业场地照明设计标准》的公告

中华人民共和国住房和城乡建设部
2010年5月31日

前 言

封面　　公告　　前言　　前言

图 3-1　本版标准封面等

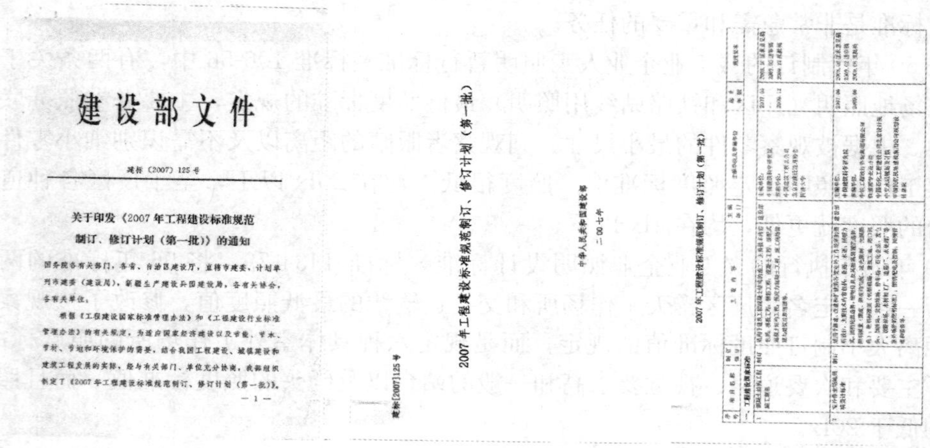

建设部文件

建标〔2007〕125号

关于印发《2007年工程建设标准规范制订、修订计划（第一批）》的通知

国务院各有关部门，各省、自治区建设厅，直辖市建委，计划单列市建委（建设局），新疆生产建设兵团建设局，各有关协会，各有关单位：

根据《工程建设国家标准管理办法》和《工程建设行业标准管理办法》的有关规定，为适应国家经济建设以及节能、节水、节材、节地和环境保护的需要，结合我国工程建设、城镇建设和建筑工程发展的实际，经与有关部门、单位充分协商，我部组织制定了《2007年工程建设标准规范制订、修订计划（第一批）》。

— 1 —

2007年工程建设标准规范制订、修订计划（第一批）

图 3-2　本版标准制修订计划

3. 审查会议

本版标准审查会议通知如图 3-3 所示。本版标准送审稿审查会会议纪要如图 3-4 所示，其中包括审查委员名单。

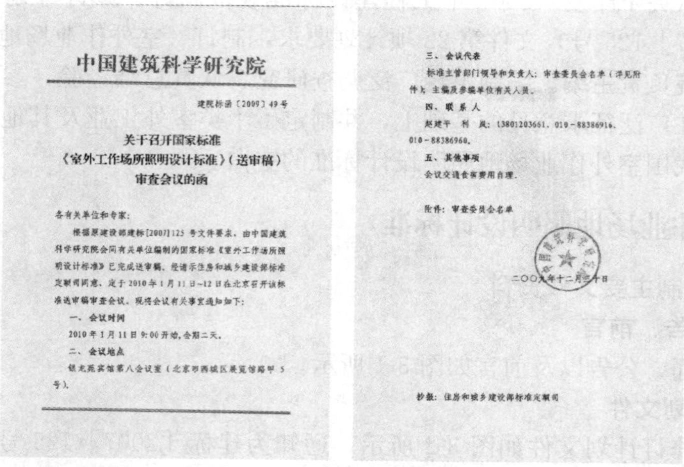

中国建筑科学研究院

建院标函〔2009〕49号

关于召开国家标准
《室外工作场所照明设计标准》（送审稿）
审查会议的函

各有关单位和专家：

根据原建设部建标[2007]125号文件要求，由中国建筑科学研究院会同有关单位编制的国家标准《室外工作场所照明设计标准》已完成送审稿，经请示住房和城乡建设部标准定额司同意，定于2010年1月11日～12日在北京召开该标准送审稿审查会议，现将会议有关事宜通知如下：

一、会议时间

2010年1月11日9:00开始，会期二天。

二、会议地点

银龙苑宾馆第八会议室（北京市西城区展览馆路甲5号）。

三、会议代表

标准主管部门领导和负责人；审查委员会名单（详见附件）；主编及参编单位有关人员。

四、联系人

赵建平 利 岚：13801203661，010-88386914，010-88386960。

五、其他事项

会议交通食宿费用自理。

附件：审查委员会名单

二〇〇九年十二月三十日

抄送：住房和城乡建设部标准定额司

图 3-3　本版标准审查会议通知

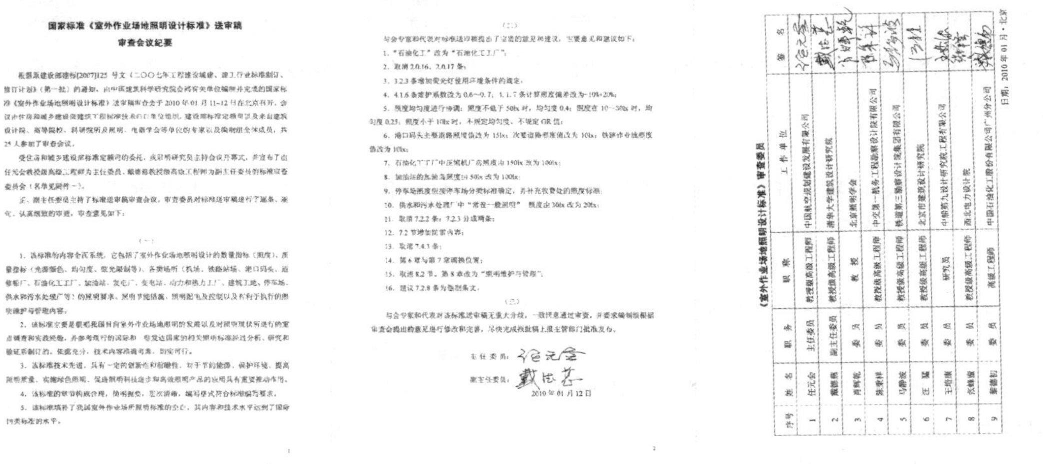

图 3-4 本版标准审查会议纪要

国家标准《室外作业场地照明设计标准》送审稿审查会议纪要

根据原建设部标准［2007］125 号文《2007 年工程建设城建、建工行业标准制订、修订计划》（第一批）的通知，由中国建筑科学研究院会同有关单位编制并完成的国家标准《室外作业场地照明设计标准》送审稿审查会于 2010 年 01 月 11～12 日在北京召开。会议由住房和城乡建设部建筑工程标准技术归口单位组织，建设部标准定额司以及来自建筑设计院、高等院校、科研院所及照明、电气学会等单位的专家以及编制组全体成员，共 25 人参加了审查会议。

受住房和城乡建设部标准定额司的委托，戎君明研究员主持会议开幕式，并宣布了由任元会教授级高级工程师为主任委员、戴德慈教授级高级工程师为副主任委员的标准审查委员会（名单见附件一）。

正、副主任委员主持了标准送审稿审查会议。审查委员对标准送审稿进行了逐条、逐句、认真细致的审查，审查意见如下：

（一）

1. 该标准的内容全面系统，它包括了室外作业场地照明设计的数量指标（照度）、质量指标（光源颜色、均匀度、眩光限制等）、各类场所（机场、铁路站场、巷口码头、造修船厂、石油化工工厂、加油站、发电厂、变电站、动力和热力工厂、建筑工地、停车场、供水和污水处理厂等）的照明要求、照明节能措施、照明配电及控制以及有利于执行的照明维护与管理内容。

2. 该标准主要是根据我国目前室外作业场地照明的发展以及对照明现状所进行的重点调查和实践经验，并参考现行的国际和一些发达国家的相关照明标准经过分析、研究和验证后制订的。依据充分，技术内容准确可靠，切实可行。

3. 该标准技术先进，具有一定的创新性和前瞻性，对于节约能源、保护环境、提高照明质量、实施绿色照明、促进照明科技进步和高效照明产品的应用具有重要推动作用。

4. 该标准的章节构成合理，简明扼要，层次清晰，编写格式符合标准编写要求。

5. 该标准填补了我国室外作业场所照明标准的空白，其内容和技术水平达到了国际同类标准的水平。

（二）

与会专家和代表对标准送审稿提出了宝贵的意见和建议，主要意见和建议如下：

1. “石油化工”改为“石油化工工厂”；

2. 取消 2.0.16、2.0.17 条；

3. 3.2.3 条增加荧光灯使用环境条件的规定；

4. 4.1.6 条维护系数改为 0.6～0.7；4.1.7 条计算照度偏差改为－10%＋20%；

5. 照度均匀度进行协调；照度不低于 50lx 时，均匀度 0.4；照度在 10～30lx 时，均匀度 0.25；照度小于 10lx 时，不规定均匀度、不规定 *GR* 值；

6. 港口码头主要道路照度值改为 15lx；次要道路照明度值改为 10lx；铁路作业线照度值改为 10lx；

7. 石油化工工厂中压缩机厂房照度由 150lx 改为 100lx；

8. 加油站的加油岛照度由 50lx 改为 100lx；

9. 停车场照度应按停车场分类标准确定，并补充收费处的照度标准；

10. 供水和污水处理厂中“常设一般照度”照度由 30lx 改为 20lx；

11. 取消 7.2.2 条，7.2.3 分成两条；

12. 7.2 节增加防雷内容；

13. 取消 7.4.3 条；

14. 第 6 章与第 7 章调换位置；

15. 取消 8.2 节，第 8 章改为“照明维护与管理”；

16. 建议 7.2.8 条为强制条文。

（三）

与会专家和代表对该标准送审稿无重大分歧，一致同意通过审查，并要求编制组根据审查会提出的意见进行修改和完善，尽快完成报批稿上报主管部门批准发布。

2010 年 01 月 12 日

4. 发布公告

本版标准发布公告如图 3-5 所示。根据中华人民共和国住房和城乡建设部公告第 626 号关于发布国家标准《室外作业场地照明设计标准》的公告。

3.1.1.2　标准内容简介

本标准共分八章和一个附录，主要技术内容包括：总则、术语、基本规定、照明数量和质量、照明标准值、照明配电及控制、照明节能措施、照明维护与管理等。标准规定了机场，铁路站场，港口码头，造（修）船厂，石油化工工厂，加油站、发电站、变电站、动力及热力工厂，建筑工地，停车场，供水和污水处理厂共 10 类室外作业场地的照明设计标准。该标准在我国系首次编制。

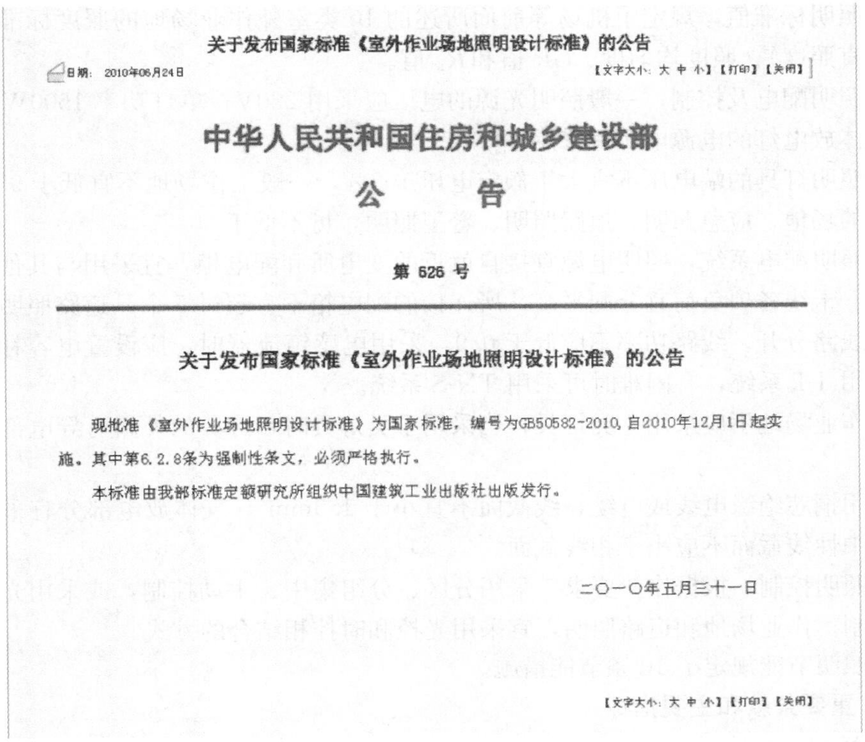

关于发布国家标准《室外作业场地照明设计标准》的公告

日期：2010年06月24日 【文字大小：大 中 小】【打印】【关闭】

中华人民共和国住房和城乡建设部

公 告

第 626 号

关于发布国家标准《室外作业场地照明设计标准》的公告

现批准《室外作业场地照明设计标准》为国家标准，编号为GB50582-2010，自2010年12月1日起实施。其中第6.2.8条为强制性条文，必须严格执行。

本标准由我部标准定额研究所组织中国建筑工业出版社出版发行。

二〇一〇年五月三十一日

【文字大小：大 中 小】【打印】【关闭】

图 3-5 本版标准发布公告

室外作业场地的照明方式分为一般照明、分区一般照明、混合照明和局部照明 4 种照明方式；正常照明、应急照明、警卫照明、值班照明和障碍照明 5 种照明种类，并规定了这些照明方式和照明种类的适用场所。

照明光源应选择高压钠灯、金属卤化物灯、荧光灯及其他新型高效照明光源，不宜采用荧光高压汞灯，不应采用自镇流荧光高压汞灯和普通照明用白炽灯。

在满足配光和眩光限制的要求下，应选用高效率灯具，并规定了开敞式和透光罩灯具效率的最低值。在露天场所采用防护等级不应低于 IP54 的灯具；有棚场地采用不应低于 IP43 的灯具；环境污染严重场所应采用不低于 IP65 的灯具。对有腐蚀性气体、振动或摆动环境、爆炸或火灾危险场所的灯具选用作了规定。

照度标准值系列分级从 2～2000lx 共分为 18 级。作业场地照度采用维持平均照度，并分别规定了 7 款和 2 款提高一级和降低一级的条件，规定了作业面邻近周围区域的照度值。

根据环境污染特征和擦洗次数规定了维护系数宜取 0.6～0.7。在一般情况下设计照度值与照度标准值相比较可有－10％～＋20％的偏差。

关于眩光限制，规定了各作业场地的最大允许的眩光值（GR），用合理布灯，限制灯具亮度和采用漫反射表面材料来限制反射眩光。

所采用的光源的相关色温按暖、中间、冷进行色表分组。规定了各类作业场地的一般显色指数 R_a，要求识别安全色的场所的 R_a 不应低于 20。

关于光污染的限制，规定了溢散光不应大于15％以上，灯具的上射光按环境区域的低亮、中亮、高亮，规定灯具上射光通量比。

关于照明标准值，规定了机场等前面所述的10类室外作业场地的照度标准值（水平照度或垂直照度）、照度均匀度、GR值和R_a值。

关于照明配电及控制，一般照明光源的电压应采用220V，单灯功率1500W及以上的高强度气体放电灯的电源电压宜采用380V。

室外照明灯具的端电压不宜大于额定电压105%，一般工作场地不宜低于95%，远离供电电源的场地，应急照明、道路照明、警卫照明，可不低于90%。

关于照明配电系统，照明电源宜接自就近的变电所和配电柜，宜采用与其他负荷共用的变压器。干线各项负荷宜分配平衡，所连接的配电箱不宜超过5个，道路照明线路宜与其他照明线路分开。线路功率不应低于0.9，采用电感镇流器时，应设置电容补偿。接地形式宜采用TT系统，有困难时可采用TN-S系统。

室外作业场地不应采用0类灯具；当采用Ⅰ类灯具时，灯具的外露可导电部分应可靠接地。

应采用铜芯绝缘电线或电缆，线截面不宜小于1.5mm^2，气体放电部分宜采用三相配电线路，中性线截面不应小于相线截面。

关于照明控制，根据作业要求，采用分区、分组集中、手动控制，或采用光控、时控等自动控制。作业场地和道路照明，宜采用光控和时控相结合的方式。

关于照明节能规定了10条节能措施。

3.1.1.3 重要条款和主要指标

1. 机场室外场地照明标准

飞机机位水平和垂直照度均为20lx，水平照度均匀度为0.25，R_a为20，与CIE标准相同；而专机机位照度比一般机位高，定为30lx，R_a为60；为保障机坪安全的照明，机坪工作区的照度不应低于10lx；飞机维修处一般照明为200lx，GR为45，R_a为60，与CIE标准相同。

根据《国际民用航空公约附件十四》卷1，《民用机场飞行区技术标准》制订的限制眩光措施，避免灯具的垂直光射向塔台和着陆飞机，而且照射机位的灯光能从两个或多个方向照射，并且灯具安装高度不低于飞机驾驶员最大眼高（眼睛高度）的2倍。机位GR为50，飞机维修处GR为45；机位和维修处R_a为60，其他R_a为20。

2. 铁路站场照明标准

特大型车站和位于省会以上城市大型车站站台为150lx，而CIE标准规定有顶棚客运站台和台阶为100lx，本标准其他客运有棚站台和无棚站台和天桥分别定为75lx和50lx，而CIE标准规定为20lx。标准货运的有棚、无棚、集装箱站台分别为20lx、10lx和20lx，基本与CIE标准相同，货物露天站台为5lx，而CIE为20lx，比CIE标准低很多。日本的有棚和无棚站台分别为150～300lx和75～150lx，最低为75～150lx和5～10lx。本标准编发场驼峰顶（50～60m范围）水平照度为30lx，垂直照度为50lx，而美国垂直和水平照度均为30lx。本标准的到发线、编组线、道口等均在10lx以下，与CIE标准相同。检修作业场地为20lx，与CIE标准相同。水平照度均匀度多数在0.25以下，而GR值和R_a值与CIE标准相同。水平照度均匀度在0.25～0.6之间，R_a为45～50之间，特大车站R_a为80，其他R_a均在40以下。

3. 港口码头照明标准

码头的照度标准值除滚装为50lx外，其他如件杂货、大宗干散货、液体散货、集装箱等场地均低于 20lx，堆场的上述场地除滚装为 30lx 外，其他各场地均低于 20lx。检验集装箱区大门的照度高达 100lx，与 CIE 标准大体相当，*GR* 值和 R_a 值与 CIE 标准也相同。本标准的照度与德国的标准大致相同。日本标准的一般货物、集装箱、危险物的场所的照度为20～75lx，照度比本标准稍高些。水平照度均匀度大多数为 0.25，*GR* 为 50，R_a 为 20。

4. 造（修）船厂照明标准

除登船塔及下坞人行阶梯为 20lx 外，其他各种堆场和船坞均在 15lx 以下。德国标准的船坞为 50lx，照度高出本标准 2 倍之多，水平照度均匀度绝大多数为 0.25，R_a 为 20，未规定 *GR* 值。

5. 石油化工工厂照明标准

石油化工工厂主要区分为装置区、罐区、水池区、装卸站及厂区道路等。装置区的照度最高的为控制盘和操作站，照度为 150lx；其他各场地在 10～50lx 之间。罐区的检测区照度为 10lx，其他如人孔爬梯为 5lx。水池区各场地均为 10lx。装卸站的装卸点为 100lx，一般区域为 50lx。水平照度均匀度在 0.25～0.40 之间，R_a 均为 20，未规定 *GR* 值。

6. 加油站照明标准

加油站的最高照度为加油机读表区、空气压力和水箱检测点，照度为 150lx，加油岛为 100lx，总的罩棚区和车辆出入口为 50lx，油罐区为 20lx，卸油区为 100lx。本标准主要参考 CIE 标准、美国 API 标准和我国的《石油化工企业照度设计标准》并结合我国实际情况制订。水平照度均匀度多数为 0.40，*GR* 均为 45，读表区和空气压力和水箱检测点的 R_a 为 60，其他 R_a 为 20。

7. 发电厂、变电站、动力及热力工厂照明标准

本标准是参考现行标准《火力发电厂和变电站照明设计技术规定》中露天场地及交通运输线上照明标准值并结合现场测试及与其他行业对比协调制订的。所有室外场地的照度均在 15lx 以下，对眩光限制来作规定，但应考虑灯具的安装高度，以防止产生眩光。水平照度均匀度多数为 0.25，R_a 均为 20。

8. 建筑工地照明标准

建筑工地的照度标准相对其他场地要求较高，如要求严格的电力、机械、管道安装区和建筑物件连接区照度高达 200lx，结构构件拼装区、电线、电缆、安装区的操作面照度为 100lx，以上各场地可采用局部照明，施工作业区照度为 50lx，土方工程区照度为 20lx，排水管道安装区照度为 50lx 以上，均与 CIE 标准相同，施工区照度与美国相同。*GR* 值在 45～50 之间，R_a 值均为 20。重要的大面积建筑工地应设值班照明和警卫照明。

9. 停车场照明标准

停车场的分类是参照《汽车车库、停车场设计防火规范》分四类，Ⅰ类大于 400 车辆的照度最高为 30lx，其他三类分别为 20lx，10lx，5lx，其值是参照 CIE 标准制订的，而日本的停车场的照度标准在 20～100lx 之间。本标准规定停车场人口及收费处照度不应低于 50lx，是出于安全和防范考虑而设定的。水平照度均匀度均为 0.40，*GR* 值为 45～50 之间，R_a 均为 20。

10. 供水和污水处理厂

常设的一般照明为 20lx，维修通道和使用手动开关阀门、电动机开关处为 50lx，化学物质搬运、检测泄露、泵更换处一般维修工作、读表区的照度均为 100lx，但可用局部照明来达到。出于安全和防范考虑，供水厂周边地带，宜按警戒任务的需要设置警卫照明。

3.1.1.4 创新点

在过去60余年，我们更多地重视室内作业的照明设计标准，而忽视室外作业场地的照明设计标准的制订，多次制、修订（工业与民用）建筑照明设计标准，并已达到国际水平。其实工业场地及其他室外各种工业工作场地及公共活动利用场地标准，其用电量也是不小的，几乎多是长明灯，尽管照度不是太高，但积累起来，用电量也是很大的。同时照明设计人员无标准可循，随意选取照度值不尽合理。而本标准从内容上看全面系统，几乎包括所有室外作业和公共利用的场地，大体上与 CIE S 015《室外工作场所照明》标准基本一致。在照度标准值的确定上，除参考 CIE、美国、日本和德国的室外场地照明标准外，还参考国内有关室外场地的照明标准，通过调查、分析研究和结合我国实际情况制订。多数场地的照度标准值与CIE相同，少数场地有所提高或降低。同时在照明质量上也有新内容，与室内照明标准一样，重视眩光的限制和一般显色指数两项指标。各具体室外作业场地均规定了眩光值（*GR* 值）和一般显色指数值（R_a 值）。总体上来看，本标准内容全面系统、有所创新、技术先进、科学合理、适合当今我国的实际情况，是一部具有国际水平的专业标准。

室外工作场地照明节能也是非常重要的问题，因为工作场地照明大多是长明灯，虽然照度不是太高，但长时间工作，用电量也是相当可观的，因此，要科学合理地制订照度标准，选择高效的照明产品，提高灯具的效率/效能，提高灯具的利用系数，将光线尽量投射到工作面上，较少溢散光，合理布灯，有条件的尽量采用合适的照明控制方式，按季节、工作时间段等采用不同的调光和开关控制计划。最后，在具备条件的场地可考虑制订室外作业场地的照明功率密度限值，以实现最大的节能减排目的。

3.2 各版标准比较

将《室外作业场地照明设计标准》GB 50582—2010 的13类作业场地的照明标准值同此前涉及室外作业场地的三版工业企业照明设计标准进行比较，如表3-1所示。

室外作业场地照明设计标准比较表 **表 3-1**

（单位：lx）

作业场地	工业企业人工照明暂行标准 106-56	工业企业照明设计标准 TJ 34—79	工业企业照明设计标准 GB 50034—92	室外作业场地照明设计标准 GB 50582—2010
视觉要求较高的工作	未规定具体工作场所所做照度，只按被观察零件最小尺寸与距离眼睛之比为0.005～0.2的工作为20～5lx，不需识别生产过程的大零件以及一般观察的工作照度为2～1lx	20	30～50～70	—
用眼睛检查质量的焊接工作		10	15～20～30	—
用仪器检查质量的焊接工作		5	10-15-20	—
间断的检查仪表		5	5-10-15	—
装卸工作		3	—	10～50
露天堆场		0.2	0.5-1-2	3～20

续表

作业场地	工业企业人工照明暂行标准 106-56	工业企业照明设计标准 TJ 34—79	工业企业照明设计标准 GB 50034—92	室外作业场地照明设计标准 GB 50582—2010
主干道	1.0	0.5	2-3-5	5～15
次干道	0.2	0.2	1-2-3	
厂前区	—	—	3-5-10	—
视觉要求较高站台	2.0	3	3-5-10	客运：50～150 货运：10～20
一般站台	1.0	0.5	1-2-3	
装卸码头	—	—	5-10-15	10～50
编组驼峰顶	4	—	—	30（水平照度），50（垂直照度）

3.3 标准展望

《室外作业场地建筑照明设计标准》内容全面系统，并参考现行国际标准和一些发达国家的相关标准，结合对我国室外作业场地照明现状的调查和实践经验制订，填补了我国室外作业场地照明设计标准的空白，其内容和技术水平达到了国际同类标准的水平，对于节约能源、保护环境、提高照明质量、实施绿色照明具有重要的推动作用。但从长远和发展的角度来看，随着我国及国际上照明科技的迅速发展，该标准尚有提高改进的空间和节能潜力，对标准的未来展望如下：

（1）进一步实施绿色照明是总的目标要求

室外作业场地照明是照明领域重要组成部分，要实现绿色的室外照明，首先应能保证各种视觉工作的需要，具有不同环境下工作的可见程度，能够正确快速识别工作对象；其次是要求具有一定的照明质量，如无眩光，合适的照度分布，此外以巡视或检查为主的室外工作，要保证有最低的安全视觉认知条件；再次，室外工作场地照明要关注光污染问题，要控制溢散光，溢散量控制在标准要求的范围内，确保对周围环境不产生光污染。

节约能源是实施绿色照明主要目的之一，目前我国尚无室外照明用电量及其占照明总用电量的比例这两项数据。根据日本统计资料[1]，室外照明用电量约占照明总用电量的比例为1%，占民用总用电量的1.9%，换算成 CO_2 量，则占日本全国的0.32%，占民用的1.4%。

（2）采用高光效、长寿命、维护简便的照明产品

当前因室外作业场地对显色性要求低（大多为20），故在室外作业场地较多采用的是高光效和长寿命的高压钠灯，少数场地要求显色性稍高（>60）采用金属卤化物灯，有的场地也有采用荧光灯或紧凑型荧光灯，这些传统光源在室外工作场地照明中占主流地位。

目前在室外工作场地照明中鲜见LED光源和灯具的应用，主要问题是业界在LED光源的应用上趋于保守。LED光源具有节能、长寿命等一系列优点，未来LED光源将占主流地位，将大有作为，LED光源也将在室外工作场地照明有中占有一席之地。当前国际上LED光源应用所占比例最大，发展和应用最快的是美国和日本。美国的LED应用量规划是到2020年将占比普通照明市场的68%[2]；日本到2020年对传统光源的替代率将达到

100%[3]，当然也包括室外工作场地的应用在内。我国科技部制订的“半导体照明专项规划”中的发展目标是[4]，2015 年产业化白光 LED 光源/灯具光效将达到 130lm/W，成本降低到 2011 年水平的 1/5；2015 年产品的渗透率将超过 30%，到 2020 年将达到 70%以上。LED 的成本将大幅下降，在室外的一些工作场所必有相当程度采用 LED 光源，如在具有应用条件和可能性的铁路客运站台、加油站、停车场等。在室外是否需要推广应用 LED 光源是值得研究和探讨的。

（3）有条件的室外工作场地可规定照明功率密度限值

室外工作场地的照明节能也是值得关注的重要技术问题，不能只关心室内、道路及景观照明的节能，室外工作场地照明也是照明用电大户。现实对照明功率密度（*LPD*）限制也是急需的，对于节能环保减排也是有推动作用的。例如客运站台、加油站、停车场、供水和污水处理厂等一些室外工作场地是否规定 *LPD* 值也是值得考虑的。

（4）有条件的室外工作场地尽量推广照明控制

照明控制有手动、半自动和自动控制的方式，照明控制具有节约能源、延长光源寿命、提高环境照明质量等一系列优点，智能照明控制系统是未来照明的必然发展的趋势，现有多种通信方式（协议）。未来在室外工作场地照明标准中采用哪种控制也是值得探讨和研究的问题。

（5）进一步调整充实标准的内容

现行的标准内容已达到相当完善的水平，基本上已与国际室外作业场地照明标准接轨，但是还有一些需完善、提高和调整的问题。如在标准的项目上还有补充的内容，例如，可否考虑增加石油、天然气采输场地，如钻井平台、水利水电室外场地、国家和地区的物资仓储区域的照明标准，可否增加某些场地垂直照度的规定，如在客运站台及特殊工作垂直面作业。此外，造船厂的焊接工作只有 10lx，需要提高照度，可规定为 100lx，可否再提高和调整一些照度等问题需有进一步分析研究。

总之，未来业界应更多关注室外工作场地的照明标准问题，这也是照明标准重要领域之一，特别在强调实施绿色照明的今天，更应关注此标准的贯彻和实施，一方面要以人为本，形成良好的夜间室外工作环境；另外也应重视室外工作场地的节能，处处节约，从小做大，以达到节能减排的目的；最后需要强调的是在室外作业场地的照明技术方面，在未来的标准中要实现创新的成就，为进一步提高标准水平作出新的贡献。

4　体育场馆照明设计及检测标准

4.1　各版标准回顾

《体育场馆照明设计及检测标准》JGJ 153 共有两个版本：《体育场馆照明设计及检测标准》JGJ 153—2007、《体育场馆照明设计及检测标准》JGJ 153—2016。本标准的制、修订经历如下时段：

（1）《体育场馆照明设计及检测标准》JGJ 153—2007 的制订和实施

自我国第一本照明标准《工业企业照明设计标准》TJ 34—79 出版 10 年后，又编制出版了《民用建筑照明设计标准》GB J 133—90，为了适应照明设计的使用需求并符合标准体系框架，最终将这两本标准修订为《建筑照明设计标准》GB 50034—2004，此项标准经过再次修订后于 2013 年发布实施。《建筑照明设计标准》GB 50034 中虽然包含有体育照明的部分，但内容很简要，远远满足不了体育赛事的需要，从 1990 年的北京亚运会到 1997 年规模空前的上海全运会都是参照国际标准和各体育组织的相关标准，使用最多的是国际照明委员会（CIE）体育照明方面的标准。随着体育事业的快速发展和我国申奥成功，根据建设部建标［2004］66 号文件的要求，由中国建筑科学研究院会同有关单位组织编制了《体育场馆照明设计及检测标准》。首次编制的《体育场馆照明设计及检测标准》JGJ 153—2007 于 2007 年 11 月 1 日开始实施。此时正值 2008 年北京奥运场馆进入全面竣工验收和随后的正式运行验收阶段，特别是本标准还包括了照明工程检测的内容，通过对各个场馆的照明系统进行检测和调试，确实是检验标准可实施性的最好方式，虽然北京奥林匹克转播有限公司（BOB）对每一个奥运场馆均提出了非常具体的要求，但与本标准的主要技术内容是一致的，而且两者起到了互为补充和相互完善的作用，本标准的实施对保障奥运各项体育赛事和提供高质量电视转播起到了重要作用。

（2）《体育场馆照明设计及检测标准》JGJ 153—2016 的制订和实施

通过对 2008 年全部奥运体育场馆照明的现场检测和调试，积累了不少宝贵经验和资料，对此后修改和完善体育照明标准提供了重要参考依据，如以下几点：

1）标准中应补充混合区（包括场内和场外混合区）、颁奖区、升旗区和新闻发布厅照明。这些程序特别是对一些重要赛事必不可少，运动员的精彩画面会经常回放，有时还会持续很长时间，可见这些照明的重要性。

2）光源显色指数和色温的要求。检测结果表明室外体育场采用的 2000W 金属卤化物灯达到标准没有问题，而室内体育馆采用的 1000W 或 1500W 金卤灯要完全达到这两项指标按目前的情况来看还有一定的困难，可以考虑在数值上作出调整。

3）通过对奥运场馆照明工程的了解，认为对体育场馆的照明功率密度进行规定还是有条件的，而且很有必要，这样可以促进体育场馆的照明节能。在奥运场馆照明中，相对于同一个场馆，达到相同的照明技术指标有时用灯的数量相差很大，说明在体育场馆照明中还有很大的节能潜力。标准自实施以来在大量体育场馆的照明设计中得到了广泛应用，其中包括 2010 年广州亚运会、2011 年深圳大运会以及全运会、省运会等国内各类体育场馆，对于承接的援建国的体育场馆，有的没有国家标准，也参照了我国标准。总结大量实践经验，考虑到新产品、新技术的发展，以及各类场馆建设的实际需求，并且以人为本，进一步提高场馆照明质量，实施照明节能。

根据住房和城乡建设部《关于印发 2014 年工程建设规范制订、修订计划的通知》建标［2013］169 号文件要求，由中国建筑科学研究院会同有关单位共同对《体育场馆照明设计及检测标准》进行修订。修订的重点包括：①按照场馆、项目及相同照明指标要求整合照明标准值表；②调整照明指标，包括 LED 的性能标准；③增加附属用房照明标准值；④补充冬奥会项目；⑤增加照明节能和照明功率密度。本标准 2015 年底完成报批，2016 年发布，2017 年实施。

4.1.1 《体育场馆照明设计及检测标准》JGJ 153—2007

4.1.1.1 标准编制主要文件资料

1. 封面、公告、前言

本版标准封面、公告及前言如图 4-1 所示。

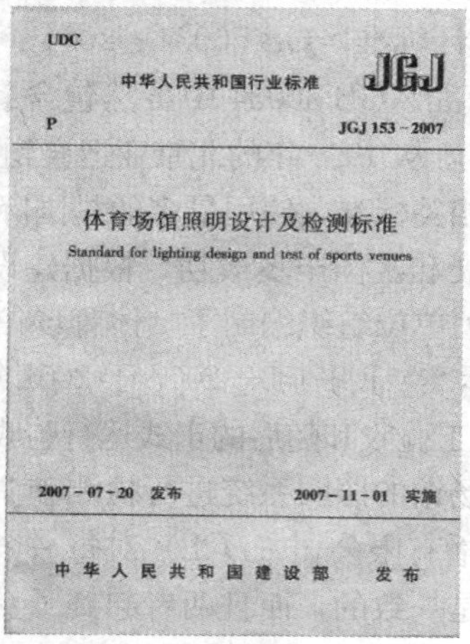
UDC
中华人民共和国行业标准 JGJ
P
JGJ 153－2007

体育场馆照明设计及检测标准
Standard for lighting design and test of sports venues

2007－07－20 发布 2007－11－01 实施

中华人民共和国建设部 发布

封面

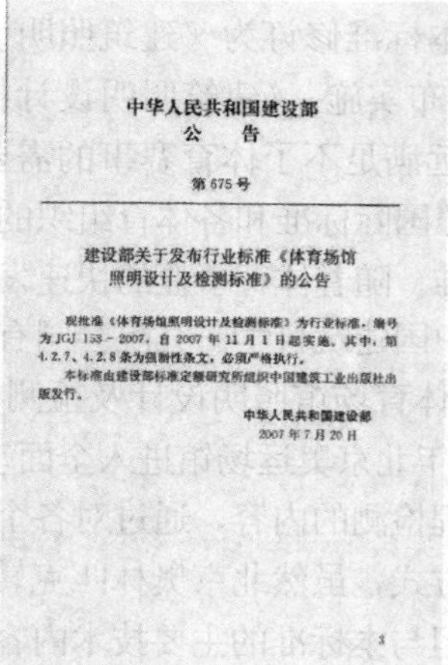
中华人民共和国建设部
公 告

第 675 号

建设部关于发布行业标准《体育场馆照明设计及检测标准》的公告

现批准《体育场馆照明设计及检测标准》为行业标准，编号为 JGJ 153－2007，自 2007 年 11 月 1 日起实施。其中，第 4.2.7、4.2.8 条为强制性条文，必须严格执行。

本标准由建设部标准定额研究所组织中国建筑工业出版社出版发行。

中华人民共和国建设部
2007 年 7 月 20 日

3

公告

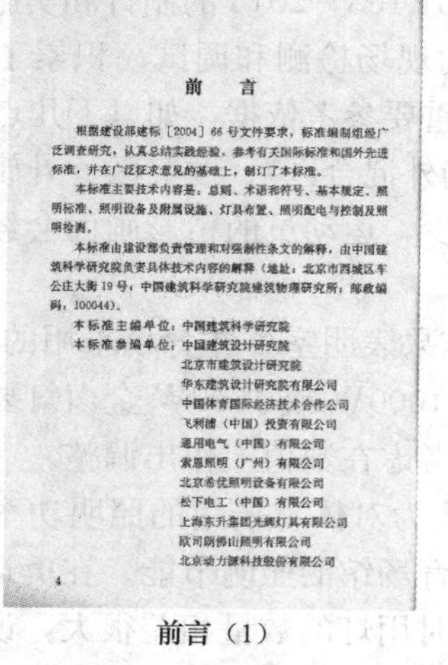
前 言

根据建设部建标［2004］66 号文件要求，标准编制组经广泛调查研究，认真总结实践经验，参考有关国际标准和国外先进标准，并在广泛征求意见的基础上，制订了本标准。

本标准主要技术内容是：总则、术语和符号、基本规定、照明标准、照明设备及附属设施、灯具布置、照明配电与控制及照明检测。

本标准由建设部负责管理和对强制性条文的解释，由中国建筑科学研究院负责具体技术内容的解释（地址：北京市西城区车公庄大街 19 号；中国建筑科学研究院建筑物理研究所；邮政编码：100044）。

本标准主编单位：中国建筑科学研究院
本标准参编单位：中国建筑设计研究院
北京市建筑设计研究院
华东建筑设计研究院有限公司
中国体育国际经济技术合作公司
飞利浦（中国）投资有限公司
通用电气（中国）有限公司
索恩照明（广州）有限公司
北京希优照明设备有限公司
松下电工（中国）有限公司
上海东升集团光辉灯具有限公司
欧司朗佛山照明有限公司
北京动力源科技股份有限公司

4

前言（1）

本标准主要起草人：赵建平 林若慈 张文才 汪猛
李国宾 杨凡杰 张建平 赵燕华
姚梦明 顾峰 宁华 蒋瑞国
解辉 范毅 刘剑平 康振伟
罗涛

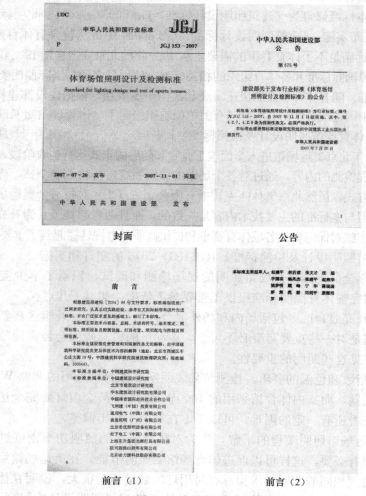

前言（2）

图 4-1 本版标准封面等

2. 制修订计划文件

本版标准制修订计划文件如图 4-2 所示，根据《关于印发〈二〇〇四年度工程建设城建、建工行业标准制订、修订计划〉的通知》及其要求，附件中第 23 项为本标准。

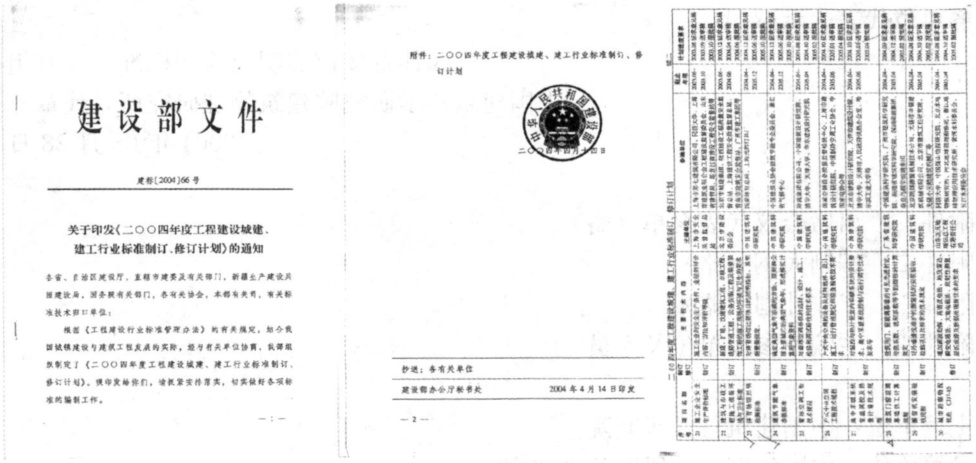
建设部文件

建标[2004]66号

关于印发《二〇〇四年度工程建设城建、建工行业标准制订、修订计划》的通知

各省、自治区建设厅，直辖市建委及有关部门，新疆生产建设兵团建设局，国务院有关部门，各有关协会，本部有关司，有关标准技术归口单位：

根据《工程建设行业标准管理办法》的有关规定，结合我国城镇建设与建筑工程发展的实际，经与有关单位协商，我部组织制定了《二〇〇四年度工程建设城建、建工行业标准制订、修订计划》，现印发给你们，请抓紧安排落实，切实做好各项标准的编制工作。

— 1 —

附件：二〇〇四年度工程建设城建、建工行业标准制订、修订计划

二〇〇四年四月十四日

抄送：各有关单位

建设部办公厅秘书处 2004年4月14日印发

— 2 —

图 4-2　本版标准制修订计划文件

3. 编制组成立暨第一次工作会议

本版标准编制组成立暨第一次工作会议通知如图 4-3 所示。本次会议纪要如图 4-4 所示，包括本次会议签到表。本次会议照片如图 4-5 所示。下文为会议纪要全文。

《体育场馆照明及检测标准》编制组成立暨第一次工作会议纪要

根据建设部［2004］66 号文《二〇〇四年度工程建设城建、建工行业标准制订、修订计划》的通知，由中国建筑科学研究院建筑物理研究所负责主编的《体育场馆照明及检测标准》于 2004 年 8 月 28 日在北京中国建筑科学研究院建筑物理研究所召开编制组成立暨第一次工作会议，出席会议的有建设部标准定额研究所陈国义处长，中国建筑科学研究院科技处程志军副处长和戎君明研究员。到会领导就编制该项标准的重要性和如何编制好标准作了重要讲话，对本标准应纳入的技术内容提出了具体意见，并要求编制组保质保量按期完成标准编制工作。同时还代表主管部门对各参编单位的参与和支持表示衷心的感谢。接着由陈国义处长代表主管部门宣布了标准编制单位及编制人员的组成（见附件四）。

会上该项目负责人赵建平研究员就编制标准应遵循的基本原理、原则和制定标准的程序，向与会代表作了详细说明。项目技术负责人林若慈研究员介绍了编制本标准的章节构成、标准中需要论证解决的技术难点以及工作计划和分工。

会议期间，标准编制组成员对标准的章节构成及标准中重点解决的技术问题进行了认真讨论，对标准编制大纲提出了具体修改意见：1. 根据主管部门领导的意见，参编人员经过认真讨论，一致同意将标准名称由《体育场馆照明检测标准》（建设部［2004］66 号文）改为《体育场馆照明设计及检测标准》。2. 建议增加一般规定、照明设计、照明配电等章节。3. 重新修改编写章、节内容作为纪要的附件发至参编单位。本会议同

时落实了标准编制的工作进度、计划及任务分工。编制人员对本标准的编制大纲和制定标准的具体工作方法进行了细致讨论。

最后，标准编制组负责人赵建平研究员代表主编单位，向参加会议的领导及参加编制的各单位代表表示感谢！

《体育场馆照明及检测标准》编制组
中国建筑科学研究院建筑物理研究所（代章）
2004 年 08 月 28 日

附件一：出席会议代表名单（略）
附件二：编制大纲（略）
附件三：工作计划（略）
附件四：主编及参编单位及人员

主编单位：中国建筑科学研究院
参编单位：中国建筑设计研究院（北京）
北京市建筑设计研究院（北京）
国家体育总局中体国际合作公司（北京）
上海华东建筑设计研究院（上海）
飞利浦（中国）投资有限公司
通用（中国）电气照明有限公司
索恩照明（广州）有限公司
北京希优照明设备有限公司
上海东升集团光辉灯具有限公司

编制组人员的组成：
项目负责人：赵建平研究员　中国建筑科学研究院建筑物理研究所副所长
技术负责人：林若慈研究员　中国建筑科学研究院建筑物理研究所
其他参编人员：
张文才　教授级高级工程师　中国建筑设计研究院院电气总工程师
汪　猛　教授级高级工程师　北京市建筑设计研究院院副总工程师
杨兆杰　高级工程师　国家体育总局中体国际合作公司经援部经理
李国宾　高级工程师　上海华东建筑设计研究院副院长
张建平　工程师　中国建筑科学研究院建筑物理研究所
赵燕华　工程师　中国建筑科学研究院建筑物理研究所
姚梦明　工程师　飞利浦（中国）投资有限公司专业照明设计经理
李太和　工程师　通用（中国）电气照明有限公司照明设计师
宁　华　高级工程师　索恩照明（广州）有限公司照明设计经理
蒋瑞国　工程师　北京希优照明设备有限公司总经理
范　毅　上海东升集团光辉灯具有限公司总工程师

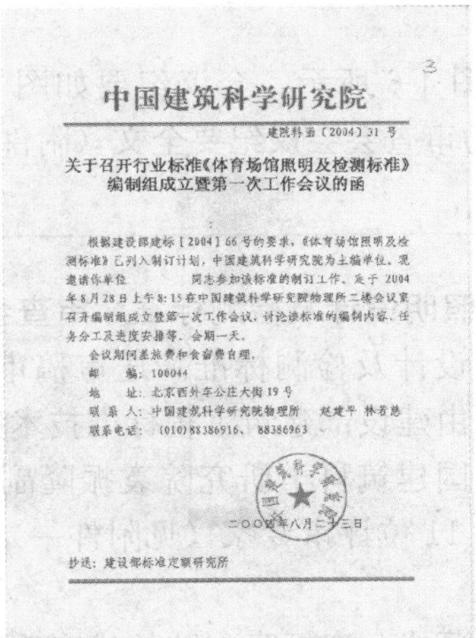

中国建筑科学研究院

建院科函〔2004〕31 号

关于召开行业标准《体育场馆照明及检测标准》编制组成立暨第一次工作会议的函

根据建设部建标［2004］66 号的要求，《体育场馆照明及检测标准》已列入制订计划，中国建筑科学研究院为主编单位。现邀请你单位　　　　同志参加该标准的制订工作。定于 2004 年 8 月 28 日上午 8:15 在中国建筑科学研究院物理所二楼会议室召开编制组成立暨第一次工作会议，讨论该标准的编制内容、任务分工及进度安排等。会期一天。

会议期间差旅费和食宿费自理。

邮　　编：100044

地　　址：北京西外车公庄大街 19 号

联 系 人：中国建筑科学研究院物理所　　赵建平 林若慈

联系电话：（010）88386916、88386963

二〇〇四年八月二十三日

抄送：建设部标准定额研究所

图 4-3 关于召开行业标准《体育场馆照明及检测标准》编制组成立暨第一次工作会议的函

中国建筑科学研究院　建筑物理研究所

《体育场馆照明及测量标准》编制组成立

暨第一次工作会议纪要

根据建设部[2004]66 号文《二00四年工程建设城建、建工行业标准制订、修订计划》的通知，由中国建筑科学研究院建筑物理研究所负责主编的《体育场馆照明及测量标准》于 2004 年 8 月 28 日在北京中国建筑科学研究院建筑物理研究所召开编制组成立暨第一次工作会议，出席会议的有建设部标准定额研究所陈国义处长，中国建筑科学研究院科技处程志军处长和戎君明研究员。到会领导就编制该项标准的重要性和如何编制好标准作了重要讲话，对本标准应纳入的技术内容提出了具体意见，并要求编制组保质保量按期完成标准编制工作。同时还代表主管部门对各参编单位的参与和支持表示衷心地感谢。接着由陈国义副处长代表主管部门宣布了标准编制单位及编制人员的组成（见附件）。

会上该项目负责人赵建平研究员就编制标准应遵循的基本原理、原则和制定标准的程序，向与会代表作了详细说明。项目技术负责人林若慈研究员介绍了编制本标准的章节构成、标准中需要论证解决的技术难点以及工作计划和分工。

会议期间，标准编制组成员对标准的章节构成及标准中重点解决的技术问题进行了认真讨论，对标准编制大纲提出了具体修改意见：1、根据主管部门领导的意见，参编人员经过认真讨论，一致同意将标准名称由《体育场馆照明检测标准》（建设部[2004]66 号文）改为《体育场馆照明设计及检测标准》。2、建议增加一般规定，照明设计、照明配电等章节。3、重新修改编写章、节内容作为纪要的附件发至参编单位。本会议同时落实了标准编制的工作进度、计划及任务分工。编制人员对本标准的编制大纲和制定标准的具体工作方法进行了细致讨论。

最后，标准编制组负责人赵建平研究员代表主编单位，向参加会议的领导及参加编制的各单位代表表示感谢！

《体育场馆照明及测量标准》编制组

中国建筑科学研究院建筑物理研究所（代章）

2004 年 08 月 28 日

地址：北京市西城区车公庄大街 19 号（物理所）　电话：010-88386916　010-88386963

邮编：100044　传真：010-88386960

《体育场馆照明及测量标准》编制组成立

暨第一次工作会议签到薄

序号	姓名	职务或职称	工作单位	地址及邮编	签名
1	陈国义	[illegible]	建设部标准定额研究所	三里河路9号 100835	[illegible]
2	程志军		建研院科技处	北三环东路30号	程志军
3	戎君明		〃	〃	[illegible]
4	赵建平	研究员	中国建筑科学研究院建筑物理研究所	北京西外车公庄大街 19 号（100044）	[illegible]
5	林若慈	研究员	中国建筑科学研究院建筑物理研究所	北京西外车公庄大街 19 号（100044）	林若慈
6	张文才	教授级高工	中国建筑设计研究院	北京西外车公庄大街 19 号（100044）	张文才
7	汪猛	教授级高工	北京市建筑设计研究院	北京复兴门外南礼士路 62 号（100045）	汪猛
8	杨兆杰	高级工程师	中国体育国际经济技术合作公司经援部	北京市崇文区体育馆路 9 号（100763）	杨兆杰
9	李国宾	高级工程师	华东建筑设计研究院有限公司	上海市汉口路 151 号（200002）	李国宾
10	张建平	工程师	中国建筑科学研究院建筑物理研究所	北京西外车公庄大街 19 号（100044）	张建平
11	赵益华	工程师	中国建筑科学研究院建筑物理研究所	北京西外车公庄大街 19 号（100044）	[illegible]
12	钱梦周	工程师	飞利浦（中国）投资有限公司	上海市嘉定[illegible]公路 2688 号（201801）	[illegible]
13	陈海云	工程师	通用（中国）电气照明有限公司	上海市虹桥路 421 号虹桥大厦五楼（200043）	陈海云
14	宁华	高级工程师	索恩照明（广州）有限公司	北京中国国际贸易中心国贸大厦 1 座 519 室（100004）	宁华
15	姚瑞雪	工程师	北京希优照明设备有限公司	北京市朝阳区惠新里甲 2 号（100029）	[illegible]
16	范毅	工程师	上海东升集团光辉灯具有限公司	上海市中山北路 38 号（200081）	范毅

图 4-4 编制组成立暨第一次工作会议纪要

图 4-5 《体育场馆照明设计及检测标准》编制组成立暨第一次工作会议

4. 审查会议

本版标准审查会议通知如图 4-6 所示。会议纪要如图 4-7 所示，包括审查会签到表。会议照片如图 4-8 所示。下文为审查会会议纪要全文（附件略）。

《体育场馆照明设计及检测标准》审查会会议纪要

行业标准《体育场馆照明设计及检测标准》送审稿审查会于 2006 年 12 月 12～13 日在北京九华山庄召开。会议由建设部建筑工程标准技术归口单位组织召开，建设部标准定额研究所陈国义处长，中国建筑科学研究院袁振隆副院长、科技处程志军副处长、戎君明研究员、姜波工程师及 11 位评审专家（见附件一）、特邀代表（见附件二）和编制组全体成员出席了会议。

程志军副处长主持会议开幕式，袁振隆副院长代表编制单位讲话。建设部标准定额研究所陈国义处长代表主管部门宣布了审查委员会名单及审查委员会正、副主任委员，充分肯定了编制组两年来的辛勤工作，并强调了标准编制与审查工作应体现科学性、实用性、协调性。

审查会议由章海骢主任委员、戴德慈副主任委员主持，与会专家和代表听取了项目负责人赵建平研究员代表编制组对标准编制工作所作的介绍，就标准送审稿逐章、逐条进行了认真细致地讨论和审查。审查意见如下：

（一）

1. 本标准是在参照当前国际先进标准和总结我国体育场馆照明实践经验的基础上制定的第一部体育场馆照明设计及检测标准，符合我国体育场馆建设与发展的需要，对提高体育场馆的照明设计与建设水平具有重要的指导意义。

2. 本标准对各类运动项目的照明设计及检测作了具体的规定，内容全面、结构完整，适用范围广，符合实际情况。

3. 本标准根据大量实测调查和科学实验，并参考了大量的国内外技术资料，技术依据科学、充分，切实可行。

会议认为，本标准总体上达到了国际先进水平。

（二）

会议对标准送审稿提出如下主要修改意见和建议：

1. 对部分体育项目进行了调整，增加了武术、冰上舞蹈、短道速滑项目，取消了体育舞蹈与空手道项目。

2. 结合实际使用情况，对主赛区（PA）和总赛区（TA）等部分术语统一了意见，并建议与相关标准取得一致。

3. 对射击、射箭等部分运动项目的照明标准值进行了调整。

4. 对标准中部分章节的标题及编排进行了修改和调整。

5. 建议将安全照明和疏散照明的条文列为强制性条文，并报送强制性条文咨询委员会进行审查。

具体修改意见与建议见附件三。

（三）

与会专家和代表一致同意通过送审稿审查，并要求编制组根据审查会提出的意见进行修改和补充，对标准的内容作进一步校核，做到逻辑严谨，文字表达清晰、简练、规范，尽快完成报批稿上报主管部门批准发布。

2006年12月13日

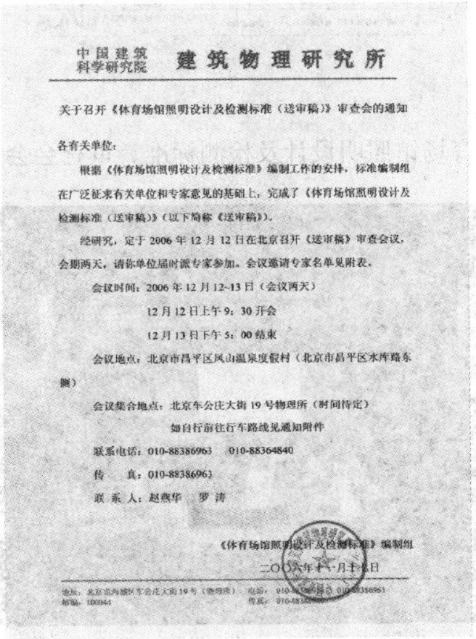

中国建筑科学研究院 建筑物理研究所

关于召开《体育场馆照明设计及检测标准（送审稿）》审查会的通知

各有关单位：

根据《体育场馆照明设计及检测标准》编制工作的安排，标准编制组在广泛征求有关单位和专家意见的基础上，完成了《体育场馆照明设计及检测标准（送审稿）》（以下简称《送审稿》）。

经研究，定于2006年12月12日在北京召开《送审稿》审查会议，会期两天，请你单位届时派专家参加。会议邀请专家名单见附表。

会议时间：2006年12月12~13日（会议两天）

12月12日上午9：30开会

12月13日下午5：00结束

会议地点：北京市昌平区凤山温泉度假村（北京市昌平区水库路东侧）

会议集合地点：北京车公庄大街19号物理所（时间待定）

如自行前往行车路线见通知附件

联系电话：010-88386963　010-88364840

传　　真：010-88386963

联 系 人：赵燕华　罗涛

《体育场馆照明设计及检测标准》编制组

二〇〇六年十一月十七日

图4-6　关于召开《体育场馆照明设计及检测标准（送审稿）》审查会的通知

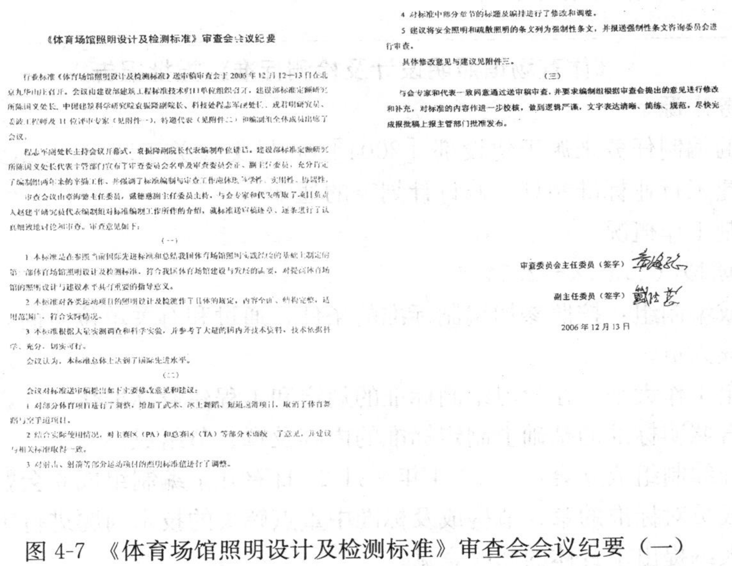

《体育场馆照明设计及检测标准》审查会会议纪要

行业标准《体育场馆照明设计及检测标准》送审稿审查会于2006年12月12—13日在北京九华山庄召开。会议由建设部建筑工程标准技术归口单位组织召开，建设部标准定额研究所陈国义处长、中国建筑科学研究院袁振隆副院长、科技处程志军副处长、戎君明研究员、姜波工程师及11位评审专家（见附件一）、特邀代表（见附件二）和编制组全体成员出席了会议。

程志军副处长主持会议开幕式，袁振隆副院长代表编制单位讲话。建设部标准定额研究所陈国义处长代表主管部门宣布了审查委员会名单及审查委员会正、副主任委员，充分肯定了编制组两年来的辛勤工作，并强调了标准编制与审查工作应体现科学性、实用性、协调性。

审查会议由章海骢主任委员，戴德慈副主任委员主持，与会专家和代表听取了项目负责人赵建平研究员代表编制组对标准编制工作所作的介绍，就标准送审稿逐章、逐条进行了认真细致地讨论和审查。审查意见如下：

（一）

1 本标准是在参照当前国际先进标准和总结我国体育场馆照明实践经验的基础上制定的第一部体育场馆照明设计及检测标准，符合我国体育场馆建设与发展的需要，对提高体育场馆的照明设计与建设水平具有重要的指导意义。

2 本标准对各类运动项目的照明设计及检测作了具体的规定，内容全面、结构完整，适用范围广，符合实际情况。

3 本标准根据大量实测调查和科学实验，并参考了大量的国内外技术资料，技术依据科学、充分，切实可行。

会议认为，本标准总体上达到了国际先进水平。

（二）

会议对标准送审稿提出如下主要修改意见和建议：

1 对部分体育项目进行了调整，增加了武术、冰上舞蹈、短道速滑项目，取消了体育舞蹈与空手道项目。

2 结合实际使用情况，对主赛区（PA）和总赛区（TA）等部分术语统一了意见，并建议与相关标准取得一致。

3 对射击、射箭等部分运动项目的照明标准值进行了调整。

4 对标准中部分章节的标题及编排进行了修改和调整。

5 建议将安全照明和疏散照明的条文列为强制性条文，并报送强制性条文咨询委员会进行审查。

具体修改意见与建议见附件三。

（三）

与会专家和代表一致同意通过送审稿审查，并要求编制组根据审查会提出的意见进行修改和补充，对标准的内容作进一步校核，做到逻辑严谨，文字表达清晰、简练、规范，尽快完成报批稿上报主管部门批准发布。

审查委员会主任委员（签字）

副主任委员（签字）

2006年12月13日

图4-7　《体育场馆照明设计及检测标准》审查会会议纪要（一）

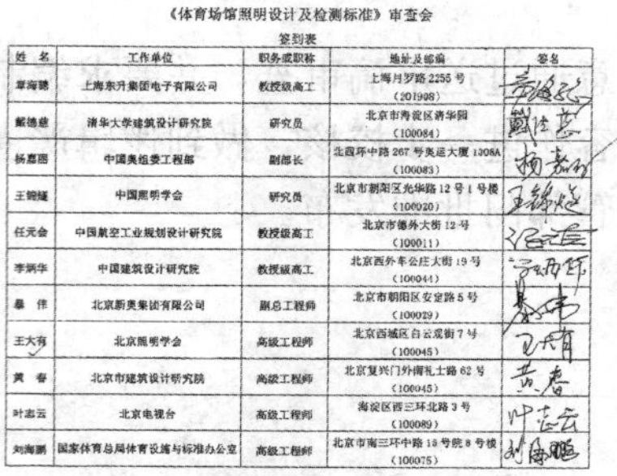

《体育场馆照明设计及检测标准》审查会

签到表

姓名	工作单位	职务或职称	地址及邮编	签名
章海骢	上海东升集团电子有限公司	教授级高工	上海月罗路2255号（201908）	
戴德慈	清华大学建筑设计研究院	研究员	北京市海淀区清华园（100084）	
杨嘉图	中国奥组委工程部	副部长	北四环中路267号奥运大厦1308A（100083）	
王锦燧	中国照明学会	研究员	北京市朝阳区光华路12号1号楼（100020）	
任元会	中国航空工业规划设计研究院	教授级高工	北京市德外大街12号（100011）	
李炳华	中国建筑设计研究院	教授级高工	北京西外车公庄大街19号（100044）	
暴 伟	北京新奥集团有限公司	副总工程师	北京市朝阳区安定路5号（100029）	
王大有	北京照明学会	高级工程师	北京西城区白云观街7号（100045）	
黄 春	北京市建筑设计研究院	高级工程师	北京复兴门外南礼士路62号（100045）	
叶志云	北京电视台	高级工程师	海淀区西三环北路3号（100089）	
刘海鹏	国家体育总局体育设施与标准办公室	高级工程师	北京市南三环中路15号院8号楼（100075）	

图 4-7 《体育场馆照明设计及检测标准》审查会会议纪要（二）

图 4-8 《体育场馆照明设计及检测标准》审查会照片

5. 报批报告

下文为本版标准报批报告全文。

《体育场馆照明设计及检测标准》报批报告

一、任务来源

本标准的编制任务来源于建设部［2004］66号文《关于印发＜二○○四年度工程建设城建、建工行业标准制订、修订计划＞的通知》。

二、编制工作概况

1. 准备阶段（2004.4～2004.8）

（1）组成编制组：按照参加编制标准的条件，通过和有关单位协商，落实标准的参编单位及参编人员。

（2）制定工作大纲：在学习编制标准的规定和工程建设标准化文件，收集和分析国内外有关体育照明标准的基础上制定标准的内容及章、节组成。

（3）召开编制组成立会：于2004年8月28日召开了编制组成立会暨第一次工作会议。编制组成员对标准的章、节构成及标准中重点解决的技术问题进行了认真讨论，并对标准编制大纲提出了具体的修改意见。

2. 征求意见阶段（2004.9～2006.3）

征求意见阶段主要做了以下几项工作：

（1）调研工作：在总结大量实测调查的基础上，对一批新建的体育场馆进行了实测调查，共实测调查了82个具有代表性的体育场馆，为制订标准提供了基础数据。

（2）测试验证工作：在实验室内选择有代表性的光源进行实验，取得了光源光通、色温、显色指数各参数之间的关系曲线并写出研究报告。室外体育场光在大气中的衰减系数通过现场测试和分析研究，取得了各地区的衰减系数值并写出研究报告。

（3）专题论证工作：国内外体育照明标准对室内体育馆眩光一直未作规定，也没有合适的计算与评价方法。此次制订标准过程中，专门开展了对室内体育馆眩光的研究，通过实测、计算和主观评价及召开专家讨论会，最终得出了适合于室内体育馆的眩光评价方法并写出了研究报告。

（4）编写征求意见稿：在以上工作基础上，编制组于2005年8月9日和2005年10月17日～18日召开了第二次和第三次工作会议，对标准讨论稿进行逐条讨论，其中大部分内容在会议上取得了一致性意见，为即将完成的征求意见稿奠定了基础。

（5）征求意见：讨论稿经过反复修改后，于2006年1月完成了征求意见稿和条文说明的编写工作，并于2006年1月20日发至上级主管部门、各设计院、科研院所、体育部门等60个单位征求意见，截至2006年3月底共收到22个单位的回函，对标准提出了338条意见。

3. 送审阶段（2006.4～11）

根据对征求意见的回函，逐条归纳整理，在分析研究所提出意见的基础上，编写了意见汇总表，并提出处理意见。同时结合所提出的意见召开多次小型编制组会议，分章、节逐一进行讨论。通过反复推敲、修改，补充和完善，送审稿于2006年11月10日正式定稿。送审稿审查会议于2006年12月12～13日在北京召开，与会专家和代表听取了编制组对标准编制工作的介绍，就标准送审稿逐章、逐条进行了认真细致地讨论，并顺利通过了审查（详见审查会议纪要）。

4. 报批阶段（2006.12～2007.1）

审查会后立即召开编制组主要编写人员会议，根据审查会对标准所提的修改意见逐一进行了深入细致地讨论，对送审稿及其条文说明进行了认真修改，并于2007年1月完成标准报批稿和报批工作。

三、标准的主要内容

本标准的主要内容包括总则、术语　符号、基本规定、照明标准、照明设备及附属设施、灯具布置、照明配电与控制、照明检测共八章和照度计算和测量网格及摄像机位置、眩光计算两个附录。

四、审查意见的处理情况

参加审查会议的专家和代表一致同意通过送审稿审查，并要求编制组根据审查会提出的意见进行修改和补充，对标准的内容作进一步校核，做到逻辑严谨，文字表达清晰、简练、规范，尽快完成报批稿上报主管部门批准发布。

编制组对审查意见的处理情况如下：

1. 对审查会议上已统一意见的具体修改内容，如体育项目的增减、照明标准值的调整、部分章节标题的修改等在审查会上就已完成修改工作。

2. 对审查会议上只提出原则性修改意见和建议，并要求编制组进一步推敲、修改和补充的内容，编制组通过召开标准专题讨论会，根据审查修改意见和建议汇总表，对照相关标准和参考资料逐条进行讨论、修改和定稿。

3. 与会专家和代表一致建议将安全照明和疏散照明的条文列为强制性条文。编制组已将标准强制性条文报强条咨询委员会进行审查批复。

五、标准的技术水平、作用和效益

1. 审查会议认为，本标准总体上达到了国际先进水平。

2. 本标准是在参照当前国际先进标准和总结我国体育场馆照明实践经验的基础上制定的第一部体育场馆照明设计及检测标准，符合我国体育场馆建设与发展的需要，对提高体育场馆的照明设计与建设水平具有重要的指导意义。

3. 在保证体育赛事的正常进行，提高电视转播质量，促进体育事业的发展，创造良好的光环境，节约能源，保护环境方面有着显著的经济和社会效益。

六、今后需解决的问题

本标准既适用于管理者，也适用于设计者和使用者。标准条文技术性强，在发布后需加大对标准的宣贯力度，并监督执行标准。鉴于 2008 年奥运会的临近，希望标准主管部门尽快组织标准审查会和尽早发布实施。

《体育场馆照明设计及检测标准》编制组

2007 年 1 月 30 日

6. 发布公告

本版标准发布公告如图 4-9 所示。

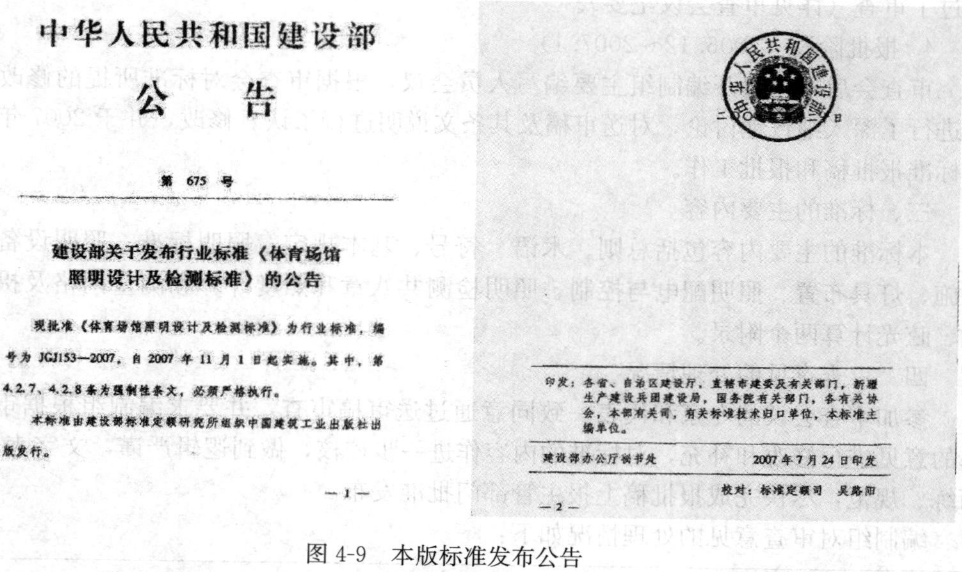

中华人民共和国建设部

公　告

第 675 号

建设部关于发布行业标准《体育场馆照明设计及检测标准》的公告

现批准《体育场馆照明设计及检测标准》为行业标准，编号为 JGJ153—2007，自 2007 年 11 月 1 日起实施。其中，第 4.2.7、4.2.8 条为强制性条文，必须严格执行。

本标准由建设部标准定额研究所组织中国建筑工业出版社出版发行。

— 1 —

印发：各省、自治区建设厅，直辖市建委及有关部门，新疆生产建设兵团建设局，国务院有关部门，各有关协会，本部有关司，有关标准技术归口单位，本标准主编单位。

建设部办公厅秘书处　　2007 年 7 月 24 日印发

校对：标准定额司　吴路阳

— 2 —

图 4-9　本版标准发布公告

4.1.1.2 标准内容简介

本标准共分八章两个附录，主要技术内容有总则、术语和符号、基本规定、照明标准、照明设备及附属设施、灯具布置、照明配电与控制以及照明检测。两个附录包括照度计算和测量网格及摄像机位置、眩光计算。

4.1.1.3 重要条款、重要指标

1. 体育场馆使用功能分级

根据使用功能和电视转播要求将体育场馆照明分为 6 个等级，包括从训练娱乐活动到 HDTV 转播重大国际比赛，各个等级见表 4-1，其中电视转播要求分为无电视转播和有电视转播两类。

体育场馆使用功能分级 **表 4-1**

等级	使用功能	电视转播要求
Ⅰ	训练和娱乐活动	无电视转播
Ⅱ	业余比赛、专业训练	
Ⅲ	专业比赛	
Ⅳ	TV 转播国家、国际比赛	有电视转播
Ⅴ	TV 转播重大国际比赛	
Ⅵ	HDTV 转播重大国际比赛	
—	TV 应急	

注：HDTV—高清晰度电视。

2. 各类场馆的照明标准值

无电视转播和有电视转播六个功能等级的照明标准值按运动项目分类规定，包括篮球、排球、羽毛球、乒乓球、体操、游泳、跳水、冰球、花样游泳、场地自行车、射击、网球、足球、田径等，基本上包含了当前所有常设的运动项目。

3. 比赛场馆的照明标准值

功能等级Ⅳ、Ⅴ、Ⅵ级主、辅摄像机的垂直照度值为 1000/750、1400/1000、2000/1400，单位为 lx。水平照度只规定照度比率。

奥运比赛场馆照明采用的照明等级与本标准 HDTV 转播重大国际比赛等级基本一致。以下所涉及的技术内容均指比赛场馆的照明。本标准对 HDTV 转播重大国际比赛的技术规定见表 4-2。

HDTV 转播照明标准值 **表 4-2**

<table>
<tr><th rowspan="3">等级</th><th rowspan="3">摄像机类型</th><th colspan="2">照度（lx）</th><th colspan="4">照度均匀度</th><th colspan="2">光源</th><th>眩光指数</th></tr>
<tr><th rowspan="2">E_h</th><th rowspan="2">E_v</th><th colspan="2">U_h</th><th colspan="2">U_v</th><th rowspan="2">R_a</th><th rowspan="2">T_{cp}（K）</th><th rowspan="2">GR</th></tr>
<tr><th>U_1</th><th>U_2</th><th>U_1</th><th>U_2</th></tr>
<tr><td rowspan="2">Ⅵ</td><td>主摄像机</td><td>—</td><td>2000</td><td>0.7</td><td>0.8</td><td>0.6</td><td>0.7</td><td rowspan="2">≥90</td><td rowspan="2">≥5500</td><td rowspan="2">≤30
≤50
（室外）</td></tr>
<tr><td>辅摄像机</td><td>—</td><td>1400</td><td>0.6</td><td>0.8</td><td>0.4</td><td>0.6</td></tr>
</table>

注：1. 表中的照度值为平均值；
2. 拳击、射击等项目除外。

4. 标准值的相关规定

1）平均水平照度宜为平均垂直照度的 0.75～1.5（主赛区），0.75～2.0（总赛区）。

2）观众席前排的垂直照度值不宜小于场地垂直照度值的 25%。

3）观众席和运动场地安全照明的平均水平照度值不应小于 20lx。

4）体育场馆出口及其通道的疏散照明最小水平照度值不应小于 5lx。

5. 照明设备与附属设施

1）光源的选择：光源的种类和功率大小应与灯具安装高度和场地大小有关，室外体育场宜采用大功率和中功率金属卤化物灯，室内体育场宜采用中功率金属卤化物灯；光源应具有适宜的色温、良好的显色性、高光效、长寿命及光电特性。

2）灯具及附件要求：对灯具的安全性能、灯具效率、灯具配光、灯具重量等作出规定。灯具效率不应低于表 4-3 的规定。

灯具效率 **表 4-3**

灯具类型	灯具效率（%）
高强度气体放电灯灯具	65
格栅式荧光灯灯具	60
透明保护罩荧光灯灯具	65

3）灯杆及设置要求：规定照明高杆的设计使用寿命不应小于 25 年；灯具高度大于 20m 时宜采用电动升降吊篮。

4）马道及设置要求：马道设置的数量、高度、走向和位置应满足照明装置的相关要求；马道应留有足够的操作空间，其宽度不应小于 650mm，并应设置防护栏杆。

6. 灯具布置

1）灯具布置的一般规定

灯具安装位置、高度和投射角应满足降低眩光和控制干扰光的要求；对有电视转播的比赛场地的灯具布置应满足对主摄像机和辅摄像机垂直照度和均匀度的要求。

2）室外体育场灯具布置方式

两侧布置：灯具与灯杆或建筑马道结合、以连续光带形式或簇状集中形式布置在比赛场地两侧。

四角布置：灯具以集中形式与灯杆结合布置在比赛场地四角。

混合布置：两侧布置和四角布置相结合的布置方式。

其中，对足球场、田径场、网球场、曲棍球场、棒球场、垒球场的各种灯具布置方式均用图表的形式表示出来。

3）室内体育馆灯具布置方式

直接照明灯具布置方式：顶部布置（灯具布置在场地上方，光束垂直于场地平面的布置方式）、两侧布置（灯具布置在场地两侧，光束非垂直于场地平面的布置方式）和混合布置（顶部布置和两侧布置相结合的布置方式）。间接照明灯具布置：灯具向上照射的布置方式。

灯具布置应符合下列使用要求：顶部布置宜选用对称型配光的灯具，适用于主要利用低空间，对地面水平照度均匀度要求较高，且无电视转播要求的体育馆。两侧布置宜选用非对称型配光灯具布置在马道上，适用于垂直照度要求较高以及有电视转播要求的体育馆。两侧布置时，灯具瞄准角（灯具的瞄准方向与垂线的夹角）不应大于 65°。混合布置宜选用具有多种配光形式的灯具，适用于大型综合性体育馆。间接照明灯具布置宜采用具有中、宽光束配光的灯具，适用于层高较低、跨度较大及顶棚反射条件好的建筑空间，不适用于悬吊式灯具和安装马道的建筑结构，或对眩光限制严格且无电视转播要求的体育馆。同时，对于各类具体运动项目的灯具布置方式在标准中给出了灯具布置表。

4）灯杆及设置要求

规定照明高杆的设计使用寿命不应小于 25 年；灯具高度大于 20m 时宜采用电动升降吊篮。

5）马道及设置要求

马道设置的数量、高度、走向和位置应满足照明装置的相关要求；马道应留有足够的操作空间，其宽度不应小于 650mm，并应设置防护栏杆。

7. 照明检测

1）测量项目：照度测量、眩光测量、现场显色指数和色温测量。

2）测量场地和测量点：

照度测量应在规定的比赛场地上进行，对于照明装置布置完全对称的场地，可只测 1/2 或 1/4 的场地。本标准给出了室内外矩形场地和几种典型场地的照度计算和测量的测点布置方式。矩形场地的照度计算和测量可按下列网格点进行。下列图中，o，＋为计算网格点，＋为测量网格点。矩形场地照度计算和测量网格点可按图 4-10 确定。

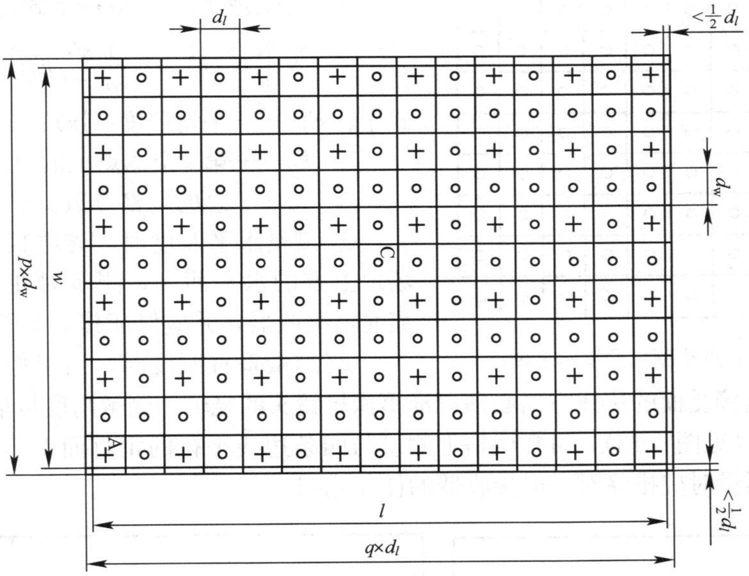

图 4-10　矩形场地照度计算和测量网格点布置图

计算网格点从中心点 C 开始确定，测量网格点从角点 A 开始确定，p、q 均为奇整数，并满足

$$(q-1)\cdot d_l \leqslant l \leqslant q\cdot d_l \tag{4-1}$$

$$(p-1)\cdot d_w \leqslant w \leqslant p\cdot d_w \tag{4-2}$$

式中：l——场地长度；

d_l——计算网格纵向间距；

p——计算网格纵向点数；

w——场地宽度；

d_w——计算网格横向间距；

q——计算网格横向点数。

① d_l，d_w 可按下列方法确定：

当 l，w 不大于 10m 时，计算网格为 1m；

当 l，w 大于 10m 且不大于 50m 时，计算网格为 2m；

当 l，w 大于 50m 时，计算网格为 5m。

② 测量网格点间距宜为计算网格点间距的 2 倍。

本标准附录中给出了各种运动场地的照度计算和测量网格点以及摄像机位置。眩光测量点选取的位置和视看方向应按安全事故、长时间观看及频繁地观看确定。观看方向可按运动项目和灯具布置选取。现场显色指数和色温可在全场均匀布点测量，比赛场地对称时，可在 1/4 场地均匀布点（一般为 9 个点）进行测量。现场显色指数和色温应为各测点上测量值的算术平均值。现场色温比光源额定色温偏差不宜大于 10%，现场显色指数不宜小于光源额定显色指数 10%。

3）测量方法：水平照度和垂直照度应按中心点法进行测量，测量点应布置在每个网格的中心点上，如图 4-11 所示。

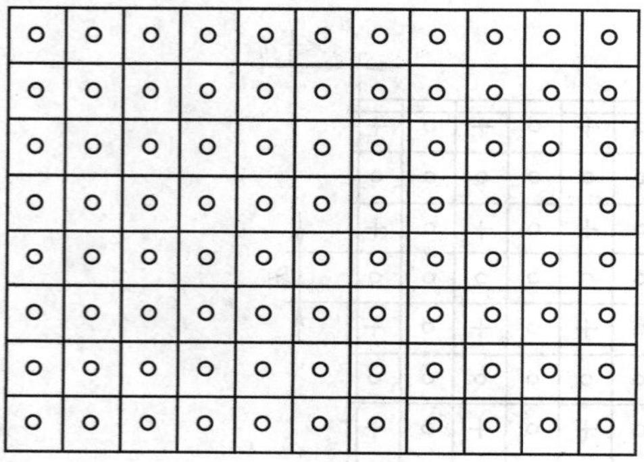

图 4-11　中心点法测量照度示意图

中心点法平均照度应按下式计算：

$$E_{ave} = \frac{1}{n}\sum_{i=1}^{n} E_i \tag{4-3}$$

式中：E_{ave}——平均照度（lx）；

E_i——第 i 个测点上的照度（lx）；

n——总的网格点数。

① 测量水平照度时，光电接收器应平放在场地上方的水平面上，测量时在场人员必须远离光电接收器，并应保证其上无任何阴影。

② 测量垂直照度时，当摄像机固定时（见图 4-12），光电接受面的法线方向必须对准摄像机镜头的光轴，测量高度可取 1.5m。当摄像机不固定时（见图 4-13），可在网格上测量与四条边线平行的垂直面上的照度，测量高度可取 1m。测量时应排除对光电接收器的任何遮挡。

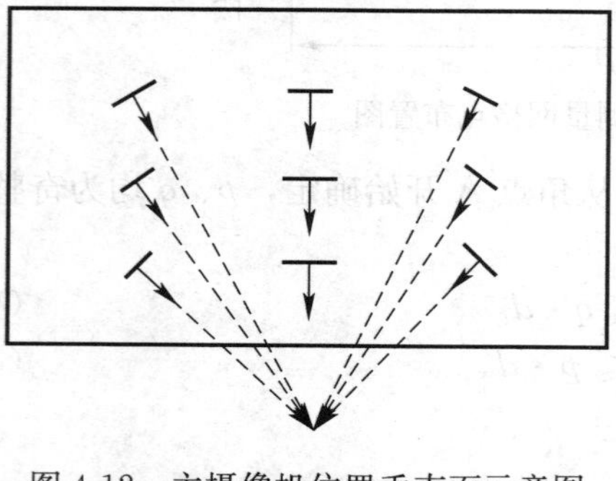

图 4-12　主摄像机位置垂直面示意图

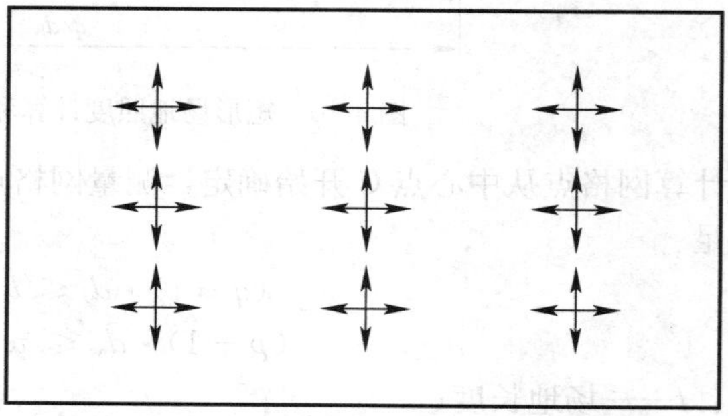

图 4-13　摄像机位置不固定时垂直面示意图

照度均匀度应按下列公式计算：

$$U_1 = E_{min}/E_{max} \quad (4\text{-}4)$$

$$U_2 = E_{min}/E_{ave} \quad (4\text{-}5)$$

式中：U_1，U_2——照度均匀度；

E_{min}——规定表面上的最小照度；

E_{max}——规定表面上的最大照度；

E_{ave}——规定表面上的平均照度。

眩光测量应在测量点上测量主要视看方向观察者眼睛上的照度，并记录下每个点相对于光源的位置和环境特点，计算其光幕亮度和眩光指数值，取其各观测点上各视看方向眩光指数值中的最大值作为该场地的眩光评定值。

4.1.1.4 专题技术报告

1. 体育场馆照明状况调研报告

为了掌握现阶段我国体育场馆照明状况，为编制我国《体育场馆照明设计及检测标准》提供参考数据，编制组开展了广泛的现场调研工作。调研工作主要以现场实测为主，选取了一些举行大型国内、国际赛事的体育场馆进行实测：北京、上海、广州、南京、重庆、福建、深圳、青岛、秦皇岛、烟台、大庆、沈阳、杭州、宁波、慈溪、义乌、海宁、建德、常州、芜湖等地的37个体育比赛、训练场和45个体育比赛、训练馆，共计82个体育场馆照明数据。其中体育场馆照明参数包括为照度、一般显色指数、色温、眩光限制指数、灯具使用功率。这些调研数据为编制我国《体育场馆照明设计及检测标准》提供了可靠的参考依据。

（1）照明光源，体育场馆的比赛场地照明光源除特定的比赛项目射击房、室内空间较低的场地采用荧光灯，靶心采用卤钨灯外，其余比赛场地照明光源均采用金属卤化物灯。

（2）照明方式，体育场比赛、训练场地照明方式在调研的37个场地中四塔照明所占比例为34.4%，四塔光带混合所占比例为9.4%，沿马道光带照明所占比例为56.2%。体育馆比赛、训练场地照明方式在调研的45个场地中满天星布灯所占比例为5%。满天星、光带混合所占比例为20%，沿马道光带照明所占比例为75%。

（3）调研结果分析

1）关于光源，我们所调研的体育场馆大部分是1997—2006年所建，照明部分为新安装或改造。由于近年来科学技术及经济的迅速发展，彩电转播对大型体育赛事照明光源提出了较高的技术要求。因此最近几年新建的体育场馆所使用的照明光源具有较高的光效及良好的显色性，照明光源的各项技术指标明显优于90年代末期。基本上能达到比赛要求。对于前期的体育场馆则要根据比赛项目的不同及比赛、训练的等级不同考虑进行改造、更换新光源。在照明设计选用光源功率时，要全面考虑各项照明指标的要求，要根据体育场馆的灯具悬挂高度合理选用光源功率。对于体育馆，由于高度的限制一般不宜选用大于1000W功率的光源，宜选用250W、400W、1000W功率的光源。在调研的同类比赛项目、同等比赛级别的体育场馆所使用的光源总功率个别场馆相差并高出50%以上。有的体育馆设计时选用2000W光源，由于体育馆高度的限制易产生眩光。

2）照明灯具及安装：体育场馆照明灯具要选择合理的配光输出，要根据灯具安装位置和投照区域选择光学特性最佳的方式组合，同时灯具本身要有可靠且具有节能效果的防眩光措施，以最少的照明投资和能源消耗，取得最佳的照明效果。在调研的体育场馆中，有部分场馆由于照明灯具配光输出选择的不合理造成光束投射到场地中产生光斑，使得场地的照度均匀度不佳。由于灯具的安装高度及投射角度设计的不合理使得比赛场地产生眩光。

3）照度水平

① 场地照明

在调研的82个体育比赛、训练场馆中根据比赛项目及比赛、训练的等级，大部分场馆都能满足其比赛要求的照度水平。20世纪90年代末期所建和改建的体育比赛、训练场馆照度值则偏低，照度均匀度偏低，光源的显色性较差不能满足现阶段我国大型国内、国际赛事对照明的要求。这是由于当时的照明设计水平及光源技术的局限。对于这些照明不满足比赛要求的体育场馆一般是要降级比赛使用，或是进行照明工程改造。近期新建和改建的体育比赛场馆，其中还有个别场馆照度值偏高，比按照最高一档高清晰度彩电转播比赛要求照度值还要高出两倍。实测调查表明，有些不可能进行国际重大比赛的体育场馆也按高标准设计，这不仅是一种资源上的浪费，而且也没有必要。从另一方面来看，高清晰度电视转播在我国尚未开始使用，即使投入使用短时间内也只限于举办国际重大比赛的场馆，这些重大国际比赛一般指奥运会、世锦赛、世界杯等或符合国际相关体育组织和组委会的要求。因此要根据本体育场馆的自身定位来满足其照度水平。

② 观众席照明

在调研的观众席照明中照度水平分布相差较大，有的照度值偏高能源浪费，有的则偏低不利于转播。因为观众席的看台和观众也是转播的一部分。因此对观众席照明也有一定的要求。大部分场馆的观众席照明能满足使用及转播要求。

③ 急照明

在实测调查的30个体育场馆应急照明中（仅列举20个场馆），观众席、场地的平均照度水平都在20～40lx之间，基本能满足安全照明使用要求。体育场馆，特别是大型体育场馆，人数多，体量大，在紧急情况下保证所有人员在短时间内安全撤离现场尤为重要。通道出入口疏散照明平均照度值在20lx以上，均不低于1lx，绝大多数不低于3lx，这一照度水平运动员和观众都认为比较合适。

4）照明设计

体育比赛场馆由于受地理位置及场地大小的限制可选择不同的照明方式，如四塔照明、挑沿光带、马道光带、满天星光带混合等。在调研中发现，由于比赛场馆前期的建筑设计没有很好地考虑照明功能的需求，所设计的马道位置及灯具安装高度不到位，给照明设计师在设计方案时造成很大的困难，设计方案不能得以实施，照明设计无能为力，使得比赛场地达不到良好的照明效果，直接影响到运动员比赛。因此我们建议在体育场馆建筑设计时，不但要考虑到建筑造型的美观，更要注重照明功能的需求。在前期建筑设计马道设置时要充分考虑到照明功能的要求，要与照明设计师沟通听取他们的意见及建议。在进行体育场馆照明设计时，要根据体育馆建筑结构可能安装灯具的高度和部位确定布灯方案。既要达到照度标准，又要满足照明质量要求，使得体育场馆照明达到最佳的效果，满足比赛要求。

2. 国外体育照明标准及资料汇编

参考的主要标准文件有：

国际照明委员会（CIE）技术报告《体育赛事中用于彩电和摄影照明的实用设计导则》CIE 169：2005；欧洲（CEN）照明标准；北美（IES）照明标准；俄罗斯《体育设施电气

照明标准》BCH-1-73；日本工业标准（JIS）体育运动照度标准；Guide to the artificial lighting of indoor and outdoor sports venues（GAISF）-2003。

《体育赛事中用于彩电和摄影照明的实用设计导则》CIE 169：2005 简介：

国际照明委员会（CIE）总结过去出版的体育照明文件，协调并综合各个国际体育组织和国际广播机构对照明的技术要求，出版了《体育赛事中用于彩电和摄影照明的实用设计导则》技术文件，该技术文件内容全面、具体、实用，涵盖了 51 个体育运动项目的照明技术要求，其中很多技术内容纳入到了本标准当中，对编制我国首部体育照明标准起到了重要作用，该文件已被列为中国照明学会（CIES）推荐技术文件。

该文内容摘要：本技术报告对需要满足彩电与摄影照明要求的体育设施有关设计与规划给出实用指南。本报告应结合 CIE 83—1989 文件阅读，并规定了照明的数量要求。本报告分为三个主要部分：第一部分是体育照明设计的一般指导，包括灯具、灯型、计算方法和电气装置；第二部分列入 51 项体育项目和每项照明上的特殊要求；第三部分给出相关标准和特定出版物，在出版物中介绍新的体育照明装置。

3. 室内体育馆照明系统眩光评价研究报告

眩光作为评价照明质量的重要部分，是一个心理物理量，包括了主观和客观的因素，但仅仅以“很好”、“好”、“不好”这样一些粗略的、主观的评价是不够的。为了能以眩光为基础来客观比较各种设计方案，建立定量评价眩光的方法是必要的。通过建立眩光评价的方法，可以对给定的照明布置所产生的眩光进行预见，从而可对照明设计方案进行客观的比较，并可对眩光进行良好的控制，提高照明质量。

CIE 推荐的室外场地的眩光评价方法，是建立在 Van Bommel 等人的研究基础上的，通过利用一个公式来叙述不舒适眩光与室外体育场泛光照明有关的光度数据之间的定量关系。*GR* 可用下式表示：

$$GR = 27 + 24\log(L_{vl}/L_{ve}^{0.9}) \tag{4-6}$$

式中 L_{vl}——灯具在观察者眼睛上产生的光幕亮度（cd/m^2）；

L_{ve}——环境反射光产生的光幕亮度（cd/m^2）。

GR 数值越高，则表明眩光越大。该评价方法指明了在特殊情况下怎么不舒适，以及不舒适的程度，因而可以对各种照明设计的眩光进行定量的评价和比较。CIE 对室外运动场地的眩光指数最大值进行了限制，见表 4-4。

室外运动场地的眩光限制值　　表 4-4

场地类型	GR_{max}
训练	55
比赛（包括电视转播）	50

但是，CIE 对室内体育场所的照明眩光未作论述。CIE 提供的室外眩光评价方法是否适用于室内场地，需要进一步的验证。同样，室内场地的眩光干扰程度也取决于照度水平、灯具安装高度、配光、瞄准方向以及场地环境等因素。室内与室外场地的区别主要在以下几个方面：

1）背景亮度

由于周围墙面的反射作用，室内场地的背景亮度要高于室外场地。在 Van Bommel 等人的研究中，调查的 L_{vl} 和 L_{ve} 值的范围分别为 0.02～20cd/m²，和 0.02～5cd/m²，此时视线方向与灯具的夹角在 10°～90°内。在超出该背景亮度范围的条件下，该公式对其他泛光灯具情况是否有效值得研究。

2）立体角

由于受到场地大小的限制，室内场地的眩光源离评价点更近，因而眩光源在人眼中的立体角要更大，因而室外运动场地眩光评价方法的有效性值得研究。

3）灯具布置

室内场地的灯具布置方式和位置与室外场地有所区别。室外体育场的照明布置主要有两侧布置、四角布置以及两种布置的混合形式；而室内场馆的照明布置则有顶部布置、两侧布置、混合布置以及间接照明等形式。室外场地眩光评价方法是否适用于室内场地的照明布置值得研究。

在 CIE112 号文献及国外学者对于室内外眩光评价所做工作的基础上，通过现场调研和主观评价，提出适用于室内场馆照明眩光的评价方法。现场测试和主观评价选择了 8 个运动场地进行，采用 9 点评估法，通过实测眩光，与主观感觉进行对比，确定合理的眩光评价尺度。

为了验证测量结果与设计计算结果的一致性，这里选择了若干场地，将测量值与设计值进行了对比，对比表明经眩光测试仪测量计算得到的眩光指数 GR 与设计值符合得较好。因而在评价各场地的眩光时，我们利用测量值 GR 作为参照。利用眩光测试仪在各场馆进行眩光测量，经计算得到各场馆的最大眩光指数 GR_{max}，用于评价该场馆的眩光干扰程度。

根据上述的研究，证明 CIE 推荐的室外眩光评价方法可以用于室内场地的眩光评价，但是室内场馆与室外场地的眩光评价尺度存在差异。从人的主观感受来说，GR 不大于 35 时是可以接受的，但已经能感受到很强的眩光。根据实测和调查的经验，室内场馆的 GR 值都能控制在 35 以内，而用于比赛的场馆 GR 值多数也能控制在 30 以内；同时考虑到训练和比赛要求有所区别。因此，参照人的主观感受和眩光评价尺度，对于室内体育场馆，其最大眩光指数应满足表 4-5 要求。

室内场地眩光限制值 **表 4-5**

场地类型	GR_{max}
训练	35
正式比赛（包括电视转播）	30

该评价方法的计算公式与室外眩光评价一致，使用比较方便。可用于指导照明系统设计及现场照明装置的调试，对眩光进行良好的控制，使之满足场地对照明质量的要求。

4. 光源光色工作参数与电源电压的关系

各种金属卤化物灯的标称发光效能为 60～100lm/W，标称显色指数 R_a 的范围为 65～93，标称色温的范围为 3000～6000K。金属卤化物灯由于选用的镇流器不同和电源电压的变化会引起金属卤化物灯光、色参数发生变化。

照度测量结果会受到电源电压波动的影响，编制组选取几种目前体育场馆常用的金属卤化灯光源在实验室内进行实验，得出光源光通与电源电压的变化曲线，见图 4-14 和图 4-15，同时电源电压的变化也对显色指数和色温有影响。

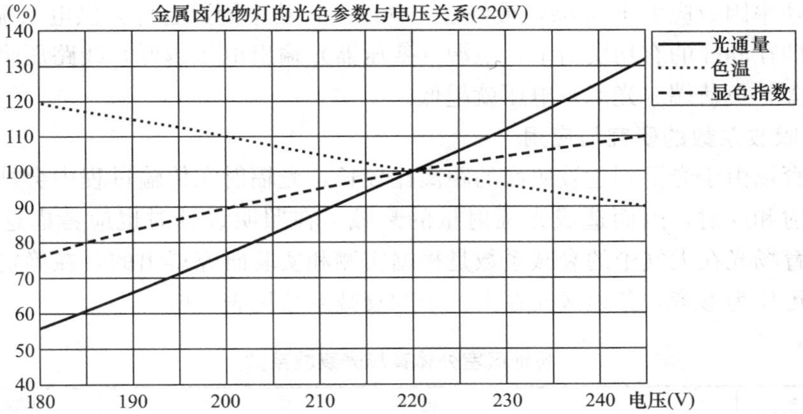

图 4-14　金属卤化物灯的光色参数与电压关系（220V）

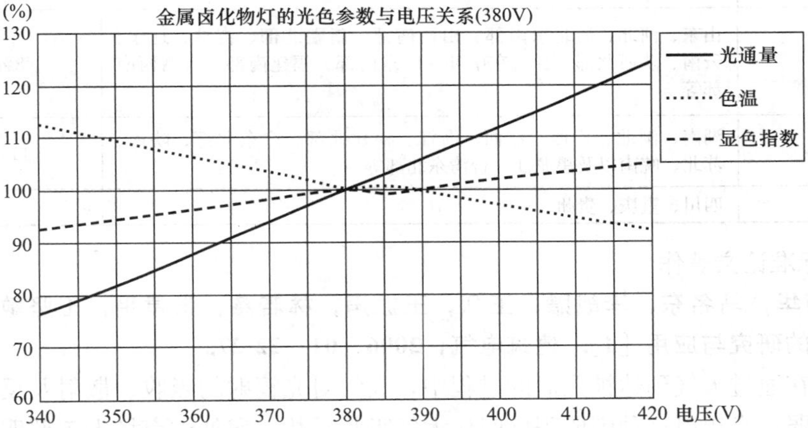

图 4-15　金属卤化物灯的光色参数与电压关系（380V）

从图中可以看到供电标称电压为 220V，采用普通电感镇流器的金卤灯的灯功率、光通量、发光效率和显色指数均正比于电源电压的变化，只有色温反比于电源电压的变化。当电源电压的变化－10％～＋10％时，其上述参数变化的最大幅度约为，灯功率：－18％～＋20％；光通量：－25％～＋28％；显色指数：－11％～＋9％；色温：＋11％～－9％。

供电标称电压为 380V，采用普通电感镇流器的金卤灯的灯功率、光通量、发光效率和显色指数均正比于电源电压的变化，只有色温反比于电源电压的变化。当电源电压的变化－10％～＋10％时，其上述参数变化的最大幅度约为，灯功率：－18％～＋20％；光通量：－22％～＋23％；显色指数：－7％～＋5％；色温：＋12％～－7％。

由于测试的样品数量、品种、型号、厂家有限，不可能完全代表这些光源特性的真值，因此这些变化范围不是非常准确，因为气体放电灯的光电色参数本身就有一个变动范围，所以此组数据的范围仅作为定性的参考。

为了确保体育设施彩电转播的质量，要求体育场馆在比赛期间的电源电压变化应在－5％～＋10％之间，同时从电源配电盘到（末端）灯端的线路电压降应小于 15V，整个照明系统的功率因数应大于0.85，最好在0.9以上，功率因数越低其供电系统的电压调整性就越差，即在同样的有功负荷下，电源（变压器）输出电压越低，线路压降更高，占用电源容量越多，负荷端（光源）电压就越低。

5. 大气吸收系数的研究与应用

室外体育场由于光源到达被照面的距离比较长，光辐射在传输过程中会被大气中的介质吸收、散射和反射，因而造成光辐射量的衰减，在照明设计时也应考虑这一因素的影响。室外体育场光在大气中的衰减系数是根据实测和实验研究得出的，在确定室外体育场维护系数时可作为参考，各地区光在大气中的衰减系数见表4-6。

各地区室外体育场光衰减系数 **表4-6**

太阳辐射等级	地区	光衰减系数 K_a
最好	宁夏北部、甘肃北部、新疆东部、青海西部和西藏西部等	＜6％
好	河北西北部、山西北部、内蒙古南部、宁夏南部、甘肃中部、青海东部、西藏东南部和新疆南部等	6％～8％
一般	山东、河北、河北东南部、山西南部、新疆北部、吉林、辽宁、云南、陕西北部、甘肃东南部、广东南部、福建南部、台湾西南部等	8％～11％
较差	湖南、湖北、广西、江西、浙江、福建北部、广东北部、陕南、苏北、皖南以及黑龙江、台湾东北部等	11％～14％
差	四川、重庆、贵州	＞15％

4.1.1.5　标准论文著作

1. 李炳华，马名东，李战赠，王烈，王振声，林若慈，张建平，王坚敏，陈力. 大气吸收系数的研究与应用［J］. 建筑电气，2006，01：22-27.

光辐射在通过大气到达被照面的过程中，大气对光辐射的吸收、散射及反射作用造成光辐射的削弱，光辐射这种削弱程度叫作大气吸收系数。室外体育场人工照明中，由于大气吸收系数的原因，人工灯光通过大气不能100％到达场地，光能会有一部分损失。《体育建筑设计规范》JGJ 31—2003规定，室外照明计算尚应计入30％的大气吸收系数。本研究结果表明，《体育建筑设计规范》JGJ 31—2003对大气吸收系数的规定不合适，该值偏大，会造成不必要的能源浪费。本文根据试验测试和理论分析初步得出了大气吸收系数的取值（表4-7），可供编制标准时参考。

大气吸收系数与天气的关系 **表4-7**

天气情况	天气情况含义	大气吸收系数推荐值
晴	低云量1～4成，或总云量0～5成	＜8％
多云	低云量5～8成，或总云量6～9成	8％～11％
阴	低云量9～10成，或总云量达到10成	＞11％

2. 罗涛，姚梦明，姚萌. 室内体育馆照明的眩光评价系统研究［J］. 智能建筑电气技术，2008，01：19-23.

优秀的照明设计，除保证照度、均匀度等要求外，眩光，特别是不舒适眩光的控制，也是影响体育场馆照明质量的重要因素。为了可对给定的照明布置所产生的眩光进行预见，从而对眩光进行良好的控制，提高照明质量，国内外学者对眩光的评价方法进行了相关的研究。

Van Bommel 等人通过选择不同照度水平的运动场地，进行眩光的主观评定，并采用了一种称作眩光透镜的装置进行测量。对所有获得的数据进行回归分析后，眩光评价与上述照明参数之间的关系可用公式描述：

$$GF = 7.3 - 2.4\log\frac{L_{vl}}{L_{ve}^{0.9}} \tag{4-7}$$

CIE 的 112 号文献在 Van Bommel 等人的研究基础上对室外体育场的眩光评价方法进行了论述。用眩光指数 GR 表示眩光程度，GR 与 GF 之间的关系为：

$$GR = 10 \times (10 - GF) \tag{4-8}$$

GR 数值越高，则表明眩光越严重。

为了验证 CIE 提供的室外眩光评价方法是否适用于室内场地，日本学者 Kohji Kawakami 等人对 CIE 提出的室外 GR 眩光评价系统用于室内眩光评价的适用性进行了研究。他们利用鱼眼镜头对场地的亮度分布进行测量，通过分析图像中的每个像素，从而得到环境和眩光源的光幕亮度。日本学者通过研究认为，GR 计算公式可以应用于室内照明设施而无须任何修改，并且通过回归分析，提出了经验计算公式 GR'，该计算公式与 CIE 公式的常数项参数不同：

$$GR' = 20 + 32\log(L_{vl}/L_{ve}^{1.1}) \tag{4-9}$$

在实践中发现，利用日本学者的计算公式得到的结果与现场主观评价有一定出入，而且在一些场地眩光很轻微的场所，该公式的计算值甚至为负值，容易造成混乱。

为此，本文仍然以 CIE 推荐的 GR 公式用于室内眩光评价。通过现场的主观评价，并与实际测量的眩光指数进行对比，从而确定室内场馆照明眩光的评价方法。评估采用了九点评价法，观察者中每人都依次进入场地的各个眩光测试点，通过改变观测方向，选择感觉灯光最刺眼最不舒适的位置（方向），根据其视觉感受在 GF 评价尺度中进行选择。通过数据分析，可得到如图 4-16 所示关系。

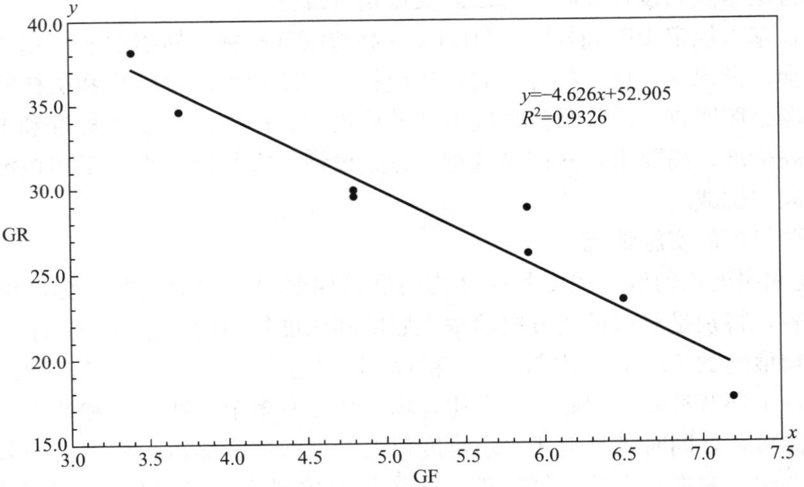

图 4-16　GR 与 GF 的对应关系

室内场馆眩光评价尺度 表 4-8

GR^*	CF	眩光程度
50	1	不能忍受
40	3	干扰
30	5	刚好允许
20	7	允许
10	9	无察觉

即 $GR=-4.626GF+52.905$，其标准差为 0.9326。所有数据的相关系数 r 为 −0.779。通过对调研评价数据的分析，根据测量结果及人的主观感受，可给出室内场馆的眩光评价尺度，如表 4-8 所示：研究表明 CIE 的室外场地照明眩光评价系统仍然适用于室内眩光的评价，但是评价尺度需要进行调整。室内训练场的眩光指数不应超过 35，而有彩电转播要求的室内体育馆的限值则为 30。

3. 汪猛，容浩. 首都体育馆供配电系统分析 [J]. 智能建筑电气技术，2008，01: 68-71.

首都体育馆始建于 1966 年，曾承担过 1986 年世界杯体操比赛，1990 年第 5 届世界羽毛球锦标赛，1990 年第 11 届亚运会体操比赛，2001 年第 21 届世界大学生运动会体操、排球、篮球比赛，2002 年世界杯短道速滑比赛，2003 年世界四大洲冰上花样锦标赛，2005 年羽毛球苏迪曼杯赛等世界顶级赛事。首都体育馆包括比赛馆、首都滑冰馆、运动员公寓以及相关配套设施等。其比赛馆为 2008 年奥运会排球预赛及决赛场馆。

本工程中的比赛厅照明、重要人员活动区域照明、应急照明、计时记分系统、计算机系统、通信系统、扩声系统、新闻转播、安全防范系统、消防设施等为一级负荷中的特别重要负荷。本工程 10kV 为三路电源引入，三路电源连成环网，由左侧电源作为本段电源的备用，且任何一路电源能负担全部一级负荷。此方案较常见的两用一备的方案能更好地保证供电可靠性。北京地区民用建筑大多为 10kV 供电，而大多数 10kV 配电网络采用“闭环接线，开环运行”的供电方式。本次改造 10kV 母线保留了合环操作，增强了 10kV 配电网络供电的可靠性。但合环操作必须经供电部门同意，并且需要设置合环保护。

4. 《体育场馆照明设计及检测标准》实施情况综述

本标准在基本规定中明确规定“HDTV（高清晰度电视）转播照明应用于重大国际比赛（指奥运会、世锦赛、世界杯等）时，还应符合国际相关体育组织和机构的技术要求”。本届奥运会场馆照明首次采用高清晰度电视转播模式，应同时满足本标准和 BOB 的要求，面对这样的高标准、高要求，从产品选型、方案设计、安装调试直到工程检测验收每个环节无一不充满“挑战”。

几项主要指标的实施情况：

1）照度和照度均匀度。照度和照度均匀度是照明设计中的重要指标，也是照明检测中的主要内容，特别是对摄像机方向的垂直照度和照度均匀度有很高的要求。本标准要求垂直照度平均值达到 2000lx，均匀度 U_1 和 U_2 分别达到 0.6 和 0.7，这一要求非常苛刻、非常严格，各个环节都要控制好，一个比赛场地往往有多个比赛项目和数十台摄像机，甚至上百台摄像机，要同时满足上述要求难度很大。但在这些奥运工程中由于采用了高水平的照明设计方法、先进的设计计算软件、智能化的控制系统，加上认真细心的安装调试，使得所有奥运场馆都能够达到标准所要求的技术指标。

2）平均水平照度与平均垂直照度比。在有电视转播要求时，标准中只对水平照度值规定一个范围，即平均水平照度为平均垂直照度的0.75～1.5倍，这样规定是因为垂直照度的取值主要由摄像机类型和电视转播的要求决定，所以垂直照度的取值相对于每个使用功能较固定，水平照度与垂直照度之比值主要是为了保证整个的照明效果和照明立体感。控制这项指标有时也比较困难，特别是当受到场地和马道条件的限制时，往往通过提高水平照度的方法来提高垂直照度值，致使这一比值过大，这样不仅影响照明质量，而且会大大增加照明功率，给能源造成浪费。本届奥运场馆照明通过合理的照明设计，能将这一指标有效地控制在规定的范围内或接近这一范围，对提高照明质量和节约电能有很重要的意义。

3）光源显色性和色温。随着照明光源的进步和发展，体育场馆普遍采用的金属卤化物灯可具有良好的显色性和适宜的色温，只要合理选用，光源的显色性和色温都能达到标准的规定。奥运场馆多数采用显色指数≥90和色温5600K的光源，个别场馆根据需要采用了显色指数≥80及色温4000K和3200K的光源，均达到了满意的效果。

4）眩光指数。室内体育馆眩光国内外一直没有合适的评价方法。本标准通过实测调查、分析计算和主观评价的方法将室内体育馆眩光指数定为$GR \leqslant 30$。经过对奥运体育馆的现场实测表明，多数室内体育馆都能达到这一标准值，只有个别馆不满足，但通过调整开灯方案、改变光的投射角度和在灯具上加遮光件等手段完全能将眩光指数控制在规定的范围内，说明室内体育馆眩光标准是可行的。

5. 林若慈. 照明工程检测技术的应用与发展［J］. 照明工程学报，2012，S1：57-64.

照明各项技术标准是照明工程检测的重要依据。照明工程检测的目的主要是在照明设施安装完成后检验实际照明工程与照明设计标准的符合情况，其次是对那些经过改、扩建或是经过较长时间使用的照明工程进行照明检测，不论以上哪种情况都会造成与设计标准的不符，通过对实际照明工程的检测以及对结果的分析，以便进一步对灯光进行改造和完善。

1）照度测量：如图4-17所示，照度在照明工程检测中是最基本的光参数，每个场所检测的要求都不相同，测量点的位置和高度也不同，有地面、工作面、建筑物表面等，测量点之间的间距相差很大，可从1～10m，主要取决于被照面积的大小。就照度测量而言，还是体育场馆对照度的要求最高，也最复杂，所以这里以体育场馆照明为例来说明对照度的测量。

体育场、体育馆照度检测项目：场地水平照度、水平照度均匀度、场地四个方向的垂直照度、垂直照度均匀度、摄像机（固定、移动）方向的垂直照度及照度均匀度、水平均匀度梯度、垂直均匀度梯度、场地水平与垂直照度之比、观众席垂直照度等。

2）眩光测量：如图4-18所示，眩光值GR、TI、UGR是通过测量和计算求得的，现场一般需要测量的参数为灯具在观察者眼睛方向的亮度L_{α}、照度E_{gi}或光强I_{e}、背景亮度L_{b}；灯具在观察者眼睛方向的位置参数；立体角ω、位置指数P。

3）显色指数和色温测量：光源的显色指数和色温是评价照明质量的重要指标，金卤灯光源的显色指数和色温受电源电压波动的影响，电源电压变化10%，光通量变化20%，显色指数变化10%，色温变化10%。根据现场显色指数和色温的检测结果表明，显色指数和色温除受电源电压波动的影响外，还和光源的点燃时间有很大关系，随着照明使用时数的增加，显色指数值提高，色温值下降，应尽量提高光源的稳定性。对于LED灯来说，保持光色一致性是衡量光源质量的一项重要指标，所使用的光源必须保证在合理光衰达90%的时间内没有可被察觉的，影响使用功能的色温漂移。

图 4-17 照度测量

图 4-18 眩光测量

照明工程检测技术是随着照明工程检测的需求而发展起来的，目前在光亮度测量和眩光测量方面的检测技术和测量设备还不能满足实际照明工程检测的需求。

4.1.1.6 创新点

本标准为我国首部体育照明标准，该标准是在广泛调查研究，认真总结实践经验，参考有关国际标准和国外先进标准基础上制定的，技术内容科学、全面，与国际标准相协调，该标准填补了我国照明标准的空白。

本标准既有照明标准值的规定，同时涵盖了照明设计和照明工程检测的内容，可操作性强，有利于标准的执行和实施，通过对我国近年来成功举办的奥运会、亚运会、大运会以及全运会等众多场馆的照明检测，充分验证了体育照明标准的重要作用。

4.1.1.7 社会经济效益

体育照明标准对于指导场馆建设和照明设计都有着重要的意义，国际上相关组织和机构出版了很多相关的标准，而我国一直没有专门的体育照明标准。该标准的提出，填补了我国在这方面的空白，对于指导体育场馆照明设计和验收，保证体育照明的质量，从而确保体育赛事的顺利进行，具有重要意义。

《体育场馆照明设计及检测标准》JGJ 153—2007 自批准实施以来，引起了各界的普遍关注。该标准的实施，有力地促进了我国体育照明事业的发展，有效地指导体育照明设计和验收工作，保证体育照明的数量和质量，从而带来较大的社会经济效益。该标准被广泛应用于 2008 年北京奥运会场馆的照明设计和工程验收工作中，为体育赛事的顺利进行和保证电视转播质量起到了积极的作用。

本标准的颁布与实施不仅对保证体育场馆照明设计质量起到了至关重要的作用，同时也为照明节能带来了明显的效益。具体体现在以下几个方面：

（1）推荐采用高效节能光源、灯具及附件：体育场馆场地照明一般采用大功率金属卤化物灯，要求光源功率应与比赛场地大小、安装位置及高度相适应。光源应有良好的显色性、高光效和长寿命，这为实施照明节能提供了基本保证。

（2）照明设计时，在保证照明质量的前提下，严格控制照度比率，特别是水平照度与垂直照度的比例，通过合理的照明设计有时可达到照明节能 30%，甚至 50%。

（3）推荐采用照明控制系统：采用照明集中控制方式，根据比赛项目及需要设置不同的开灯模式，从而减少了电能的不必要浪费。

（4）利用天然光节约能源：我国天然光资源丰富，全国天然光利用时数平均每天可达

10 个小时以上，可见天然光利用在我国有着巨大的潜力。奥运场馆在利用天然光方面从相关技术和设计方法上均取得了创新，主要表现在导光管系统、天然采光和膜结构三方面的利用，基于赛后的综合利用，除了体育赛事外，还要向社会开放，引入天然光，将会有效地节约能源。

在体育场馆建设中，实践绿色照明理念，取得高的社会经济效益是需要严格遵循的基本原则。

4.1.2 《体育场馆照明设计及检测标准》JGJ 153—2016

4.1.2.1 标准编制主要文件资料

1. 封面、公告、前言

本版标准的封面、公告及前言如图 4-19 所示。

UDC

中华人民共和国行业标准 JGJ

P JGJ 153－2016

备案号 J 684－2016

体育场馆照明设计及检测标准

Standard for lighting design and test of sports venues

2016－12－15 发布 2017－06－01 实施

中华人民共和国住房和城乡建设部 发布

中华人民共和国住房和城乡建设部

公 告

第 1390 号

住房城乡建设部关于发布行业标准《体育场馆照明设计及检测标准》的公告

现批准《体育场馆照明设计及检测标准》为行业标准，编号为 JGJ 153－2016，自 2017 年 6 月 1 日起实施。其中，第 4.4.11、4.4.12 条为强制性条文，必须严格执行。原《体育场馆照明设计及检测标准》JGJ 153－2007 同时废止。

本标准由我部标准定额研究所组织中国建筑工业出版社出版发行。

中华人民共和国住房和城乡建设部

2016 年 12 月 15 日

3

前 言

根据住房和城乡建设部《关于印发〈2014 年工程建设标准规范制订、修订计划〉的通知》（建标［2013］169 号）的要求，标准编制组经广泛调查研究，认真总结实践经验，参考有关国际标准和国外先进标准，并在广泛征求意见的基础上，修订了本标准。

本标准的主要技术内容是：1. 总则；2. 术语和符号；3. 基本规定；4. 照明标准；5. 照明光源与灯具；6. 灯具布置及设置要求；7. 照明节能；8. 照明配电与控制；9. 照明检测。

本标准修订的主要技术内容是：1. 按场馆类型调整了照明标准值表和部分照明标准值；2. 增加了冬季运动项目照明标准值；3. 增加了 LED 应用技术参数和要求；4. 补充修改了灯具布置方式、马道及灯杆设置要求；5. 增加了马道位置设置方法与设计参数；6. 增加了照明节能章节及照明功率密度限值；7. 补充完善了照明配电与控制要求；8. 调整了照明测点布置方法，增加了照明功率密度检测。

本标准中以黑体字标志的条文为强制性条文，必须严格执行。

本标准由住房和城乡建设部负责管理和对强制性条文的解释，由中国建筑科学研究院负责具体技术内容的解释。执行过程中如有意见或建议，请寄送中国建筑科学研究院（地址：北京市朝阳区北三环东路 30 号，邮编：100013）。

本标准主编单位：中国建筑科学研究院

深圳市建安（集团）股份有限公司

本标准参编单位：北京市建筑设计研究院有限公司

4

中国建筑设计院有限公司

华东建筑设计研究总院

中央电视台

悉地（北京）国际建筑设计顾问有限公司

华体集团有限公司

飞利浦照明（中国）投资有限公司

通用电气照明有限公司

索恩照明（广州）有限公司

北京希优照明设备有限公司

玛斯柯照明设备（上海）有限公司

上海亚明照明有限公司

东升集团上海光辉灯具有限公司

山西光宇半导体照明股份有限公司

东莞勤上光电股份有限公司

浙江大丰体育设备有限公司

北京信能阳光新能源科技有限公司

深圳市超频三科技股份有限公司

惠州雷士光电科技有限公司

深圳市海洋王照明工程有限公司

福建鸿博光电科技有限公司

本标准主要起草人员：赵建平 林若慈 吕继辉 汪猛 陈琪 黄春 沈育祥 王京池 李炳华 刘海鹏 罗涛 王书晓 姚梦明 朱悦 赵凯 蒋瑞国 杨波 李牧 范毅 许敏 胡凯 赵凤元 丰岳 张玉涛 刘卫红 熊飞 赵燕华 邱良杰 罗时睿

5

本标准主要审查人员：戴德慈 杨嘉丽 张文才 李国宾 陈晓民 杨兆杰 赵贵华 陈泽毅 李晓东 杨奇勇 朱景明 朱承翼 姜斌

6

图 4-19 本版标准封面等

2. 制修订计划文件

本版标准制修订计划文件如图 4-20 所示，根据建标［2013］169 号《住房城乡建设部关于印发＜2014 年工程建设标准规范制订修订计划＞的通知》，附件第 151 项为本标准。

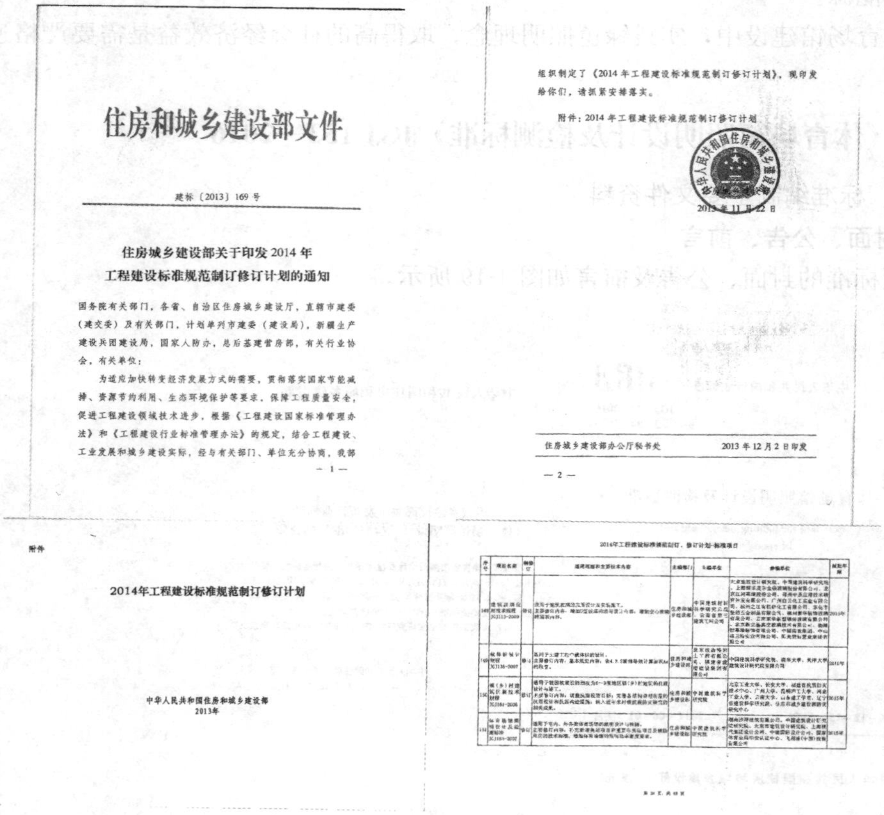
住房和城乡建设部文件

建标〔2013〕169号

住房城乡建设部关于印发2014年
工程建设标准规范制订修订计划的通知

国务院有关部门，各省、自治区住房城乡建设厅，直辖市建委（建交委）及有关部门，计划单列市建委（建设局），新疆生产建设兵团建设局，国家人防办，总后基建营房部，有关行业协会，有关单位：

为适应加快转变经济发展方式的需要，贯彻落实国家节能减排、资源节约利用、生态环境保护等要求，保障工程质量安全，促进工程建设领域技术进步，根据《工程建设国家标准管理办法》和《工程建设行业标准管理办法》的规定，结合工程建设、工业发展和城乡建设实际，经与有关部门、单位充分协商，我部

— 1 —

组织制定了《2014年工程建设标准规范制订修订计划》，现印发给你们，请抓紧安排落实。

附件：2014年工程建设标准规范制订修订计划

2013年11月22日

住房城乡建设部办公厅秘书处　　2013年12月2日印发

— 2 —

附件

2014年工程建设标准规范制订修订计划

中华人民共和国住房和城乡建设部
2013年

图 4-20　本版标准制修订计划文件

3. 编制组成立暨第一次工作会议

本版标准编制组成立暨第一次工作会议通知如图 4-21 所示。本次会议纪要如图 4-22 所示，包括出席会议人员名单和参编单位和编制组成员。下文为会议纪要全文。

工程建设行业标准《体育场馆照明设计及检测标准》
编制组启动暨第一次工作会议纪要

2014 年 5 月 5 日，工程建设行业标准《体育场馆照明设计及检测标准》修订编制组成立暨第一次工作会议在京顺利召开。住房和城乡建设部标准定额研究所与建筑环境与节能标准化技术委员会领导、主编单位中国建筑科学研究院环能院领导、编制组全体成员以及标准专家组成员共 39 人出席了会议（附件 1）。

编制组成立会议由住房和城乡建设部建筑环境与节能标准化技术委员会汤亚军工程师主持。

住房和城乡建设部标准定额研究所刘彬工程师和建筑环境与节能标准化技术委员会邹瑜秘书长分别作了讲话，对制订本标准的意义、原则等做了全面介绍，对本标准应纳入的技术内容提出了具体意见，并要求编制组保质保量按期完成标准编制工作。

标委会汤亚军工程师宣布了编制组成员名单（附件2）。

编制组的第一次工作会议由主编单位中国建筑科学研究院环能院赵建平副院长主持，并按预定程序完成了以下工作：

一、赵建平研究员代表编制组介绍了前期所做的工作、修订的技术内容、编制大纲和编制基本要求，并进行了总体进度安排和分工；

二、赵建平研究员作了关于显色指数研究的专题技术报告；

三、林若慈研究员作了关于照明功率密度研究的专题技术报告；

四、编制组专家和成员对标准章节和内容进行了讨论。

编制组对编制大纲和计划分工进行了调整，并对参编单位所提供的技术资料提出了具体要求，详见附件3。

最后，赵建平副院长代表主编单位，向参加会议的领导及参加编制的各单位代表再次表示感谢，并进一步强调了标准编制工作的重要性，要求各参编人自始至终参加编写工作，按时保质保量地完成各自负责的内容。

《体育场馆照明设计及检测标准》编制组

2014年5月8日

附件1：出席会议人员名单（略）

附件2：参编单位及编制组成员（略）

附件3：标准编制大纲和计划分工（略）

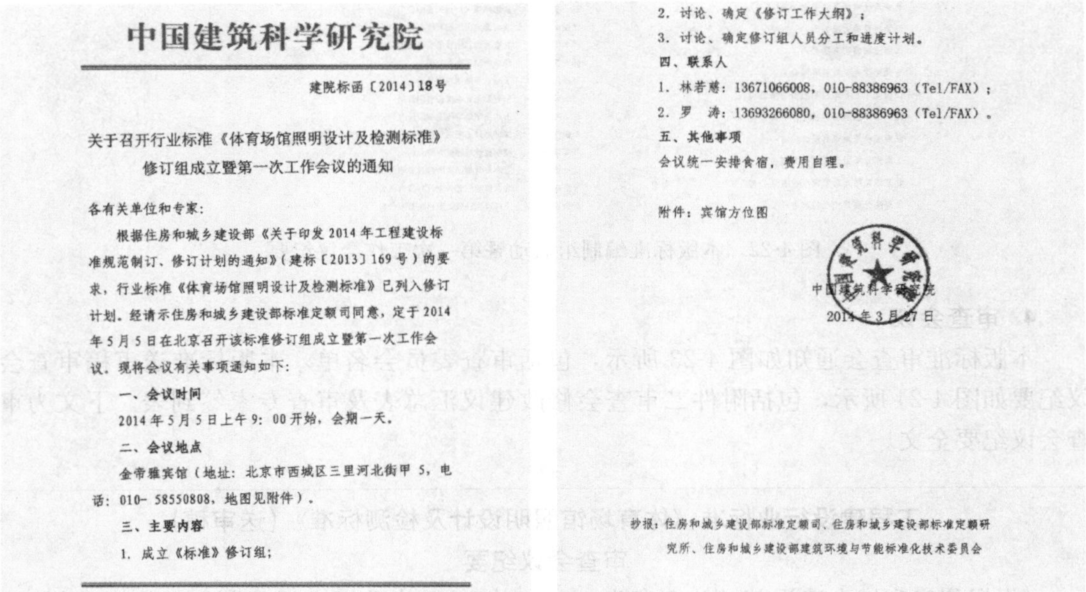

中国建筑科学研究院

建院标函〔2014〕18号

关于召开行业标准《体育场馆照明设计及检测标准》
修订组成立暨第一次工作会议的通知

各有关单位和专家：

根据住房和城乡建设部《关于印发2014年工程建设标准规范制订、修订计划的通知》（建标〔2013〕169号）的要求，行业标准《体育场馆照明设计及检测标准》已列入修订计划。经请示住房和城乡建设部标准定额司同意，定于2014年5月5日在北京召开该标准修订组成立暨第一次工作会议。现将会议有关事项通知如下：

一、会议时间

2014年5月5日上午9:00开始，会期一天。

二、会议地点

金帝雅宾馆（地址：北京市西城区三里河北街甲5，电话：010-58550808，地图见附件）。

三、主要内容

1. 成立《标准》修订组；

2. 讨论、确定《修订工作大纲》；

3. 讨论、确定修订组人员分工和进度计划。

四、联系人

1. 林若慈：13671066008，010-88386963（Tel/FAX）；

2. 罗 涛：13693266080，010-88386963（Tel/FAX）。

五、其他事项

会议统一安排食宿，费用自理。

附件：宾馆方位图

中国建筑科学研究院

2014年3月27日

抄报：住房和城乡建设部标准定额司、住房和城乡建设部标准定额研究所、住房和城乡建设部建筑环境与节能标准化技术委员会

图4-21 本版标准修订组成立暨第一次工作会议通知

工程建设行业标准《体育场馆照明设计及检测标准》
编制组启动暨第一次工作会议纪要

2014 年 5 月 5 日，工程建设行业标准《体育场馆照明设计及检测标准》修订编制组成立暨第一次工作会议在京顺利召开。住房与城乡建设部标准定额研究所与建筑环境与节能标准化技术委员会领导、主编单位中国建筑科学研究院环能院领导、编制组全体成员以及标准专家组成员共 39 人出席了会议（附件 1）。

编制组成立会议由住房和城乡建设部建筑环境与节能标准化技术委员会汤亚军工程师主持。

住房与城乡建设部标准定额研究所刘彬工程师和建筑环境与节能标准化技术委员会邹瑜秘书长分别作了讲话，对制订本标准的意义、原则等做了全面介绍，对本标准应纳入的技术内容提出了具体意见，并要求编制组保质保量按期完成标准编制工作。

标委会汤亚军工程师宣布了编制组成员名单（附件 2）。

编制组的第一次工作会议由主编单位中国建筑科学研究院环能院赵建平副院长主持，并按预定程序完成了以下工作：

一、赵建平研究员代表编制组介绍了前期所做的工作、修订的技术内容、编制大纲和编制基本要求，并进行了总体进度安排和分工；

二、赵建平研究员作了关于显色指数研究的专题技术报告；

三、林若慈研究员作了关于照明功率密度研究的专题技术报告；

四、编制组专家和成员对标准章节和内容进行了讨论。

编制组对编制大纲和计划分工进行了调整，并对参编单位所提供的技术资料提出了具体要求，详见附件 3。

最后，赵建平副院长代表主编单位，向参加会议的领导及参加编制的各单位代表再次表示感谢，并进一步强调了标准编制工作的重要性，要求各参编人自始至终参加编写工作，按时保质保量地完成各自负责的内容。

《体育场馆照明设计及检测标准》编制组

2014 年 5 月 8 日

附件一：出席会议人员名单

附件二：参编单位及编制组成员

附件三：标准编制大纲和计划分工

附件一　出席会议人员名单

住房与城乡建设部标准定额研究所	刘彬
住房与城乡建设部建筑环境与节能标准化技术委员会	邹瑜 汤亚军
中国建筑设计研究院	张文才
上海现代设计集团	李国宾
北京市建筑设计研究院	陈晓民
国家体育总局	杨兆杰
中国建筑科学研究院	赵建平
中国建筑科学研究院	林若慈
深圳市建安（集团）股份有限公司	吕继辉
中国建筑设计研究院	陈琪
北京市建筑设计研究院	汪猛 黄春
上海现代设计集团	沈育祥
中央电视台	王京池
国家体育总局	刘海鹏
中国建筑科学研究院	罗涛 王书晓 赵燕华
飞利浦（中国）投资有限公司	姚梦明 朱悦
通用电气（中国）有限公司	李牧
索恩照明（广州）有限公司	赵凯 姜宏达
欧司朗佛山照明有限公司	张俊斌
北京希优照明设备有限公司	蒋瑞国 张佳利
玛斯柯照明有限公司	杨波

	钱沛霖
上海亚明照明有限公司	赵风元 江建国
东莞勤上光电股份有限公司	刘艳 单峰
山西光宇半导体照明股份有限公司	许敏
深圳海洋王照明科技股份有限公司	郭洪英
湖南省沙坪建筑有限公司	刘高强
北京信能阳光新能源科技有限公司	张玉涛 邢雅丽
上海隆光曌景光电科技有限公司	谢金崇

附件二　参编单位和编制组成员

主编单位：中国建筑科学研究院

参编单位：（排名不分先后）

深圳市建安（集团）股份有限公司
中国建筑设计研究院
北京市建筑设计研究院
上海现代设计集团
中央电视台
国家体育总局
飞利浦（中国）投资有限公司
通用电气（中国）有限公司
索恩照明（广州）有限公司
欧司朗佛山照明有限公司
北京希优照明设备有限公司
玛斯柯照明有限公司
上海亚明照明有限公司
东莞勤上光电股份有限公司
山西光宇半导体照明股份有限公司
深圳海洋王照明科技股份有限公司
湖南省沙坪建筑有限公司
上海东升集团光辉灯具有限公司
北京信能阳光新能源科技有限公司
上海隆光曌景光电科技有限公司

参编人员：（排名不分先后）

赵建平	中国建筑科学研究院
林若慈	中国建筑科学研究院
吕继辉	深圳市建安（集团）股份有限公司
陈　琪	北京市建筑设计研究院
汪　猛	北京市建筑设计研究院
黄　春	北京市建筑设计研究院
沈育祥	上海现代设计集团
王京池	中央电视台
刘海鹏	国家体育总局
罗　涛	中国建筑科学研究院
王书晓	中国建筑科学研究院
赵燕华	中国建筑科学研究院
姚梦明	飞利浦（中国）投资有限公司
朱　悦	飞利浦（中国）投资有限公司
李　牧	通用电气（中国）有限公司
赵　凯	索恩照明（广州）有限公司
张俊斌	欧司朗佛山照明有限公司
蒋瑞国	北京希优照明设备有限公司
杨　波	玛斯柯照明有限公司
赵风元	上海亚明照明有限公司
刁宏云	东莞勤上光电股份有限公司
许　敏	山西光宇半导体照明股份有限公司
刘振锋	深圳海洋王照明科技股份有限公司
刘高强	湖南省沙坪建筑有限公司
范　毅	上海东升集团光辉灯具有限公司
邢雅丽	北京信能阳光新能源科技有限公司
谢金崇	上海隆光曌景光电科技有限公司

图 4-22　本版标准编制组启动暨第一次工作会议纪要

4. 审查会议

本版标准审查会通知如图 4-23 所示，包括审查委员会名单。本版标准送审稿审查会议纪要如图 4-24 所示，包括附件二审查会修改建议汇总表及审查专家签到表。下文为审查会议纪要全文。

工程建设行业标准《体育场馆照明设计及检测标准》（送审稿）
审查会议纪要

根据住房和城乡建设部《关于印发＜2014 年工程建设标准规范制订、修订计划＞

的通知》(建标[2013]169号)的要求,由中国建筑科学研究院会同有关单位修订完成的行业标准《体育场馆照明设计及检测标准》(以下简称《标准》)的送审稿审查会议于2015年11月17日在北京召开。

会议由住房和城乡建设部建筑环境与节能标准化技术委员会主持,住房和城乡建设部标准定额司、住房和城乡建设部标准定额研究所等有关领导出席了会议,并对《标准》的审查工作提出了具体要求。会议成立了以戴德慈研究员为主任委员,杨嘉丽副司长和张文才教授级高工为副主任委员的审查专家委员会(名单见附件一)。编制组成员参加了会议。

赵建平研究员代表编制组汇报了《标准》的修订过程、主要工作和重点技术内容。审查专家委员会对《标准》送审稿进行了逐条讨论和审查,形成审查意见如下:

1.《标准》送审稿资料齐全,内容完整,结构合理,条理清晰,符合审查要求。

2.编制组在借鉴国际和国外先进标准和国内外大量体育场馆的实测调查工作的基础上,结合实际应用需求和技术发展趋势,开展了多项专题研究,在体育场馆照明功率密度限值指标,马道位置设置方法与设计参数及光源显色指数 R_a、R_9 的标准值等方面均取得创新性成果,并首次提出了LED应用于体育场馆的性能指标和功率密度限值要求,补充了冬季运动项目的照明标准值和设计要求。

3.同意《标准》中的4.4.11和4.4.12作为强制性条文维持不变,并报送强制性条文咨询委员会进行审查。

4.《标准》技术内容全面,指标依据充分,符合我国国情和实际应用需要。本《标准》的实施将有助于提高体育照明质量和创造良好的光环境,在节约能源、保护环境等方面有着显著的经济和社会效益。

5.《标准》具有科学性、先进性和可操作性,总体上达到了国际先进水平。

专家审查组一致同意通过《体育场馆照明设计及检测标准》(送审稿)标准的审查,并提出以下主要修改意见:

(1)删除第4.2.2、4.2.3、4.2.5条中涉及室外场地的标准,在4.3节中增加一条相应要求;

(2)删除第6.3.3条中涉及室外场地的灯具布置要求,在6.2节中增加一条相应要求;

(3)删除第6.5.3条;

(4)附录C的标题改为“马道位置设置方法与设计参数”。

审查委员一致同意通过《标准》审查,建议编制组按照审查会提出的意见和建议进行修改,尽快形成报批稿上报,更好地指导各级体育场馆照明的设计、施工及验收,促进体育事业的发展。

审查会修改建议汇总表见附件二。

2015年11月17日

住房和城乡建设部 建筑环境与节能标准化技术委员会

建环标函[2015]31号

关于召开工程建设行业标准

《体育场馆照明设计及检测标准》（送审稿）审查会的通知

各有关单位和专家：

根据住房和城乡建设部《关于印发〈2014年工程建设标准规范制订、修订计划〉的通知》（建标[2013]169号）的要求，由中国建筑科学研究院主编的工程建设行业标准《体育场馆照明设计及检测标准》在广泛征求意见的基础上已完成送审稿。经研究，兹定于2015年11月17日在北京召开标准送审稿审查会议。现将会议有关事项通知如下：

一、会议时间：2015年11月17日，9：00~17：00

二、会议地点：中国建筑科学研究院（北京市北三环东路30号）

建筑环境与节能研究院节能示范楼第一会议室

三、联系人：罗涛　13693266080，010-88386963（Tel/Fax）

四、其它：参编单位差旅费自理。

二〇一五年十月三十日

附件：审查委员会专家名单

抄报：住房和城乡建设部标准定额司

住房和城乡建设部标准定额研究所

中国建筑科学研究院

《体育场馆照明设计及检测》审查委员

审查委员名单

审查专家签到表

图4-23　关于召开工程建设行业标准《体育场馆照明设计及检测标准》（送审稿）审查会的通知

工程建设行业标准《体育场馆照明设计及检测标准》（送审稿）

审查会议纪要

根据住房和城乡建设部《关于印发2014年工程建设标准规范制订、修订计划的通知》（建标[2013]169号）的要求，由中国建筑科学研究院会同有关单位修订完成的行业标准《体育场馆照明设计及检测标准》（以下简称《标准》）的送审稿审查会议于2015年11月17日在北京召开。

会议由住房和城乡建设部建筑环境与节能标准化技术委员会主持，住房和城乡建设部标准定额司、住房和城乡建设部标准定额研究所等有关领导出席了会议，并对《标准》的审查工作提出了具体要求。会议成立了以戴德慈研究员为主任委员，杨嘉丽副司长和张文才教授级高工为副主任委员的审查专家委员会（名单见附件一）。编制组成员参加了会议。

赵建平研究员代表编制组汇报了《标准》的修订过程、主要工作和重点技术内容。审查专家委员会对《标准》送审稿进行了逐条讨论和审查，形成审查意见如下：

1、《标准》送审稿资料齐全，内容完整，结构合理，条理清晰，符合审查要求。

2、编制组在借鉴国际和国外先进标准和国内外大量体育场馆的实测调查工作的基础上，结合实际应用需求和技术发展趋势，开展了多项专题研究，在体育场馆照明功率密度限值指标，马道位置设置方法与设计参数及光源显色指数 R_a、R_9 的标准值等方面均取得创新性成果，并首次提出了LED应用于体育场馆的性能指标和功率密度限值要求，补充了冬季运动项目的照明标准值和设计要求。

3、《标准》技术内容全面，指标依据充分，符合我国国情和实际应用需要。本《标准》的实施将有助于提高体育照明质量和创造良好的光环境，在节约能源、保护环境等方面有着显著的经济和社会效益。

4、《标准》具有科学性、先进性和可操作性，总体上达到了国际先进水平。

1

专家审查组一致同意通过《体育场馆照明设计及检测标准》（送审稿）标准的审查，并提出以下主要修改意见：

（1）删除第4.2.2、4.2.3、4.2.5条中涉及室外场地的标准，在4.3节中增加一条相应要求；

（2）删除第6.3.3条中涉及室外场地的灯具布置要求，在6.2节中增加一条相应要求；

（3）删除第6.5.3条；

（4）附录C的标题改为"马道位置设置方法与设计参数"。

审查委员一致同意通过《标准》审查，建议编制组按照审查会提出的意见和建议进行修改，尽快形成报批稿上报，更好地指导各级体育场馆照明的设计、施工及验收，促进体育事业的发展。

审查会修改建议汇总表见附件二。

主任委员：

副主任委员：

2015年11月17日

2

附件二　审查会修改建议汇总表

（1）总则的1.0.2中明确照明检测也适用于既有体育场馆；

（2）修改2.1.7和2.1.8主摄像机和辅摄像机的术语；

（3）2.2.3和2.2.4调换顺序；

（4）表4.2.4中删除冰上舞蹈。

（5）删除第4.2.2、4.2.3、4.2.5条中涉及室外场地的标准，在　4.3节中增加相应要求；

（6）表4.2.12中删除单板滑雪，并在注中补充特殊区域的照明要求；

（7）在5.2.2的条文说明中补充地上嬉水池区域划分图；

（8）第6章的投射角统一改为瞄准角；

（9）第6章中的图建议统一格式；

（10）6.2.9改为赛道全程应设置照明；

（11）删除第6.3.3条中涉及室外场地的灯具布置要求，在　6.2节中增加相应要求；

（12）修改6.3.2的布灯图；

（13）6.4.4条改为不宜，Ⅴ级以下可适当降低；

（14）取消6.5.3条；

（15）第6.5.4条和第6.5.5条中的"照明高杆"改为"照明灯杆"　；

（16）附录C的标题改为"马道位置设置方法与设计参数　"。

图4-24　工程建设行业标准《体育场馆照明设计及检测标准》（送审稿）审查会议纪要

5. 报批报告

下文为本版标准报批报告全文。

中华人民共和国行业标准《体育场馆照明设计及检测标准》JGJ 153—××××报批报告

《体育场馆照明设计及检测标准》编制组

2015年12月

一、编制背景

《体育场馆照明设计及检测标准》JGJ 153—2007实施以来，在体育场馆建设方面起到极其重要的作用，特别是在2008年奥运场馆建设中发挥了重要作用。体育照明是属于功能性极强的照明，特别是奥运场馆，不但要满足运动员、裁判员、教练员等各类人员的需求，还要满足高清晰度电视转播的要求。BOB（北京奥林匹克转播有限公司）从电视转播的角度对每一个奥运场馆的照明均提出了非常具体的要求，本标准的主要技术内容与其一致，并且起到了互为补充和相互完善的作用，为奥运赛事的照明提供了重要技术支持。

在2008年奥运场馆建设之后，依据该项标准又完成了2010年广州亚运会、2011深圳大运会、2013沈阳全运会、2014年南京青奥会及各地的省运会等重要场馆的设计、检测和验收工作。通过对这些场馆设计、检测和调试，积累了许多宝贵经验和大量资料，为本次修订《体育场馆照明设计及检测标准》提供了重要参考依据。

随着照明新产品LED的出现、照明节能政策的大力推进以及冬季运动会项目亟待补充和完善，体育场馆照明标准需要修订的内容较多，目标也很明确，即最终要把当前成熟的新产品和新技术引入到标准中去，使标准能真正起到指导和规范体育场馆照明的作用。

二、任务来源及编制过程

本标准的修订任务由住房和城乡建设部《关于印发〈2014年工程建设标准规范制订、修订计划〉的通知》（建标［2013］169号）下达，由主编单位中国建筑科学研究院和副主编单位深圳市建安（集团）股份有限公司会同21个参编单位在原标准《体育场馆照明设计及检测标准》JGJ 153—2007的基础上修订完成。

1. 准备阶段

通过对现行标准实施情况的调查，在收集和分析国内外有关体育照明标准的基础上，并通过征求设计单位、场馆使用部门以及体育专业人员的意见，结合当前体育照明的发展现状和应用需求，制定了标准的内容及章、节组成。

1.1 组成编制组

按照参加编制标准的条件，通过和有关单位协商，落实标准的参编单位及参编人员。编制组成员单位包括设计院、体育行业、照明产品生产企业、电视转播机构以及各大照明设计公司等。

1.2 制定工作大纲

编制组在学习了标准编制规定及工程建设标准化文件，以及收集、分析、研究了国内外有关体育照明标准的基础上，最终确定了标准的内容及各章节名称，同时确定了重点调查场馆和研究课题。

2. 编制组工作会议

2.1 第一次编制组会议

编制组于2014年4月22日在北京召开了编制组启动会暨第一次工作会。会议上宣布编制组正式成立并确定了标准修订的主要技术内容和新增章、节。编制组成员对标准章、节的构成及标准中需重点解决的技术问题进行了认真的讨论，并对标准编制大纲提出了具体的修改意见。会上，经商讨后，各编制单位也明确了各自的任务及分工。

编制组按计划开展了大量现场调查和科学实验工作。调研数据一方面来源于中国建筑科学研究院建工质检中心多年来对全国数百个体育场馆进行的现场照明检测（包括奥运会、亚运会、大运会和历届全运会全部场馆以及大量其他体育场馆的照明检测），另一方面来源于《体育照明设计及检测标准》编制组各成员单位及照明公司在国内外体育照明设计项目中积累的宝贵数据资料。

编制组对全国重要体育场馆现场实测数据进行了统计，整理了300多个比赛场馆（包括大量Ⅴ或Ⅵ级别的高级比赛场馆）以及来自各照明设计单位提供的国内外重大体育场馆的照明设计数据。编制组收集到的比赛场馆和训练场馆等场馆数据共计1000多例，其中以室外体育场、综合体育馆、网球馆、游泳馆居多。在去除如项目内容不全或检测数据不能达到标准要求等无法使用的数据后，能够参与统计分析的体育场馆数量共计900多个。实测调查的内容包括照明方式、灯具安装高度、照明功率、照度、照度均匀度、照度比率、显色指数、色温、眩光等。实测调查结果对修订《体育场馆照明设计及检测标准》JGJ 153规定的照明指标和确定合理的照明功率密度值均提供了重要参考依据。

除现场调查外，编制组进行的研究课题也都取得了初步成果，依据现场实测调查和阶段性实验研究完成了标准讨论稿。

2.2 第二次编制组工作会议（形成标准初稿）

编制组于2014年11月15日在北京召开了第二次工作会议，专家组和编制组成员全部出席了会议。重点对已起草的标准讨论稿的章、节内容进行深入细致的讨论，对标准提出了具体的修改意见和建议，完成了标准讨论稿。

编制组利用取得的各项专题研究成果，对标准中所规定的技术指标进行论证，同时完成了研究成果报告。主要包括以下几项工作：

（1）专题研究工作

在标准的修订过程中，根据实际应用需求以及为了能够尽快采用照明中的新产品、新技术，针对标准需要补充完善和新增加的技术内容，重点开展了专题研究。研究项目包括：1）体育场馆照明节能技术的研究（院标准应用课题）；2）半导体照明产品在体育训练场馆的应用研究（国家体育总局训练局课题）；3）光源显色性对电视图像色彩还原的影响；4）体育场馆照明灯具位置和配光对照明指标的影响；5）体育场馆照明节能模拟计算分析，得出灯具安装高度和照明功率密度的关系。此外，还完成了体育场馆照明实测调查分析研究报告。

（2）测试验证工作

伴随着照明技术的快速发展，照明产品的各项性能指标均有很大提高，标准需作相应调整。该项工作包括：1）对体育场馆用照明产品的检测，主要是对金属卤化物灯和LED灯具各项性能指标的检测；2）对体育场馆照明工程进行检测，检验照明产品在使用过程中的光衰、色漂移、照明安装功率等。

2.3 第三次编制组工作会议（形成征求意见稿）

2015年5月15～16日编制组在深圳召开了第三次工作会议。会上编制组对标准讨论稿进行了逐条讨论，且大部分内容已在会上取得了一致性意见。编制组最终确定了需要修改和补充的条款的内容，为即将完成的征求意见稿奠定了基础。

讨论稿经过反复修改后，于2015年7月完成了征求意见稿和条文说明的编写工作，并于2015年7月17日发至上级主管部门并在网上公开征求意见，与此同时，还以电子邮件的形式向部分单位和个人征求意见。截至2015年9月初编制组共收到25件回函及286条修改意见。

编制组对征求意见的回函进行了逐条的归纳整理，并在分析研究所提出意见的基础上提出了处理意见，编写了意见汇总表。编制组根据反馈意见逐条修改并形成送审稿初稿。

2.4 第四次编制组工作会议（形成送审稿）

编制组于2015年10月23日在北京召开了第四次编制组全体扩大会议，对标准送审初稿逐条进行了讨论，使标准更进一步的补充完善。会上一致同意取消“辅助用房照明标准值”一节。会后编制组根据会上所提意见，经过反复推敲、进行了认真修改。

编制组在整个标准编制过程中共召开四次编制组全体会议，20余次专题讨论会，经历了标准初稿、讨论稿、征求意见稿、送审初稿阶段，最后于2015年10月30日正式完成标准送审稿。

3. 审查阶段

编制组于2015年11月17日在北京召开了《体育场馆照明设计及检测标准》（送审稿）审查会议，会议由住房和城乡建设部建筑环境与节能标准化技术委员会秘书主持，住房和城乡建设部标准定额司、住房和城乡建设部标准定额研究所等有关领导出席了会议，并对《标准》的审查工作提出了具体要求。会议成立了以戴德慈研究员为主任委员，杨嘉丽高级工程师和张文才教授级高工为副主任委员的审查专家委员会。有来自设计院、科研院所、生产企业、体育部门、电视转播机构以及业主代表等的专家及编制组成员共50人参加了会议。在赵建平研究员代表编制组汇报了《标准》的修订过程、主要工作和重点技术内容后，审查专家委员会对《标准》（送审稿）进行了逐条讨论和审查，并一致通过了对《体育场馆照明设计及检测标准》（送审稿）的审查。审查意见为：

（1）编制组在借鉴国际和国外先进标准和国内外大量体育场馆的实测调查工作的基础上，结合实际应用需求和技术发展趋势，开展了多项专题研究，在体育场馆照明功率密度限值指标，马道位置设置方法与设计参数及光源显色指数 R_a、R_9 的标准值等方面均取得创新性成果，并首次提出了LED应用于体育场馆的性能指标和功率密度限值要求，补充了冬季运动项目的照明标准值和设计要求。

（2）《标准》技术内容全面，指标依据充分，符合我国国情和实际应用需要。本《标准》的实施将有助于提高体育照明质量和创造良好的光环境，在节约能源、保护环境等方面有着显著的经济和社会效益。

（3）《标准》具有科学性、先进性和可操作性，总体上达到了国际先进水平。建议编制组按照审查会提出的意见和建议进行修改，尽快形成报批稿上报，更好地指导各级体育场馆照明的设计、施工及验收，促进体育事业的发展。

会后，编制组对审查专家提出的意见逐条进行了认真讨论和修改，特别是对其中的冰雪项目再次召开了小型讨论会，进一步确认各运动项目的名称、场地尺寸及照明设置方法等问题，并形成一致意见。在编制组成员的共同努力下，于 2015 年 12 月完成了《体育照明设计及检测标准》的报批稿。

三、采用国际标准和国外先进标准的情况

1. 国内标准

《建筑照明设计标准》GB 50034—2013

《体育建筑设计规范》JGJ 31—2003

《体育建筑电气设计规范》JGJ 354—2014

2. 国外标准

《Guide to the artificial lighting of indoor and outdoor sports venues》

《Guide to the artificial lighting of football indoor sports venues》FIFA2002

《FOOTBALL STADIUMS》FIFA2011

《Practical design guidelines for the lighting of sport events for colour television and filming》CIE169：2005

四、标准修订的基本原则

本标准修订过程中遵循以下基本原则：

（1）体育照明标准尽量与国际标准接轨，以满足各种国际赛事的要求，国际标准有国际照明委员会（CIE），国际各体育组织（如 GAISF、FIFA、IAAF）及电视广播机构（如 OBS、BOB）等相关标准。

（2）结合实测调查修订本标准，使标准更加实用，共实测调查了近 1000 个场馆，取得了宝贵资料。

（3）有针对性地开展科学研究，解决标准中的技术难点，并将新的技术引入标准，其中，马道位置设置方法与设计参数及光源显色指数 R_a、R_9 的标准值等方面均取得创新性的成果。

（4）为适应实际需求，增加了冬季运动项目的各项技术要求。

（5）为了实施照明节能，在专题研究的基础上，制定了体育场馆照明功率密度限值指标。

（6）LED 照明是新一代光源，通过实验研究和示范工程取得了大量基础数据，首次提出应用于体育场馆的性能指标和功率密度限值要求。

五、主要内容及修订内容

（一）主要内容

本标准适用于新建、扩建和改建体育场馆的照明设计及检测，并充分考虑场馆赛时和赛后的综合利用和运营。本标准包括 9 章和 3 个附录。

1　总则

2　术语和符号

2.1　术语；2.2　符号

3　基本规定

4　照明标准

4.1　一般规定；4.2　室内场地照明标准值；4.3　室外场地照明标准值；4.4　相关规定

5　照明光源与灯具

5.1　光源；5.2　灯具及附件

6　灯具布置及设置要求

6.1　一般规定；6.2　体育场灯具布置；6.3　体育馆灯具布置；6.4　马道设置要求；6.5　灯杆设置要求

7　照明节能

7.1　一般规定；7.2　照明节能措施；7.3　场地照明功率密度限值

8　照明配电与控制

8.1　照明配电；8.2　照明控制

9　照明检测

9.1　一般规定；9.2　照度测量；9.3　眩光测量；9.4　现场显色指数和色温测量；9.5　照明功率密度测量；9.6　检测报告

附录 A　照度计算和测量网格及摄像机位置

附录 B　眩光计算

附录 C　马道位置方法与设计参数

本标准用词说明

引用标准名录

（二）修订内容

与原标准相比在内容上主要有以下变化：

（1）按场馆类型调整了照明标准值表和部分照明标准值。

（2）增加了冬季运动项目照明标准值。

（3）增加了 LED 应用技术参数和要求。

（4）补充修改了灯具布置方式、马道及灯杆设置要求。

（5）增加了马道位置设置方法与设计参数。

（6）增加了照明节能章节及照明功率密度限值。

（7）补充和完善了照明配电与控制。

（8）调整了照明测点布置方法，增加了照明功率密度检测。

对新增内容的说明如下：

（1）标准中补充完善了新增项目的照明标准值，如沙滩排球、高尔夫球、橄榄球及冬季运动项目滑冰、滑雪等的照明标准值，使得本标准的应用范围更广。

（2）制定体育场馆的照明率密度值。在我国《建筑照明设计标准》、《城市道路照明标准》和《城市夜景明设计规范》中对办公建筑、商业建筑、交通建筑、工业建筑以及道路等均规定了照明功率密度值。只有体育场馆的照明功率密度未作出规定，而恰恰体育场馆的场地照明照度高达 2000lx，一般都采用 1000W/2000W 高压气体放电灯，照明用电量大，有较大的节能潜力。但由于场地建筑结构的复杂性、竞赛项目的多样化以及体育比赛对照明的高要求，确定其照明功率密度具有一定的难度，此类建筑的照明功率密度限值在国内外相关技术文件和要求中均未作出具体规定，本研究确定体育场馆的照明功率密度值对照明节能具有重要意义。

(3) 确定体育场馆马道（灯具安装位置）的最佳位置。相关调查表明，由于建筑结构的不同，相同场地，达到同一照度时，照明功率密度也可相差几倍，这其中很重要的原因之一就是马道位置设置不合理。通过对体育场馆马道位置的研究，提出马道的正确设置方法，进一步规范马道的设计准则，力求建筑师在进行体育场馆建筑设计时能充分兼顾照明专业对马道的要求。

(4) 对光源显色指数 R_a 和 R_9 的规定。光源显色指数是评价照明质量的重要指标，也是影响电视转播质量的重要因素，特别是将 LED 照明产品用于体育场馆时，显色指数尤其重要。

(5) 推进 LED 照明产品在体育场馆照明中的应用。LED 照明以其耗电量小、色品质可调、控制灵活、能瞬时点燃等独有特点，更适合用于体育照明。由于体育场馆要兼顾比赛和电视转播，所以对照明的要求很高，在编制本标准的同时还要对它的眩光、频闪等问题作进一步深入探讨。随着 LED 照明应用的快速发展，LED 在体育场馆照明中的应用也引起越来越多人的关注。到目前为止，国内外已有一批新建和改建的体育场馆采用了 LED 照明，特别是训练场馆，预期到 2022 年冬奥会时将会有更多的体育场馆采用 LED 照明。

(三) 主要技术成果

在标准修订过程中完成的主要技术成果有：

(1) 体育场馆照明节能技术的研究（院标准应用课题），填补标准中缺少照明功率密度的空白。

(2) 半导体照明产品在体育训练场馆的应用研究（国家体育总局训练局课题），推进 LED 在体育场馆照明中的应用。

(3) 光源显色性对电视图像色彩还原的影响，解决光源显色指数 R_a 和 R_9 在标准中的准确定量。

(4) 体育场馆照明灯具位置和配光对照明指标的影响，指导照明设计及合理选择灯具。

(5) 体育场馆照明节能模拟计算分析，得出了灯具安装高度和照明功率密度的关系。

(6) 体育场馆照明实测调查分析研究报告。

六、本标准的特点

(1) 本标准技术内容全面，除照明标准值以外，还包括照明设计的内容，如灯具布置方式、马道和灯杆的设置要求等，此外还包括照明检测的内容，系统性强，使用方便。

(2) 本标准适用于室内外各类体育场馆，涵盖了当前国内、国际所有通用项目的技术指标。使用功能上包含了各个等级，从大众健身到重大国家国际比赛，均可使用本标准。

(3) 考虑到了与相关规范的衔接，如照明的配电与控制以及照明马道的设置。

(4) 制定了体育场馆的照明功率密度限值，有利于照明节能，也填补了国内外体育场馆的照明功率密度限值的空白。

（5）推进 LED 照明产品在体育场馆照明中的应用，在本标准中制定了 LED 照明应用技术参数和要求。

（6）本标准适用于照明设计、照明检测、照明管理、赛事组织及电视转播机构等各类人员。

七、审查意见处理情况

2015 年 11 月 17 日审查会议中，审查专家通过认真评议，共提出了 16 条修改意见。会后主编单位组织部分编制组成员对修改意见进行了逐条讨论和修改，相应对条文说明也进行了修改，编制组对审查专家提出的修改意见予以全部采纳，最终形成了标准报批稿。汇总后的审查意见详见《体育场馆照明及检测标准》审查意见汇总表。

八、标准实施后的效益

本标准制定的照明标准值、马道位置设置方法与计算参数以及照明功率密度值科学依据充分，将为体育场馆合理设置马道、积极采用新的 LED 照明光源、改善体育场馆的照明质量和实施照明节能提供技术保障。

在保证体育赛事正常进行的同时，实施以上技术措施后，可实现体育场馆照明节能 30%以上，另外在提高电视转播质量，促进体育事业的发展，创造良好的光环境，节约能源，保护环境方面有着显著的经济和社会效益。

九、与相关标准的协调情况

本标准与相关的照明、灯具、建筑、电气、结构等国家和行业标准进行了协调，基本上做到相互一致，对个别不一致的地方进行了充分的论证。

十、存在的主要问题和以后主要工作

照明技术发展迅速，LED 照明的发展及应用之快更是超出人们的预期，加上我国举办的国际体育赛事越来越多，所以标准也需要及时地更新和完善。

本标准既适用于管理者，也适用于设计者和使用者。标准条文技术性强，在发布后需加大对标准的宣贯力度，并监督执行标准。

6. 本版标准影像资料

本版标准历次工作会议照片如图 4-26～图 4-29 所示。

图 4-25 编制组成立暨第一次工作会议

图 4-26 第三次工作会议

图 4-27 第四次工作会议

图 4-28 审查会

4.1.2.2 标准内容简介

本标准共分九章，主要内容包括：总则、术语和符号、基本规定、照明标准、照明光源与灯具、灯具布置及设置要求、照明节能、照明配电与控制及照明检测。另外还有三个附录：照度计算和测量网格及摄像机位置，眩光计算，马道位置设置方法与设计参数。本标准修订的主要内容：(1) 按场馆类型调整了照明标准值表和部分照明标准值；(2) 增加了冬季运动项目照明标准值；(3) 增加了 LED 应用技术参数和要求；(4) 补充修改了灯具布置方式、马道及灯杆设置要求；(5) 增加了马道位置设置方法与设计参数；(6) 增加了照明节能章节及照明功率密度限值；(7) 补充完善了照明配电与控制要求；(8) 调整了照明测点布置方法，增加了照明功率密度检测。

4.1.2.3 重要条款、重要指标

1. 体育场馆使用功能分级

使用功能分级保留原标准中的 6 个等级，将其中的 TV 应急取消，放在相关规定中。相对于标准中的体育场馆使用功能分级表，在条文说明中给出了对有电视转播要求的各等级的体育赛事功能分类表。

2. 照明标准值

场馆分类：按场馆类型分共有 21 类体育场馆，包括体育馆、游泳馆（场）、网球馆（场）、滑冰馆、自行车馆（场）、射击馆、体育场、专用足球场、曲棍球场、棒球垒球场、橄榄球场、沙滩排球场、射箭场、马术场、高尔夫球场、自由式滑雪场、单板滑雪场、高山滑雪场、跳台滑雪场、冬季两项射击场、雪车（橇）场。

新增项目：本标准共包括50个大项的体育运动项目。其中高尔夫和冬奥会项目冰壶、自由式滑雪、高山滑雪、跳台滑雪、雪车（橇）、冬季两项射击为新增加的项目。

调整和修订照明标准值：1）将原标准按运动项目规定的照明标准值表改为按场馆类型下运动项目的照明标准值表，并对不同运动项目的相同照明标准值进行了归类。2）规定对有电视转播的羽毛球、网球决赛、半决赛的总赛区照度水平宜按主赛区要求取值。3）将室外体育场等场地第Ⅴ等级的显色指数 R_a 由90降低到80，与室内场所取同一值。4）对LED的显色指数 R_9 进行了规定：$R_a \geqslant 90$，$R_9 \geqslant 20$；$R_a \geqslant 80$，$R_9 \geqslant 0$；$R_a \geqslant 65$ 时，R_9 不作规定。5）规定有电视转播时平均水平照度宜为平均垂直照度的比值：体育场0.75～1.8，体育馆1.0～2.0。6）规定TV应急照明应用于国际和重大国际比赛时，其照度标准值宜为HDTV转播照明的50%，且不应低于750lx。7）规定有电视转播要求的观众席前12排和主席台的垂直照度不应低于场地总赛区垂直照度的20%。观众席的水平照度最低值不宜低于50lx。

增加了附属用房照明标准值表。

3. 照明设备及附件要求

光源：1）灯具安装高度较高的体育场馆，光源宜采用金属卤化物灯，亦可采用LED灯；顶棚较低、面积较小的室内体育馆，宜采用直管荧光灯、小功率的金属卤化物灯和LED灯；2）光源功率应与比赛场地大小、安装位置及高度相适应；3）应急照明应采用LED灯等能快速点燃的光源；4）光源应能稳定点燃，具有良好的光电特性，使用寿命应满足相关标准要求；5）光源色温不应大于6000K；6）当选用LED灯时，其色度应满足下列要求：选用同类光源的色容差不应大于5SDCM；在寿命期内LED灯的色品坐标与初始值的偏差在国家标准《均匀色空间和色差公式》GB/T 7921—2008规定的CIE 1976均匀色度标尺图中，不应超过0.007；LED灯具在不同方向上的色品坐标与其加权平均值偏差在国家标准《均匀色空间和色差公式》GB/T 7921—2008规定的CIE 1976均匀色度标尺图中，不应超过0.004。

灯具及附件要求：1）灯具效率或效能不应低于表4-9～表4-12的规定；2）体育场馆灯具宜具有多种配光形式，可按表4-13进行分类。

高强度气体放电灯灯具效率（%） **表4-9**

灯具出光口形式	格栅或透光罩	开敞式
灯具效率	65	75

直管型荧光灯灯具效率（%） **表4-10**

灯具出光口形式	格栅	保护罩（玻璃或塑料）		开敞式
		棱镜	透明	
灯具效率	65	55	70	75

LED投光灯效能（lm/W） **表4-11**

色温	3500/3000K	4500/4000K	5700/5000K
灯具效能	80	85	90

LED 高天棚灯效能（lm/W） **表 4-12**

色温	3500/3000K	4500/4000K	5700/5000K
灯具效能	85	90	95

投光灯灯具分类 **表 4-13**

光束分类	光束张角范围（°）	投射距离（m）
窄光束	10～18	＞75
	18～29	65～75
	29～46	55～65
中光束	46～70	45～55
	70～100	35～45
宽光束	100～130	25～35
	130 以上	＜25

4. 照明设计

体育场灯具布置：1）体育场灯具宜采用下列布置方式：两侧布置、四角布置、混合布置；2）足球场两侧布置方式：无电视转播时，采用场地两侧布置方式时，灯具不宜布置在球门中心点沿底线两侧 10°的范围内，灯具高度宜满足灯具到场地中心线的垂直连线与场地平面之间的夹角 φ 不宜小于 25°；有电视转播时，采用场地两侧布置方式时，灯具不应布置在球门中心点沿底线两侧 15°的范围内（如图 4-29 所示），灯具高度宜满足灯具到场地中心线的垂直连线与场地平面之间的夹角 φ 不宜小于 25°；3）足球场四角布置方式：无电视转播时，灯杆底部到底线中点的连线与底线之间的夹角不宜小于 10°，灯具高度宜满足灯拍中心到场地中心的连线与场地平面之间的夹角 φ 不宜小于 25°。有电视转播时，灯杆底部到底线中点的连线与底线之间的夹角不应小于 15°，灯具高度应满足灯拍最低一排灯具到场地中心的连线与场地平面之间的夹角 φ 不应小于 25°，如图 4-30 所示。

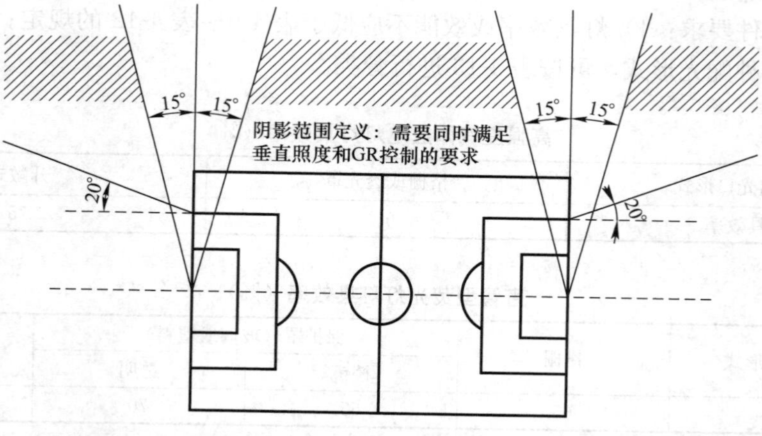

图 4-29 有电视转播时足球场两侧单排布置灯具位置

体育馆灯具布置：1）灯具宜采用下列布置方式：顶部布置、两侧布置、混合布置。2）两侧布置灯具位置不能对运动员的主视线方向造成影响，所有灯具投射角度应在 25°～65°之间，灯具布置位置应在边线延长线的底线外部留有足够位置。

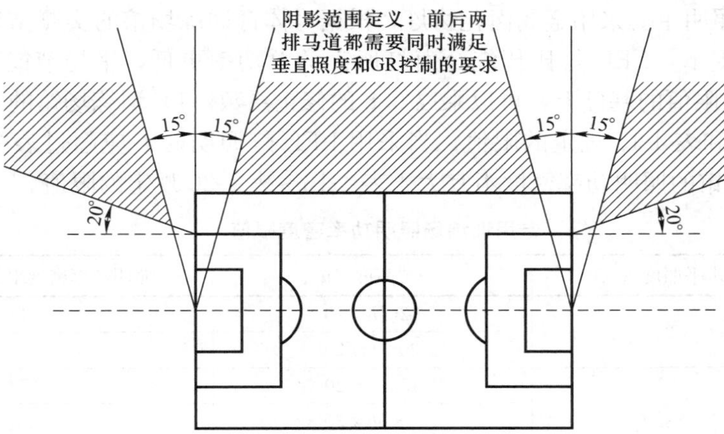

图 4-30 有电视转播时足球场两侧双排布置灯具位置

马道及设置要求：1）体育场馆马道的安全等级和使用年限应符合建筑结构设计的相关规定；2）体育场馆马道设置应符合照明设计要求，马道设置的数量、高度、形状和位置应满足照明设计指标的相关要求；3）马道净宽不宜小于 1m，净空高度不宜小于 1.5m，并应设置防护栏杆；4）对于Ⅴ级及以上体育场馆马道的照明荷载不应低于 250kg/m。

灯杆及设置要求：1）照明高杆的结构安全等级不应低于主体建筑的安全等级，且不应低于安全等级二级；2）照明高杆的设计使用年限不应少于 50 年；3）照明高杆的结构强度和刚度应符合国家相关设计规范的规定；4）照明高杆应符合下列规定：灯杆高度大于 20m 时宜采用电动升降装置进行维修；灯杆高度小于 20m 时宜采用爬梯进行维修，爬梯应装置护笼并按相关规范在相应高度上设置休息平台。

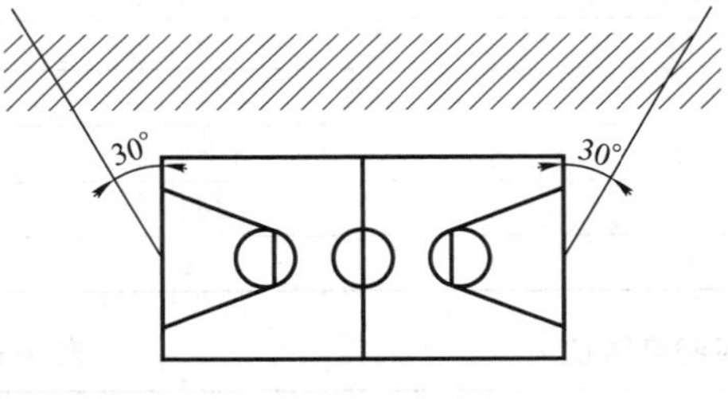

图 4-31 体育馆单马道布置灯具位置

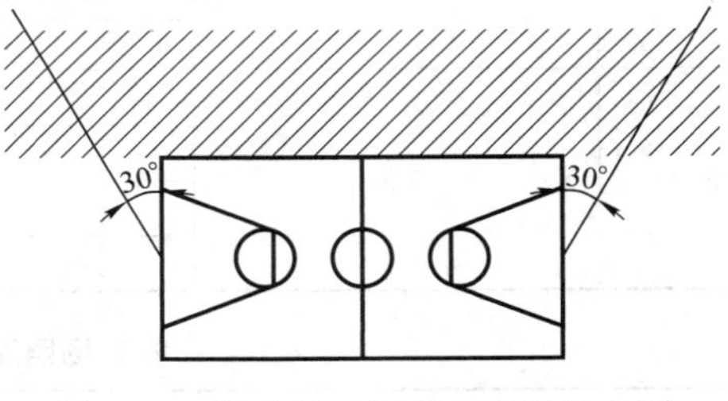

图 4-32 体育馆双马道布置灯具位置

5. 照明节能

照明节能措施：1）应选用高效节能的光源，以及与其相匹配的高效节能灯具及电器附件，并应符合相关能效标准的要求；2）气体放电光源无功功率补偿宜采用分散方式，荧光灯补偿后功率因数不应低于 0.9，高强气体放电灯不应低于 0.85；发光二极管（LED）灯的功率因数不应低于 0.9；3）走廊、楼梯间、卫生间及地下车库宜采用配有感应式自动控制的 LED 灯；4）训练场馆场地照明宜选用适宜色温、经防眩光设计的 LED 灯；5）应根据不同使用功能合理设置照明控制模式；6）应提高场地照明的光束利用率，控制场地照明的溢散光；7）当有条件时，应充分利用天然采光进行照明，并采取措施降低和避免天然光产生的高亮度及阴影对比赛场地造成强烈对比。

照明功率密度：体育照明设计场地的照明功率密度值应满足本标准规定的要求。此次拟制定主要场馆：体育场、专用足球场、体育馆、游泳馆、网球馆的照明功率密度值。目前体育场馆场地照明主要采用金属卤化物灯，根据对体育训练场馆的实测结果，在满足相同照度指标的前提下，LED 灯比传统金卤灯所需的总功率更低，平均节能率约为 40%。在传统照明 *LPD* 限值的基础上，可以乘以 0.8 的修正系数。1）训练场馆的照明功率密度不应大于表 4-14 和表 4-15 规定的限值，当采用 LED 灯照明时不应超过表中规定限值的 80%。2）比赛场馆的照明功率密度不宜大于表 4-16～表 4-20 规定的限值。

专用训练场照明功率密度限值　　表 4-14

等级	水平照度（lx）	安装高度（m）	照明功率密度限值（W/m²）
Ⅰ	200	12≤h<20	4
		20≤h≤30	7
Ⅱ	300	15≤h<20	7
		20≤h<30	11
		30≤h<35	14
Ⅲ	500	20≤h<25	18
		25≤h<35	21
		35≤h<40	23

专用训练馆照明功率密度限值　　表 4-15

等级	水平照度（lx）	安装高度（m）	照明功率密度限值（W/m²）
Ⅰ	300	5≤h<10	21
		10≤h<15	25
		15≤h<20	32
Ⅱ	500	5≤h<10	34
		10≤h<15	44
		15≤h<20	46
Ⅲ	750	5≤h<10	40
		10≤h<15	48
		15≤h<20	64
		20≤h<30	72

体育场照明功率密度限值　　表 4-16

项目	等级	安装高度（m）	照明功率密度限值（W/m²）	
			田径	足球
田径 足球	Ⅳ	30≤h<40	40	70
		40≤h<50	45	80
		50≤h<60	55	90
		60≤h<70	65	100
	Ⅴ	30≤h<40	55	90
		40≤h<50	65	100
		50≤h<60	75	120
		60≤h<70	90	140
	Ⅵ	30≤h<40	80	110
		40≤h<50	90	140
		50≤h<60	100	170
		60≤h<70	120	210

专用足球场照明功率密度限值　　表 4-17

项目	等级	安装高度（m）	照明功率密度限值（W/m²）
足球	Ⅳ	30≤h<40	70
		40≤h<50	80
		50≤h<60	90
	Ⅴ	30≤h<40	80
		40≤h<50	90
		50≤h<60	120
	Ⅵ	30≤h<40	100
		40≤h<50	120
		50≤h<60	150

体育馆照明功率密度限值　　表 4-18

项目	等级	安装高度（m）	照明功率密度限值（W/m²）	
			体操	篮排球
体操 篮排球	Ⅳ	12≤h<15	60	130
		15≤h<20	80	180
		20≤h<25	110	210
		25≤h<30	120	240
		30≤h<35	130	330
	Ⅴ	12≤h<15	90	150
		15≤h<20	110	240
		20≤h<25	140	310
		25≤h<30	160	340
		30≤h<35	180	440
	Ⅵ	12≤h<15	—	—
		15≤h<20	160	420
		20≤h<25	180	460
		25≤h<30	200	500
		30≤h<35	220	590

网球馆照明功率密度限值　　表 4-19

项目	等级	安装高度（m）	照明功率密度限值（W/m²）
网球	Ⅳ	12≤h<15	80
		15≤h<20	90
		20≤h<25	100
		25≤h<30	120
		30≤h<35	130
	Ⅴ	12≤h<15	120
		15≤h<20	130
		20≤h<25	140
		25≤h<30	160
		30≤h<35	180

续表

项目	等级	安装高度（m）	照明功率密度限值（W/m²）
网球	Ⅵ	$12 \leqslant h < 15$	140
		$15 \leqslant h < 20$	170
		$20 \leqslant h < 25$	210
		$25 \leqslant h < 30$	240
		$30 \leqslant h < 35$	270

游泳馆照明功率密度限值 **表 4-20**

项目	等级	安装高度（m）	照明功率密度限值（W/m²）
游泳	Ⅳ	$15 \leqslant h < 20$	90
		$20 \leqslant h < 25$	110
		$25 \leqslant h < 30$	150
	Ⅴ	$15 \leqslant h < 20$	130
		$20 \leqslant h < 25$	160
		$25 \leqslant h < 30$	200
	Ⅵ	$15 \leqslant h < 20$	180
		$20 \leqslant h < 25$	240
		$25 \leqslant h < 30$	290

6. 照明配电与控制

根据实际使用情况及 LED 中体育场馆的应用对相应条款进行了调整。

7. 照明检测

依据大量体育场馆的现场检测经验对原标准的测量点和测量方法进行了修改：1）保留了原标准矩形场地照度计算点和测量点图，取消了所有照度测点图上标注的计算点；2）对田径场、游泳馆、跳水馆、自行车馆的照度测量点图进行了修改，调整了测量点；3）增加了速度滑冰场地的照度测量网格点图；4）现场显色指数和色温的测量：应在场地上均匀分布的测量点上进行，且不宜少于 9 个测量点。

4.1.2.4 专题技术报告

1. 体育场馆照明现状调研报告

实测调查数据来源于现场检测和实际场馆照明设计，调查项目包括各类体育场馆，其中以室外体育场、综合体育馆、网球馆、游泳馆居多，有比赛场馆和训练场馆。参与统计分析的体育场馆数据共计 900 多个，其中比赛场馆 462 个和训练场馆约 440 个。调查的内容包括照明数量和质量指标，有水平照度、垂直照度、照度均匀度、照度比率、显色指数、色温、眩光指数等，以下是一些主要项目的实测调查结果，为编制我国《体育场馆照明设计及检测标准》提供参考数据。其中对有电视转播的 462 个场馆的功能等级进行了统计，结果如表 4-21 所示。Ⅴ级略多于Ⅳ级和Ⅵ级。

场馆数量和比赛等级统计 **表 4-21**

类型	Ⅳ	Ⅴ	Ⅵ	总数（个）
体育场	51	55	47	153
体育馆	60	74	84	218

续表

类型	Ⅳ	Ⅴ	Ⅵ	总数（个）
网球馆	19	21	8	48
游泳馆	13	13	17	43
总计（个）	143	163	156	462

根据编制组对我国体育场馆的实测调查统计结果（表 4-22），比赛场地体育场水平照度与垂直照度之比在 0.75～1.5，体育馆在 1.0～2.0 之间比较合理。

水平照度与垂直照度之比 **表 4-22**

	0.75～1.0	1.0～1.5	1.5～2.0	2.0～3.0	＞3.0	总数（个）
体育场	15	69	11	3（棒球）	—	98
体育馆	5	66	50	11	3（排球）	135
游泳馆	1	15	8	1	—	25
网球馆	1	2	10	4	3	20

实测调查结果表明：

1）照度水平：对数据按不同等级使用功能的要求都能达到本标准的规定，其中还有个别场馆的照度值偏高。

2）照度均匀度：有不少体育场馆达不到标准规定的要求，特别是垂直照度均匀度较难达到，这往往是由于灯具配光不合理或设计上的问题造成的，如经过调试均匀度还达不到要求，那就有可能是因建筑马道预留灯位不恰当引起的。只要以上问题能处理好，满足标准规定的均匀度是没有问题的。

3）光源的显色性和色温：最近几年新建的体育场馆所采用的照明光源具有良好的显色性，只要按需要对光源提出这方面的具体要求，光源的显色性和色温都能达到标准的规定。

4）照明功率密度值：将实测调查的 462 个比赛场馆的数据按误差理论进行数据处理，最后总计有 448 个比赛场馆用来统计照明功率密度（*LPD*）值。本文主要对常用的金卤灯的 4 类场馆（体育场、体育馆、网球馆、游泳馆）统计分析了照明功率密度值。由实测调查结果可以得出以下几点结论：

① 相同功能等级下，照明功率密度值随灯具安装高度的增加而增加，规律性强；②照明功率密度与功能等级有关，等级越高照明功率密度越大，且为非线性关系。③室外体育场（足球兼田径）足球场地的照明功率密度比田径场地的照明功率密度高，与场地面积大小有关；④对于综合性体育场馆应设计不同的开灯模式。

2. 体育场馆显色指数研究

1）研究目的：按照《体育场馆照明设计与检测标准》的规定，彩色电视照明要求光源的显色指数不低于 80。如果光源的显色指数过低，电视画面的色彩还原会受到很大影响。显色指数为 65 的光源应用于彩色电视转播照明时将会大大降低电视转播图像和现场视觉质量是不容置疑的，但用在体育照明电视转播中仍然存在一些争议，为了更进一步地提供证据需要对它的显示性能进行测试与评价。本研究通过主观评价和客观测量，对几种不同光源下的实景物体和视频图像色彩还原能力开展测试与评价工作，其研究成果将成为《体育场馆照明设计及检测标准》的修订提供技术依据。

2）评价方法：任何重要体育比赛都有现场观看和电视转播两部分受众，在研究不同照明情况下的色彩还原问题，也同时考虑了两种情况，一是在现场直接观看比赛的情况，二是通过电视观看比赛的情况，因此针对这两种情况试验时分别设计了实景物体色彩还原主观评价和视频图像色彩还原主观评价。

3）实景和视频评价结果

将上述实验研究结果按评价方式和光源显色指数进行归纳，结果如表 4-23 和表 4-24 示。

实景主观评价结果　　表 4-23

分类		$R_a \geqslant 65$			$R_a \geqslant 80$			$R_a \geqslant 90$		
		鲜花	水果	色卡	鲜花	水果	色卡	鲜花	水果	色卡
金卤灯与卤钨灯		1.6	1.9	1.9	4.2	4.1	4.2	4.9	4.6	4.7
LED 与卤钨灯		2.5	2.8	2.6	3.9	4.1	3.9	4.9	4.8	4.5
平均值（分）	金卤灯	1.80			4.17			4.74		
	LED 灯	2.63			3.90			4.73		

视频主观评价结果　　表 4-24

分类	$R_a \geqslant 65$				$R_a \geqslant 80$				$R_a \geqslant 90$			
	鲜花	水果	人物	色卡	鲜花	水果	人物	色卡	鲜花	水果	人物	色卡
金卤灯与天然光	2.4	2.9	2.1	2.2	4.1	4.2	3.9	3.8	4.7	4.8	4.4	4.3
金卤灯与卤钨灯	2.4	2.9	2.0	2.7	4.2	4.4	4.0	3.9	4.8	4.7	4.6	4.4
平均值（分）	2.50				4.13				4.63			

4）结论

①显色指数是影响照明质量的重要指标，显色指数较低的光源导致标准色卡存在较为明显的色差，而较高的显色指数能够获得更为良好的视觉舒适度；②显色指数 65 的光源与显色指数 80 及以上光源照射下的场景主观评价存在较为明显而显著的差异；③显色指数 80 的光源与显色指数 90 的光源之间的差异相对较小，且均能得到较为良好的视觉环境质量；④在现场评价中，光源对于红色目标的还原能力，也就是光源特殊显色指数 R_9，是影响视觉环境评价的重要因素之一。

3. 体育照明节能技术的研究

照明功率密度 *LPD*（单位 W/m^2）是照明节能的一项重要评价指标。目前美国、中国、新加坡等国家均采用照明功率密度（*LPD*）作为建筑照明节能评价指标。大量工程实践证明，我国自 2004 年实施照明功率密度限值以来，照明功率密度（*LPD*）限值平均约降低 20%，照明节能效果显著。

（1）国内外相关标准：在我国《建筑照明设计标准》、《城市道路照明标准》和《城市夜景明设计规范》中对办公建筑、商业建筑、交通建筑、工业建筑以及道路等均规定了照明功率密度值。在《建筑照明设计标准》和《体育照明设计及检测》标准中并未对体育场馆的照明功率密度作出规定，而恰恰体育场馆的场地照明照度高达 2000lx，一般都采用 1000/2000W 高压气体放电灯，照明用电量大，有较大的节能潜力。但由于场地建筑结构的复杂性、竞赛项目的多样化以及体育比赛对照明的高要求，确定其照明功率密度具有一定的难度，此类建筑的照明功率密度限值在国内外相关技术文件和要求中均未作出具体规定，有也只限于健身和娱乐。本研究确定体育场馆的照明功率密度值对照明节能具有重要意义。

（2）照明功率密度研究现状：①相关调查表明，不同类型场地，包括体育场、体育馆、游泳馆、网球馆，达到相同照度时所需要的照明功率有的可相差5倍以上，同样由于建筑结构的不同，相同场地，达到同一照度时，照明功率密度也可相差几倍。②照明功率密度与灯具安装高度有关，因为照度与光源的投射距离密切相关，遵从平方反比定律，即达到相同照度，光源离得远则需要消耗更多的功率。③照明功率密度与功能级别有关，因为高级别的比赛，如高清转播模式，要满足高均匀度和照度比率的要求会多增加不少灯，由低级别到高级别，照度的提高和照明功率的增加应是非线性关系。

（3）研究内容：根据场馆的照明技术要求和照明设计的基本原理，利用先进的计算机模拟技术和多年积累的大量检测和设计数据，通过对各类体育场馆灯具安置位置、照明设计方案与照明功率密度相关性的分析计算以及与照明节能相关因素的分析论证，取得体育场馆照明提高灯具利用系数和降低照明功率密度的有效方法，分析研究制定体育场馆的照明功率密度。为了在保证体育场地照明要求的情况下，减少照明耗电量，达到节省照明用电的目的。本课题拟对以下内容进行研究：

1）灯具安装位置和灯具配光对场地照明和照明功率密度的影响；

2）确定各类型体育场馆的最佳马道位置（灯的安装位置和高度）；

3）统计分析实测调查和照明设计的技术数据和照明功率密度；

4）对主要类型体育场馆的照明和功率密度进行最佳模拟计算；

5）综合模拟计算和实测调查及照明设计制定照明功率密度值。

通过以上各项研究以取得确定体育场馆照明功率密度的基础数据，从而为制订体育场馆照明功率密度提供科学依据；为建筑师在进行体育场馆建筑设计时提出具体要求，同时也为照明设计师选用灯具配光提供节能的设计方法。

本课题预期目标：

1）确定各类体育场馆马道的位置参数，包括马道的形状、高度及距比赛场地的距离等；

2）按体育场馆的使用功能等级、运动项目及灯具安装高度确定其照明功率密度值；

3）研究成果马道的位置参数拟以条文或附录的形式列入《体育照明设计及检测标准》的马道设置章节，并建议部分内容纳入正在修订的《体育建筑设计规范》；研究成果照明功率密度拟以条文的形式列入照明节能章节。

（4）研究结论：本研究将为建筑师设计照明马道提供合理的方法，也为照明设计师进行照明节能设计提供基本准则，为制订体育场馆照明功率密度值提供科学依据。

1）本研究成果提出的体育场馆马道设置方法论据充分，制定的马道设置参数表科学合理、简便适用，为建设者设置马道提供了基本原则，为照明设计师进行照明设计提供了便利条件，也为体育场馆照明节能提供了技术保证。建议将主要内容纳入正在修订的《体育场馆照明设计及检测标准》JGJ 153和《体育建筑设计规范》JGJ 31。

2）本研究成果提出的体育场馆照明功率密度值是在大量实测调查和严格科学的模拟计算的基础上，经理论验证和数值分析处理制定的，统计偏差在理想的范围内，具有较高的可信度。研究报告中主要场馆的照明功率密度值可直接应用于正在修订的《体育场馆照明设计及检测标准》JGJ 153。

本研究将为建筑师设计照明马道提供合理的方法，也为照明设计师进行照明节能设计提供基本准则，为制订体育场馆照明功率密度值提供科学依据。

4. 体育场馆灯具位置和配光对照明效果的影响

本研究报告通过模拟计算分析，分别论述了灯具安装位置、灯具的配光类型、光线阻挡三者与灯具实际利用效率的关系。

第一部分计算并分析了水平、垂直照度和投射角度的关系，眩光指数 GR 的问题，讨论了灯具安装的最佳位置。体育场馆的灯具安装位置并非可以随意，而是有一个最佳的合理综合成本的位置，但并非离开这个位置就不能实现，且也并非在什么位置都能实现，位置是有底线的，否则无法满足要求。1）根据 JGJ 153 和国际指导文件的要求，大部分转播级别的体育场馆的照度值仅对垂直照度的绝对数值有要求，而对水平照度仅仅是均匀度的要求；2）根据 JGJ 153 规范和国际惯例要求，$E_h/E_v=0.5\sim2$，当综合了均匀度要求的因素后，如果灯具的最小投射角度小于 25°，这个比例的设计数值可能就会大于 2，垂直照度的数值就会偏低，灯具的利用效率会很差；3）当体育场灯具投射角度达到 70°，体育馆灯具投射角度达到 65°，GR 的计算值就会超过相应的国际、国内的规范要求，因此灯具的最大投射角度必须加以限制；4）体育照明考虑灯具安装位置时不是考虑灯具绝对安装高度，而是考虑投射角度的限制，因为无论是 E_h/E_v 的数值，GR 的计算数值，真正起到结论性需求的是角度（当然也要适当考虑绝对高度）而不是简单的绝对高度；5）体育照明的灯具高度也是需要考虑的，这主要是场地的尺寸和灯具的投射角度的组合影响的结果；6）体育场的灯具投射角度范围应该在 25°～70°；7）体育馆的灯具投射角度范围应该在 25°～65°；8）考虑到建筑结构的要求和工程造价的控制要求，灯具投射角度在 40°～65°范围内就会获得非常好的综合效果；9）当然如果所有的灯具投射角度都是 65°左右，可以获得最大的垂直照度，但并不实际；10）灯具投射角度设置的越好，体育照明所需的灯具数量会越少，相应的照明系统投资会更少，能耗也会更少。结论：如果想要达到能耗最低，灯具使用数量最少的目的，需要严格控制灯具的投射角度，而这需要灯具安装位置的支持，而这个要求将涉及建筑和结构专业的工作。

1）当灯具投射角度为 70°时（虽然范围超出了 GR 计算公式的范围，但可以有参考价值），按照 20%环境系数取值时的计算结果已经大于 50，超出了转播级别体育场的允许范围，即使使用其他设计手段，70°已经是体育场照明灯具投射角度的极限。2）当灯具投射角度为 65°时，按照 45%环境系数取值时的计算结果已经大于 30，超出了转播级别体育馆的允许范围，即使使用其他设计手段，65°已经是体育场照明灯具投射角度的极限。3）本计算中，灯具投射的瞄准点仅在场地中心，但实际设计中，由于照度的均匀度要求（尤其是垂直照度具有方向性），转播场地灯具投射肯定要超过中线，均匀度要求更高的 HDTV 甚至灯具可能会投射到对面的边线位置，因此投射角度控制应该以最远投射位置为准（在最远位置）的限制。4）环境系数的取值：20%根据体育场草坪的反射率和周边环境综合考虑后的取值；45%根据体育馆底板的反射率和周边建筑装饰环境综合考虑后的取值。

如图 4-33 所示，当灯具投射到场地远、近两个边线与地面的夹角分别是 30°（体育馆参数，如果是体育场，这个角度将会是 25°）和 65°时，单排马道即可完成所有的需要，钢结构的投入会最节省，效果会最简洁，虽然灯具数量不一定是最少，但马道结构和照明系统的总造价一定是最低的。如图 4-34 所示，当场地高度达不到最佳上线的条件时，使用两排马道，分别满足远近边线的 25°入地角、场地中线 25°入地角、后排马道同时需要满足近端边线入地角小于 65°的需求，从理论上讲，这个方式比图 4-33 的灯具数量少，而且越是接近下面的绿色虚线，灯具数量越少，但由于需要安装 2 圈马道，因此钢结构的造价会比单马道高出将近 1 倍。

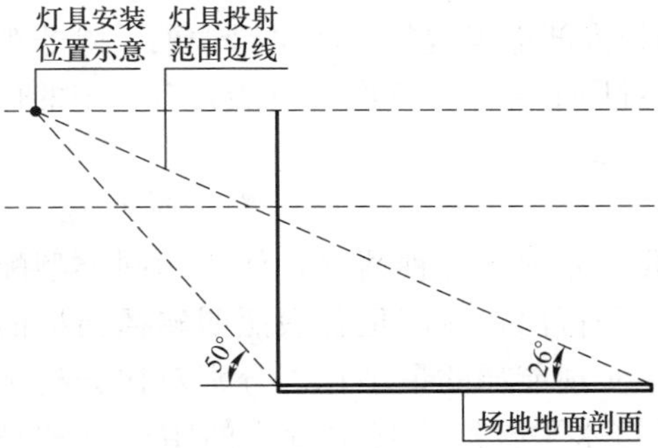

图 4-33 最佳单马道方案

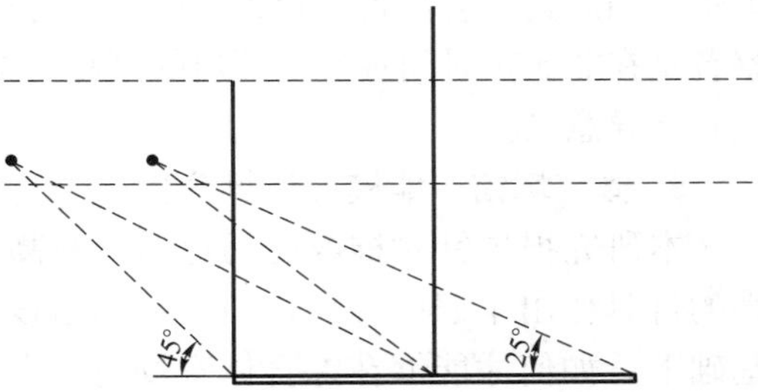

图 4-34 不错的双马道方案

如图 4-35 所示，当场地高度达不到最佳下线的条件时，使用两排马道，依然无法达到远近边线的 25°入地角和 65°（此角度已经时极限）入地角的需求，计算结果会无法满足 *GR* 的要求，条件绝对不合格（无论如何灯具不能布置到场地的正上方）。因此，这样的高度是不符合要求的。如图 4-36 所示，当灯具比投射到场地远、近两个边线与地面的夹角分别是 40°和 65°的位置更高时，单排马道即可完成所有的需要，钢结构的投入会最节省，但由于投射距离增加，灯具数量会有所增加，能耗和建设成本都会提升。

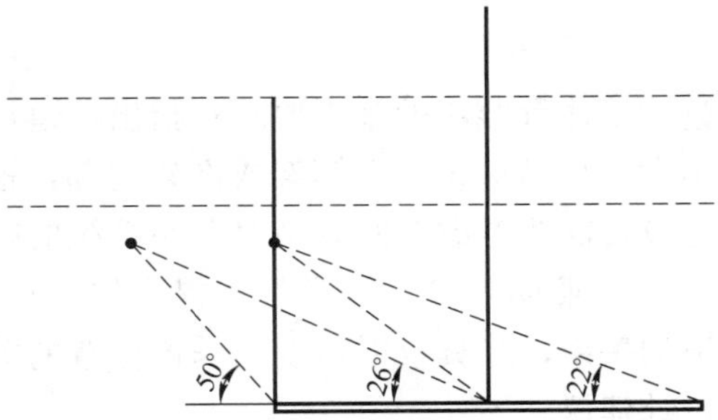

图 4-35 高度过低的不达标方案

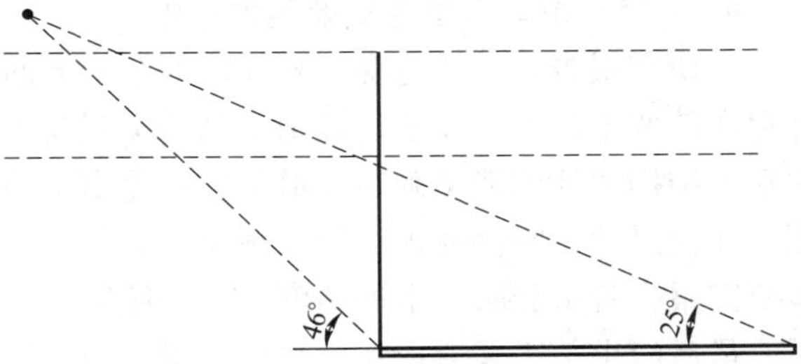

图 4-36 高度过高的达标方案

灯具配光会影响灯具的使用数量，进而影响到灯具数量和总能耗，需要根据实际安装高度再行设计，从而确定灯具的使用功率、配光类型、数量、具体位置。1）灯具的配光曲线类型与投射距离有一定的匹配关系，综合考虑均匀度、照度的关系后才可以确定配光形式；2）窄光束灯具适宜使用在远距离的投射，但过窄的灯具会影响到均匀度，需要恰到好处；3）宽光束灯具使用在近距离的投射，但过宽的灯具会影响到平均照度值的高低；4）当灯具照度数据出现拐点时，灯具的利用率最高。灯具选择合理的配光会达到效果和节能的双重效果，因此灯具的配光形式越丰富越会对减少数量和降低能耗有好处。

灯具与场地之间不能有任何阻挡，包括钢结构，因此，所有认为可以把马道藏在桁架里面更美观的想法实际是错误的，只要灯具开启，效果反而更差。1）虽然阻挡物并没有阻挡光线通道，但还是对照明造成不到20%的损失的结果；2）这个损失主要来自于1/2光强光束角以外的部分，但这部分对场地照明依然有很大的贡献，更对对面的观众席有大的贡献，因此阻挡物会影响到灯具利用效率；3）灯具到场地之间的'清空'状态是最好的选择；4）灯具开启时，表面亮度很高，人眼如果直视灯具，由于眼睛构造原因，根本无法看到灯具安装位置的背景，因此认为马道在钢架内部更美观的想法是错误的，除非观察者是在非比赛时间观看不开启的灯具。本研究能对场馆设计、建设及节能具有一定的借鉴和指导意义。

5. 体育场馆节能模拟计算分析

本研究报告针对推荐的马道形式和高度等参数，分别对各种情况，使用相同类型配光的灯具作出了照度计算模拟，从马道设定的角度分析出，在满足各项照明转播指标的基础上，如何才能够在综合体育场与综合体育馆中实现能耗的最小化。分别对比分析了田径、足球HDTV综合体育场设置单马道时，马道水平投影距场地近边的距离 d 和马道高度 h 对于 LPD 值的影响；田径、足球HDTV综合体育场设置双马道时，后排马道水平投影距场地近边的距离 d' 和马道高度 h 对于 LPD 值的影响（前排马道位于比赛场地边线的正上方）；体操、篮排球HDTV综合体育馆设置单马道时，马道水平投影距场地近边的距离 d 和马道高度 h 对于 LPD 值的影响；体操、篮排球HDTV综合体育馆设置双马道时，后排马道水平投影距场地近边的距离 d' 和马道高度 h 对于 LPD 值的影响（前排马道位于比赛场地边线的正上方）。在设置马道位置的时候，不能够仅仅考虑其结构承载和美观程度，还要和后期的照明设计一起，进行综合的节能模拟分析，在满足照明设计指标的基础上，选择恰当的位置放置马道，以实现尽量节约能源的目的。

6. 体育场馆马道位置对照明的影响

本研究报告首先从竞赛、转播、安全三方面论述了体育照明的基本要求；指出马道设计存在的两个误区：建筑设计师从马道美观要求出发，将马道设置在钢架或网架内部，根据建筑结构如顶棚造型确定马道位置；提出了马道设置需要考虑空间设施对照明系统的阻挡，几何尺寸、刚性要求以及荷载问题，但最重要的是照明效果对马道位置提出的要求。本研究报告着重分析了水平照度、垂直照度与马道的关系，灯具投射角度与马道位置的关系。最后给出关于马道形状、最佳位置、数量的设计建议。

7. 半导体照明产品在体育训练场馆应用研究

本课题开展半导体照明产品在体育训练馆中的应用研究，将对改善体育训练馆光环境和实现照明节能具有重要意义。体育训练场馆是进行体育训练的最集中和最重要场所，在体育训练场馆开展采用LED产品应用研究，将对国家倡导的节能减排发挥极大的推动和表率作用，具有重大的现实意义。本研究拟通过现场调研、理论分析、实验室测试和现场测试评价等方式，开展半导体照明产品在体育训练场馆中的系统性研究，达到以下预期目标：本成果可直接用于指导体育训练场馆的半导体照明节能改造，同时还将为《体育场馆照明设计及检测标准》、《室外田径场和足球场照明标准》及《综合体育馆照明标准》标准修订提供必要的技术依据。

1）显色性研究

显色指数（R_a）是目前定义光源显色性评价的普遍方法，它表示物体在光源照射下颜色比标准光源照明时颜色的偏离。CIE 推荐定量衡量光源显色性的方法，显色指数 R_a 在 0～100 之间，R_a=100 时显色性最好，数值越小，显色性越差。根据当前各国较认同的对 LED 光源显色性定量评价的方法，增加了对 R_9 的要求。按照《体育场馆照明设计与检测标准》的规定，彩色电视照明要求光源的显色指数不低于 80。如果光源的显色指数过低，电视画面的色彩还原会受到很大影响。这就是说，显色指数低于 80 的光源是不适合在电视转播中使用的。

LED 照明产品的光谱与传统的金卤灯有很大差别，上述规定是否适用于 LED 还有待研究。同时，LED 的显色性与光效也存在一定联系，当显色性提高时，光效随之下降。因此，制定合理的显色性要求，对于保证视觉舒适和节能都具有重要的意义。根据实验与评价结果，建议在体育训练场馆照明应用采用显色指数 80 以上光源，光源特殊显色指数 R_9 应大于 0。

2）照明节能设计技术研究

课题组在实测调查（传统光源金属卤化物灯）的基础上，通过统计分析，根据不同的灯具安装高度及场馆功能分级进行分类，得到各类场所的照明功率密度值。在此基础上，通过对 LED 照明场馆实际工程的检验，考虑到 LED 与金卤灯的差异，对基于传统照明确定节能指标的基础上，确定适用于 LED 的照明节能评价指标。从实测数据来看，LED 的照明功率密度指标显著低于传统的金卤灯，建议在传统照明 *LPD* 限值的基础上，乘以相应系数进行修正，根据实测结果，该系数建议取为 0.60。该结论适用于 15m 以下的体育馆。

8. 国内外标准资料汇编

在编制本标准的过程中收集到的体育照明标准技术要求有：1）国际照明委员会（CIE）标准；2）国际体育组织标准（如 FIFA，GAISF，IAAF）标准；3）《体育赛事中用于彩电和摄影照明的实用设计准则》（CIE No169：2005）；4）2014 巴西世界杯足球赛照明要求；5）2012 年欧洲杯照明要求；6）中国田径协会，国际田径联合会 IAAF 标准；7）中国篮球协会照明标准；8）中国曲棍球协会中国网球协会照明标准；9）2014 年索契冬奥会照明要求；10）国际网球联合会网球场地照明要求。

4.1.2.5 标准论文著作

1. 赵建平，王京池，朱悦．光源显色性对电视图像色彩还原的影响［J］．照明工程学报，2015，04：11-17.

显色指数（R_a）是目前评价光源显色性的重要指标，光源的显色指数偏低则表示某些颜色在该光源照射下会出现失真。特殊显色指数（R_9）是对饱和红色（4.5R 4/13）的显色能力，研究表明 R_9 的大小对于皮肤以及衣服等颜色还原具有十分重要的影响，因此 R_9 也是影响电视图像质量的重要因素之一。本研究通过主观评价和客观测量，对几种不同光源照射下的实景物体和视频图像色彩还原能力开展测试与评价工作，其研究成果将为国家行业标准《体育场馆照明设计及检测标准》JGJ 153 的修订提供重要技术依据。

（1）实景物体色彩还原主观评价

实景物体色彩还原主观评价在中国建筑科学研究院国家建筑安全和环境重点实验室光度实验内进行，采用各种光源分别照亮观看实验主体目标：鲜花、水果、色卡。参加金卤灯评价人数共 35 人，LED 灯评价人数共 40 人。

（2）视频图像色彩还原主观评价

拍摄由项目研究组统一组织，分别拍摄并记录卤钨灯和三种金属卤化物灯照射下的图像。拍摄主体目标：鲜花、水果、色卡、人物，采用卤钨灯和三种金属卤化物灯（光源色温 4000K）在光度实验室内四个并排的全黑空间内进行，每种场景目标面照度调整到 2000lx。将卤钨灯照射下的图像依次与三种光源照射下的图像进行对比，评价观看目标的色彩还原性能。评价地点在中央电视台，参加评价人数共 20 人。

评价结果：

1）实景物体色彩还原主观评价—金卤灯

现场评价结果显示几种金卤灯光源色彩还原差异性比较明显，特别是显色指数 R_a 为 65 的光源与显色指数为 80～90 的光源之间有很明显的差异，且该差异在统计学上具有显著意义。评价结果见图 4-37。

2）实景物体色彩还原主观评价—LED 灯

针对 LED 照明产品在体育照明应用的发展趋势，本研究又补充增加了关于不同显色指数 LED 照明条件下的实景物体色彩还原主观评价。现场评价结果显示几种 LED 光源色彩还原差异性比较明显，且该差异在统计学上具有显著意义。评价结果见图 4-38。

3）视频图像色彩还原主观评价—金卤灯

视频图像主观评价对象是鲜花、水果、色卡和人物。评价结果显示几种光源色彩还原差异性比较明显，具体结果如下：

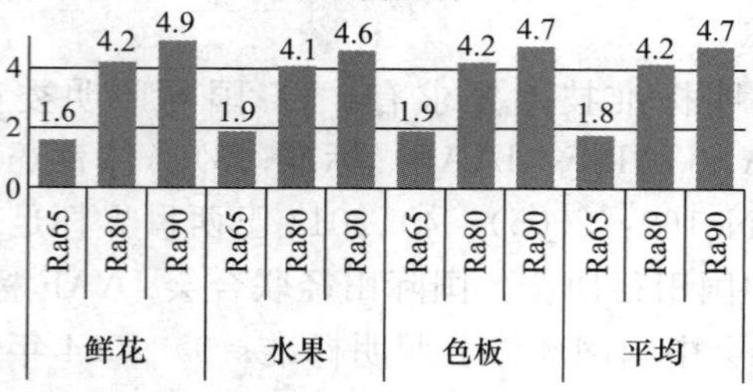

图 4-37　实景物体色彩还原主观评价结果对比图（金卤灯）

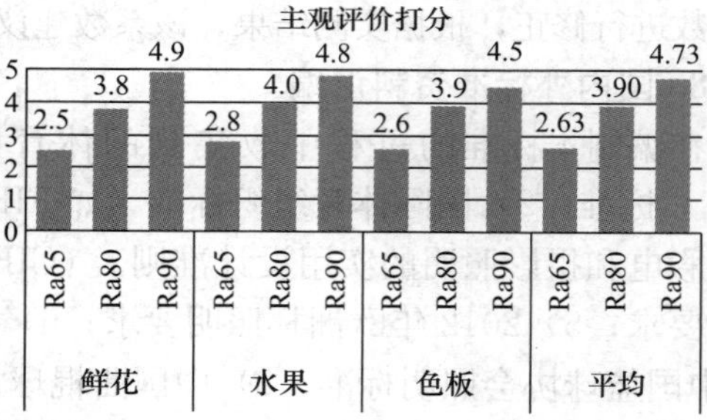

图 4-38　实景物体色彩还原主观评价结果对比图（LED 灯）

➢不同光源对于主观感受的影响规律基本与现场主观测评一致；

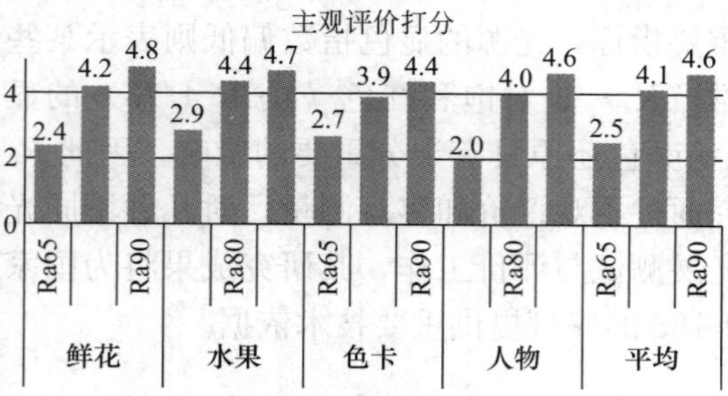

图 4-39 实景物体色彩还原主观评价结果对比图（金卤灯）

➢ 通过摄像机处理后，光源显色性对于人主观感受的影响有所减弱；

➢ 当照射光源为显色指数 65 时，以人物为评价对象时得分最低，这是由于该光源对于人的唇部的红润颜色还原性差，因此光源 R_9 较差时较难得到理想的结果（图 4-39）。

根据本研究，建议在体育场馆照明应用采用显色指数 80 以上光源，当经济允许的条件下推荐采用显色指数 90 以上光源；同时建议在后续标准中考虑光源特殊显色指数 R_9 的规定。

2. 朱悦，林若慈．体育场馆照明灯具位置和配光对照明指标的影响［J］．照明工程学报，2015，03：64-71.

高级别的体育照明中，灯具的位置和配光不但照明影响结果，并会直接影响到灯具的数量和安装功率，进而对场馆的建筑设计、结构设计都会产生影响。体育照明是一个综合性非常强的系统，而不是简单的几个灯具，牵涉到方方面面，不但影响其他专业的实施，更会影响最终的使用，希望本研究能对场馆的设计、建设及节能具有一定的借鉴和指导意义。

体育照明中，最终的设计包括了多种类型的数据，如照度、照度均匀度、色温、显色指数、眩光计算值、灯具和光源的效率、环境条件（维护系数）等。为了保证论证数据的客观性，本计算的过程数据将力求在同条件下获得，如讨论灯具位置与照度的关系时，其他参数将被设置为相同值。

在体育照明中灯具的安装位置和配光类型对照明结果会产生极大的影响，本文将从：1）灯具位置对照明结果的影响；2）灯具配光对照明结果的影响；3）障碍物对照明结果的影响三个方面进行分析论证。

根据上面的计算和系统分析，我们可以得出以下结论：1）体育场馆的灯具安装位置并非可以随意，而是有一个最佳的合理综合成本的位置，但并非离开这个位置就不能实现，且也并非在什么位置都能实现，位置是有底线的，否则无法满足要求。2）灯具的配光会影响灯具使用效果，需要根据实际安装高度再行设计，确定灯具的使用功率、配光类型、数量、具体位置。3）灯具与场地之间不能有任何阻挡，包括钢结构，因此，所有认为可以把马道藏在桁架里面更美观的想法实际是错误的，只要灯具开启，效果反而更差。

3. 赵凯，林若慈．体育场馆照明节能模拟计算分析［J］．照明工程学报，2015，01：37-44.

本文从体育场馆照明的功能要求、竞赛和转播的需求等多方面阐述了体育场馆照明实现的方式，进而探讨如何正确、合理地设置马道位置的方法，以便为建筑师、结构工程师合理设计马道和融合整个建筑形体提供具有实用价值的科学依据。在现代的体育场馆照明中，马道作为一个承载灯具安装的结构，在照明中所扮演的角色无疑是非常重要的。马道布灯方式，由于其连续性，布局美观，安装便利，且对于灯具投射角度的调整和灯具的维护都比较方便，所以深受设计师青睐。因此，在现代的体育照明中，这种马道布灯方式，也就更多地被人们所接受并选择。由于马道本身是建筑结构的一部分，所以，它受建筑结构的影响是非常大的，而在设定马道的时候，往往没有和照明设计师进行充分和必要的沟通，因此设定的马道位置和高度，往往会对之后的照明设计产生许多不利的影响。既然马道的位置和高度的设定，直接决定了该场馆的体育照明效果能否完美实现，那么在设定马道的时候就应该充分考虑后期的照明需求。良好的马道位置能够保证在后期照明设计的时候，所有的照明指标均满足照明设计标准的要求，而不恰当的马道位置的选择，也会直接导致后期照明设计存在缺陷。在本文中，我们针对推荐的马道形式和高度等参数，分别对各种情况，选用相同类型配光的灯具对照明指标和照明功率密度进行模拟计算，以室外体育场与综合体育馆为例，计算在满足各项照明转播指标的基础上，求得所需要消耗的照明功率密度。从以下几个方面进行分析研究：（1）模拟计算中马道形状和参数的选取；（2）模拟计算中灯具参数的选取及计算条件的设定；（3）计算软件的选择；（4）满足设计标准要求的 *LPD* 值计算结果；（5）模拟计算对比分析。

通过体育场馆照明节能的模拟计算，我们可以清晰地看到马道位置的设置，对于体育场馆照明设计的节能具有重要意义，因此，在设置马道位置时，不能仅仅考虑其结构承载和造型美观，还要综合考虑照明功能和照明节能，在满足照明设计指标的基础上，合理地制定出体育场馆的照明功率密度值，才能更加有效地实施照明节能。

4. 林若慈，朱悦. 基于体育场馆照明的马道设置方法的研究 [J]. 照明工程学报，2014，05：32-39.

体育场馆的照明系统是场馆最重要的设施之一，也是体育场馆中技术要求最高的部分，而其中马道的设置对体育照明无疑是至关重要的，它不仅会严重影响照明的质量和数量，同时还会带来更多的能源消耗。

然而，在长期的场馆建设中，很多参与者对照明的重要性并没有放在最关注的位置，马道的设置完全没有考虑到标准中对照明最基本的要求，如马道的位置离边线太近，甚至就在边线内，这就导致了无论提高多少水平照度边线处的垂直照度也很难达到标准值；或者马道的高度过低，满足不了场地照明对眩光角度的限制要求，造成严重眩光；还有的马道太短，造成比赛场地两端头底线位置几乎没有垂直照度，或者照度很低等。此外，就照明节能而言，根据相关资料及对实际场馆的调查统计结果表明，对于同类场馆相同级别的场地照明功率密度 *LPD* 值甚至可相差几倍，这其中很重要的原因之一就是马道位置设置不合理。通过对体育场馆马道位置的研究，提出马道的正确设置方法，进一步规范马道的设计准则，力求建筑师在进行体育场馆建筑设计时能充分兼顾照明专业对马道的要求。从以下几个方面进行分析研究：体育照明的基本要求，马道设置需要考虑的问题，马道位置的设置方法，确定马道的位置参数，马道的形状和数量。

根据国内外相关标准和设计经验及计算分析研究结果可得到以下灯具安装位置要求：1）马道上灯具投射到场地与远边线之间的夹角最小为 25°，最大不超过 40°（包括双马道）；四角灯塔照明灯杆上灯具投射到场地与场地中心点之间的夹角最小为 25°；2）双排马道后排灯具投射方向与场地近边线的夹角宜为 65°～50°；3）球门区后面的灯具投射到场地与场地中心点之间的夹角最小为 25°，与球门中点之间的夹角为 75°。

根据设计经验和计算分析研究结果，综合考虑水平照度、垂直照度、照度均匀度、照度比率、眩光限制以及照明功率密度等要求，计算出了体育场、专用足球场、体育馆、专用篮排球馆、网球馆、游泳馆的马道设置位置参数，如表 4-25 和表 4-26 所示。

单马道—灯具安装高度与各计算参数对应表 表 4-25

项目	φ（°）	θ（°）	w（m）	d（m）	h（m）	s（m）
田径（足球）	25	70	93	19.1	52.5	65.6
		65		25.8	55.4	72.3
		60		34.2	59.3	80.7
		55		45.1	64.4	91.6
	30	70		24.7	68.0	71.2

注：φ——灯具投射方向与场地远边线之夹角（°）；θ——灯具投射方向与场地近边线之夹角（°）；w——场地宽度（m）；d——灯具（马道）水平投影距近边线距离（m）；h——灯具（马道）距地面的高度（m）；d'——双马道后排灯具（马道）水平投影距近边线距离（m）；s——单马道灯具（马道）水平投影距场地中心点距离（m）。

双马道—灯具安装高度与各计算参数对应表　　表 4-26

项目	φ (°)	θ (°)	w (m)	d' (m)	h (m)	s_1 (m)	s_2 (m)
田径（足球）	25	70	93	15.8	43.3	46.5	62.3
		65		20.2	43.3	46.5	66.7
		60		25.0	43.3	46.5	71.5
		55		30.3	43.3	46.5	76.8
		50		36.3	43.3	46.5	82.9
	30	70		19.5	53.7	46.5	66.0
		65		25.0	53.7	46.5	71.5

注：s_1，s_2——双马道两排灯具（马道）水平投影距场地中心点距离（m）。

确定马道的形状和数量：在很多情况下，马道设计往往需要考虑建筑美观和造型，这样就会需要更多的灯具数量和更大的能耗等，通常需要在两者之间达到权衡。最理想的马道形式最好能与比赛场地的形状相对应，如圆形场地采用圆形马道、椭圆形场地采用椭圆马道、方形场地采用方形马道等。在马道设置中，究竟采用什么样的马道和几条马道合适，最根本的原则来源于上述照明要求。关于马道位置的设置问题，对体育照明尤为重要，长期以来一直缺少统一的解决方法，以至于给照明设计带来很大困难。马道位置不仅影响照明的功能性指标，同时也对照明节能产生重要影响。本研究将为相关标准合理设置马道提供科学的理论依据，同时也将为改善体育场馆的照明质量和实施照明节能提供技术保障。

5. 体育场馆照明现状分析及展望

通过对大量体育场馆照明的实测和调查，取得了包括照明水平、照明质量、照明设计以及照明用电的大量数据，统计分析这些数据对正在修订的《体育场馆照明设计及检测标准》可提供有价值的参考依据，对指导体育场馆照明设计和照明节能具有重要意义。

（1）场馆实测调查概况。采集到的数据包括对全国重要体育场馆现场实测统计整理的数据，实测的 300 多个场馆全部为比赛场馆，其中包括大量高级别比赛场馆（Ⅴ或Ⅵ级），另有来自各照明设计单位提供的国内外重大体育场馆的照明设计数据，收集到的场馆数据共计 1000 多例，以室外体育场、综合体育馆、网球馆、游泳馆居多，有比赛场馆和训练场馆。在 1000 多例数据中，存在项目内容不全或检测数据不能达到标准要求等情况，统计时已将这部分场馆去除，能够参与统计分析的体育场馆数量共计 900 多个，其中比赛场馆 462 个，训练场馆约 440 个。实测调查的内容包括照明方式、灯具安装高度、照明功率、照度、照度均匀度、照度比率、显色指数、色温、眩光等。

（2）实测调查结果分析。实测调查结果表明：对于大多数体育场馆来说，由于采用了高性能的光源、灯具产品，具有高效、环保、节能、长寿命等特点，加上高水平的照明设计，各项技术指标基本上都能达到《体育场馆照明设计及检测标准》JGJ 153 规定的技术指标。本文仅就照明指标与照明节能的关系作进一步分析，从而确定合理的照明功率密度值。

本文按照上述误差理论，对现场检测和照明设计所取得的数据进行分析整理，取得了无电视转播训练场馆和有电视转播比赛场馆的照明功率密度（*LPD*）值，为制定体育场馆照明功率密度值提供了参考依据。将实测调查的 462 个比赛场馆的数据按误差理论进行数据处理，最后总计有 448 个比赛场馆用来统计照明功率密度（*LPD*）值。本文主要对常用的金卤灯的4类场馆（体育场、体育馆、网球馆、游泳馆）统计分析了照明功率密度值。由实测调查结果可以得出以下几点结论：1）相同功能等级下，照明功率密度值随灯具安装高度的增加而增加，规律性强；2）照明功率密度与功能等级有关，等级越高照明功率密度越大，且为非线性关系；3）室外体育场（足球兼田径）足球场地的照明功率密度比田径场地的照明功率密度高，与场地面积大小有关；4）综合性体育场馆应设计不同的开灯模式。

（3）未来发展。体育场馆场地照明多采用传统光源高压气体放电灯金卤灯，照明灯功率高达1000W/2000W。灯具安装高度可达到50～60m。随着LED照明应用的快速发展，LED在体育场馆照明中的应用也引起越来越多人的关注。到目前为止，国内外已有一批新建和改建的体育场馆采用了LED照明，特别是训练场馆，预期到2022年冬奥会将会有更多的体育场馆采用LED照明。LED照明以其耗电量小、色品质可调、控制灵活、能瞬时点燃等独有特点，较适合用于体育照明。由于体育场馆要兼顾比赛和电视转播，所以对照明的要求很高，对LED照明的稳定性、眩光、频闪等一系列问题需作进一步深入探讨。

4.1.2.6 创新点

在体育场馆照明中显色指数是影响照明质量的重要指标，编制组开展了《光源显色性对电视图像色彩还原影响研究》，对不同显色指数的金卤灯和LED灯进行了测试和评价研究，研究结果表明，在体育场馆照明应采用显色指数80以上的光源，对于高清电视转播推荐采用显色指数90的光源，并通过实验研究科学制定了LED灯的特殊显色指数 R_9 的指标，正确引导了LED灯在体育照明中的应用。

通过各项研究取得了确定体育场馆照明功率密度的基础数据，从而为制订体育场馆照明功率密度提供科学依据，本标准完成了按灯具不同安装高度和不同照明功能等级制定的体育场、专用足球场、体育馆网球馆、游泳馆的照明功率密度值，为建筑师在进行体育场馆设计时对灯具设置位置提出了要求，同时也为照明设计师选用灯具配光提供了节能的设计方法。照明功率密度的制定填补了体育照明标准缺少照明功率密度的空白。

通过对体育场馆马道位置的研究，提出马道的正确设置方法，进一步规范了马道的设计准则，标准给出了体育场、专用足球场、体育馆、网球馆、游泳馆单双马道灯具安装高度和位置参数表，力求建筑师在进行体育场馆建筑设计时能充分兼顾照明专业对马道设置的要求。马道设置要求拟由《体育场馆照明设计及检测标准》和《体育建筑设计规范》所采用。

4.1.2.7 社会经济效益

本标准中新增加了“照明节能”章节，除了提出各项照明节能措施外，还在体育场馆照明节能方面作出了新的规定：（1）规定体育场馆的照明功率密度值：标准中按场馆类型、使用功能等级、灯具安装高度规定了训练和比赛场馆的功率密度值，包括专用训练场、专用训练馆、体育场、专用足球场、体育馆、网球馆、游泳馆的照明功率密度值。这对推动体育场馆照明节能具有重要意义。（2）推荐采用高效节能LED照明：体育场馆照明照度高，用电量大，采用LED照明比传统金卤灯照明有更大的节能潜力。根据《半导体照明产品在训练场馆应用研究》课题对体育训练场馆的实测结果，在满足相同照度指标的前提下，LED灯比传统金卤灯所需的总功率更低，平均节能率约为40%。说明LED灯比传统的金卤灯更节能。LED的另一特点是它的智能控制系统用在体育场馆照明方面具有更大的优势，节能潜力很大。我国现有和未来新建的体育场馆数量较多，照明节能带来的社会经济效益也会十分明显。

4.2 各版标准比较

从使用功能分级、照明标准值、照明设备、照明设计、照明节能、照明配电与控制及照明检测七个方面将两版标准进行比较，如表4-27所示。

各版标准对比和指标变化 表4-27

标准名称	使用功能分级	照明标准值	照明设备	照明设计	照明节能	照明配电与控制	照明检测
《体育场馆照明设计及检测标准》JGJ 153—2007	6个功能等级+TV应急	按运动项目和功能等级规定照明标准值，共包括35个运动项目	“照明设备与附属设施”：光源选择、灯具及附件要求、灯杆及设置要求、马道及设置要求	标准中为“灯具布置”，对不同照明方式下体育场、体育馆、网球场、曲棍球场等的灯具安装高度和位置作了规定	—	结合体育场馆的特点对照明用电负荷和多种控制模式提出了要求	对各项照明指标进行照明工程检测，规定了各类场馆的测量点位置、测量设备和测量方法等
《体育场馆照明设计及检测标准》JGJ 153—20xx	保留6个功能等级；取消TV应急，具体数值要求写入相关规定中	1. 按场馆类型、运动项目、功能等级规定照明标准值，共包括19类场馆、51个运动项目； 2. 调整部分照明标准值，增加LED特殊显色的规定； 3. 增加附属用房照明标准值； 4. 增加冰上和雪上运动项目照明标准值	1. 改为“照明设备及附件要求”将马道及设置要求、灯杆及设置要求放在照明设计中； 2. 规定了LED灯的颜色性能指标； 3. 调整了灯具效率值，增加了对LED灯效能值的规定	1. 标准中“灯具布置”改为“照明设计”； 2. 对体育场、体育馆的灯具设置进行了调整； 3. 马道设置中规定了5类场地的灯具安装高度和位置参数，并规定了马道的照明荷载； 4. 灯杆设置中对其安全等级一级、使用年限50年作了规定	为新增章节，主要包括照明节能措施和照明功率密度限制，规定了体育场、专用足球场、体育馆、网球馆、游泳馆的照明功率密度值	根据现行相关标准和LED应用的特点对该部分内容进行了修订	保留了矩形场地的测量点图，调整了田径场、网球馆、游泳馆、自行车馆的测量点图，增加了速度滑冰场的测量点图，修订了现场显色指数和色温测量方法

4.3 标准展望

根据国家《关于加快发展体育产业促进体育消费的若干意见》及两会政府工作报告提出的“发展全民健身、竞技体育和体育产业”的精神，体育产业将成为推动我国经济持续增长的重要力量。自成功举办2008年夏季奥运会以后，我国再次赢得了2022年冬奥会的举办权，在未来几年，我国体育场馆的数量不但会持续增多，而且体育场馆的设计和建设也正在向高质量和高水平发展。

随着体育运动和竞赛项目的日趋发展和普及，参与者和观看比赛的人越来越多，对照明的要求也就越来越高，特别是比赛场馆对照明的要求更高，照明设计除应满足现场各类人员的需求外还应为观看比赛的广大电视观众提供高质量的电视转播场景，照明设施既要保证运动员和教练员发挥最佳表现，也要保证观众在宜人环境和舒适条件下观看比赛。

伴随着现代科学技术的发展，照明产业飞速增长，照明技术也得到迅速提高，新的高效、环保、节能、长寿命光源和灯具产品不断涌现，照明设计水平越来越高，大量的照明工程检测也为场馆建设积累了丰富的经验，这些都有益于今后体育场馆照明标准的实施和体育场馆照明质量的提高。而照明产品、照明控制、照明节能和照明设计也将成为推动体育照明发展的重要方面。

体育场馆场地照明多采用传统光源高压气体放电灯金卤灯，照明灯功率高达1000W/2000W，灯具安装高度可达到50～60m。随着LED照明应用的快速发展，LED在体育场馆照明中的应用也引起越来越多人的关注。LED照明以其耗电量小、色品质可调、控制灵活、能瞬时点燃等独有特点，更适合用于体育照明。到目前为止，国内外已有一批新建和改建的体育场馆采用了LED照明，特别是训练场馆。从LED照明的发展趋势来看，LED照明也会越来越多地进入体育场馆照明，预期到2022年冬奥会将会有更多的体育场馆采用LED照明。现就LED在体育场馆照明中的应用前景作简要分析，将LED用于体育场馆照明必须在产品性能和应用技术上达到相应的要求：

（1）LED产品性能要求

1）LED灯功率和光效值：体育比赛场馆的场地照明照度高达2000lx，虽然LED光源的发光效率高，但要达到如此高的照度，单灯功率也得达到几百瓦（体育馆）甚至上千瓦（体育场），这样大功率的灯散热是一个大问题，各企业也在致力解决这一问题，目前国内外已有此类产品推向市场，形成单灯1000W的系列产品，并用于体育场馆和港口码头。根据国家建工质检中心2014年对我国几家主要LED生产企业体育场馆灯具的检测结果，灯具效能均在90lm/W以上，可见LED光效是能满足要求的。

2）LED的颜色性能指标：显色指数CRI是评价颜色的重要指标，国际上新开发的CQS是一新的显色指数评价系统，适用于传统光源和SSL光源，相对于当前占市场主导地位的激发荧光粉产生白光的LED，CRI评价方法仍然可以采用，对于由蓝光激发黄色荧光粉的发射光谱主要是黄绿光，缺少红光成分R_9，所以在相关标准中应增加对R_9的规定。此外，评价LED颜色性能指标的还有色温、同类光源的色容差、寿命期内的色偏差以及灯具在不同方向上的偏差。因为体育场馆有电视转播，颜色性能无疑是很重要的。

3）LED灯具配光：体育场馆的灯具安装高度通常在十几米到几十米之间，而且对照度均匀度的要求极高（指高级别的比赛），光的投射距离有的达到一百几十米，光束角也就只有几度，不同的投射距离需要不同的灯具配光，往往一个体育场地需要多种配光，在体育场馆中适宜采用中配光、窄配光和特窄配光。

4）对LED灯具的重量要求：因为灯具安装高度比较高，控制灯的重量可减少建筑结构的荷载，大大降低建造成本。LED灯具由于要解决散热问题，往往会增加灯具的重量，所以对灯具的重量应该有限值的规定。

（2）LED照明应用技术要求

1）场馆中LED的色漂移：在LED产品的各项颜色性能指标中对显色指数R_a、色温T_{cp}、光源的色容差、色偏差都可以作出定量规定，但在实际应用中因受各种因素的影响，随着时间的推移，现场显色指数 R_a 会提高，色温 T_{cp} 会降低，使之与初始值之间会有很大差异，如某一奥运场馆，经过几年的使用，现场显色指数 R_a 由 81 升到了 91，色温 T_{cp} 由 5500K 降低到了 4400K，以上是金属卤化物灯的现场数据，而 LED 用在体育场馆会产生多大的色漂移还有待验证。

2）LED 照明的眩光问题：在体育场馆中眩光不仅会影响比赛，还会影响到运动员的心情，如果出射光直接照射到摄像机镜头上，还会产生摄像机眩光，影响拍摄。解决 LED 照明引起的眩光除了在灯具设计时要考虑防止眩光外，灯具的安装高度和投射角度也是控制眩光的重要因素。

3）LED 照明的频闪效应：评价频闪效应的指标有两个，即频闪比和频闪指数。LED 灯的频闪效应较其他几种光源更加突出，在相同频率的情况下，LED 灯的频闪比要比金卤灯的频闪比高。在实际应用中频闪对于体育场馆照明尤其重要，当转播比赛需要慢动作或超慢动作回放时，转播画面很容易出现抖动的现象。因此伦敦奥运会对体育电视转播频闪提出了要求，有的体育馆将频闪比定为<3%。

（3）LED 照明控制系统

LED 用于体育场馆照明在智能控制系统方面具有绝对优势。一是体育场馆照明需要满足多种开灯模式，二是 TV 应急照明需要光源能瞬时点燃等，金属卤化物灯从开灯到达到额定光通约需要 40 分钟，如果在比赛进行过程中灯因故熄灭，再重新回到比赛似乎不太可能，北京奥运场馆在投入使用前也都加上了不间断电源，这样不但会大大增加投资，而且还会给使用带来很多不便；又如体育场馆中的安全照明和疏散照明以往都采用卤钨灯，寿命短、光效低，不节能。此外，现在很多比赛，如网球比赛在赛间休息时，有时全场灯关掉，只留运动员座位上的灯光，此前是采用在灯上安装启闭装置，若用 LED 就可以灵活控制了。还有在体育训练场馆中，运动员可以按需调光，感觉良好，说明 LED 智能控制系统在体育场馆应用中可以充分发挥作用。

（4）LED 照明的功率密度

体育场馆照明照度高，用电量大，采用 LED 照明比传统金卤灯照明有更大的节能潜力。根据《半导体照明产品在训练场馆应用研究》课题对体育训练场馆的实测结果，在满足相同照度指标的前提下，LED 灯比传统金卤灯所需的总功率更低，平均节能率约为 40%。说明 LED 灯的照明功率密度值显著低于传统的金卤灯，在传统照明 *LPD* 限值的基础上，可以乘以相应的修正系数，对于比赛场馆的 LED 照明功率密度值还有待进一步研究。

总之，由于体育场馆对照明的要求很高，所以对 LED 照明的稳定性、灯具配光、眩光、频闪以及大功率灯具的散热等问题尚需作进一步深入探讨。

5 城市道路照明设计标准

5.1 各版标准回顾

我国行业标准《城市道路照明设计标准》CJJ 45 的制订和修订大致经历如下几个时段：

（1）《城市道路设计规范》"道路照明"章和《城市道路照明指南》的制订和实施

20 世纪 80 年代初，我国开始了改革开放，城市建设迅猛发展，但城市道路照明明显滞后，不能满足城市交通和人民生活的需要。不但路灯数量少，大量存在有路无灯情况，而且照明质量也不行，更严重的是缺少工程技术人员且技术水平低下，无设计标准可以遵循。在这样的背景下，建研院物理所与北京、上海、天津、武汉、广州等城市的路灯处、所联合，于 1980 年 4 月成立了"城市道路照明技术情报站"，1982 年初便向当时主管城市路灯的国家城建总局市政工程局申报，由物理所牵头组织编写《城市道路照明指南》（以下简称《指南》），其中包括城市道路照明标准。

与此同时，我们获悉，北京市市政设计研究院根据原国家城建总局（80）城发科字第 207 号文，组织了全国 16 个市政系统的设计研究院（所）、高等院校开始编制行业标准《城市道路设计规范》（以下简称《规范》），拟包括"道路照明"章。编制工作刚开展不久，便主动联系并邀请建研院物理所作为编制组成员负责该《规范》的第十四章"道路照明"的制订工作。

后经协商，根据城乡建设环境保护部（82）城公综字第 15 号文成立了《规范》"道路照明"章及《指南》编写组，负责完成《规范》制订和《指南》编写两项任务。主编单位为中国建筑科学研究院物理所，副主编单位为北京市路灯管理处和西安市建筑设计院，天津市路灯管理所、沈阳市路灯管理所、无锡市路灯管理所、西安市路灯管理所等为参编单位。

《规范》"道路照明"章一共只有四节 22 条，实际上是一个面向市政道路设计人员的简约版，含"道路照明"章的《规范》于 1991 年 3 月 4 日获建设部批准为行业标准，编号为 CJJ 37—90，自 1991 年 8 月 1 日起实施。

《指南》内容广泛，涵盖道路照明标准、照明器材的选用、供电线路和控制、照明装置设置方法、照明设计与计算、道路照明的测量、维护管理、技术经济分析和节能等各个方面，是后来制订第一版《城市道路照明设计标准》的基础。《指南》于 1987 年 2 月 20 日通过专家评审会审查，1987 年 7 月 22 日城乡建设环境保护部建设局下发（87）城城科字第 105 号文"关于印发《城市道路照明指南》的通知"，明确"《城市道路照明指南》是我国路灯行业的第一个技术文件，在我国《道路照明设计标准》颁发之前，路灯系统应参照本《指南》中的有关规定执行。"

（2）《城市道路照明设计标准》CJJ 45—91 的制订和实施

在编制《规范》"道路照明"章的过程中，考虑到该章由于受到篇幅的限制，不可能包括《城市道路照明设计标准》应该有的全部内容，而缺少这部分内容就无法规范和指导路灯行业的照明设计和运行管理工作，因此有必要另行制订《城市道路照明设计标准》（以下简称《标准》），于是在《指南》编写工作即将完成之际，由建研院物理所向院、部申报，1986年5月获部批准立项，1987年2月开始该标准的制订工作，1990年7月完成报批稿，1991年6月27日部发文批准该标准为行业标准，编号为CJJ 45—91，自1992年2月1日起施行。

（3）《标准》的第一次修订和实施

考虑到《标准》第一版CJJ 45—91已实施了十几年，国内外情况发生了很大变化，原有标准已满足不了我国城市建设日新月异的发展需要，加之，国际上照明技术又有了很大进步，CIE和许多国家都先后更新了自己的规范标准，和国际接轨也提到了日程。在这样的背景下，我所于2002年11月向院、所递交了修订第一版标准的申请，不久获批立项。修订工作自2003年7月开始，2005年8月完成报批，2006年12月19日建设部发布“建设部关于发布行业标准《城市道路照明设计标准》的公告”，批准《城市道路照明设计标准》为行业标准，编号为CJJ 45—2006，自2007年7月1日起实施，原行业标准《城市道路照明设计标准》CJJ 45—91同时废止。

（4）《标准》的第二次修订

随着城市建设的快速发展，城市化进程的推进，新建、改建、扩建的城市道路越来越多，全国各地的道路交通流量逐渐增加，交通构成情况也日趋复杂，对城市道路照明提出了更高的要求，特别是能源紧张成为新的课题，兼顾照明质量和节能需要通过标准来进行规定。近些年半导体照明技术快速发展并日渐成熟，也同样需要标准的规定，才能保证科学使用并发挥作用。这些情况都对修编标准提出了要求。于是，在2012年，建研院环能院向建设部申请立项修编该标准。

根据住房和城乡建设部《关于印发2013年工程建设标准规范制订、修订计划的通知》（建标〔2013〕6号）的要求，立项对《城市道路照明设计标准》进行修编，本次修编由中国建筑科学研究院作为主编，北京市城市照明管理中心、成都市城市照明管理处、深圳市灯光环境管理中心等单位共同编制。于2013年5月召开启动会，2014年9月28日完成标准审查会，2014年12月完成报批。

5.1.1 《城市道路照明设计标准》CJJ 45—91

5.1.1.1 标准文件

1. 封面、公告、前言

本版标准封面、公告及前言如图5-1所示。

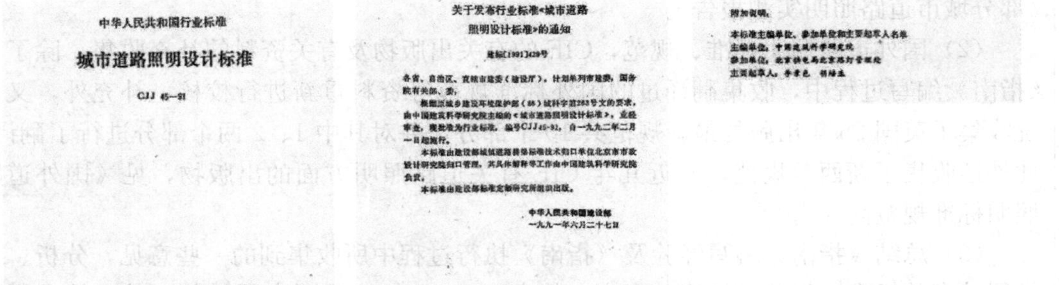

中华人民共和国行业标准

城市道路照明设计标准

CJJ 45—91

1992 北京

关于发布行业标准《城市道路照明设计标准》的通知

建标〔1991〕429号

各省、自治区、直辖市建委（建设厅），计划单列市建委，国务院有关部、委：

根据原城乡建设环境保护部（86）城科字第263号文的要求，由中国建筑科学研究院主编的《城市道路照明设计标准》，业经审查，现批准为行业标准，编号CJJ 45-91，自一九九二年二月一日起施行。

本标准由建设部城镇道路桥梁标准技术归口单位北京市市政设计研究院归口管理，其具体解释等工作由中国建筑科学研究院负责。

本标准由建设部标准定额研究所组织出版。

中华人民共和国建设部
一九九一年六月二十七日

3

附加说明：

本标准主编单位、参加单位和主要起草人名单

主编单位：中国建筑科学研究院

参加单位：北京供电局北京路灯管理处

主要起草人：李景色 胡锦生

图5-1 《城市道路照明设计标准》CJJ 45—91封面等

2. 送审报告

下文为本版标准送审报告全文。

《城市道路照明设计标准》送审报告

一、任务来源及编制单位

本标准是根据城乡建设环境保护部（86）城科字第263号文的要求，由中国建筑科学研究院建筑物理研究所负责主编，并会同北京供电局路灯管理处共同编制而成。

二、编制本标准的目的

编制道路照明设计标准在我国还是第一次。随着我国国民经济的迅速发展，机动车数量的急剧增加，确保车辆和人身安全、减少交通事故的问题越来越突出。世界各国（包括我国）的科研和实践表明，设置合格的道路照明可以大大减少交通事故。此外，道路照明还可以提高交通运输效率，方便人们生活，防止犯罪活动和美化城市环境。有了这个标准，今后的道路照明设计工作就有章可循，从而确保道路照明质量，同时还可以避免因追求过高的照明水准而造成的能源浪费，达到节能的效果。可以肯定本标准对我国道路照明事业的健康发展会起到一定的指导作用。

三、标准编制的简要过程及主要工作

本标准的编制工作大体经历三个阶段：

1. 准备工作阶段

1987年2～3月落实编制单位和人员，组成编制组。确定编写大纲，任务分工和进度安排。

2. 初稿阶段

本标准的编写单位和起草人员也是原城乡建设环境保护部城建局下达的《城市道路照明指南》的编写单位和主要起草人员。

《指南》刚审查完毕就开始《标准》的编制工作。因此，《标准》的编制工作是在《指南》的基础上进行的。

（1）国内道路照明现状的补充调研实测：除编制组成员对部分城市一些道路的照明进行实测外，又一次向全国70余座城市的路灯单位发了函调信，得到了许多单位的热情支持和帮助，纷纷把自己的测试结果和有关资料寄给我们，从而进一步扩大了调查的覆盖面。同时，由于统一了照明的测量方法，因此数据的可靠性和可比性也提高了，见《部分城市道路照明实测报告》。

（2）国外道路照明标准、规范，CIE的有关出版物及有关资料的补充收集：除了对《指南》编写过程中，收集翻译过的国外标准规范等资料重新进行校核、补充外，又系统收集了英国85年出版的最新规范共10个部分，并对其中1、2两个部分进行了翻译。此外还收集了新西兰规范，及近几年CIE有关道路照明方面的出版物，见《国外道路照明标准规范简介》。

（3）总结《指南》编写经验及《指南》执行过程中所收集到的一些意见，分析、比较国外有关标准、规范的结构、内容、特点于1988年7月写出了初稿，并寄给全国路灯所（处）、市政设计院（所）、大专院校等70几个单位广泛征求意见，见《城市道路照明设计标准》（征求意见稿）。

3. 送审稿阶段

1988 年 8 月～11 月共收到约 20 个单位的复函，征集到意见 71 条。紧接着编制同志对这些意见逐条进行了认真的分析研究，分别提出了处理意见。然后对初稿进行了一次全面修改写出了第二稿。1989 年 4 月～7 月又进行了部分修改和补充，完成了送审稿、条文说明和其他资料，并于 8 月初寄给有关单位，为这次会议作准备。8 月份向本标准的技术归口单位提出审查申请，10 月～11 月和《城市道路设计规范》进行协调，11 月底确定召开本次会议。

四、本标准的构成及要点

本标准共分六章，其中第三、四、五章又各分成两节。

第一章　总　则

第二章　照明标准

道路分类——根据道路设计规范又结合路灯实际服务范围从道路照明角度将城市道路分成五类；标准依据——把亮度作为依据。因此虽然也给出了一套照度标准值，但有条件的单位，应以亮度指标为准；照度标准值——适用于沥青路面。一般中小城市可视其道路类别采用低一级标准。

第三章　光源和灯具选择

本标准规定道路照明应采用高强气体放电灯和低压钠灯，不宜采用白炽灯。

第四章　照明设计

明确有常规照明和高杆照明两种照明方式，对高杆照明的设计原则作出了明确规定；对栏杆照明作了些限制；对居住区道路照明设计作了规定——不宜采用取千篇一律的照度水平，要根据其功能进行规划；避免光污染。

第五章　照明供电和控制

明确城市道路照明有条件时应采用高压供电；微机控制仪——近几年在我国用得不少，在标准中加以肯定；开灯关灯照度水平——5～10lx 是结合我国实际情况确定的。

第六章　节能措施

本章全部是结合我国实际情况编制的。

五、本标准的特点

1. 较好地体现出先进性、科学性和实用性

先进性——本标准向 CIE 及国际上的先进标准靠拢，把亮度作为制订标准的依据，而且把路面平均亮度、亮度均匀度、眩光限制、诱导性作为道路照明评价指标。此外，对于国内外新近兴起的高杆照明、栏杆照明等的照明设计要求以及微机控制等，本标准也吸收了国内外最新研究成果作出了规定。

科学性——本标准各项标准值的导出，既参考了 CIE 及若干国家的标准、规范，又借鉴了国外道路照明工作者的研究成果，还依据了对我国部分城市道路照明的实测结果，因此依据充分，有很强的科学性。各条条文也是在总结我国自己的实践经验和参考若干国家标准规范的基础上编写的。

实用性——本标准符合我国国情。首先，在把亮度作为评价指标的同时还保留了照度评价指标，并给出了亮度和照度两套标准值。这是在考虑到我国目前一下子普遍采用

亮度标准还有很大困难这一实际情况作为过渡而采取的一种措施。同样，确定采用亮度总均匀度，放弃纵向均匀度，以及眩光限制标准以允许采用何种类型灯具的方式给出等也是根据我国国情和方便大家使用的原则确定的。再者标准值定得合适，目前我国已有一部分道路的照明水平符合标准要求，经过努力绝大多数道路是可以达到要求的。如果能全面贯彻执行本标准包括落实各项节能措施则可以取得较大的社会效益和经济效应。

2. 内容充实，结构严谨，文字简练

本标准内容比较充实，和道路照明设计有关的基本问题都包括进来了。

各个章节的编制目的、所应包括的内容明确，整个标准的各个部分形成有机联系，结构严谨。

由于吸取了大家的宝贵意见又进行了多次修改，因此文字比较简练。

六、今后课题

1. 对我国道路常用路面材料进行全面调查，并对其反光性能进行全面测试，求出亮度系数。

2. 加强对驾驶员的夜间视觉作业特点的研究，并进行驾驶员的现场评价实验。

3. 使制订标准的基础更加可靠，标准值更符合我国实际，并便于和 CIE 及其他国家的路面分类、系统及亮度系数进行比较。

3. 审查会议

本版标准审查会议通知如图 5-2 所示。参加标准审查会的委员和工作人员合影如图 5-3 所示。本次会议纪要如图 5-4 所示，包括《城市道路照明设计标准》（行标）审查会会议纪要及审查会代表名单。下文为会议纪要全文。

《城市道路照明设计标准》审查会会议纪要

根据原城乡建设环境保护部（86）城科字 263 号文的要求，由中国建筑科学研究院建筑物理研究所负责会同北京供电局路灯管理处共同编制的《城市道路照明设计标准》于 1989 年 8 月完成送审稿，经与相关规范协调后，建设部城镇道桥工程标准技术归口单位——北京市市政设计研究院于 1989 年 12 月 25 日至 27 日在北京吉乐灯具厂组织召开了审查会，市政工程有关部门（道路园林、公安交通）的代表及来自全国九省从事道路照明设计和管理方面工作的专家和相关规范的代表 21 位代表参加会议。建设部标准定额研究所和城镇建设标准研究中心派代表出席了会议。与会代表共同对本标准进行了审查。

会议成立了标准审查领导小组，由城镇道桥技术标准归口单位—北京市市政设计研究院范励修总工担任组长，李登敏、梁满华、林贤光、秦乾华、张均任、张绍纲等六位同志为领导小组成员。会议由范励修总工主持。建设部标准定额研究所李登敏高工、城镇建设标准研究中心梁满华高工先后就审查会的目的、要求、开法讲了话。

本标准主编李景色高工代表编制组就编制工作情况和主要技术问题作了报告。与会代表对标准送审稿逐章、逐节、逐条进行了深入细致的审查讨论。在充分讨论的基础上提出了如下审查意见：

1. 编制组做了大量工作：在我国《城市道路照明指南》基础上对我国的道路照明现状进行了补充调研和实测；先后对全国70余座城市的道路照明现状进行了函调；向70多个单位征求了道路照明设计标准方面的意见；分析和研究了CIE及一些发达国家的道路照明标准，在以上工作的基础上编制了本标准，并同相关的标准、规范和有关规定进行了协调。

2. 本标准在内容上将路面平均亮度、亮度均匀度、眩光限制、诱导性作为道路照明的评价指标，因此在技术上具有先进性。

3. 本标准各项指标的确定，是根据我国部分城市道路照明的实测数据，并借鉴CIE及一些国家的标准，因此具有充分的科学依据。

4. 本标准从我国的技术经济水平出发，规定了适用于我国的技术指标，如给出亮度值和照度值，是符合中国国情、切实可行的。

5. 本标准提出了道路照明节能措施，有利于节能，经济合理。

6. 本标准各种技术文件齐全。

与会代表认为本标准系首次编制，接近国际水平，它将使我国今后城市道路照明设计有章可循，将对我国城市道路照明设计起重要指导作用，具有很大的经济和环境效益。

经与会代表认真讨论，对本标准的送审稿提出如下主要修改和补充意见：

1. 关于总则

第1.0.3条补充“不适用于隧道照明设计”。

2. 关于照明标准

第2.0.5条　人行道的平均照度改为“应不低于1lx”。

第2.0.7条　一般中小城市“路面平均照度最低不得小于1lx”一句删去。

表2.0.3注（1）若系水泥混凝土路面，其平均照度值改为“可相应降低20%～30%”。

3. 关于照明设计

第4.1.3条之2款，改为“不得把灯杆设在危险地点或维护时会严重妨碍交通的地方”。

增加第6款，“在满足功能要求前提下，力争做到与环境协调”。

第4.2.5条取消，把它的中心意思写进第4.2.6条。

第4.2.7条之4款取消。

第4.2.12条改写进“绿化应以不妨碍道路照明的功能为前提”方面内容。

4. 关于照明供电和控制

第5.1.1条与第5.1.2条内容调换即一般情况下采用低压供电，条件许可时采用高压供电。

第5.1.4条改为“低压照明线路的末端电压不应低于额定电压的90%或不应低于始端电压的95%”。

增加第5.1.9条写入“接地”内容。

第5.2.3条开关灯水平改为2～10lx。

5. 关于节能措施

第6.0.1条原内容取消，改写成“节能是以不降低照明水平为前提”方面内容。

第 6.0.3 条之 2 款泛光灯效率由 50％改为 55％。

第 6.0.4 条电容补偿后的功率因素改为“应不小于 0.8”。

6. 希望文字进一步简练，用词、插图更加准确和规范化。

经审查，与会代表一致同意本标准通过审查。希望编制组按照会议提出的意见，对标准进行修改补充，尽快完成报批稿上报审批。

鉴于实际工作需要，与会代表还建议主管部门尽快立项并组织编制广场、停车场、隧道等的照明设计标准，以使市政工程方面的照明标准更完整、配套。

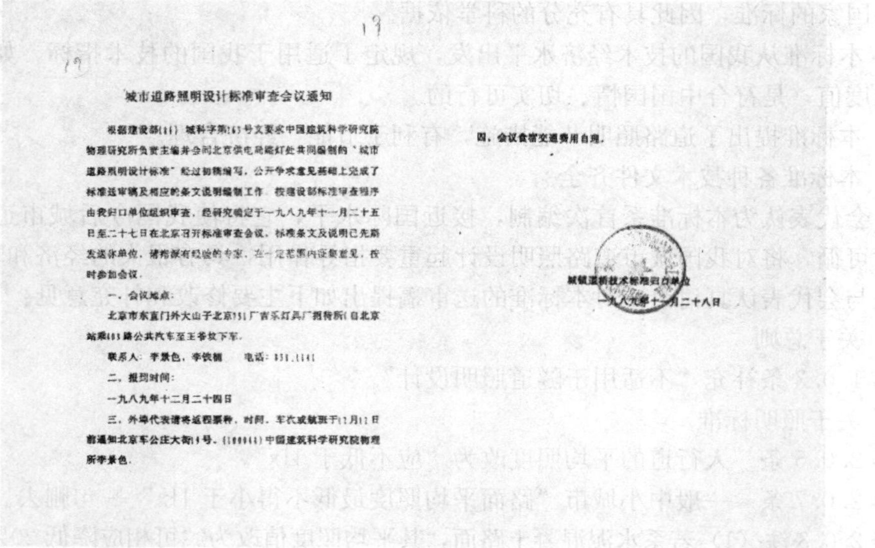

城市道路照明设计标准审查会议通知

根据建设部[illegible]城科字第[illegible]号文要求中国建筑科学研究院物理研究所负责主编并会同北京供电局路灯处共同编制的“城市道路照明设计标准”经过初稿编写，公开争求意见基础上完成了标准送审稿及相应的条文说明编制工作。按建设部标准审查程序由我归口单位组织审查，经研究确定于一九八九年十一月二十五日至二十七日在北京召开标准审查会议。标准条文及说明已先期发送你单位，请指派有经验的专家，在一定范围内征集意见，按时参加会议。

一、会议地点：

北京市东直门外大山子北京751厂吉乐灯具厂招待所(自北京站乘403路公共汽车至王爷坟下车。

联系人：李景色、李铁楠　　电话：831.1141

二、报到时间：

一九八九年十二月二十四日

三、外埠代表请将返程票种，时间，车次或航班于11月11日前通知北京车公庄大街19号，(100044)中国建筑科学研究院物理所李景色。

四、会议食宿交通费用自理。

城镇道桥技术标准归口单位

一九八九年十一月二十八日

图 5-2 《城市道路照明设计标准》CJJ 45—91 审查会议通知

图 5-3 《城市道路照明设计标准》CJJ 45—91 审查会合影

5.1.1.2 标准内容简介

本标准包括六章、四个附录和一个附加说明。

第一章　总则　共 4 条，规定了制订本标准的目的、本标准的适用范围、本标准和其他标准的关系以及道路照明的设计原则。

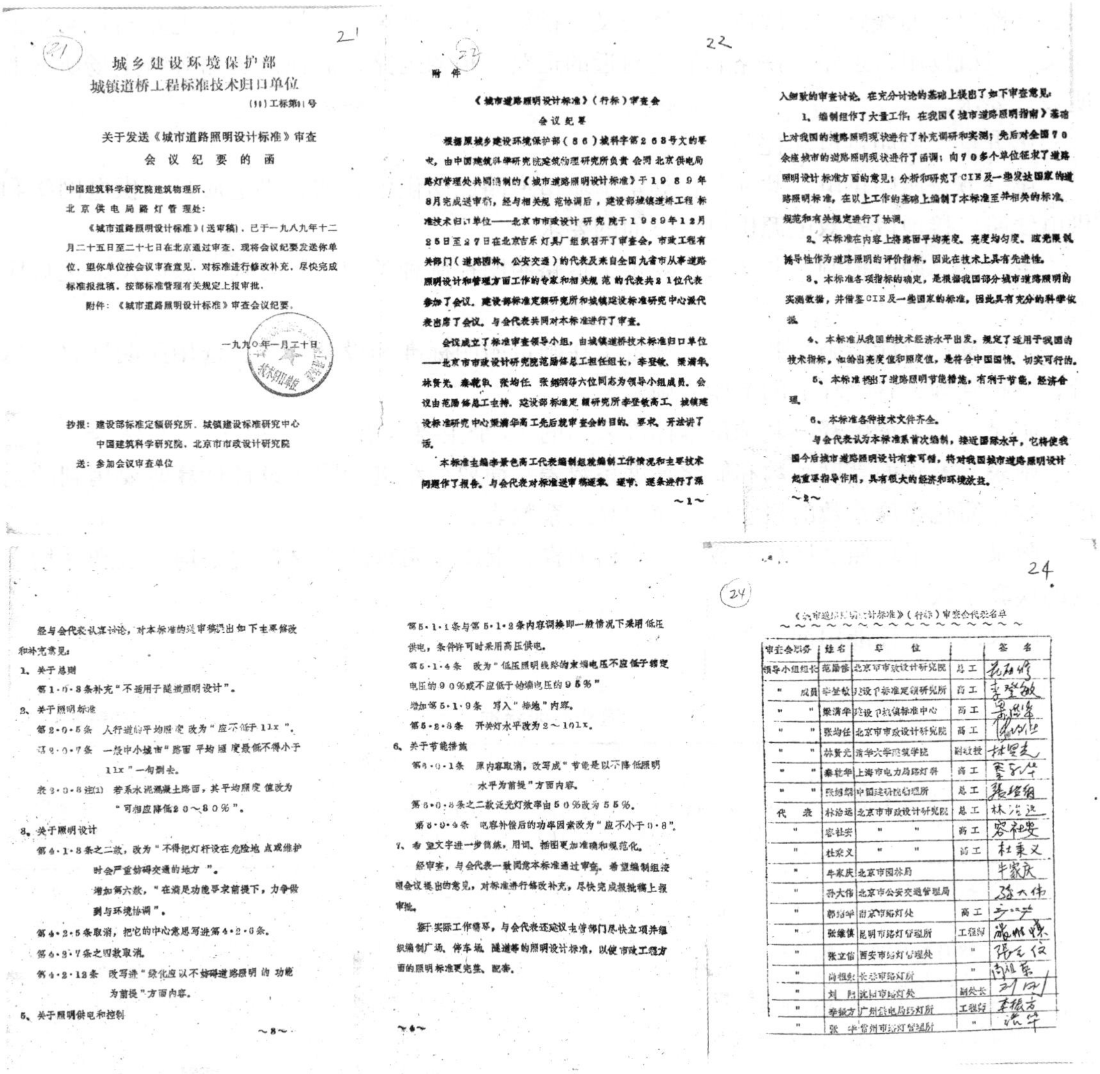

城乡建设环境保护部
城镇道桥工程标准技术归口单位
(91)工标第1号

关于发送《城市道路照明设计标准》审查
会议纪要的函

中国建筑科学研究院建筑物理所、
北京供电局路灯管理处：

《城市道路照明设计标准》(送审稿)，已于一九八九年十二月二十五日至二十七日在北京通过审查。现将会议纪要发送你单位，望你单位按会议审查意见，对标准进行修改补充，尽快完成标准报批稿，按部标准管理有关规定上报审批。

附件：《城市道路照明设计标准》审查会议纪要。

一九九〇年一月二十日

技术归口单位

抄报：建设部标准定额研究所、城镇建设标准研究中心
中国建筑科学研究院、北京市市政设计研究院
送：参加会议审查单位

附件

《城市道路照明设计标准》(行标)审查会
会议纪要

根据原城乡建设环境保护部(86)城科字第263号文的要求，由中国建筑科学研究院建筑物理研究所负责会同北京供电局路灯管理处共同编制的《城市道路照明设计标准》于1989年8月完成送审稿，经与相关规范协调后，建设部城镇道桥工程标准技术归口单位——北京市市政设计研究院于1989年12月25日至27日在北京吉乐灯具厂组织召开了审查会，市政工程有关部门(道路园林、公安交通)的代表及来自全国九省市从事道路照明设计和管理方面工作的专家和相关规范的代表共21位代表参加了会议。建设部标准定额研究所和城镇建设标准研究中心派代表出席了会议。与会代表共同对本标准进行了审查。

会议成立了标准审查领导小组，由城镇道桥技术标准归口单位——北京市市政设计研究院范励修总工担任组长，李登敏、粱清华、林贤光、秦乾华、张均任、张绍纲等六位同志为领导小组成员。会议由范励修总工主持。建设部标准定额研究所李登敏高工、城镇建设标准研究中心粱清华高工先后就审查会的目的、要求，开法讲了话。

本标准主编李景色高工代表编制组就编制工作情况和主要技术问题作了报告。与会代表对标准送审稿逐章、逐节、逐条进行了深

~1~

入细致的审查讨论。在充分讨论的基础上提出了如下审查意见：

1、编制组作了大量工作：在我国《城市道路照明指南》基础上对我国的道路照明现状进行了补充调研和实测；先后对全国70余座城市的道路照明现状进行了函调；向70多个单位征求了道路照明设计标准方面的意见；分析和研究了CIE及一些发达国家的道路照明标准，在以上工作的基础上编制了本标准至并相关的标准、规范和有关规定进行了协调。

2、本标准在内容上将路面平均亮度、亮度均匀度、眩光限制、诱导性作为道路照明的评价指标，因此在技术上具有先进性。

3、本标准各项指标的确定，是根据我国部分城市道路照明的实测数据，并借鉴CIE及一些国家的标准，因此具有充分的科学依据。

4、本标准从我国的技术经济水平出发，规定了适用于我国的技术指标，如给出亮度值和照度值，是符合中国国情、切实可行的。

5、本标准提出了道路照明节能措施，有利于节能，经济合理。

6、本标准各种技术文件齐全。

与会代表认为本标准系首次编制，接近国际水平，它将使我国今后城市道路照明设计有章可循，将对我国城市道路照明设计起重要指导作用，具有很大的经济和环境效益。

~2~

经与会代表认真讨论，对本标准的送审稿提出如下主要修改和补充意见：

1、关于总则
第1·0·3条补充"不适用于隧道照明设计"。

2、关于照明标准
第2·0·5条　人行道的平均照度改为"应不低于1lx"。
第2·0·7条　一般中小城市"路面平均照度最低不得小于1lx"一句删去。
表2·0·8注(1)　若系水泥混凝土路面，其平均照度值改为"可相应降低20～30%"。

3、关于照明设计
第4·1·3条之二款，改为"不得把灯杆设在危险地点或维护时会严重妨碍交通的地方"。
增加第六款，"在满足功能要求前提下，力争做到与环境协调"。
第4·2·5条取消，把它的中心意思写进第4·2·6条。
第6·2·7条之四款取消。
第4·2·12条　改写进"绿化应以不妨碍道路照明的功能为前提"方面内容。

5、关于照明供电和控制

~3~

第5·1·1条与第5·1·2条内容调换即一般情况下采用低压供电，条件许可时采用高压供电。
第5·1·4条　改为"低压照明线路的末端电压不应低于额定电压的90%或不应低于始端电压的95%"
增加第5·1·9条　写入"接地"内容。
第5·2·3条　开关灯水平改为2～10lx。

6、关于节能措施
第6·0·1条　原内容取消，改写成"节能是以不降低照明水平为前提"方面内容。
第6·0·3条之二款泛光灯效率由50%改为55%。
第6·0·4条　电容补偿后的功率因素改为"应不小于0·8"。

7、希望文字进一步简练，用词、插图更加准确和规范化。

经审查，与会代表一致同意本标准通过审查。希望编制组按照会议提出的意见，对标准进行修改补充，尽快完成报批稿上报审批。

鉴于实际工作需要，与会代表还建议主管部门尽快立项并组织编制广场、停车场、隧道等的照明设计标准，以使市政工程方面的照明标准更完整、配套。

~4~

《[illegible]》(行标)审查会代表名单

审查会职务	姓名	单位		签名
领导小组组长	范励修	北京市市政设计研究院	总工	
" 成员	李登敏	建设部标准定额研究所	高工	
" "	粱清华	建设部城镇标准中心	高工	
" "	张均任	北京市市政设计研究院	高工	
" "	林贤光	清华大学建筑学院	副教授	
" "	秦乾华	上海市电力局路灯科	高工	
" "	张绍纲	中国建研院物理所	总工	
代表	林治远	北京市市政设计研究院	总工	
"	容社安	" "	高工	
"	杜秉义	" "	高工	
"	牛家庆	北京市园林局		
"	孙大伟	北京市公安交通管理局		
"	郭绍华	南京市路灯处	高工	
"	张维慎	昆明市路灯管理所	工程师	
"	张文信	西安市路灯管理处	"	
"	尚祖东	长春市路灯所	"	
"	刘阳	沈阳市路灯处	副处长	
"	李振方	广州供电局路灯所	工程师	
"	张华	常州市路灯管理所	"	

图 5-4 《城市道路照明设计标准》CJJ 45—91 审查会会议纪要

第二章　照明标准　共 6 条，主要规定了城市道路照明的分级、机动车和非机动车交通道路的评价指标以及各级道路的照明标准值。见表 5-1。

第三章　光源和灯具的选择

第一节　光源的选择　共 2 条，规定各级/类道路应/宜选用光源的原则要求。

第二节　灯具的选择　共 6 条，规定各级道路以及一些特殊场所应/宜选用灯具的原则要求。

第四章　照明设计

第一节　照明方式　共 3 条，分别规定采用常规照明方式和高杆照明方式时，对灯具的配光类型、布灯方式、杆高、杆距、灯具的仰角/灯具最大光强的投射方向的要求。

第二节　道路及与其联接的特殊场所照明设计原则　共 15 条，规定了一般道路及平

面交叉路口、曲线路段、坡道、立体交叉、桥梁、人行地道、人行天桥、道路与铁路平面交叉、飞机场附近道路、铁路和航道附近的道路、植树道路、居住区道路等特定场所的照明设计要求。

第五章 照明供电和控制

第一节 照明供电 共 9 条，规定了城市道路照明供电方式、供电质量、供电网络和供电线路、接地以及双电源供电等方面的要求。

第二节 照明控制 共 3 条，规定了道路照明控制种类和控制方式方法以及开关灯照度水平。

第六章 节能措施 共 7 条，规定了在确定照明标准和设计方案、选用照明器材、运行、维护管理等各个环节的节能措施。

附录一 名词解释 共选用本标准采用的 13 个主要术语。

附录二 路面亮度系数和简化亮度系数表 简要介绍进行照明设计计算时要用到的亮度系数、简化亮度系数的概念以及简化亮度系数表。

附录三 平均照度换算系数 给出沥青和混凝土两种路面材料的平均照度和平均亮度的换算系数表。

附录四 本标准用词说明

道路照明标准 表 5-1

<table>
<tr><th rowspan="2">级别</th><th rowspan="2">道路类型</th><th colspan="2">亮度</th><th colspan="2">照度</th><th rowspan="2">眩光限制</th><th rowspan="2">诱导性</th></tr>
<tr><th>平均亮度 L_{av}（cd/m^2）</th><th>均匀度 L_{min}/L_{av}</th><th>平均照度 E_{av}（lx）</th><th>均匀度 E_{min}/E_{av}</th></tr>
<tr><td>Ⅰ</td><td>快速路</td><td>1.5</td><td>0.4</td><td>20</td><td>0.4</td><td rowspan="2">严禁采用非截光型灯具</td><td>很好</td></tr>
<tr><td>Ⅱ</td><td>主干路及迎宾路、通向政府机关和大型公共建筑的主要道路、市中心或商业中心的道路、大型交通枢纽等</td><td>1.0</td><td>0.35</td><td>15</td><td>0.35</td><td>很好</td></tr>
<tr><td>Ⅲ</td><td>次干路</td><td>0.5</td><td>0.35</td><td>8</td><td>0.35</td><td>不得采用非截光型灯具</td><td>好</td></tr>
<tr><td>Ⅳ</td><td>支路</td><td>0.3</td><td>0.3</td><td>5</td><td>0.3</td><td>不宜采用非截光型灯具</td><td>好</td></tr>
<tr><td>Ⅴ</td><td>主要供行人和非机动车通行的居住区道路和人行道</td><td>—</td><td>—</td><td>1～2</td><td>—</td><td>采用的灯具不受限制</td><td>—</td></tr>
</table>

5.1.1.3 重要条款和重要指标

1. 第 2.0.2 条 快速路、主干路、次干路和支路的照明应满足平均亮度（或照度）、亮度（或照度）均匀度、眩光限制和诱导性四项评价指标。

评价指标是《标准》的关键。CIE 及多数国家的道路照明标准，均已采用亮度评价系统，采用照度评价系统的国家已经很少了。比较亮度和照度两套评价系统，亮度系统比照度系统更先进、科学合理，但它设计计算和测量要复杂、麻烦得多，考虑到我国国情，一下子全面实施亮度标准还有困难，因此作为过渡，确定同时采用照度和亮度两套评价系统，而且亮度均匀度的评价指标，只要求亮度总均匀度，不要求纵向均匀度。我们在调研中发现，美国 1983 年颁布实施的新标准、苏联 1979 年的标准也都同时采用两套评价系统。

2. 第 2.0.3 条　各级道路照明标准，见表 5-1。

如何确定标准值是标准的核心问题，主要依据有三：其一，参照国外道路照明工作者的有关研究和调查成果，认为路面平均亮度达到 $1cd/m^2$ 时基本上能满足驾驶员安全行车要求；其二，参考 CIE 及有关国家的道路照明标准、规范所规定的标准值，CIE、前联邦德国、日本、法国等国所采用的最高亮度等级为 $2cd/m^2$，而美国最高亮度为 $1.2cd/m^2$，苏联为 $1.6cd/m^2$。在荷兰国内有多个标准，照明学会规定的是 $2cd/m^2$，而交通部规定的只有 $1cd/m^2$；其三，考虑我国国情，一是考虑我国道路照明实际达到的水平，二是 20 世纪 80 年代末我国汽车总量少，晚间车流量不大，三是当时我国国民经济还比较落后，电力供应还比较紧张。综合考虑上述因素，把最高照明等级的亮度值确定为 $1.5cd/m^2$。

关于眩光限制标准，CIE 1977 年推荐标准及部分国家标准的眩光限制指标规定了眩光控制等级（G）及相对阈值增量（TI）的具体数值，而有些国家如前联邦德国等则还在沿用 CIE1965 年的推荐标准。考虑到我国具体情况，按 G 和 TI 具体数值限制眩光还有困难，而且一般认为采用截光型和半截光型灯具，G 和 TI 的具体数值大都能够满足，因此决定沿用 CIE1965 年的推荐标准，以允许采用何种配光类型的灯具的方式给出。

3. 第 4.1.3 条　采用高杆照明方式时，应合理选择灯杆灯架的结构形式、灯具及其配置方式，确定灯杆安装位置、高度和间距以及灯具最大光强的投射方向，并处理好功能性和装饰性两者的关系

20 世纪 80 年代，在我国掀起一股高杆照明热潮，许多城市比着上，但对高杆照明的优缺点、所采用的光源灯具和维护管理、照明设计计算等一系列问题并没有深入了解，只是千篇一律追求外形、追求亮。为了规范和引导高杆照明在我国健康发展，适时在《标准》中制订包含了六款全面要求的该条条款是非常必要的。

4. 第 6.0.1～6.0.7 条　节能措施

20 世纪 70 年代资本主义国家出现能源（石油）危机以后各国都很重视照明节能工作，除政府部门外，1975 年 4 月 CIE 发表了节能声明，美国、英国、苏联、日本、法国、前联邦德国等国的照明学会或其他组织纷纷提出了照明节能要求、方法和措施。在我国，有关政府部门颁发了节能指令和节能的若干具体要求，1982 年 12 月建研院物理所完成了受北京照明学会委托组织九个单位共同编制的《照明节能措施和方法》，其中也包含一些有关道路照明的节能措施条款，但尚不完善，要求也不够具体。在这样的背景下，本标准专门制订了“节能措施”一章，共有 7 条，涉及各个方面，比较完善。除此之外，在第二章“照明标准”中，第 2.0.6 条规定“一般中小城市可视其道路类型采用低一级的标准”，其实也是节能措施之一。

5.1.1.4 专题技术报告

在标准的制订过程中，共完成了两篇报告，为标准的制订提供了技术支撑。

1.《部分城市道路照明实测报告》

编制组在原《指南》工作的基础上，又对部分城市的一些道路的照明现状进行了现场实测，同时又一次向全国70余座城市的路灯部门发调研信。编制组把自己实测的和收集到的全国共19座城市的140条道路的照明数据进行整理、分析，写出《部分城市道路照明实测报告》。

本报告内容包括：（1）平均照度与道路数的关系；（2）照度均匀度与道路数的关系；（3）平均照度和所采用的光源品种关系及其所占比例；（4）结果分析；（5）结论。

从测量结果来看，全国大多数城市道路照明水平还是比较低的，不可能在短时间内提高到国际上2cd/m^{2}的高水平，但根据当时发展趋势判断，经过努力达到本标准提出的水平还是有可能的。

2.《国外道路照明标准规范简介》

为了了解国外道路照明标准规范的现状，吸收外国标准规范的长处，逐步实现和国际接轨，编制组在《指南》工作基础上，补充收集和翻译一些国家道路照明标准规范，汇编成《国外道路照明标准规范简介》。内容包括：

（1）CIE关于道路照明的建议

A CIE《机动车交通道路照明的建议》（1977年）

B CIE《公共道路照明的国际建议》（1965年）

（2）美国道路照明实施标准（1983年）

（3）苏联道路照明规范（1979年）

（4）前联邦德国机动车交通道路照明标准（1981年）

（5）澳大利亚城市机动车交通道路照明规范（1973年）

（6）英国道路照明实施规范（1983年）

（7）日本道路照明标准（1978年批准）

（8）其他国家道路照明标准简介

（9）关于住宅区道路照明标准

5.1.1.5 论文著作

1. 李景色，《谈谈制订我国道路照明标准的若干问题》，第四届全国建筑物理学术会议交流论文，1983年1月

该文分三部分：（1）概述；（2）CIE及若干国家机动车交通道路照明标准的分析比较；（3）制订我国道路照明标准时要考虑的几个问题。其中第3部分是重点，包括：（1）关于从实际出发制订出符合我国国情的标准问题；（2）以亮度为依据还是以照度为依据制订道路照明标准的问题；（3）关于标准表达方式问题；（4）关于制订标准的方法问题。文中提出的一些观点，如，以亮度为依据制订我国道路照明标准，已为第一版标准所采纳。又如，文中认为“（眩光控制指标）G无法进行直接测量，难于考察它是否符合要求，对技术力量比较薄弱的道路照明设计和管理部门来说，执行这样的标准有困难”，为此，建议“照明质量（均匀度、眩光限制等）靠规定各种光源的安装高度、各类灯具的使用场所以及各类灯具采用不同的安装方式时其安装高度和间距之间的比例关系来保证”。第一版标准中，

表 2-0-3 中眩光限制的规定以及表 4-1-2 灯具的配光类型、布灯方式与安装高度、间距的关系，基本上反映了上述观点。

2. 李景色，《发展我国高杆照明应注意的几个问题》，第五届全国建筑物理学术会议交流论文《第五届建筑物理学术会议论文集》，1986 年 10 月，北京

针对当时正在我国兴起的高杆灯热发现的问题而发表的该文主要包括两个部分：第一部分为高杆照明的特点，简述了高杆照明的发展史及高杆照明的优缺点。第二部分列出了当时我国高杆照明存在的主要问题，针对性地提出解决办法。主要包括：（1）合理选择高杆灯的结构形式；（2）合理选择杆顶上灯具的排列方式；（3）摆正功能和美观两者关系，合理选择高杆灯的造型；（4）正确选择高杆灯的设置位置；（5）合理选择灯具和光源；（6）合理确定灯具的投光角度和杆距；（7）要进行科学的设计、计算和经济分析比较；（8）合理确定照明标准；（9）加强高杆照明理论和设计方法研究，大力开发升降式高杆灯。

文中的主要内容后来构成第一版标准（CJJ 45—91）第 4.1.3 条的主要条款。

5.1.1.6　创新点

（1）第一版标准在我国是首次制订，填补了我国照明行业中道路照明设计标准的空白，从标准的框架到具体条文，在我国都是一项创新。

（2）全面系统地规范了高杆照明设计要求，这在国外同类标准中是没有的，这也是创新之一。

（3）全面系统地提出从设计、选材到运行、维护管理方方面面的节能措施，这在同类标准中也没有出现过，这也是本标准的创新点。

5.1.1.7　社会经济效益

（1）城市道路照明可为夜间机动车、非机动车驾驶人员和行人创造良好的视看环境，从而保障车辆和人员安全，降低交通事故；有助于减少夜间道路拥堵，确保道路畅通，提高道路利用率和交通运输效率；有助于防患犯罪活动，降低犯罪率；美化夜间城市环境，方便人民生活，促进经济发展。实施城市道路照明设计标准，可使道路照明设施更加科学规范，以便更好地发挥上述诸方面作用，创造更大的社会经济效益。

（2）本标准科学地规定了各级道路的照明评价指标和标准值，使设计人员有章可循，不必去盲目追求过高的亮度、照度，从而达到节省电能和费用的效果。

（3）本标准规定了多项节能措施，特别是维护管理方面的措施很具体，实施起来也很方便，若能认真执行定能取得显著的经济效益。

5.1.2 《城市道路照明设计标准》CJJ 45—2006

5.1.2.1　标准文件

1. 封面、公告、前言

本版标准封面、公告及前言如图 5-5 所示。

2. 制修订计划文件

本版标准制修订计划文件如图 5-6 所示。根据建标［2003］104 号，第 30 项为本标准（表 5-2）。

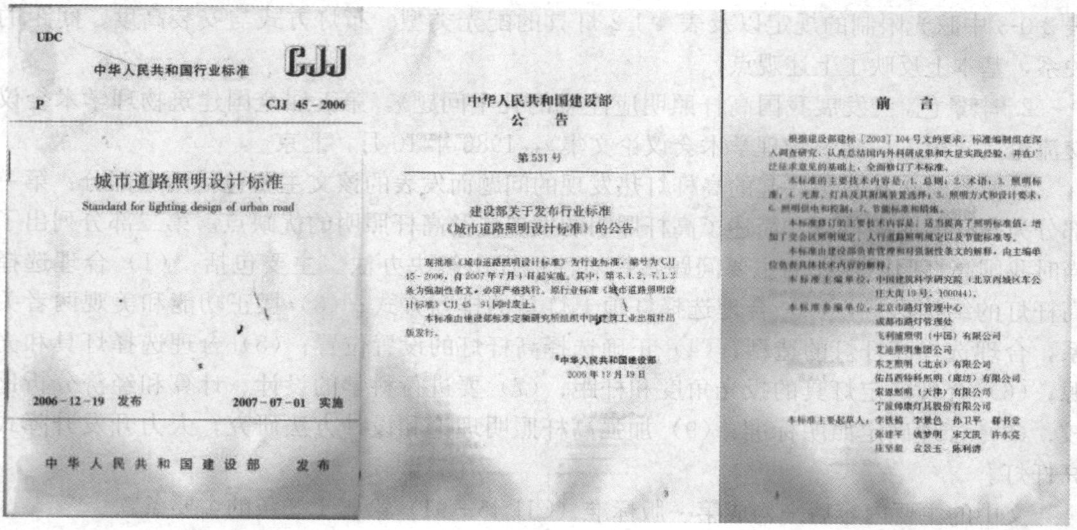

UDC

中华人民共和国行业标准 CJJ

P CJJ 45－2006

城市道路照明设计标准

Standard for lighting design of urban road

2006－12－19 发布 2007－07－01 实施

中华人民共和国建设部 发布

中华人民共和国建设部

公 告

第531号

建设部关于发布行业标准

《城市道路照明设计标准》的公告

现批准《城市道路照明设计标准》为行业标准，编号为CJJ 45－2006，自2007年7月1日起实施。其中，第8.1.2、7.1.2条为强制性条文，必须严格执行。原行业标准《城市道路照明设计标准》CJJ 45－91同时废止。

本标准由建设部标准定额研究所组织中国建筑工业出版社出版发行。

中华人民共和国建设部

2006年12月19日

前 言

根据建设部建标［2003］104号文的要求，标准编制组在深入调查研究，认真总结国内外科研成果和大量实践经验，并在广泛征求意见的基础上，全面修订了本标准。

本标准的主要技术内容是：1. 总则；2. 术语；3. 照明标准；4. 光源、灯具及其附属装置选择；5. 照明方式和设计要求；6. 照明供电和控制；7. 节能标准和措施。

本标准修订的主要技术内容是：适当提高了照明标准值，增加了交会区照明规定、人行道路照明规定以及节能标准等。

本标准由建设部负责管理和对强制性条文的解释，由主编单位负责具体技术内容的解释。

本标准主编单位：中国建筑科学研究院（北京西城区车公庄大街19号，100044）。

本标准参编单位：北京市路灯管理中心
成都市路灯管理处
飞利浦照明（中国）有限公司
艾迪照明集团公司
东芝照明（北京）有限公司
佑昌西特科照明（廊坊）有限公司
索恩照明（天津）有限公司
宁波燎原灯具股份有限公司

本标准主要起草人：李铁楠 李景色 孙卫平 郁书堂 张建平 姚梦明 宋文凯 许东亮 庄军毅 袁景玉 陈利涛

封面　　公告第531号　　前言

图 5-5 《城市道路照明设计标准》CJJ 45—2006 封面等

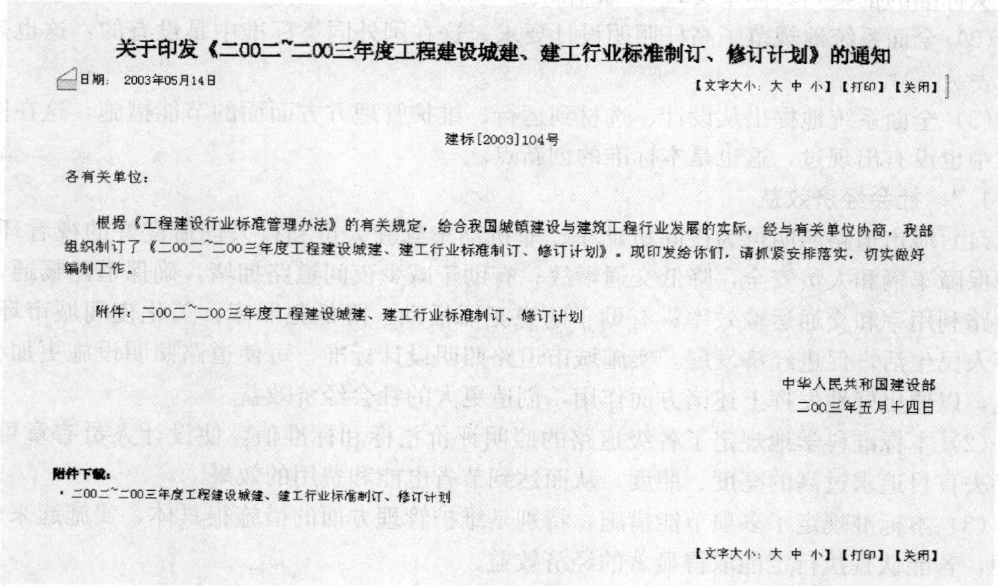

关于印发《二OO二~二OO三年度工程建设城建、建工行业标准制订、修订计划》的通知

日期：2003年05月14日 【文字大小：大 中 小】【打印】【关闭】

建标[2003]104号

各有关单位：

根据《工程建设行业标准管理办法》的有关规定，结合我国城镇建设与建筑工程行业发展的实际，经与有关单位协商，我部组织制订了《二OO二~二OO三年度工程建设城建、建工行业标准制订、修订计划》。现印发给你们，请抓紧安排落实，切实做好编制工作。

附件：二OO二~二OO三年度工程建设城建、建工行业标准制订、修订计划

中华人民共和国建设部

二OO三年五月十四日

附件下载：

・二OO二~二OO三年度工程建设城建、建工行业标准制订、修订计划

【文字大小：大 中 小】【打印】【关闭】

图 5-6 关于印发《二〇〇二-二〇〇三年度工程建设城建、建工行业标准制订、修订计划》的通知

标准修订计划　　表 5-2

序号	标准名称	制修订	主要技术内容	管理单位（主编单位）	参加单位	起止年限	计划进度要求
30	城市道路照明设计规程 CJJ 45—91	修订	对新建、扩建、改建的道路以及与道路相连的广场、立交、环岛等场所的照明标准、光源灯具的选择、照明设计、供电和控制及节能措施等作出规定	中国建筑科学研究院	北京市路灯管理处、成都市路灯管理处等	2003.04～2003.12	2003.05 征求意见稿 2003.08 送审稿 2003.12 报批稿

3. 编制组成立暨第一次工作会议

本版标准编制组成立暨第一次工作会议通知如图 5-7 所示。本次会议纪要如图 5-8 所示，包括编制工作分工。本次工作会议影像资料如图 5-9 所示。下文为会议纪要全文。

《城市道路照明设计标准》编制组成立暨第一次工作会议

会议纪要

《城市道路照明设计标准》编制组成立暨第一次工作会议于 2003 年 7 月 30 日在北京国谊宾馆召开。出席会议的有建设部标准定额研究所雷丽英高级工程师，中国城市交通工程委员会秘书长、建设部城镇道桥标准技术归口单位常务委员张均任教授，全国道路照明技术情报总站及中国市政工程协会照明分会王庆余秘书长，中国建筑科学研究院科技处程志军副处长，编制组全体成员出席了会议。出席会议的还有道路照明方面的专家：美国艾迪集团上海代表处的艾伦·R·伊斯本米勒先生（Allen Espenmiller），北京东芝照明设计中心有限公司的松下信夫先生（Nobuo Matsushita），西特科照相有限公司的彼得·何鑫亚先生（Peter Holzinger）。

在会上雷丽英高级工程师就本标准的立项情况、标准的重要性以及编制中的有关要求进行详细全面的阐述，并代表主管单位宣读了编制单位及编制组人员名单。张均任教授、王庆余秘书长、程志军副处长也分别作了讲话。

标准编制组负责人李铁楠研究员向与会代表介绍了该项目的前期准备工作以及标准修编的主要内容，李景色教授就标准修编中的有关技术问题作了进一步的解释说明。

在会议中编制组成员就国际道路照明标准的水平及未来的发展趋势，国内道路照明的现状及存在的主要问题，以及标准的修编原则进行了广泛、认真、充分的讨论，确立了与国际标准接轨、充分吸纳国际照明组织和先进国家的标准精华，结合我国道路照明现状并要适应我国城市建设快速发展、具有实用性、前瞻性、先进性、科学性的标准修编原则。

本次标准的修编要点包括：在照明标准部分规定眩光限制指标，增加环境评价参数，给出维护系数值，适当提高各类道路的设计照度（亮度）水平，在照明设计部分强调并细化交通冲突区域的照明规定，提高城市居住区道路的照明要求；在照明控制中可采取有光控和时控功能相结合的多种控制方式，并适当提高开关灯时的照度水平，在节能措施部分中提高灯具效率和功率因数值，增加照明功率密度指标的要求等。标准修编大纲整理后将寄到各参编单位。

会议还明确了编制工作分工和计划进度，对有关技术资料的收集以及现场调研也进行了安排。

最后，标准编制组负责人李铁楠研究员代表主编单位向参加会议的领导、专家以及参编单位代表表示衷心的感谢。并表示要按照建设部下达文件的要求，按期高质量地完成标准的修编工作。

《城市道路照明设计标准》编制组

中国建筑科学研究院建筑物理研究所（代章）

二〇〇三年七月三十日

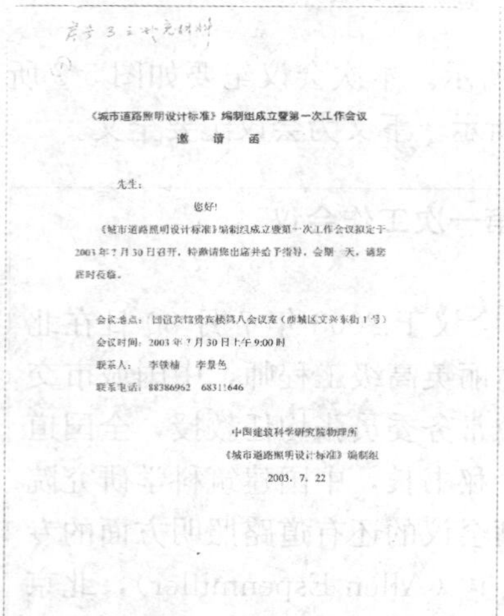

《城市道路照明设计标准》编制组成立暨第一次工作会议

邀 请 函

先生：

您好！

《城市道路照明设计标准》编制组成立暨第一次工作会议拟定于2003年7月30日召开，特邀请您出席并给予指导，会期 天，请您届时莅临。

会议地点：国谊宾馆贵宾楼第八会议室（西城区文兴东街1号）

会议时间：2003年7月30日上午9:00时

联系人： 李铁楠 李景色

联系电话：88386962 68311646

中国建筑科学研究院物理所

《城市道路照明设计标准》编制组

2003.7.22

图5-7 《城市道路照明设计标准》CJJ 45—2006编制组成立暨第一次工作会议通知

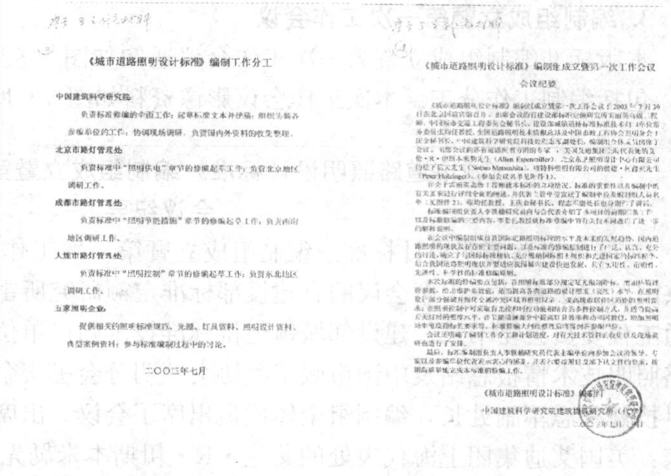

《城市道路照明设计标准》编制工作分工

中国建筑科学研究院

负责标准修编的全面工作：起草标准文本并统稿；组织协调各参编单位的工作；协调现场调研，负责国内外资料的收集整理。

北京市路灯管理处

负责标准中"照明供电"章节的修编起草工作；负责北京地区调研工作。

成都市路灯管理处

负责标准中"照明节能措施"章节的修编起草工作；负责西南地区调研工作。

大连市路灯管理处

负责标准中"照明控制"章节的修编起草工作；负责东北地区调研工作。

五家照明企业

提供相关的照明标准规范、光源、灯具资料、照明设计资料、典型案例资料；参与标准编制过程中的讨论。

二〇〇三年七月

《城市道路照明设计标准》编制组成立暨第一次工作会议

会议纪要

《城市道路照明设计标准》编制组

中国建筑科学研究院建筑物理研究所

图5-8 《城市道路照明设计标准》CJJ 45—2006编制组成立暨第一次工作会议纪要

图5-9 《城市道路照明设计标准》CJJ 45—2006编制组成立暨第一次工作会议照片

4. 送审报告

下文为本版标准送审报告全文。

《城市道路照明设计标准》送审报告

建设部城镇道桥标准技术归口单位北京市市政工程设计研究总院：

根据建设部下达的建标［2003］104号文的要求，对原行业标准《城市道路照明设计标准》CJJ 45—91进行修订。于2003年7月成立了以中国建筑科学研究院建筑物理研究所为主编单位、北京路灯管理处、成都路灯管理处等单位为参编单位的编制组。编制组在一年多的时间内，通过严肃认真的工作，在原标准的基础上，经过广泛的调研，总结了近年来国内外道路照明的实践经验，同时参考相关国际照明组织和一些先进国家的道路照明标准和文件，完成了修订工作。本标准中包括：总则、术语、照明标准、光源和灯具及附属装置的选择、照明设计、照明供电和控制、节能标准措施等主要内容。与原标准相比，在本次的修订中，适当提高了照明标准值，增加了交会区照明规定、人行交通道路照明规定以及节能标准等内容，其他章节也做了必要的修改和补充。

本标准于2004年8月完成征求意见稿，发出征求意见稿80份，收到返回的书面意见35份（另有近10份电话函告同意或没有意见）。根据反馈意见，编制组对征求意见稿进行了多次修改和补充，形成了送审稿。拟于2005年5月10～11日召开本标准的审查会（审查会专家名单附后），请批准。

（送审材料包括： 1.《城市道路照明设计标准》
2.《城市道路照明设计标准》条文说明
3.《反馈意见及处理汇总》）
此致
敬礼

《城市道路照明设计标准》编制组

2005-4-11

抄送：中国建筑科学研究院科技处

5. 审查会议

本版标准审查会议通知如图5-10所示，包括审查委员会委员名单和对送审稿的修改意见。下文为审查会会议纪要全文。

《城市道路照明设计标准》送审稿审查会会议纪要

根据建设部建标【2003】104号文的要求，由主编单位中国建筑科学研究院会同有关参编单位完成了国家行业标准《城市道路照明设计标准》送审稿。标准送审稿审查会于2005年5月10～11日在北京召开，受建设部标准定额司的委托，建设部城镇道路桥梁标准技术归口单位北京市市政工程设计研究总院组织了审查会，来自道路照明管理部门、市政设计院和相关设计单位、照明学会、中国市政工程学会道路照明专业委员会、科研院所、光源灯具制造企业等的有关专家和编制组成员，共20余人参加了审查会。审查会成立了以章海骢教授为主任委员、任元会教授为副主任委员的标准审查委员会（名单见附件）。

正、副主任委员主持了标准送审稿审查会议，主编单位李铁楠研究员和李景色教授级高级工程师代表编制组就标准的编制工作情况以及标准的主要内容和确定的依据作了全面的介绍。审查委员对标准送审稿进行逐条逐句认真细致的审查，审查意见如下：

1. 该标准是在原标准《城市道路照明设计标准》CJJ 45—91的基础上，根据十多年来我国道路照明快速发展和迫切需要内容更新，能全面反映这一现实需要的前提下，经修编而成，修订后的标准增加了交会区照明和人行道路照明标准值以及节能标准等内容，增加了城市道路照明中涉及的场所和质量控制指标，适当提高了照明标准值。

2. 该标准是在对我国目前城市道路照明现状进行了广泛深入的调查，并参考国际照明委员会和一些发达国家的道路照明标准规范及研究成果，经过深入分析、研究和验证后制定的。依据充分，技术内容准确可靠，符合实际情况，针对性强，实用价值大。

3. 该标准的内容全面系统，包括照明标准、照明方式和设计要求、光源和灯具及附属装置选择、照明供电与控制、节能标准和措施等内容，涉及了城市机动车交通道路、人行道路及道路相连的特殊场所，是一部比较完整的道路照明设计标准。

4. 该标准技术先进，具有创新性和前瞻性，对规范城市道路照明设计、提高照明质量、节约照明能源、促进道路照明的技术进步和优质高效照明产品的推广应用具有重要作用。

5. 该标准的章节构成合理，简明扼要、层次清晰、编写格式符合标准编写要求。

6. 该标准的内容和技术水平达到了国际同类标准的水平。节能章节的内容在国际上首次列入标准。

7. 会议讨论确定提出建议，本标准第 6.1.2 条及 7.1.1 条为强制性条文。

与会专家和代表对标准提出了宝贵的意见和建议，主要内容见附录（略）。

审查委员会一致同意通过了该标准的送审稿，并要求编制组按照审查会议提出的意见和建议修改完善，尽快完成报批稿，报上级主管部门审批发布。

2005 年 5 月 11 日

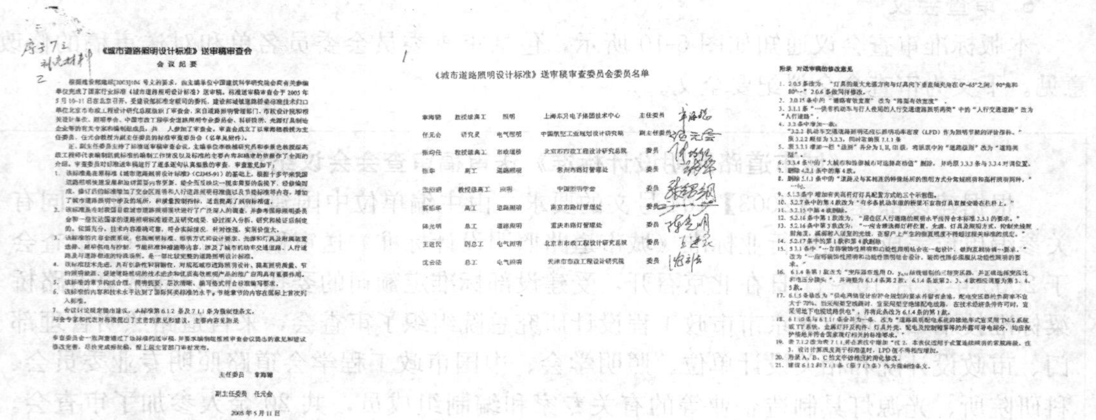

图 5-10 《城市道路照明设计标准》CJJ 45—2006 审查会会议纪要

6. 发布公告

本版标准发布公告如图 5-11 所示。

5.1.2.2 标准内容简介

本版标准系在第一版标准（CJJ 45—91）的基础上修订而成，章节构成基本没变，只把“术语”由原来的附录一调整成“第 2 章 术语”，因此由原来的共六章变成共七章。原附录四“本标准用词说明”不作为附录，又删除了“附录三平均照度换算系数”，即原四个附录只保留了原附录二“路面亮度系数和简化亮度系数表”（附录 A），再增加一个新附录（附录 B 维护系数），即第二版标准只有两个附录。

建设部关于发布行业标准《城市道路照明设计标准》的公告

日期：2006年12月29日　　【文字大小：大 中 小】【打印】【关闭】

第531号

现批准《城市道路照明设计标准》为行业标准，编号为CJJ45—2006，自2007年7月1日起实施。其中，第6.1.2、7.1.2条为强制性条文，必须严格执行。原行业标准《城市道路照明设计标准》CJJ45—91同时废止。

本标准由建设部标准定额研究所组织中国建筑工业出版社出版发行。

中华人民共和国建设部

二〇〇六年十二月十九日

图 5-11　建设部关于发布行业标准《城市道路照明设计标准》的公告　第 531 号

1　总则

2　术语　共编入 35 个术语

3　照明标准　是本次修订的重点之一，由原来不分节共 6 条修改为分 5 节共 13 条。

3.1　道路照明分类　分为机动车交通道路照明和人行道路照明两类。机动车交通道路照明按快速路、次干路、支路分为三级。

3.2　道路照明评价指标　分别规定了机动车交通道路照明的评价指标和人行道路照明的评价指标。

3.3　机动车交通道路照明标准值　见表 5-3。

机动车交通道路照明标准值　　**表 5-3**

级别	道路类型	路面亮度			路面照度		眩光限制阈值增量 T1（%）最大初始值	环境比 SR 最小值
		平均亮度 L_{av}(cd/m²)	总均匀度 U_o 最小值	纵向均匀度 U_L 最小值	平均照度 E_{av}(lx) 维持值	均匀度 U_E 最小值		
Ⅰ	快速路、主干路（含迎宾路、通向政府机关和大型公共建筑的主要道路，位于市中心或商业中心的道路）	1.5/2.0	0.4	0.7	20/30	0.4	10	0.5
Ⅱ	次干路	0.75/1.0	0.4	0.5	10/15	0.35	10	0.5
Ⅲ	支路	0.5/0.75	0.4	—	8/10	0.3	15	—

注：1　表中所列的平均照度仅适用于沥青路面。若系水泥混凝土路面，其平均照度值可相应降低约 30%。根据本标准附录 A 给出的平均亮度系数可求出相同的路面平均亮度，沥青路面和水泥混凝土路面分别需要的平均照度。

2　计算路面的维持平均亮度或维持平均照度时应根据光源种类、灯具防护等级和擦拭周期，按照本标准附录 B 确定维护系数。

3　表中各项数值仅适用于干燥路面。

4　表中对每一级道路的平均亮度和平均照度给出了两档标准值，“/”的左侧为低档值，右侧为高档值。

3.4　交会区照明标准值　见表 5-4。

交会区照明标准值　　**表 5-4**

交会区类型	路面平均照度 E_{av}（lx）维持值	照度均匀度 U_E	眩光限制
主干路与主干路交会	30/50	0.4	在驾驶员观看灯具的方位角上，灯具在 80°和 90°高度角方向上的光强分别不得超过 30cd/1000lm 和 10cd/1000lm
主干路与次干路交会			
主干路与支路交会			
次干路与次干路交会	20/30		
次干路与支路交会			
支路与支路交会	15/20		

注：1　灯具的高度角是在现场安装使用姿态下度量。

2　表中对每一类道路交会区的路面平均照度给出了两档标准值，“/”的左侧为低档照度值，右侧为高档照度值。

3.5 人行道路照明标准值 见表 5-5。

人行道路照明标准值 表 5-5

夜间行人流量	区域	路面平均照度 E_{av}（lx），维持值	路面最小照度 E_{min}（lx），维持值	最小垂直照度 E_{vmin}（lx），维持值
流量大的道路	商业区	20	7.5	4
	居住区	10	3	2
流量中的道路	商业区	15	5	3
	居住区	7.5	1.5	1.5
流量小的道路	商业区	10	3	2
	居住区	5	1	1

注：最小垂直照度为道路中心线上距路面 1.5m 高度处，垂直于路轴的平面的两个方向上的最小照度。

4 光源、灯具及其附属装置选择

和第一版标准相比，变动不大。

5 照明方式和设计要求

新增了第 3 节“道路两侧设置非功能性照明时的设计要求”，共 3 条，强调“应防止装饰性照明的光色、图案、阴影、闪烁干扰机动车驾驶员的视觉”。

6 照明供电和控制

新增强制性条文 6.1.2 条，规定“对城市中的重要道路、交通枢纽及人流集中的广场等区段的照明应采用双电源供电……”。适当调整开关灯时的照度水平。

7 节能标准和措施

是本次修订的另一重点，新增加 7.1 节能标准。其中的 7.1.2 条为强制性条文，规定了各级机动车交通道路的功率密度限值。

5.1.2.3 重要条款和重要指标

1. 第 3.1.1～3.1.2 条 道路照明分类

和第一版标准相比，将快速路与主干路合并为一级，因而提高了主干路的照明水平，机动车交通道路照明，也就由原来的四级改为三级。

2. 第 3.2.1～3.2.2 条 道路照明评价指标

(1) 和第一版相比，机动车交通道路新增路面亮度纵向均匀度为评价指标；用阈值增量（TI）代替原标准的采用何种配光类型的灯具作为眩光限制的评价指标；新增环境比为评价指标。这样做基于两点考虑：一是和国际接轨，使评价指标更加全面和科学合理；二是这些年我国的道路照明水平已经有了很大提升，实施这些指标已经没有任何困难。

(2) 新增人行道路照明的评价指标。原标准只规定路面平均照度一项指标，新标准增加了路面最小照度和垂直照度两项指标。这是因为对人行道路的照明越来越重视，对其评价指标的规定也就越来越科学和全面。

3. 第 3.3.1～3.3.4 条 机动车交通道路照明标准值

(1) 和原标准相比，适当提高各级道路的照明标准值，路面平均亮度的最高档由 1.5cd/m² 提高到 2cd/m²。这样做一方面是考虑和国际接轨，另一方面是考虑到目前我国经济发展水平，完全有能力接受这样的标准，何况许多城市的道路照明已经达到或超过这样的水平。

（2）对每一级道路的平均亮度、平均照度，给出了两档标准值即低档值和高档值，并明确采用低档值的条件，如规定中小城市可选择低档值等。规定低档值的目的是在确保满足驾驶员视觉作业要求的前提下，节约能源。

4. 第 3.4.1～3.4.2 条　交会区照明的评价指标和照明标准值

明确规定交会区照明宜采用照度作为评价指标。

5. 第 3.5.1～3.5.3 条　人行道路照明标准值

原标准只规定"主要供行人和非机动车通行的居住区道路和人行道"的标准值，新标准增加了商业区和居住区人行道路根据夜间行人流量确定的三档标准值，还规定了机动车交通道路路侧的非机动车道和人行道的标准值及其确定方法。

6. 第 5.3.1～5.3.3 条　道路两侧设置非功能性照明时的设计要求

第 5.3.1 条，核心内容是"应将装饰性照明和功能性照明结合设计，装饰性照明必须服从功能性照明"。

第 5.3.2 条，规定了为防止装饰性照明的光色、图案、阴影、闪烁干扰驾驶员的视觉在设置装饰性照明时应采取的一些措施。

第 5.3.3 条，规定了机动车道两侧设置广告灯光时的基本要求。

鉴于 20 世纪 90 年代以来，我国城市的夜景（景观）照明飞速发展，其工程规模和资金投入堪称世界第一，在取得积极效果同时，也带来了负面影响，干扰甚至破坏道路（功能性）照明，以致影响驾驶员行车安全，导致交通事故发生概率增加。为此，新修订标准增加了道路两侧设置非功能性照明时的设计要求，完全是根据我国的实际情况制订的。

7. 第 6.1.2 条　关于双电源供电

条文规定，"对城市中的重要道路、交通枢纽及人流集中的广场等区段的照明应采用双电源供电。每个电源均应能承受 100%的负荷"。这就明确了需要双电源供电的重要道路和场所的范围及供电容量。本条为第二版标准新增条款，是本版标准仅有的两条强制性条文之一。

8. 第 7.1.1～7.1.2 条关于节能标准

节能标准一共有两条，其一，规定以照明功率密度（*LPD*）为机动车交通道路照明的节能的评价指标。需要注意的是，计算安装功率时应将镇流器的功耗包括在内。其二，以表格形式给出各级机动车交通道路的照明功率密度限值。见表 5-6。其为本标准强制性条文。

机动车交通道路的照明功率密度值　　**表 5-6**

道路级别	车道数（条）	照明功率密度（*LPD*）值（W/m^2）	对应的照度值（lx）
快速路主干路	≥6	1.05	30
	<6	1.25	
	≥6	0.70	20
	<6	0.85	
次干路	≥4	0.70	15
	<4	0.85	
	≥4	0.45	10
	<4	0.55	

续表

<table>
<tr><th>道路级别</th><th>车道数（条）</th><th>照明功率密度（LPD）值（W/m²）</th><th>对应的照度值（lx）</th></tr>
<tr><td rowspan="4">支路</td><td>≥2</td><td>0.55</td><td rowspan="2">10</td></tr>
<tr><td><2</td><td>0.60</td></tr>
<tr><td>≥2</td><td>0.45</td><td rowspan="2">8</td></tr>
<tr><td><2</td><td>0.50</td></tr>
</table>

注：1　本表仅适用于高压钠灯，当采用金属卤化物灯时，应将表中对应的 *LPD* 值乘以 1.3。
2　本表仅适用于设置连续照明的常规路段。
3　设计计算照度高于标准值时，*LPD* 值不得相应增加。

5.1.2.4　专题技术报告

标准审查会上提交了《国外道路照明标准规范》、《道路照明现状调研报告》、《道路照明功率密度（*LPD*）限值标准的确定》等 3 篇报告。

1.《国外道路照明标准规范》

共收集和翻译了德国、美国、日本和国际照明委员会（CIE）等四本正在实施的现行标准或推荐标准。其中，CIE 推荐标准中关于机动车交通道路照明的"环境比"评价指标和标准值、交会区照明评价指标和标准值、CIE 及美国标准中人行道路照明的评价指标和标准值都是新修标准的主要参考依据。

2.《道路照明现状调研报告》

报告汇总了北京、上海、天津、重庆、广州、深圳等 28 座城市 355 条道路的照明数据，包括各级道路所采用的光源和灯具、实测得到的或设计计算的平均照度及照度均匀度数值，以及编制组从各地所提供的基本数据中推算得到的道路照明功率密度（*LPD*）。

报告内容包括（1）前言（2）调研结果（3）结果分析和讨论三部分。反映出从制订第一版标准而开展调研的 20 世纪 80 年代末到本次修订标准再次进行调研的 2004 年大约经过了 15 年，我国城市道路照明已取得了很大进步，如在提供了光源信息的 295 条道路中，采用高压钠灯的比例达 93.5%，而上次调研这一比例为 50.7%；绝大多数新建的机动车交通道路都用上了配光合理、IP 等级高且外形美观的功能性灯具；路面的平均照度和照度均匀度也有很大提高，倒是要注意有相当一部分道路平均照度大大超过最高标准 30lx 的过亮倾向，如某市有一条道路平均照度竟达 188lx。当然，还存在不少问题，如光源、灯具使用不合理造成一部分道路包括居住区道路照度偏低，一部分道路眩光严重，照明功率密度过高等。调研报告充分说明修订本标准的必要性和实施新标准的可行性。

3.《道路照明功率密度（*LPD*）限值标准的确定》

报告包括四部分：（1）制订道路照明功率密度（*LPD*）限值标准的基本目的和原则；（2）道路照明功率密度（*LPD*）限值的确定依据；（3）道路照明功率密度（*LPD*）限值的导出；（4）部分城市的道路照明功率密度（*LPD*）与本标准推出的道路照明功率密度限值的比较。

在第一部分里讲明，本次制订 *LPD* 限值标准的基本目的是抑制我国部分城市道路过高的亮度、照度水平。鉴于可供参考的国内外资料太少又缺乏经验，因此，此次规定的

LPD 限值不能太严。在第二部分里，说明这次标准规定的 *LPD* 限值的来源。一是参考从成都路灯管理所提供的 65 条道路照明设计计算中导出的数据，二是参考从美国照明学会杂志《照明工程学报》上公开发表的两篇文章中导出的数据。在第三部分里，介绍了本次规定的 *LPD* 限值导出的方法。在第四部分里，说明从目前所掌握的很不完整的 22 座城市 155 条道路照明资料判断，经照度折算后约有六成道路的 *LPD* 符合本标准推出的 *LPD* 限值要求，而未经折算直接符合标准的还不到 30%。

需要说明的是，在标准评审会上编制组还提交了一份补充报告，为了证明节能标准实施的可行性，在 *LPD* 限值确定后，编制组请了几家公司和路灯单位认真进行了照明和耗能设计或实测，结果表明，由于他们采用的光源、灯具和镇流器比本标准导出 *LPD* 限值时所用的这些器材好得多，因此和标准比较不但能满足要求而且有比较大的富余量。这就说明，只要认真进行设计、选择高效照明器材，达到节能标准即符合 *LPD* 限值要求应该是不困难的，也就是说实施节能标准是没有问题的。

5.1.2.5 标准论文著作

1.《城市机动车交通道路的功能性照明和装饰性照明》

（李景色 室外照明与建筑采光学术研讨会论文集 2002 年 9 月北京）

该文是针对在全国城市掀起的在机动车交通道路两侧、道路交叉口、立交等处大量设置的装饰性照明，影响甚至破坏了机动车交通道路的功能性照明而撰写的，阐述城市机动车交通道路功能性和装饰性两种照明的设计原则，其间的关系及当前存在的问题。该文包括三部分：

（1）城市机动车交通道路的功能性照明和装饰性照明

文章认为，这两种照明有很大区别，不能混为一谈：①照明的对象不同；②照明的目的、性质不同；③照明要求不同，因而评价指标也不同；④所采用的光源灯具不同；⑤照明方式方法不同。

（2）功能性照明和装饰性照明的设计原则

主要包括：①摆正两者关系。应将机动车道的功能性照明放在第一位，非机动车道、人行道、绿化带的装饰性照明放在第二位。两者发生矛盾时，装饰性照明应服从功能性照明。②新建或改建道路应对功能性照明、装饰性照明进行统一规划和设计。尤其要注意避免装饰照明产生的光、色和阴影等干扰或破坏功能性照明。③努力减少光污染和光干扰。④无论是功能性照明还是装饰性照明都不是越亮越好。

（3）存在的问题和讨论

①道路交叉路口或机动车道两侧设置大型动态装饰照明灯的问题。②立交设置装饰照明问题。③行道树和绿化带的照明问题。该文的主要论述和观点已为第二版标准 CJJ 45—2006 所接受，在标准的 5.3 中得到反映。

2.《修订我国〈城市道路照明设计标准〉的几个问题（之一）》和《修订我国〈城市道路照明设计标准〉的几个问题（之二）》

（李景色 李铁楠 分别见《照明工程学报》vol.15（2004）No.1 和 vol.15（2004）No.2）

这两篇文章讨论标准修订工作中大家比较关心的几个问题，主要内容包括：

（1）关于我国机动车交通道路路面亮（照）度水平问题

文中指出，近几年来我国的道路照明尤其是城市的街道照明亮（照）度水平有迅速攀高的走势，包括一些道路照明工作者也发表文章，提出要把路面平均照度提到100lx以上。其实道路照明并不需要那么亮，更不是越亮越好！那么，我国的标准，路面平均亮度水平到底多少才合理，它是如何确定的？本节着重讨论了①确定路面亮（照）度值的依据；②路面过亮带来的问题，如浪费能源，浪费资源；破坏空气质量，不利于环保；加重光污染和光干扰等。

（2）关于交叉路口及其他机动车、非机动车、行人交会区的照明问题

文章引美国资料称，一般在城区约有50％的交通事故发生在交叉路口，因此对这类场所照明重要性越来越受重视，CIE和美国标准为其规定了标准值。我国第一版道路照明标准CJJ 45—91也考虑了交叉路口等交会区照明问题，但由于当时条件限制，还是重视不够。这次修订标准要考虑写专门条款，提高对路口等交会区的照明要求。

（3）关于城市机动车交通道路的功能性照明和装饰性照明的关系问题

文章指出，在城市机动车交通道路的功能性照明和装饰性照明的关系问题上，很多场所没有处理好。这主要表现在：①在设计理念上，没有深刻认识这两种照明在照明的目的、对象、性质、要求、所采用的光源灯具以及照明方法上的不同；②在设计原则上没有摆正两者关系，存在轻功能、重装饰、盲目攀比，似乎越亮越好，置光污染、光干扰以及能耗而不顾的倾向；③由于以上原因，在实际工程中造成装饰照明所产生的光、色、阴影、闪烁等干扰甚至破坏功能性照明的状况。文章介绍说，国外的道路照明标准、规范，包括CIE的标准都没有规定这方面的条款，究其原因那是因为它们一般不存在这方面的问题，而我国则不同，存在的问题比较严重，有必要在新修订标准中对功能性照明和装饰性照明两者的关系作出原则性规定。

（4）关于开关灯照度水平

文章认为，这次修订应适当提高路灯的开、关灯照度水平，比方说，提高到15～30lx。并且根据人眼明暗适应原理，将开灯照度定得低些，关灯照度定得高些。文中还解析了这样做的理由。

（5）关于照明控制

文章强调，不同控制方式各有自己的特点，在标准中不宜规定采用或推荐哪一种控制方式或设备，但要提出对控制的总体要求。

（6）关于节能措施。

文章指出，在满足配光要求的前提下，选择高效灯具是道路照明节能的一条重要措施。原标准规定了常规路灯灯具效率低于60％者、泛光灯具低于55％者不应选用。这次新修标准时拟适当提高，但考虑到国内大多数企业的普遍水平，不应一下子定得过高，分别定为70％和65％是适宜的、合理的。

这两篇文章，除了节能评价指标功率密度和功率密度限值没有涉及以外，全面讨论了本次标准修订的重点，甚至重点条文及修订的理由、依据，为本次标准的修订做了很好的宣传和铺垫。

3. 李景色，李铁楠. 我国道路照明新标准的特点［J］. 照明工程学报，2007，(04)：29-32

本文从标准的先进性、创新性和可行性入手，简要介绍我国《城市道路照明设计标

准》CJJ 45—2006 的基本内容，便于大家对该标准的理解和执行。

5.1.2.6 创新点

本版新增写的“道路两侧设置非功能性照明时的设计要求”，完全是从我国国情出发，针对 20 世纪末 21 世纪初我国城市照明存在着装饰性照明干扰甚至破坏道路功能性照明的现象而制订的。在国外同类标准中尚未见到有类似的规定，这是创新点之一。

本版新增的“节能标准”是编制组立足于我国实际，从调查、分析设计能耗和实际能耗入手，并参考国外有关资料而制订的。无论是 CIE 或是哪一个国家都未见到类似的标准，这是创新点之二。

本版对同一级道路规定了两档平均亮度值（或平均照度值）即低档值和高档值，并且规定了采用低档值的条件。这一规定充分考虑了我国城市的特点，有利于避免攀比和节约能源。这是创新点之三。

5.1.2.7 社会经济效益

除了继续拥有第一版标准所获得的社会经济效益外，由于在第二版标准中新增了“节能标准”，规定以照明功率密度为照明节能评价指标，还规定了机动车交通各级道路照明功率密度限值，这对于如何评价道路照明设计节能以及确保道路照明设计阶段节能、考核道路照明设计节能效果具有重大意义，可以取得显著的社会经济效益。

我们不妨做一个保守的估算，若道路照明耗电量按占总发电量 0.3%（北京市 2003 年数字）、道路照明设计达不到 *LPD* 限值要求按占全部道路的 40%（见本版标准技术报告）考虑，假定这些不达标的道路平均超标 30%，即可以节电 30%，2014 年全国发电量为 56495.8 亿千瓦时，算下来，执行道路照明节能标准约可以节电 20 亿千瓦时，可见标准的经济效益是相当可观的。

5.1.3 《城市道路照明设计标准》CJJ 45—2015

5.1.3.1 标准文件

1. 标准封面、公告及前言

本版标准封面、公告及前言如图 5-12 所示。

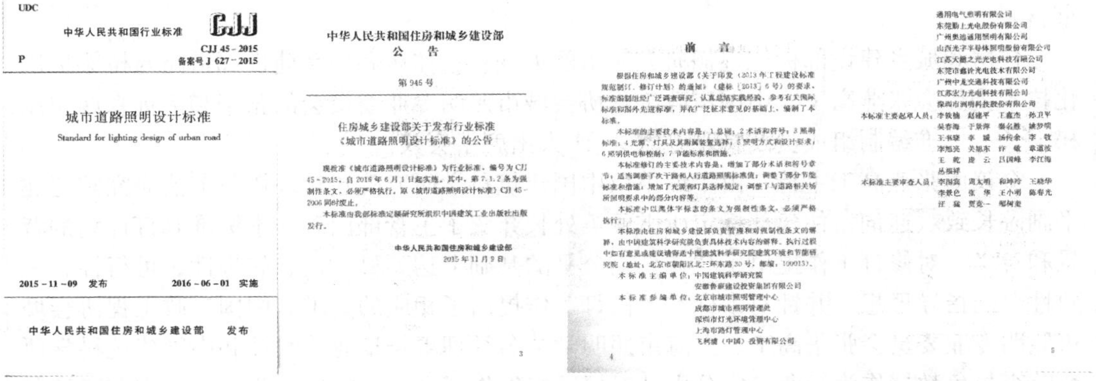
UDC
中华人民共和国行业标准 CJJ
CJJ 45-2015
P 备案号 J 627-2015

城市道路照明设计标准
Standard for lighting design of urban road

2015-11-09 发布 2016-06-01 实施

中华人民共和国住房和城乡建设部 发布

中华人民共和国住房和城乡建设部
公 告
第 945 号

住房城乡建设部关于发布行业标准《城市道路照明设计标准》的公告

现批准《城市道路照明设计标准》为行业标准，编号为 CJJ 45-2015，自 2016 年 6 月 1 日起实施。其中，第 7.1.2 条为强制性条文，必须严格执行。原《城市道路照明设计标准》CJJ 45-2006 同时废止。

本标准由我部标准定额研究所组织中国建筑工业出版社出版发行。

中华人民共和国住房和城乡建设部
2015 年 11 月 9 日

3

前 言

根据住房和城乡建设部《关于印发〈2013 年工程建设标准规范制订、修订计划〉的通知》（建标[2013]6 号）的要求，标准编制组经广泛调查研究，认真总结实践经验，参考有关国际标准和国外先进标准，并在广泛征求意见的基础上，编制了本标准。

本标准的主要技术内容是：1 总则；2 术语和符号；3 照明标准；4 光源、灯具及其附属装置选择；5 照明方式和设计要求；6 照明供电和控制；7 节能标准和措施。

本标准修订的主要技术内容是：增加了部分术语和符号章节；适当调整了次干路和人行道路照明标准值；调整了部分节能标准和措施；增加了光源和灯具选择规定；调整了与道路相关场所照明要求中的部分内容等。

本标准中以黑体字标志的条文为强制性条文，必须严格执行。

本标准由住房和城乡建设部负责管理和对强制性条文的解释，由中国建筑科学研究院负责具体技术内容的解释。执行过程中如有意见或建议请寄送中国建筑科学研究院建筑环境和节能研究院（地址：北京市朝阳区北三环东路 30 号，邮编：100013）。

本标准主编单位：中国建筑科学研究院
安徽鲁班建设投资集团有限公司

本标准参编单位：北京市城市照明管理中心
成都市城市照明管理处
深圳市灯光环境管理中心
上海市路灯管理中心
飞利浦（中国）投资有限公司

4

通用电气照明有限公司
东莞勤上光电股份有限公司
广州奥迪通用照明有限公司
山西光宇半导体照明股份有限公司
江苏天楹之光光电科技有限公司
东莞市鑫诠光电技术有限公司
广州中龙交通科技有限公司
江苏宏力光电科技有限公司
深圳市洲明科技股份有限公司

本标准主要起草人员：李铁楠 赵建平 王鑫杰 孙卫平 吴春海 于景萍 秦名胜 姚梦明 王书晓 李 媛 汤传余 李 牧 李旭亮 关旭东 许 敏 章道波 王 乾 唐 云 吕国峰 李江海 丛福祥

本标准主要审查人员：李国宾 周太明 和坤玲 王晓华 李景色 张 华 王小明 陈春光 汪 猛 贾竞一 邴树奎

5

图 5-12 《城市道路照明设计标准》CJJ 45—2015 封面等

2. 制修订计划文件

本标准制修订计划文件如图 5-13 所示，文件为建标〔2013〕6 号，附件第 137 项为本标准。

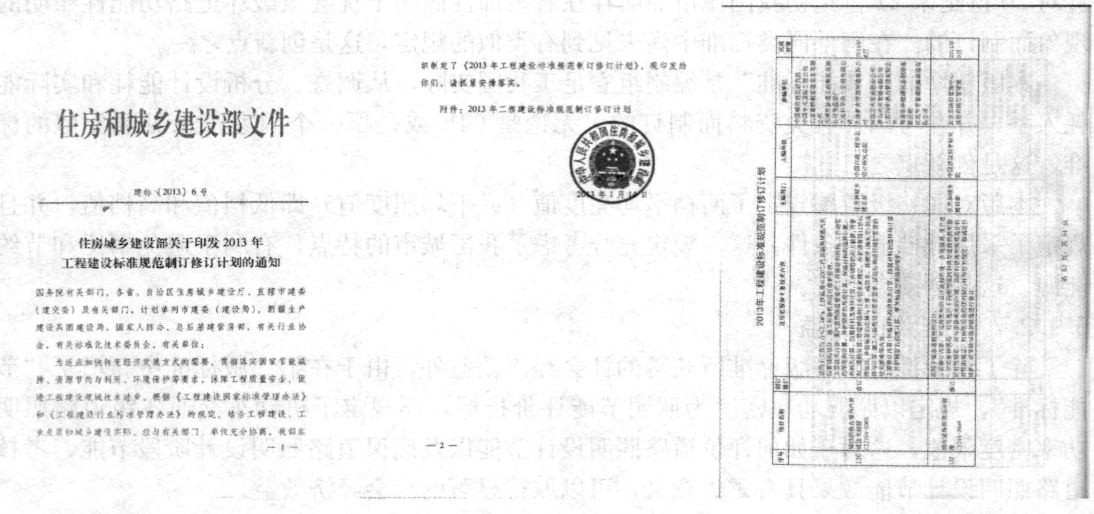

住房和城乡建设部文件

建标〔2013〕6 号

住房城乡建设部关于印发 2013 年
工程建设标准规范制订修订计划的通知

国务院有关部门，各省、自治区住房城乡建设厅、直辖市建委（建交委）及有关部门，计划单列市建委（建设局），新疆生产建设兵团建设局，国家人防办，总后基建营房部，有关行业协会，有关标准化技术委员会，有关单位：

为适应加快转变经济发展方式的需要，贯彻落实国家节能减排、资源节约与利用、环境保护等要求，保障工程质量安全，促进工程建设领域技术进步，根据《工程建设国家标准管理办法》和《工程建设行业标准管理办法》的规定，结合工程建设、工业发展和城乡建设实际，经与有关部门、单位充分协商，我部组织制定了《2013 年工程建设标准规范制订修订计划》，现印发给你们，请抓紧安排落实。

附件：2013 年工程建设标准规范制订修订计划

图 5-13　住房城乡建设部关于印发 2013 年工程建设标准规范制订修订计划的通知

3. 编制组成立暨第一次工作会议

本版标准编制组成立暨第一次工作会议通知如图 5-14 所示。本次会议影像资料如图 5-15 所示。本次会议纪要及函如图 5-16 所示，下文为本次会议纪要全文。

行业标准《城市道路照明设计标准》CJJ 45
修编工作启动会暨第一次工作会议纪要

根据住房和城乡建设部建标【2013】6 号文件“关于印发《2013 年工程建设标准规范制订、修订计划》的通知”的要求，由中国建筑科学研究院负责修订并主编的行业标准《城市道路照明设计标准》编制组启动暨第一次工作会议于 2013 年 07 月 16 日在北京召开。

住房和城乡建设部标准定额研究所雷丽英处长、住房和城乡建设部道路与桥梁标准化技术委员会张燕高工、中国市政工程协会城市照明专业委员会的张华和毛远森两位副秘书长、标准编制组成员及特聘专家共 21 人出席了会议。

会议由张燕高工主持，由主编单位中国建筑科学研究院建筑环境与节能研究院赵建平副院长致欢迎词。住建部标定所雷丽英处长介绍了主管部门确立本标准修订计划的背景和意义；对修订工作提出了“在公正公平的基础上达到科学性、先进性、可行性、一致性”的指导思想，并针对本标准的修订工作提出了相应的要求。中国市政工程协会城市照明专业委员会张华高工、上海市照明学会名誉理事长章海骢教授和中国建筑科学研究院李景色教授作为行业专家分别针对标准修编作了发言。随后，张燕高工宣布了编制组成员名单。

编制组第一次工作会议由本标准主编人中国建筑科学研究院李铁楠研究员主持，首先介绍了标准修订的前期准备工作，标准修订的原则、主要内容、技术重点和难点等，讨论了标准修订的工作大纲、编制组成员的工作分工、修编工作的进度计划（相关内容见附件）。随后，编制组成员就标准中有关条款的修编进行了细致认真的讨论，并确立了标准修编的总的原则和方向，明确了工作内容，一致同意按计划开展工作。

下一阶段的重点工作与分工：

（1）国内外相关标准及相关研究成果资料收集。由主编单位负责，参编单位提供，由李铁楠、李媛负责汇总，于2013年9月1日前完成《专题报告一：国内外道路照明相关标准及研究成果综述》。

（2）国内城市道路照明现状调查。分别由成都市照明管理处、北京城市照明管理中心、深圳市灯光环境管理中心、上海市路灯管理中心针对本单位所在地区（华北、华南、华东、西部）进行调查，整理本地区的照明现状情况，完成各分区照明现状的分项研究报告，于2013年12月31日前提交至主编单位；由李媛、李铁楠负责汇总，完成《专题报告二：国内城市道路照明现状调查》。

（3）道路照明产品性能、应用现状及发展趋势调查。由飞利浦、GE、勤上、奥迪等负责，完成各分项研究报告，于2013年12月31日前提交至主编单位；由李媛、李铁楠负责汇总，完成《专题报告三：我国道路照明产品应用现状及发展趋势研究》。

（4）LED专题。LED路灯性能技术参数，由各参编企业负责，于第二次工作会议前提出方案，内容包括规定哪些性能参数及具体值，并说明依据；“LED照明控制”收集资料与试验验证，由广州奥迪负责；由王书晓负责，于2013年12月31日前完成《专题报告四：LED城市道路照明应用技术要求》。

（5）道路照明分级与照明标准值的扩项。由李铁楠、赵建平负责，于第二次工作会议前提出方案。

（6）节能标准照明功率密度的扩项。由孙卫平、吴春海负责，于第二次工作会议前提出方案。

（7）各阶段各章节的编写分工，详见《修编工作大纲》。各章节负责人按照工作进度计划与时间安排提交至主编单位。

（8）照明标准值及照明功率密度限值验证工作。由路灯管理部门、路灯企业选取2006年以后的工程，试用《标准》（征求意见稿）进行计算评价，每家提供50个案例，于2013年12月31日前提交至主编单位；由李铁楠、李媛负责汇总，于第四次工作会议前完成《照明标准值及照明功率密度限值验证报告》。

会议完成了预定程序后顺利结束。

2013年07月22日

本标准主编单位：中国建筑科学研究院

安徽鲁班建设投资集团有限公司

本标准参编单位：北京市城市照明管理中心
成都市城市照明管理处
深圳市灯光环境管理中心
上海市路灯管理中心
飞利浦（中国）投资有限公司
通用电气照明有限公司
东莞勤上光电股份有限公司
广州奥迪通用照明有限公司
山西光宇半导体照明股份有限公司
江苏天楹之光光电科技有限公司
东莞市鑫诠光电技术有限公司
广州中龙交通科技有限公司
江苏宏力光电科技有限公司
深圳市洲明科技股份有限公司

本标准主要起草人员：李铁楠　赵建平　王鑫杰　孙卫平　吴春海　于景萍
秦名胜　姚梦明　王书晓　李　媛　汤传余　李　牧
李旭亮　关旭东　许　敏　章道波　王　乾　庞　云
吕国峰　李江海　丛福祥

本标准主要审查人员：李国宾　周太明　和坤玲　王晓华　李景色　张　华
王小明　陈春光　汪　猛　贾竞一　邴树奎

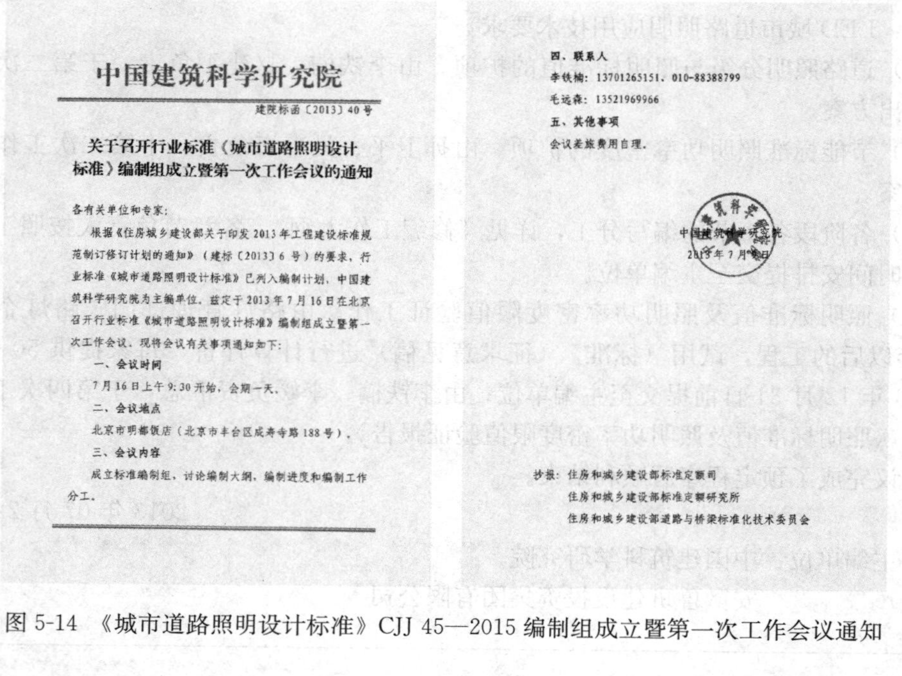

中国建筑科学研究院

建院标函〔2013〕40号

关于召开行业标准《城市道路照明设计标准》编制组成立暨第一次工作会议的通知

各有关单位和专家：

根据《住房城乡建设部关于印发2013年工程建设标准规范制订修订计划的通知》（建标〔2013〕6号）的要求，行业标准《城市道路照明设计标准》已列入编制计划，中国建筑科学研究院为主编单位，兹定于2013年7月16日在北京召开行业标准《城市道路照明设计标准》编制组成立暨第一次工作会议，现将会议有关事项通知如下：

一、会议时间

7月16日上午9:30开始，会期一天。

二、会议地点

北京市明都饭店（北京市丰台区成寿寺路188号）。

三、会议内容

成立标准编制组、讨论编制大纲、编制进度和编制工作分工。

四、联系人

李铁楠：13701265151、010-88388799

毛远森：13521969966

五、其他事项

会议差旅费用自理。

中国建筑科学研究院

2013年7月

抄报：住房和城乡建设部标准定额司
住房和城乡建设部标准定额研究所
住房和城乡建设部道路与桥梁标准化技术委员会

图5-14 《城市道路照明设计标准》CJJ 45—2015编制组成立暨第一次工作会议通知

图 5-15 《城市道路照明设计标准》CJJ 45—2015 编制组成立暨第一次工作会议照片及合影

中国建筑科学研究院

关于寄送工程建设行标《城市道路照明设计标准》编制组成立暨第一次工作会议纪要的函

各有关单位和专家：

根据住房与城乡建设部建标［2013］6号文件要求，由中国建筑科学研究院主编的工程建设行业标准《城市道路照明设计标准》编制组成立暨第一次工作会议已于2013年7月16日在北京召开。

现寄送会议纪要（见附件），请收阅。

附件：工程建设行标《城市道路照明设计标准》编制组成立暨第一次工作会议纪要

二〇一三年七月二十二日

抄报：住房和城乡建设部标准定额司

住房和城乡建设部标准定额研究所

住房和城乡建设部道路与桥梁标准化技术委员会

行业标准《城市道路照明设计标准》（CJJ45）修编工作启动会暨第一次工作会议纪要

根据住房和城乡建设部建标[2013]6号文件"关于印发《2013年工程建设标准规范制订、修订计划》的通知"的要求，由中国建筑科学研究院负责修订并主编的行业标准《城市道路照明设计标准》编制组启动暨第一次工作会议于2013年07月16日在北京召开。

住房和城乡建设部标准定额研究所雷丽英处长、住房和城乡建设部道路与桥梁标准化技术委员会张燕高工、中国市政工程协会城市照明专业委员会的张华和毛运森两位副秘书长、标准编制组成员及特聘专家共21人出席了会议。

会议由张燕高工主持，由主编单位中国建筑科学研究院建筑环境与节能研究院赵建平副院长致欢迎词。住建部标定所雷丽英处长介绍了主管部门确立本标准修订计划的背景和意义；对修订工作提出了"在公正公平的基础上达到科学性、先进性、可行性、一致性"的指导思想，并针对本标准的修订工作提出了相应的要求。中国市政工程协会城市照明专业委员会张华高工、上海市照明学会名誉理事长章海骢教授和中国建筑科学研究院李景色教授作为行业专家分别针对标准修编作了发言。随后，张燕高工宣布了编制组成员名单。

编制组第一次工作会议由本标准主编人中国建筑科学研究院李铁楠研究员主持，首先介绍了标准修订的前期准备工作，标准修订的原则、主要内容、技术重点和难点等，讨论了标准修订的工作大纲、编制组成员的工作分工、修编工作的进度计划（相关内容见附件）。随后，编制组成员就标准中有关条款的修编进行了细致认真的讨论，并确立了标准修编的总的原则和方向，明确了工作内容，一致同意按计划开展工作。

下一阶段的重点工作与分工：

（1）国内外相关标准及相关研究成果资料收集。由主编单位负责，参编单位提供，由李铁楠、李媛负责汇总，于2013年9月1日前完成《专题报告一：国内外道路照明相关标准及研究成果综述》；

（2）国内城市道路照明现状调查。分别由成都市城市照明管理处、北京市城市照明管理中心、深圳市灯光环境管理中心、上海市路灯管理中心针对本单位所在地区（华北、华南、华东、西部）进行调查，整理本地区的照明现状情况，完成各分区照明现状的分项研究报告，于2013年12月31日前提交至主编单位；由李媛、李铁楠负责汇总，完成《专题报告二：国内城市道路照明现状调查》；

（3）道路照明产品性能、应用现状及发展趋势调查。由飞利浦、GE、勤上、奥迪等负责，完成各分项研究报告，于2013年12月31日前提交至主编单位；由李媛、李铁楠负责汇总，完成《专题报告三：我国道路照明产品应用现状及发展趋势研究》；

（4）LED专题。LED路灯性能技术参数，由各参编企业负责，于第二次工作会议前提出方案，内容包括规定哪些性能参数及具体值，并说明依据；"LED照明控制"收集资料与试验验证，由广州奥迪负责；由王书晓负责，于2013年12月31日前完成《专题报告四：LED城市道路照明应用技术要求》；

（5）道路照明分级与照明标准值的扩项。由李铁楠、赵建平负责，于第二次工作会议前提出方案；

（6）节能标准照明功率密度的扩项。由孙卫平、吴春海负责，于第二次工作会议前提出方案；

（7）各阶段各章节的编写分工，详见《修编工作大纲》，各章节负责人按照工作进度计划与时间安排提交至主编单位；

（8）照明标准值及照明功率密度限值验证工作。由路灯管理部门、路灯企业选取2006年以后的工程，试用《标准》（征求意见稿）进行计算评价，每家提供50个案例，于2013年12月31日前提交至主编单位；由李铁楠、李媛负责汇总，于第四次工作会议前完成《照明标准值及照明功率密度限值验证报告》。

会议完成了预定程序后顺利结束。

2013年07月22日

图 5-16 《城市道路照明设计标准》
CJJ 45—2015 编制组成立暨第一次工作会议纪要

4. 审查会议

本版标准审查会议通知如图 5-17 所示。本次会议纪要如图 5-18 所示，包括审查专家委员会名单。本次会议影像资料如图 5-19 所示。下文为节选自会议纪要。

工程建设行业标准《城市道路照明设计标准》送审稿审查会会议纪要

根据住房和城乡建设部《关于印发〈2013 年工程建设标准规范制订修订计划的通知〉》（建标［2013］6 号）的要求，由中国建筑科学研究院会同有关单位完成了《城市道路照明设计标准》送审稿（以下简称《标准》），并于 2014 年 9 月 28 日在北京召开了《标准》审查会，会议由住房和城乡建设部道路与桥梁标准化技术委员会主持，住房和城乡建设部标准定额司及标准定额研究所有关领导出席会议并提出了审查原则及要求。会议成立了审查专家委员会（名单见附件一）。编制组部分成员出席了会议（参加会议人员见附件二）。

审查专家委员会听取了编制组编制工作情况汇报，对《标准》逐章逐条进行了审查，形成如下主要审查意见：

一、《标准》编制组提供的审查资料齐全，《标准》内容符合工程建设标准编写规定的要求。

二、《标准》编制组通过广泛调研和查阅相关资料，总结了我国城市道路照明设计和建设经验，结合国际上道路照明设计的先进经验和研究成果以及我国道路照明实际情况和需要，针对我国当前城市道路发展建设需要和照明技术与产品的实际情况，编制完成了适用于我国城市道路照明的设计标准，对我国的道路照明设计具有指导意义。

三、《标准》条文编写简练、严谨，结构完整，内容充实，与现行相关的技术规范和标准协调一致，具有可操作性和实用性，达到了国内领先水平。

四、会议提出以下主要修改意见：

1. 标准中的部分术语应与道路术语相协调；

2. 调整并细化 LED 光源选择规定；

3. 应增加“道路照明设施不应侵入道路建筑限界”条款；

其他修改意见详见附件三。

五、会议审查了编制组提出的强制性条文，建议将 7.1.2 条列为强制性条文报送相关部门。

审查专家委员会认为《标准》技术指标合理，与现行标准之间协调配套，一致同意通过审查。要求编制组按审查专家提出的意见和建议，尽快修改后上报住房和城乡建设部。

5. 强条审查

本标准由强调委回复道桥标委会关于本标准强制性条文审查意见的函如图 5-20 所示，包括附件强条审查意见。

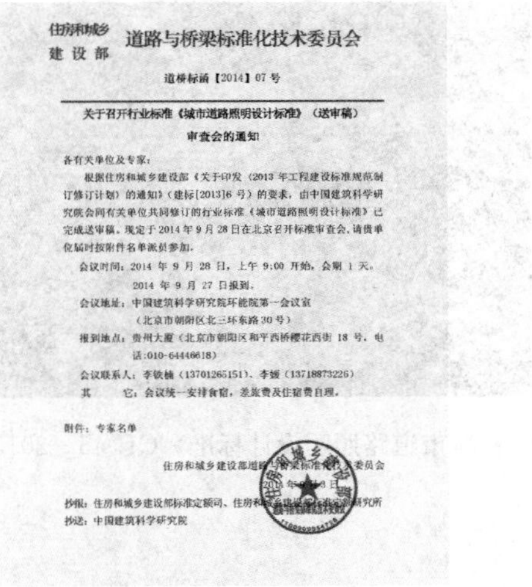

住房和城乡建设部 道路与桥梁标准化技术委员会

道桥标函【2014】07号

关于召开行业标准《城市道路照明设计标准》（送审稿）

审查会的通知

各有关单位及专家：

根据住房和城乡建设部《关于印发〈2013年工程建设标准规范制订修订计划〉的通知》（建标[2013]6号）的要求，由中国建筑科学研究院会同有关单位共同修订的行业标准《城市道路照明设计标准》已完成送审稿。现定于2014年9月28日在北京召开标准审查会，请贵单位届时按附件名单派员参加。

会议时间：2014年9月28日，上午9:00开始，会期1天。

2014年9月27日报到。

会议地址：中国建筑科学研究院环能院第一会议室

（北京市朝阳区北三环东路30号）

报到地点：贵州大厦（北京市朝阳区和平西桥樱花西街18号，电话:010-64446618）

会议联系人：李铁楠（13701265151）、李媛（13718873226）

其　　它：会议统一安排食宿，差旅费及住宿费自理。

附件：专家名单

住房和城乡建设部道路与桥梁标准化技术委员会

2014年9月3日

抄报：住房和城乡建设部标准定额司、住房和城乡建设部标准定额研究所

抄送：中国建筑科学研究院

图 5-17 《城市道路照明设计标准》CJJ 45—2015 审查会议通知

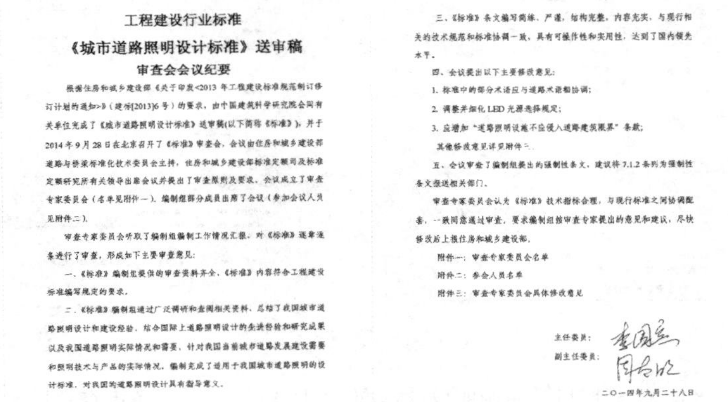

工程建设行业标准

《城市道路照明设计标准》送审稿

审查会会议纪要

根据住房和城乡建设部《关于印发<2013年工程建设标准规范制订修订计划的通知>》（建标[2013]6号）的要求，由中国建筑科学研究院会同有关单位完成了《城市道路照明设计标准》送审稿(以下简称《标准》)，并于2014年9月28日在北京召开了《标准》审查会，会议由住房和城乡建设部道路与桥梁标准化技术委员会主持，住房和城乡建设部标准定额司及标准定额研究所有关领导出席会议并提出了审查原则及要求。会议成立了审查专家委员会（名单见附件一），编制组部分成员出席了会议（参加会议人员见附件二）。

审查专家委员会听取了编制组编制工作情况汇报，对《标准》逐章逐条进行了审查，形成如下主要审查意见：

一、《标准》编制组提供的审查资料齐全，《标准》内容符合工程建设标准编写规定的要求。

二、《标准》编制组通过广泛调研和查阅相关资料，总结了我国城市道路照明设计和建设经验，结合国际上道路照明设计的先进经验和研究成果以及我国道路照明实际情况和需要，针对我国当前城市道路发展建设需要和照明技术与产品的实际情况，编制完成了适用于我国城市道路照明的设计标准，对我国的道路照明设计具有指导意义。

三、《标准》条文编写简练、严谨，结构完整，内容充实，与现行相关的技术规范和标准协调一致，具有可操作性和实用性，达到了国内领先水平。

四、会议提出以下主要修改意见：

1. 标准中的部分术语应与道路术语相协调；

2. 调整并细化LED光源选择规定；

3. 应增加"道路照明设施不应侵入道路建筑限界"条款；

其他修改意见详见附件三。

五、会议审查了编制组提出的强制性条文，建议将7.1.2条列为强制性条文报送相关部门。

审查专家委员会认为《标准》技术指标合理，与现行标准之间协调配套，一致同意通过审查，要求编制组按审查专家提出的意见和建议，尽快修改后上报住房和城乡建设部。

附件一：审查专家委员会名单

附件二：参会人员名单

附件三：审查专家委员会具体修改意见

主任委员：

副主任委员：

二〇一四年九月二十八日

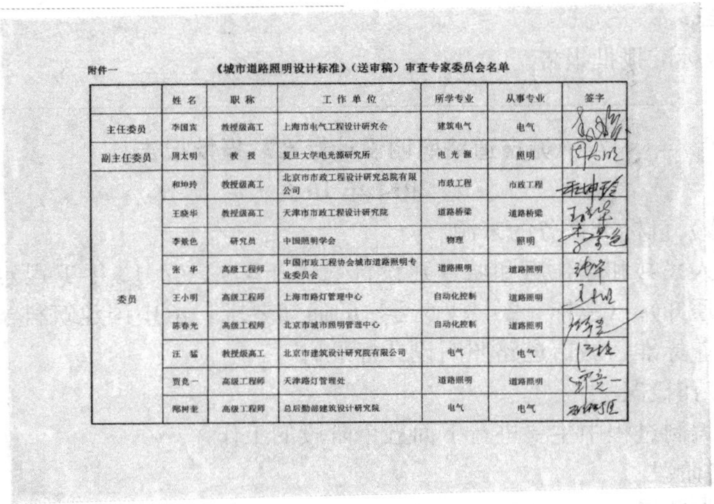

附件一　《城市道路照明设计标准》（送审稿）审查专家委员会名单

	姓名	职称	工作单位	所学专业	从事专业	签字
主任委员	李国宾	教授级高工	上海市电气工程设计研究会	建筑电气	电气	
副主任委员	周太明	教授	复旦大学电光源研究所	电光源	照明	
委员	和坤玲	教授级高工	北京市市政工程设计研究总院有限公司	市政工程	市政工程	
	王晓华	教授级高工	天津市市政工程设计研究院	道路桥梁	道路桥梁	
	李景色	研究员	中国照明学会	物理	照明	
	张华	高级工程师	中国市政工程协会城市道路照明专业委员会	道路照明	道路照明	
	王小明	高级工程师	上海市路灯管理中心	自动化控制	道路照明	
	陈春光	高级工程师	北京市城市照明管理中心	自动化控制	道路照明	
	汪猛	教授级高工	北京市建筑设计研究院有限公司	电气	电气	
	贾竞一	高级工程师	天津路灯管理处	道路照明	道路照明	
	郦树奎	高级工程师	总后勤部建筑设计研究院	电气	电气	

图 5-18 《城市道路照明设计标准》CJJ 45—2015 审查会会议纪要

图 5-19 《城市道路照明设计标准》CJJ 45—2015 审查会照片

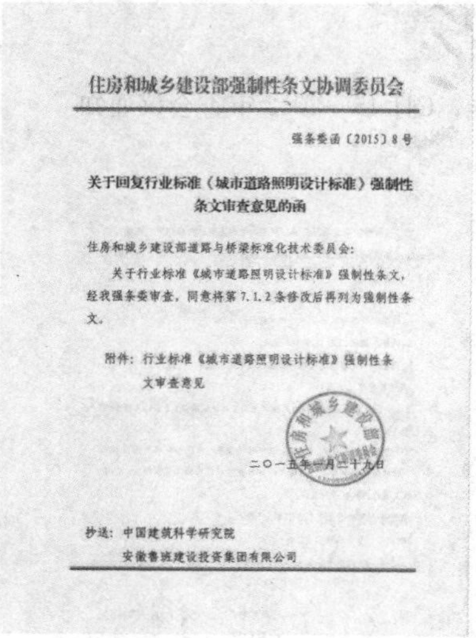

住房和城乡建设部强制性条文协调委员会

强条委函〔2015〕8 号

关于回复行业标准（城市道路照明设计标准）强制性条文审查意见的函

住房和城乡建设部道路与桥梁标准化技术委员会:

关于行业标准《城市道路照明设计标准》强制性条文，经我强条委审查，同意将第 7.1.2 条修改后再列为强制性条文。

附件：行业标准《城市道路照明设计标准》强制性条文审查意见

二〇一五年一月二十九日

抄送：中国建筑科学研究院
安徽鲁班建设投资集团有限公司

附件

行业标准《城市道路照明设计标准》
强制性条文审查意见

7.1.2 机动车道的照明功率密度限值应符合表 7.1.2 的规定。

表 7.1.2 机动车道的照明功率密度限值

道路级别	车道数（条）	照明功率密度（LPD）限值（W/m²）	对应的照度值（lx）
快速路 主干路	≥6	1.00	30
	<6	1.20	
	≥6	0.70	20
	<6	0.85	
次干路	≥4	0.80	20
	<4	0.90	
	≥4	0.60	15
	<4	0.70	
支路	≥2	0.50	10
	<2	0.60	
	≥2	0.40	8
	<2	0.45	

图 5-20 《城市道路照明设计标准》CJJ 45—2015 强条审查意见

6. 报批报告

下文为本版标准报批报告。

《城市道路照明设计标准》报批报告

2014 年 10 月

1 制（修）订标准任务的来源

根据中华人民共和国住房和城乡建设部《关于印发〈2013 年工程建设标准规范制订修订计划的通知〉》（建标［2013］6 号）的通知要求，由中国建筑科学研究院会同有关单位编制行业标准《城市道路照明设计标准》。

2 编制工作概况

在标准的编制过程中主要进行下面五个阶段的工作。

2.1 准备阶段

编制任务下达后，主编单位即开展了编制标准的准备工作，主要包括：

1. 成立了编制组

编制组的人员确定主要根据参加编制人员的条件与编制单位的情况综合协商，进行组织落实。编制组的构成，吸收了国内在道路照明设计管理等方面工作开展得比较深入同时又具有区域代表性的路灯管理单位，选择了一些在道路照明的设计有丰富经验的企业，考虑到本次修编工作会涉及较多的有关LED照明方面的内容，又吸收了一些生产半导体照明产品的企业，参加编制组的人员应该从事或参与过与本标准内容有关的产品生产或设计工作，具有较强的理论基础和实践经验，具有一定组织工作能力，能配合有关调研、现场调查、资料整理文本编写等工作。同时要求编制组的人员要求自始至终参加编制工作。

2013年7月16日在北京市召开了《标准》编制组成立暨第一次工作会议。住房和城乡建设部标准定额研究所雷丽英副处长、城镇道路桥梁标准技术归口单位北京市市政工程设计研究总院张燕高工、中国建筑科学研究院环能院副院长赵建平、中国市政工程协会城市照明专业委员会张华副秘书长和毛远森副秘书长以及各编制单位的代表出席了会议（与会人员名单见表1）。

编制组成立暨第一次工作会议与会人员名单　　表1

序号	姓名	工作单位
1	雷丽英	住建部标准定额研究所
2	张燕	北京市市政研究设计总院
3	张华	中国市政工程协会城市照明专业委员会
4	毛远森	中国市政工程协会城市照明专业委员会
5	章海骢	上海市照明学会
6	李景色	中国照明学会
7	李铁楠	中国建筑科学研究院
8	赵建平	中国建筑科学研究院
9	孙卫平	成都市城市照明管理处
10	于景萍	北京市城市照明管理中心
11	吴春海	深圳市灯光环境管理中心
12	秦名胜	上海市路灯管理中心
13	徐俊	上海市路灯管理中心
14	邓云塘	飞利浦（中国）投资有限公司
15	陈钢	通用电气照明有限公司
16	杨颜红	广州奥迪通用照明有限公司
17	刘艳	东莞勤上光电股份有限公司
18	徐小友	东莞勤上光电股份有限公司
19	刘会涛	中国建筑科学研究院
20	王书晓	中国建筑科学研究院
21	李媛	中国建筑科学研究院
22	王飞翔	中国建筑科学研究院

2. 制定了工作大纲，编制了规程大纲

编制组制定了编制大纲，确定了编制进度及分工的方案。经过编制组召开工作会议并同与会代表充分讨论，明确了分工，决定主编单位中国建筑科学研究院负责《城市道路照明设计标准》编制大纲总体协调工作，并负责《城市道路照明设计标准》总体内容的起草及统稿工作，其他各参编单位根据自己单位特点和所长分别负责相应的工作，具体分工见表2。

《标准》章节及编写工作分工情况　　表2

章节	内容	主要起草单位
一	总则	建研院
二	术语	建研院、北京路灯、成都路灯
三	照明标准	建研院、成都路灯、深圳路灯、飞利浦、GE
四	光源、灯具及其附属装置选择	建研院、飞利浦、GE、勤上光电、光宇、安徽鲁班、天楹之光、宏力光电
五	照明方式和设计要求	建研院、安徽鲁班、上海路灯、鑫诠光电、洲明科技
六	照明供电和控制	成都路灯、深圳路灯、上海路灯、北京路灯、奥迪通用、广州中龙交通
七	节能标准及措施	建研院、成都路灯、深圳路灯、飞利浦、GE、天楹之光、勤上光电、光宇
附录	亮度系数、维护系数	建研院、深圳路灯、洲明科技

2.2　调研工作阶段

按照《标准》第一次工作会议纪要的精神，各编制单位分头开展了调研工作。调研工作内容主要包括：

1. 对道路照明现状进行调查

现状调查一是选择全国代表性地区的城市（北京、上海、广东、四川）进行现场走访、测量；二是通过中国市政工程协会城市照明专业委员会所属的理事单位调查当地的道路照明情况；三是整理归纳近年来由住建部组织的全国城市照明大检查的内容情况，从中了解当前道路照明的现状。通过这些调查发现，新建道路的照明状况较好，但有道路照明超标问题；旧有道路的照明问题较多，包括不达标、照明质量较差、灯具光学特性不适合所在道路、欠维护导致的照明效果不理想等；人行道路照明效果不理想；道路的普通路段照明效果好但道路的特殊区段和场所却有很多问题等。

2. 对当前道路照明产品进行调查

参编单位广泛调查了照明新产品的研发和质量提升情况，以及现场使用情况，从中了解适用于国内道路照明的产品的品质和水平。

3. 对LED照明产品进行调查

近些年，照明用LED产品快速发展，其水平也有了大幅度的提升，国内很多城市的道路都进行了试验性的使用，其效果有很大的差异。如今，LED道路照明产品类型繁多，质量不一。照明节能是道路照明中的一项重要内容，LED照明产品应该能够在道路照明中发挥很大作用。这次的调查主要是LED灯具的质量水平、性能、成熟度、稳定性、产品标准制定情况等，通过掌握这些情况，为后面的标准编制提供基础，包括LED照明产品使用的道路，投入使用的LED产品性能参数应该具备的水准等。

4. 调查国际上道路照明发展情况

一方面是收集 CIE、IES 等国际照明组织和相关国家的道路照明设计标准，另一方面是了解国外的道路照明新产品和新的设计方法。

5. 调查 06 版《标准》颁布以来的实施情况和存在问题

2.3 《标准》初稿阶段

根据前期调研所掌握的情况。按照《标准》第一次工作会议纪要的精神，各编写单位分别提交了各自承担的工作内容汇报，经过主编单位汇总整理，明确了本次修编的主要内容，随后向各编制单位通报，各参编单位分头自己负责的相关内容，然后交给主编单位统稿，形成了《城市道路照明设计标准》初稿。标准初稿发给编制组成员，编制组成员针对全篇内容分头逐条分析研究，并通过网络方式进行讨论，形成初稿的修改稿。

2.4 征求意见稿阶段

标准初稿的修改稿完成后，将此修改稿送往本标准编制组顾问以及道路照明专家李景色教授、俞丽华教授、俞安琪教授级高工、何开均教授级高工等人，根据他们的意见，有针对性地进行了调整和修改，补充了相关内容，经过编制组网上讨论，形成了征求意见稿。

2014 年 3 月底形成征求意见稿，于 2014 年 4 月 8 日向相关主管部门、相关单位报送材料，按要求上传至 ccsn，并告知标定所、标委会，进行征求意见稿的网上和定向意见征集。

在网上公示和征询意见期满，为了尽可能多地征求到本行业专家学者和相关单位的修改意见，编制组将《标准》（征求意见稿）分别寄送了全国城市道路照明设计、管理和研究领域共 92 单位（见表 3），广泛征求意见。

《标准》定向征集意见的单位名单　　表 3

北京市城市照明管理中心	天津市路灯管理处
上海市路灯管理中心	重庆市城市照明管理局
沈阳市路灯管理局	西安市城市照明管理处
武汉路灯管理局	南京市路灯管理处
广东电网公司广州路灯管理所	常州市城市照明管理处
呼和浩特市城市照明管理处	包头市市政管理局路灯维护所
太原市道路照明管理处	大同市城市照明管理所
石家庄市夜景照明管理处	秦皇岛电力公司路灯管理处
鞍山市路灯管理处	大连市路灯管理处
吉林市路灯管理处	哈尔滨市路灯管理处
齐齐哈尔市市政设施管理处	镇江市路灯管理处
无锡市照明管理处	无锡市照明工程有限公司
苏州市城市照明管理处	徐州市照明管理处
连云港市路灯管理处	扬州市城市照明管理处
泰州市路灯管理处	南通市城市照明管理处
合肥市路灯监控中心	滁州市路灯管理处
马鞍山市路灯养护管理所	济南市路灯管理处
淄博市路灯管理处	潍坊市路灯管理处
青岛市路灯管理处	临沂市城市照明管理处

续表

杭州市电力局路灯管理所	宁波市市政管理处
南昌市路灯管理处	萍乡市路灯管理处
新余市城市照明管理处	抚州市路灯管理所
福州市市政处路灯管理所	长沙市电力公司路灯管理所
株洲市灯饰管理处	益阳市路灯灯饰管理处
常德市路灯维护管理处	娄底市路灯管理处
衡阳市路灯管理所	邵阳市城市路灯管理所
黄石供电公司路灯部	襄阳市路灯管理处
宜昌市供电公司路灯管理中心	郑州市城市照明灯饰管理处
濮阳市路灯管理处	洛阳市城市照明灯饰管理处
深圳市灯光环境管理中心	珠海市路灯管理处
南宁市城市照明管理处	桂林市城市照明管理处
柳州市城市照明管理处	海口市市政工程维修公司
成都市城市照明管理处	德阳市城市照明设施管理处
绵竹市路灯管理所	绵阳市城市照明管理处
江油市城市照明管理所	遂宁市城市照明管理处
内江市市政工程管理处	自贡市市政设施管理处
宜宾市市政设施管理处	宝鸡市路灯管理处
兰州市市政管理处路灯管理所	天水市秦州区市政设施管理处
银川市路灯管理处	西宁市市政工程管理处
乌鲁木齐城市公共照明管理中心	河北省照明行业协会
清华大学建筑学院	北京市市政研究设计总院
深圳市市政设计研究院	同济大学电子与信息工程学院
国家半导体产业联盟	厦门半导体产业促进中心
国家灯具质量监督检验中心	复旦大学电光源研究所
青岛市市政工程设计研究院	天津大学建筑学院
国家交通安全设施质量监督检验中心	上海长江隧桥建设发展有限公司

《标准》网上公示和征求意见的2014年4月8日～2014年5月8日期间，共收到21家（位）单位和专家的共计300多条反馈意见，主编单位将反馈意见进行汇总整理，分别提交标准各编制单位进行处理，主、参编单位规范起草人员根据反馈意见组织内部技术讨论，修改完善条文内容，形成征求意见的回复。随后，编制组请有关专家审议征求意见稿的反馈意见，进行技术讨论，处理修改意见。主编单位对征求意见的回复进行汇总分析，对于一些难以处理的意见，有针对性地提出回复意见，主编单位认真审核了各条处理意见，形成了《标准》征求意见的处理情况及汇总表（见附件一）。根据各单位或各专家所反馈的修改意见，编制组对规范征求意见稿进行补充、修改，形成了送审稿。

2.5 送审阶段

2014年9月28日在北京召开了《城市道路照明设计标准》审查会，会议由住房和城乡建设部道路与桥梁标准化技术委员会主持，住房和城乡建设部标准定额研究所有关领导出席会议并提出了审查原则及要求。会议成立了审查专家委员会（表4）。编制组成员出席了会议。

《城市道路照明设计标准》审查会专家名单　　表 4

	姓名	职称	工作单位
主任委员	李国宾	教授级高工	上海市电气工程设计研究会
副任委员	周太明	教授	复旦大学电光源研究所
委员	何坤玲	教授级高工	北京市市政工程设计研究总院
	王晓华	教授级高工	天津市市政工程设计研究院
	李景色	教授级高工	中国照明学会
	张华	高工	中国市政工程协会城市道路照明专业委员会
	王小明	高工	上海市路灯管理中心
	陈春光	高工	北京市城市照明管理中心
	汪猛	教授级高工	北京市建筑设计研究院
	贾竞一	高工	天津市路灯管理处
	邴树奎	高工	总后勤部建筑设计研究院

审查专家委员对《城市道路照明设计标准》逐章逐条进行了审查，形成如下主要审查意见：

1. “降低犯罪率”的作用超出了道路功能，应根据其实际作用做调整。

2. “道路及与其相关的特殊场所”中的“特殊场所”含义应进一步明确。

3. 建议增加“符号”一节。

4. 标准条文中未见“城市隧道照明”相关内容，建议补充。如果篇幅内容过多，可增加原则性条款。

5. 应把标准中的第 3.3.3 条和第 3.3.4 条合并。

6. 关于光源的选择，LED 光源的使用范围应该适当扩大。

7. 关于 LED 的性能要求，其中包括了光源和灯具，应分开进行规定。

8. 应增加“道路照明设施不应侵入道路建筑限界”条款。

9. 第 5 章中的部分内容可适当简化。

10. 第 6.1.1 条中关于道路照明供电负荷的规定应简洁明确。

11. 表 7.1.2 注 4 中的“控制装置”表述不够全面。

12. 第 7.2 节中的节能评价值规定应包括变压器内容。

3　审查意见的处理情况

编制组对审查意见进行了反复讨论修改，形成的意见汇总处理见表 5。

《城市道路照明设计标准》审查会意见汇总处理表　　表 5

序号	专家意见	修改说明
1	第 1.0.1 条“降低犯罪率”的作用超出了道路功能，应该根据其实际作用做调整	考虑到满足天网视频摄像头的照明需求、道路及周边人身财产安全保障时的照明需求，调整为“满足治安防范需求”
2	第 1.0.1 条中的“达到保障交通安全，提高交通运输效率，方便人民生活，”几个逗号改为顿号	已修改

续表

序号	专家意见	修改说明
3	第1.0.2条“特殊场所”含义不明确	调整为“城市道路及与道路相关场所”，其中城市道路包含普通路段和特殊路段。“特殊路段”和“与道路相关场所”在条文说明中予以解释。由于它们的照明要求不同，所以，其照明设计和要求都需要进行单独规定
4	建议增加“符号”	增加了“符号”一节，第二章改为“术语及符号”
5	标准条文中未见“城市隧道照明”相关内容，建议补充。如果篇幅内容过多，可增加原则性条款	增补了5.2.18条“城市隧道照明应符合的要求”，对白天和夜晚的城市隧道照明分别提出要求，由于涉及的内容，提出了主要的原则性要求，具体内容可参照现行国家标准《城市道路交通设施设计规范》GB 50688的相关规定执行，并在条文说明中作了解释
6	应把第3.3.3条和第3.3.4条合并为一条	将第3.3.3条和第3.3.4条合并为一条，并对其中的文字进行了相应调整
7	第4.1.1条关于光源的选择一节中，LED光源的使用范围应该适当扩大	将4.1.1条之1的“快速路、主干路、次干路和支路宜采用高压钠灯，也可选择LED光源或陶瓷金属卤化物灯”调整为“快速路和主干路宜采用高压钠灯，也可选择LED光源或陶瓷金属卤化物灯”。这样，除了快速路和主干路之外，在其他道路上，LED光源和其他光源都可以同样选择
8	第4.1.3中关于LED的性能要求，其中包括了光源和灯具，应分开进行规定	将4.1.3中1、2、3、4款的内容放入“光源选择”一节，将4.1.3中5、6、7、8、9款放入“灯具选择”一节，并对条款编号作相应调整
9	应增加“道路照明设施不应侵入道路建筑限界”条款	增补5.1.2条“任何道路照明设施不得侵入道路建筑限界内”及相应的条文说明
10	第5章中的部分内容可适当简化	取消了第5.2.12条“道路与铁路平面交叉的照明要求”、第5.2.13条“飞机场附近的道路照明要求”、第5.2.14条“铁路和航道附近的道路照明要求”。因为这三条主要是一些原则性规定，无具体要求，固按照审查会要求进行简化
11	第6.1.1条中关于道路照明供电负荷的规定应简洁明确	第6.1.1条中删除“三级负荷可按约定供电”及“在负荷较小或地区供电条件困难时，二级负荷可由一回路6kV及以上专用线路供电”。调整为“城市道路照明电力负荷一般应为三级负荷，城市中的重要道路、交通枢纽及人流集中的广场等区段的照明可为二级负荷。”
12	表7.1.2注4中的“控制装置”表述不够全面	将表7.1.2注4“控制装置”改为“电器附件”
13	第7.2节中的节能评价值规定应包括变压器内容	增加7.2.3条“路灯专用配电变压器的选择符合《三相配电变压器能效限定值及能效等级》GB 20052规定的范围时，其能效等级应满足节能评价值要求”

4 标准的技术水平、作用和效益

本标准在总结我国城市道路照明设计和建设经验的基础上，通过广泛调研和查阅相关资料，结合国际上道路照明设计的先进经验和研究成果，根据我国城市道路的特点和道路照明实际情况和需要，编制了适合我国城市道路照明的设计标准，对我国的道路照明设计具有指导意义。审查会上，评审专家对《城市道路照明设计标准》逐条审查后，认为标准条文编写简练严谨、结构完整、内容充实，与现行的标准规范协调一致，具有可操作性和实用性，达到了国内领先水平。会议审查了编制组提出的强制性条文，建议将7.1.2条列为强制性条文报送相关部门。

5 今后需解决的问题

随着我国城市化进程的发展，城市道路也将会进入快速发展建设的过程，编制组今后应密切关注城市道路建设中的问题，关注城市道路交通中的问题，关注新的道路照明产品的发展状况，对标准中的相关内容进行深入的调研，为本标准的下一次修订做好充分准备。

7. 发布公告

本版标准发布公告如图5-21所示。

住房城乡建设部关于发布行业标准《城市道路照明设计标准》的公告

日期：2015年11月23日　【文字大小：大 中 小】【打印】【关闭】

中华人民共和国住房和城乡建设部

公　告

第946号

住房城乡建设部关于发布行业标准《城市道路照明设计标准》的公告

现批准《城市道路照明设计标准》为行业标准，编号为CJJ45-2015，自2016年6月1日起实施。其中，第7.1.2条为强制性条文，必须严格执行。原《城市道路照明设计标准》CJJ45-2006同时废止。

本标准由我部标准定额研究所组织中国建筑工业出版社出版发行。

住房城乡建设部

2015年11月9日

图5-21 第946号住房城乡建设部关于发布行业标准《城市道路照明设计标准》的公告

5.1.3.2 标准内容简介

本版标准系在第二版标准（CJJ 45—2006）的基础上修订而成，章节构成与第二版相同，但对内容作了修改。其中，增加了“目录”的英文版；第二章“术语”修改为“术语和符号”，包括了“术语”和“符号”两节。增加了“引用标准名录”。

1 总则

2 术语和符号 共编入40个术语和15和符号。

3 照明标准 修改为5节16条。

3.1 道路照明分类，分为主要供机动车使用的机动车道照明和交会区照明以及主要供行人使用的人行道照明两类。机动车道照明按快速路与主干路、次干路、支路分为三级。增加了人行道路照明分级，人行道照明按交通流量分为四级。

3.2 道路照明评价指标，分别规定了机动车交通道路照明、交会区照明、人行道路照明、非机动车道照明的评价指标。

3.3 机动车交通道路照明标值（表5-7）

其修改内容为：将原来的“迎宾路、通向大型公共建筑的主要道路、位于市中心和商业中心的道路照明”作为表注方式进行规定。根据编制组的调研和实测，考虑到次干路在城市路网中的重要地位和其对照明的要求，调整了次干路的照明标准值。将原来按照城市规模选择照明标准高低档值改为按照交通流量大小选择照明标准高低档值。增加了快速路和主干路的主路辅路的照明规定，规定“仅供机动车行驶的或机动车与非机动车混合行驶的快速路和主干路的辅路，其照明等级应与相邻的主路相同；仅行驶非机动车的辅路应执行本标准关于人行道路照明标准的相关规定”。

机动车道照明标准值 **表5-7**

级别	道路类型	路面亮度			路面照度		眩光限制阈值增量TI（%）最大初始值	环境比SR最小值
		平均亮度 L_{av}(cd/m²)维持值	总均匀度 U_o 最小值	纵向均匀度 U_L 最小值	平均照度 $E_{h,av}$（lx）维持值	均匀度 U_E 最小值		
Ⅰ	快速路、主干路	1.50/2.00	0.4	0.7	20/30	0.4	10	0.5
Ⅱ	次干路	1.00/1.50	0.4	0.5	15/20	0.4	10	0.5
Ⅲ	支路	0.50/0.75	0.4	—	8/10	0.3	15	—

注：1 表中所列的平均照度仅适用于沥青路面。若系水泥混凝土路面，其平均照度值相应降低约30%。根据本标准附录A给出的平均亮度系数可求出相同的路面平均亮度，沥青路面和水泥混凝土路面分别需要的平均照度。
2 计算路面的维持平均亮度或维持平均照度时应按本标准附录B确定维护系数。
3 表中各项数值仅适用于干燥路面。
4 表中对每一级道路的平均亮度和平均照度给出了两档标准值，“/”的左侧为低档值，右侧为高档值。
5 迎宾路、通向大型公共建筑的主要道路、位于市中心和商业中心的道路等，执行Ⅰ级照明标准。

3.4 交会区照明标准值（表5-8）

交会区照明标准值 **表5-8**

交会区类型	路面平均照度 $E_{h,av}$(lx)，维持值	照度均匀度 U_E	眩光限制
主干路与主干路交会	30/50	0.4	在驾驶员观看灯具的方位角上，灯具在90°和80°高度角方向上的光强分别不得超过10cd/1000lm和30cd/1000lm
主干路与次干路交会			
主干路与支路交会			
次干路与次干路交会	20/30		
次干路与支路交会			
支路与支路交会	15/20		

注：1 灯具的高度角是在现场安装使用状态下度量。
2 表中对每一类道路交会区的路面平均照度分别给出了两档标准值，“/”的左侧为低档照度值，右侧为高档照度值。

3.5 人行及非机动车道照明标准值（表 5-9、表 5-10）

人行及非机动车道照明标准值 **表 5-9**

级别	道路类型	路面平均照度 $E_{h,av}$（lx）维持值	路面最小照度 $E_{h,min}$（lx）维持值	最小垂直照度 $E_{v,min}$（lx）维持值	最小半柱面照度 $E_{sc,min}$（lx）维持值
1	商业步行街；市中心或商业区行人流量高的道路；机动车与行人混合使用、与城市机动车道路连接的居住区出入道路	15	3	5	3
2	流量较高的道路	10	2	3	2
3	流量中等的道路	7.5	1.5	2.5	1.5
4	流量较低的道路	5	1	1.5	1

注：最小垂直照度和半柱面照度的计算点或测量点均位于道路中心线上距路面 1.5m 高度处。最小垂直照度需计算或测量通过该点垂直于路轴的平面上两个方向上的最小照度。

人行及非机动车道照明眩光限值 **表 5-10**

级别	最大光强 Imax（cd/1000lm）			
	≥70°	≥80°	≥90°	>95°
1	500	100	10	<1
2	—	100	20	—
3	—	150	30	—
4	—	200	50	—

注：表中给出的是灯具在安装就位后与其向下垂直轴形成的指定角度上任何方向上的发光强度。

其修改内容为：把非机动车道照明也纳入这一部分。将原标准中人行道路照明标准的三个评价指标调整为五个，即：路面平均照度、路面最小照度、垂直照度、半柱面照度和眩光限制。非机动车道的评价指标与人行道路相同。根据上一版标准使用情况反馈、本次修编组的实地测量、调研，并考虑国外经验，将其中的标准数值进行了适度调整，以求兼顾照明效果和节能的要求。

4 光源、灯具及其附属装置选择

与前一版比较，由于引入了发光二极管光源，因此有了较大调整，对于五类道路的光源选择进行了如下规定：

（1）快速路和主干路宜采用高压钠灯，也可选择发光二极管灯或陶瓷金属卤化物灯；

（2）次干路和支路可选择高压钠灯、发光二极管灯或陶瓷金属卤化物灯；

（3）居住区机动车和行人混合交通道路宜采用发光二极管灯或金属卤化物灯；

（4）市中心、商业中心等对颜色识别要求较高的机动车交通道路可采用发光二极管灯或金属卤化物灯；

（5）商业区步行街、居住区人行道路、机动车交通道路两侧人行道或非机动车道可采用发光二极管灯、小功率金属卤化物灯或细管径荧光灯、紧凑型荧光灯。

由于在城市道路照明中引入了发光二极管光源，因此相应地对此类光源的性能指标进行了相应的规定，包括：

（1）光源的显色指数（R_a）不宜小于 60；

（2）光源的相关色温不宜高于 5000K，并优先选择中或低色温光源；

（3）选用同类光源的色品容差不应大于 7SDCM；

（4）在现行国家标准《均匀色空间和色差公式》GB/T 7921 规定的 CIE 1976 均匀色度标尺图中，在寿命周期内光源的色品坐标与初始值的偏差不应超过 0.012。

相应地对配用发光二极管光源的道路照明灯具提出要求，包括：

（1）灯具的功率因数不应小于 0.9；

（2）灯具效能不应小于表 5-11 的要求；

LED 灯具效能限值 **表 5-11**

色温 T_c（K）	$T_c \leqslant 3000$	$3000 < T_c \leqslant 4000$	$4000 < T_c \leqslant 5000$
灯具效能限值（lm/W）	90	95	100

（3）在标称工作状态下，灯具连续燃点 3000 小时的光源光通量维持率不应小于 96%，灯具连续燃点 6000 小时的光源光通量维持率不应小于 92%；

（4）灯具的电源模组应符合现行国家标准《灯的控制装置　第 14 部分：LED 模块用直流或交流电子控制装置的特殊要求》GB 19510.14 的要求，且可现场替换，替换后防护等级不应降低；

（5）灯具的无线电骚扰特性应符合现行国家标准《电气照明和类似设备的无线电骚扰特性的限制和测量方法》GB 17743 的要求，谐波电流限值应符合现行国家标准《电磁兼容限值谐波电流发射限值（设备每相输入电流≤16A）》GB 17625.1 的要求，电磁兼容抗扰度应符合现行国家标准《一般照明用设备电磁兼容抗扰度要求》GB/T 18595 的要求；

（6）发光二极管灯具的防护等级不宜低于 IP65；

（7）发光二极管灯具电源应通过国家强制性产品认证。

5　照明方式和设计要求

新增加了 5.1.2 条“任何道路照明设施不得侵入道路建筑限界内”。

在 5.2 节　“道路特殊区段及与道路相关场所照明设计要求”中，增加了“公共停车场的照明规定”、“高架道路的照明规定”、“公交车沿线停靠站的照明规定”、“城市隧道照明规定”，并根据现实情况适当调整了其他一些条款的内容。

6　照明供电和控制

取消原标准中 6.1.2 条“对城市中的重要道路、交通枢纽及人流集中的广场等区段的照明应采用双电源供电……”作为强制性条文的规定，改为普通条文。

增加了条款 6.2.2 条和 6.2.4 条，规定“立交或高架道路等的下层道路照明，应根据该道路的实际亮度确定开关灯时间，可适当提前开灯和延后关灯”、“宜根据照明系统的实际情况、城市不同区域的气象变化、道路交通流量变化、照明设计和管理的需求，选择片区控制、回路控制或单灯控制方式”。

调整开关灯控制规定为“道路照明开灯和关灯时的天然光照度水平，快速路和主干路宜为 30lx，次干路和支路宜为 20lx。”

7　节能标准和措施

其中的 7.1.2 条为强制性条文，规定了各级机动车交通道路的功率密度限值。本次修订中调整了其中的限值，以求进一步节能。

5.1.3.3 重要条款和重要指标

强制性条文是工程建设标准中直接涉及人民生命财产安全、人身健康、环境保护和其他公众利益、必须严格执行的强制性规定，并考虑保护资源、节约投资、提高经济效益和社会效益等政策要求。《标准》强制性条文主要从在满足照明设计标准的前提下节约能源的角度提出严格的技术要求和标准。《标准》强制性条文第 7.1.2 条具体如下：

机动车交通道路的照明功率密度限值应符合表 5-12 的规定。

机动车交通道路的照明功率密度限值 **表 5-12**

道路级别	车道数（条）	照明功率密度限值（LPD）（W/m^2）	对应的照度值（lx）
快速路主干路	≥6	1.00	30
	<6	1.20	
	≥6	0.70	20
	<6	0.85	
次干路	≥4	0.80	20
	<4	0.90	
	≥4	0.60	15
	<4	0.70	
支路	≥2	0.50	10
	<2	0.60	
	≥2	0.40	8
	<2	0.45	

注 1. 本表适用于所有光源。
2. 本表仅适用于设置连续照明的常规路段。
3. 设计计算照度高于标准值时，LPD 值不得相应增加。
4. 当不能准确确定灯的控制装置功耗时，其功耗按照 HID 灯以光源功率的 15%计算，LED 灯以光源功率的 10%计算。

强制条文是通过限制道路路面单位面积上的用电功率来达到节能要求的。上一版该条已经是强制性条文，本次修订我们认为仍有必要将其列为强条，并且根据产品技术水平的提高，适当降低了功率密度限值，也就是提升了标准的要求，目的在于进一步促进节能的要求。

本次修订增加了道路照明采用发光二极管灯光源时，以及当灯具采用发光二极管光源时应符合的规定。细化了人行道路照明标准的规定要求；强化了照明节能标准的要求。亮点是增加了使用半导体光源和灯具时的规定，为这种新型光源的推广和科学使用提出了要求。

5.1.3.4 专题技术报告

在标准编制过程中，开展了如下几个方面的调查和研究，并形成了报告。

1. 国内城市道路照明现状调查研究

这种调查包括两个部分，一是编制组选择典型区域进行调查，分别在北京、广东、四川等地，进行各等级道路照明情况的针对性调查；二是利用此前数年间国家住建部组织的城市道路照明大检查的调查结果，主编单位作为历次检查工作的技术负责单位，通过调查过程内容和结果，对国内道路照明现状问题和根源有比较全面的了解和掌握。通过这些调查研究，为各类城市道路照明标准值的修订和调整提供了基础和依据。

从调查中发现，在城市道路的路网中，处于承上启下环节的次干路承担着极为繁重的角色，不同于主干路和支路分别在交通功能和服务功能方面的侧重，次干路是两方面的功能压力都非常大，所以，其交通量很大，另外，由于次干路受到的重视程度远远不如快速路和主干路，其设施的完备性普遍不足，导致了交通构成情况复杂、混行严重等问题，但是，现实情况是照明效果达标状况不如主干路，即使达标的道路也会感觉到照明的不足。所以，在标准的修编中有必要提升次干路的照明标准。

调查中还发现，人行道路照明的问题较多，体现在，照明达标率低、平均照度和最小照度的达标情况不好，眩光控制做得不好，面部识别要求很少考虑。一些道路采取双挑的灯具布置，照明又严重超标，在一些做得相对较好的道路上发现，如果眩光控制得好，照明标准不需要那么高，就能有很好的视觉效果，这些调查对于本次修订有重要的参考意义。

2. LED照明的产品和实际工程的调查研究

LED照明进入设计标准是本次修订工作的重要内容。由于LED正处于快速的发展过程中，其性能参数处于不断发展变化中，如何进行产品性能的要求，需要通过广泛深入有针对性的调查作为基础，同时，国内又在积极推进LED照明的应用，需要在设计标准中提出相关要求来保证照明工程的质量。

调查工作包括对典型LED产品的企业调查、展会上对LED产品的普遍调查、国家和地方产品质检单位关于产品性能的检测结果、道路和隧道LED照明的现场实地调研等，通过广泛的调查，掌握了LED目前的基本状况和性能水平，为制定标准提供了基础。

3. 道路交会区以及与道路相关的特殊场所照明调查

包括：各种交叉路口、人行横道、立交、高架路、人行过街天桥、人行过街地道、停车场等，重点是观测这些场所的交通状况、照明需求、照明现状。

4. 照明功率密度的实际调查和计算

由于产品技术水平进步和性能提升，照明功率密度（*LPD*）有进一步下降的空间，为进一步提升节能水平，本次修订决定对*LPD*进行调整。由于这是强制性条文，其工作要求必须严谨。通过分析前几年住建部照明大检查结果，分析其中问题所在，如果产品使用合适，认真进行照明设计的话，*LPD*是完全能够满足的，很多没有满足*LPD*要求的情况主要问题在于产品的性能参数不合适，或者说没有根据被照明道路的实际情况针对性地选择灯具产品，还有就是不认真地进行照明设计，或者是根本不进行设计，只是根据所谓的经验直接进行照明布置。近几年灯具产品的质量和水平有一定提升，加之LED产品的逐渐成熟和应用，有必要对*LPD*做一些调整，下调数值，提升要求，以期达到进一步节能的效果。因此，在修订中，通过反复讨论论证下调了*LPD*，并由各参编单位进行了广泛的计算检验。

5.1.3.5 论文

李铁楠. 关于修编CJJ 45《城市道路照明设计标准》的说明［J］. 照明工程学报，2016，(04): 8-11

为适应城市道路照明建设的新需要，CJJ 45《城市道路照明设计标准》已修编完成。

本文对修编我国现行《城市道路照明设计标准》中有关内容的问题进行了讨论。

5.1.3.6 创新点

本版标准的创新点首先是对道路照明的功率密度进行了下调，进一步收紧了要求，以求进一步节能。另外，将采用半导体光源时的功率密度也同时引进到规定中，并且采用和其他光源同样的要求规定。

本次修订增加了道路照明采用发光二极管灯光源时，以及当灯具采用发光二极管光源时应符合的规定；细化了人行道路照明标准的规定要求；强化了照明节能标准的要求。

亮点是增加了使用半导体光源和灯具时的规定，为这种新型光源的推广和科学使用提出了要求。

5.1.3.7 社会经济效益

新版《城市道路照明设计标准》的推行与实施预期将带来以下几方面的价值或效益：技术价值方面，完善了城市道路照明的设计规范体系，吸收、总结了近年来国内外道路照明研究建设的经验和教训，规范了城市道路设计的主要技术指标，能有效指导城市道路照明设计，提升城市道路照明的设计水平和建设质量。经济效益方面，合理的城市道路照明设计能为夜间的城市道路使用者提供安全、便捷、环保、人性化的出行条件，降低道路交通事故发生率，降低工程造价，合理利用能源，保护环境。社会效益方面，适应我国城市道路建设和发展的需要，通过合理地进行道路照明设计，可以达到技术先进、安全适用、经济合理、节约资源、促进城市夜晚交通与城市环境相和谐的目的，对保障安全，提高交通运输效率，节能环保，提升城市品质具有积极意义。

5.2 各版标准比较

各版标准对比和指标变化见表5-13。

各版标准对比和指标变化　　表5-13

		第一版标准	第二版标准	第三版标准
机动车交通道路	照明评价指标	平均亮度（或平均照度）、亮度均匀度（或照度均匀度）、眩光限制、诱导性	平均亮度（或平均照度）、亮度总均匀度、亮度纵向均匀度（或照度均匀度）、眩光限制（阈值增量）、环境比、诱导性	平均亮度（或平均照度）、亮度总均匀度、亮度纵向均匀度（或照度均匀度）、眩光限制（阈值增量）、环境比、诱导性
	标准值范围	平均亮度0.3～1.5cd/m^2 平均照度5～20lx 亮度均匀度（或照度均匀度）0.3～0.4 严禁、不得或不宜采用非截光型灯具	平均亮度0.5～2.0cd/m^2， 亮度总均匀度0.4、 亮度纵向均匀度0.5～0.7 平均照度8～30lx 照度均匀度0.3～0.4 阈值增量10%～15% 环境比0.5	平均亮度0.5～2.0cd/m^2 亮度总均匀度0.4 亮度纵向均匀度0.5～0.7 平均照度8～30lx 照度均匀度0.3～0.4 阈值增量10%～15% 环境比0.5

续表

		第一版标准	第二版标准	第三版标准
交会区	照明评价指标	—	平均照度 照度均匀度 眩光限制	平均照度 照度均匀度 眩光限制
交会区	标准值范围	—	平均照度 15～50lx 照度均匀度 0.4 灯具在 80°和 90°高度角方向上的光强分别不得超过 30cd/1000lm 和 10cd/1000lm	平均照度 15～50lx 照度均匀度 0.4 灯具在 80°和 90°高度角方向上的光强分别不得超过 30cd/1000lm、10cd/1000lm
人行道路	照明评价指标	平均照度	平均照度 最小照度 最小垂直照度	平均照度 最小照度 最小垂直照度 最小半柱面照度
人行道路	标准值范围	1～2lx	平均照度 5～20lx 最小照度 1～7.5lx 最小垂直照度 1～4lx	平均照度 5～15lx 最小照度 1～3lx 最小垂直照度 1～5lx 最小半柱面照度 1～3lx

5.3 标准展望

道路照明光源经历了几代，如今已经发展到 LED 光源时代，这种新光源的引入，会在很大程度上为道路照明带来很大的变革，它的诸多特点会给道路照明的进步提供契机；新的控制技术和设备为道路照明的设计、运行以及维护管理提供了有力的支持，使得按需照明和合理利用能源之间形成协调，在保障道路照明质量的同时，实现有效节能；这些都会是未来标准修编中需要面对的内容。

道路照明智能化技术的发展和智慧城市是未来城市发展的一个重要方向，遍布于城市各个区域道路上的道路照明设施会成为智慧城市的重要依托和基础，反过来，智慧城市的各种设施和功能也会为道路照明的智能控制提供有效支持。

中间视觉的深入研究和成熟结论的推出会进一步推动道路照明设计标准的进步，以半导体光源为代表的白光光源的成熟和推广使用会为中间视觉理论下的道路照明标准带来推动和进步。

6 城市夜景照明设计规范

6.1 各版标准回顾

在改革开放大潮的推动下，我国现代化建设工业蓬勃发展，城市建设突飞猛进，不仅老城市旧貌变新颜，而且一座座新城市好比雨后春笋般涌现，这样一来，城市夜景照明，也就是如何用灯光塑造城市的夜间形象问题，越来越引起社会各界的广泛关注，并成为城市发展的一种新趋势。

我国城市夜景照明与发达国家相比起步较晚。据媒体报道，从1989年上海率先在外滩和南京路实施夜景照明算起到2004年，也只有15年。短短的15年我国城市夜景照明发展之快，规模之大确实令世人瞩目。特别是在1997年庆祝香港回归，1999年国庆50周年和每年的元旦、春节、五一国际劳动节和国庆节的城市夜景照明可谓流光溢彩，充满浓厚的节庆气氛而深受国人和中外宾客的高度赞赏！

鉴于城市夜景照明不仅可以美化城市，展现城市风貌，增加城市魅力，提高城市的知名度和美誉度，而且可以优化人们夜间生活和投资环境，促进旅游业、商业、交通运输业、服务行业、特别是照明行业等部门的发展，并对减少交通事故和夜间犯罪，提高人们夜间活动的安全感，均具有重要的政治经济意义和深远的社会影响，因而越来越引起有关领导和社会各界，特别是城市建设部门和广大照明工作者的高度重视和普遍关注。与此同时也出现了以下亟待解决的问题：把夜景照明误称城市亮化问题；相互攀比，误认为夜景照明越亮越好的问题；夜景照明方法单一的问题；玻璃幕墙建筑也用泛光照明问题；照明乱用彩色光问题；夜景照明的光污染问题等。

以上问题的出现严重地影响夜景照明的持续发展，分析出现上述问题的根源之一是缺少一本指导城市夜景照明设计的标准与规范所致。这样编制《城市夜景照明设计规范》成为城市夜景照明良性持续发展的当务之急！

2003年，根据建研科【2003】9号文关于申报2003—2004年度工程建设标准制修订项目的精神，中国建筑科学研究院向建设部申请并被批准制订《城市夜景照明设计标准》。《城市夜景照明设计标准》的编制工作从2004年4月开始先后通过以下五个阶段的工作，完成了《标准》的送审报批稿。

（1）准备阶段（2004.4～2004.11）

这阶段工作，一是组建标准工作小组；二是制定工作大纲；三是召开编制组成立大会，会上确定了标准的主编单位和主编人以及参编单位和参编人。会议原则确定了标准的主要技术内容、章节构成和需重点解决的问题。在这一阶段还与有关建设人员对国内外夜景照明标准资料进行调研与收集，整理并提出了《国内外城市夜景照明标准调查报告》，并对部分城市的夜景照明进行现场调研，并提出了《城市夜景照明设计标准》现场调研报告。

（2）编写标准初稿阶段（2004～2005.10）

在准备阶段工作的基础上，按编制组的分工，由标准各章节的起草人分别起草了标准初稿。

（3）编写征求意见稿阶段（2005.10～2006.7）

标准初稿出来后，2005 年 10 月 15 日召开了第二次编制组工作会议，会上对初稿进行逐条讨论，并提出修改意见建议，形成了征求意见稿的初稿，并通过电子邮件再次征求编制组成员的意见后，于 2006 年 5 月完成征求意见稿和条文说明。2006 年 6 月 1 日将征求意见稿和条文说明发给上级主管部门、各设计院、科研院所、照明公司、照明产品生产企业等 56 各单位征求意见共 393 条。

（4）送审稿阶段（2006.8～12）

根据征求到的 393 条意见，逐条进行分析研究和反复推敲后，对征求意见稿进行修改、补充和完善，于 2006 年 11 月形成送审稿的初稿。并于 2006 年 12 月 8 日召开了编制组第三次工作会议，对送审稿初稿逐条进行讨论修改后形成标准的送审稿。

（5）报批稿阶段（2006.12～2007.2）

按计划于 2007 年 2 月 8 日～9 日在北京召开了标准送审稿审查会。参会的审查委员对标准送审稿进行逐条认真审查，认为标准内容全面系统，技术先进，依据充分，章节构成合理，达到了国际同类标准的水平，并一致同意通过审查，并希望编制组根据审查会提出的修改意见进行修改完善，形成报批稿上报主管部门审批与发布实施。

6.1.1 《城市夜景照明设计规范》JGJ/T 163—2008

6.1.1.1 标准文件

1. 封面、公告、前言

本版标准封面、公告及前言如图 6-1 所示。

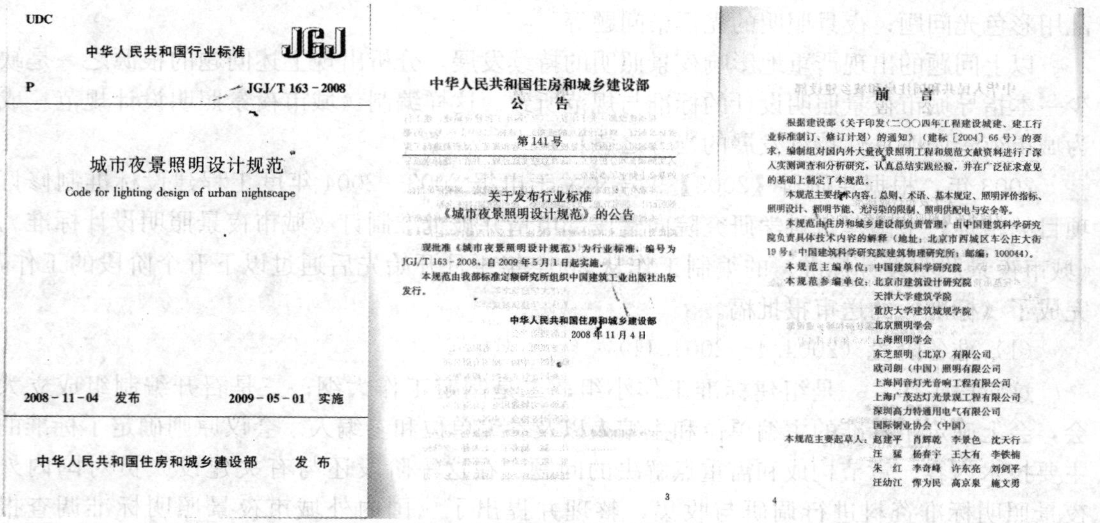

UDC

中华人民共和国行业标准 JGJ

P JGJ/T 163－2008

城市夜景照明设计规范

Code for lighting design of urban nightscape

2008－11－04 发布 2009－05－01 实施

中华人民共和国住房和城乡建设部 发布

中华人民共和国住房和城乡建设部

公 告

第 141 号

关于发布行业标准

《城市夜景照明设计规范》的公告

现批准《城市夜景照明设计规范》为行业标准，编号为 JGJ/T 163－2008，自 2009 年 5 月 1 日起实施。

本规范由我部标准定额研究所组织中国建筑工业出版社出版发行。

中华人民共和国住房和城乡建设部

2008 年 11 月 4 日

3

前 言

根据建设部《关于印发〈二〇〇四年工程建设城建、建工行业标准制订、修订计划〉的通知》（建标［2004］66 号）的要求，编制组对国内外大量夜景照明工程和规范文献资料进行了深入实测调查和分析研究，认真总结实践经验，并在广泛征求意见的基础上制定了本规范。

本规范主要技术内容：总则、术语、基本规定、照明评价指标、照明设计、照明节能、光污染的限制、照明供配电与安全等。

本规范由住房和城乡建设部负责管理，由中国建筑科学研究院负责具体技术内容的解释（地址：北京市西城区车公庄大街 19 号；中国建筑科学研究院建筑物理研究所；邮编：100044）。

本规范主编单位：中国建筑科学研究院

本规范参编单位：北京市建筑设计研究院
天津大学建筑学院
重庆大学建筑城规学院
北京照明学会
上海照明学会
东芝照明（北京）有限公司
欧司朗（中国）照明有限公司
上海同音灯光音响工程有限公司
上海广茂达灯光景观工程有限公司
深圳高力特通用电气有限公司
国际铜业协会（中国）

本规范主要起草人：赵建平 肖辉乾 李景色 沈天行
汪 猛 杨春宇 王大有 李铁楠
朱 红 李奇峰 许东亮 刘剑平
汪幼江 俾为民 高京泉 施文勇

4

图 6-1 《城市夜景照明设计规范》JGJ/T 163—2008 封面等

2. 制修订计划文件

本版标准制修订计划文件如图 6-2 所示。文件为建标【2004】66 号文，附件第 17 项为本标准，标准名称原为《城市景观灯光设计标准》，名称后更改为《城市夜景照明设计标准》。

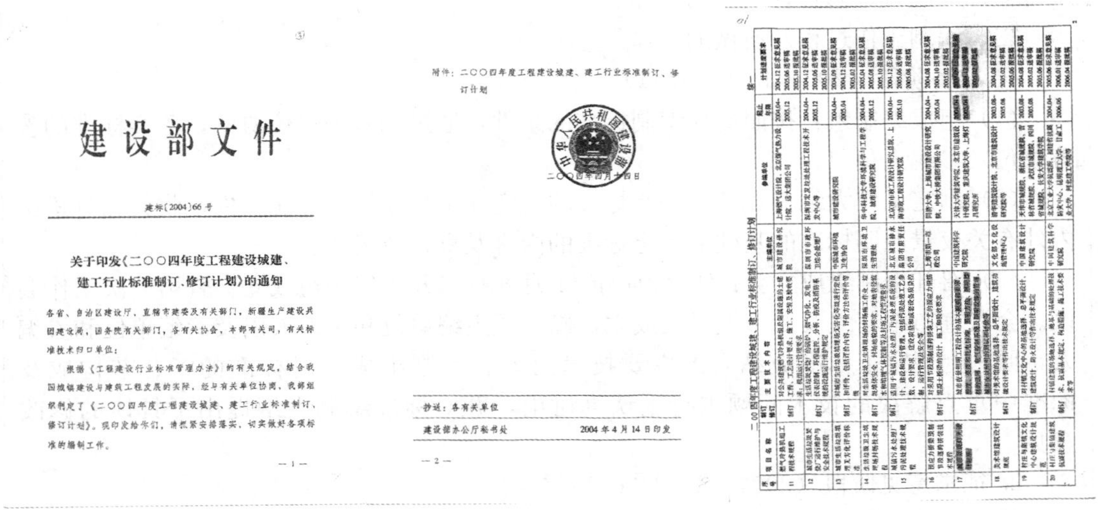
建设部文件

建标〔2004〕66 号

关于印发《二〇〇四年度工程建设城建、建工行业标准制订、修订计划》的通知

各省、自治区建设厅，直辖市建委及有关部门，新疆生产建设兵团建设局，国务院有关部门，各有关协会，本部有关司，有关标准技术归口单位：

根据《工程建设行业标准管理办法》的有关规定，结合我国城镇建设与建筑工程发展的实际，经与有关单位协商，我部组织制定了《二〇〇四年度工程建设城建、建工行业标准制订、修订计划》。现印发给你们，请抓紧安排落实，切实做好各项标准的编制工作。

— 1 —

附件：二〇〇四年度工程建设城建、建工行业标准制订、修订计划

二〇〇四年四月十四日

抄送：各有关单位

建设部办公厅秘书处　　2004 年 4 月 14 日印发

— 2 —

图 6-2　关于印发《二〇〇四年度工程建设城建建工行业标准制订、修订计划》的通知

3. 编制组成立暨第一次工作会议

本版标准编制组成立暨第一次工作会议通知如图 6-3 所示，包括参加编制单位、人员及专家组成员名单。

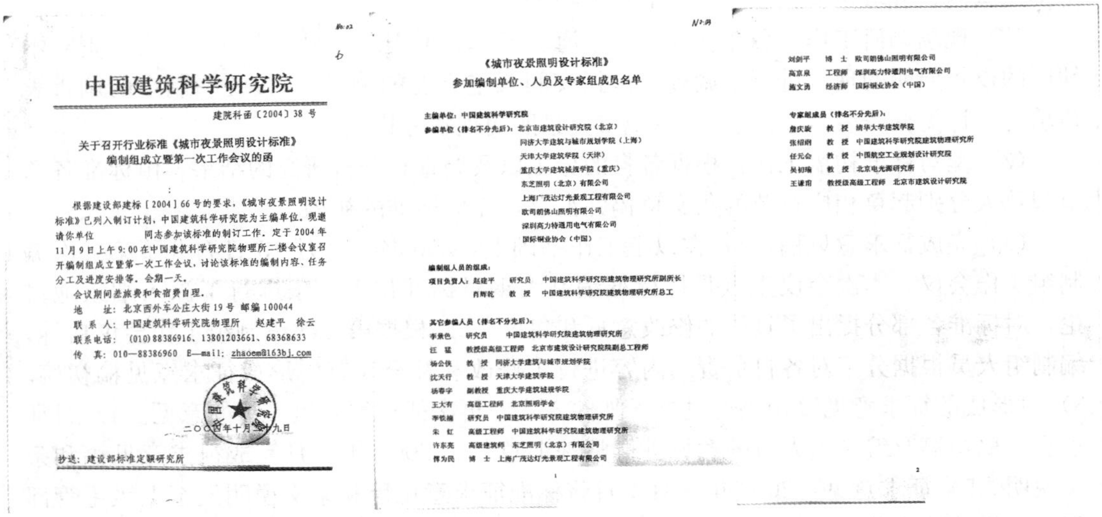
中国建筑科学研究院

建院科函〔2004〕38 号

关于召开行业标准《城市夜景照明设计标准》编制组成立暨第一次工作会议的函

根据建设部建标［2004］66 号的要求，《城市夜景照明设计标准》已列入制订计划，中国建筑科学研究院为主编单位，现邀请你单位　　同志参加该标准的制订工作。定于 2004 年 11 月 9 日上午 9:00 在中国建筑科学研究院物理所二楼会议室召开编制组成立暨第一次工作会议，讨论该标准的编制内容、任务分工及进度安排等。会期一天。

会议期间差旅费和食宿费自理。

地　址：北京西外车公庄大街 19 号　邮编 100044

联系人：中国建筑科学研究院物理所　赵建平　徐云

联系电话：（010）88386916、13801203661、68368633

传　真：010—88386960　E—mail：zhaoem@163bj.com

二〇〇四年十月二十九日

抄送：建设部标准定额研究所

《城市夜景照明设计标准》参加编制单位、人员及专家组成员名单

主编单位：中国建筑科学研究院

参编单位（排名不分先后）：北京市建筑设计研究院（北京）
同济大学建筑与城市规划学院（上海）
天津大学建筑学院（天津）
重庆大学建筑城规学院（重庆）
东芝照明（北京）有限公司
上海广茂达灯光景观工程有限公司
欧司朗佛山照明有限公司
深圳高力特通用电气有限公司
国际铜业协会（中国）

编制组人员的组成：

项目负责人：赵建平　研究员　中国建筑科学研究院建筑物理研究所副所长
肖辉乾　教　授　中国建筑科学研究院建筑物理研究所总工

其它参编人员（排名不分先后）：
李景色　研究员　中国建筑科学研究院建筑物理研究所
任　猛　教授级高级工程师　北京市建筑设计研究院院副总工程师
杨公侠　教　授　同济大学建筑与城市规划学院
沈天行　教　授　天津大学建筑学院
杨春宇　副教授　重庆大学建筑城规学院
王大有　高级工程师　北京照明学会
李铁楠　研究员　中国建筑科学研究院建筑物理研究所
宋　虹　高级工程师　中国建筑科学研究院建筑物理研究所
许东亮　高级建筑师　东芝照明（北京）有限公司
傅为民　博　士　上海广茂达灯光景观工程有限公司

1

刘剑平　博　士　欧司朗佛山照明有限公司
高京泉　工程师　深圳高力特通用电气有限公司
施文涛　经济师　国际铜业协会（中国）

专家组成员（排名不分先后）：
詹庆旋　教　授　清华大学建筑学院
张绍纲　教　授　中国建筑科学研究院建筑物理研究所
任元会　教　授　中国航空工业规划设计研究院
吴初瑜　教　授　北京电光源研究所
王谦甫　教授级高级工程师　北京市建筑设计研究院

2

图 6-3　《城市夜景照明设计规范》JGJ/T 163—2008 编制组成立暨第一次工作会议通知

4. 送审报告

下文为送审报告全文。

《城市夜景照明设计标准》送审报告

一、任务来源

本标准的编制任务来源于建设部［2004］66号文《二〇〇四年工程建设城建、建工行业标准制订、修订计划》的通知。

二、编制工作过程及所做的工作

1. 准备阶段（2004.4～2004.11）

（1）组成编制组：按照参加编制标准的条件，通过和有关单位协商，落实标准的参编单位及参编人员。

（2）制定工作大纲：在学习编制标准的规定和工程建设标准化文件，收集和分析国内外有关夜景照明标准的基础上制定标准的内容及章、节组成。

（3）召开编制组成立会：于2004年11月8日召开了编制组成立会暨第一次工作会议。会议宣布编制组及专家组正式成立，确定了主编单位和主编人以及参编单位和参编人，原则上规定了标准应纳入的主要技术内容。编制组成员对标准的章、节构成及标准中重点解决的技术问题进行了认真讨论，并对标准编制大纲提出了具体的修改意见。

2. 征求意见阶段（2004.12～2006.7）

征求意见阶段主要做了以下几项工作：

（1）国内、外资料收集工作：组织相关人员，通过国际会议、计算机网络、文献资料、国外专家咨询等方式了解国际有关城市夜景照明标准的制订情况，掌握国际照明组织和世界主要国家有关标准的技术内容。收集国内相关的国家、地方标准以及各省、市的有关城市夜景照明节能措施及相关信息，分析国内各地方标准的技术内容。在此基础上提出国内、外城市夜景照明标准的情况报告。

（2）现场调研工作：分布在北京、上海、天津、重庆的编制组人员，各自负责对本地区的夜景照明的现状进行了调查（包括夜间天空亮度的测量），按统一制定的调查表格填写（详见调查表），并提出相应城市夜景照明现状分析报告。

（3）编写标准初稿工作：根据各自的分工以及调查和分析研究的结果，由标准各章节起草人分别起草相应章节的条文草稿并汇总，完成标准的初稿。

（4）完成征求意见稿：1）在以上工作基础上，2005年10月15日召开了第二次编制组工作会议，本次会议重点是按标准编制大纲对标准初稿逐条进行了深入细致地讨论，对标准各部分提出了具体的修改意见和建议。2）根据第二次编制组工作会议精神，编制组人员根据分工对各自负责的内容进行了修改和补充完善，形成征求意见稿初稿。3）对形成的征求意见稿初稿通过电子邮件方式，再次征求编制组人员的意见。4）对征求意见稿初稿及编制组人员的意见进行整理汇总，于2006年5月完成征求意见稿和条文说明。5）征求意见：2006年6月1日将标准征求意见稿和条文说明发至上级主管部门、各设计院、科研院所、照明工程公司、照明产品生产企业等56个单位征求意见，收到正式回函的有35个单位，约有18个单位通过电话或电子邮件方式表示没有意见，对标准提出了393条意见。

3. 送审稿阶段（2006.8～12）

（1）完成送审稿初稿：

根据对征求意见的回函，逐条归纳整理，在分析研究所提出意见的基础上，编写了意见汇总表，并提出处理意见。同时结合所提出的意见与主要编制人员进行沟通修改。对于意见分歧较大，不易统一的重点内容，分别组织标准各部分编写负责人进行讨论。通过反复推敲、修改、补充和完善，于2006年11月形成送审稿初稿。

（2）完成送审稿：

2006年12月8日在北京召开第三次工作会议，编制组及专家组全体成员参加了会议。会议主要就形成的送审稿初稿进行逐章、逐条的认真讨论。对部分内容进行了调整和修改，会后根据会议精神对送审稿初稿进行了修改，于2006年12月28日正式完成了送审稿。

三、标准重点内容确定的依据及其成熟程度

1. 标准的依据

（1）实测调查结果；（2）参考国际照明委员会（CIE）和国际上一些国家及地区的标准；（3）参考国家相关标准以及北京、天津、上海、重庆等的地方标准或规范；（4）国内、外的一些专题研究成果。

2. 成熟程度

标准主要内容都是通过实测调查、专题研究成果、国际上一些国家及地区以及国内的一些地方标准或规范，并在广泛征求各方意见的基础上制订的。因此，内容比较成熟。

四、本标准与国外相关标准水平的比较

（1）本标准的使用范围涵盖了建筑物、构筑物和特殊景观元素、商业步行街、广场、公园、广告与标识等场所的夜景照明，填补了我国缺少夜景照明设计标准的空白。（2）本标准的内容全面系统，它包括城市夜景照明场所的照明评价指标、照明设计、照明节能、光污染的防治、照明供配电与安全、照明管理与监督等内容。（3）制订标准依据充分，主要参考国内外相关标准，依据实测调查、科学实验并结合我国国情制定，技术内容准确适用。（4）标准的构成合理，层次划分清晰，编排格式符合统一要求。（5）达到了国际现行同类标准的水平。

五、标准实施后的效益

城市夜景照明不仅可以美化城市，展现城市风采，增加城市的魅力，提高城市的知名度和美誉度，而且还可优化人们的夜间生活和投资环境，促进旅游业、商业、交通运输业、服务业和照明行业等部门的发展，并对减少交通事故和夜间犯罪、提高人们夜间活动的安全感，均具有重要的政治经济意义和深远的社会影响，因而越来越引起各级领导和社会各界，特别是城市建设部门和广大照明工作者的高度重视和普遍关注。本标准的制订为城市夜景照明的建设和发展提供了很好的依据，能够进一步提高城市夜景照明的设计和建设水平，达到节约能源、保护环境、实施绿色照明的根本宗旨。

《城市夜景照明设计标准》编制组

2006年12月30日

5. 审查会议

本版标准送审稿审查会议通知如图 6-4 所示。本次会议纪要如图 6-5 所示，包括审查委员签字表。

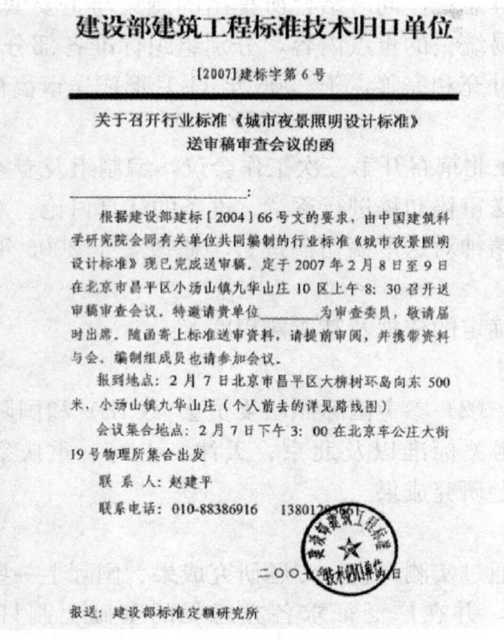

建设部建筑工程标准技术归口单位

[2007]建标字第 6 号

关于召开行业标准《城市夜景照明设计标准》送审稿审查会议的函

________________：

根据建设部建标[2004]66号文的要求，由中国建筑科学研究院会同有关单位共同编制的行业标准《城市夜景照明设计标准》现已完成送审稿，定于 2007 年 2 月 8 日至 9 日在北京市昌平区小汤山镇九华山庄 10 区上午 8：30 召开送审稿审查会议，特邀请贵单位________为审查委员，敬请届时出席。随函寄上标准送审资料，请提前审阅，并携带资料与会。编制组成员也请参加会议。

报到地点：2 月 7 日北京市昌平区大柳树环岛向东 500 米，小汤山镇九华山庄（个人前去的详见路线图）

会议集合地点：2 月 7 日下午 3：00 在北京车公庄大街 19 号物理所集合出发

联 系 人：赵建平

联系电话：010-88386916　13801202...

二○○七年...月...日

报送：建设部标准定额研究所

图 6-4 《城市夜景照明设计规范》JGJ/T 163—2008 审查会议通知

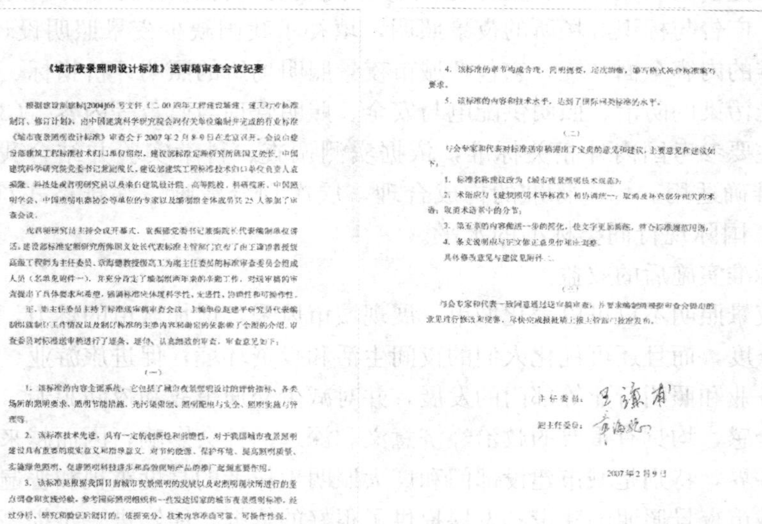

《城市夜景照明设计标准》送审稿审查会议纪要

根据建设部建标[2004]66 号文件《二〇〇四年工程建设国家、建工行业标准制订、修订计划》，由中国建筑科学研究院会同有关单位编制并完成的行业标准《城市夜景照明设计标准》审查会于 2007 年 2 月 8-9 日在北京召开。会议由建设部建筑工程标准技术归口单位组织，建设部标准定额研究所陈国义处长、中国建筑科学研究院党委书记兼副院长、建设部建筑工程标准技术归口单位负责人袁振隆、科技处赵昌明研究员以及来自建筑设计院、高等院校、科研院所、中国照明学会、中国照明电器协会等单位的专家以及编制组全体成员共 25 人参加了审查会议。

……研究员主持会议开幕式。袁振隆党委书记兼副院长代表编制单位讲话。建设部标准定额研究所陈国义处长代表标准主管部门宣布了由王谦甫教授级高级工程师为主任委员、章海骢教授级高工为副主任委员的标准审查委员会组成人员（名单见附件一），并充分肯定了编制组两年来的辛勤工作，对送审稿的审查提出了具体要求和希望，强调标准应体现科学性、先进性、协调性和可操作性。

王谦甫主任委员主持了标准送审稿审查会议。主编单位赵建平研究员代表编制组就制订工作情况以及制订标准的主要内容和确定的依据做了全面的介绍。审查委员对标准送审稿进行了逐条、逐句、认真细致的审查，审查意见如下：

（一）

1. 该标准的内容全面系统，它包括了城市夜景照明设计的评价指标、各类场所的照明要求、照明节能措施、光污染限制、照明配电与安全、照明实施与管理等。

2. 该标准技术先进，具有一定的创新性和前瞻性，对于我国城市夜景照明建设具有重要的现实意义和指导意义，对节约能源、保护环境、提高照明质量、实施绿色照明、促进照明科技进步和高效照明产品的推广起到重要作用。

3. 该标准是根据我国目前城市夜景照明的发展以及对照明现状所进行的重点调查和实践经验，参考国际照明组织和一些发达国家的城市夜景照明标准，经过分析、研究和验证后制订的，依据充分，技术内容准确可靠，可操作性强。

1

4. 该标准的章节构成合理，简明扼要，层次清晰，编写格式符合标准编写要求。

5. 该标准的内容和技术水平，达到了国际同类标准的水平。

（二）

与会专家和代表对标准送审稿提出了宝贵的意见和建议，主要意见和建议如下：

1. 标准名称建议改为《城市夜景照明技术规范》；

2. 术语应与《建筑照明术语标准》相协调统一；取消或补充部分相关的术语；取消术语章中的分节；

3. 第五章的内容做进一步的简化，使文字更加简练，符合标准规范用语；

4. 条文说明应与正文修正意见作相应调整。

具体修改意见与建议见附件二。

（三）

与会专家和代表一致同意通过送审稿审查，并要求编制组根据审查会提出的意见进行修改和完善，尽快完成报批稿上报主管部门批准发布。

主任委员：王谦甫

副主任委员：章海骢

2007 年 2 月 9 日

2

图 6-5 《城市夜景照明设计规范》JGJ/T 163—2008 审查会议纪要（一）

《城市夜景照明设计标准》审查委员

序号	姓名	职务	职称	工作单位	签名
1	王谦甫	主任委员	教授级高工	北京市建筑设计研究院	
2	章海骢	副主任委员	教授级高工	上海灯具研究所	
3	吴初瑜	委员	教授级高工	北京电光源研究所	
4	张绍纲	委员	研究员	中国建筑科学研究院	
5	任元会	委员	教授	中国航空工业规划设计研究院	
6	戴德慈	委员	研究员	清华大学建筑设计研究院	
7	王锦燧	委员	研究员	中国照明学会	
8	陈燕生	委员	教授	中国照明电器协会	
9	徐长生	委员	研究员	中科院建筑设计研究院	
10	郝树奎	委员	高工	中国人民解放军总后勤部建筑设计研究院	

日期：2007年2月9日·北京

图 6-5 《城市夜景照明设计规范》JGJ/T 163—2008 审查会议纪要（二）

6. 发布公告

本版标准发布公告如图 6-6 所示。文件为中华人民共和国住房和城乡建设部公告第 141 号。

中华人民共和国住房和城乡建设部

公 告

第 141 号

关于发布行业标准

《城市夜景照明设计规范》的公告

现批准《城市夜景照明设计规范》为行业标准，编号为 JGJ/T163－2008，自 2009 年 5 月 1 日起实施。

本规范由我部标准定额研究所组织中国建筑工业出版社出版发行。

—1—

中华人民共和国住房和城乡建设部

印发：各省、自治区建设厅，直辖市建委及有关部门，新疆生产建设兵团建设局，国务院有关部门，各有关协会，本部有关司，有关标准技术归口单位，本标准主编单位。

住房和城乡建设部办公厅秘书处　　2008 年 11 月 7 日印发

校对：标准定额司　梁　锋

—2—

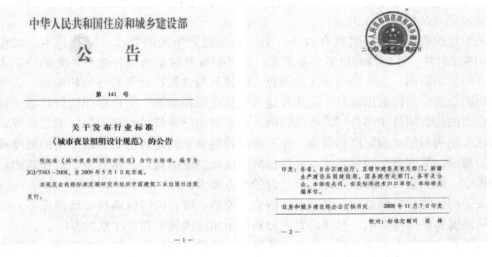

图 6-6 关于发布行业标准《城市夜景照明设计规范》的公告

6.1.1.2 标准内容简介

本《规范》包括总则、术语、基本规定、照明评价指标、照明设计、照明节能、光污染的限制以及照明供配电与安全共 8 章和三个附录（A 城市规模和环境区域的划分；B 半柱面照度的计算、测量和使用；C 嬉水池和喷水池区域的划分）。

（1）《规范》总则

共三条，分别为对城市夜景照明设计要求、适用范围和应符合国家现行有关标准的规定。

（2）《规范》的术语部分

共 31 条（夜间景观、夜景照明、泛光照明、轮廓照明、内透光照明、重点照明、动态照明、灯具效率、照度、亮度、眩光、阈值增量、色温、相关色温、一般显色指数、反射比、亮度对比、颜色对比、照度或亮度均匀度、平均半柱面照度、立体感、绿色照明、照明功率密度、光污染、溢散光、干扰光、上射光通比、熄灯时段、环境区域、维护系数和维持平均照度（亮度）），对术语的中英文名称、定义、符号和有关计算公式分别作了相应说明与规定。

（3）《规范》的基本规定部分

对夜景照明设计原则、照明光源及其电器附件的选择和照明灯具选择分别作了规定与说明，其中设计原则共有六条，一是夜景照明设计应符合夜景照明专项规划的要求，并且与工程设计同步进行；二是夜景照明设计应以人为本，注重整体艺术效果；三是照度、亮度及照明功率密度值应在本《规范》规定范围内；四是照明光源与灯具选择和安装位置应合理，以避免光污染；五是应慎重选择彩色光；六是照明设施设计与安装方式不得影响园林、古建筑自然和历史文化遗产的保护。

（4）《规范》的照明评价指标部分

对夜景照明的照度或亮度；颜色；照明均匀度、对比度和立体感；眩光的限制等评价指标的定义，量值单位与符号，特别是量值一一体现了规定和说明，具有较强的可操作性。

（5）《规范》的照明设计部分

共有六节，一是建筑物，二是构筑物和特殊景观元素，三是商业步行街，四是广场，五是公园，六是广告与标识。

关于建筑物的夜景照明共有六条：第一条是夜景照明的要求，除符合本《规范》第3.1节的规定外，还应符合以下五条要求：①根据被照对象选择好视点，光的投影方向和灯具等因素的影响；②合理选择光的颜色，以使其与建筑物及周围环境相协调；③隐蔽灯具等照明设施，当隐蔽困难时，应使设施与建筑立面相协调；④夜景照明灯具等设施应和建筑立面的建筑构件相结合；⑤建筑物的入口不宜用泛光灯具直接照射。第二条规定了建筑物泛光照明的照度和亮度标准值。第三条对特别重要的建筑物需提高照明的照度或亮度作出的规定。第四条是对建筑物重要部位的照度或亮度的规定。第五条是对建筑物照明方式的规定。第六条是选择照明方式应符合的五点要求。

关于构筑物和特殊景观元素（包括桥梁、雕塑、塔、碑、城墙和市政设施等）的夜景照明的照度和亮度标准值，照明的要求分别作出相应的规定和需注意的事项。

关于商业步行街的夜景照明共有七条规定，分别对照明设计的一般要求，商店入口照明要求，商业步行街的道路照明、市政公共设施、入口部位的大门或牌坊、建筑小品、街名牌匾、建筑物立面和广告标识的照明设计作出相应规定。

关于广场的照明设计共有三条：其一是提出了广场照明设计应符合的七条规定，分别对广场照明的特征与一般要求、广场绿地、人行道、公共活动区及主要入口的照度标准值作出了相应规定；其二是对机场、车站、港口的交通广场照明特点、要求与注意事项作了相应规定；其三是商业广场照明应和商业步行街的建或构筑物、广场绿化、小品等统一规划设计，相互协调。

关于公园的照明设计共有六条规定：一是公园照明的基本要求；二是公园树木照明设计的要求；三是公园绿地、花坛照明设计的要求；四是公园水景照明设计的要求；五是公园步道的坡道、台阶、高差处应设置照明设施；六是公园入口、公共设施、指标牌应设置功能照明和标识照明。

关于广告与标识照明共有两条规定：其一是对广告与标识照明设计规划，照明方式，光色的应用，办公楼与居民楼除功能性标识外不宜设置广告照明，广告照明光色应用和广告标识照明不得产生光污染等作出相应规定；其二广告与标识照明的平均亮度最大允许值，亮度均匀度，广告或标识外的溢散光以及对周围环境的光污染等均作相应的规定。

(6)《规范》的照明节能部分

《规范》的照明节能部分首先对照明节能措施提出了以下九条措施：①根据照明场所的功能特征确定照明的照度或亮度标准值。②合理选择夜景照明的照明方式。③选用的光源应符合相应光源能效标准，并达到节能评价值的要求。④采用功率损耗低，性能稳定的灯用附件。⑤应采用效率高的灯具。⑥气体放电灯灯具的线路功率因数不应低于 0.9。⑦应合理选用节能技术和设备。⑧有条件的场所，宜采用太阳能等可再生能源。⑨应建立切实有效的节能管理机制。

《规范》对建筑物立面夜景照明采用功率密度值作为照明节能的评价指标，并对建筑立面夜景照明的照明功率密度值作出了具体规定（详见《规范》表 6.2.2)。

(7)《规范》的光污染限制部分

这部分共有三条，一是光污染限制应遵循的原则。二是光污染限制的具体规定，对以下场所的光污染分别作出具体规定：①夜景照明设施在居住建筑窗户外表面产生的垂直照度的规定；②夜景照明灯具朝居室方向的发光强度的规定；③城市道路的非道路照明设施对汽车驾驶员产生的眩光的阈值增量不应大于 15%的规定；④居住区和步行区夜景照明灯具的眩光限制值的规定；⑤夜景照明灯具的上射光通比的最大允许值的规定；⑥建筑立面和标识面产生的平均亮度最大允许值的规定。三是限制夜景照明光污染应采用的措施。

(8)《规范》照明供配电与安全部分

①照明的供配电共有 11 条，分别对照明负荷等级、供电电压、配电线路、电压偏差或波动、照明分支线路单相回路电流、三相照明线路各相负荷及以上的灯具设置短路保护、夜景照明用电计量以备用电源和接口等作出相应的规定。②照明控制共有四条，分别对控制方式与功能，平日、节假日、重大节日等的控制模式，预备联网监控接口及总控制箱的位置作出相应规定。③安全防护与接地共有 8 条，分别对防止意外触电的保障措施，配电系统接地形式、配电线路的保护、夜景照明装置的防雷、照明设备所有带电部分应采用绝缘、遮拦或外护物保护，嬉水池（游泳池）的防电击措施，喷水池的放电击措施等一一作出了相应的规定。

(9)《规范》的三个附录

附录 A　城市规模和环境区域的划分，根据城市人口的组成和我国城市规模结构的变化，对大、中、小城市进行划分和界定。关于环境区域的划分主要参考了 CIE 出版物《限制室外照明设施的干扰光影响指南》No. 150（2003)。

附录 B　半柱面照度的计算、测量和使用，主要参考了 CIE 出版物《城市照明指南》No. 135（2008)，上海市地方标准《城市环境（装饰）照明规范》DB 31/T316—2004 和目前我国使用半柱面照度的现状调查。

附录 C　嬉水池和喷水池区域的划分，主要参考国标《建筑物电气装置》GB 16895.19—2003 的规定，将嬉水池划分为 3 个区，将喷水池划分为 2 个区。

6.1.1.3 重要条款、重要指标

根据国内外城市夜景照明标准调研和国内部分有代表性的城市夜景照明现场调研情况看，编制本《规范》需要探讨的重点技术内容主要有以下三个：城市夜景照明评价指标与标准，照明节能评价指标与标准，夜景照明光污染的危害、评价标准与防治措施。

1. 城市夜景照明评价指标与标准值

城市夜景照明评价指标主要有照度或亮度，颜色，照明的均匀度、对比度和立体感，照明眩光的限制四个方面的评价指标，现分析概述如下：

(1) 照明评价指标：照度和亮度

关于建筑物、构筑物和其他景观元素以及步道、广场等室外公共空间的照明评价指标采用照度、亮度和距地面 1.5m 处半柱面照度作为评价指标。

关于建筑物夜景照明的照度或亮度指标的研究。研究了 CIE、英国、美国、日本、德国、荷兰、澳大利亚和国内四个直辖市的照明标准以及大量夜景照明工程调查资料后提出建筑物夜景照明的照度或亮度值不应大于表 6-1 的规定。根据大、中、小不同规模的城市确定与其相适应的照度和亮度等级，是基于背景亮度与目标物表面亮度的对比关系和节能关系考虑的。城市规模不同，建筑物背景亮度不同，依次降低照度或亮度并不影响建筑物夜景的美观；环境区域是根据城市不同功能区划分为城市中心和商业区（E4)、城郊的工业或居住区（E3)、乡村的工业或居住区（E2）和自然夜空保护区（E1）四类。本《规范》推荐的是城市中心区和商业区的照度和亮度值，即 E4 区的照度或亮度值；E3 和 E2 区分别按 E4 区照度和亮度的 40%和 20%确定；为保护自然夜空区免受光污染，建筑立面不设置夜景照明。

不同城市规模及环境区建筑物汇总照明的照度和亮度标准值 **表 6-1**

建筑物饰面材料		城市规模	平均亮度（cd/m²）				平均照度（lx）			
名称	反射比 ρ		E1 区	E2 区	E3 区	E4 区	E1 区	E2 区	E3 区	E3 区
白色外墙涂料釉面破、浅、冷、暖白外墙涂料，白色大理石等	0.6～0.8	大	—	5	10	25	—	30	50	150
		中	—	4	8	20	—	20	30	100
		小	—	3	6	15	—	15	20	75
银色或灰绿色铝塑板、浅色大理石、白色石材、浅色瓷砖、灰色或土黄色釉石砖、中等浅色涂料，铁壁板等	0.3～0.6	大	—	5	10	25	—	50	75	200
		中	—	4	8	20	—	30	50	150
		小	—	3	6	15	—	20	30	100
深色天然花岗石、大理石、瓷砖、混凝土、褐色、暗红色釉面瓷砖、人造花岗石、普通砖等	0.2～0.3	大	—	5	10	25	—	75	150	300
		中	—	4	8	20	—	50	100	250
		小	—	3	6	15	—	30	75	200

注：1. 城市规模及环境区域（E1～E4）的划分按本规范附录 A 进行；
2. 为保护 E1 区（天然暗环境区）生态环境，建筑立面不应设置夜景照明。

构筑物和特殊景观元素（包括桥梁、雕塑、塔、碑、城墙与市政公共设施等）夜景照明的照度和亮度标准按表 6-1 建筑物夜景照明的照度或亮度取值。

商业步行街夜景照明的评价指标根据不同照明对象确定如下：①商业步行街入口处的大门或牌坊、建筑小品照明亮度与背景亮度的对比度宜为 3～5，且不宜超过 10～20；②商业步行街建筑立面夜景照明的照度或亮度按表 6-1 建筑物夜景照明的照度或亮度标准选取；③商业步行街的广告和标识夜景照明标准按本《规范》5.6.2 广告与标设标准确定。

广场照明的照度指标根据广场的不同区域分别选取。广场绿地、人行道、公共活动区及主要出入口的照度应符合表 6-2 的规定。

广场绿地、人行道、公共活动区和主要出入口的照度标准值　　表 6-2

照明场所	绿地	人行道	公共活动区				主要出入口
			市政广场	交通广场	商业广场	其他广场	
水平照度（lx）	⩽3	5～10	15～25	10～20	10～20	5～10	20～30

注：1. 人行道的最小平均照度为 2～5lx；
2. 人行道的最小半柱面照度为 2lx。

以上指标确定的依据是《规范》编制组对车站、休闲、商业、宗教等多个广场照明的调查实测数据（广场地面照度 5lx 时，调查对象的满意度为 60%；地面照度为 10lx 时，调查对象的满意度为 80%。广场出入口照度为 10lx 时，调查对象的满意度为 65%；照度为 15lx 时，调查对象的满意度约为 80%）和 CIE No. 136（2000）出版物《城区照明指南》规定的标准协调一致。

关于公园公共活动区的最小平均水平照度和最小半柱面照度指标确定的依据，主要是 CIE No. 136（2000）出版物《城区照明指南》和上海市地方标准《城市环境（装饰）照明规范》DB31/T 316—2004 规定的数据，见表 6-3。

公园公共活动区域照明的照度标准值　　表 6-3

区域	最小平均照度 $E_{n.min}$（lx）	最小半柱面照度 $W_{sc,min}$（lx）
人行道、非机动车道	2	2
庭园、平台	5	3
儿童游戏场所	10	4

注：半柱面照度是计算与测量可按本《规范》附录 B 进行。

广告与标识照明的平均亮度、亮度的均匀度的研究与确定。广告与标识是人通过视觉感受其内涵与艺术效果。广告与标识照明有外投光、内透光和自发光等多种照明方式，分别采用照度或亮度计量。在不同环境区域内，不同面积或造型的广告与标识照明都应控制画面的亮度与环境协调，控制最大亮度，防止产生光污染。广告标识照明的平均亮度最大值应符合表 6-4 的规定。表中的不同环境区域和不同面积广告或标识照明的平均亮度的最大允许值是参考 CIE 出版物《城区照明指南》No. 136（2000）和《限制室外照明设施产生的干扰光影响指南》No. 150（2003）制定的。对外投光广告与标识照明的亮度均匀度 $U(L_{min}/L_{max})$宜为 0.6～0.8，外投光照明散射到广告或标识外的溢散光不应超过 20%；广告与标识照明对周边环境产生的光污染应符合本《规范》第 7.0.2 条的规定。

不同环境区域、不同面积的广告标识照明平均亮度最大允许值（cd/m^2）　　表 6-4

广告与标示照明面积（m^2）	环境区域			
	E1	E2	E3	E4
$S\leqslant0.5$	50	400	800	1000
$0.5<S\leqslant2$	40	300	600	800
$2<S\leqslant10$	30	250	450	600
$S>10$	—	150	300	400

注：环境区域（E1～E4 区）的划分可按本规范附录 A 进行。

(2) 照明评价指标：颜色

光源的色温/相关色温的选择在城市夜景照明设计中起着重要的作用，它涉及心理学、美学问题，也与气候环境、区域特色有关。规范根据《城区照明指南》CIE 136—2000 中的规定制订。城市中功能性照明的照明值较低，适宜采用低色温和中间色温光源，而对于规模较大的建筑物（构筑物）泛光照明，则适宜采用高色温光源。夜景照明光源色表可按其相关色温分为三组，光源色表分组应按表 6-5 确定。

夜景照明的光源色表分组 **表 6-5**

色表分组	色温/相关色温（K）
暖色表	＜3300
中间色表	3300～5300
冷色表	＞5300

夜景照明光源显色性应以一般显色指数 R_a 作为评价指标，光源显色性分级应按表 6-6 确定。在《城区照明指南》CIE 136—2000 中，将光源的显色性分为五个级别，分别为：A=90 以上；B=80～90；C=60～80；D=40～60；E=40 以下。其中 A 类主要为白炽灯、卤钨灯等热辐射光源，D 类主要为高压汞灯光源，这两类光源在城市夜景照明设计中已经不被推荐使用。故本标准中，将显色性的五个级别合并为三个级别。

夜景照明光源的显色性分级 **表 6-6**

显色性分级	一般显色指数 R_a
高显色性	＞80
中显色性	60～80
低显色性	＜60

(3) 照明评价指标：均匀度、对比度和立体感

广场、公园等场所公共活动空间和采用泛光照明方式的广告牌宜将照度（或亮度）均匀度作为评价指标之一。建筑物和构筑物的入口、店头、雕塑、喷泉、绿化等，可采用重点照明突显特定的目标，被照物的亮度和背景亮度的对比度宜为 3～5，且不宜超过 10～20。当需要突出被照明对象的立体感时，主要观察方向的垂直照度与水平照度之比不应小于 0.25。

(4) 照明评价指标：眩光的限制

夜景照明应以眩光限制作为评价指标之一。对机动车驾驶员的眩光限制程度应以阈值增量（TI）度量，即城市道路的非道路照明设施对汽车驾驶员产生的眩光的阈值增量不应大于 15%。居住区和步行区的照明设施对行人和非机动车人员产生的眩光应符合表 6-7 的规定。

居住区和步行区夜景照明灯具的眩光限制值 **表 6-7**

安装高度（m）	L 与 $A^{0.5}$ 的乘积
$H \leqslant 4.5$	$LA^{0.5} \leqslant 4000$
$4.5 < H \leqslant 6$	$LA^{0.5} \leqslant 5500$
$H > 6$	$LA^{0.5} \leqslant 7000$

注：L 为灯具在与向下垂线成 85°和 90°方向间的最大平均亮度（cd/m^2）；
A 为灯具在与向下垂线成 90°方向的所有出光面积（m^2）。

2. 城市夜景照明节能评价指标与标准值

把夜景照明误称城市亮化，相互攀比，误认为夜景照明越亮越好将导致浪费大量能源，并对环境和观光者产生严重的光污染。因此本《规范》把节约能源，保护环境，实施绿色照明作为城市夜景照明设计的基本原则。

（1）节能评价指标：照明功率密度

根据对国内外夜景照明设计相关的 56 本标准规范（国内 21 本，国际 35 本，详见 1.1.4）的调查，其中美国、日本、俄罗斯和我国的《建筑照明设计标准》GB 50034—2004、《城市道路照明设计标准》CJJ 45—2006、北京市地方标准《绿色照明设计规程》DBJ 01—607—2001 和北京市地方标准《城市夜景照明技术规范》DB11/T 388.4—2006 等均采用照明功率密度值（*LPD*）作为照明节能评价指标，从而决定将 *LPD* 作为本《规范》的节能评价指标。

（2）建筑立面夜景照明的照明功率密度值

通过国内外大量建筑立面夜景照明工程的调查，国内的北京、上海、深圳、天津和香港部分建筑夜景照明的单位面积安装功率平均在 3.1～11W/m^2 之间；法国巴黎和里昂的部分建筑立面夜景照明的单位面积安装功率在 2.6～3.7W/m^2 之间；澳大利亚悉尼和堪培拉的部分建筑（含桥梁）夜景照明的单位面积安装功率在 1.8～3.1 W/m^2 之间；美国拉斯维加斯六栋建筑的投光照明的单位面积安装功率平均为 18W/m^2，可是美国华盛顿四个建筑的夜景照明的单位面积安装功率才 2.4W/m^2。不考虑拉斯维加斯的单位面积安装功率的最大值，计算其他城市平均单位面积安装功率为 3.3 W/m^2，加拿大规定为 2.4 W/m^2，我国北京地方标准《绿色照明工程技术规程》DBJ 01—607—2001 规定 3～5W/m^2（该规程编制组通过对北京、上海、沈阳、青岛等城市 18 栋建筑夜景照明单位面积安装功率密度值的调查，其平均值为 5.9 W/m^2）。北京市地方标准《城市夜景照明技术规范》DB11/T 388.4—2006 规定的建或构筑物夜景照明的功率密度值（*LPD*）如表 6-8 所示。

建或构筑物夜景照明的照明功率密度值（*LPD*） **表 6-8**

反射比（%）	低亮度背景		中亮度背景		高亮度背景	
	对应照度（lx）	照明功率密度值（W/m^2）	对应照度（lx）	照明功率密度值（W/m^2）	对应照度（lx）	照明功率密度值（W/m^2）
70～80	50	3	100	5	150	7
45～70	75	4	150	7	200	9
20～45	150	7	200	9	300	14

注：特殊许可的地区与时段不受此表限制。

表中所示建筑立面投光照明的照度与亮度标准值与建筑立面标准的反射比、洁净度以及城市的规模相关，这表明建筑立面投光照明用电所消耗的功率数也和这些因素有关。在调研的基础上，按表 6-1 的照度标准，对建筑立面夜景照明的单位面积耗电量进行测算：先根据建筑立面夜景照明的照度或亮度标准，计算出照明的用灯数量；再由用灯数量算出照明消耗用电的总功率；最后用被照面的面积除以照明用电的总功率所得的商为所求的照明功率密度值（W/m^2），详见表 6-9。

建筑物立面夜景照明的照明功率密度值（*LPD*） 表 6-9

建筑物饰面材料		城市规模	E2 区		E3 区		E4 区	
名称	反射比（ρ）		对应照度（lx）	功能密度（w/m²）	对应照度（lx）	功率密度（w/m²）	对应照度（lx）	功率密度（w/m²）
白色外墙涂料、乳白色外墙釉面砖，浅冷、暖色外墙涂料、白色大理石	0.6～0.8	大	30	1.3	50	2.2	150	6.7
		中	20	0.9	30	1.3	100	4.5
		小	15	0.7	20	0.9	75	3.3
银色或灰绿色铝塑板、浅色大理石、浅色瓷砖、灰色或土黄色釉面砖、中等浅色涂料、中等色铝塑板	0.3～0.6	大	50	2.2	75	3.3	200	8.9
		中	30	1.3	50	2.2	150	6.7
		小	20	0.9	30	1.3	100	4.5
深色天然花岗石、大理石、瓷砖、混凝土、褐色、暗红色釉面砖、人造花岗石、普通砖等	0.2～0.3	大	75	3.3	150	6.7	300	13.3
		中	50	2.2	100	4.5	250	11.2
		小	30	1.3	75	3.3	200	8.9

注：1. 城市规模及环境区域（E1～E4 区）的划分按本规范附录 A 进行；
2. 为保护 E1 区（天然暗环境区）的生态环境，建筑立面不应设置夜景照明。

表 6-9 规定的建筑立面夜景照明的照明功率密度值（*LPD*），对建筑物夜景照明推广与实施绿色照明，节约照明，解决夜景照明目前普遍存在的一系列问题，如建筑立面夜景照明亮度偏高，不按夜景照明设计规范设计与建设，具有重要的现实意义。

3. 夜景照明光污染的评价标准与防治措施

光污染是过量的光辐射对人体健康和环境造成的负面影响的总称。光污染具有以下危害：破坏夜景环境；危害人体健康；对交通（含陆地、海上与空中交通）的影响；对动植物生长的影响；对城市环境和气候的影响。夜景照明的光污染是指建筑物、构筑物和特殊景观元素、商业、广场、公园以及广告与标识的景观照明产生的光污染。

不按《规范》设计与建筑过亮的城市夜景照明，不仅产生光污染，而且消耗大量的照明用电。根据《“十二五”城市绿色照明规划纲要》，我国大、中、小（含镇）的城市功能与景观照明用电量占总发电量的 4%～5%之多，按下限计算城市照明用电量达 1840 亿 kWh；按 80%为火力发电计算，城市照明用的火力发电量达 1472 亿 kWh，向大气排放的二氧化碳达 1.47 亿吨之多，并对城市环境与气候造成严重的污染和负面影响，而引起世人对光污染防治的高度重视。

防治光污染需要尽快地制订防治光污染的标准。国际上，如日本、美国、加拿大、意大利、希腊、英国、法国、澳大利亚和南美的智利等国家，特别是国际照明委员会（CIE），先后制订了防治光污染的标准。国际照明委员会（CIE）限制污染（干扰光）标准见表 6-10。

国际照明委员会（CIE）限制污染（干扰光）标准 表 6-10

高度指标	适用条件	环境区域			
		E1	E2	E3	E4
窗户垂直面上产生的照度 E_v（lx）	夜景照明熄灯，进入窗户的光线	2	5	10	25
	夜景照明熄灯后，进入窗户的光线	0①	1	5	10
灯具的最大光强（cd）	夜景照明熄灯前，适用于全部照明设备	2500	7500	10000	25000
	夜景照明熄灯后，适用于全部照明设备	0②	500	1000	2500

续表

高度指标	适用条件	环境区域			
		E1	E2	E3	E4
上色光通比 U/LR 最大值（%）	灯的上射光通量占总光通量之比	0	5	15	25
建筑物或标志表面的亮度 L（cd/m²）	由被照面的平均照度和反射比确定	0	5	10	25
	由被照面的平均照度和反射比确定或对自发光标志的平均亮度	50	400	800	1000
阈限增量 TI	在机动车道路上看到的接光灯所产生的眩光	15%（LA＝0.1）	15%（LA＝1）	15%（LA＝2）	15%（LA＝5）

注：1. 本表光度指标引自 CIE 干扰光投委会（CIE/tc5-12）《限制室外干扰光影响指南》
2. 环境区域：E1 为环境暗的地区，如公园、自然风景区；E2 为环境亮度低的地区，如城市的小街道和田园地带外测区域；E3 为环境亮度中等地区，如城市一般节电周边地区（近邻）；E4 为环境亮度高的地区，如一般住宅区与商业区混合的城市街道或广场。
3. 阈值增量（TI）中的 LA 为适当亮度（cd/m²）。LA＝0.1 为无道路照明时；LA＝1 为 M5 级道路照明；LA＝2 为 M4/M3 级道路照明；LA＝5 为 M2/M1 级道路照明。道路照明分级详见 CIE115-1995 号出版物。如果使用公共（道路）照明灯具，此值可提高 1lx；如果使用公共（道路）照明灯具，此值可提高至 500cd。

通过夜景照明工程调查研究（详见《现场调研报告》），并参考国际照明委员会（CIE）有关限制光污染标准，按等同采用（IDT）与修改采用（MOD）的原则，从以下六方面制订了限制城市夜景照明光污染的标准。

（1）居住建筑窗户外表面的垂直照度

城市功能与景观照明对居民的影响，通常与照明射入室内的光线有关。参考国际照明委员会（CIE）、法国和澳大利亚的相关标准和现场调查数据，本《规范》规定夜景照明设施在居住建筑窗户外表面产生的垂直照度不应大于表 6-11 的规定。

居住建筑窗户外表面产生的垂直照度最大允许值　　表 6-11

照面技术参数	应用条件	环境区域			
		E1 区	E2 区	E3 区	E4 区
垂直面照度 E_v（lx）	熄灯时段前	2	5	10	25
	熄灯时段	0	1	2	5

注：1. 考虑对公共（道路）照明灯具产生的影响，E1 区熄灯时段的垂直面照度最大允许值可提高到 1lx；
2. 环境区域（E1-E4 区）的划分可按本规范附录 A 进行。

（2）夜景照明灯具朝向居室的发光强度

除居住建筑窗户外表面的垂直照度不能超过标准外，CIE 根据德国和澳大利亚的试验数据（表 6-12），对居住区（环境区域 E3）照明灯具容许的最大光强作出规定（表 6-13）。

照明灯具的最大光强（住宅环境适应亮度 1.0cd/m²）　　表 6-12

夜景照明灯具至窗户的距离（m）	灯具最大光强（cd）和灯具直径（m）					
	0.15m		0.30m		0.50m	
	澳大利亚的数据	德国数据	澳大利亚的数据	德国数据	澳大利亚的数据	德国数据
30	270	130	930	260	2500	430
100	470	430	1270	850	2900	1400
300	2200	1300	1800	2600	4700	4300

CIE 熄灯时段室外灯具朝向居室方向的最大光强　　表 6-13

灯具的发光强度 I	推荐的最大值（cd）		
	商业和居住混合区	居住区	
		亮背景	暗背景
	2500	1000	500

本《规范》参考澳大利亚、德国和 CIE 相关文件提供的夜景照明灯具朝向居室方向的发光强度数据和《规范》编制组的调查资料，规定了夜景照明灯具朝向居室方向的发光强度不应大于表 6-14 的规定值。

夜景照明灯具朝向居室方向的发光强度的最大允许值　　表 6-14

夜景照明参数	应用条件	环境区域			
		E1 区	E2 区	E3 区	E4 区
灯具发光强度 I（cd）	熄灯时段前	2500	7500	10000	25000
	熄灯时段	0	500	1000	2500

注：1. 要限制每个能持续看到的灯具，但对于瞬时或短时间看到的灯具不在此列；
2. 如果看到的光源是闪动的，其发光强度值应降低一半；
3. 如果是公共（道路）照明灯具，E1 区熄灯时段发光强度的最大允许值可提高到 500cd；
4. 环境区域（E1～E4）的划分可按本《规范》附录 A 进行。

（3）城市道路的非道路照明设施对汽车驾驶员产生的眩光

城市道路的非道路照明设施对汽车驾驶员产生的眩光的阈值增量不应大于 15%。本《规范》所指的非道路照明设施主要指夜景照明和广告标识照明等设施。这些设施对汽车驾驶员产生眩光的阈值增量不应大于 15%的规定主要是依据表 6-15 所示 CIE 出版物《限制室外照明设施的干扰光指南》No. 150（2003）、《机动车和人行交通道路照明的建议》No. 115（1995）以及澳大利亚《限制室外照明光干扰》AS 4282-1997 规定的阈值增量（TI）的控制值提出的。

非道路照明设施的阈值增量的最大值　　表 6-15

照明技术参数	道路等级			
	无道路照明	M5	M4/M3	M2/M1
阈值增量 TI	15%基于 0.1cd/m² 的适应亮度	15%基于 1cd/m² 的适应亮度	15%基于 2cd/m² 的适应亮度	15%基于 5cd/m² 的适应亮度

注：1. 道路等级见 CIE 出版物《机动车和人行交通道路照明的建议》No. 115（1995）；
2. 阈值增量 TI 用于交通系统使用者在相关位置和视看方向，因非道路照明设施的光线引起识别信息能力下降时使用。

（4）居住区和步行区夜景照明设施对行人和非机动车人产生的不舒适眩光

按 CIE 出版物《城区照明指南》No. 136 关于限制眩光的规定，居住区或步行区照明设施对行人或骑自行车人产生眩光的原因主要是灯的亮度引起的。该指南对不同安装高度的灯光亮度作出规定。灯具的发光面积亮度不均匀时，按 CIE 出版物《道路照明设施的眩光和均匀度》No. 31（1926）介绍的方法进行核算。本《规范》参考 CIE 的标准与有关规定提高了居住区和步行区夜景照明灯具的眩光限制值，见表 6-16。

居住区和步行区夜景照明灯具的眩光限制值 **表 6-16**

灯具安装亮度 H（m）	灯具 LA 与 0.5 的乘积
$H \leqslant 4.5$	$LA \times 0.5 \leqslant 4000$
$4.5 < H \leqslant 6$	$LA \times 0.5 \leqslant 5500$
$H > 6$	$LA \times 0.5 \leqslant 7200$

注：1. 人为灯具在与向下垂线成 85°或 90°方向的最大平均亮度（cd/m^2）；
2. 人为灯具在与向下垂线成 90°方向的所有出光面积（m^2）。

（5）室外照明灯具的上射光通比

室外照明灯具上射光通量经大气散射使夜空发亮，造成光污染，特别是影响天文观测。根据 CIE 出版物《防止夜空发亮指南》No. 126（1997）与《限制室外照明设施产生的干扰光影响指南》，特别是智利的 DS686 光污染防治法以及北京师范大学郝允祥等对北京城区和近郊夜空光测量与影响的论文研究提出了灯具的上射光通比的最大值的规定，如表 6-17 所示。

灯具的上射光通比的最大允许值 **表 6-17**

照明技术参数	应用条件	环境区域			
		E1 区	E2 区	E3 区	E4 区
上射光通比	灯具所处位置水平面以上的光通量与灯具总光通量之比（%）	0	5	15	25

注：表中环境区域按《城市夜景照明设计规范》JGJ/T 163—2008 附录 A 进行划分。

（6）夜景照明光污染防治措施

本《规范》共提出 4 条防治夜景照明光污染的措施：在编制城市夜景照明规划时，应有专门的条文阐述限制光污染；在设计城市夜景照明工程时，应按城市夜景照明规划提出的要求进行设计，把防治光污染实施到夜景照明设计方案中。设计夜景照明方案时，应有相应措施将照明的光线严格控制在被照区域内，限制灯具产生的干扰光，超出被照区域内的溢散光不应超过 15%；科学地设置夜景照明运行时段，及时关闭部分或全部夜景照明、广告照明和非重要景观区高层建筑的内透光照明。

6.1.1.4 专题技术报告

1.《城市夜景照明现场调研报告》

标准编制组对北京、上海、天津和重庆四直辖市以及其他城市的夜景照明状况进行了现场调查与实测，编写了《城市夜景照明现场调研报告》。调研报告由以下六部分组成：

（1）我国部分城市夜景照明现状的调查，这部分摘要介绍了北京、上海、天津、南京、广州、深圳、珠海、海口、青岛、烟台、重庆、郑州、杭州、厦门、宁波、温州、沈阳和大连共 18 个城市夜景照明现状，简况见表 6-18，从调查结果可看出：1）城市夜景照明总体规划是做好城市夜景照明工作的关键；2）应从夜景照明对象的实际情况出发，抓住特征，选用相应的照明方法，而不是简单地采用单一泛光照明方法；3）在目前我国还没有城市夜景照明标准和规范的情况下，参考 CIE 有关技术文件进行夜景照明设计，夜景照明并非越亮越好；4）在设计时应考虑平日和节日两种情况，分别进行照明控制，以免平日夜景太暗；5）城市夜景照明涉及的单位多，可谓一项系统工程，只有当地政府出面，协调各方面的关系，统一规划、统一设计、统一施工与管理，方能见效。

通过调查总结城市夜景照明存在的问题：缺少统一的规划，多数城市还没有夜景照明规划；照明方法单一化情况突出；夜景照明缺少标准和依据；彩色光使用不当的例子不少；照明设施的隐蔽性差；能源浪费严重，特别是一些玻璃幕墙建筑也用泛光照明，不仅严重浪费能源，而且也给室内工作人员或客人造成严重的光干扰；照明光源、灯具和附属设备品种不全，质量有待提高；照明设备的维修与管理问题突出。

（2）北京天安门广场（含故宫与新华门夜景照明）和长安街部分建或构筑物夜景照明设施的现状调查和（亮度或照度）测量。

（3）上海城市夜景照明部分景区或景观的调查。这部分内容由照明概况、上海外滩夜景照明、东方明珠夜景照明、豫园的夜景照明、人民广场夜景照明、上海外滩夜景照明方式与节能可行性以及亮度的测量七个部分组成。

（4）天津城市夜景照明的亮度比与舒适度、亮度与舒适度关系的调查和测量。所调查的15个对象中满意的7个（占45%）；稍高的4个（26%）；太高的3个（占20%）；低于0.44cd/m^2 的1个（占6%）。

（5）古建筑夜景照明的调查与测量，包括调查对象及内容，调查结果分析及存在问题三个部分。所调查的28个古建筑，照明效果“优”的7个（25%）；“良”的16个（占57%）；“差”的5个（占18%）。这表明近年来古建筑夜景照明进步显著。

（6）三个附录（照明计划、调查表格和一篇‘古建筑夜景照明的调研与建议’论文）。调研报告第二至六部分因篇幅所限详见《城市夜景照明标准》编制组的《城市夜景照明设计标准》现场调研报告。这里就不一一介绍了。

2.《国内外城市夜景照明标准调查报告》

《城市夜景照明设计标准》编制组按工作计划大纲的要求，通过会议、计算机网络、文献资料查阅和专家咨询等方式，对国内外有关夜景照明设计标准或规范的制订情况和技术内容等进行较全面的系统调查研究，整理出《国内外城市夜景照明标准调查报告》。本报告较系统地介绍了当时国内外城市夜景照明标准、规范和有关技术文件。整个报告由八大部分和两个附录组成。调查收集的城市夜景照明标准法规和文献资料的名称与编号如下：

（1）国内部分

①《建筑照明术语标准》JGJ/T 119—98

② 中华人民共和国国家标准《电工术语照明》GB/T 2900.65—2004

③ 中华人民共和国国家标准《建筑照明设计标准》GB 50034—2004

④ 中华人民共和国国家标准《城市规划基本术语标准》GB/T 50280—98

⑤《园林基本术语标准》CJJ/T 91—2002，J217—2002

⑥《风景园林图例图示标准》CJJ 67—95

⑦《市容环境卫生术语标准》CJJ/T 65—2004，J374—2004（照明部分）

⑧《民用建筑电气设计规范》JGJ/T 16—1992 有关景观照明的照度标准和相关规定

⑨《城市道路照明设计标准》CJJ 45—92

⑩《天津市城市夜景照明工程技术规范》天津市亮办（1999）第52号

⑪《天津市城市景观照明工程技术规范》DB 29—71—2004

⑫ 上海《城市环境（装饰）照明规范》BD31/T 316—2004

⑬ 上海地方标准《照明设备合理用电标准》DB 31/178.1996

⑭《重庆市城市夜景照明技术规范》CQSZ 04—2002

⑮ 北京市标准《绿色照明工程技术工程》DBJ 101—607，2001

⑯《北京城市夜景照明技术规范》DB 11/XXX—2005（送审稿）

⑰ 建设部《节约能源：城市绿色照明示范工程》评价指标（标准）2004

⑱ 2004 年《城市绿色照明示范工程技术参考标准》中的城市照明区域划分及照明的单位面积或长度的功率密度标准

⑲ 北京照明学会 北京市委管理委员会编《城市夜景照明技术指南》2004

⑳ 建设部住宅产业化促进中心主编《居住区环境景观设计导则》（试行稿）推荐的标准

㉑《夜景照明设计技术导则》北京市建筑设计研究院，2006 年 11 月

（2）国外部分

1）国际照明委员会技术报告和指南（CIE Technical Reports and Guides）

① No. 01-1980：Guide Lines for minimizing urban sky glow near astronomical observatories（Joint publication IAU/CIE）

② No. 17. 4-1987：International lighting vocabulary，4th ed

③ No. 94-1993：Guide for floodlighting

④ No. 126-1997：Guidelines for minimizing sky glow

⑤ No. 129-1998：Guide for lighting exterior work areas

⑥ No. 136-2000：Guide for lighting of urban areas

⑦ No. 150-2003：Guide on the limitation of the effects of obtrusive light from outdoor lighting installations

⑧ No. 154-2003：Maintenance of outdoor lighting systems

⑨《Urban Nightscape 2006》Annual Meeting of Divisinos 4&5 of International commission on I11umination

2）国际照明委员会的标准草案（CIE Draft Standards）

CIE Draft standard DS 015. 2/e：2004：Lighting of outdoor work places

3）国际照明委员会的会议文集（CIE Proceeding of conferences and symposia）

CIE X008-1994：Urban sky Glow，a worry for Astronomy（1994）

4）国际电工委员会照明术语标准《Lighting Vocabulary》（IEC 60050（845），1987，lighting，MOD）

5）日本标准：

① 照明学会编《照明用语示典》1990

②（JIEC-006）《日本屋外公共照明基准》1994

③《照度标准》（JIS Z9110）1979（2000 确认版）

④ 日本四具工业会规范：《Guide for reducing the obtrusive light from outdoor lighting installations》（减少室外照明产生的干扰光指南）（力‘イト’116：2002）

⑤ 日本环境厅（省）的《防治光污染指南》2001 年

⑥ 日本照明学会编《景观照明の手引き》ユロ厂社，1995 年

⑦ 日本照明学会编《照明手册》，第 2 版（新版）2003 年 11 月

6）美国景观照明标准（含照度和名词术语标准）（IESNA-2000）

7）美国 CIBSE 和 ILE《城市照明指南》的建筑照明的照度（含亮度）标准及控制光污染标准

8）英国 ILE《室外照明指南》2005 年第 1 版

9）《德国照明手册》（Hand buch fur beleuchtung）2002 推荐的标准

我国部分城市夜景照明概况调查一览表[1] 表 6-18

序号	城市名称	调查对象的数量			规划情况		照明方法比率[2]			总亮度水平比率[3]			开灯率（%）		主要经验和问题
		建筑	商街	广场与路	有	无	勾边	泛光	多样化	过亮	标准	较暗	节日	平日	
1	北京	76	3	2	/	无	49	30	21	23	45	32	100	17	节日照明较好，规划未落实，平日较暗
2	上海	49	3	2	有	/	19	21	60	64	23	13	100	83[4]	领导重视，有规划，管理较好，使用新技术多
3	天津	31	2	1	/	无	18	71	11	21	53	26	100	25	滨江道照明改造的经验不错
4	南京	19	2	2	/	无	24	51	25	20	49	31	100	34	山西路广场夜景照明经验应总结
5	广州	41	1	1	/	无	23	29	48	34	43	23	100	49	领导重视规划不够，光污染应注意
6	深圳	29	2	2	/	无	25	31	44	39	41	20	100	53	较注意使用现代化夜景照明，规划不够
7	珠海	21	1	3	有	/	22	41	37	48	25	27	100	56	领导重视，起点高，管理好，照明方法较单一
8	海口	36	2	2	/	无	31	53	26	29	52	19	100	47	平日照明较好，少规划，照明方法较单一
9	青岛	17	1	2	有	/	39	43	18	21	46	33	100	31	领导重视，有规划，平日太暗
10	烟台	13	1	2	/	无	53	35	12	19	57	24	100	23	南大街道路与夜市照明较好，少规划
11	重庆	27	2	5	有	/	28	49	23	49	35	16	100	49	规划好，措施有力，路面照度太高
12	郑州	22	2	1	/	无	47	38	15	27	45	28	100	25	较其他城市起步晚，进展快，少规划
13	杭州	28	3	1	/	无	41	29	30	31	47	22	100	41	城市附属设施及树木照明经验好
14	厦门	15	1	1	有	/	49	32	19	35	52	12	100	36	鼓浪屿照明规划和效果较好，市区照明应加强

续表

序号	城市名称	调查对象的数量			规划情况		照明方法比率❷			总亮度水平比率❸			开灯率（%）		主要经验和问题
		建筑	商街	广场与路	有	无	勾边	泛光	多样化	过亮	标准	较暗	节日	平日	
15	宁波	19	2	/	/	无	43	39	18	29	56	16	100	43	中山路照明改造较好，规划不够
16	温州	13	1	1	/	无	44	41	15	3	48	18	100	51	人民路照明建设好，少规划，管理不够
17	沈阳	9	1	1	/	无	62	29	9	15	48	39	100	19	城市夜景照明刚起步，照明亮度较低
18	大连	17	1	3	有	/	38	28	36	31	53	16	100	42	起步早，规划好，措施有力，管理较好
总计		482	31	31	6	12	36	39	25	31	45	24	100	40	综合评述见本文说明

注：❶ 本调查资料引自肖辉乾著《城市夜景照明规划设计与实录》；
❷ 指勾边灯、泛光灯和多样化照明占调查对象总数的比例；
❸ 过亮标准和较暗占调查对象总数的比例；
❹ 上海外滩、南京路火车站不夜城和人民广场夜景照明在双休日晚上也100%开灯。

10）荷兰推荐的标准（International Lighting Review，1979No4）

11）飞利浦照明手册推荐的标准《Philips Lighting Manual》Third edition 1981

12）《澳大利亚对住宅光污染的限制标准》1991 年

13）澳大利亚和新西兰技术标准（IESANZ）ASⅡ58 Code of practice ofr public lighting（AⅡ58 公共照明实施规范）

14）澳大利亚和新西兰照明工程学会技术标准（IESANZ）AS 4282 Control of the obtrusire effects of ourdoor lighting（控制室外照明干扰光影响标准 AS4282）

15）意大利 Lombardi 县防治光污染条例，2000 年 3 月

16）美国 IESNA；RP. 33. 99 Lighting for Exterior Enrironments Recommedet Practice

17）美国亚利桑那州的 Tucson 区的防治光污染条例，1994 年 3 月

18）Malcollm G. Smith，Controlling Light Pollution in chile（智利光污染的控制和标准）

19）国际暗天空协会《室外照明规范手册》（IDA Outdoor Lighting Code Handbook）2002 年

20）《美国加州室外照明标准》推荐的室外照明单位面积允许功率值（引自 ASRHAE/IESNA 标准 90. 1-1989 用户手册）

21）《俄罗斯的建或构筑物和广告室外照明标准》（СНиП23-05-95）

6.1.1.5 标准论文著作

1. 中国照明工程建设发展综述—照明工程建设的发展、现状和走向，《中国照明工程年鉴》2006 第 13-31 页

随着社会主义建设事业的发展，特别是改革开放大潮的推动，我国照明工程建设发展十分迅速，成效显著，深受世人关注，同时也存在一些问题。为了总结经验，探讨问题，促进我国照明工程建设更大、更好地持续发展，特写了本综述性论文。论文由以下四大部分组成：

1 照明工程的定义与分类，将照明工程分为人工照明工程和天然光照明工程。其中

人工照明工程，按建筑照明设计标准、地下建筑照明设计标准和城市夜景照明设计标准文件的规定划分为居住建筑照明工程、公共建筑照明工程、城市功能性照明工程和夜间景观照明工程四大类。

2　照明工程建设发展的回眸部分首先分析了推动照明工程发展的因素和做法；然后分以下四个阶段对我国照明工程的发展作了概括性论述。

第一阶段：1949—1960 年为照明工程建设的起步和开创阶段；

第二阶段：1961—1980 年为照明工程建设重点发展阶段：

第三阶段：1981—1999 年为照明工程建设全面发展阶段；

第四阶段：2000—2006 年为照明工程建设可持续发展阶段。

3　照明工程建设案例和现状，这部分首先概述了照明工程典型案例的征集、审查和筛选，而通过案例分析综述了照明工程建设现状。

4　照明工程建设走向的预测，这部分包括 4.1 照明工程建设总走向的预测；4.2 人工照明工程走向的预测；4.3 天然光工程建设走向的预测。在人工照明工程发展的预测中从以下十个方面进行了分析和论述：

4.2.1　照明节能，保护环境是未来照明工程建设的主要任务；

4.2.2　防治照明的光污染成为 21 世纪照明工程建设的主要课题；

4.2.3　随着人口老龄化的发展，住宅和老年人的照明日趋突出；

4.2.4　城市照明将持续，前景十分广阔；

4.2.5　随着经济的发展和生活水平的提高，照明设计理念正在发生变化；

4.2.6　20 世纪 50 年代出现建筑化照明将迅速向前发展；

4.2.7　随着计算机、通讯和控制技术的进步，智能照明将飞速发展；

4.2.8　非视觉照明将迅速扩大和发展；

4.2.9　采光和照明标准及测试技术与设备在不断更新；

4.2.10　推出采光照明新产品和新技术的周期越来越短。

2. 突出城市夜景照明特色初探，上海《国际夜景照明研讨会》论文集，2001，第 133-137 页

3. 肖辉乾. 突出城市夜景照明特色初探［J］. 照明工程报，2001，04：4-8

论文简要地介绍了作者对突出夜景照明特色的若干研究成果。全文共有五个部分：(1) 前言；(2) 突出夜景照明特色问题的提出；(3) 突出夜景照明特色的基本思路和原则；(4) 突出夜景照明特色的要点；(5) 结语。

4. 建筑物的建筑化夜景照明初探，《中国照明工程年鉴》，2006，第 124-128 页

5. 肖辉乾. 建筑物的建筑化夜景照明初探［A］. 中国照明学会（中国国家照明委员会）、上海市市容环境管理局、飞利浦照明（中国）有限公司. 走近 CIE26th——中国照明学会（2005）学术年会论文集［C］. 中国照明学会（中国国家照明委员会）、上海市市容环境管理局、飞利浦照明（中国）有限公司，2005：5

简要地介绍了建筑物的建筑化夜景照明，全文由引言、建筑化夜景的优点、建筑化夜景照明的方法和结论的部分组成。论文重点阐述了建筑化夜景照明的十种照明方法，典型实例和应注意的问题。

6. Creating An Unique Urban Nightscape，CIE International Conference URBAN

NIGHTSCAPE 2006〈Conference Proceedings〉P. 160-163

This paper introduce some results of the creating an urban nightscape. The paper consists of parts: Introduction; Urban lmage and Nightscape Lighting; The Basis-Nightscnpe Planning; The Focus Outstanding; The Renovating Concepts of Lighting Design; The Drganizing, Implementing and Managing; Conclusion.

7. 古建筑夜景照明的调研与建议,《城市夜景照明设计标准》现场调研报告的附录 3

论文通过对北京古建筑夜景照明的调研和部分古建筑进行试验性的建设,总结提出了对古建筑夜景照明的 8 点建议。

8. 室外广告语标识照明调查报告,《国内外城市夜景照明标准调查报告》附录 2

室外广告标识照明的现状、趋势等问题。论文通过对室外广告与标识照明的调研,针对存在的问题,从六个方面对广告标识照明的发展提出了具有针对性的建议。

9. 夜间室外照明光污染及其防治,《2003 天津照明科技论坛论文集》,161-184 页

论文简要地介绍了光污染的产生、危害及防治。

10. 城市夜景照明规划、设计与实录

本书系统地介绍了作者在城市照明规划、设计方面的研究、实践及调研结果。著作共分 8 个部分:(1)城市夜景照明的规划与设计;(2)建筑物的夜景照明;(3)商业街的夜景照明;(4)室外广告和标识的夜景照明;(5)高新技术在夜景照明中的应用;(6)国际照明委员会(CIE)有关夜景照明文件简介;(7)城市夜景照明现状、发展趋势及值得注意的问题;(8)国内外近 100 个城市夜景照明实录照片和说明。

6.1.1.6 创新点

本《规范》技术先进,具有一定的创新性和前瞻性,对节约照明能源、保护环境、提高照明质量、实施绿色照明、促进照明科技进步和高效照明产品的推广应用具有重要作用。

一是规范内容全面,涵盖了城市的建筑物、构筑物和特殊景观元素、商业步行街、广场、公园、广告与标识等的夜景照明的照度或亮度、照明均匀度、对比度和立体感以及眩光与光污染等评价指标,照明设计,照明节能,光污染的防治,照明供配电与安全以及照明管理与监督等内容。

二是制订标准依据充分,通过对国内北京、上海、天津、南京、广州、深圳、珠海、海口、青岛、烟台、重庆、郑州、杭州、厦门、宁波、温州、沈阳和大连 18 个城市夜景照明的现场调研,并参考了数十份国内外现有的城市夜景照明设计标准规范与技术文件,特别是国际照明委员会(CIE)有关城市夜景照明的技术文件制订,《规范》的技术内容符合国情和标准适用范围。

6.1.1.7 社会经济效益

本规范的制订与实施,不仅为城市夜景照明的建设与发展提供了科学的依据,对提高我国城市夜景照明的规划、设计、建设和管理水平、实现节约能源,保护环境,实施绿色照明的根本宗旨具有重大的政治经济意义和社会影响。

我国城市夜景照明起步较晚,但发展很快,成效十分显著,以北京为例,用灯光重塑历史文化名城的风貌和首都现代化城市的雄姿,可体现改革开放以来取得的伟大成就和安定团结,欣欣向荣的大好形势,提高首都城市的知名度和美誉度,国庆 60 周年和奥运会期间数十万人夜市观灯赏景的场面，足以表明城市夜景照明的重大意义和深远影响。城市夜景照明还可吸引更多的国内外宾客夜晚观灯赏景，促进旅游经济的发展，据1991年长安广场（长城饭店与亮马河大厦之间的广场）45天亮灯活动统计，夜晚总营业收入达462.4万元，接待游客146.9万人次，取得了可观的经济与社会效益。

商业街的夜景照明可延长营业时间，活跃市场，吸引更多的顾客购物，提高营业销售额，促进商业经济发展，据介绍上海南京东路亮起来后，商业销售额上升近40%，1993年北京长安街经清理整修和亮起来以后，经济效益提高了30%，并吸引了50多家海内外名牌商品专营店来此落户，1996年北京西单北大街的两亮工程也收到了同样效益。

对城市交通而言，城市道路的功能和景观照明可提高道路运行能力，减少交通事故，目前国际上公认至少可减少30%的交通事故，这样既可减少财产损失与人员伤亡，又可节省一大笔事故处理费用。

对广场、公园和旅游景点等公共场所的夜景照明不仅可为人们提供一个良好的夜间活动空间，满足与丰富人们夜生活的需要，而且还可以增强人们的安全感，降低犯罪率和经济损失。

从以上实例可见，制订与贯彻城市夜景照明规范，建设好城市夜景照明具有巨大的社会与经济效益。

6.2 标准展望

随着社会、经济与科学技术的迅速发展和进步，我国城镇化的进程和建设速度不断加快，再加上旅游业的迅速发展，从而有力地推动了城市夜景照明事业的发展。展望发展的总趋势可概括为以科学发展观为指导，贯彻与实施《城市夜景照明设计规范》不断推动城市夜景照明全面协调的良性持续发展。因此不断完善城市夜景照明设计建设理念、技术水平、管理体制，也将使现有《城市夜景照明设计规范》不断地完善、充实与合理，以适应城市建设迅速发展的需要。

其一是根据国家社会与经济建设发展战略各大方针政策，紧扣城市建设实践，抓住城镇建设、发展旅游经济、节能减排、绿色低碳、可持续发展的大政方针政策，不断完善《城市夜景照明设计规范》内容，以适应城市建设发展战略与照明产业发展方针政策的需要。

其二是城市夜景照明设计与建设是以城市规划为依据，鉴于目前尚无国家《城市照明规划规范》，各城市已有照明规划内容，深度和水平不一而影响城市功能与夜景照明建设的发展，编制《城市照明规划规范》已成为城市照明进一步发展的迫切需要。

其三是根据本《规范》城市夜景照明设计原则之二（以人为本，彰显个性，注重夜景照明整体艺术效果的原则），以及天津照明学会于2004年召开首届现代城市光文化论坛开始，到2014年先后召开了三届光文化论坛，城市夜景照明的光文化理念已成为广大照明工作者的共识。

其四是随着城市建设与照明科学技术发展进步，借鉴国内外特别国际照明委员会（CIE）和发达国家的技术城市夜景照明的新理念与科技成果，如夜景照明规划、创意设计、照明的新方法、新产品（光源、灯具与智能照明控制设施等），这方面的具体情况可参见国际照明委员会（CIE）2006 年召开的国际城市夜景照明专题学术会议论文集《Urban Nightscape 2006 conference proceedings》和中国照明学会主编的 2006 年、2007 年、2008 年、2009 年、2011 年和 2013 年《中国照明工程年鉴》中有关城市夜景照明的综述、政策、法规、与夜景照明工程案例部分提供有关城市夜景照明科技与技术、建设与管理的科技成果和建设经验，不断推动和完善城市夜景照明设计，建设和管理水平，并为以后《城市夜景照明设计规范》的修编做好技术储备。

其五是继续利用相关学术会议和报纸杂志宣传贯彻《城市夜景照明设计规范》工作。回顾宣贯工作还有待继续与加强，其原因是还有不少城市夜景照明工程设计人员对本设计规范了解不够，甚至不了解的情况，需要继续利用各种机会进行本《规范》的宣贯工作，并听取对《规范》的意见建议，从而让《规范》在城市夜景照明设计、建设与管理中发挥它应有的作用，也为日后修编《城市夜景照明设计规范》积累资料与数据。

7 结语

中国建筑科学研究院自建院至今，已主编完成建筑光环境领域工程建设国家标准、行业标准共16项（建筑采光设计标准共4版、建筑照明设计标准共5版、体育场馆照明设计及检测标准共2版、室外作业场所照明设计标准1版、城市道路照明设计标准共3版、城市夜景照明设计规范1版），6项现行标准中有5项标准包含涉及安全、健康、节能的强制性条文共20条，必须严格执行。整体来看，建筑光环境标准体系健全，指标设置、取值及相关规定符合各历史阶段的我国国情且整体水平接近或达到国际水平，对我国采光和照明设计发挥了重要的指导作用，具有很大的经济和社会效益。

《中华人民共和国国民经济和社会发展第十三个五年规划纲要》（2016－2020年）提出建立健全资源高效利用机制，从而推进资源节约集约利用，其中应健全节能标准体系，提高建筑节能标准，实现重点行业、设备节能标准的全覆盖。自我国“十一五”规划起，节能一直作为建筑光环境领域相关标准规范制修订内容的重中之重，目前体系完备，基本实现全覆盖。建筑光环境现行标准规范从采光和照明两方面构建起节能标准体系，包括采光与遮阳、采光与照明控制、采光节能措施、照明节能措施、照明功率密度限值；城市照明行业现行标准规范包括道路照明和夜景照明节能措施及照明功率密度限值的规定；该领域设备节能标准主要包括对采光装置和材料采光效率的技术要求、灯具效率、各类光源、镇流器等照明产品的能效标准。随着智能控制技术和LED照明应用的发展，未来该领域标准规范以进一步提高照明节能标准、完善照明运行节能评价方法为主要方向。

不断实施和促进绿色照明发展仍是未来建筑光环境领域标准规范研究制订的主要内容和永恒目标，但节能不是绿色照明的唯一重要目标，同时还要保证具有安全、舒适、健康的照明。2016年3月，国际照明委员会CIE 2016“照明质量与能效大会”将智能照明、健康照明、老年人和视力损伤者的特殊照明、LED光源与（视）知觉和偏好相关的颜色质量研究、可通用于各种照明应用的眩光评价方法等列入未来照明领域十项重点研究课题。依据实施绿色照明的关键技术问题，标准制修订相应的发展趋势可概括以下三点：

（1）趋势一：智能照明

随着信息技术、传感技术、网络技术、云计算和大数据等快速发展，照明控制逐步从人工控制向自动控制，继而向智能控制发展。智能控制具有节约能源、延长光源寿命、提高光环境质量水平、减少照明维护费用、经济效益显著的优点。结合智能控制系统，可真正实现“按需照明”“动态照明”“适应性照明”的理念。

（2）趋势二：LED照明应用

LED光源在通用照明领域具有广阔的应用前景，在未来将成为照明的主流产品。目前我国照明标准颜色性能评价指标采用显色指数（CRI），对于当前占市场主导地位的激发荧光粉产生白光的LED，其评价方法仍然可以采用，由蓝光激发黄色荧光粉发射出的光谱成分主要是黄绿光，缺少红光成分，所以在相关标准中应增加特殊显色指数 R_9 的规定。目前在长期工作或停留的房间或场所、有电视转播的体育场馆均对 R_9 作出了规定。此外，评价 LED 颜色性能指标的还有色温、同类光源的色容差、寿命期内的色偏差以及灯具在不同方向上的偏差。LED 技术快速发展并逐渐得以应用与现行显色指数 CRI 评价方法相对滞后的矛盾日益突出。因此开展该领域的研究工作从而建立新的白光光源颜色质量指数，包括更加科学的颜色保真度指数以及新的颜色偏好指数等对于标准制定具有重要价值。

（3）趋势三：健康照明

现有的照明标准体系是基于视力正常的年轻人建立，没有考虑视力和视觉需求的个体差异，特别是老年人和视力缺陷人员。老年人的视力丧失及对失能眩光的敏感性，以及提高由于全球老龄化问题逐渐得到社会的广泛关注，因此当前亟需制订针对这些人员的照明设计标准，从而引导相关照明技术的发展。2002 年研究发现了人眼中参与调节人体非视觉生物效应的“视网膜特化感光神经节细胞”（ipRGC），通过照明环境的变化调节人的生命节律，为人们创造一个健康、舒适、高效的室内照明光环境成为当前照明研究的重要课题。因此，为健康建筑引入等效照度等指标。

2015 年 3 月 11 日，国务院正式印发《深化标准化工作改革方案》，提出的四大目标之一即建立政府主导制定的标准与市场自主制定的标准协同发展、协调配套的新型标准体系。为使建筑工程、城市建设行业适应这一目标要求，未来应进一步完善绿色照明标准体系，完成《绿色照明检测及评价标准》的研究制订；修订个别不满足使用要求的标准规范；建立 LED 照明应用技术标准体系，科学引导 LED 在建筑室内、体育场馆、城市道路和景观照明中的合理应用；重点开展城市照明强制性标准、城市照明在智慧城市中应用相关标准规范的研究，让标准真正成为对工程质量的“硬约束”，推动我国建筑光环境逐步迈向高端水平，为我国采光和照明标准的发展做出更大贡献。

附录　各版标准相关论文全文

该附录收录了与各版标准制修订技术内容相关的论文十篇，分别是：

关于《工业企业采光和照明设计标准》的若干技术问题（一）

采光和照明标准编制组*

前　言

根据国家建委的通知，由国家建委建筑科学研究院和上海市基本建设委员会，会同有关科研、设计、高等院校等单位共同编制了《工业企业采光设计标准》和修订了《工业企业照明设计标准》。该两本标准已经国家建委批准为全国通用设计标准，自一九七九年十一月一日起实行。

在编制和修订过程中，进行了比较广泛的调查、实测和必要的科学实验，吸取了我国二十多年来的采光和照明设计与使用的经验，并征求了全国有关单位的意见，最后会同有关部门审查定稿。

为了使广大设计和使用单位了解标准并正确贯彻执行，现将标准中的主要技术问题介绍如下，以资交流讨论。

第一部分　采 光 标 准

一、关于室外临界照度值

采光标准中的采光系数和室内天然光照度值是通过室外临界照度来联系的。室外临界照度是指室内天然光照度等于各级视觉工作的照度时的室外照度值，即室内需开（关）灯时的室外照度值。

室内天然光照度是根据视觉工作而定的固定值，而室外临界照度是可变的，它的变化影响采光系数的取值和开、关灯的时间。因为取较高的照度，使采光系数降低，窗口可开小些，要早开灯晚关灯，使人工照明时间延长，照明电费增加。反之，若要取较低的临界照度值，则要求较高的采光的系数，使窗口开大，采暖费用增加，但照明费用降低。本标

* 编制组组成单位和参加人员名单

1. 国家建委建筑科学研究院：张绍纲、张志勇、林若慈、李恭慰、庞蕴繁
2. 上海市基本建设委员会：曾宏裕
3. 一机部机床工厂设计处：张建忠
4. 北京钢铁设计院：杨秀卿
5. 重庆建筑工程学院：杨光璿、罗茂曦
6. 中国科学院心理所：荆其成、焦淑兰、喻柏林
7. 清华大学：詹庆璇、林贤光
8. 云南省冶金第四矿：张煜仁
9. 上海市眼病防治所：王晋宝、陈琴芳
10. 陕西省第一建筑设计院：蔡福根

准的临界照度的取值是根据我国光气候条件和经济分析决定的。根据在六个城市（分别代表不同纬度地区）测得的热光当量值，从日辐射多年平均值换算出该地区的天空扩散光照度值，由此资料得出各城市在不同临界照度值时全年天然光利用时数（表1）。

不同临界照度值全年天然光利用小时数 **表1**

地区	纬度（°）	室外临界照度值（lx）			
		2500	3000	5000	10000
哈尔滨	45	4435	4361	4106	3237
北京	30	4463	4205	3884	3030
西安	34	4250	4128	3914	3119
上海	31	4220	4096	3808	3114
重庆	20	3848	3727	3297	2137
广州	24	4336	4252	3976	3395

由表1可知，当室外临界照度取5000lx时，除重庆外，其余城市均可满足10h工作的需要。

此外，根据对不同临界照度值时的采光口造价、照明费用、采暖费用总支出的比较得出，在哈尔滨、北京、上海、广州等地，当临界照度为3000～5000lx时，有最低的总支出。

参考国外资料，一些国家多用5000lx作为室外临界照度，故本标准规定室外临界照度为5000lx。

重庆地区天然光利用时数很低，如要达到同北京相近的天然光利用时数，则要求临界照度降至2500lx，采光系数值相应增加一倍。这一数值目前较难达到，因为开窗面积太大，会引起室内过热，又考虑到要充分利用天然光，临界照度也不能取得和北京一样高。因此，重庆及其附近地区的室外临界照度规定为4000lx。

二、视觉工作分级

根据天然光视觉实验得出，随识别对象尺寸减小，能看清识别对象所需要的照度增大。如识别对象尺寸从0.104mm减小到0.089mm和识别对象尺寸从0.089mm减小到0.074mm，虽然均减小0.015mm，但大尺寸需要增加的照度仅有70lx，而小尺寸需要增加的照度却有910lx，相差13倍。本标准的视觉工作分级将小尺寸的工作划分细一些，大尺寸工作划分粗一些。

由于采光口的大小和位置受建筑条件的限制，在同一车间内，不可能按不同识别对象尺寸和不同的对比来分别布置大小不同的采光口，故视觉工作的分级也不能过细。与照明标准比较，级数减少（表2）。

表2中各级识别对象尺寸的差别为：Ⅰ与Ⅱ级相差1倍；Ⅱ与Ⅲ级相差3倍；Ⅲ与Ⅳ级相差5倍；Ⅳ与Ⅴ级相差5倍以上。这样规定既符合视觉工作特征，也适应天然来光时建筑条件的要求。

三、室内天然光照度和采光系数值

生产车间工作面上的采光标准 **表2**

采光等级	视觉工作特征		室内天然光照度最低值 E_N（lx）	采光系数（最低值）C_{min}（%）
	工作精确度	识别对象的最小尺寸 d(mm)		
Ⅰ	特别精细工作	$d \leqslant 0.15$	250	5
Ⅱ	很精细工作	$0.15 < d \leqslant 0.3$	150	3

续表

采光等级	视觉工作特征		室内天然光照度最低值 E_N(lx)	采光系数（最低值）C_{min}(%)
	工作精确度	识别对象的最小尺寸 d(mm)		
Ⅲ	精细工作	$0.3<d\leqslant1.0$	100	2
Ⅳ	一般工作	$1.0<d\leqslant5.0$	50	1
Ⅴ	粗糙工作	$d>5$	25	0.5

根据对现场各种有代表性工作所需的天然光照度最低值进行的实例调查（表3），并征求工人主观评价意见，确定各等级视觉工作所需天然光照度最低值为250、150、100、50、25lx。

满足视觉工作的天然光照度值　　表3

工作精确度	车间数（个）	工种数（个）	实测倒数	工作面上平均最低照度值（lx）	
特别精细工作	22	24	55	小对比（25例） 中对比（21例） 大对比（9例）	531 234 182
很精细工作	16	20	48	—	138
精细工作	14	17	37	—	94

又根据在实验室内进行的天然光视觉试验，得出了天然光视功能曲线（图1），它表示识别对象大小、对比和照度三者间的关系。

图1表明，规定的各级照度值均能满足对比值为0.4以上工作的要求。利用视功能曲线可得到对应于各级工作的能见度为1、2、3、6、8、25。1是刚好能满足视觉工作的能见度水平，即标准所规定的照度水平能满足视觉工作的要求。

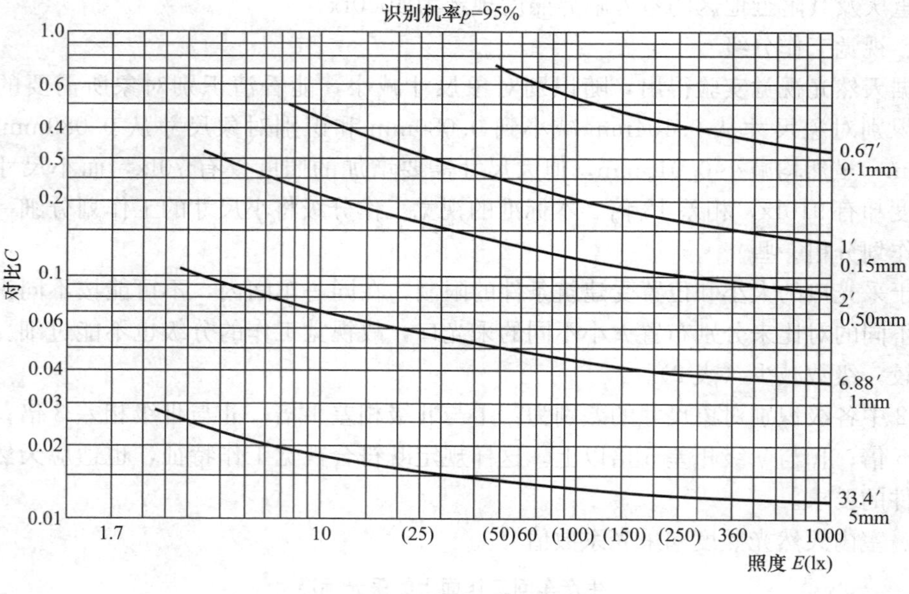

图1　天然光视功能曲线

根据天然光照度值和室外临界照度值5000lx，可算出采光系数值为5%、3%、2%、1%、0.5%。按车间常用尺寸进行的采光计算，侧窗一般不超过3%，矩形天窗不超过5%，锯齿形天窗不超过7%，天平窗可以达到更高值。考虑目前的实际条件，采光系数标准值上限定为 5%是合适的。

四、采光计算

为执行采光标准，需要有一个简便可靠的计算方法。过去国内常用达尼留克方法，计算繁琐，中华人民共和国成立以来，通过理论推导，对计算方法有所改进和简化，但缺少实验的依据和实测的验证，且都局限于天空直接光的计算，室内反射光的计算仍沿用国外数据。1970 年国际照明委员会发表了该会推荐的采光计算方法。该方法简明易用，对改进采光计算有一定的参考价值，但因其图表过多，使用范围有限，仍有不少缺点。我们在分析已有方法基础上，通过系统的实验研究推荐一种采光计算方法。它是清华大学 5m 直径的人工天空下，分别对矩形天窗、平天窗、锯齿形天窗等进行了模型试验。模型比例为 1/20～1/50。人工天空亮度分布符合全阴天天空的亮度分布。试验内容为采光系数与窗洞位置和大小的关系以及均匀度等。通过对实验数据的统计整理和回归计算得出了采光的计算图表。

顶部采光的采光系数最低值应按下式计算：

$$C_{\min} = C_d \cdot K_g \cdot K_r \cdot K_p$$

式中：C_d——窗洞的采光系数；

K_g——高跨比修正系数；

K_r——总透光系数；

K_p——室内反射光增量系数。

窗洞的采光系数 C_d 应按窗洞面积 A_c。与地板面积 A_d 之比（简称窗地比）和建筑长度 l 由图 2 确定。该图适用于高跨比（工作面至窗下沿的高度 h_x 与跨度 b 之比）$h_x/b=0.5$ 的多跨厂房。当高跨比不等于 0.5 和三跨以下时，应乘以高跨比修正系数 K_g 值。不等高、不等跨的两跨以上厂房分别计算各单跨的采光系数最低值，但计算的高跨比修正系数 K_g 值，需按各单跨的高跨比选用两跨或多跨条件的 K_g 值。

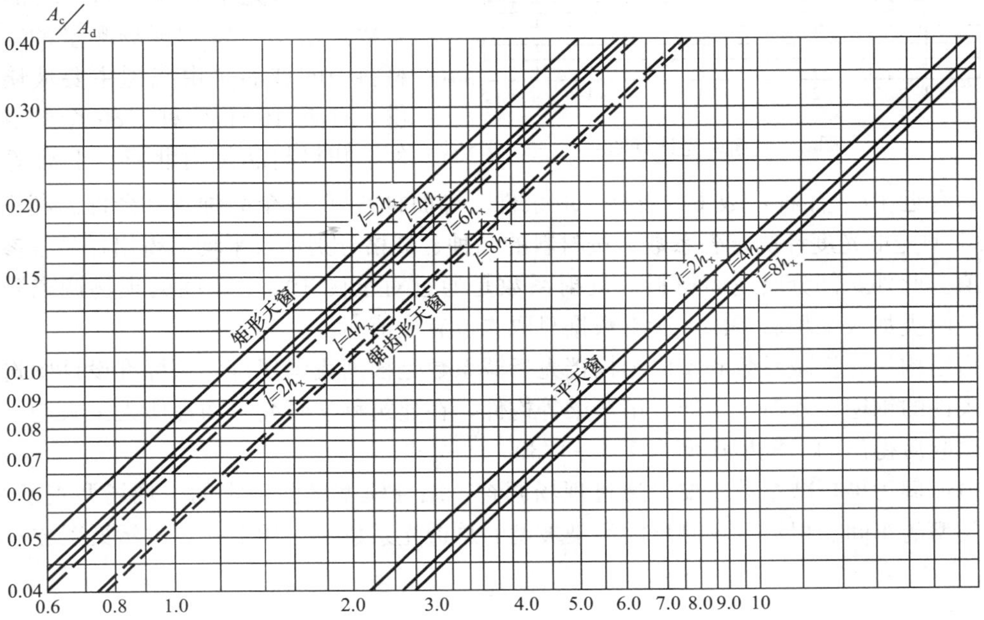

图 2　顶部采光计算图表

侧面采光可分为单侧采光和双侧采光，侧面采光的采光系数最低值应按下式计算：

$$C'_{\min}=C'_{\rm d}\cdot K_{\rm r}\cdot K'_{\rm p}\cdot K_{\rm w}\cdot K_{\rm e}$$

式中：$C'_{\rm d}$——侧窗窗洞的采光系数；

$K_{\rm r}$——总透光系数；

$K'_{\rm p}$——侧面采光的室内反射光增量系数；

$K_{\rm w}$——侧面采光的室外建筑物挡光折减系数；

$K_{\rm e}$——侧面采光的窗宽修正系数。

侧面采光带形窗洞的采光系数 $C_{\rm d}$，应按计算点至窗口的距离 B 与窗高 $h_{\rm c}$ 之比和建筑长度 l 由图 3 确定。

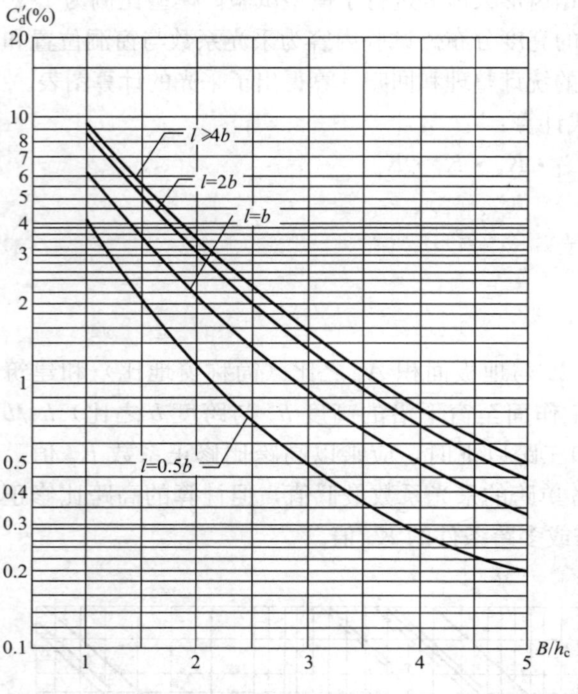

图 3　侧面采光计算图

本法采用图解法，简明易用，适用于常用的几种采光形式。能按窗洞的位置和大小核算采光系数，也能按照采光标准求出需要的开窗面积。本法具有一定的精度，计算值与实测值相差甚少。

混合采光的采光系数应为天窗采光系数最低值与侧窗采光系数最低值之和。

五、采光计算参数

采光计算参数适用于各种天然采光计算方法，各参数值是通过调查研究和科学实验，经过分析确定的。

材料透光系数和饰面材料的反射系数是由实验室和现场测量的。透光材料中的玻璃是由我国主要玻璃厂提供，有近 10 个品种、35 个规格 116 件。塑料制品是由北京、上海等工厂提供，有近 10 个品种，数十种规格 160 余件。饰面材料有 30 余品种 400 余件。利用国产 TFK-1 型光电光度计测定各系数，按材料的品种、规格分别加权平均后得出样品各参数的平均值。此外，部分墙地面材料的反射系数是通过对全国 101 个车间的现场调查测定数据，经归类加权平均后得出，所有数据只取二位有效值。

窗结构挡光折减系数和室内结构挡光折减系数是根据我国现行建筑标准设计图选择具有代表性的钢窗、木窗、桁架、吊车梁等构件，在建筑科学研究院物理所人工天空内进行模型试验后得出的。模型比例为 1/4～1/30。

窗玻璃污染折减系数主要是通过现场调查，结合模型试验确定的。现场调查了 95 个不同类型的车间。根据现场测出的污染玻璃的总透光系数 τ_0。用下式算出污染系数 $\tau_{\rm w}$：

$$\tau_{\rm w}=\frac{\tau_0}{\tau}$$

式中：τ——未污染玻璃的透光系数。

分析各种车间污染情况，将车间污染程度分为清洁、一般污染和污染严重三大类。窗玻璃不同装置角度对污染系数的影响是不同的。根据现场试验结果，水平装的玻璃污染最严重，而45°和倾斜的次之。

室内反射光增量系数的试验方法，是将模型内表面分别涂以不同反射系数的颜色，从灰到白，由浅到深，使 P 分别为0.2、0.3、0.4、0.5的情况下，试验得出反射光增量系数。

测窗室外建筑物档光折减系数的测定方法是选 P=0.24时，这相当于轻度污染的红砖墙或混凝土表面的反射系数。取窗对面遮挡物距窗的距离 D_d 为5倍窗高，这符合一般遮挡情况。遮挡物对侧窗的遮挡角 a 选取为10°、20°、40°分别进行试验，将其采光系数与相应的无遮挡的采光系数进行比较，求出在不同遮挡情况下的建筑物挡光折减系数。

（未完待续）

新版《建筑采光设计标准》主要技术特点解析

林若慈　赵建平

1　引言

《建筑采光设计标准》GB/T 50033—2001 版经过全面修订已于 2012 年 2 月完成报批稿报批。近年来伴随着能源危机，开发和利用天然光已日益引起世人的关注。天然光因其自身独有的特质和变化性越来越受到人们的喜爱，愉悦身心的同时还可以提高工作效率。不仅如此，天然光在减少建筑照明能耗方面已显现出重要作用。我国大部分地区处于温带，天然光充足，为利用天然光提供了有利条件。本标准修订遵循充分利用天然光，创造良好光环境、节约能源、保护环境和构建绿色建筑的原则，在调查研究、模拟计算、实验验证，认真总结实践经验，参考有关国际标准和国外先进标准以及广泛征求意见的基础上完成了本标准的修订。修订后的采光标准共分为 7 章和 6 个附录，主要技术内容包括：总则、术语和符号、基本规定、采光标准值、采光质量、采光计算和采光节能等。以下介绍新版《建筑采光设计标准》的主要技术内容和特点。

2　侧面采光的评价指标

采光系数最低值改为采光系数平均值，新标准规定的采光系数标准值和室内天然光照度标准值为参考平面上的平均值，如表 1 所示。

场所参考平面上的采光标准值　　表 1

Daylighting standard value on the reference plane in the space　　Table 1

采光等级	侧面采光		顶部采光	
	采光系数平均值（%）	室内天然光设计照度（lx）	采光系数平均值（%）	室内天然光设计照度（lx）
Ⅰ	5	750	5	750
Ⅱ	4	600	3	450
Ⅲ	3	450	2	300
Ⅳ	2	300	1	150
Ⅴ	1	150	0.5	75

注：表 1 中所列采光系数标准值适用于我国Ⅲ类光气候区，采光系数标准值是按室外设计照度值 15000lx 制定的。

原标准中侧面采光以采光系数最低值为标准值，顶部采光采用平均值作为标准值；本标准中统一采用采光系数平均值作为标准值。采用采光系数平均值不仅能反映出采光的平均水平，也更方便理解和使用。从国内外的研究成果也证明了采用采光系数平均值和照度平均值更加合理。

采用采光系数平均值作为采光系数标准值，编制组基于北京标准全阴天条件，利用 Radiance 软件进行初步模拟计算。取房间净高 2.5＼4.5＼6.5m，进深 4.8＼5.4＼6.0＼7.2＼8.4＼9.0m，对 18 种房间的 9 种开窗方式进行模拟，共计 162 个模拟组合，以验证采光系数平均值的优点及其可行性。其中提取某一房间进行相关几何参数与采光系数的深入比较分析。该房间进深 7.2m、净高 4.5m、玻璃透光比 0.737，室内地面反射比为 0.2，墙面 0.5，屋顶 0.8，窗下沿高 0.9m，工作面高 0.8m，对应 9 种开窗方式的计算结果如表 2 所示。

标准全阴天窗地比与采光系数计算结果　　表 2

Calculation results of ratio of glazing to floor area and daylighting factors in full cloudy day

Table 2

序号	窗地比（%）	C_{av}（%）	C_{min}（%）	窗地比/C_{av}	窗地比/C_{min}
1	1/16	1.35	0.39	4.63	16.03
2	1/11	1.89	0.95	4.64	9.23
3	1/9	2.63	1.08	4.27	10.40
4	1/8	2.70	1.08	4.62	10.40
5	1/6	3.78	1.62	4.64	10.83
6	1/5	3.92	1.89	4.81	9.98
7	1/4.5	4.59	1.89	4.95	12.03
8	1/3.8	5.40	2.50	4.87	10.53
9	1/3	6.55	2.90	5.09	11.49

本研究与澳大利亚同类研究进行比较，研究结论相似，窗地比与采光系数平均值（C_{av}）呈近似线性关系，采光系数最低值（C_{min}）与窗地比无线性关系。根据上述研究得出如下结论：

（1）对于标准全阴天，真正对应建筑师采光方案合理性的判定是平均照度，其与窗地比存在近似的线性关系，不同形状的房间也因此对应不同的合理窗地比。用采光系数平均值作为标准值既能反映一个工作场所总的采光状况，又能将采光系数与窗地面积比直接联系在一起。采用采光系数平均值和平均照度作为标准值是合理的。

（2）采用采光系数平均值和平均照度将计算和评定侧窗采光和天窗采光的参数统一在一起，方便二者之间的综合比较和对接。

（3）采用采光系数平均值和平均照度同时方便结合照明标准及节能标准的相关参数，为统一考虑采光均匀度和照明均匀度提供了可能。

3　制定采光系数标准值采用室外天然光设计照度值

3.1　室外天然光设计照度值的确定

将Ⅲ类光气候区的室外设计照度值定为 15000lx（表 3），按这一室外设计照度和采光系数标准值换算出来的室内天然光照度值与人工照明的照度值相对应，只要满足这些照度值，工作场所就可以全部利用天然光照明，根据我国天然光资源分布情况（表 4），全年天然光利用时数可达 8.5 个小时以上。按每天平均利用 8 小时确定设计照度，Ⅲ类光气候区室外设计照度取值为 15000lx，其余各区的室外设计照度分别为 18000lx、16500lx、13500lx、12000lx。按室外临界照度 5000lx 计算，每天平均天然光利用时数约 10 个小时。室外设计照度 15000lx 和室外临界照度 5000lx 之间，是部分采光的时段，需要补充人工照明，临界照度 5000lx 以下则需要全部采用人工照明。

各光气候区的室外天然光设计照度　　表 3

The design illuminance of exterior daylight in various daylight climate areas　　Table 3

光气候区	Ⅰ	Ⅱ	Ⅲ	Ⅳ	Ⅴ
光气候系数值 K	0.85	0.90	1.00	1.10	1.20
室外天然光设计照度值 E_s(lx)	18000	16500	15000	13500	12000

注：光气候区系按室外年平均总照度值进行分区。

不同光气候区的天然光利用时数　　表 4

Daylight using hours in various daylight climate areas　　Table 4

光气候区	站数	年平均总照度 (lx)	室外设计照度值（lx）	设计照度的天然光利用时数（h）	室外临界照度值（lx）	临界照度的天然光利用时数（h）
Ⅰ	29	48781	18000	3356	6000	3975
Ⅱ	40	42279	16500	3234	5500	3921
Ⅲ	71	37427	15000	3154	5000	3909
Ⅳ	102	32886	13500	3055	4500	3857
Ⅴ	31	27138	12000	2791	4000	3689

注：本标准的光气候分区和系数值是根据我国近 30 年的气象资料取得的 273 个站的年平均总照度制定的。

3.2　室内天然光设计照度值的确定

在制订采光标准时，除了考虑视觉工作对光的最低需求外，还应考虑连续长时间视觉工作的需要，以及工作效率和视觉舒适等因素。结合室外天然光状况，将室外临界照度值 5000lx 提高到室外设计照度值 15000lx，各采光等级（与顶部采光相对应）的室内天然光照度值分别为 750、450、300、150、75（lx），与照明标准相比较，各工作场所对应的天然光照度值基本与照明标准值相一致。视觉实验还表明，天然光优于人工光，天然光即使略低于人工照明照度值，也能满足视觉工作的要求。

4　在采光质量要求较高的场所，宜限制窗的不舒适眩光

4.1　窗的不舒适眩光指数 *DGI*

窗的不舒适眩光是评价采光质量的重要指标，新标准规定不舒适眩光指数不宜高于表 5规定的数值。

窗的不舒适眩光指数（*DGI*）　　表 5

DGI of windows　　Table 5

采光等级	眩光指数值 *DGI*
Ⅰ	20
Ⅱ	23
Ⅲ	25
Ⅳ	27
Ⅴ	28

根据我国对窗眩光和窗亮度的实验研究，结合舒适度评价指标，及参考国外相关标准，确定了本标准各采光等级的窗的不舒适眩光指数值 *DGI*（表 6），与英国标准（表 7）比较基本一致。

窗的不舒适眩光指数值比较　　表 6

DGI comparison of windows　　Table 6

采光等级	眩光感觉程度	窗亮度（cd/m^2）	窗的不舒适眩光指数	
			本标准（*DGI*）	英国标准（*DGI*）
Ⅰ	无感觉	2000	20	19
Ⅱ	有轻微感觉	4000	23	22
Ⅲ	可接受	6000	25	24
Ⅳ	不舒适	7000	27	26
Ⅴ	能忍受	8000	28	28

英国 IES 眩光指数（*DGI*）临界值 表 7

DGI threshold of IES Table 7

工作场所类别	眩光指数临界值	工作场所类别	眩光指数临界值
学校、医院	16	机加工车间	25
纪念馆、博物馆	16	油漆车间	25
办公楼	19	装配车间	25
研究室、实验室	19	化工车间	28
精密车间	19	玻璃制造车间	28
缝纫车间	19	炼钢车间	28

实测调查表明，窗亮度为 $8000cd/m^2$ 时，其累计出现概率达到了 90%，说明 90%以上的天空亮度状况在对应的标准中；实验和计算结果还表明，当窗面积大于地面面积一定值时，眩光指数主要取决于窗亮度。表中所列眩光限制值均为上限值。关于顶部采光的眩光，据实验和计算结果表明，由于眩光源不在水平视线位置，在同样的窗亮度下顶窗的眩光一般小于侧窗的眩光，顶部采光对室内的眩光效应主要为反射眩光。

4.2 窗的不舒适眩光指数 *DGI* 的计算

$$DGI = 10\log\sum G_n \tag{1}$$

$$G_n = 0.478\frac{{L_s}^{1.6}\Omega^{0.8}}{L_b + 0.07\omega^{0.5}L_s} \tag{2}$$

式中，G_n——眩光常数；

L_s——窗亮度，通过窗所看到的天空、遮挡物和地面的加权平均亮度（cd/m^2）；

L_b——背景亮度，观察者视野内各表面的平均亮度（cd/m^2）；

ω——窗对计算点形成的立体角（sr）；

Ω——考虑窗位置修正的立体角（sr）。

本方法是在各个国家对窗的不舒适眩光研究的基础上，由英国和美国对不舒适眩光提出的计算公式。法国、英国和比利时依据上述公式对窗的眩光进行了研究。利用该公式可预定采光的不舒适眩光。同时还研究了不同的天空亮度、窗的形状和大小以及背景亮度对不舒适眩光的影响。研究表明，当天空亮度、房间大小和室内反射比一定时，*GI* 值为一常数。试验结果还证实了对于同一评价等级采光的眩光指数要高于照明眩光指数，当采光眩光指数 *DGI* 值在 28 以下时，两者之间的关系可用式（3）表示。

$$DGI = 2/3(IESGI + 14) \tag{3}$$

同样，我国对窗的不舒适眩光也进行了系统的实验研究，即“窗不舒适眩光的研究”，包括窗亮度和窗尺寸对眩光的影响、窗大小和形状对对眩光的影响、背景亮度对眩光的影响以及天然光和人工光的不舒适眩光的比较，得出了一组关系曲线。同时还引入了无眩光舒适度的概念，建立了窗亮度、窗的不舒适眩光指数和窗无眩光舒适度之间的关系曲线，进一步证实了这一眩光计算方法的适用性。窗的不舒适眩光一般需要采用计算机软件进行计算。

5 窗地面积比和采光有效进深

在建筑方案设计时，对Ⅲ类光气候区的采光，其采光窗洞口面积和采光有效进深可按表 8 进行估算，其他光气候区的窗地面积比应乘以相应的光气候系数 *K*。为便于在方案设计阶段估算采光口面积，按建筑规定的计算条件（窗的总透射比 τ 取 0.6 等），计算并规定了表 8 的窗地面积比。此窗地面积比值只适用于规定的计算条件。若不符合规定的条件，需按实际条件进行计算。建筑师在进行方案设计时，可用窗地面积比估算开窗面积，这是一种简便、有效的方法，但是窗地面积比是根据有代表性的典型条件下计算出来的，适合于一般情况。如果实际情况与典型条件相差较大，估算的开窗面积和实际值就会有较大的误差。因此，本标准规定以采光系数作为采光标准的数量评价指标，即按不同房间的功能特征及不同的采光形式确定各视觉等级的采光系数标准值。在进行采光设计时，宜按采光计算方法和提供的各项参数进行采光系数计算，而窗地面积比则作为采光方案设计时的估算。对于侧面采光，标准除了规定窗地面积比以外还对采光有效进深作了规定，根据模拟计算，统计出与各采光等级相对应的采光有效进深，如表 9 所示。

窗地面积比和采光有效进深　　表 8

Ratio of glazing to floor area and the depth of daylighting zone　　Table 8

采光等级	侧面采光		顶部采光
	窗地面积比（A_c/A_d）	采光有效进深（b/h_s）	窗地面积比（A_c/A_d）
Ⅰ	1/3	1.8	1/6
Ⅱ	1/4	2.0	1/8
Ⅲ	1/5	2.5	1/10
Ⅳ	1/6	3.0	1/13
Ⅴ	1/10	4.0	1/23

采光有效进深统计结果　　表 9

The statistical results of the depth of daylighting zone　　Table 9

采光等级	侧窗窗地面积比	采光有效进深（b/h_s）
Ⅰ	1/3	2.20
Ⅱ	1/4	2.53
Ⅲ	1/5	3.14
Ⅳ	1/6	3.30
Ⅴ	1/10	4.15

注：采光有效进深未考虑室外遮挡。

表 9 中采光有效进深是在常规开窗条件下，控制窗宽系数（不包括高侧窗）的计算统计结果。同时编制组还选取窗地面积比为 1/5 和 1/10 的典型房间进行实验，测量所得结果表明，当采光系数达到标准值时，采光有效进深分别在 2.5～3.0 和 4.0～4.5 之间，实验也验证了标准中给出的有效进深是合理的。本标准给出侧面采光的有效进深对方案设计阶段指导采光设计，控制房间采光进深和采光均匀度具有实际意义，同时可对大进深采光房间的照明设计和采光与照明控制提供参考依据。

本标准所规定的窗地面积比和采光有效进深既考虑到能满足天然采光的要求，同时也要考虑到对建筑围护结构能耗的限制。侧面采光时，在控制采光有效进深的情况下，对各等级的窗地面积比和对应的窗墙比进行了分析计算，计算结果如表 10 所示。

侧面采光的窗地面积比和窗墙比　表 10

Ratio of glazing to floor area and the wall of daylight　Table 10

采光等级	Ⅰ类光气候区		Ⅱ类光气候区		Ⅲ类光气候区	
	窗地比（A_c/A_d）	窗墙比（A_c/A_q）	窗地比（A_c/A_d）	窗墙比（A_c/A_q）	窗地比（A_c/A_d）	窗墙比（A_c/A_q）
Ⅰ	1/3.5	0.31	1/3	0.36	1/2.5	0.43
Ⅱ	1/4.7	0.26	1/4	0.30	1/3.3	0.36
Ⅲ	1/5.9	0.26	1/5	0.30	1/4.2	0.36
Ⅳ	1/7.0	0.26	1/6	0.30	1/5.0	0.36
Ⅴ	1/11.8	0.20	1/10	0.24	1/8.3	0.28

计算结果窗墙比基本上在 0.2～0.4 之间，符合建筑节能标准的要求，只有Ⅴ类光气候区Ⅰ级采光等级窗墙比超过 0.4，但在采光标标准中已规定由于其开窗面积受到限制时可采用人工照明。顶部采光多为大跨度或大进深的建筑，如果开窗面积过大，包括大面积采用透明幕墙的场所，本标准对采光材料的光热性能提出了要求。

6　平均采光系数的计算方法

6.1　侧面采光平均采光系数的计算

采光系数平均值的计算方法是经过实际测量和模型实验确定的，在研究过程中，有关采光系数平均值的公式出现了多个修正版本，本标准确定采用以下计算公式。该公式的计算结合同模型实验中的测量值更加吻合，并最终在北美照明工程学会（IESNA）和其他很多版本的规范中得到肯定和应用。哈佛大学的 CF Reinhart 在他近期的研究论文中展示了利用计算机模拟工具 Radiance 对上述采光系数平均值表达式进行了验证评估。综合早期的模型试验、实际测量和后期的计算机模拟可以发现，有关采光系数平均值的理论公式计算结果、实测值和模拟值三者数据之间基本吻合，该验证工作是我们在标准修订过程中得以将公式计算和模拟结果综合应用的重要根据，结果表明，模拟计算结果与简化公式计算的结果比较吻合。

（1）采光系数平均值的计算。

$$C_{av}=\frac{A_c\tau\theta}{A_z(1-\rho_j^2)} \tag{1}$$

式中，τ——窗的总透射比；

A_c——窗洞口面积（m^2）；

A_z——室内表面总面积（m^2）；

ρ_j——室内各表面反射比的加权平均值；

θ——从窗中心点计算的垂直可见天空的角度值，无室外遮挡 θ 为 90°。

① 的总透射比 τ 的计算：

$$\tau=\tau_0\cdot\tau_c\cdot\tau_w \tag{2}$$

式中，τ_0——采光材料的透射比；

τ_c——窗结构的挡光折减系数；

τ_w——窗玻璃的污染折减系数。

② 内各表面反射比 ρ_j 的计算：

$$\rho_j=\frac{\sum\rho_iA_i}{\sum A_i}=\frac{\sum\rho_iA_i}{A_z} \tag{3}$$

式中，ρ_i——顶棚、墙面、地面饰面材料和普通玻璃窗的反射比；

A_i——与之对应的各表面面积。

③ 可见天空角的计算：

$$\theta = \arctan\left(\frac{D_d}{H_d}\right) \tag{4}$$

式中，D_d——窗对面遮挡物与窗的距离（m）；

H_d——窗对面遮挡物距窗中心的平均高度（m）。

（2）窗洞口面积 A_c 的计算：

$$A_c = \frac{C_{av}A_z(1-\rho_j^2)}{\tau\theta} \tag{5}$$

6.2　顶部采光系数平均值的计算

本计算方法引自北美照明手册的采光部分，该方法的计算原理是“流明法”，计算假定天空为全漫射光分布，窗安装间距与高度之比为1.5∶1。计算中除考虑了窗的总透射比以外，还考虑了房间的形状、室内各个表面的反射比以及窗的安装高度，此外，还考虑了窗安装后的光损失系数。本计算方法具有一定的精度，计算简便，易操作。为配合标准的实施可建立较完善的数据库，利用计算机软件可为设计人员提供方便快捷的采光设计方法。

采光系数平均值的计算公式：

$$C_{av} = \tau CUA_c/A_d \tag{6}$$

式中，C_{av}——采光系数平均值（%）；

τ——窗的总透射比；

CU——利用系数；

A_c/A_d——窗地面积比。

本计算方法未对混合采光做出规定，对兼有侧面采光和顶部采光的房间，可将其简化为侧面采光区和顶部采光区，分别进行计算。

6.3　导光管系统的采光计算

导光管采光系统是一种新型的屋顶采光技术。导光管采光系统的计算原理是“流明法”，与顶部采光类似。采用导光管采光系统时，相邻漫射器之间的距离不大于参考平面至漫射器下沿高度的1.5倍时可满足均匀度的要求。由于导光管采光系统采用了一系列光学设计，晴天条件下采光效率和光分布同阴天有所不同，因此在晴天条件下计算时需要考虑系统的平均流明输出以及相应的利用系数。当厂家提供光强分布IES文件，可利用通用计算机软件，实现逐点的照度分析计算。导光管系统采光设计时，宜按下列公式进行天然光照度计算：

$$E_{av} = \frac{n \times \Phi_u \times CU \times MF}{l \times b} \tag{7}$$

式中，E_{av}——平均水平照度（lx）；

n——拟采用的导光管采光系统数量；

CU——导光管采光系统的利用系数；

MF——维护系数，导光管采光系统在使用一定周期后，在规定表面上的平均照度或平均亮度与该装置在相同条件下新装时在同一表面上所得到的平均照度或平均亮度之比。

以上提供的采光计算方法是针对采光标准规定的平均采光系数的计算。对于大型复杂的建筑和非规则的采光形式，或需要逐点分析计算采光时可采用具有强大功能的通用计算机软件进行计算，同时还可以作节能分析和计算光污染。

7　建筑采光节能计算

天然光是清洁能源，取之不尽，用之不竭，具有很大的节能潜力，目前世界范围内照明用电量约占总用电量的20%左右，充分利用天然光是实现照明节能的重要技术措施。对于整栋建筑物而言，采光节能应纳入整个照明节能的组成部分。本标准提出的采光节能计算方法，突出的特点是全部采用我国实际的光气候数据进行采光节能计算，因此在分析评估采光节能上具有较高的实用性。

本标准规定在建筑设计阶段评价采光节能效果时，宜进行采光节能计算。单位面积上可节省的年照明用电量 U_e 宜按下式计算：

$$U_e = W_e / A(\text{kWh/m}^2 \times \text{年}) \tag{1}$$

式中，A——照明的总面积；

W_e——可节省的年照明用电量，单位为（kWh/年）。可节省的年照明用电量 W_e 宜按下式计算：

$$W_e = \sum (P_n \times t_D \times F_D + P_n \times t'_D \times F'_D)/1000(\text{kWh/ 年}) \tag{2}$$

式中，P_n——房间或区域的照明安装总功率，单位为 W；

t_D——全部利用天然采光的时数（h），见表 11；

t'_D——部分利用天然采光的时数（h）；

F_D——全部利用天然采光时的采光影响系数，取值 1；

F'_D——部分利用天然采光时的采光影响系数，在临界照度与设计照度之间的时段取 0.5。

全部利用天然采光的采光影响系数是指在室外设计照度以上场所可全部依赖天然采光的系数，取值为 1；部分利用天然采光时的采光影响系数是指室外设计照度 15000lx 和室外临界照度 5000lx 之间部分依赖采光的时段，采光影响系数取 0.5，采光不足部分需要补充人工照明。充分利用天然光是实现照明节能的重要技术措施。对于整栋建筑物而言，采光节能应纳入整个照明节能的组成部分。本标准提出的采光节能计算方法，最突出的特点是计算时完全根据我国在天然光方面的实际使用情况，全部采用我国实际的光气候数据进行采光节能计算，因此在分析评估采光节能上具有较高的实用性。

各光气候区的天然光利用时数　　**表 11**

Daylight using hours in various daylight climate areas　　**Table 11**

采光时数	光气候区	Ⅰ类	Ⅱ类	Ⅲ类	Ⅳ类	Ⅴ类
全部利用天然采光的时数（h）	全年累计	3356	3234	3154	3055	2791
	日平均	9.2	8.9	8.6	8.4	7.6
部分利用天然采光的时数（h）	全年累计	619	687	755	802	898
	日平均	1.7	1.9	2.1	2.2	2.5

注：① 全部利用天然采光的时数为室外照度高于室外设计照度的时间段。
② 部分利用天然采光的时数为室外照度处于临界照度和设计照度之间的时段。

参考文献

[1] 《建筑采光设计标准》GB/T 50033（报批稿）.
[2] 侧面采光计算方法的研究（研究报告）.
[3] 英国标准. 建筑物 BS 8206—2：2008 第 2 部分：日光照明实用规程.
[4] 英国标准. BS EN 15193：2007 建筑物能效——照明的能源要求.

天然光光照度典型年数据的研究与应用

罗　涛　燕　达　林若慈　王书晓

1　研究背景

近年来，随着人们对环境和节能问题的日益关注，天然采光作为一项重要的节能策略，在建筑设计中越来越受到重视。合理利用天然光，可以有效减少照明能耗；通过有效控制进入室内的太阳辐射，还可降低空调负荷。

然而，天然采光的设计计算是一项复杂的任务，一方面，天然光随时间和地域的不同有很大的差异，同时受到环境条件和室内布局的影响；另一方面，采光的设计需要与照明系统和遮阳系统等设备系统相结合和协调。因此，仅凭经验或者习惯是难以科学准确地完成采光设计任务的，为了准确把握光环境的效果，需要进行定量的采光分析和计算。

对于不同的应用目的，采光计算分析的方法和侧重点不同，对于光气候数据的要求也有所不同。比如，若要对不同地区的光气候状况进行对比，评价其昼光可利用性，只需要了解年平均总照度或者散射照度即可；又如需要确定某地区的采光策略，了解全年不同时段的光气候状况，那只需要月平均照度的资料等[1]。

随着计算机技术的发展，以及对室内光环境要求的提高，传统的以单一采光系数为基础的采光计算和评价方法已不能适应工程实践的需要。国外学者提出全年动态采光评价的指标，通过动态模拟和预测室内光环境随时间的变化情况，可以更为全面地评价室内光环境[2]。另一方面，随着社会对节能问题的重视，照明能耗的预测日益受到重视，然而确定不同时刻照明系统的状态和控制策略，则首先需要精确计算不同时刻的室内采光水平[3]。此时，仅有代表性的全年或者月平均的光照度数据已不能满足模拟分析的需要。

因此，要进行全年动态的光环境模拟，就需要全年逐日甚至逐时的光照度数据。然而，到目前为止，我国还没有建立一套完整的可用于全年动态光环境模拟的光气候数据，这极大地制约了采光分析方法的发展和应用，从而不能适应日益复杂的采光设计的需要。

本文的研究内容，是通过研究获取光照度典型年数据的取值方法，建立一套能够反映我国光气候特点和规律，可用于全年动态光环境模拟的光气候数据，从而为光环境的全年模拟分析提供依据。

2　光照度

2.1　概念的提出

通常我们用光气候来表征室外天然光的自然状况，包括当地天然光的组成及其照度变化、天空亮度及其在天空中的分布状况等。其中，光照度是最基础也是最容易获取的数据，是采光设计计算和研究的前提。

然而，作为气象参数，光照度有很大的不确定性，即使在同一地区，室外光照度也是随时间不断变化的。以北京地区为例，我们选择 1983 年、1984 年、1991 年和 2009 年的总光照度和散射照度数据进行对比，可看到明显的差异（见图 1、图 2）。显然，使用不同的室外光照度数据来进行采光分析，其结果是不同的。因此，需要从多年的气象数据中挑选出具有代表性的全年逐时数据，从而建立起典型的年气象数据作为光环境模拟的计算条件。

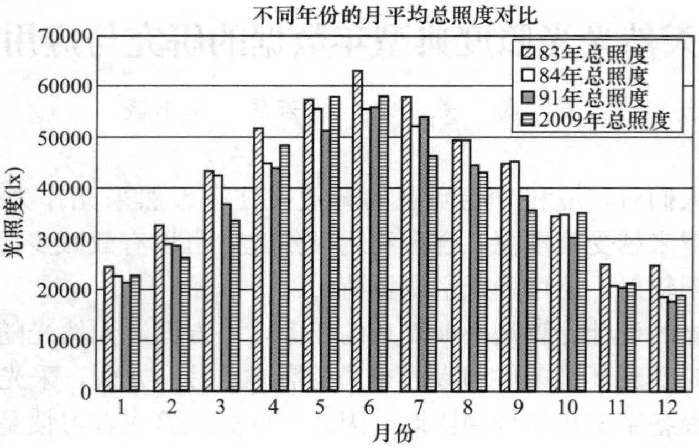

图 1　月平均总照度对比

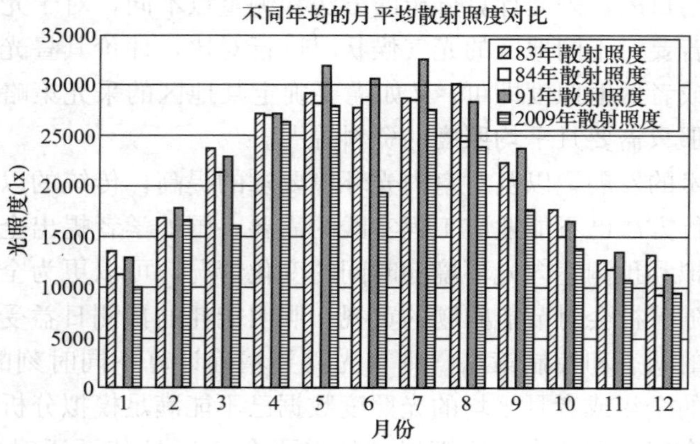

图 2　月平均散射照度对比

2.2　典型年数据的取值方法

在具备长期逐时实测数据的条件下，获得动态模拟用的逐时气象数据的最直接的办法，是从历史上观测的气象数据中选择一部分能够反映气象规律的有代表性的数据。然而，由于光照度数据不是我国气象部门的常规观测项目，国内只有少数一些站点对其进行观测，因而天然光照度数据的资料非常缺乏，利用直接观测获得的光照度数据建立典型年数据的条件尚不成熟。

另一种方法是利用已有的辐照度数据，以及辐射光当量模型，得到光照度数据。由于辐照度数据是气象部门的常规观测项目，具有丰富的资料，而辐照度和光照度的关系可用下式表示[4]：

$$K=\frac{E}{G}=\frac{K_{\mathrm{m}}\int_{380}^{780}G_{\lambda}V_{\lambda}\,\mathrm{d}\lambda}{\int G_{\lambda}\,\mathrm{d}\lambda} \tag{1}$$

其中，E——光照度；

G——辐照度；

G_{λ}——太阳辐射光谱分布；

V_{λ}——光谱光视效率；

λ——波长；

K_m——明视觉条件下的常数，取683lm/W；

K——辐射光当量，用于表征辐照度和光照度的关系，随着气象条件的变化而变化。

式（1）表明，只要有辐照度数据以及辐射光当量模型，就可以得到光照度数据。因此，获取光照度典型年数据的关键，在于选取何种辐照度数据，以及采用何种辐射光当量模型。

2.3 辐照度典型年数据

在建筑模拟领域，已广泛采用以小时为时间步长的计算模拟，国内外的一些建筑能耗模拟软件如 EnergyPlus[5]就提供了逐时的典型气象年数据，其中也包括了太阳辐照度等参数。Christoph 等开发的用于全年采光模拟的 Daysim[6]软件，就可利用 EnergyPlus 提供的气象数据作为计算参数。然而，国际上提供的我国气象数据由于不能保证源数据的可靠性与准确性，气象要素也不全面，因此不适宜作为我国建筑模拟分析用的标准气象数据。我国自主研发的建筑热环境模拟分析软件 DeST[7]提供了一整套用于建筑环境模拟的逐时典型年数据，这些数据的基础是中国气象局气象信息中心气象资料室提供的全国 270 个地面气象台站 1971～2003 年的气象观测数据，数据来源可靠并且能切实反映中国气象的特点和规律[8]。这些气象数据也包括辐照度以及建立辐射光当量模型的其他气象要素。因此，这里我们选择这套典型年气象数据作为基础资料，并利用辐射光当量法得到光照度典型年数据。

3 辐射光当量模型

在本文的研究中，辐射光当量模型是核心和关键问题。该模型的选择不仅要考虑是否适用于我国气象条件，同时模型的计算参数尽量在我国气象观测要素的范围内，应容易获取。国内外学者对于辐射光当量模型进行了大量的研究，并提出了多种模型，如 Littlefair 模型、Perez 模型、Olseth-Skartveit 模型、Muneer-Kinghorn 模型、Chung 模型等[4]。我国林若慈等人出于光气候分区和采光设计的需要，也提出了相应的模型[9]。

3.1 Perez 模型介绍

Perez 等人通过实际观测发现，辐射光当量主要受三个因素的影响：太阳天顶角 θ_Z、天空明亮度 Δ、天空清洁度 ε。Wright 等人在此基础上又增加了一个新的因子，即空气中的可降水量 W。Perez 等人在 1990 年提出了基于这四个参数的辐射光当量模型[10]，该模型可用下式表示：

$$K = a_i + b_i W + c_i \cos\theta_Z + d_i \ln\Delta \tag{2}$$

其中，K——总辐射光当量或者散射辐射光当量，单位是 lm/W；

Δ——天空明亮度，可用下式表示：

$$\Delta = m\frac{E_d}{E_0} \tag{3}$$

式中，m——大气光学质量；

E_d——地面散射辐照度或光照度；

E_0——大气层外的辐照度或光照度；

a_i，b_i，c_i，d_i——根据天空清洁度 ε 确定的系数，可按表 1 确定。

待定系数表[10] 表 1

编号	天空类型	ε		总辐射光当量				散射辐射光当量			
		下限	上限	a_i	b_i	c_i	d_i	a_i	b_i	c_i	d_i
1	全阴天空	1	1.065	96.63	−0.47	11.50	−9.16	97.24	−0.46	12.00	−8.91
2	中间天空	1.065	1.230	107.54	0.79	1.79	−1.19	107.22	1.15	0.59	−3.95
3		1.230	1.500	98.73	0.70	4.40	−6.95	104.97	2.96	−5.53	−8.77
4		1.500	1.950	92.72	0.56	8.36	−8.31	102.39	5.59	−13.95	−13.90
5		1.950	2.800	86.73	0.98	7.10	−10.94	100.71	5.94	−22.75	−23.74
6		2.800	4.500	88.34	1.39	6.06	−7.60	106.42	3.83	−36.15	−28.83
7		4.500	6.200	78.63	1.47	4.93	−11.37	141.88	1.90	−53.24	−14.03
8	全晴天空	6.200	—	99.65	1.86	−4.46	−3.15	152.23	0.35	−45.27	−7.98

天空清洁度 ε 可用下式计算：

$$\varepsilon = \frac{([E_{\mathrm{d}} + E_{\mathrm{b}}]/E_{\mathrm{d}}) + k\theta_{\mathrm{Z}}^{3}}{1 + k\theta_{\mathrm{Z}}^{3}} \tag{4}$$

其中，E_{b}——地面法向辐照度或光照度；

k——常数，当 θ_{Z} 以度（°）为单位时，$k=5.535\times10^{-6}$。

根据国外学者的研究结果，与其他模型相比，Perez 模型与实测值更为接近[4]。同时，Perez 模型所需的计算参数可以很容易从气象资料中获得，同时由于其可采用逐时的气象数据，因此更适合于获取逐时的光照度典型年数据的需要。Daysim 软件中就采用了 Perez 模型，利用气象数据中的辐照度数据生成采光计算及照明能耗分析所需的室外光照度图 3 北京地区光气候观测站照片数据[6]。

3.2 Perez 模型的验证

为了检验利用 Perez 模型获得的数据是否与我国实际的光照度数据吻合，笔者开展了如下实测验证工作。

从 2009 年 4 月至 2010 年 4 月，笔者对北京地区的光照度和辐照度进行了逐时对比观测。观测地点设在中国建筑科学研究院的主楼楼顶（见图 3），测试的项目包括总辐照度、散射辐照度、总光照度和散射光照度，其中散射辐照度和散射光照度的测试采用了阴影环遮挡，数据处理时进行了相应修正。实测发现，总辐射光当量与太阳高度角之间有着密切的关系，如图 4 所示。

图 3 办公楼平面图

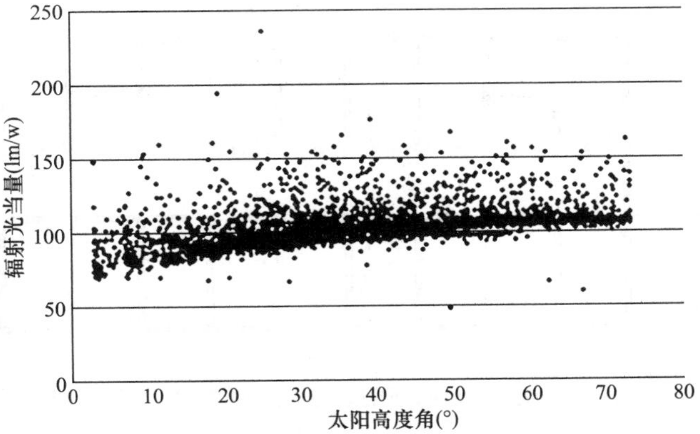

图 4　实测的总辐射光当量和太阳高度角的关系

图 4 实测的总辐射光当量和太阳高度角的关系根据实测得到的总辐照度、散射辐照度，我们对利用 Perez 模型计算得到的总辐射光当量和散射辐射光当量与实测值进行对比，两者在全年主要的采光时间段（8：00～16：00）的年平均值如表 2 所示。

Perez 模型与实测值对比　　**表 2**

	总辐射光当量（lm/W）	散射辐射光当量（lm/W）
实测值	104.2	136.6
Perez 模型	109.8	131.0
平均相对偏差	5.4%	−4.1%

通过对比发现，利用 Perez 模型计算得到的辐射光当量与实测数值比较吻合，较为适合我国光气候的应用。

4　典型年光气候数据的应用

以下我们以北京地区为例，利用 DeST 提供的典型气象年数据和 Perez 模型，获得北京地区的光照度典型年数据，并以此为基础，分析某办公室的全年采光状况，并对其照明能耗进行计算。

4.1　工程概况

该办公楼共有三层，每层南北各有 10 个房间，中间为过道，室外几乎没有遮挡。图 5 是办公楼的平面图：办公楼中的房间大小、格局基本一致，各房间的采光情况差异不大，因此这里我们选择一个单元进行采光分析，该单元包括南北办公室各一间和过道，如图 6 所示。

4.2　Daysim 软件

这里我们采用 Christoph Reinhart 等人开发的 Daysim 软件作为分析工具。该软件利用 Radiance 作为计算核心，可利用全年的太阳辐射数据，通过设定各种照明控制模式，计算全年的照明能耗。该软件没有建模的界面，但可以读入一些常用软件生成的文件，如 3DMAX，AutoCAD，SketchUp，Ecotect 等。该软件的 Lightswitch 模块提供了照明控制方式，可用于分析天然采光和照明结合时的照明能耗。

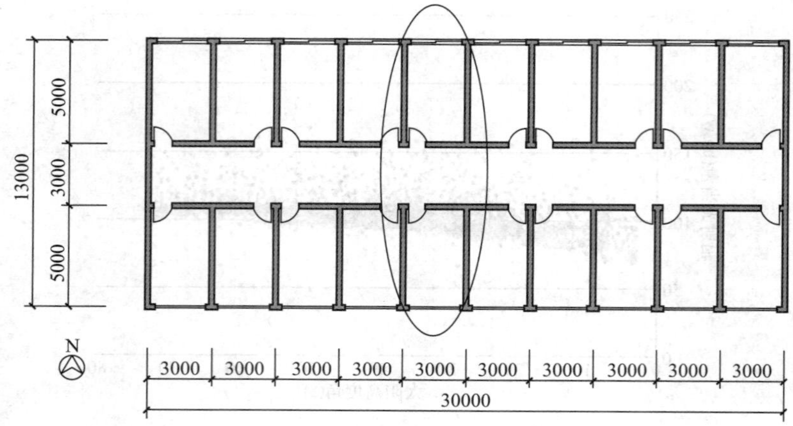

图 5　办公楼平面图

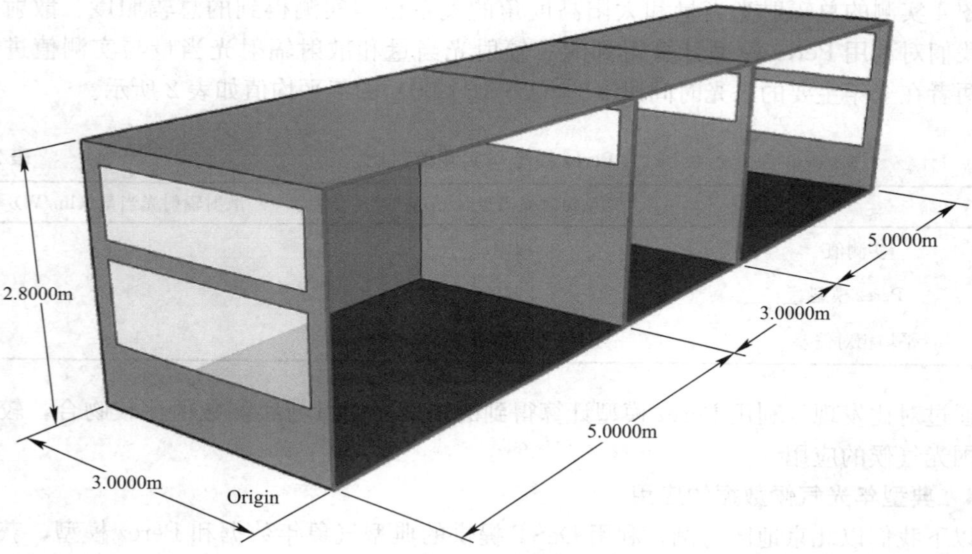

图 6　办公楼采光分析单元

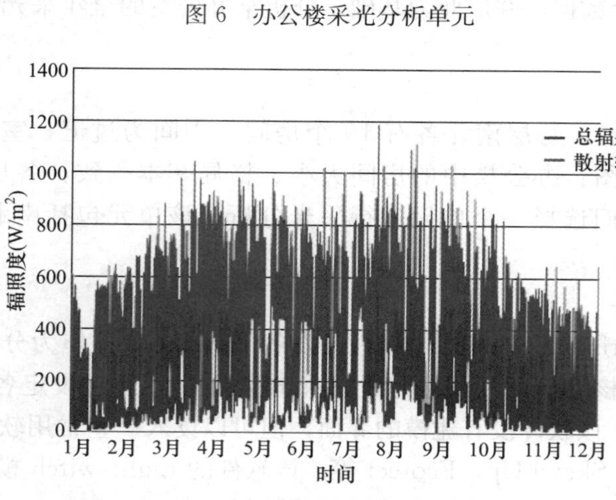

图 7　典型年辐照度数据（8：00～16：00）

4.3 典型年光照度数据

首先，我们从 DeST 气象数据中可以获得根据北京地区的典型气象年的总辐照度和散射辐照度数据，如图 7 所示；然后，根据气象数据中的其他参数和 Perez 模型，计算得到逐时对应的辐射光当量；进而可以得到北京地区典型年光照度数据，如图 8 所示。

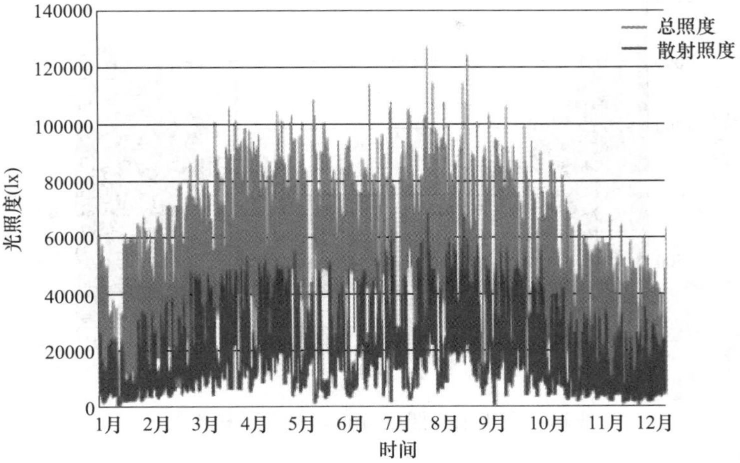

图 8 典型年光照度数据（8：00～16：00）

可以看到，光照度数据的变化趋势和规律与辐照度的完全一致。根据计算，我们得到总辐射光当量平均值为 110.9lm/W，散射辐射光当量平均值为 132.7lm/W，这与表 1 中的数值也非常吻合。

4.4 模拟分析结果

将建筑模型导入到 Daysim 软件，计算后可得到室内的采光系数分布，如图 9 所示。

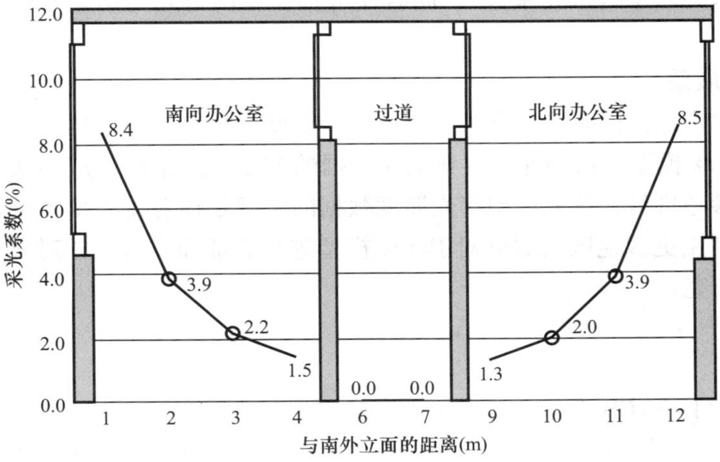

图 9 室内采光系数分布（剖面）

其中，用圆圈标注的为工作区域（设置了传感器测点），用于判定房间是否满足照度要求，在采光不足的情况下需要由人工照明补充。将北京地区的典型年数据导入，可以得到室内各计算点全年逐时的光照度分布，这里我们选择南侧办公室和北侧办公室的最靠近内墙处的计算点，统计其在 8：00～16：00 这一主要时间段的天然采光状况（图 10）。

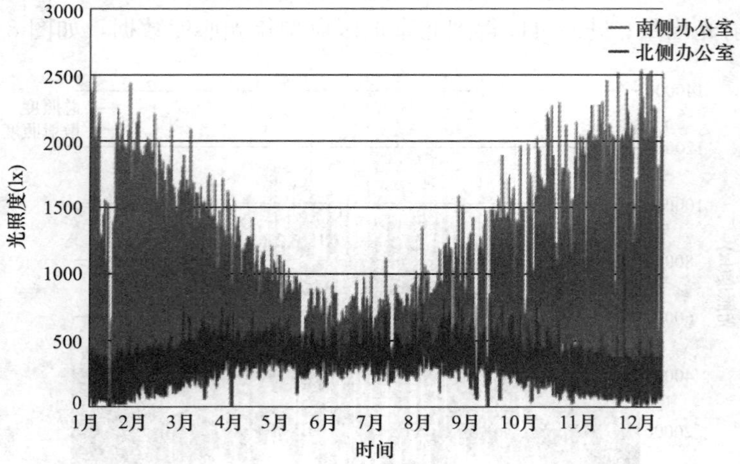

图 10　全年采光照度分布（测点 4 和测点 7）

可以看到，由于直射日光的影响，南侧房间的照度要高于北侧房间。

照明能耗情况　　表 3

照明标准值（lx）	照明功率密度（W/m²）	单位面积能耗（kWh/m²）	照明能耗（kWh）
300lx	11	17.1	512.8

注：工作的时间段为周一至周五的 8：00～17：00。300lx 为工作区域的平均照度所应满足的最小值。

在上述采光分析的基础上，我们可以对办公室的照明能耗进行分析。通过计算，不仅可给出室内的采光水平（采光系数），同时还可根据室内采光的动态分析结果给出全年的照明能耗情况。

5　结论及展望

本文利用北京地区的观测数据验证了 Perez 模型，并提出了根据 DeST 提供的典型气象年数据和 Perez 模型，得到光照度典型年数据的方法，并给出了应用实例，对于工程实践具有重要的参考价值。获取典型年光照度数据的关键是辐射光当量模型，在下一步研究工作中我们将利用更多地区的数据对 Perez 模型进行验证和完善，并对典型年照度数据的应用方法进行研究。

参考文献

[1]　建筑采光设计标准．GB/T 50033—2001.

[2]　Christoph F. Reinhart，John Mardaljevic，Zack Rogers. Dynamic Daylight Performance Metrics for Sustainable Building Design. LEUKOS Volume 3 Issue 1 (2006).

[3]　国家游泳中心室内光环境关键技术研究．第十届建筑物理年会.

[4]　Eero Vartiainen. A comparison of luminous ecacy models with illuminance and irradiance measurements. Renewable Energy 20 (2000) 265～277.

[5] EnergyPlus：A New-Generation Building Energy Simulation Program.
[6] Christoph F. Reinhart. Tutorial on the Use of Daysim Simulations for Sustainable Design（Daysim 软件教程）.
[7] 清华大学 DeST 开发组著. 建筑环境系统模拟分析方法：DeST（建筑节能技术与实践丛书）中国建筑工业出版社.
[8] 清华大学建筑技术科学系著. 中国建筑热环境分析专用气象数据集：中国气象局气象信息中心气象资料室，中国建筑工业出版社.
[9] 林若慈，谭华，祝昌汉. 昼光资源的开发与应用 [J]. 照明工程学报. 1994 年 04 期.
[10] Perez R，Ineichen PS，Seals R，Mchalsky J，Stewart R（1990）. Modeling daylight availability and irradiance components from direct and global irradiance. Solar Energy 44（5）：271～289.

开发新的顶部采光计算方法

林若慈　张建平　王书晓

1　引言

《建筑采光设计标准》GB 50033—2013 于 2013 年 5 月 1 日开始正式实施，在其采光计算中给出了新的采光计算方法。本方法是在以往多年采用的达尼留克图表法、立体角投影图表法等天然光照度系数法、综合计算图表法等方法之后新开发的一种简捷、实用的采光计算方法。根据采光设计各个阶段的不同需求及计算使用目的之不同，采光计算可归纳为 3 种情况：①窗地面积比：在初步方案设计阶段，可利用窗地面积比估算开窗面积。标准中规定的窗地面积比是在规定的计算条件下确定的，此窗地面积比只适用于规定的计算条件，如实际情况与规定的计算条件相差较大，估算的开窗面积和实际值就会有较大的误差。②简化采光计算方法：本标准推荐的平均采光系数计算方法属简化采光计算方法，在进行具体采光设计时，利用简单的公式和图表计算得到房间的平均采光系数和窗地面积比，用来检验房间的采光是否达到了采光标准所规定的平均采光系数或窗地面积比。③计算机模拟采光计算分析：采光标准规定“对采光形式复杂的建筑，应利用计算机模拟软件或缩尺模型进行采光计算分析。”目前大型公共建筑的体形越来越趋于复杂，住宅形式也变得多样化，窗户的形式和位置各异，城市密度加大，室外遮挡严重，外立面上形成的各种自遮挡也会对采光产生不利影响。计算机模拟计算可以通过严格建模，精确计算，定量给出室内任一点的采光系数值，同时还能够提供天然光在整个室内的分布状况，包括采光系数最大值、最小值、平均值、采光均匀度以及各个点上的天然光照度等。该方法精度高，但计算复杂、工作量大，往往需要使用 Radiance、Ecotect 进行计算完成，适合于用来计算复杂建筑形式的采光或要求对多个建筑进行采光计算分析。

2　顶部采光计算方法

2.1　计算方法的基本原理

本计算方法基于电气照明的流明法（lumen method），它提供一个简单的方法用来预测通过天窗获得的室内天然光照度。流明法计算参数包括：

（1）室外照度：根据室外天空状况确定天窗或侧窗上的室外天然光照度，国际照明委员会（CIE）标准天空室外水平面和垂直面上的照度与太阳高度角和方位角有关，在标准全阴天空条件下室外水平面和垂直面上的照度只与太阳高度角有关，如图 1、图 2 所示。

（2）窗的总透射比：光透过窗组件减少后到达室内的光量，包括窗玻璃的透射比、光损失系数和其他需要考虑的因素，取决于窗控系统的复杂程度。

（3）利用系数：被照面接受到的光通量与天窗或集光器接受到来自天空的光通量之比。

2.2　顶部采光流明法

在水平屋面上采用水平天窗采光系统可以采用流明法，假定天窗在屋顶上是均匀布置的，工作面上的天然光平均水平照度可由式（1）求得：

$$E_i = E_{xh} \tau C U A_c / A_d \tag{1}$$

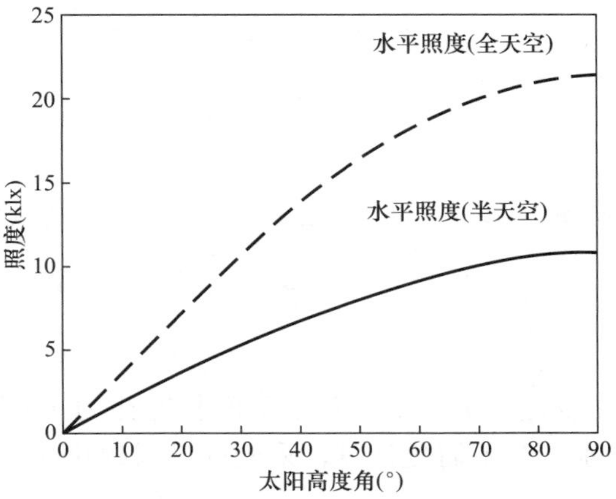

图 1　全阴天空水平照度

Fig. 1　Horizontal illuminance of overcast sky

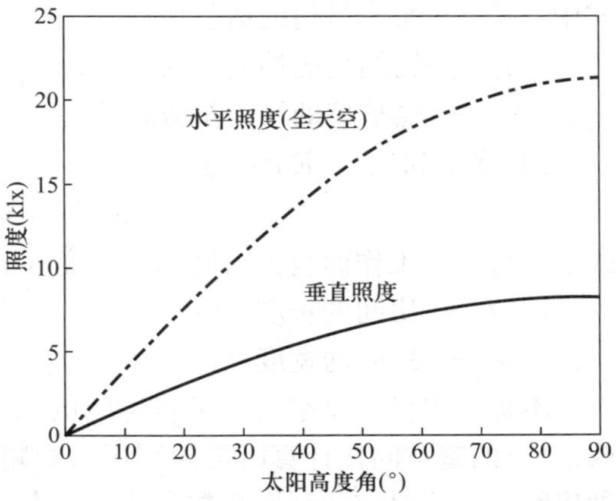

图 2　全阴天空垂直照度

Fig. 2　Vertical illuminance of overcast sky

式中，E_i——天窗在室内工作面上产生的平均水平照度（lx）；

E_{xh}——天窗上的室外水平面照度（lx）；

A_c——天窗在水平面上的投影面积（m^2）；

A_d——工作面的面积，即地面面积比（m^2）；

τ——总透射比，包括控制装置、维护系数产生的光损失；

CU——利用系数。

顶部采光计算采用流明法，假定天窗间距与安装高度之比为 1.5∶1，采光均匀度可达到 0.7。全阴天空条件下来自天窗的光为朗伯体分布（余弦分布），光分布曲线见图 3。

2.3　采光标准顶部采光计算（见图 4）

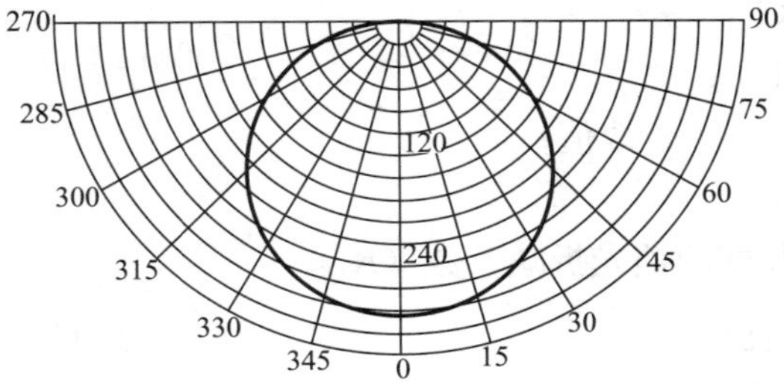

图 3　光分布曲线（光通折合成 1000lm）

Fig. 3　Light distribution

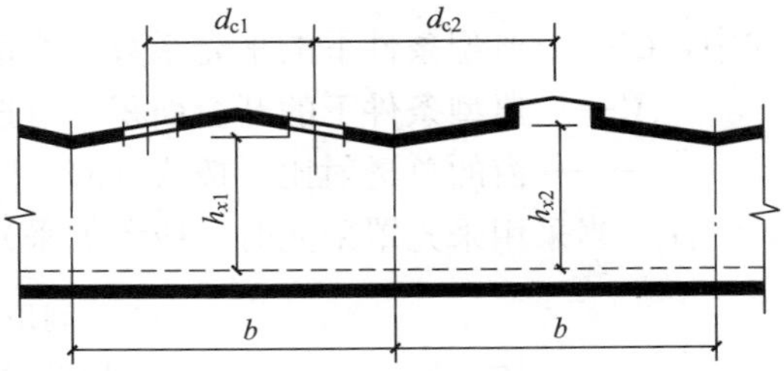

图 4　顶部采光示意图

Fig. 4　Toplighting

（1）采光系数平均值可按式（2）计算：

$$C_{av}(\%) = \tau CUA_c/A_d \tag{2}$$

式中，C_{av}——采光系数平均值（%）；

τ——窗的总透射比；

CU——利用系数，可按表 1 取值；

A_c/A_d——窗地面积比。

1）窗的总透射比 τ 可按式（3）计算：

$$\tau = \tau_0 \cdot \tau_c \cdot \tau_w \tag{3}$$

式中，τ_0——采光材料的透射比；

τ_c——窗结构的挡光折减系数；

τ_w——窗玻璃的污染折减系数。

2）室空间比 RCR 的计算：

$$RCR = 5h_x(l + w)/lw \tag{4}$$

式中，h_x——工作面至天窗底部的高度（m）；

l——房间的长度（m）；

w——房间的宽度（m）。

本标准提供的室空间比是将房间的长、宽比设定为 $l=2w$，对于房间长宽比为 1∶1 或 1∶3 的室空间比计算所得的利用系数略有差别，为了简化计算，采光标准只提供了一种房间长宽比对应的利用系数和计算图表。

3）利用系数 CU 的确定

采光标准提供的利用系数如表 1 所示。关于利用系数 CU 的计算和修正：利用系数 CU 是根据室空间内表面的反射比、亮度利用系数和形状系数，采用光通传输函数理论计算的，使用利用系数表时可以内插，精度要求较高时，需对利用系数进行计算和修正。当地板空间反射率与 20% 相差较大，影响利用系数的精度时，应对利用系数进行修正，小于 2%时可不作修正。以上计算和修正都比较繁琐，为了简化计算有时不作修正。在确定利用系数时，因工业建筑通常存在室内结构遮挡和设备遮挡以及侧窗的影响，反射比会有所降低，为了简化计算，一般情况下，室内反射比可取以下值：工业建筑：顶棚 50%，墙面 30%，地面 20%；民用建筑：顶棚 80%，墙面 50%，地面 20%。

（2）窗洞口面积 A_c 可按式（5）计算：

$$A_c = C_{av} \cdot \frac{A_c'}{C'} \cdot \frac{0.6}{\tau} \tag{5}$$

式中，C'——典型条件下的采光系数，取值为 1%；

A_c'——典型条件下的开窗面积，可按图 5、图 6 取值；

τ——窗的总透射比，按式（3）计算。

注：当采用采光罩采光时，应考虑采光罩井壁的挡光折减系数（K_j）。

利用系数（CU） **表 1**

Utilization coefficient **Table 1**

顶棚反射率（%）	室空间比 RCR	墙面反射率（%）		
		50	30	10
80	0	1.19	1.19	1.19
	1	1.05	1.00	0.97
	2	0.93	0.86	0.81
	3	0.83	0.76	0.70
	4	0.76	0.67	0.60
	5	0.67	0.59	0.53
	6	0.62	0.53	0.47
	7	0.57	0.49	0.43
	8	0.54	0.47	0.41
	9	0.53	0.46	0.41
	10	0.52	0.45	0.40

续表

顶棚反射率（%）	室空间比 *RCR*	墙面反射率（%）		
		50	30	10
50	0	1.11	1.11	1.11
	1	0.98	0.95	0.92
	2	0.87	0.83	0.78
	3	0.79	0.73	0.68
	4	0.71	0.64	0.59
	5	0.64	0.57	0.52
	6	0.59	0.52	0.47
	7	0.55	0.48	0.43
	8	0.52	0.46	0.41
	9	0.51	0.45	0.40
	10	0.50	0.44	0.40
20	0	1.04	1.04	1.04
	1	0.92	0.90	0.88
	2	0.83	0.79	0.75
	3	0.75	0.70	0.66
	4	0.68	0.62	0.58
	5	0.61	0.56	0.51
	6	0.57	0.51	0.46
	7	0.53	0.47	0.43
	8	0.51	0.45	0.41
	9	0.50	0.44	0.40
	10	0.49	0.44	0.40
地面反射率为 20%				

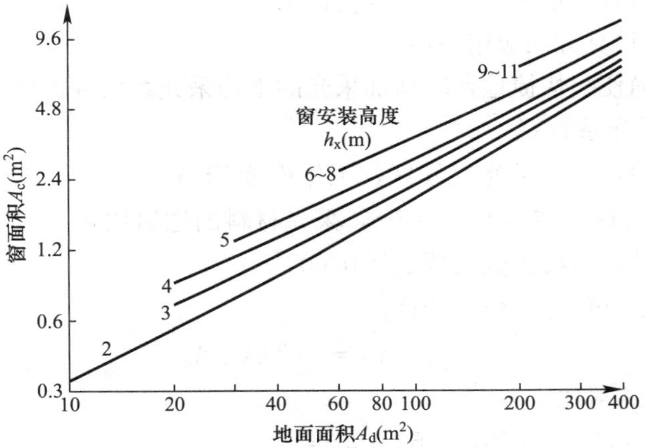

图 5　顶部采光计算图

Fig. 5　Toplighting calculation

注：计算条件：采光系数 $C'=1\%$，总透射比 $\tau=0.6$，

反射比：顶棚 $\rho_p=0.80$，墙面 $\rho_q=0.50$，地面 $\rho_d=0.20$

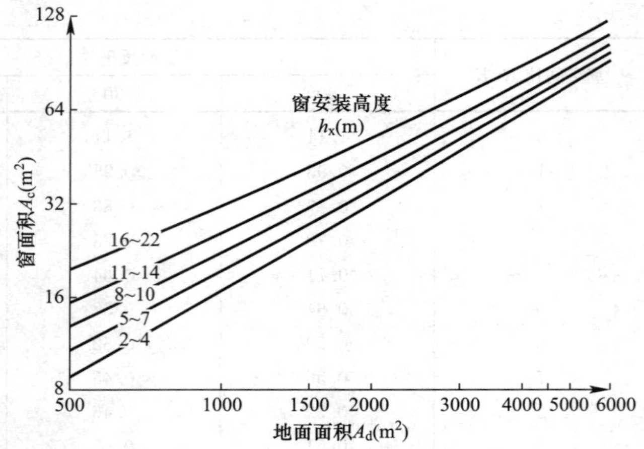

图 6　顶部采光计算图

Fig. 6　Toplighting calculation

注：计算条件：采光系数 $C'=1\%$，总透射比 $\tau=0.6$，

反射比：顶棚 $\rho_p=0.80$，墙面 $\rho_q=0.50$，地面 $\rho_d=0.20$

3　顶部采光计算方法的应用

3.1　顶部采光计算方法的适用性

本计算方法（流明法）给出了一种计算平均采光系数的方法，属简化采光计算方法，在进行采光设计时，可根据实际采用的采光材料、遮挡情况调整各个计算参数，计算包涵了天然光利用系数，考虑了室内反射光对采光的影响，该方法与用窗地面积比进行估算相比，结果会更加符合实际建筑的采光状况。本方法中提供的计算图表可以在已知被照面积和窗户安装高度的情况下，方便地查找出典型条件下的窗洞口面积，然后再根据实际条件计算出需要的窗洞口面积。对采光形式比较复杂的建筑和除平天窗（采光罩）以外的采光形式，如锯齿形天窗和矩形天窗等仍需要借助采光软件进行计算。

3.2　顶部采光计算方法应用举例

本计算方法可简便、快捷地计算顶部采光的平均采光系数或窗地面积比。

例 1　求平均采光系数 C_{av}。

某一顶部采光建筑，Ⅲ类光气候区，工作面面积 $A_d=20\text{m}^2$，长 $l=5\text{m}$，宽 $w=4\text{m}$，窗地面积比 1/10，天窗安装高度 $h_x=2\text{m}$，采光材料的透射比 $\tau_0=0.80$，窗结构挡光折减系数 $\tau_c=0.70$，窗玻璃污染折减系数 $\tau_w=0.60$。

平均采光系数 C_{av} 可按式（6）计算：

$$C_{av}(\%)=\tau CUA_c/A_d \tag{6}$$

1）计算窗的总透射比：

$\tau=\tau_0\cdot\tau_c\cdot\tau_w=0.80\times0.70\times0.60=0.34$

2）计算室空间比 RCR：

$RCR=5h_x(l+w)lw=4.5$ 查表 1 得 $CU=0.65$。

3）求平均采光系数

$C_{av}(\%)=0.34\times0.65\times0.1=2.21(\%)$

例 2　求窗洞口面积 A_c。

某一顶部采光建筑，Ⅲ类光气候区，工作面面积 $A_d=100m^2$，天窗安装高度 $h_x=4m$，平均采光系数 $C_{av}=2$（%），采光材料的透射比 $\tau_0=0.80$，窗结构的挡光折减系数 $\tau_c=0.70$，窗玻璃的污染折减系数 $\tau_w=0.60$。

窗洞口面积 A_c 可按下式计算：

$$A_c=C_{av}\cdot\frac{A_c'}{C'}\cdot\frac{0.6}{\tau} \tag{7}$$

1）确定典型条件下总的窗洞口面积 A_c'：

已知工作面面积 A_d 和窗的安装高度 h_x，查图（5）得 $A_c'=2.6m^2$。

2）计算窗的总透射比 τ：

$\tau=\tau_0\cdot\tau_c\cdot\tau_w=0.80\times0.70\times0.60=0.34$

3）计算实际条件下总的窗洞口面积 A_c：

$A_c=2\times2.6\times0.60.34=9.12m^2$

4）窗地面积比：

$$\frac{A_c}{A_d}=\frac{9.12m^2}{100m^2}=\frac{1}{11}$$

按采光标准规定，平均采光系数 2（%），属采光等级Ⅳ级，对应的窗地面积比为 1/10，计算结果与其比较接近。如果该建筑位于Ⅴ类光气候区，还应乘以 1.2 的修正系数，窗地面积比为 1/9.2，说明开窗面积要大一些。

总之，本计算方法只能作为常规条件下计算顶部采光的平均采光系数或窗地面积比，复杂条件下的精确计算需要根据实际的建筑条件利用采光软件进行模拟计算。

4　结论

本计算方法适用于在建筑方案设计阶段进行采光设计时，在已知需要设计的采光等级、窗地面积比以及各种计算参数的情况下，可以方便、快捷地计算工作面上的平均采光系数；也可以利用图表确定开窗面积，从建筑面积较小的房间到大面积的工业厂房都可以方便地确定窗洞口的面积。计算时没有考虑同时采用顶部采光和侧面采光的情况，具体操作时可以在侧面采光有效进以外的区域内考虑设计顶部采光，然后进行顶部采光计算。本方法在满足窗间距与安装高度之比为 1.5：1 的条件下是可以满足较高均匀度要求的。本计算图表适用于典型的计算条件，在计算利用系数时，室空间比选择了有代表性的房间尺寸比例，与实际的建筑尺寸相比在计算精度上会略有影响。

在实际的建筑采光设计中，由于采光的重要性，尤其是住宅中的卧室、起居室，学校的普通教室及医院的一般病房都在国家标准中被列为强制性条文，采光设计时应利用采光软件进行计算，特别是在采光权发生争议时，利用采光软件进行采光模拟计算分析仍是最有效的解决办法。

参考文献

[1] E. R. Robson. School Architecture：Being Practical Remarks on the Planning，Designing，Building and Furnishing of School-Houses [M]. London：John Murray，1877（2nd ed.）.

[2] L. Heschong，L. R. Wright，and S. Okura，Daylighting impacts on human performance in school [J]. Journal of the Illuminating Engineering Society，2002，31（2）：101～114.

[3] 吴蔚. 西方学校天然采光设计的发展状况 [J]. 照明工程学报，2005，16（2）：35～43.

［4］　屠其非，徐蔚．学校照明［M］．上海：复旦大学出版社，2004．
［5］　李艳萍．青少年视力低下的影响因素研究进展［J］．中国校医，2002，16（6）：578～579．
［6］　宋俊生．教室采光照明对学生视力的影响［J］．中国学校卫生，1996，17（5）：355．
［7］　孙卓，王瑞珊．中小学生视力低下的影响因素调查［J］．中国初级卫生保健，2007，21（2）：70．
［8］　姚远．教室照明设计的几个问题［J］．照明工程学报，2003，15（2）：59～61．
［9］　孟超．北京市部分学校教室采光照明现状分析［J］．照明工程学报，2006，17（1）：34～41．
［10］　陈亢利，唐瑶．苏州中学教室内部光环境质量调查与评价［J］．苏州科技学院学报（自然科学版），2009，26（2）：67～70．
［11］　陈壬贤，彭伦焕，严奕，林燕丹．农村地区教室光环境现状调查研究［J］．照明工程学报，2007，18（2）：28～32．
［12］　Illuminating Engineering Society．IES Code for Interior Lighting［M］．London：I．E．S．，1955．
［13］　Great Britain，Dept．of Education and Science，Architects and Building Branch．Guidelines for Environmental Design in Schools 1997［M］．London：Stationery Office，1997．
［14］　USGB C．LEED 2009 For Schools New Construction and Major Renovations［M］．2009．

新编《建筑照明设计标准》(GB 50034—2004) 介绍

《建筑照明设计标准》编制组

1 概述

现行国家标准——《民用建筑照明设计标准》(GBJ 133—90) 和《工业企业照明设计标准》(GB 50034—92) 颁布实施已经十多年了。这十多年正是我国国家经济持续稳步发展的时期，又是跨世纪的年代，很明显，这两项国标已不能适应当前发展的需要，特别是照度标准值明显偏低。

根据需要，建设部于 2002 年 6 月正式下达任务，决定对以上两项照明国标进行修订，并且决定将两标准合并，定名为《建筑照明设计标准》。与此同时，原国家经贸委通过绿色照明工程促进项目办公室下达新制定国家标准——《建筑照明节能标准》。

由于上述两项标准由同一主编单位和编制组负责，在编制过程中，鉴于两者间的密切关联，并考虑设计人员使用方便，经申请，并得到两个主管部门同意，合并为一本国家标准，定名为《建筑照明设计标准》(GB 50034—2004)，本标准已由建设部正式发布公告(建设部公告第 247 号)，自 2004 年 12 月 1 日起实施。

2 编制过程

本标准由中国建筑科学研究院主编，由中国航空工业规划设计研究院等十六个设计院、大学和企业参编，有 22 名专家组成的编制组，历经两年，主要做了以下工作：

2.1 进行了广泛的普查和现场重点实测调查，听取使用者的意见。对全国六大区的民用建筑和工业建筑共 500 个建筑、3000 个房间或场所进行了调查，其中包括 1000 个场所的现场测试和调查，取得了大量的数据，为制订标准提供了有利的现实依据。

2.2 收集了国内外有关标准、资料，包括国际照明委员会 (C1E) 标准——《室内工作场所照明》(S008/E—2001) 和美国、德国、日本、俄罗斯等国的照明标准和能效标准，为本标准提供了重要的参考和借鉴。同时还收集了我国相关的国家标准、行业标准、地方标准，以及光源、灯具、电器附件的产品性能资料，作为相互协调、参考和计算依据。

2.3 聘请了国内外照明技术和能效的知名专家共 5 名，对编制工作进行必要的咨询和指导，此外，安排了欧洲几国的技术考察。

2.4 先后编写了初稿、征求意见稿、送审稿、报批稿共 7 次稿件，召开了扩大的编写组全会、征求意见会共 5 次，发出征求意见稿给全国 160 个单位征求意见，收到书面意见 80 份，于 2004 年 4 月通过专家审查，从而使标准内容有较广泛的基础和较高的技术水平。

2.5 编制标准中同时提出了调查报告、专题报告、考察报告、论证报告和经济分析报告等 6 份，为标准的数据提供了必要的依据。

3 标准的指导思想

3.1 满足 21 世纪在我国全面建设小康社会的需要，以人为本，创造良好的光环境。

3.2 反映我国的照明技术进步，推进绿色照明工程实施，提高照明能效，有利于节约能源和保护环境。

3.3 具有科学性、实用性、前瞻性，推进技术进步，促进优质、新型、高效照明器材的发展和应用。

3.4 结合我国照明实际情况，尽量向国际靠拢。

这些思想和原则始终指导着标准的制订，贯穿于各项指标、参数和措施。

做到：技术先进、经济合理、维修方便、使用安全、节约能源、保护环境、保障健康、绿色照明。

4 制订标准的主要依据

4.1 大量的照明普查和重点实测调查的数据结果。

4.2 国际上和一些发达国家的照明标准和节能标准。

4.3 结合我国照明产品性能指标及设计水平，并结合技术经济分析。

5 新标准的主要变化

和原照明标准 GBJ 133—90 和 GB 50034—92 相比，有以下几项重大变化和具体表达方式的变化。

5.1 三项重大变化

5.1.1 照度水平有较大幅度提高，一些主要工作场所，一般照明平均照度标准值提高 50%～200%。应当指出，从制订国家标准的照度值看，是十多年一个突变，但从实际调查数据说明，照度水平的提高是近年来不断提高的过程，即渐变过程。正说明新修订的照度标准值的提高，是现实需要的合理反映。

5.1.2 照明质量标准有较大提高和改变，主要体现在：

(1) 显色指数（R_a）要求有显著提高：如新标准规定“长期工作或停留的房间或场所，照明光源的显色指数（R_a）不宜小于 80”；并规定“在灯具安装高度大于 6m 的工业场所，R_a 可低于 80”。对于办公室、教室、会议室、商场、医院、电子元器件加工、仪表加工及装配等场所，原标准要求不低于 60，新标准要求不宜小于 80。这样，对于大多数长时间工作或停留的场所，包括灯高 6m 及以下的工业场所，都提高了对光源的显色指数要求，从而明显地改善了这些场所的视看条件和视觉质量，使在生产和工作中视看更清晰、逼真，观察人物形象更生动真实。而且，我国当前电光源状况和未来几年的发展，也具备使 $R_a \geqslant 80$ 的条件，使这项规定具有现实可行性。

(2) 眩光限制有新的要求，评价眩光使用了更为科学的方法，即运用国际上较通用的统一眩光值（UGR）评价不舒适眩光。这个规定提高了限制眩光的合理性和准确性；同时对灯具产品也提出了更高的要求，促进灯具和生产厂家要提供相关的技术参数；对照明设计也提出了更高要求，增加了计算 UGR 的工作量。

5.1.3 新标准一个重大变化是增加了办公、居住、商业、旅馆、医院、学校及工业等七类建筑的 108 种常用房间或场所的照明功率密度（*LPD*）最大允许值。除居住建筑外，其他六类建筑的 *LPD* 限值属强制性标准，因为它涉及这些最量大面广的建筑场所的照明能效限定值，即要求使用较少的电产生更多的光，关系到在照明领域里有效地节约电能、保护环境，保证绿色照明工程全面地、系统地实施的重要课题。规定 *LPD* 限值，将促使照明设计中必须全面考虑和顾及照度水平、照明质量和照明能效，促进在设计中推广应用更高效地光源、镇流器、灯具及其他产品。

LPD 限值的规定将为有关主管部门、节能监督部门、设计图纸审查部门提供了明确的、容易检查、实施的标准，对照明设计、安装、运行维护进行有效的监督和管理。

5.2 新标准其他内容和表达方式的变化

5.2.1 原标准每个场所规定了高、中、低三档照度值，并规定一般情况下采用中间值。而新标准只规定一个照度标准值。这样在执行标准时更明确，同时与最新的 CIE 标准一致。

新标准规定：根据视觉条件的不同特点及建筑等级和功能高低的不同要求，可以提高或降低一级照度。其中建筑等级和功能不同要求可提高或降低一级照度的规定，是为了适应我国幅员广大，经济条件差异很大，建筑等级高低很不相同而作的规定，比较符合我国当前实际情况。

在各类建筑的照度标准中，有一些房间或场所，如办公室、商店营业厅、阅览室、展厅、候车（机、船）室，以及工业建筑中的试验室、检验室、控制室、焊接、喷漆、抛光、机修等，都分为一般（普通）和高档（或精细）规定两个不同等级的照度，以适应不同需要。

5.2.2 工业场所的照度标准，原 GB 50034—92 规定了混合照明或一般照明照度值，对于精密生产场所，都规定混合照明照度。新标准制订中听取了部分工业设计院有关人员的建议，考虑到照明设计中只设计一般照明，对于局部照明，有一部分是设备配备（如机床工作灯），另一部分（如电子元器件、仪表装配、钳工台等），虽然是设计中配置，由于灯泡的变更、灯离工作面距离可调等因素，难以确定准确的照度值；也考虑到与 CIE 新标准的表达方式一致，所以新标准规定一般照明的照度标准值，而对局部照明的照度只规定一个较大范围。

5.2.3 新标准强调了照度标准值是作业面或参考平面上的维持平均照度，规定作业面邻近周围的照度可以比作业面照度低一级（作业面照度小于 2000lx 的除外）。掌握这个概念，可以按照作业面的具体布置，适当降低作业面邻近的辅助工作面，人行通道及物流通道等处的照度，有利于照明节能。

5.2.4 新标准增加“照明管理与监督”一章，较明确地规定了维护与管理要求，和对照明设计、施工、验收的审查、监督的规定，这对于保证照明运行，使用安全，保证照明质量，特别是对照明符合该标准规定的 LPD 限值，落实照明节能目标，有积极意义。

6 预期达到的目标

6.1 提高了照度水平和照明质量，改善了视觉条件

照度和照明质量的合理提高，对生产、工作、学习的视觉效能、识别速率，以及安全、差错率都有一定影响，同时对人的心态、愉悦情绪也有一定作用。总之，它体现了工作效率、质量和安全，提高了生活质量，适应了 21 世纪全面建设小康社会的需要。

6.2 推动照明领域的技术进步

新标准规定了较高的显色性要求，提高了照度，制订了 LPD 限值，规定了相应的措施，这些对推动照明电器产业的更快发展，促进高效、优质电光源及其他照明产品的推广应用，有着十分积极的意义。如优质、高光效的稀土三基色荧光灯技术成熟，但至今生产和应用仍较少，鉴于它的显色指数高、光效高、寿命长等优越性能，特别符合新标准的要求，相信在新标准颁布实施后，将得到快速的推广应用。此外，为了加速照明科技进步，规定了 LPD 的目标值。

6.3 有利于提高照明能效，推进绿色照明的实施

照明设计中注重了照度水平，而对照明能效注重不够。特别是旅馆、会议中心、商场等建筑，在装饰工程中进行的“二次设计”中设计的照明，更忽视了照明节能。新标准对

LPD 限值的规定，作为强制性条款。加上检查、监督等规定，从而把提高照明系统能效放到了重要地位，落到了实处。

以办公室、教室等一类场所使用直管荧光灯时，按新标准要求的 *LPD* 值和值的规定，推荐使用稀土三基色荧光灯管，配用节能型电感镇流器或电子镇流器，其综合能效比 14 年前使用的产品水平有显著提高，相同照度时，*LPD* 值仅为原来的 50%。也就是说，如果照度比原标准提高 50%，其 *LPD* 值还可能降低 18%～28%；如照度提高一倍时，其 *LPD* 值大致相同。可见，新标准对节约电能的巨大推动作用，较全面地实施了绿色照明工程的要求。

7 标准的实际效果

7.1 依据我国提出的 21 世纪全面建设小康社会的新形势和新要求，反映了有必要把照度水平和照明质量提高到一个新水平。

7.2 依据我国和世界能源形势及保护环境的总要求，反映了在照明领域必须致力提高能效，最大限度节约电能，减少有害物质排放、保护环境。

7.3 标准反映了我国当前电光源、灯具和电器附件的新发展和新水平，如稀土三基色荧光灯、陶瓷金卤灯等优质、高效光源，电子镇流器和节能型电感镇流器等附件，都在标准中得到积极推广应用，反过来又必将促进这些优质、高效产品的进一步开发和生产。

7.4 反映了新标准向国际水平的靠近，与国际接轨的新过程。新国家标准制订的照度水平和 CIE 于 2001 年新制订的《室内工作场所照明》新标准的水平相同或接近，而照明质量水平，如显色性、眩光评价、照度均匀度等都与最新 CIE 标准相同。标准标志着我国照明已达到或接近国际新水平。

新版《建筑照明设计标准》的主要技术特点

赵建平

引言

本标准系根据住房和城乡建设部建标［2011］17号文《关于印发2011年工程建设标准规范制订、修订计划的通知》，由中国建筑科学研究院会同有关单位在原标准《建筑照明设计标准》（GB 50034—2004）的基础上进行修订完成的。其中照明节能部分是由国家发展和改革委员会资源节约和环境保护司组织主编单位完成的。

《建筑照明设计标准》GB 50034—2004自颁布执行以来，提高了照度水平和照明质量，改善了视觉工作条件；推动照明领域的科技进步，对照明电器产业的产品更新换代，促进高效优质电光源和灯具的生产推广和应用具有强大的推动作用；对照明功率密度值的强制性规定，有利于提高照明能效，推进绿色照明的实施。本标准执行已有近8年时间，随着照明技术的不断发展以及新光源的不断涌现，在某些指标上已有落后，如规定的照明功率密度值已有调整的余地；对于光源、灯具的选择方面还应该更具体或更完善一些，便于设计选择；社会的发展对照明提出了更高的要求，对节能要求更加强烈；发光二极管（LED）照明技术的快速发展与应用；智能化照明控制的应用等，迫切需要对该标准进行修订。本标准2011年住建部正式立项，2012年12月底完成报批稿，住建部2013年11月29日发布公告批准，2014年6月1日正式实施。

1　本标准修订的主要内容

1.1　更严格地限制了白炽灯的使用范围

原标准规定一般情况下，室内外照明不应采用普通照明白炽灯；在特殊情况下需采用时，其额定功率不应超过100W。以及在要求瞬时启动和连续调光的场所，使用其他光源技术经济不合理时；对防止电磁干扰要求严格的场所；开关灯频繁的场所；照度要求不高，且照明时间较短的场所；对装饰有特殊要求的场所可采用白炽灯。新标准明确要求照明设计不应采用普通照明白炽灯，对电磁干扰有严格要求，且其他光源无法满足的特殊场所除外。

这些规定符合国家的相关法规和政策，国家发展和改革委员会等五部门2011年发布了“中国逐步淘汰白炽灯路线图”，要求：2011年11月1日至2012年9月30日为过渡期，2012年10月1日起禁止进口和销售100W及以上普通照明白炽灯，2014年10月1日起禁止进口和销售60W及以上普通照明白炽灯，2015年10月1日至2016年9月30日为中期评估期，2016年10月1日起禁止进口和销售15W及以上普通照明白炽灯，或视中期评估结果进行调整。通过实施路线图，将有力促进中国照明电器行业健康发展，取得良好的节能减排效果。

1.2　照度均匀度的要求更加结合实际

照度均匀度在某种程度上关系到照明的节能，在不影响视觉需求的前提下，对照度均匀度比原标准的规定有所降低，强调工作区域和作业区域内的均匀度，而不要求整个房间的均匀度。本标准一般照明照度均匀度是参照欧洲《室内工作场所照明》EN 12464—1（2011）制订的。这种调整应该更加有利于设计师的设计和照明节能。

1.3　降低了原标准规定的照明功率密度限值

标准6.3.1～6.3.13条的*LPD*是照明节能的重要评价指标，目前国际上采用*LPD*作为节能评价指标的国家和地区有美国、日本、新加坡以及中国香港等。在我国 2004 版的建筑照明设计标准中，依据大量的照明重点实测调查和普查的数据结果，经过论证和综合经济分析后制定了 *LPD* 限值的标准，并根据照明产品和技术的发展趋势，同时给出了目标值。本次修订是在 2004 版的基础上降低了照明功率密度限制。

经过多年的工程实践，调查验证认为实行目标值的时机已经成熟，因此在新标准中，以 2004 版标准中的目标值作为基础，结合对各类建筑场所进行广泛和大量的调查，同时参考国外相关标准，以及对现有照明产品性能分析，确定新标准中的 *LPD* 限值。

从对比结果来看，新标准中的 *LPD* 限值比现行标准有显著的降低，民用建筑的 *LPD* 限值降低了 14.3%～32.5%（平均值约为 19.2%），工业建筑的各类场所平均降低约 7.3%，如表 1 所示：

新旧标准的 *LPD* 限值对比　　表 1

***LPD* Comparison of the new and old standards**　　Table 1

建筑类型	*LPD* 降低比例（%）	
	范围	平均值
居住	14.3	14.3
办公	15.4～18.2	17.1
商店	15.0～16.7	15.7
旅馆	16.7～53.3	32.5
医疗	16.7～25.0	19.1
教育	16.7～18.2	17.8
工业	0～11.1	7.3
通用房间	12.5～25.0	18.1

参照国外的经验，以美国为例，其照明节能标准是 ANSI/ASHRAE/IES 90.1（Energy Standard for Buildings Except Low-rise Residential Buildings)，该标准在近 10 年来经过了两次修订，每次修订其 *LPD* 限值平均约降低 20%。而从这些年来照明产品性能的发展来看，光源光效均有不同程度的提高（以直管形荧光灯为例，其光效平均提高约 12%）。同时，相应的灯具效率和镇流器效率也都有所提高，如镇流器的能效提高了约 4%～8%。因此，照明产品性能的提高也为降低 *LPD* 限值提供了可能性。在标准的修订过程中，主编单位组织各大设计院对 13 类建筑共 510 个实际工程案例进行了统计分析，这些案例选择了近年来的新建建筑，反映了当前的照明产品性能和照明设计水平。对这些建筑在新旧标准中的达标情况进行了统计分析，如表 2 所示。

***LPD* 计算校核**　　表 2

Calculation of *LPD*　　Table 2

建筑类型	2013 版标准下的达标比例（%）		2004 版标准下的达标比例（%）
	修正前	修正后	
图书馆	87.5	87.5	—
办公	69.2	70.2	91.3
商店	84.2	94.7	100

续表

建筑类型	2013 版标准下的达标比例（%）		2004 版标准下的达标比例（%）
	修正前	修正后	
旅馆	78.6	78.6	92.9
医疗	67.7	79.0	91.9
教育	78.7	80.8	97.9
会展	100	100	—
金融	100	100	—
交通	88.4	90.7	—
工业	91.5	93.6	93.6
通用房间	82.9	86.5	96.4

由表 2 可知，通过合理设计及采用高效照明器具，各类场所在多数情况下都能够满足新标准中 *LPD* 限值的要求。而如果考虑对室形指数较小的房间进行修正后，达标率更高，多数都能在 80%以上。因此，从调研结果来看，新标准中的 *LPD* 指标也是合理，切实可行的。

在原标准中，办公、商店、旅馆、医疗、教育、工业和通用房间建筑的 *LPD* 限值要求已经是强制性标准，这次拟增加的会展、金融和交通建筑从实际调研统计结果来看，达标率均超过了 85%，是完全能够满足要求的。考虑到上述的这 10 类场所量大面广，节能潜力大，节能效益显著，因此将这 10 类建筑中重点场所列入相应表中定为强条。

需要特殊说明的是对于其他类型建筑中具有办公用途的场所很多，其量大面广，节能潜力大，因此也列入照明节能考核的范畴。教育建筑中照明功率密度限制的考核不包括专门为黑板提供照明的专用黑板灯的负荷。在有爆炸危险的工业建筑及其通用房间或场所需要采用特殊的灯具，而且这部分的场所也比较少，因此不考核照明功率密度限制。

需要重点引起注意的是房间室形指数对照明功率密度限制的影响。*LPD* 的主要应用是流明法概算室内平均照度。早在 1916 年，Harrison 和 Anderson 提出了影响平均水平照度的四个因素是：房间的比例、表面反射比、灯具位置和灯具配光。流明法可用式（1）表示：

$$\bar{E}_{\text{maintained}} = \frac{n \cdot \eta_{\text{lamp}} \cdot UF \cdot MF \cdot P_{\text{lamp}}}{S} = \frac{n \cdot \eta_{\text{lamp}} \cdot U \cdot LOR \cdot MF \cdot P_{\text{lamp}}}{S} \tag{1}$$

式中 $\bar{E}_{\text{maintained}}$——计算表面的维持平均照度；

n——房间中灯具的数量；

η_{lamp}——灯具的系统光效；

P_{lamp}——灯具消耗的功率；

UF——光通利用率；

LOR——灯具的效率；

U——灯具的利用系数；

MF——维护系数；

S——计算平面的面积。

$$LPD = \frac{n \cdot P_{\mathrm{lamp}}}{S} = \frac{\bar{E}_{\mathrm{maintained}}}{\eta_{\mathrm{lamp}} \cdot UF \cdot MF} = \frac{\bar{E}_{\mathrm{maintained}}}{\eta_{\mathrm{lamp}} \cdot U \cdot LOR \cdot MF} \tag{2}$$

对于某种类型的房间，其维护系数和维持平均照度标准是给定的。而对于给定的灯具，灯具效率和光效是一定的，*LPD* 与利用系数呈现反比的关系。从式（2）来看，*LPD* 关键在于利用系数，而灯具的利用系数与室形指数是密切相关的，图 1 给出了来自于不同厂商的 34 种常用灯具的室形指数与利用系数的关系。

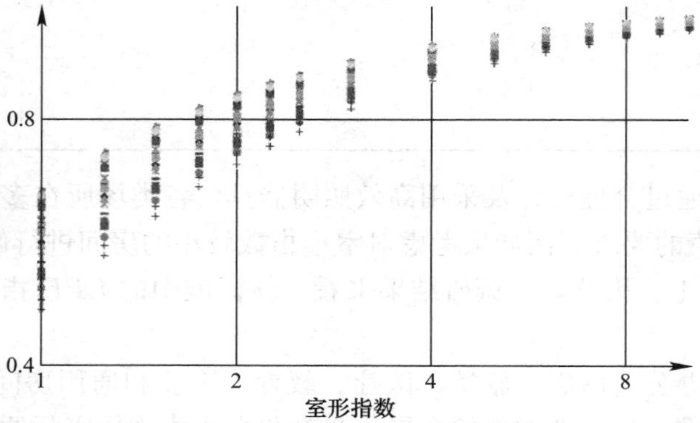

图 1　利用系数与室形指数之间的关系

Fig. 1　Relationship between utilization coefficient and ventricular shape index

可以看到，随着室形指数的增加，利用系数也在增加。经分析，当室形指数为 10 时，其利用系数与室形指数为 0.3 时差异很大。这里用 U10/U0.3 来表示两者之间的比例关系，其中，U10 代表室形指数为 10 时的利用系数，U0.3 代表室形指数为 0.3 时的利用系数。比值最小为 4.03，最大则达到了 6.73。在不同的室形指数条件下，利用系数有着较大的差异。

由此可见，灯具的利用系数与房间的室形指数密切相关，不同室形指数的房间，满足 *LPD* 要求的难易度也不相同。当各类房间或场所的面积很小，或灯具安装高度大，而导致利用系数过低时，*LPD* 限值的要求确实不易达到。因此，当室形指数 RI 低于一定值时，应考虑根据其室形指数对 *LPD* 限值进行修正。为此，编制组从 *LPD* 的基本公式出发，结合大量的计算分析，对 *LPD* 限值的修正方法进行了研究。该条文与 2004 版标准基本一致。考虑到在实际工作中，为了便于审图机构和设计院进行统一和协调，因此当房间或场所的室形指数值等于或小于 1 时，其照明功率密度限值应允许增加，但增加值不应超过限值的 20%。

1.4　补充了图书馆、博览等公共建筑的照明功率密度限值

补充增加了图书馆、美术馆、科技馆、博物馆、会展、交通、金融建筑及公共和工业建筑通用房间或场所照明功率密度限值，使得照明功率密度限制要求由 2004 版的 7 类建筑 86 个场所，增加到 2013 版共 15 类建筑 133 个场所，强条也由 2004 版的 6 类建筑 81 个场所调整到 2013 版的 10 类建筑 108 个场所。

1.5　增加了发光二极管灯应用于室内照明的技术要求

发光二极管（LED）灯用于室内照明具有很多特点和优势，在未来将有更大的发展。但目前发光二极管灯在性能的稳定性、一致性方面还存在一定的缺陷，相信随着照明技术

的不断发展，产品将更加成熟。为了确保室内照明环境的质量，对应用于室内照明的发光二极管灯规定了相应的技术要求。

1.5.1　要求之一：选用同类光源的色容差不应大于5SDCM色容差是表征一批光源中各光源与光源额定色品的偏离，用颜色匹配标准偏差SDCM表示。相同光源间存在较大色差势必影响视觉环境的质量。在室内照明应用中应控制光源间的颜色偏差，以达到最佳照明效果。参考美国国家标准研究院（ANSI）C78.376《荧光灯的色度要求》要求的荧光灯的色容差小于4SDCM，美国能源部（DOE）紧凑型荧光灯（CFL）能源之星要求的荧光灯的色容差小于7SDCM，而国际电工委员会（IEC）《一般照明用LED模块性能要求》IEC/PAS 62717同样利用色容差来评价LED模块的颜色一致性，仅有美国国家标准研究院（ANSI）C38.377《固态照明产品的色度要求》定义了不同标准色温的四边形对LED进行规定。而在我国现行国家标准《单端荧光灯性能要求》GB/T 17262及《双端荧光灯性能要求》GB/T 10682等均要求荧光灯光源色容差小于5SDCM。根据国内已经完成的发光二极管灯照明项目的使用情况，7SDCM的产品仍然可以被轻易觉察出颜色偏差，同时为了统一与传统光源一致性的评价标准，在本标准中规定不应大于5SDCM。

1.5.2　要求之二：长期工作或停留的房间或场所，色温不宜高于4000K，特殊显色指数R_9应大于零根据IEC 62788《IEC 62471方法应用于评价光源和灯具的蓝光危害》文件中指出单位光通的蓝光危害效应与光源色温具有较强的相关性，而与光源种类无关。然而LED具有体积小，发光亮度高等特点，因此LED蓝光危害仍然是一个需要考虑的重要因素。在本标准编制过程中，广泛征求意见普遍认为4000K以下色温光源的蓝光危害在可以接受范围内，而对于色温大于4000K的LED仍存在一定争议，因此本标准推荐在长期工作或停留的房间或场所使用色温不宜高于4000K的。同时由于目前产生白光LED的主流方案是在蓝光GaN基半导体芯片上涂敷传统的黄色荧光粉，发射光谱主要为黄绿光，红光成分较少，造成LED的R_9多为负数。而如果光谱中红色部分较为缺乏，会导致光源复现的色域大大减小，也会导致照明场景呆板、枯燥，从而影响照明环境质量，如果不加限制势必会影响室内光环境质量。美国对于用于室内照明的LED也限定其一般显色指数R_a不低于80，特殊显色指数R_9应为正数。

1.5.3　要求之三：在寿命期内发光二极管灯的色品坐标与初始值的偏差在国家标准《均匀色空间和色差公式》GB/T 7921—2008规定的CIE 1976均匀色度标尺图中，不应超过0.007，由于随着输入电流的增大，半导体芯片将散发一定热量，进而导致半导体芯片及涂覆其上的荧光粉温度上升，造成YAG荧光粉容易发黄和衰减。该问题成为制约LED照明产品在建筑照明应用的推广的重要技术问题。为了更好规范LED照明产品在建筑照明领域的应用和推广，创造良好室内光环境，本标准对LED光源的色漂移做出了规定。根据国家标准《均匀色空间和色差公式》GB/T 7921—2008规定，在视觉上CIE 1976均匀色度标尺图比CIE 1931色品图颜色空间更均匀，为控制和衡量发光二极管灯在寿命期内的颜色漂移和变化，参考美国能源部（DOE）《LED灯具能源之星认证的技术要求》的规定，要求LED光源寿命期内的色偏差应在CIE 1976均匀色度标尺图的0.007以内。目前寿命周期暂按照点燃6000小时考核，随着半导体照明产品性能的不断发展或有所不同。

1.5.4　要求之四：发光二极管灯具在不同方向上的色品坐标与其加权平均值偏差在国家标准《均匀色空间和色差公式》GB/T 7921—2008规定的CIE 1976均匀色度标尺图

中，不应超过 0.004，目前 LED 产生白光的主流方案是在蓝光 GaN 基 LED 芯片上涂敷传统的黄色荧光粉，由于涂覆层在各个方向上的厚度很难有效控制，因此合成的白光在各个方向的颜色会有所差异（光谱不同），这也对室内视觉环境质量具有重要影响，因此需要加以限制。为控制和衡量 LED 在空间的颜色一致性，参考美国能源部（DOE）《LED 灯具能源之星认证的技术要求》的规定。

1.6 补充和完善了眩光评价的方法和范围

眩光是一种产生不舒适感，或降低观看主要目标的能力的不良视觉感受，或两者兼有。由视野中不适宜的亮度分布、悬殊的亮度差，或在空间中或时间上极端的对比引起。根据对视觉影响的不同，分为不舒适眩光和失能眩光。不舒适眩光是照明设计中的一个重要指标，2004 版标准中根据 CIE 新的技术文件利用统一眩光值（UGR）方法对一般室内空间不舒适眩光进行评价。

然而 2004 版标准中的统一眩光值仅限于发光部分面积为 $1.5m^2 > S > 0.005m^2$ 时有效，用 UGR 评价小光源（发光部分面积$<0.005m^2$）时其评价的结果往往太严重，而对于大的光源（发光部分面积$>1.5m^2$）又是太宽松。针对统一眩光值存在的以上问题，CIE 147 号文件《小光源、特大光源及复杂光源的眩光》，就这些问题提出了相应的解决方法。关于小光源眩光评价方法，由于当前筒灯等照明产品在室内照明中广泛应用（特别是 LED 筒灯大量应用于室内），而传统统一眩光值计算方法对于小光源的计算不准确，从而导致无法对此类光源所产生的不舒适眩光进行判定。CIE 147 文件中关于小光源的界定基本覆盖此种光源，填补了这一空白，因此本标准中补充了此公式，从而保证了标准体系的完整性。

1.7 补充和完善了照明节能的控制技术要求

照明控制是对照明装置或照明系统的工作特性所进行的调节或操作，可实现点亮、熄灭、亮度和色调的控制等。照明控制能够降低不必要的能源消耗、保护视觉健康、保证视觉功效、营造光环境氛围、提高系统管理水平、提高系统的可靠性等诸多优点。

照明控制方式分为手动照明控制、半自动照明控制和自动照明控制。自动照明控制在引入数字技术后，发展成为智能化控制。新一代智能化照明控制系统具有以下特点：

（1）系统集成性。是集计算机技术、计算机网络通信技术、自动控制技术、微电子技术、数据库技术和系统集成技术于一体的现代控制系统。

（2）智能化。具有信息采集、传输、逻辑分析、智能分析推理及反馈控制等智能特征的控制系统。

（3）网络化。传统的照明控制系统大都是独立的、本地的、局部的系统，不需要利用专门的网络进行连接，而智能照明控制系统可以是大范围的控制系统，需要包括硬件技术和软件技术的计算机网络通信技术支持，以进行必要的控制信息交换和通信。

（4）使用方便。由于各种控制信息可以以图形化的形式显示，所以控制方便，显示直观，并可以利用编程的方法灵活改变照明效果。传统光源由于受到的发光方式、启动运行特性和单体功率等因素的影响，实现照明节能是受到很大限制的。而在这个方面，LED 却存在很大的优势，LED 照明的最大特点是易于控制，但在实际应用中并没有得到足够重视。随着建筑功能的日益复杂，需要营造不同的场景，与天然采光和周围环境进行协调，实现光色的灵活变化等，LED 照明比传统照明具有更大的优势。另一方面，LED 照明更易实现“按需照明”的理念，通过与光感、红外和移动等传感器的结合，在走廊、楼梯间等人员不长期停留的场所，在“部分时间”和“部分空间”提供“适宜的照明”，具有巨大的节能潜力。因此，无论是在家居、商业、办公等不同的空间领域，与智能控制系统的无缝衔接都是未来半导体照明发展的重点。照明节能控制技术的补充和完善更加有利于LED在室内的应用和降低照明能耗，达到照明节能的目的。

1.8　增加了部分灯具的最低效率（能）限制

本标准规定了荧光灯灯具、高强度气体放电灯和发光二极管灯灯具的最低效率或效能值，以利于节能，这些规定仅是最低允许值。传统的荧光灯灯具、高强度气体放电灯能够单独检测出光源和整个灯具所发出的总光通量，这样可以计算出灯具的效率；但发光二极管灯不能单独检测出发光体发出的光通量，只能计算出整个灯具所发出的总光通量，因此总光通量除以系统消耗的功率就得到了效能，这些值是根据我国现有灯具效率或效能水平制订的。

1.9　补充了科技馆、美术馆、金融、公寓等场所的照明标准值

根据需要新标准补充了科技馆、美术馆、金融、公寓等建筑，商店建筑中的室内商业街、仓储式超市、专卖店营业厅以及办公建筑中的视频会议室、服务大厅等场所的照明标准值，同时对部分建筑的照明场所有所删减。

1.10　对公共建筑的名称进行了规范统一

根据国家相关规定，对公共建筑的名称进行了规范和统一，如商业建筑改为商店建筑、影剧院建筑改为观演建筑、医院建筑改为医疗建筑、学校建筑改为教育建筑等。

2　小结

本标准对各类建筑的照明光环境的数量和质量指标进行了明确规定，有利于保证人员身心健康，创造良好的光环境以及提高视觉功效；结合当前技术的发展，进一步降低了*LPD*限值，并新增了六类建筑的*LPD*限值，并完善了节能控制的要求，对当前开展低碳经济和实施绿色照明将起到巨大的促进作用；同时，标准中还给出了各类照明产品包括发光二极管灯用于室内的技术要求，对于引导行业健康发展有着积极的作用。本标准的实施，在改善光环境的同时还将实现节约能源的目标，有着显著的经济和社会效益。从对比结果来看，经过此次修订，节能指标有了显著的提高，公共建筑的*LPD*限值降低了14.3%～32.5%（平均值约为19.2%），这意味着新标准的实施将在老标准的基础上再节能19%，为实现进一步的照明节能奠定了良好的基础。

参考文献

[1] 中华人民共和国住房和城乡建设部，中华人民共和国国家质量监督检验检疫总局.《建筑照明设计标准》（GB 50034—2013）[S]. 北京：中国建筑工业出版社，2014.

[2] 标准编制组.《建筑照明设计标准》（GB 50034—2013）实施指南 [M]. 北京：中国建筑工业出版社，2014.

光源显色性对电视图像色彩还原的影响

赵建平 王京池 朱 悦

引言

光源对物体颜色呈现的程度称为显色性，也就是颜色的逼真程度。显色指数（R_a）是目前评价光源显色性的重要指标。对于人工光源，显色性是一个很重要的色度参数，它表示物体在光源照射下颜色比标准光源照明时颜色的偏离。CIE 推荐定量评价光源显色性的方法，显色指数 R_a 在 0～100 之间，R_a＝100 时显色性最好，数值越小，显色性越差。

按照《体育场馆照明设计及检测标准》的规定[1]，在有电视转播和摄影要求的情况下，光源的显色指数不低于 80。如果光源的显色指数过低，电视画面的色彩还原会受到很大影响。显色指数为 65 的光源应用于彩色电视转播照明时将会大大降低电视转播图像和现场视觉质量是不允置疑的，但用在体育照明电视转播中仍然存在一些争议，为了更进一步地提供证据需要对它的显示性能进行测试与评价。本研究通过主观评价和客观测量，对几种不同光源下的实景物体和视频图像色彩还原能力开展测试与评价工作，其研究成果将为《体育场馆照明设计及检测标准》的修订提供技术依据。

1 实验方案

众所周知，光照环境下的视觉主观评价与选用光源的照度、色温都有密切的关系[2-3]。为确保评价的合理性，本研究规定采用相同的照度（2000lx）、相同的色温（4000K）条件下进行。

1.1 实验用光源

本研究所选择的实验用光源包括标准光源卤钨灯，以及标称显色指数为 65、80 和 90 的金卤灯；针对 LED 照明产品在体育照明应用的发展趋势，本研究另选择了标称 65、80 和 90 的 LED 灯进行了实景物体色彩还原主观评价研究。七种光源的具体实测性能参数见表 1。金卤灯光谱见图 1～图 4。

光源显色指数 **表 1**

Color rendering index of the test lamps **Table 1**

光源类型	显色指数		光源色温/K
	R_a	R_9	
卤钨灯	99.9	99	3226
金卤灯 1	64.8	－137	4019
金卤灯 2	83.5	－19	4213
金卤灯 3	88.0	70	3851
LED 灯 1	93.1	79	3639
LED 灯 2	81.2	5	4043
LED 灯 3	64.7	－54	3749

注：本表数据均为实测值。

1.2 评价方法

任何重要体育比赛都有现场观看和电视转播两部分受众，在研究不同照明情况下的色彩还原问题，也同时考虑了两种情况，一是在现场直接观看比赛的情况，二是通过电视观看比赛的情况，因此针对这二种情况试验时分别设计了实景物体色彩还原主观评价和视频图像色彩还原主观评价。

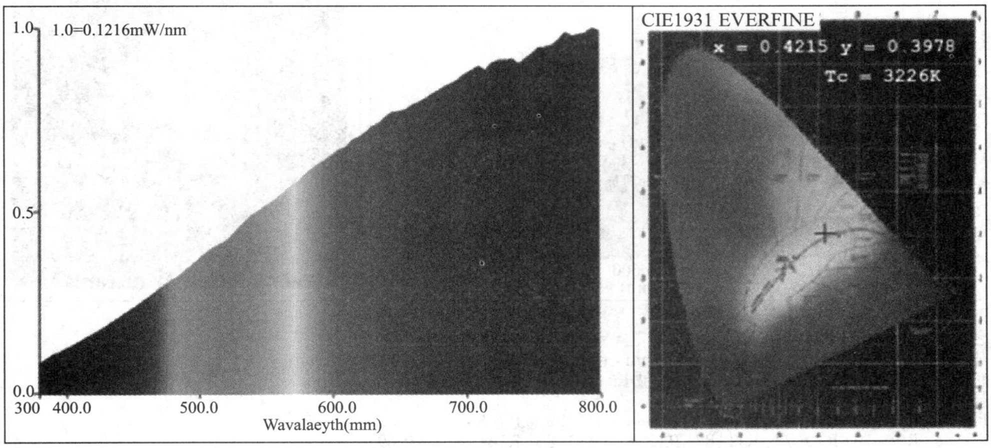

CIE颜色参数:
色品坐标: x=0.4215　y=0.3978/u=0.2432　v=0.3444
相关色温: Tc=3226K　主波长: λd=582.0nm　色纯度: Purity=45.9%
峰值波长: λp=795nm　半宽度: Δλp=236.9nm　色比: R=23.3%　G=72.9%　B=3.8%
平均波长: λ av=664nm
显色指数: Ra=99.9
R1=100　R2=100　R3=100　R4=100　R5=100　R6=100　R7=100　R8=100
R9=99　R10=100　R11=100　R12=100　R13=100　R14=100　R15=100

图 1　卤钨灯测试光谱图

Fig. 1　Spectrum of the reference halogen lamp

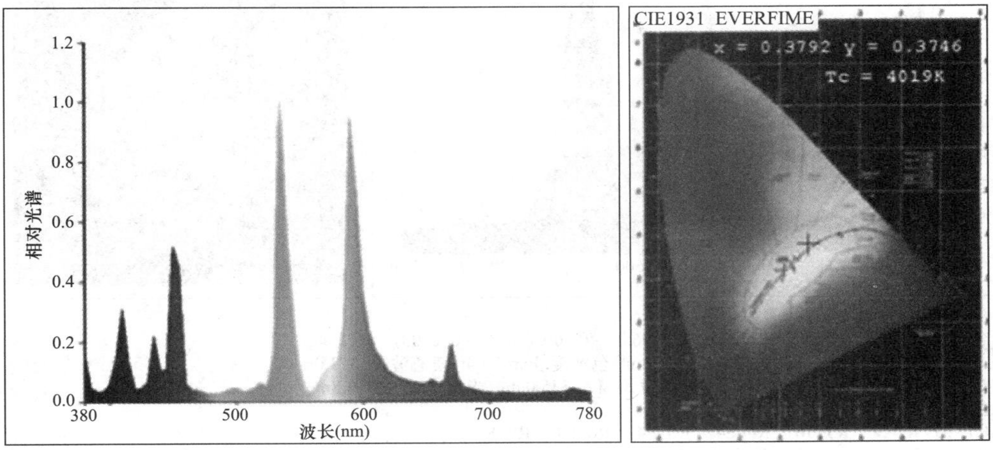

颜色参数:
色品坐标: x=0.3792　y=0.3746/u²=0.2251　v¹=0.5005(duv=-6.24e-04)
相关色温: Tc=4019K　主波长: λd=579.3nm　色纯度: Pur=26.28 质心波长: 550.0nm
色比: R=13.98　G=84.24　B=1.98　峰值波长: λp=535.0nm　半宽度: Δλp=9.1nm
显色指数: Ra=64.8
R1=70　R2=80　R3=70　R4=73　R5=67　R6=70　R7=68
R8=19　R9=-137　R10=37　R11=73　R12=31　R13=78　R14=82　R15=45

图 2　金卤灯 1 测试光谱图

Fig. 2　Spectrum of metal halid lamp 1

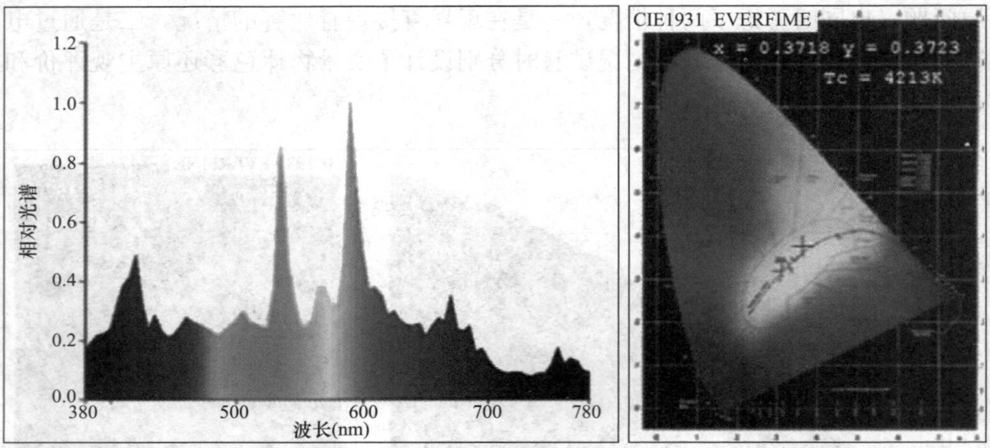

颜色参数:
色品坐标: x=0.3718　y=0.3723/u'=0.2212　v'=0.4983(duv=5.29e–04)
相关色温: Tc=4213K　主波长: λd=577.9nm　色纯度: Pur=23.3t　质心波长: 565.0nm
色比: R=16.98　G=79.38　B=3.88　峰值波长: λp=590.0nm　半宽度: Δλp=14.7nm
显色指数: Ra=83.5
R1=82　R2=91　R3=96　R4=85　R5=84　R6=90　R7=83
R8=56　R9=–19　R10=77　R11=87　R12=83　R13=86　R14=98　R15=69

图 3　金卤灯 2 测试光谱图

Fig. 3　Spectrum of metal halide lamp 2

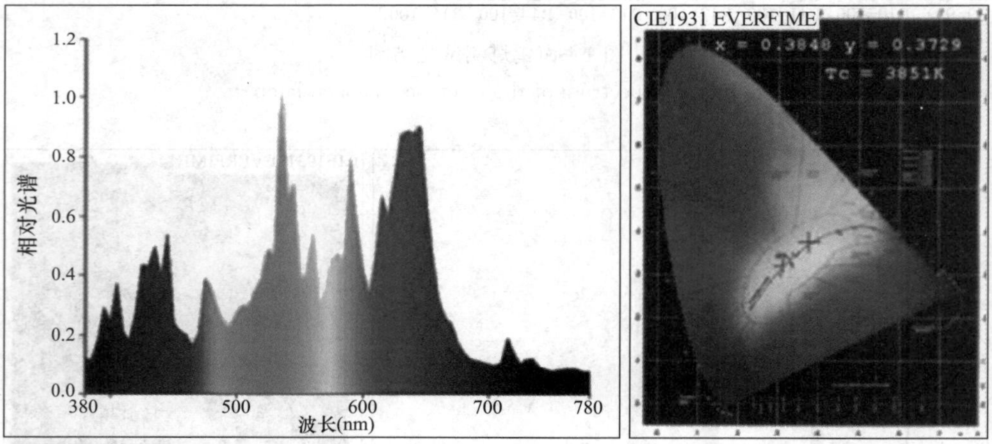

颜色参数:
色品坐标: x=0.3848　y=0.3729/u'=0.2296　v'=0.5005(duv=–3.09e–03)
相关色温: Tc=3851K　主波长: λd=581.3nm　色纯度: Pur=27,4t　质心波长: 573.0nm
色比: R=21.68　G=75.18　B=3.38　峰值波长: λp=535.0nm　半宽度: Δλp=17.8nm
显色指数: Ra=88.0
R1=93　R2=97　R3=76　R4=84　R5=94　R6=94　R7=86
R8=81　R9=70　R10=84　R11=85　R12=84　R13=95　R14=84　R15=90

图 4　金卤灯 3 测试光谱图

Fig. 4　Spectrum of metal halide lamp 3

1.2.1　实景物体色彩还原主观评价

实景物体色彩还原主观评价在中国建筑科学研究院国家建筑安全和环境重点实验室光度实验内的四个全黑的左右相互隔开正面敞开的小室内进行，实验场地尺寸为宽度 2.5m、高度 3.5m、长度 4.0m。实验台上物体中心高度 1.5m，人眼睛高度 1.5m。采用四种光源分别照亮观看实验主体目标：鲜花、水果、色卡和人物（见图 5～图 6）。试验时由一组试验者逐个观看或同时观看，对物体色彩还原效果作出评价并且打分。

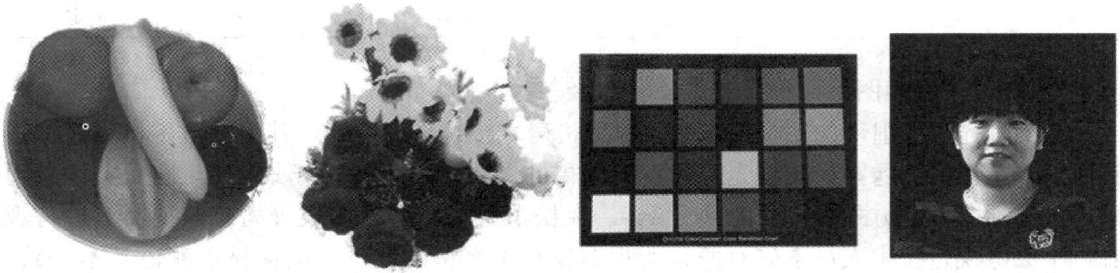

图 5　实验观看目标

Fig. 5　Visual targets for evaluation

图 6　实验现场布置图

Fig. 6　General layout scheme for the experiment

1.2.2　视频图像色彩还原主观评价

1.2.2.1　视频图像拍摄

拍摄由项目研究组统一组织，分别拍摄并记录卤钨灯和三种金属卤化物灯照射下的图像（拍摄内容见表 2）。卤钨灯和三种金属卤化物灯在光度实验室内四个并排的全黑空间内进行，每种场景目标面照度调整到 2000lx。视频图像采用的仪器设备包括：摄像机采用 HDAVS 公司的 HDC－1680 高清摄像机，镜头采用 CANON 公司的 HJ22ex7.6BIRSE，监视器使用 1 台 SONY 公司的 17 英寸液晶监视器等。摄像机拍摄的图像通过高清同轴传输到高清监视器进行监测。每个场景测试前都对摄像机进行黑白平衡校正，测试过程中通过摄像机面板对摄像机参数进行调整。

场景拍摄内容和相应景类　　**表 2**

The contents of television pictures and capture mode　　**Table 2**

序号	拍摄主体	画面描述	主要考察属性	景类	镜头运动
1	鲜花	各种鲜艳色彩的假花	色彩还原	特写	固定

续表

序号	拍摄主体	画面描述	主要考察属性	景类	镜头运动
2	水果	各种颜色的假水果	质地和色彩还原	特写	固定
3	人物	模特正面	肤色效果	近景	固定
4	色卡	24 色方格测试卡	单色还原	特写	固定

1.2.2.2 视频图像评价

将四种光源照射下的图像按场景在对编机房直接编辑成序列，其中一盒磁带为卤钨灯具照射下拍摄的图像，另三种光源照射下拍摄的图像。每个拍摄场景 30s，同一类场景间采用黑底加字幕的方式隔开，时间为 10s。在松下公司两台技监级等离子监视器上进行观看，中央电视台技术人员事先对两台监视器进行了严格的调试，确保显示颜色基本一致，其系统连接示意图如图 7 所示。

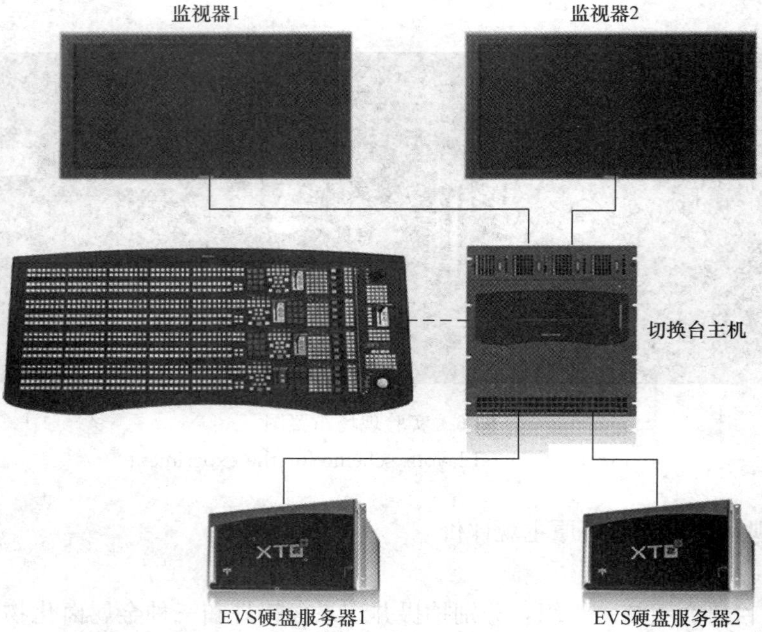

图 7 主观评价室系统连接示意图

Fig. 7 The schematic diagram of the subjective evaluation room

将卤钨灯照射下的图像依次与三种光源照射下的图像进行对比，即每次播放图像时下面的监视器为卤钨灯下拍摄的图像，上面的监视器为其他照明光源下拍摄的图像，将两图像进行比较进行主观评价打分。

1.2.3 评分标准

本研究采用 5 分制标准来评价观看目标的色彩还原性能，与标准光源卤钨灯照射的图像相比越接近则得分越高，最高分为 5 分，具体评价标准见表 3。

物体色彩还原主观评价标准 表 3

Color reproduction subjective evaluation rating Table 3

主观评价	评价描述	分值
优	色彩还原极佳，十分满意	5
良	色彩还原佳，比较满意	4
中	色彩还原一般，尚可接受	3
差	色彩还原差，勉强能看	2
劣	色彩还原低劣，无法观看	1

1.3 评测人员

1.3.1 实景物体色彩还原主观评价

实景物体色彩还原主观评价评测人员为大专以上成人，视力正常者，其中：

1）参加实景物体色彩还原主观评价（金卤灯）的人数共 35 人，其中男 23 人女 12 人。年龄段分布：20～30 岁 19 人；31～40 岁 9 人；40 岁以上 7 人。

2）参加实景物体色彩还原主观评价（LED 灯）的人数共 40 人，其中男 27 人女 13 人。年龄段分布：20～30 岁 18 人；31～40 岁 16 人；40 岁以上 6 人。

1.3.2 视频图像色彩还原主观评价

在开展实景物体色彩还原主观评价的同时，还对金卤灯开展了视频图像色彩还原主观评价，评测人员包括电视导播、灯光师、摄像师、化妆师、服装师、体育台转播以及设计院、研究机构的技术专家等，具有较为广泛的代表性和专业性，评测现场见图 8。参与视频评价共 20 人，男 14 人，女 6 人。年龄段分布：20～30 岁 2 人；31～40 岁 7 人；41～50 岁 3 人；50 岁以上 8 人。

图 8 视频图像色彩还原主观评价现场图

Fig. 8 Pictures of subjective evaluation for television picture color reproduction

2 测评结果

2.1 实景物体色彩还原主观评价

现场主观评价对象是鲜花、水果和色卡，由于参加评价的人数较多，人物始终保持一种状态实现难度较大，所以现场试验时没有选择人物作为评价对象。

2.1.1 实景物体色彩还原主观评价——金卤灯现场评价结果显示几种金卤灯光源色彩还原差异性比较明显，特别是显色指数 R_a 为 65 的光源与显色指数为 80 和 90 的光源之间有很明显的差异，且该差异在统计学上具有显著意义。评价结果见图 9 和表 4。

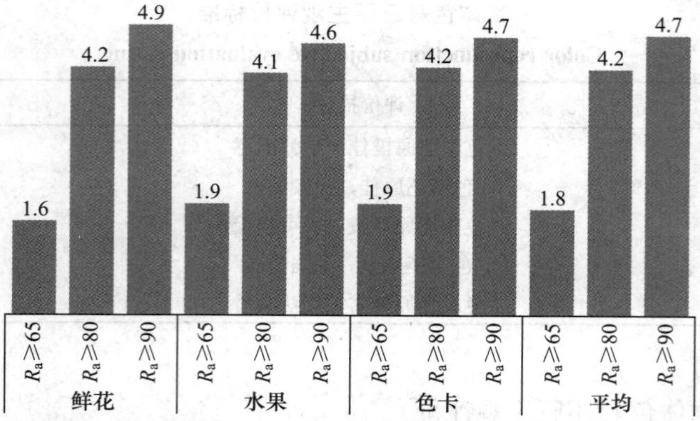

图 9 实景物体色彩还原主观评价结果对比图（金卤灯）

Fig. 9 Comparison for subjective evaluation results of color difference under the illumination of metal halide lamps with different CRI

实景物体色彩还原主观评价结果对比表（金卤灯） **表 4**

Comparison for subjective evaluation results of color difference under the illumination of metal halide lamps with different CRI **Table 4**

评价对象	光源（I）	光源（J）	光源（I）与光源（J）下主观评价平均分差	显著性水平
鲜花	65.00	80.00	−2.56（*）	0.000
	65.00	90.00	−3.28（*）	0.000
	80.00	90.00	−0.73（*）	0.000
水果	65.00	80.00	−2.17（*）	0.000
	65.00	90.00	−2.71（*）	0.000
	80.00	90.00	−0.54（*）	0.000
色卡	65.00	80.00	−2.28（*）	0.000
	65.00	90.00	−2.74（*）	0.000
	80.00	90.00	−0.46（*）	0.000

注：*—当显著性水平小于 0.05 时，两种光源下主观评价平均分差统计学上具有显著意义。

2.1.2 实景物体色彩还原主观评价——LED 灯针对 LED 照明产品在体育照明应用的发展趋势，本研究又补充增加了关于不同显色指数 LED 照明条件下的实景物体色彩还原主观评价。现场评价结果显示几种 LED 光源色彩还原差异性比较明显，且该差异在统计学上具有显著意义。评价结果见图 10 和表 5。

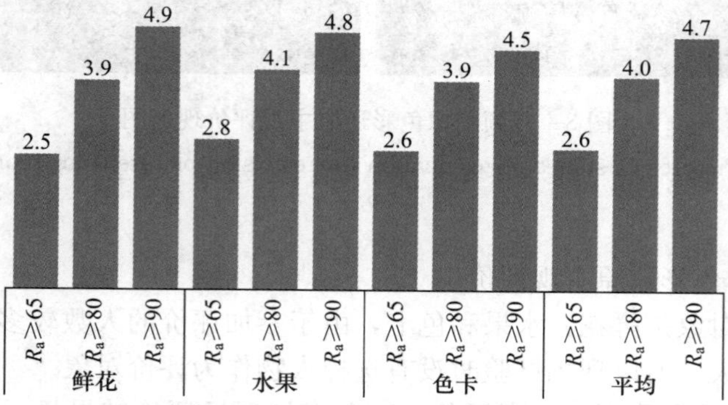

图 10 实景物体色彩还原主观评价结果对比图（LED 灯）

Fig. 10 Comparison for subjective evaluation results of color difference under the illumination of LED light sources with different CRI

实景物体色彩还原主观评价结果对比表（LED灯） 表5

Comparison for subjective evaluation results of color difference under the illumination of LED light sources with different CRI Table 5

评价对象	光源（I）	光源（J）	光源（I）与光源（J）下主观评价平均分差	显著性水平
鲜花	65.00	80.00	−1.26（*）	0.000
	65.00	90.00	−2.38（*）	0.000
	80.00	90.00	−1.13（*）	0.000
水果	65.00	80.00	−1.17（*）	0.000
	65.00	90.00	−2.01（*）	0.000
	80.00	90.00	−0.74（*）	0.000
色卡	65.00	80.00	−1.28（*）	0.000
	65.00	90.00	−1.94（*）	0.000
	80.00	90.00	−0.66（*）	0.000

2.2 视频图像色彩还原主观评价——金卤灯视频图像主观评价对象是鲜花、水果、色卡和人物。评价结果显示几种光源色彩还原差异性比较明显，具体结果如下（见表6和图11）：

视频图像色彩还原主观评价结果对比表（金卤灯） 表6

Comparison for subjective evaluation results of television picture color reproduction under the illumination of metal halid lamps with different CRI Table 6

评价对象	光源（I）	光源（J）	光源（I）与光源（J）下主观评价平均分差	显著性水平
鲜花	65.00	80.00	−1.82（*）	0.000
	65.00	90.00	−2.39（*）	0.000
	80.00	90.00	−0.56（*）	0.000
水果	65.00	80.00	−1.46（*）	0.000
	65.00	90.00	−1.76（*）	0.000
	80.00	90.00	−0.30（*）	0.000
色卡	65.00	80.00	−1.18（*）	0.002
	65.00	90.00	−1.65（*）	0.000
	80.00	90.00	−0.48（*）	0.001
人物	65.00	80.00	−2.02（*）	0.000
	65.00	90.00	−2.64（*）	0.000
	80.00	90.00	−0.62（*）	0.000

注：*—当显著性水平小于0.05时，两种光源下主观评价平均分差统计学上具有显著意义。

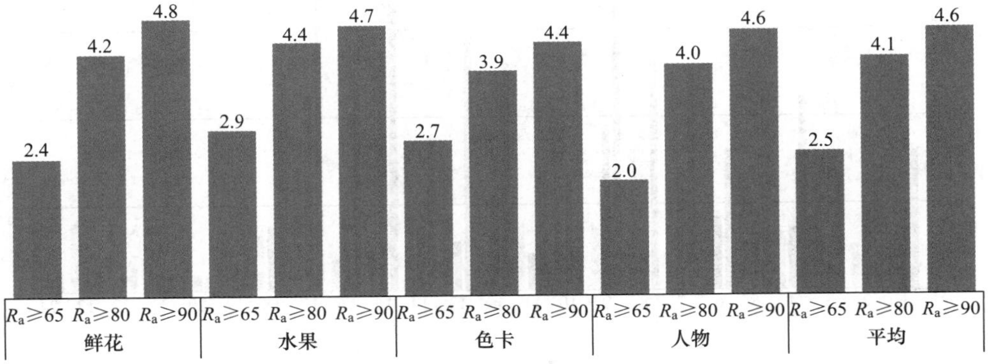

图11 视频图像色彩还原主观评价结果对比图（金卤灯）

Fig. 11 Comparison for subjective evaluation results of television picture color reproduction under the illumination of metal halid lamps with different CRI

1）不同光源对于主观感受的影响规律基本与现场主观测评一致；

2）通过摄像机处理后，光源显色性对于人主观感受的影响有所减弱；

3）当照射光源为显色指数 65 时，以人物为评价对象时得分最低，这是由于该光源对于人的唇部的红润颜色还原性差，因此光源 R9 较差时较难得到理想的结果。

2.3　光源不同显色指数下色卡色差测试结果

为了评判标准色卡在不同显色指数光源下的色彩差异，本研究选择标准光源和三种不同显色指数金卤灯光源分别在实验室利用分光光度计测量了色卡各个色块反射光谱分布；并用光谱仪测量了四种光源光谱，从而计算出每种光源的色差，结果见图 12～图 13。从测试结果可以发现 R_a65 光源照射下色块 9、15、17 等色块与卤钨灯具有较为巨大的色差，这也进一步显示出由于 R_a65 光源在红色系的还原能力较差，该结果与主观评价结果十分吻合。

图 12　24 色标准色卡各颜色编号图

Fig. 12　Color Checker chart and code of the color patches

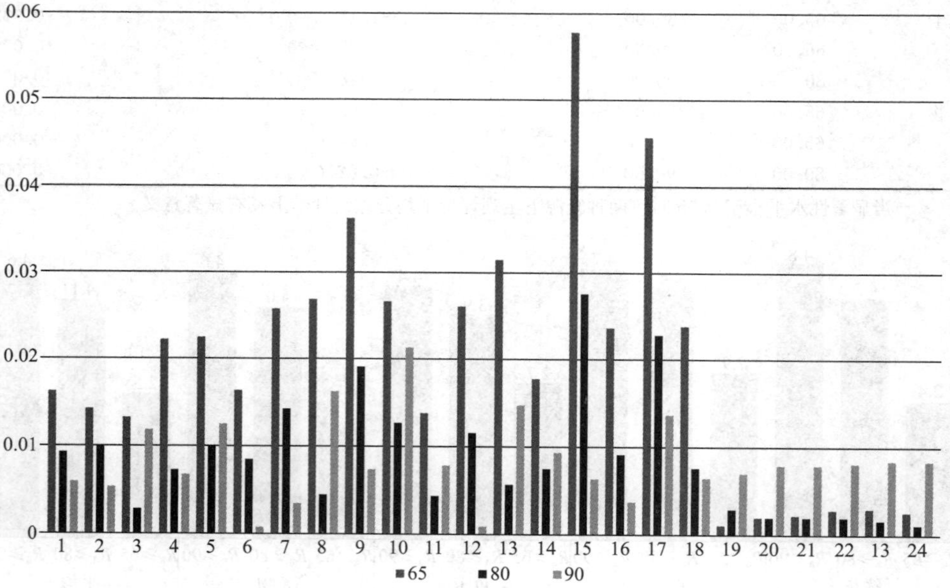

图 13　三种金卤灯光源照射 24 个色块色差对比图

Fig. 13　Comparison for color difference of color patches of Color Checkerchart under the illumination of metal halide lamps with different CRI

2.4 实景和视频评价结果

将上述实验研究结果按评价方式和光源显色指数进行归纳，结果以表7、表8的方式表示。

实景主观评价结果 **表7**

Subjective evaluation results of color difference under the illumination of light sources with different CRI **Table 7**

分类		$R_a \geqslant 65$			$R_a \geqslant 80$			$R_a \geqslant 90$		
		鲜花	水果	色卡	鲜花	水果	色卡	鲜花	水果	色卡
金卤灯与卤钨灯		1.6	1.9	1.9	4.2	4.1	4.2	4.9	4.6	4.7
LED与卤钨灯		2.5	2.8	2.6	3.9	4.1	3.9	4.9	4.8	4.5
平均值（分）	金卤灯	1.80			4.17			4.74		
	LED灯	2.63			3.90			4.73		

视频主观评价结果 **表8**

Subjective evaluation results of television picture color reproduction under the illumination of metal halide lamps with different CRI **Table 8**

分类	$R_a \geqslant 65$				$R_a \geqslant 80$				$R_a \geqslant 90$			
	鲜花	水果	人物	色卡	鲜花	水果	人物	色卡	鲜花	水果	人物	色卡
金卤灯与天然光	2.4	2.9	2.1	2.2	4.1	4.2	3.9	3.8	4.7	4.8	4.4	4.3
金卤灯与卤钨灯	2.4	2.9	2.0	2.7	4.2	4.4	4.0	3.9	4.8	4.7	4.6	4.4
平均值（分）	2.50				4.13				4.63			

3 结论及建议

3.1 结论

1）显色指数是影响照明质量的重要指标，显色指数较低的光源下标准色卡颜色和标准光源下标准色卡有明显的偏差，而较高的显色指数能够获得更为良好的视觉舒适度；

2）显色指数65的光源与显色指数80及以上光源照射下的场景主观评价存在较为明显而显著的差异；

3）显色指数80的光源与显色指数90的光源之间的差异相对较小，且均能得到较为良好的视觉环境质量；

4）在现场评价中，光源对于红色目标的还原能力，也就是光源特殊显色指数 R_9，是影响视觉环境评价的重要因素之一。

3.2 建议

根据本研究，建议在体育场馆照明应用采用显色指数80以上的光源，当经济允许的条件下推荐采用显色指数90以上的光源；同时建议在后续标准中考虑光源特殊显色指数 R_9 的规定。

致谢：本项目研究工作得到来自中央电视台、设计院、研究机构、照明企业等单位的技术专家给予的大力支持和协助，在此对他们表示由衷的感谢。

参考文献

[1] 体育场馆照明设计及检测标准：JGJ 153—2007 [S]. 北京：中国建筑工业出版社，2007.

[2] 照明光源颜色的测量方法：GB/T 7922—2008 [S]. 北京：中国标准出版社，2009.

[3] Method of measuring and specifying colour rendering properties of light sources：CIE 13. 3：1995.

基于体育场馆照明的马道设置方法的研究

林若慈　朱　悦

引言

体育场馆的照明系统是场馆最重要的设施之一，也是体育场馆中技术要求最高的部分，照明的好坏会直接影响竞赛公平、转播效果、球员安全、观众气氛等一系列最重要的竞赛核心内容。而其中，马道的设置对体育照明无疑是至关重要的，它不仅会严重影响照明的质量和数量，同时还会带来更多的能源消耗。对于体育场馆来说，马道位置的设置与建筑、结构、电气、照明等多个专业相关，不同的专业会有不同的侧重点，而且往往还会有交叉，这也是造成马道位置会被多方所随意修改的原因，甚至于致使马道无法利用。

然而，在长期的场馆建设中，很多参与者对照明的重要性并没有放在最关注的位置，因此在设计中出现了很多与要求相违背的做法，马道的设置完全没有考虑到标准中对照明最基本的要求，如马道的位置离边线太近，甚至就在边线内，这就导致了无论提高多少水平照度边线处的垂直照度也很难达到标准值；或者马道的高度过低，满足不了场地照明对眩光角度的限制要求，造成严重眩光；还有的马道太短，造成比赛场地两端头底线位置几乎没有垂直照度，或者照度很低等。此外，就照明节能而言，根据相关资料及对实际场馆的调查统计结果表明，对于同类场馆相同级别的场地照明功率密度 *LPD* 值甚至可相差几倍，这其中很重要的原因之一就是马道位置设置不合理。通过对体育场馆马道位置的研究，提出马道的正确设置方法，进一步规范马道的设计准则，力求建筑师在进行体育场馆建筑设计时能充分兼顾照明专业对马道的要求。

1　体育照明的基本要求

对于体育照明来说，竞赛、转播和安全是最重要的组成部分。随着体育运动和竞赛项目的日趋发展和普及，参与者和观看比赛的人越来越多，对照明的要求也就越来越高。照明设施必须保证运动员和裁判员能够看清比赛场地上的一切活动和场景，这样他们才能发挥出最佳水平，观众也需要在宜人的环境和舒适的条件下观看比赛。与此同时照明设计还应为观看比赛的广大电视观众提供高质量的电视转播画面。此外对于人员密集的体育场馆，确保大批人群安全出入体育场馆及在紧急情况下迅速疏散，照明也极为重要。

关于对体育场馆的照明数量和质量指标要求在《体育场馆照明设计及检测标准》JGJ 153 已有详细规定，在照明设计时对转播比赛场地照明还应强调以下方面的要求：

1.1　照明与竞赛相关的要求

(1) 灯具的安装位置一般不允许在场地正上方，某些运动如羽毛球、乒乓球等要求会更加严格；

(2) 大部分场地存在不允许安装灯具的区域，主要针对比赛时照明会对主视线产生不利影响，如排球、羽毛球、网球等；

(3) 灯具安装位置和投射角度避免对运动员产生眩光；

(4) 防止灯具的直射光或反射光（水池面）对运动员和观众席产生影响。

1.2 照明与转播相关的要求

（1）摄像机方向的垂直照度及其均匀度要满足摄像和转播的要求；

（2）色温会影响摄像机白平衡的调节，对转播级别的体育场馆，要求 $T_{cp}>4000K$（一般转播）或 5500K（高清转播）；

（3）显色指数会影响转播、摄像的色彩还原程度，对于转播级别的体育场馆，$R_a>80$（一般转播）或 $R_a>90$（高清转播）；

（4）灯具安装位置和投射角度有时还会对摄像机产生眩光。

1.3 安全要求

这需要满足国家和项目地区所要求的应急照明规定。

2 马道设置需要考虑的问题

2.1 马道设计中可能产生的误区

（1）建筑设计师对马道美观的要求之一：马道设置在钢架或网架内部。照明标准规定，在灯具与场地之间不能有障碍物存在。而很多人认为灯具装在钢架里面，光可以通过钢架缝隙传递即可，这是非常错误的观点。如果灯具数量较多，挡掉的这部分光是不能忽略的。当灯具的部分光线被结构所阻挡，受影响的不仅仅是被照面获得的光减少了，这种不规则的被照亮的钢架不但不美观，反而会起到反作用。为了避免这种现象，很多项目的马道安装在钢架内部，而灯具吊到钢架下部安装，虽然可以杜绝上面的现象，但所有的安装、调试、维修都要人员到马道下面完成，一是失去了马道作为载体的便利性，二是可能会造成一定的安全隐患，因此可以说马道设置在钢架内部是极不合理的。

（2）建筑设计师对马道美观的要求之二：马道位置与建筑结构，如顶棚的造型相关联。首先需要说明，在灯具开启或者比赛进行时，灯具的相对中心光强可以达到 $2\times10^4\sim3\times10^4cd/klm$，绝对光强可以达到 $2\times10^6\sim5\times10^6cd$，亮度很高，如果直视灯具，由于人眼对光线的自适应性，如此高的灯具表面亮度其背景会被看成一片漆黑，根本无法看清背景的样式、颜色等，就实际情况而言，观众的注意力也都全部集中在场地而非顶部，因此可以说，顶部的马道造型或装饰，都是无法在正常使用时受到关注的。而如果过度强调马道和顶棚之间的对应关系，结果很可能会影响场地照明的合理性。在体育场馆照明中，可以在不影响功能需求的前提下，兼顾建筑的美观。

2.2 空间设施对照明系统的阻挡

在有些场馆项目中，由于前期多个专业的沟通协调不通畅，使得通风管道、管线、音响设备等会出现在低于马道标高的位置，对灯光造成遮挡，这是完全不符合要求的。有的场馆空间有媒体视频设备，往往会对灯具投射的光线造成阻挡，在照明设计时要尽量避开这些设施。

2.3 马道几何尺寸、刚性要求及荷载问题

在马道上不但需要安装灯具、音响设备，还要承载电缆、桥架或线槽、安装附件等大量设备，同时还要承载人的通行、维修操作等，因此过小的尺寸会无法满足承载要求。此外，由于大功率灯具的镇流器箱体往往都是分离式的，需要安装在马道上，因此建议马道宽度不宜低于 1m，净空高度不宜低于 1.5m。

对马道刚性的要求是灯具的投射位置不会因马道的扭曲和变形造成偏差，相对于体育馆照明，高质量灯具投射角的精度需要控制在 2°以内，而体育场要求的精度会更高。同时

对马道的刚性要求也会随着增加。

由此可见，马道需要较大的荷载能力才能满足功能和安全需求，实践经验表明，HDTV级别的体育建筑马道的荷载需要达到350～400kg/m才能满足要求，而过低的荷载预留可能会发生危险。

3 马道位置的设置方法

在体育场馆马道的设计中，需要考虑以上所有因素，而其中最重要的是马道位置对照明效果的影响，以下将主要对这部分内容进行分析研究。

3.1 水平照度、垂直照度与马道的关系

在转播级别的体育照明中，往往主摄像机和辅助摄像机分别设置在不同的方向，具体的位置与运动的特点有关。这里以主、辅摄像机分别设置在比赛场地的边线后和底线后为例进行论述。灯具应尽量提供两个方向摄像机的垂直照度，灯具的投射方向基本都是倾斜的，灯具在X和Y方向分别提供辅摄像机和主摄像机方向的垂直照度。在转播级别的照明中，主、辅摄像机的垂直照度有差别，如Ⅵ为2000/1400（lx），Ⅴ级为1400/1000（lx），Ⅳ级为1000/750（lx），比例在1∶0.7～1∶0.75之间，因此$\sin A$∶$\sin B$=1∶0.75，也就是说A角要大于B角，如图1所示。两个方向的垂直照度都是有均匀度要求的，这就意味着所有的计算点应该尽量按照相似的投射原理进行设计。综合考虑上面的角度关系，为了保障辅摄像机的垂直照度，场地底线侧的马道相当重要，底线后马道的最佳位置是满足投射到计算点的灯具俯视投射角度要满足上面所说的角度关系。

3.2 灯具投射角度与马道位置的关系

灯具投射角度直接影响水平照度E_h、垂直照度E_v、照度均匀度和眩光指数GR等各项照明指标，在马道设计时必须给予高度重视。

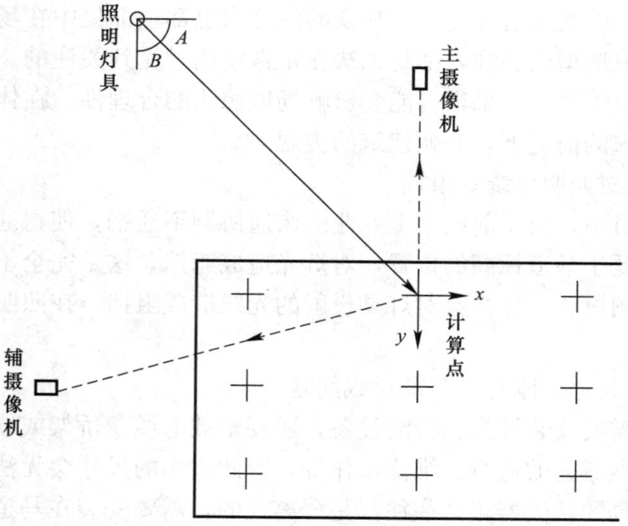

图1 灯具投射方向示意图

Fig. 1 Schematic diagram of aiming direction for luminaire

（1）投射到场地近边线处的位置要求在体育照明中，平均水平照度和平均垂直照度都有照度比率和均匀度的要求，相比之下，垂直照度的均匀度更加复杂。灯具投射到最远边线和最近边线的两个角度 φ 和 θ 是决定各主要照明指标的重要因素，θ 角度则是决定近边线位置垂直照度、照度均匀度和照度比率的关键。

（2）投射到场地远边线处的位置要求在体育照明中，有一个重要的指标，就是眩光指数最大值不能超过体育照明标准要求的数值：体育场 $GR<50$，体育馆 $GR<30$，最简单的方法可以通过 φ 角来预判 GR 是否能达到眩光限制值的要求，限制 φ 角主要是为了满足眩光指数的要求。因此，马道的位置既要满足 θ 角的要求，又要满足 φ 角的要求，这也将是设置马道时所需要考虑的最重要的条件。

4　确定马道的位置参数

马道的位置参数包括马道距比赛场地近边线的水平距离 d、马道距地面的高度 h 和马道距场地中心点的水平距离 s 等。根据国内外相关标准和设计经验及计算分析研究结果可得到以下灯具安装位置要求。

（1）国际足联（FIFA）标准（2002、2007、2011）适用于Ⅳ、Ⅴ级的灯具设施安装准则。

① 马道上灯具投射到场地与远边线之间的夹角最小为 25°，最大不超过 40°（包括双马道）。四角灯塔照明灯杆上灯具投射到场地与场地中心点之间的夹角最小为 25°。

② 双排马道后排灯具投射方向与场地近边线的夹角宜为 65°～50°。

③ 球门区后面的灯具投射到场地与场地中心点之间的夹角最小为 25°，与球门中点之间的夹角为 75°。

（2）设计经验和计算分析研究结果：综合考虑水平照度、垂直照度、照度均匀度、照度比率、眩光限制等要求。

① 室外体育场

马道上灯具投射到场地与远边线之间的夹角不小于 25°，灯具投射到场地与场地近边线之夹角不大于 65°。足球场地马道中间位置水平投影距场地中心点的距离一般为 60m～80m。

② 室内体育馆

马道上灯具投射到场地与远边线之间的夹角不小于 30°，灯具投射方向与场地近边线之夹角不大于 65°或 60°。单排马道位置和灯具投射角度符合图 2 要求，如采用双排马道，则前排马道位置符合 $\varphi \geqslant 25°$，后排马道符合 $\theta \leqslant 65°$的要求，见图 3。

依据上述提供的马道设计准则对典型场馆的马道位置（图 1）的设计参数按式（1）和式（2）进行计算：

$$d = w \times \tan\varphi \tan\theta - \tan\varphi \tag{1}$$

$$h = d \times \tan\theta \tag{2}$$

对于双马道（图 3），设定前排马道正好处在近边线上方且前后两排马道高度相同，这样就很容易计算出马道的各项设计参数。计算结果如表 1～表 9 所示，表中的马道计算参数基本上都能达到照明设计的要求。

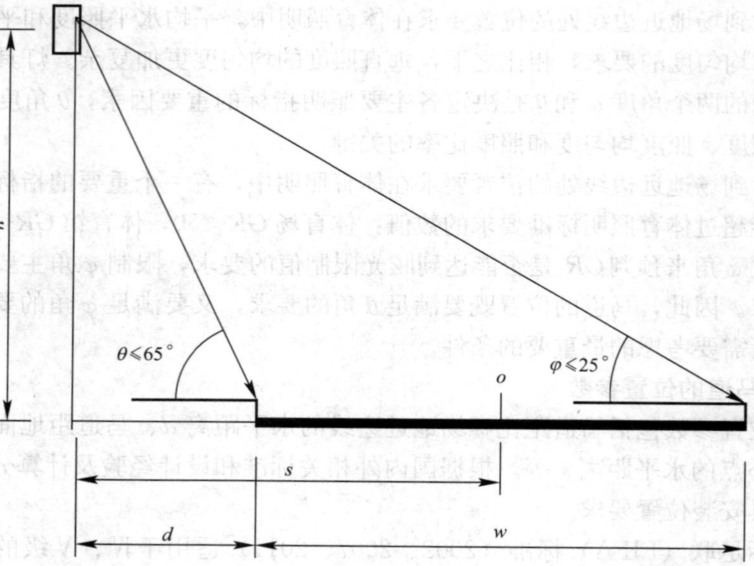

图 2　单马道灯具投射角

Fig. 2　Luminaire aiming angle for single catwalk（each side）

图中：φ　为灯具投射方向与场地远边线之夹角（单位:°）；

θ　为灯具投射方向与场地近边线之夹角（单位:°）；

w　为场地宽度（单位：m）；

d　为灯具（马道）水平投影距近边线距离（单位：m）；

h　为灯具（马道）距地面的高度（单位：m）；

d'　为双马道后排灯具（马道）水平投影距近边线距离（单位：m）；

s　为单马道灯具（马道）水平投影距场地中心点距离（单位：m）；

s_1，s_2　为双马道两排灯具（马道）水平投影距场地中心点距离（单位：m）。

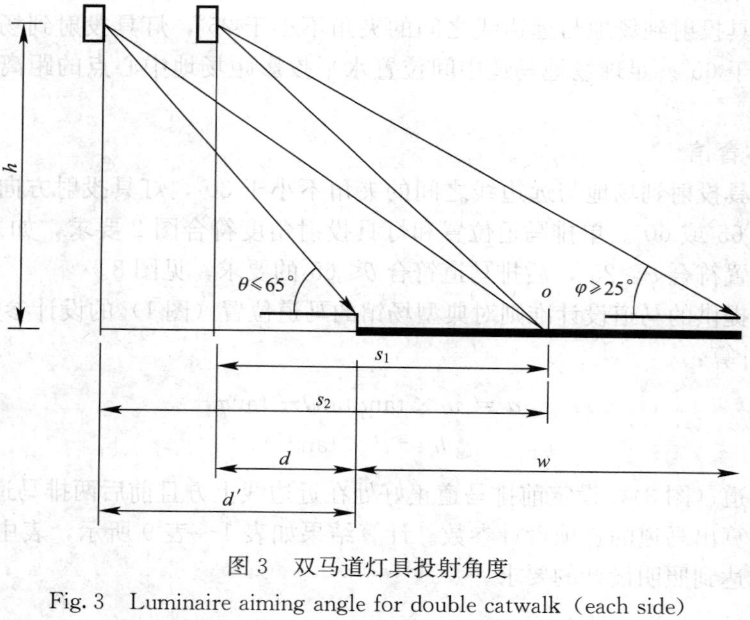

图 3　双马道灯具投射角度

Fig. 3　Luminaire aiming angle for double catwalk（each side）

室外体育场单马道灯具安装高度与各计算参数对应表　　表 1

Single catwalk（each side）for athletics-Luminairemouting height and calculation parameters incorresponding table　　Table 1

项目	φ（°）	θ（°）	w（m）	d（m）	h（m）	s（m）
田径（足球）	25	70	93	19.1	52.5	65.6
		65		25.8	55.4	72.3
		60		34.2	59.3	80.7
		55		45.1	64.4	91.6
	30	70		24.7	68.0	71.2

关于计算结果的几点说明：

（1）表 1、表 2 中 θ 角度取值 70°时，往往会导致近边线附近的垂直照度不足且水平/垂直照度比率失调，一般不建议采用。

（2）对于小型的比赛场地一般可不采用双马道，如专用篮排球馆等。

室外体育场双马道灯具安装高度与各计算参数对应表　　表 2

Double catwalk（each side）for athletics-Luminairemouting height and calculation parameters incorresponding table　　Table 2

项目	φ（°）	θ（°）	w（m）	d'（m）	h（m）	s_1（m）	s_2（m）
田径（足球）	25	70	93	15.8	43.3	46.5	62.3
		65		20.2	43.3	46.5	66.7
		60		25.0	43.3	46.5	71.5
		55		30.3	43.3	46.5	76.8
		50		36.3	43.3	46.5	82.9
	30	70		19.5	53.7	46.5	66.0
		65		25.0	53.7	46.5	71.5

专用足球场单马道灯具安装高度与各计算参数对应表　　表 3

Single catwalk（each side）for soccer-Luminaire mouting height and calculation parameters in corresponding table　　Table 3

项目	φ（°）	θ（°）	w（m）	d（m）	h（m）	s（m）
足球	25	70	68	13.9	38.2	47.9
		65		18.9	40.5	52.9
		60		25.0	43.4	59.0
		55		32.9	47.1	66.9
	30	65		25.1	53.7	59.1

专用足球场双马道灯具安装高度与各计算参数对应表　　表 4

Double catwalk（each side）for soccer-Luminaire mouting height and calculation parameters in corresponding table　　Table 4

项目	φ（°）	θ（°）	w（m）	d'（m）	h'（m）	s_1（m）	s_2（m）
足球	25	70	68	11.5	31.7	34	45.5
		65		14.8	31.7	34	48.8
		60		18.3	31.7	34	52.3
		55		22.2	31.7	34	56.2

续表

项目	φ (°)	θ (°)	w (m)	d' (m)	h' (m)	s_1 (m)	s_2 (m)
		50	26.6	31.7	34	60.6	
	30	65		18.3	39.2	34	52.3
		60		22.7	39.2	34	56.7

综合体育馆单马道灯具安装高度与各计算参数对应表　　表 5

Single catwalk (each side) for gymnasium-Luminaire mouting height and calculation parameters in corresponding table　　Table 5

项目	φ (°)	θ (°)	w (m)	d (m)	h (m)	s (m)
体操（篮排球）	30	65	28	10.3	22.1	24.3
		60		14.0	24.2	28.0
		55		19.0	27.1	33.0
		50		26.3	31.3	40.3
	35	65		13.5	29.0	27.5
		60		19.0	32.9	33.0
		55		26.9	38.4	40.9
	40	65		18.0	38.6	32.0

体育馆双马道灯具安装高度与各计算参数对应表　　表 6

Double catwalk (each side) for gymnasium-Luminaire mouting height and calculation parameters in corresponding table　　Table 6

项目	φ (°)	θ (°)	w (m)	d' (m)	h' (m)	s_1 (m)	s_2 (m)
体操（篮排球）	30	65	28	7.6	16.2	14	21.6
		60		9.3	16.2	14	23.3
		55		11.3	16.2	14	25.3
		50		13.6	16.2	14	27.6
	35	65		9.1	19.6	14	23.1
		60		11.3	19.6	14	25.3
		55		13.7	19.6	14	27.7
	40	65		11.0	23.5	14	25.0
		60		13.6	23.5	14	27.6

专用篮排球馆单马道灯具安装高度与各计算参数对应表　　表 7

Single catwalk (each side) for basketball-Luminaire mouting height and calculation parameters in corresponding table　　Table 7

项目	φ (°)	θ (°)	w (m)	d (m)	h (m)	s (m)
篮球排球	30	65	15	5.5	11.8	13.0
		60		7.5	13.0	15.0
		55		10.2	14.5	17.7
		50		14.1	16.8	21.6
	35	65		7.3	15.6	14.8
		60		10.2	17.6	10.2

续表

项目	φ (°)	θ (°)	w (m)	d (m)	h (m)	s (m)
		55		14.4	20.6	21.9
		50		21.3	25.4	28.8
	40	65		9.6	20.7	17.1
		60		14.1	24.4	21.6
		55		21.4	30.5	28.9

网球馆单马道灯具安装高度与各计算参数对应表 **表 8**

Double catwalk (each side) for tennis-Luminaire mouting height and calculation parameters in corresponding table **Table 8**

项目	φ (°)	θ (°)	w (m)	d (m)	h (m)	s (m)
网球	30	65	18.5	6.8	14.6	16.1
		60		9.2	16.0	18.5
		65		12.5	17.9	21.8
		50		17.4	20.7	26.6
	35	65		9.0	19.2	18.2
		60		12.6	21.7	21.8
		55		17.8	25.4	27.4
	40	65		11.9	25.5	21.2
		60		17.4	30.1	26.6

（3）考虑到游泳跳水馆的特殊性，比赛级的游泳跳水馆原则上应采用双马道布置方式。

（4）表 9 中游泳馆的计算参数只是按一般原则进行的推算，并不完全适用于实际的照明设计，尤其是转播级的场馆除了要考虑对运动员产生的眩光外，还要考虑水面反射眩光对观众席的影响，且跳水的高度计算也比较复杂，需要专题论述。

游泳馆双排马道灯具安装高度与各计算参数对应表 **表 9**

Single catwalk (each side) for swimming pool-Luminaire mouting height and calculation parameters in corresponding table **Table 9**

项目	φ (°)	θ (°)	w (m)	d′ (m)	h′ (m)	s_1 (m)	s_2 (m)
游泳	30	65	25	6.7	14.4	12.5	19.2
		60		8.3	14.4	12.5	20.8
		55		10.1	14.4	12.5	22.6
		50		12.1	14.4	12.5	24.6
	35	65		8.2	17.5	12.5	20.7
		60		10.1	17.5	12.5	22.6
		55		12.3	17.5	12.5	24.8
	40	65		9.8	21.0	12.5	22.3
		60		12.1	21.0	12.5	24.6

上述计算中马道高度是指其中心点的位置高度，马道端点的位置高度可以根据以下原则确定：室外体育场马道端点上灯具投射方向与场地中心点的夹角不小于 25°，室内体育馆马道端点上灯具投射方向与场地中心点的夹角不小于 30°。

5 马道的形状和数量

对于体育照明来说，建筑师和结构工程师需要更多地了解灯具安装位置的要求，综合之前所叙述的内容，即灯具位置需要符合以下要求。

（1）灯具最近的投射角度（影响 E_h、E_v 数值、E_h/E_v 比例关系、均匀度）。

（2）灯具最远的投射角度（影响 E_h、E_v 数值、E_h/E_v 比例关系、均匀度、GR 眩光指数最大值）。

（3）灯具不允许安装的位置（如场地正上方，球门区底线两侧 15°范围，比赛时运动员的主视线方向等）。

（4）其他可能影响照明质量和设备安装的因素。

5.1 马道的形状

在很多情况下，马道设计往往需要考虑建筑美观和造型，这样就会需要更多的灯具数量和更大的能耗等，通常需要在两者之间达到权衡。最理想的马道形式最好能与比赛场地的形状相对应，如圆形场地采用圆形马道、椭圆形场地采用椭圆马道、方形场地采用方形马道等等。

5.2 马道的最佳位置和数量

在马道设置中，究竟采用什么样的马道和几条马道合适，最根本的原则来源于上述照明要求，下面就这一问题加以论述。

图 4（a）马道方案 1，是理想的马道方案，当灯具投射到场地远、近两个边线与地面的夹角分别为 25°（体育馆是 30°）和 65°时，两虚线的交点正好落在可以设置马道的位置上，单排马道即可完成所有的要求，钢结构的投入会最节省，效果会最简洁，虽然灯具数量不一定是最少，但马道结构和照明系统的总造价一定是最低的。如果交点比设置马道的位置低，马道需要再提高，则由于更远的投射距离，会导致灯具数量增加；如果交点比设置马道的位置高，严格来说，应该设置 2 条马道才能满足要求，这样马道的重量和材料投入可能会增多。

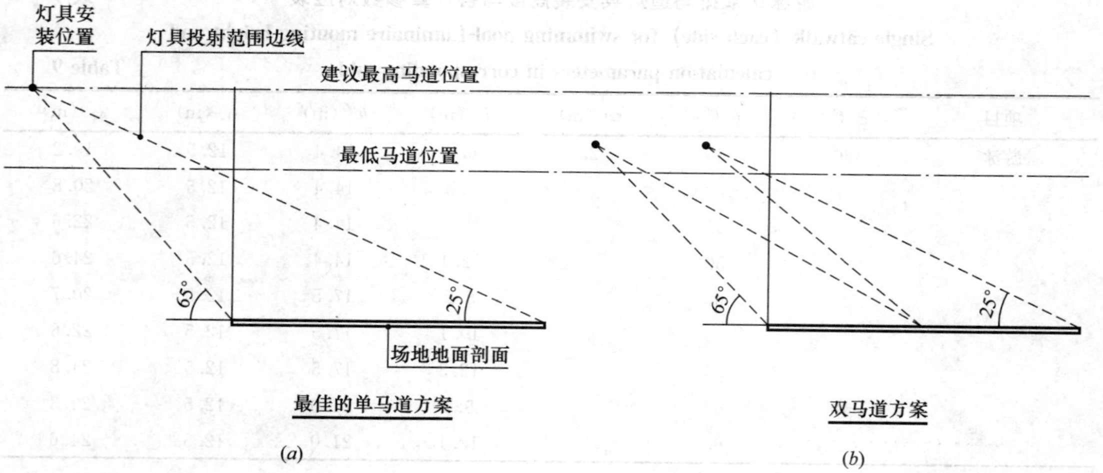

图 4 马道方案 1，2

Fig. 4 Catwalk section plan 1，2

（a）马道方案 1；（b）马道方案 2

图 4（b）马道方案 2，是典型的双马道方案，当场地高度达不到最佳上线的条件时，使用一条马道位置无法同时满足投射到远、近两个边线的两个角度的要求时，采用两排马道可分别满足远、近边线的 25°入地角、场地中线 25°入地角、后排马道同时需要满足近端边线入地角小于 65°的要求，并可获得极佳的照明效果。从理论上讲，双马道比单马道灯具数量要少，而且越是接近下面的点画线，灯具数量越少，但双马道的材料投入和施工量往往会比单马道增加 1 倍，这就需要计算多投入的马道费用是否能被整体高度降低所减少的费用使总成本得到补偿。

图 5（a）马道方案 3，是不可取的马道方案，当场地高度达不到最佳下线的条件时，使用两排马道，依然无法达到远近边线的 25°入地角和 65°（此角度已经是极限）入地角时，计算结果会无法满足 GR 的要求，灯具绝不能布置到场地的正上方，造成这个结果最大的可能是由于建筑高度不够，进而会因照明不满足要求使场馆降级使用，这也是马道中最差的方案。

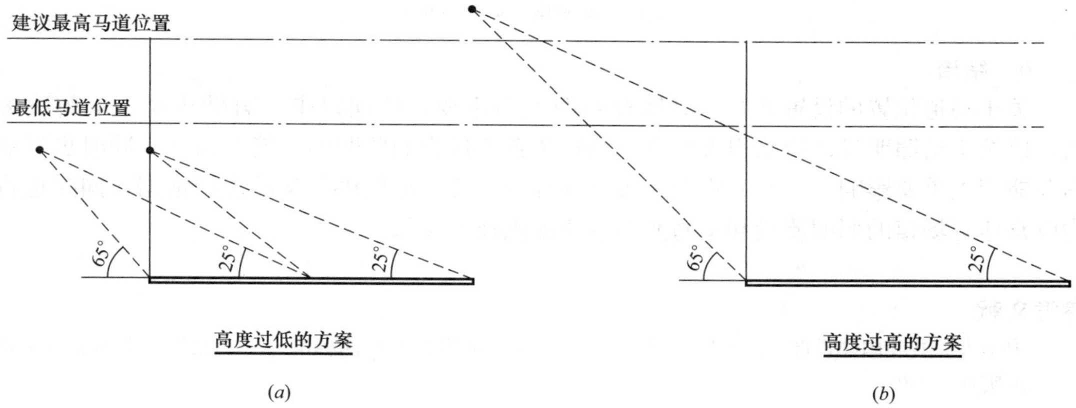

图 5　马道方案 3，4

Fig. 5　Catwalk section plan 3，4

（a）马道方案 3；（b）马道方案 4

图 5（b）马道方案 4，是马道方案 1 的延伸，当灯具位于比投射到场地远、近两个边线与地面的夹角分别是 40°和 65°的位置更高时，单排马道即可完成所有的要求，虽然钢结构的投入会最节省，但由于投射距离增加，灯具数量会随之增加，能耗和建设成本都会提升，因此，不如方案 1 优秀。

图 6 所示的马道方案，是方案 3 最低极限位置，前排马道不能进入场地内的正上方，同时需要满足灯具投射到对面边线与地面夹角大于 25°的要求。后排马道位置与近边的地面夹角小于 65°。当低于这个位置时，场地照明的参数有可能不能全部符合要求。最后，还必须强调以下马道位置是不符合要求的。

（1）转播级别场馆的单排马道紧贴场地边线正上方，这种马道安装的灯具无法满足近边线附近计算点的垂直照度的要求。

（2）过低的马道，就电视转播而言，尤其是对于 HDTV 高清转播场地，对照明的要求很高，灯具数量大、单灯功率高，在 12m 以下的空间使用会对运动员造成极不舒适的感觉，同时也会影响竞赛，因此高级别的体育场馆考虑到照明系统应限制马道的最低高度。

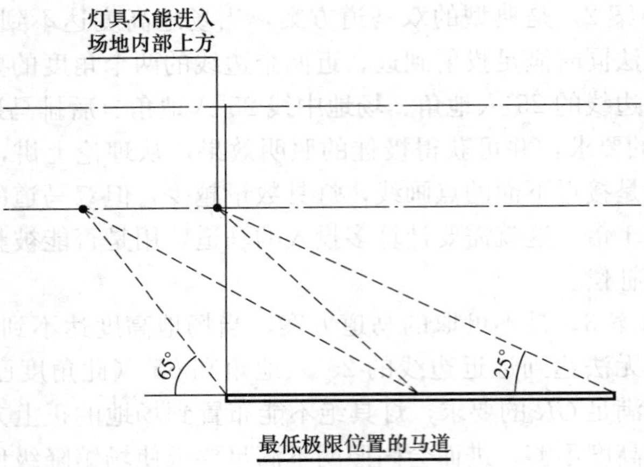

图 6　马道方案 5

Fig. 6　Catwalk section plan 5

6　结语

关于马道位置的设置问题，对体育照明尤为重要，长期以来一直缺少统一的解决方法，以至于给照明设计带来很大困难。马道位置不仅影响照明的功能性指标，同时也对照明节能产生重要影响。本研究将为相关标准合理设置马道提供科学的理论依据，同时也将为改善体育场馆的照明质量和实施照明节能提供技术保障。

参考文献

[1]　中华人民共和国建设部. JGJ 153—2007 体育场馆照明设计及检测标准［S］. 北京：中国建筑工业出版社，2007.

[2]　FOOTBOLL STADIUMS（FIFA）. lighting and power supply. FIFA，2007：164.

我国道路照明新标准的特点

李景色　李铁楠

由中国建筑科学研究院任主编单位，北京市路灯管理中心、成都市路灯管理处等八家单位为参编单位负责修编完成的《城市道路照明设计标准》CJJ 45—2006，已于2006年12月由建设部批准发布并自2007年7月1日起实施，修订后的标准（下称新标准）总的框架没有变，但条文却有不少改动。现从新标准所具有的先进性、创新性、可行性等特点入手，简要介绍其主要内容，便于大家理解和执行。

1　先进性

体现在和国际先进标准（包括国际照明委员会CIE推荐标准和一些发达国家标准）的接轨上。

1.1　关于机动车交通道路照明评价指标

新标准的亮度评价系统中的评价指标和原标准相比增加了亮度纵向均匀度，眩光控制也由原标准的规定允许采用何种配光类型的灯具改为采用阈值增量指标。此外还新增加了环境比指标，这就使得新标准的照明评价指标和CIE的完全相同，也就是说和国际先进标准接轨。

1.2　关于人行道路照明的评价指标

原标准只采用路面平均照度这一项指标，新标准增加了路面最小照度和垂直照度两项指标（从理论上讲，采用半柱面照度比垂直照度更加科学合理，但根据本标准使用者目前的接受程度并参考一些国际标准，暂时不予采用）。这一改动，既做到和CIE、美、日等国际标准接轨，也反映了新标准充分考虑了人行交通的特点和对行人的安全、舒适的重视。

1.3　关于机动车交通道路照明标准值

新标准规定的机动车交通道路照明标准值见表1。

机动车交通道路照明标准值　　表1

级别	道路类型	路面亮度			路面照度		眩光限制阈值增量 T_1（%）最大初始值	环境比 SR 最小值
		平均亮度 L_w（cd/m^2）	总均匀度 U_0 最小值	纵向均匀度 U_1 最小值	平均照度 E_W（K）维持值	均匀度 U_w 最小值		
Ⅰ	快速路、主干路（含迎宾路、通向政府机关和大型公共建筑的主要道路，位于市中心或商业中心的道路）	1.5/20	0.4	0.7	20/30	0.4	10	0.5
Ⅱ	次干路	0.75/10	0.4	0.5	10/15	0.35	10	0.5
Ⅲ	支路	0.5/0.75	0.4	—	8/10	0.3	15	—

注：1. 表中所列的平均照度仅适用于沥青路面。若系水泥混凝土路面，其平均照度值可相应降低约30%。根据本标准附录A给出的平均亮度系数可求出相同的路面平均亮度，沥青路面和水泥混凝土路面分别需要的平均照度。

2. 计算路面的维持平均亮度或维持平均照度时应根据光源种类、灯具防护等级和擦拭周期。按照本标准附录B确定维护系数。

3. 表中各项数值仅适用于干燥路面。

4. 表中对每一级道路的平均亮度和平均照度给出了两档标准值，“1”的左侧为低档值，右侧为高档值。

由表 1 可以看出，和原标准相比，各项标准值均有提高，$2cd/m^2$ 正是当前国际照明委员会（CIE）推荐标准的最高亮度水平。即使是美国和俄罗斯的标准也没达到（美国最高亮度为 $1.2cd/m^2$，俄罗斯为 $1.6cd/m^2$）这个水平，新标准却达到了。

1.4　交会区照明标准值

交会区是指道路的出入口、交叉口、人行横道等区域。原标准没有交会区的照明标准，是这次修订时新增加的。因为在交会区，机动车之间、机动车非机动车与行人之间、车辆与固定物体之间的碰撞有增加的可能，即发生事故的概率大大增加。美国的统计资料讲“在城区中，大约有 50％的交通事故发生在交叉口”，我国虽没有这方面的统计资料，但时不时也有在交叉口发生事故的报道。过去，我们对交叉口、人行横道等交会区的照明不够重视，没有单独对它提出要求致使交叉口的照度不但不达标，还反而比平直路段的亮度、照度低，人行横道也不设照明。新标准特别规定了交会区的照明标准值，见表 2。

交会区照明标准值　　**表 2**

交会区类型	路面平均照度 E_W（lx）维持值	照度均匀度 U_W	眩光限制
主干路与主干路交会 主干路与次干路交会 主干路与支路交会	30/50	0.4	在驾驶员观看灯具的方位角上，灯具在 80°和 90°高度角方向上的光强分别不得超过 30cd/1000lm 和 10cd/1000lm
次干路与次干路交会 次干路与支路交会	20/30		
支路与支路交会	15/20		

注：1. 灯具的高度角是在现场安装使用姿态下度量。
2. 表中对每一类道路交会区的路面平均照度给出了两档标准，“/”的左侧为低档值，右侧为高档值。

1.5　人行道路照明标准值

原标准规定了“主要供行人和非机动车通行的居住区道路和人行道”的平均照度值为 1～2lx，不但照度值偏低，而且不全面、不系统，这次修订，除了规定“主要供行人和非机动车混合使用的商业区、居住区人行道路”的照明标准值（见表 3）外，还规定了机动车交通道路一侧或两侧设置的非机动车道和人行道照明取值方法和标准。见新标准第 3.5.2 条和 3.5.3 条。

2　创新性

新标准有几处完全是根据我国的国情修订的，无论是 CIE 标准或是其他国家的标准目前都没有的，这就充分体现出新标准的创新性。

人行道路照明标准值　　**表 3**

夜间行人流量	区域	路面平均照度 E_W（lx）维持值	路面最小照度 E_{min}（lx）维持值	最小垂直照度 E_{Vmin}（lx）维持值
流量最大的道路	商业区	20	7.5	4
	居住区	10	3	2
流量中的道路	商业区	15	5	3
	居住区	7.5	1.5	1.5
流量小的道路	商业区	10	3	2
	居住区	5	1	1

注：最小垂直照度为道路中心线上距路面 1.5m 高度处，垂直于路轴的平面的两个方向上的最小照度。

2.1　关于功能性照明和装饰性照明

新标准增写了5.3节“道路两侧设置非功能照明时的设计要求”。20世纪90年代以来，我国夜景（装饰）照明飞速发展，其规模和资金投入堪称世界第一，但是不能不看到在大大美化了城市夜景、方便人民生活、促进商业发展的同时也带来了负面影响，其中之一就是由于装饰照明设置不当，干扰甚至破坏了城市道路（功能性）照明，有的城市甚至错误地试图以装饰照明代替功能照明，这种现象如果不扭转任其发展下去，甚至会影响驾驶员行车作业，从而发生交通事故的严重效果。为此，新标准特在第五章增加了这一节。

该节共有三条，第5.3.1条的核心内容是“应将装饰性照明和功能性照明结合设计，装饰性照明必须服从功能性照明”。之所以这样规定是因为道路照明是不可或缺的照明，它不达标路面亮度就满足不了机动车驾驶员视觉作业的需要，而装饰照明起的作用是点缀美化环境，它不是不可或缺的。因此，两者发生矛盾时就得装饰性照明服从功能性照明。两者放在一起设计，既可以有效地协调两者关系、避免道路照明受到干扰，处理得当的话还可以加强功能性照明的效果。

第5.3.2条规定了为了防止装饰性照明的光色、图案、阴影、闪烁干扰驾驶员的视觉在设置装饰性照明时应采取的一些措施。第5.3.3条则规定了机动车道两侧设置广告灯光时的基本要求。

2.2　节能标准和措施

建设节约型社会已成为我国的一项重要国策，各行各业都要认真做好节能、节地、节材和节水工作，道路照明行业也不能例外。因此，制订道路照明节能标准是迫在眉睫的一项工作。尽管CIE及其他国家均未推出道路照明节能标准，没有现成的条文可以引用或参考，编制组人员还是立足于我国实际，从调查、分析设计能耗和实际能耗入手，并参考国外有关资料，制订出我国自己的道路照明节能标准，这也是新标准主要创新之处。

（1）节能标准

本节是新标准新增加的内容，一共有两条，第7.1.1条和第7.1.2条。其中第7.1.2条是新标准仅有的两条强条之一。

① 第7.1.1条条文为“机动车交通道路应以照明功率密度（*LPD*）作为照明节能的评价指标”。照明功率密度即单位路面面积上的照明安装功率，其单位为W/m^2，需要注意的是，安装功率应将镇流器的功耗包括在内。

② 第7.1.2条条文为“机动车交通道路的照明功率密度不应大于表7.1.2的规定”。（本文见表4）

机动车交通道路的照明功率密度值　　**表4**

道路级别	车道数（条）	照明功率密度值 *LPD*（W/m^2）	对应的照度值（lx）
快速路主干路	≥6	1.05	30
	<6	1.25	
	≥6	0.70	20
	<6	0.85	
次干路	≥4	0.70	15
	<4	0.85	
	≥4	0.45	10
	<4	0.55	

续表

道路级别	车道数（条）	照明功率密度值 LPD（W/m²）	对应的照度值（lx）
支路	⩾2	0.55	10
	<2	0.60	
	⩾2	0.45	8
	<2	0.50	

注：1. 本表仅适用于高压钠灯，当采用金属卤化物灯时，应将表中对应的 LPD 值乘以 1.3。
2. 本表仅适用于设置连续照明的常规路段。
3. 设计计算照度高于标准值时，LPD 值不得相应增加。

③ 几点说明

1）表中以车道数（条）表示道路宽度，目的是方便使用。根据城市道路相关设计规范，每条车道宽度按 3.5m 考虑。

2）表中之所以规定了照明功率密度值还要列出对应的照度值，表明是在照明数量和质量达标的前提下讲节能，不能只满足节能标准的要求而不满足照明标准的要求。而规定两档照明功率密度值则是和两档照度值相对应。

3）表中 LPD 值仅适用于高压钠灯，采用其他光源时需乘以相应的系数。如采用金属卤化物灯时，应乘以 1.3，它是道路照明常用高压钠灯和常用金卤灯平均光通量之比。

4）表中 LPD 值仅适用于设置连续照明的常规路段，即不适用于交叉口等交会区，因为在交会区所采用的光源、灯具及其安装方式等会有很大的不同，照明安装功率一般都会突破。

5）若所设计的道路照明其 LPD 值控制在表中数值以下，照度却达到或超过表中所对应的值，则这种设计是好设计。反之，不允许因照度值超过表中的数值而按比例提高对应的 LPD 值。

6）节能标准是首次制订，没有经验，因此，宁可将 LPD 限值订得宽松些，暂不追求严。此外也不追求全，先把占能耗大部分的机动车交通道路节能标准制订出来，以后再补充非机动车道、人行道等其他场所的节能标准。所以说，节能标准还有很大的发展空间。

（2）节能措施

① 本节新标准改动得不多，主要是第 7.2.3 条。在该条中增写了第 1 款“光源及镇流器的性能指标应符合国家现行有关能效标准规定的节能评价值要求”。对灯具效率要求有所提高，常规道路照明灯具效率由原标准的 60%提高到 70%，泛光灯的效率也由 55%提高到 65%。第 7.2.4 条线路功率因数由原来的 0.8 提高到 0.85。此外，第 7.2.5 条以“采用能在深夜自动降低光源功率的装置”代替原标准的“采用下半夜能自动降低灯泡功率的镇流器”，这样，节能装置的范围就更加扩大，不仅是镇流器其他调电压调电流的各种设备都可以使用。

② 标准所列的各项节能措施可概括为设计阶段的节能措施、运行期间的节能措施、管理方面的节能措施三类。节能阶段的节能措施最为重要，节能要从设计做起，它是节能的关键。节能标准实质就是节能设计标准，它是对设计提出的要求。也就是说，设计工作完成了就应该符合节能标准，在这个基础上再采取其他各项措施，以求最大限度地节能。

3 可行性

本标准是在充分考虑我国国情并充分进行调查研究的基础上制订的，因此，实施可行性强。主要体现在：

3.1 新标准继续采用亮度和照度两套评价系统。照度评价系统固然没有亮度评价系统科学、合理，但比较简单，好计算、好测试、好掌握。考虑到我国部分中小城市路灯技术人员和管理人员的实际水平，这样做很有必要。

3.2 新标准中对同一级道路规定了两档平均亮度值（或平均照度值）即低档值和高档值，而且规定中小城市可选择标准表中的低档值。这一规定充分考虑了我国大、中、小城市的特点，如果数十万甚至数万人、机动车很少的小城市和千余万人、机动车拥有量达几百万辆的特大城市采用相同的照明标准，既完全没有必要且会造成能源的极大浪费。

3.3 新标准对常规道路照明灯具和泛光灯效率的要求有所提高，这是根据国家建工质检中心采光照明工程质检部对国内生产的这两类灯具的光度测试结果并参考国内一些主要灯具生产企业所提供的资料确定的。因此不必担心是否有这么高效率的灯具供选择、使用。

参考文献

[1] 《城市道路照明设计标准》CJJ 45—2006. 北京：中国建筑工业出版社，2006.
[2] 《城市道路照明设计标准》CJJ 45—91. 北京：中国建筑工业出版社，1992.
[3] 《美国道路照明国家实施标准》.（American National Standard Practice for Roadway Lighting）ANSI/IESNA RP-800-00.
[4] 《俄罗斯建筑法》修订版（22-05-95）.
[5] 《日本工业协会道路照明标准》. JIS Z 911-1998 年.

关于修编 CJJ 45《城市道路照明设计标准》的说明

李铁楠

引言

《城市道路照明设计标准》(CJJ 45—2006)经过近十年的使用,对提升我国的道路照明设计水平和规范道路照明建设起到了良好作用。标准的整体架构和主要内容比较符合道路照明设计需求,已为设计工作者和行业人员所熟悉。随着国内城市建设的快速发展、城镇化进程的推进、交通量的激增、环保节能的要求以及新产品新技术的发展成熟等,我们需要对原标准进行相应的修编,以适应新形势下诸多方面的需要。本着综合国内外道路照明领域发展研究成果、契合国内道路交通的具体情况和城市发展的实际需要、进一步规范道路照明设计建设工作和提升道路照明质量水平的宗旨,我们对标准进行了修编[1]。

1 标准内容修编的说明

1.1 科学地确定机动车道路照明的路面亮度

机动车道路照明中的路面亮度水平是标准中的重要关注点,决定道路路面亮度的依据是驾驶员的视觉需求。驾驶员的视觉作业中重要的一项是发现路面上的障碍物,考虑到各种因素的影响,发现障碍物所需要的路面亮度大约为 0.3~2cd/m^2。这一结论源于识别路面上标准障碍物的试验,关于这种发现路面障碍物的视觉作业,被归纳为在路面上放置标准的实验障碍物,在不同的照明亮度条件下,由驾驶员发现它的存在。这些障碍物是 20cm×20cm 的立体板块,要求在特定的照明条件下,在一定距离之外发现它们,根据车速和驾驶员的反应时间,采取相应措施躲避障碍物,这样的路面照明条件就认为满足要求。de Boer、van Bommel、成定康平等人都曾做过此类试验,还有许多其他道路照明研究人员分别在实验室或者现场也都完成过这样的试验,通过不同的行车速度研究路面平均亮度、亮度均匀度以及眩光控制等条件与视看距离和觉察概率等的关系,获得了大量可靠数据,支持前述结果。因此,这种试验方法和由此获得的结论已被道路照明业界普遍认可和采纳。

此外,还有很多关于道路照明研究进行了针对驾驶员作业的主观评价试验,让驾驶员在不同亮度水平的道路上行驶,了解他们的主观感受,其实验结果是,驾驶员认可的道路照明亮度水平大约为 1.5cd/m^2 左右,也充分验证了这种结论。因此 CIE 以及许多国家的标准,基本上都是以此类的理论分析、实验室试验和现场试验实测研究结果为依据而制定出来的,它们构成了确定机动车道路照明亮度水平的基础,多年来一直沿用直至现在。本标准上一版也据此规定了国内道路照明的亮度水平。在本次修编中,我们对国内典型城市的道路照明进行了现场调查和检测,发现那些路面亮度水平达到标准要求范围内的道路,普遍有良好的驾驶员主观感受和视觉辨识效果。

近年来关于中间视觉的研究引人关注,伴随着以 LED 为代表的白光照明光源逐渐进入到道路照明领域,关于路面亮度标准也有了新的讨论。研究成果表明,基于中间视觉理论,采用蓝绿色谱更丰富的白光照明时,人眼的光谱光视效率会有提升,按此结论,道路照明的亮度水平似可下调。但是,目前关于这方面的研究工作尚缺乏统一的结论,也缺乏能够上升到纳入设计标准层面的成果,因此大部分国家的标准都未考虑这些问题,CIE 115 号技术文件的最新版本仍然采用原来的路面亮度水平的照明标准。基于这些原因,本次标准的修编仍将路面平均亮度标准维持在 0.5～2cd/m² 范围内。在我们国家的城市道路级别规定中，是按照道路在道路网中的地位、交通功能以及对沿线的服务功能，划分为快速路、主干路、次干路和支路，对不同级别的道路分别规定相应的照明级别。因同一级别道路上的交通流量、车速、交通设施完善程度等因素会有不同，又根据这些对照明影响因素的不同而把同一级别照明划分为高档和低档，在原标准中已经采取了这样的规定，本次修编中，把影响因素做了调整，由原来的“根据城市的性质和规模来为同一级道路选择照明标准值”修改为“根据交通流量大小来为同一级道路选择照明标准值”，这样的调整使照明与道路和交通的实际情况能更紧密结合，更能体现道路使用者的需求。

在城市路网中，次干路是承上启下的一环，它的主要功能是集散交通，同时兼顾服务功能。在调研中发现，次干路的实际情况与道路设计标准的规定有较大出入，除了承担繁重的集散交通功能之外，服务功能也已经成为其主要的任务，功能混淆加重了其负担，影响了其通行效率。各个城市很重视主干路的经营，设施配置和交通管理相对完善，但是次干路则相差甚远，设施达不到标准要求的完善程度、不同类型的道路使用者混行严重，同时次干路上的交通量也非常高，因此有必要加强次干路照明，以应对这些现实问题。本次修编中，对次干路照明的亮度水平做了提高，由原来的 0.75/1.0cd/m² 提高到 1.0/1.5cd/m²。

1.2　细化人行道路的照明要求

“以人为本”是道路照明设计中的重要原则，本次修编也在人行道路照明标准方面体现了这一精神。行人在道路上行走时，其视觉作业比较复杂，包括观察路面、识别地面障碍物、判断道路形式、辨别道路上的各种设施、观察了解周围环境、感知方向、识别道路上其他行人的面部特征和行动意向等，为了满足这些视觉作业的要求，除了提供必要的地面照明之外，还需要提供合适的空间照明。因此，人行道路照明标准在原来的“路面平均照度、路面最小照度、垂直照度”基础上增加了“半柱面照度”和“眩光限制”两个指标。半柱面照度是用来识别对面来人的指标，对于交流和人身安全防范有重要作用；眩光控制是通过限制特定角度方向上的光强来实现的，在人行道路上，行人的速度比较慢，一般来说，对于眩光限制不像机动车道路上要求的那么严，而在一些场合还利用适度的光线闪耀来营造轻松的气氛。但是，由于本标准提出了关于半柱面照度和垂直照度的要求，因此空间中高角度上光强会比较高，加上道路照明越来越多采用 LED 光源，这种光源表面的高亮度会有较大的眩光危险，所以，提出眩光限制要求是十分必要的。

本次修编中，把原来按不同功能区内流量划分照度标准水平的规定，调整为直接按行人流量确定照度标准，这样做的理由是，现在的城区功能划分比较模糊，不同功能区逐渐融合，严格意义上的商业区越来越少，居住区的行人流量也不见得一定会低于普通的商业区。所以，在修编中，除了把典型商业区或商业活动集中区域的道路划分为一级之外，其余的人行道路统一按行人流量进行划分。本次修编的另一个变化是把路面照度水平（包括平均值和最小值）适当下调。这样做的目的是在保证人行道路空间照明满足要求的前提下，不会对行人造成眩光干扰，也有利于地面照明和空间照明之间的平衡。通过前期的调研发现，在很多城市的人行道路上采用与本次修编规定照度相当的照度水平的情况下，完全能够满足要求，而且对减少光污染以及降低对驾驶员和行人眩光影响都有好处。另外，白光照明逐渐引入人行道路照明，其良好的显色性和光谱光视效率的提高，也为降低照度标准水平提供了基础。CIE、英国、澳洲等的新的照明标准也都据此有相应的降低[2]，因此，本标准决定适度下调照度水平具有充分的依据而且可行。

1.3 光源和灯具的选择

在机动车道路照明中，高压钠灯曾占据统治地位，时至今日，在欧美国家依然如此，在我们国家的多数城市中，它也还是主流光源。尽管LED光源快速发展并逐渐成熟，而且以其独特的性能优势正在逐步进入到道路照明领域，但在目前阶段，高压钠灯仍将会在机动车道路照明中发挥它的作用，其原因在于，高压钠灯成熟、性能稳定、使用寿命长、光效比较高、适应性强，经过多年的使用，相关的配套器具和设备已经形成了完善的体系，因此高压钠灯仍然具有独特的价值和生命力，另外，道路照明管理单位已经十分适应高压钠灯系统的运行维护管理，这一点对于我们国家地域广大、城市及类型众多、技术和管理水平都有较大差异的实际情况来说，首要问题是让道路照明达到标准规定的要求，采用成熟稳定且其标准规格明确的产品，能简化管理难度，从这个角度来看，让高压钠灯继续发挥其作用有重要的现实意义。因此，本次标准修编仍将高压钠灯光源作为机动车道路照明中的重要选择。

随着LED光源的逐渐成熟，其中的一些高品质产品已经能够胜任道路照明的要求，LED快的发展速度、很大的上升空间以及优异的性能预期，使其成为未来道路照明领域中的极为重要的光源。因此本次修编中把LED光源纳入选择之列，将其作为机动车道路照明中的一种重要选择，特别是对颜色有一定要求的机动车道路和人行道路，推荐其为主要的选择光源。同时，考虑到目前阶段的LED光源仍然处于发展阶段，其性能还处在变化提升之中，市场上的LED产品种类繁多、质量参差不齐，所以，在标准中，对LED光源性能提出了一系列要求，目的是选择那些性能优良、质量稳定的产品。这些要求包括光源显色性、色温、色品一致性、寿命期内色品变化等，基于LED光源和灯具的紧密关系，同时也对采用LED光源的灯具提出一系列相应的要求，包括功率因数、效能、光衰、电气性能、光源模组和电源要求、防护等级等，通过这些要求来保证选择优质的照明产品以及采用LED光源的道路照明效果达标和稳定。

1.4 完善特殊场所的照明规定

在城市道路中，除了普通路段之外，还有很多与道路相连的特殊区段或场所，它们共同构成了完整的城市道路系统。这些特殊场所的形式和功能独特，因此所需要的照明也要有相应的针对性。依据《城市道路工程设计规范》(CJJ 37—2012)[3]新近修编条款中对这些特殊场所的要求和规定，本标准修编中也对有关特殊场所照明内容做了相应的增补和调整，以满足这些特殊场所或路段对照明的特殊需要。其中增补特殊场所照明规定的包括：高架路、停车场、公交车站沿线停靠站、路边停车带、城市隧道等；调整和完善特殊场所照明规定的包括：立体交叉、人行地道、邻水道路、植树道路、居住区道路、人行横道等。

1.5 通过照明控制保障按需照明

为一条道路提供多少照明，是要依据道路上的交通状况以及道路交通设施完善程度等因素。标准数值的确定就是基于这些因素。但是这些因素会有很多可能的变化，比如，一条道路上的交通流量从傍晚到深夜会有变化，有时这种变化可能还会比较复杂，像体育场馆或餐饮娱乐场所等周边的道路上的交通量和交通构成在一个晚上可能会有多次变化，因此，其照明也应该随交通状况的变化而做相应调整，以兼顾交通和节能等方面的需求，在本次修编中，提出了“根据照明系统的实际情况、城市不同区域的气象变化、道路交通流量变化、照明设计和管理的需求，选择片区控制、回路控制或单灯控制方式”的规定，以适应不同区域、不同条件、不同交通状况下对道路照明的不同需要，做到灵活掌握、按需提供照明。

本次修编在坚持采用根据天空亮度变化进行修正的光控与时控相结合的控制方式的前提下，把开关灯的照度水平进行了统一，即开灯和关灯时的天然光照度水平，快速路和主干路为 30lx，次干路和支路为 20lx。这样的调整是提高了开灯照度，虽然开灯时驾驶员遇到的是明适应，适应时间比较短，但考虑到傍晚开灯时段正是交通峰值时段，加上气体放电灯点灯时的启动时间，因此，适当提高开灯照度是十分必要的；德国的标准推荐的开灯照度甚至是 70lx，说明了采用较高的开灯照度是一种专业共识。至于关灯照度，因在上一版修编时已经做了提高，经过多年的使用表明，这一照度水平可以让驾驶员接受，加上节能等方面的考虑，仍将关灯照度维持原来的水平。

1.6　照明质量与节能

各类光源性能的普遍提升、LED 光源的引入以及灯具光学设计水平的提高，为提高照明节能标准的要求奠定了基础。通过对光源和灯具的广泛调研以及相应的计算验证，对照明节能标准做了进一步严格的规定，本次修编降低了照明功率密度（*LPD*）的限值，并再次将其作为强制性条文进行推荐。

当前，照明产品质量良莠不齐，特别是在光效和配光等光学性能方面存在很多问题。那些在光学性能方面有质量问题的产品，既无法满足道路照明效果的需要，也造成了大量的能源浪费，强制推行节能标准的另一层意义就是希望能够推进照明产品质量的提升以及合格产品的使用。在强调照明节能的同时，还必须防止以牺牲照明效果为代价来换取 *LPD* 限值的满足，正确的做法应该是在保证道路照明效果前提下的节能，否则，节能没有任何意义。所以，在标准中提出了以科学的方法实现节能的若干措施，其中首要的就是强调照明设计，要求在照明设计中提出多种符合照明设计标准要求的方案，通过技术经济综合分析比较，选择技术先进，经济合理又节能的方案。另外，对包括变压器、光源、灯具及其附件等照明设备提出相应的要求，以利于节能效果的实现。此外，在修编中还强调了根据道路交通的实际情况对照明系统的运行进行科学管理，做到按需照明，也能实现有效节能的目的。

2　结束语

编制组本着“尊重规律、科学务实、以人为本、与时俱进”的原则，完成了 CJJ 45《城市道路照明设计标准》的修编工作。笔者已对标准内容的修编作了说明，相信新的标准对规范道路照明设计、促进照明产品质量提升、提高道路照明质量水平、提高交通运输效率和保障交通安全，都会起到积极的作用。

参考文献

［1］ 城市道路照明设计标准：CJJ 45—2015［S］. 北京：中国建筑工业出版社，2016.
［2］ Recommendations for the lighting of Road for motor and pedestrian traffic：CIE115—2010.
［3］ 城市道路工程设计规范：CJJ 37—2012［S］. 北京：中国建筑工业出版社，2012.

图索引

表索引